中 国 国 家 标 准 汇 编

398

GB 22500～22520

(2008 年制定)

中国标准出版社 编

中 国 标 准 出 版 社

北 京

图书在版编目（CIP）数据

中国国家标准汇编：2008年制定．398：GB 22500～22520/中国标准出版社编．—北京：中国标准出版社，2009

ISBN 978-7-5066-5385-5

Ⅰ．中…　Ⅱ．中…　Ⅲ．国家标准-汇编-中国-2008　Ⅳ．T-652.1

中国版本图书馆CIP数据核字（2009）第107703号

中国标准出版社出版发行
北京复兴门外三里河北街16号
邮政编码：100045
网址 www.spc.net.cn
电话：68523946　68517548
中国标准出版社秦皇岛印刷厂印刷
各地新华书店经销

*

开本 880×1230　1/16　印张 37.5　字数 1 128 千字
2009年8月第一版　2009年8月第一次印刷

*

定价 200.00 元

ISBN 978-7-5066-5385-5

出 版 说 明

1.《中国国家标准汇编》是一部大型综合性国家标准全集。自1983年起，按国家标准顺序号以精装本、平装本两种装帧形式陆续分册汇编出版。它在一定程度上反映了我国建国以来标准化事业发展的基本情况和主要成就，是各级标准化管理机构，工矿企事业单位，农林牧副渔系统，科研、设计、教学等部门必不可少的工具书。

2.《中国国家标准汇编》收入我国每年正式发布的全部国家标准，分为"制定"卷和"修订"卷两种编辑版本。

"制定"卷收入上一年度我国发布的、新制定的国家标准，顺延前年度标准编号分成若干分册，封面和书脊上注明"20××年制定"字样及分册号，分册号一直连续。各分册中的标准是按照标准编号顺序连续排列的，如有标准顺序号缺号的，除特殊情况注明外，暂为空号。

"修订"卷收入上一年度我国发布的、被修订的国家标准，视篇幅分设若干分册，但与"制定"卷分册号无关联，仅在封面和书脊上注明"20××年修订-1，-2，-3，……"字样。"修订"卷各分册中的标准，仍按标准编号顺序排列（但不连续）；如有遗漏的，均在当年最后一分册中补齐。需提请读者注意的是，个别非顺延前年度标准编号的新制定的国家标准没有收入在"制定"卷中，而是收入在"修订"卷中。

读者配套购买《中国国家标准汇编》"制定"卷和"修订"卷则可收齐上一年度我国制定和修订的全部国家标准。

3. 由于读者需求的变化，自1996年起，《中国国家标准汇编》仅出版精装本。

4. 2008年我国制修订国家标准共5946项。本分册为"2008年制定"卷第398分册，收入国家标准GB 22500～22520的最新版本。

中国标准出版社

2009年5月

目　　录

ICS 67.200.10
X 14

中华人民共和国国家标准

GB/T 22500—2008/ISO 3656:2002

动植物油脂 紫外吸光度的测定

Animal and vegetable fats and oils—Determination of ultraviolet absorbance expressed as specific UV extinction

(ISO 3656:2002,IDT)

2008-11-04 发布　　2009-01-20 实施

中华人民共和国国家质量监督检验检疫总局
中国国家标准化管理委员会　发布

前　言

本标准等同采用ISO 3656:2002《动植物油脂　紫外吸光度的测定》(英文版)。

为了便于使用,本标准对ISO 3656:2002进行了下列编辑性修改:

——删除国际标准的前言;

——将"本国际标准"改为"本标准";

——用小数点"."代替原文中作为小数点的逗号",";

——对有关公式进行了编号;

——用GB/T 15687代替原国际标准中的ISO 661:1989。

本标准的附录A为资料性附录。

本标准由国家粮食局提出。

本标准由全国粮油标准化技术委员会归口。

本标准起草单位:国家粮食局科学研究院、辽宁省粮油检验监测所。

本标准主要起草人:薛雅琳、张蕊、郁伟。

动植物油脂
紫外吸光度的测定

1 范围

本标准规定了动植物油脂紫外吸光度测定的方法。

2 规范性引用文件

下列文件中的条款通过本标准的引用而成为本标准的条款。凡是注日期的引用文件，其随后所有的修改单(不包括勘误的内容)或修订版均不适用于本标准，然而，鼓励根据本标准达成协议的各方研究是否可使用这些文件的最新版本。凡是不注日期的引用文件，其最新版本适用于本标准。

GB/T 15687 动植物油脂 试样的制备(GB/T 15687—2008,ISO 661:2003,IDT)

3 原理

在特定的紫外波长范围内，采用 10 mm 比色皿，测定浓度为 1 g/100 mL 的样品溶液的吸光度值。

4 试剂

除另有说明，所用试剂均为分析纯。

溶剂:2,2,4-三甲基戊烷(异辛烷)。以蒸馏水为参比溶液，采用 10 mm 比色皿，其在 230 nm 处吸光度需小于 0.12，在 250 nm 处吸光度需小于 0.05。当没有异辛烷时，可选择环己烷或正己烷替代。

5 仪器

所用的玻璃器皿在使用前都应彻底的清洗，并且要用溶剂润洗。避免其他物质在 220 nm～320 nm 波长范围内对吸收光谱的影响。

5.1 分光光度计

配置记录仪、10 mm 石英比色皿。在使用前，校验分光光度计的波长范围和光谱吸收范围。

5.1.1 波长范围

根据说明书用汞灯进行校验，或使用钬滤波片校验，其在 279.37 nm 和 287.5 nm 有尖锐的吸收峰。

5.1.2 吸收范围

将分析纯铬酸钾溶于 0.05 mol/L 的氢氧化钾溶液中，配制成 200 mg/L 铬酸钾溶液。取上述溶液 25 mL 于 500 mL 的容量瓶中，用 0.05 mol/L 的氢氧化钾溶液稀释至刻度。用 0.05 mol/L 的氢氧化钾溶液作为参比溶液，10 mm 比色皿进行测定，此溶液的吸光度应该为 0.200±0.005。

警告：在使用铬酸钾溶液时应小心，若吸入铬酸钾溶液有导致癌变的危险。

5.2 25 mL 容量瓶。

6 扦样

推荐按 GB/T 5524 执行。

7 试样制备

按 GB/T 15687 执行。

8 测定步骤

8.1 测试溶液制备

为了使样品吸光度在 0.2～0.8 的范围内，称取待测样品（第 7 章）约 0.05 g～0.25 g，准确至 0.000 1 g，置于 25 mL 容量瓶（5.2）中。在室温下，先用几毫升溶剂[2,2,4-三甲基戊烷（异辛烷）]溶解测试样品，再用相同的溶剂稀释到刻度，摇匀。

如果测试溶液中测试样品的浓度大于 1 g/100 mL，应在测试报告中指出这一点。

8.2 测定

用测试溶液（8.1）将石英比色皿（5.1）润洗三次，将测试溶液倒入石英比色皿。溶剂作为参比，使用分光光度计（5.1）测定在 220 nm～320 nm 波长范围的吸光度。可连续测定，也可每间隔 1 nm～2 nm 进行测定，在最大吸收和最小吸收的范围附近，将间隔缩小至 0.5 nm。

注：没有必要在整个波长范围内测定其吸光度。

如果吸光度超过 0.8，应适当稀释溶液重新进行测定。

9 结果计算

试样的紫外吸光度按式（1）计算：

$$E_{1\ \mathrm{cm}(\lambda)}^{1\%} = \frac{A_{(\lambda)}}{w} \qquad \cdots\cdots(1)$$

式中：

$E_{1\ \mathrm{cm}(\lambda)}^{1\%}$——紫外吸光度以浓度 1 g/100 mL（1%）10 mm 比色皿波长 λ 测得吸光度表示；

$A_{(\lambda)}$——波长 λ 下试样吸光度；

w——测试溶液样品的浓度，单位为克每 100 毫升（g/100 mL）。

注：λ 通常为 232 nm 和 268 nm。

10 精密度

10.1 实验室间测试

多个实验室间的测试结果参见附录 A。对于其他测试范围来说，这些实验数据可能是不适用的。

10.2 重复性

在同一实验室，由同一操作者使用相同设备，按相同的测试方法，并在短时间内对同一被测对象相互独立进行测试获得的两次独立测试结果的绝对差值大于重复性限（r）：232 nm 处为 0.026、268 nm 处为 0.085 的情况不得超过 5%。

10.3 再现性

在不同的实验室，由不同的操作者使用不同的设备，按相同的测试方法，对同一被测对象相互独立进行测试获得的两次独立测试结果的绝对差值大于再现性限（R）：232 nm 处为 0.396、268 nm 处为 0.11的情况不得超过 5%。

11 测试报告

测试报告需说明：

——测试样品所需的所有有关信息；

——若已知采样方法，则注明；

——采用的检验方法及引用标准；

——本标准中没有具体说明的，或者被认为是可选性的，以及所有可能影响结果的操作细节；

——测定结果，如果进行了重复性试验，则列出最终结果。

附 录 A
（资料性附录）
实验室间测试结果

1989年由意大利佩斯卡拉油脂萃取研究室，按照 ISO 5725[1] 对本标准所规定的方法开展了国际间联合测试。

来自八个国家的16个实验室参与测试，测试结果见表 A.1、表 A.2。

表 A.1　232 nm 处的紫外吸收

项　目	样　品				
	葵花籽油	EV 橄榄油	菜籽油	棕榈仁油	大豆油
实验室数量	16	16	16	16	16
可接受结果的数量	13	14	13	13	14
平均值	2.515	2.220	3.459	2.221	3.665
重复性标准偏差 S_r	0.119 85	0.063 94	0.058 2	0.037 4	0.109 31
重复性限 r	0.338 94	0.180 82	0.164 59	0.105 77	0.309 13
再现性标准偏差 S_R	0.186 58	0.083 85	0.140 5	0.098 3	0.180 84
再现性限 R	0.527 65	0.237 13	0.397 33	0.277 99	0.511 42

在 232 nm 处：

——重复性标准偏差　　$S_r=0.08$；

——重复性限　　$r=0.226$；

——再现性标准偏差　　$S_R=0.14$；

——再现性限　　$R=0.396$。

表 A.2　268 nm 处的紫外吸收

项　目	样　品				
	葵花籽油	EV 橄榄油	菜籽油	棕榈仁油	大豆油
实验室数量	16	16	16	16	16
可接受结果的数量	13	12	11	12	13
平均值	1.872	0.157	0.627	0.675	1.437
重复性标准偏差 S_r	0.046 98	0.021 5	0.022 05	0.021 1	0.032 92
重复性限 r	0.132 86	0.060 8	0.062 36	0.059 67	0.093 10
再现性标准偏差 S_R	0.062 63	0.020 21	0.037 9	0.029 26	0.051 65
再现性限 R	0.177 12	0.057 15	0.107 18	0.082 75	0.146 07

在 268 nm 处：

——重复性标准偏差　　$S_r=0.03$；

——重复性限　　$r=0.085$；

——再现性标准偏差　　$S_R=0.04$；

——再现性限　　$R=0.11$。

1) ISO 5725:1986（目前已被代替）用来评价数据精度。

参 考 文 献

[1] GB/T 5524—2008 动植物油脂 扦样(ISO 5555:2001,IDT)

[2] ISO 5725:1986 Precision of test methods—Determination of repeatability and reproducibility for a standard test method by inter-laboratory tests

[3] ISO 5725-1:1994 Accuracy(trueness and precision)of measurement methods and results—Part 1:General principles and definitions

[4] ISO 5725-2:1994 Accuracy(trueness and precision)of measurement methods and results—Part 2:Basic method for the determination of repeatability and reproducibility of a standard measurement method

ICS 67.200.10
X 14

中华人民共和国国家标准

GB/T 22501—2008

动植物油脂　橄榄油中蜡含量的测定 气相色谱法

**Animal and vegetable fats and oils—
Determination of wax content of olive oils by gas chromatography**

2008-11-04 发布　　2009-01-20 实施

中华人民共和国国家质量监督检验检疫总局
中国国家标准化管理委员会　发布

前　言

本标准等同采用国际橄榄油理事会的 COI/T. 20/Doc. no. 18/ Rev. 2/2003《分析方法　利用毛细管柱气相色谱测定蜡含量》(英文版)。

本标准的内容和结构与 COI/T. 20/Doc. no. 18/ Rev. 2/2003 一致，做了下列编辑性修改：

——为了便于使用，对条款编排顺序进行了调整。将原二级条标题 4.5.1 改为 4.6，其后原一级条标题 4.6、4.7 顺延为 4.7、4.8。同时为新一级条标题 4.8 下增加二级条标题 4.8.1、4.8.2；

——“本方法”一词改为“本标准”；

——增加第 3 章仪器导语“常用实验仪器及以下仪器”；

——增加第 4 章试剂导语“除另有说明，水为蒸馏水或相当纯度的水”；

——增加第 7 章精密度；

——将“典型橄榄油蜡馏分气相色谱图”编排为附录 A，将“原附录”编排为附录 B，将“方法的精密度”编排为附录 C。

本标准的附录 A、附录 B、附录 C 均为资料性附录。

本标准由国家粮食局提出。

本标准由全国粮油标准化技术委员会归口。

本标准起草单位：国家粮食局科学研究院。

本标准主要起草人：张蕊、薛雅琳、赵会义。

动植物油脂　橄榄油中蜡含量的测定　气相色谱法

1　范围

本标准适用于橄榄油中蜡含量的测定。本标准可用于鉴别机榨橄榄油与油橄榄果渣油。

2　原理

将适当的内标物添加至油中，然后用水合硅胶柱色谱进行分离。实验条件下回收洗脱馏分(其比甘三酯极性略低)，然后使用毛细管柱气相色谱进行分析。

3　仪器

常用实验仪器及以下仪器。

3.1　锥形瓶：25 mL。

3.2　玻璃柱：内径 15.0 mm，长 30 cm～40 cm，配有合适的旋塞。

3.3　气相色谱仪：可装毛细管柱，具可进行柱头进样的进样系统。

3.3.1　可程序升温的柱箱。

3.3.2　用于柱头进样的冷柱头进样器。

3.3.3　火焰离子化检测器和变流放大器。

3.3.4　记录积分仪：与变流放大器一起使用(3.3.3)，响应时间小于 1 s，纸速可变。

注 1：也可使用计算机处理系统，气相色谱数据通过计算机输入到该系统中。

3.3.5　毛细管柱：玻璃或融熔石英，长 8 m～12 m，内径 0.25 mm～0.32 mm，固定液涂层厚 0.10 μm～0.30 μm。

注 2：可选用符合本标准色谱分离要求的市售固定液，如 SE52，SE54 等。

3.4　微量注射器：10 μL，硬化针头。

3.5　电动振荡器。

3.6　旋转蒸发器。

3.7　马福炉。

3.8　分析天平：分度值 0.000 1 g。

3.9　常规实验室玻璃器具。

4　试剂

除另有说明，水为蒸馏水或相当纯度的水。

4.1　硅胶：粒径 60 μm～200 μm。将硅胶放入 500 ℃的马福炉中，灼烧至少 4 h。冷却，加入相当硅胶量 2%的水。摇动混匀。使用前于暗处放置至少 12 h。

4.2　正己烷：色谱纯。

警告：蒸气可燃。应远离热源、火星、明火。确保盛装的瓶盖严。使用过程中要做好通风。防止蒸气积聚，移走可燃物品，例如，不是用防火材料制成的加热器或电器设备。正己烷有毒，吸入可能危害神经系统细胞。应避免吸入挥发气体。如必要，使用适当的呼吸设备。避免接触眼睛和皮肤。

4.3　乙醚：色谱纯。

警告：高度易燃，中等毒性。刺激皮肤，吸入有害。可损伤眼睛。危害效应有可能滞后。它能形成爆炸性的过氧化

物。蒸气可燃。应远离热源、火星、明火。确保盛装的瓶盖严。使用过程中要做好通风。防止蒸气积聚，移走可燃物品，例如，不是用防火材料制成的加热器或电器设备。不要彻底蒸干或接近蒸干。加水或适当的还原剂可以减少过氧化物的形成。禁止饮用。避免吸入挥发气体。避免长时间或反复接触皮肤。

4.4 正庚烷：色谱纯。

警告：易燃，吸入有害。应远离热源、火星、明火。确保盛装的瓶盖严。在使用过程中要做好通风。避免长时间吸入挥发气体。避免长时间或反复接触皮肤。

4.5 十二烷醇花生酸酯标准溶液：0.1%（质量浓度）己烷溶液（内标物）。

注 3：也可选用软脂酸十六烷醇酯或硬脂酸十四烷醇酯。

4.6 苏丹Ⅰ(1-苯基偶氮苯-2-萘酚)。

4.7 载气：氢气或氦气，纯净，用于气相色谱。

警告：氢气。高压下高度易燃。远离热源、火星、明火或不是用防火材料制成的电器设备。确保不使用时，气瓶阀关闭。使用时，一定要用减压阀。打开气瓶阀前，释放减压阀的压力。当打开气瓶阀时，不得站在气瓶出口前。在使用过程中要做好通风。不得将氢气从一个气瓶导入另一个气瓶。不得在气瓶里混合气体。确保气瓶不被打翻。气瓶要远离阳光和热源，放置在无腐蚀的环境。不得使用已损坏或未贴标签的气瓶。

氦气。高压气体。它减少可供呼吸氧气的数量。确保气瓶关闭。使用过程中要做好通风。没有良好的通风，不得进入放置区域。要使用减压阀。打开气瓶阀前，释放减压阀的压力。不得将氦气从一个气瓶导入另一个气瓶。不得在气瓶里混合气体。确保气瓶不被打翻。当打开气瓶阀时，不得站在气瓶出口前。气瓶要远离阳光和热源。放置在无腐蚀的环境。禁止吸入，只用于工业用途。

4.8 辅助气。

4.8.1 氢气：纯净，用于气相色谱。

4.8.2 空气：纯净，用于气相色谱。

警告：空气高压气体。由于空气中大部分有机化合物的自燃温度在高压下相当的低，易燃物存在时使用要小心。不使用时确保气瓶关闭。要使用减压阀。打开气瓶阀前，释放减压阀的压力。当打开气瓶阀时，不得站在气瓶出口前。不得将气体从一个气瓶导入另一个气瓶。不得在气瓶里混合气体。确保气瓶不被打翻。气瓶要远离阳光和热源。放在无腐蚀的环境里。不得使用已损坏或未贴标签的气瓶。空气只用于工业用途，不得用于呼吸或用作呼吸设备。

5 操作步骤

5.1 试样液制备

向正己烷(4.2)中加入 15 g 硅胶(4.1)制成悬浮液，然后转移至玻璃柱中(3.2)。自然沉降。借助电动振荡器(3.5)使其彻底沉降，使色谱柱更加均匀。用 30 mL 正己烷淋洗除去杂质。

准确称量 500 mg 样品，加到 25 mL 锥形瓶(3.1)中，加入适量的内标物(4.5)。加入内标物的量依据预计蜡的含量，如：橄榄油样品中加入 0.1 mg 十二烷醇花生酸酯，油橄榄果渣油样品中加入 0.25 mg～0.50 mg十二烷醇花生酸酯。

用 2 mL 正己烷(4.2)溶解制备好的样品并转移至层析柱中，再用 2 mL 正己烷(4.2)洗涤锥形瓶，洗涤液并入层析柱中。

放掉溶剂至吸收剂面上 1 mm 处，再用 70 mL 正己烷除去所有天然存在的正构烷烃。用 180 mL 正己烷/乙醚混合液(99∶1)开始进行色谱洗脱，流速大约为每 10 s 15 滴，收集馏出液。样品洗脱时环境温度应保持在 22 ℃±4 ℃。

注 4：正己烷/醚(99∶1)混合液应每天现配。

注 5：可将 100 μL 的 1%苏丹Ⅰ染料的洗脱剂溶液加到样品溶液中，直观观察蜡质是否完全洗脱。染料的保留值处于蜡和甘三酯之间，当染料到达色谱柱的底部时，应停止洗脱，此时所有的蜡已经洗脱出来。

用旋转蒸发器(3.6)浓缩上述分离得到的馏出液，直至溶剂几乎除去。在弱的氮气流中除去最后剩余的 2 mL 溶剂，再加入 2 mL～4 mL 正庚烷。

5.2 测定

5.2.1 仪器准备

将毛细管柱装到色谱仪(3.3)上，柱进口连接到柱头进样系统，柱出口连接到检测器。检查气相色谱仪(检查气路、检测器、记录仪等的性能)。

如果色谱柱是第一次使用,建议老化色谱柱。让小的气流通过色谱柱,开启气相色谱仪。大约用4 h慢慢升温至350 ℃。

在此温度至少保持2 h,然后调节仪器至操作条件[调节气流,点燃氢火焰,连接电子记录仪(3.3.4),调节柱箱温度,调节检测器等]。记录高于两倍分析灵敏度以上的信号。基线应是直线,没有任何峰,不应有任何漂移。

负的基线漂移表明柱子连接有误;正的基线漂移表明柱子没有老化完全。

5.2.2 **色谱参考条件**

5.2.2.1 色谱柱:见3.3.5。

5.2.2.2 温度:

——柱温:采用程序升温方式。

$$80\ ℃(1\ \text{min})\xrightarrow{20\ ℃/\text{min}}240\ ℃\xrightarrow{5\ ℃/\text{min}}325\ ℃(6\ \text{min})\xrightarrow{20\ ℃/\text{min}}340\ ℃(10\ \text{min})$$

——检测器温度:350 ℃。

5.2.2.3 载气:氦气或氢气,选择气体最佳的线性速度(参见附录B)。

5.2.2.4 检测器:见3.3.3。

5.2.2.5 进样量:1 μL正庚烷溶液。

5.2.2.6 可依据毛细管柱和气相色谱仪的特性对上述条件进行适当调整,使所有的蜡得到分离,获得满意的峰分离,参见图A.1。内标物的保留时间应在18 min±3 min,最典型蜡的峰应超过满量程的60%。

确定色谱峰的积分参数,以获得正确的峰面积。

注6:由于终温高,允许正漂移,但不能超过满量程的10%。

5.2.3 **色谱分析**

用10 μL微量进样器吸取1 μL的溶液;向后抽动针芯至针头抽空。将针插入进样系统,1 s~2 s后快速注入。大约5 s,轻轻地抽出注射针头。

蜡完全出峰后,停止记录。

基线应满足上述条件。

5.2.4 **色谱峰鉴定**

将各个峰的保留时间与同等分析条件下已知蜡混合物的保留时间进行比较鉴定。

图A.1给出了初榨橄榄油中蜡的色谱图。

6 结果计算

通过积分仪,测定相应的内标物及C_{40}~C_{46}脂肪族酯的峰面积。

蜡的含量按式(1)计算:

$$X=\frac{A_x\cdot m_s\cdot 1\,000}{A_s\cdot m} \qquad\cdots\cdots(1)$$

式中:

X——蜡的含量,单位为毫克每千克(mg/kg);

A_x——蜡的峰面积,单位为平方毫米(mm^2);

m_s——加入的内标物的质量,单位为毫克(mg);

A_s——内标物的峰面积,单位为平方毫米(mm^2);

m——测试样品的质量,单位为克(g)。

结果为 C_{40}～C_{46} 的蜡（注 7）含量的总和，单位为毫克每千克（mg/kg）。

结果保留一位小数。

注 7：依据附录 A 提供的橄榄油中蜡的特征色谱图，对 C_{40}～C_{46} 偶碳数酯的组分进行定量。如 C_{46} 酯色谱峰是分裂的，推荐分析油橄榄果渣油的蜡馏分，对其进行定性。油橄榄果渣油中 C_{46} 峰非常明显，可以被鉴别出来。

7 精密度

7.1 实验室间比对试验

本方法实验室间测试精密度的详情参见附录 C。该实验室间比对测定结果可能不适用于附录 C 以外的其他含量范围和品种。

7.2 重复性

在同一实验室，由同一操作者，使用相同的仪器设备，按相同的测定方法，在很短的时间间隔内，对同一被测样品进行两次测定，获得两个独立的测定结果。这两个结果的绝对差值超过重复性限值 r 的情况不应大于 5%。

7.3 再现性

在不同的实验室中，由不同的操作人员，使用不同的仪器设备，使用同一方法对同一被测样品，获得的两个独立测定结果之间的绝对差值超过再现性限值 R 的情况不应大于 5%。

附 录 A
（资料性附录）
典型橄榄油蜡馏分气相色谱图

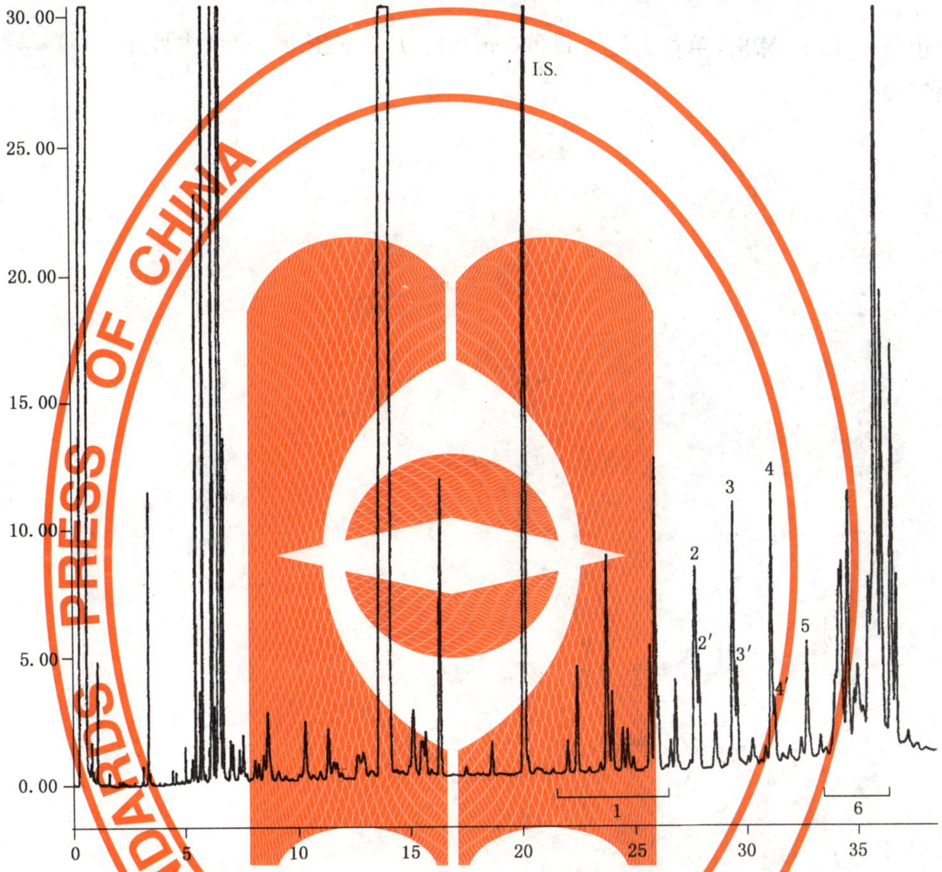

I. S. ——十二烷醇花生酸酯；

1——二萜酯；

2＋2′——C_{40}酯；

3＋3′——C_{42}酯；

4＋4′——C_{44}酯；

5——C_{46}酯；

6——甾醇酯和三萜醇。

注：在甾醇酯出峰后，气相色谱图应不再有明显的其他峰（甘三酯）出现。

图 A.1 橄榄油蜡馏分气相色谱图范例

附 录 B
（资料性附录）
测定气体线性速度

调节气相色谱仪至正常操作条件下，进 1 μL～3 μL 甲烷（或丙烷）。测定气体从进样至出峰通过色谱柱的时间（t_M）。

线速度由公式 L/t_M 算出，单位为厘米每秒（cm/s）。L 为柱长度，单位为厘米（cm），t_M 为测定的时间，单位为秒（s）。

附　录　C
（资料性附录）
联合试验结果

1999年由执行秘书安排国际橄榄油理事会（IOOC）认可的19家实验室参与协同实验。实验室来自八个国家。

测试五个样品：

A：特级初榨橄榄油；

B：初榨橄榄油＋精炼葵花籽油；

C：初榨橄榄油＋精炼橄榄果渣油；

D：初榨橄榄油＋精炼大豆油＋精炼葵花籽油；

E：精炼橄榄油＋精炼橄榄果渣油＋精炼大豆油＋初榨油橄榄灯油。

由IOOC执行秘书组织协同试验结果，按ISO 5725测定方法和结果的准确度中给定的原则进行统计。应用科克伦检验和格拉布斯检验对实验室每个测定结果（双实验a和b）和每个样品的实验结果进行离散值检验。统计结果见表C.1。

表C.1　联合试验结果

项　　目	D	E	A	B	C
参加的实验室数量	19	19	19	19	19
超差大的实验室数量	5	5	4	3	5
蜡含量平均值/(mg/kg)	120.32	123.14	222.41	174.1	345.93
重复性限 r /(mg/kg)	9.51	12.56	10.51	12.22	14.91
重复性标准偏差 S_r /(mg/kg)	3.39	4.48	3.75	4.72	5.32
重复性变异系数 RSD_r /%	2.82	3.64	1.69	2.71	1.54
再现性限 R /(mg/kg)	38.83	48.89	58.93	25.65	44.39
再现性标准偏差 S_R /(mg/kg)	13.86	17.46	21.04	9.16	15.85
再现性变异系数 RSD_R /%	11.53	14.18	9.46	5.26	4.58

参考文献

[1] ISO 5725-1：1994 Accuracy (trueness and precision) of measurement methods and results—Part 1：General principles and definitions

[2] ISO 5725-2：1994 Accuracy (trueness and precision) of measurement methods and results—Part 2：Basic method for the determination of repeatability and reproducibility of a standard measurement method

[3] ISO 5725-5：1998 Accuracy (trueness and precision) of measurement methods and results—Part 5：Alternative methods for the determination of the precision of a standard measurement method

[4] ISO 5725-6：1994 Accuracy (trueness and precision) of measurement methods and results—Part 6：Use in practice of accuracy values

ICS 03.100
A 10

中华人民共和国国家标准

GB/T 22502—2008

超市销售生鲜农产品基本要求

Basic requirement for marketing fresh agricultural products in supermarket

2008-11-04 发布

2009-01-20 实施

中华人民共和国国家质量监督检验检疫总局
中国国家标准化管理委员会 发布

前　言

本标准由中华人民共和国商务部提出并归口。

本标准起草单位：全国城市农贸中心联合会。

本标准主要起草人：马增俊、王兢、张捷、朱玉梅、侯仰标、高沫丽。

超市销售生鲜农产品基本要求

1 范围

本标准规定了超市销售生鲜农产品的环境要求、基础设施设备要求、工具容器及包装材料要求、从业人员要求、供应商要求和交易技术要求。

本标准适用于经营生鲜农产品的超市。

2 规范性引用文件

下列文件中的条款通过本标准的引用而成为本标准的条款。凡是注日期的引用文件,其随后所有的修改单(不包括勘误的内容)或修订版均不适用于本标准,然而,鼓励根据本标准达成协议的各方研究是否可使用这些文件的最新版本。凡是不注日期的引用文件,其最新版本适用于本标准。

GB 8978 污水综合排放标准

GB/T 18883 室内空气质量标准

GB/T 21721 农副产品销售现场危害管理规范

3 术语和定义

下列术语和定义适用于本标准。

3.1

生鲜农产品 fresh agricultural products

通过种植、养殖、采收、捕捞等产生,未经加工或经初级加工,供人食用的新鲜农产品。包括蔬菜(包含食用菌)、水果、畜禽肉、水产品、鲜蛋等。

3.2

生鲜区域 fresh products region

超市中对生鲜农产品进行预处理、加工、陈列、销售的区域。

4 环境要求

4.1 产品分区要求

4.1.1 生鲜区域应按生鲜农产品大类和不同类别生鲜农产品的保鲜、保质要求进行分区并明确标识。

4.1.2 蔬菜、水果、畜禽肉、水产品、鲜蛋等应分区。

4.1.3 冷(冻)藏农产品和非冷(冻)藏农产品应分区。

4.1.4 有包装食品和无包装食品应分区。

4.1.5 应单独设立转基因、经认证的产品销售专区、明确标识,并在专区内按转基因、认证商品种类分区或分柜(架)陈列。

4.2 环保要求

4.2.1 地面应平整、清洁、无积水,不应有影响环境卫生的污染源。

4.2.2 墙面应采用易清洗材料,无污垢、无塔灰、无油垢、不吸潮、不渗漏。

4.2.3 天花板应无污垢、无塔灰,不滴漏。

4.2.4 空间应宽敞明亮,照度不低于 600 lx,光色不得影响产品正常色泽,照明设施应安全、卫生。

4.2.5 空气流通、清新,并应符合 GB/T 18883 的要求。

5 基础设施设备要求

5.1 加工设施设备

5.1.1 应根据经营生鲜农产品需要，配备相应的初级加工设施设备，为顾客提供分切、整理等服务。

5.1.2 加工设施设备的卫生应符合食品卫生安全的相关要求。

5.2 陈展设施设备

5.2.1 应按照生鲜农产品的保鲜、保质要求选择适宜的陈列设备。

5.2.2 生鲜农产品应配备标牌或标签，并标明品名、产地、保存方法、单位价格等。

5.2.3 应根据鲜活水产品要求配备蓄养池。

5.3 保鲜贮藏设施设备

5.3.1 生鲜区域的农产品销售应配置必要的低温贮藏设备，包括冷藏库(柜)(0 ℃～5 ℃)和冷冻库(柜)(低于－18 ℃)、保鲜壁柜等。

5.3.2 冷藏水产品销售应配备冰台或冷藏柜，鼓励超市配备制冰机。

5.3.3 冷藏(冻)生鲜农产品运输应使用专用冷藏(冻)车，冷藏(冻)车温度应符合商品保鲜要求。

5.3.4 鼓励使用新型保鲜技术和设备。

5.4 包装设施设备

5.4.1 应根据生鲜农产品贮藏及交易的需要配备相应的包装、分拣和称量等辅助设备，并放置在顾客容易找到、方便使用的地方。

5.4.2 包装设备应使用符合相应标准的合格设备。

5.5 卫生安全设施设备

5.5.1 应配备足够的防鼠、防蚊蝇、防蟑螂等常见病媒生物的防治装置和紫外线杀菌灯。

5.5.2 应合理布置排污口，污水不能直接排入城市污水管网的应配备污水处理设施，污水排放应符合GB 8978 的要求或当地环保部门要求。

5.5.3 应设置垃圾桶，并加盖密闭；对环保工具及设施应定期消毒。

5.5.4 应配置员工更衣间，从业人员上岗前应更换工作服、戴工作帽，工作服应定期清洗、消毒。

5.5.5 应分别配置从业人员使用的洗手池和器具清洗消毒池。

5.5.6 应配备卫生消毒间或专柜，有醒目的标识；专人管理消毒药剂、清洁剂，并正确标识，以警示其毒性和用法。

5.6 其他

设施设备应及时清洁、维护和保养，保持良好的技术状态。

6 工具容器及包装材料要求

6.1 工具容器的材料应无毒、无异味、耐腐蚀、不生锈、易清洗消毒。

6.2 生、熟产品工具容器应定期消毒；应分开使用，鼓励专品专用；应定位、分区存放、保持清洁、明确标示，避免交叉污染。

6.3 刀具应无油渍、无残渣、无锈斑，用后应及时清洗并置于专用刀架之上。

6.4 砧板应清洁、立放、干燥，以抑制微生物繁殖。

6.5 容器(包括盆、盘、锅等)应表面光亮，无污垢、无残渣油渍等。

6.6 生鲜农产品包装材料应符合国家或行业有关标准要求，包装材料的存放符合相关标准要求。

7 从业人员要求

7.1 应设立负责食品安全的管理部门或配备食品安全管理人员，监控本超市的食品安全状况；应配备质量安全检验、环境卫生、设施设备检修、装卸搬运、理货、消防安全管理、销售服务等方面的从业人员，相关人员应具备相应的从业资格。

7.2 从业人员应健康状况良好，定期进行身体检查，持有效健康证明上岗。

7.3 应对从业人员进行卫生管理和食品安全方面知识的宣传和培训，推行培训上岗制度。定期对从业人员进行培训和考核，并将培训和考核的情况记录、存档。

7.4 从业人员行为应符合 GB/T 21721 的相关要求。

8 供应商要求

8.1 应具备合法的经营资质。入市前应向超市提供合法、有效的证明文件，包括相应的营业执照副本、税务登记证、卫生许可证、生产许可证、动物防疫合格证、质量认证证书等。

8.2 应与超市签订食品安全保障协议，明确食品安全经营责任及相关事宜。

8.3 应提供上架生鲜农产品质量合格证明材料。

8.4 配送中心应设立食品检测机构，具备国家要求的相应检测能力。

8.5 进口农产品应出示出口国和国内双方的产品检验检疫证明等合法、有效的进口证明文件；在国内未进行商标注册的，进口商应对所进口的产品提供质量保证文件。

8.6 相关人员应参加超市组织的食品安全、卫生管理等相关培训。

9 交易技术要求

9.1 应进行电子结算，配备电子收银机、条码扫描器、销售点终端(POS 机)、票据打印机、条码电子秤等设施设备。

9.2 称重设备应定期年检，保证合格，并贴有合格证明标识。

9.3 应建立生鲜农产品管理系统，实现对产品数据的实时在线查询和管理。

9.4 鼓励建立商品质量安全可追溯系统。

ICS 67.060
B 22

中华人民共和国国家标准

GB/T 22503—2008

高 油 玉 米

High oil corn

2008-11-04 发布　　2009-01-20 实施

中华人民共和国国家质量监督检验检疫总局
中国国家标准化管理委员会　发布

前　言

本标准由国家粮食局提出。

本标准由全国粮油标准化技术委员会归口。

本标准起草单位：吉林省粮油卫生检验监测站、辽宁省粮油检验监测所。

本标准主要起草人：谢玉珍、宋长权、冯锡仲、史玮、曹占文、高晓春、闵国春、乔丽娜。

高 油 玉 米

1 范围

本标准规定了高油玉米的术语和定义、质量要求和卫生要求、检验方法、检验规则、标签标识以及包装、储存和运输的要求。

本标准适用于收购、储存、加工和销售的商品高油玉米。

2 规范性引用文件

下列文件中的条款通过本标准的引用而成为本标准的条款。凡是注日期的引用文件，其随后所有的修改单(不包括勘误的内容)或修订版均不适用于本标准，然而，鼓励根据本标准达成协议的各方研究是否可使用这些文件的最新版本。凡是不注日期的引用文件，其最新版本适用于本标准。

GB 2715 粮食卫生标准

GB/T 5490 粮食、油料及植物油脂检验 一般规则

GB 5491 粮食、油料检验 扦样、分样法

GB/T 5492 粮油检验 粮食、油料的色泽、气味、口味鉴定

GB/T 5494 粮油检验 粮食、油料的杂质、不完善粒检验

GB/T 5497 粮食、油料检验 水分测定法

GB/T 5512 粮油检验 粮食中粗脂肪含量测定

GB/T 17109 粮食销售包装

3 术语和定义

下列术语和定义适用于本标准。

3.1

高油玉米 high oil corn

干基粗脂肪含量不低于本标准所规定最低指标的玉米。

3.2

粗脂肪含量 crude fat content

粗脂肪占干基试样的质量分数。

3.3

不完善粒 unsound kernel

受到损伤但尚有使用价值的玉米颗粒。

3.3.1

虫蚀粒 kernel attacked by pests

被虫蛀蚀，并形成蛀孔或隧道的颗粒。

3.3.2

病斑粒 spotted kernel

粒面带有病斑，伤及胚或胚乳的颗粒。

3.3.3

破碎粒 broken kernel

籽粒破碎达本颗粒体积五分之一(含)以上的颗粒。

3.3.4

生芽粒　sprouted kernel

芽或幼根突破表皮，或者芽或幼根虽未突破表皮但胚部表皮已破裂或明显隆起，有生芽痕迹的颗粒。

3.3.5

生霉粒　moldy kernel

粒面生霉的颗粒。

3.3.6

热损伤粒　heat-damaged kernel

受热后籽粒显著变色或受到损伤的颗粒，包括自然热损伤粒和烘干热损伤粒。

3.3.6.1

自然热损伤粒　nature heat-damaged kernel

储存期间因过度呼吸，胚或胚乳显著变色的颗粒。

3.3.6.2

烘干热损伤粒　drying heat-damaged kernel

加热烘干时引起表皮、胚或胚乳显著变色，籽粒变形或膨胀隆起的颗粒。

3.4

杂质　foreign matter

除玉米粒以外的其他物质，包括筛下物、无机杂质和有机杂质。

3.4.1

筛下物　throughs

通过直径3.0 mm圆孔筛的物质。

3.4.2

无机杂质　inorganic impurity

砂石、煤渣、砖瓦块、泥土等矿物质及其他无机物质。

3.4.3

有机杂质　organic impurity

无使用价值的玉米粒、异种粮粒及其他有机物质。

3.5

色泽、气味　colour and odour

一批高油玉米固有的综合颜色、光泽和气味。

4　质量要求和卫生要求

4.1　质量要求

高油玉米质量指标见表1。其中以粗脂肪含量为定等指标。

表1　高油玉米质量指标

等级	粗脂肪(干基)/%	不完善粒/%		杂质/%	水分/%	色泽气味
		总量	其中：生霉粒			
一级	≥8.5	≤6.0	≤0.5	≤1.0	≤14.0	正常
二级	≥7.5					
三级	≥6.0					

4.2 卫生要求

4.2.1 作食品或食品原料时，按 GB 2715 及国家有关规定执行。

4.2.2 作其他用途时，按国家有关标准和规定执行。

4.2.3 植物检疫按国家有关规定执行。

5 检验方法

5.1 扦样、分样：按 GB 5491 执行。

5.2 色泽、气味鉴定：按 GB/T 5492 执行。

5.3 杂质、不完善粒检验：按 GB/T 5494 执行。

5.4 水分测定：按 GB/T 5497 执行。

5.5 粗脂肪测定：按 GB/T 5512 执行。

6 检验规则

6.1 检验的一般规则：按 GB/T 5490 执行。

6.2 检验批为同种类、同产地、同收获年度、同运输单元、同储存单元的高油玉米。

6.3 判定规则：粗脂肪含量干基应符合表 1 中相应等级的要求，达不到三级要求的，不应判定为高油玉米，其他指标按国家有关规定执行。

7 标签标识

7.1 应在包装物上或随行文件中，注明产品的名称、类别、等级、产地、收获年度和月份。

7.2 转基因高油玉米应按照国家有关规定标识。

8 包装、储存和运输

8.1 包装

包装应符合 GB/T 17109 的要求，并清洁、牢固、无破损，缝口严密、结实，不应撒漏，不应带来污染和异常气味。

8.2 储存

应储存在清洁、干燥、防雨、防潮、防虫、防鼠、无异味的仓库内，不应与有毒有害物质或水分较高的物质混存。

8.3 运输

应使用符合卫生要求的运输工具运送，运输过程中应注意防止雨淋和被污染。

ICS 67.040
X 04

中华人民共和国国家标准

GB/T 22504.1—2008

粮油检验　粮食感官检验辅助图谱
第1部分：小麦

Inspection of grain and oils—
Assistant atlas of grain sensory inspection—Part 1: Wheat

2008-11-04 发布　　2009-01-20 实施

中华人民共和国国家质量监督检验检疫总局
中国国家标准化管理委员会　发布

前　言

GB/T 22504《粮油检验　粮食感官检验辅助图谱》分为以下几个部分：

——第1部分：小麦；

——第2部分：玉米；

——第3部分：稻谷；

——第4部分：油料；

——第5部分：杂粮。

本部分为GB/T 22504的第1部分。

本部分由国家粮食局提出。

本部分由全国粮油标准化技术委员会归口。

本部分起草单位：国家粮食局标准质量中心、河南工业大学、河南国家粮食质量监测中心、河北国家粮食质量监测中心、安徽国家粮食质量监测中心、山东国家粮食质量监测中心、江苏国家粮食质量监测中心、北京国家粮食质量监测中心。

本部分主要起草人：杜政、唐瑞明、龙伶俐、朱之光、周展明、吴存荣、李荣启、肖立荣、季一顺、胡学春、戴波、周光俊。

粮油检验　粮食感官检验辅助图谱
第1部分：小麦

1　范围

GB/T 22504的本部分规定了粮食感官检验辅助图谱中小麦图谱的术语和定义、检验环境与工具以及感官指标和图示。

本部分适用于收购、储存、运输、销售的商品小麦感官检验的辅助参考。

2　规范性引用文件

下列文件中的条款通过GB/T 22504的本部分的引用而成为本部分的条款。凡是注日期的引用文件，其随后所有的修改单(不包括勘误的内容)或修订版均不适用于本部分，然而，鼓励根据本部分达成协议的各方研究是否可使用这些文件的最新版本。凡是不注日期的引用文件，其最新版本适用于本部分。

GB 1351—2008　小麦

GB 2715　粮食卫生标准

3　术语和定义

GB 1351—2008和GB 2715中确立的以及下列术语和定义适用于GB/T 22504的本部分。

3.1

角质　vitreous

玻璃质

籽粒胚乳结构紧密，籽粒中部剖面中呈玻璃状透明或半透明的硬质部分。

3.2

粉质　opaque

籽粒胚乳结构疏松，籽粒中部剖面中呈石灰状的软质部分。

4　检验环境与工具

4.1　室外环境：应选择北向阴凉环境，不宜在阳光直射的条件下检验。

4.2　室内环境：应选择具有漫射光线的照明条件，照明应有足够的方向性使检验人员在工作时有深度感。工作表面上(从检验区的中心到边界)的光照度应在(750±100)lx范围内。

4.3　放大镜：3×。

5　感官指标和图示

5.1　小麦粒色

5.1.1　按GB 1351—2008的规定，商品小麦粒色分为白色或黄白色，深红色或红褐色。

5.1.2　粒色示图：见图1～图4。

图 1　白色小麦

图 2　黄白色小麦

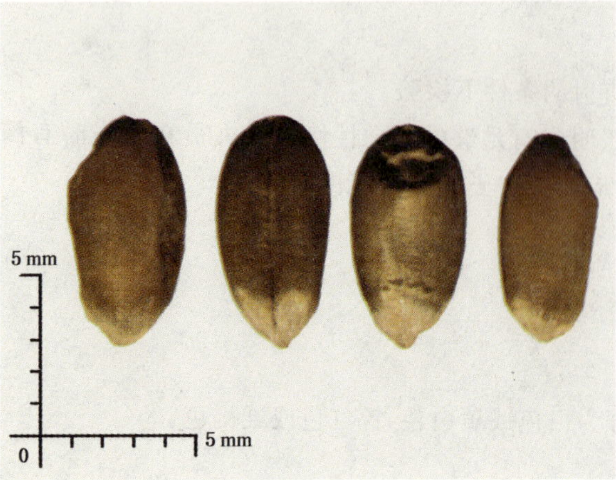

a)

b)

图 3　深红色小麦

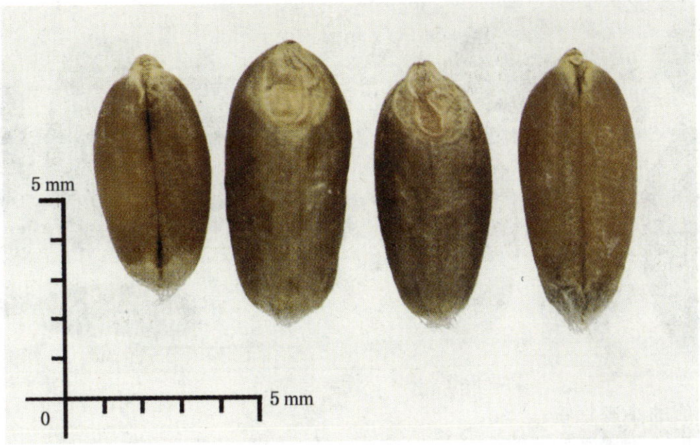

图 4 红褐色小麦

5.2 杂质

5.2.1 GB 1351—2008 中 3.3 规定，杂质包括筛下物、无机杂质和有机杂质。

5.2.2 杂质示图：见图 5～图 7。

图 5 筛下物（通过直径 1.5 mm 圆孔筛的物质）

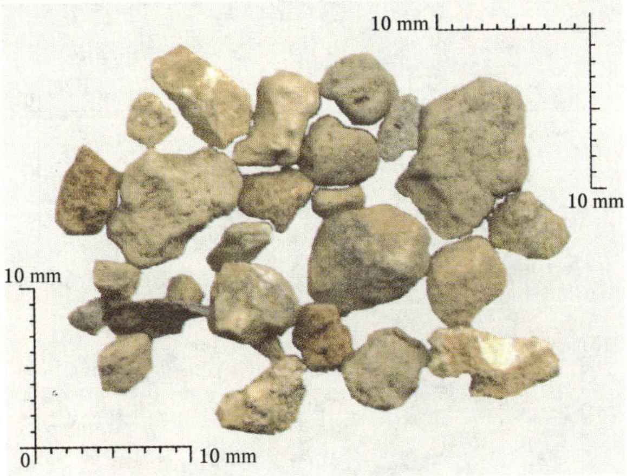

图 6 无机杂质（砂石、煤渣、砖瓦块、泥土等矿物质）

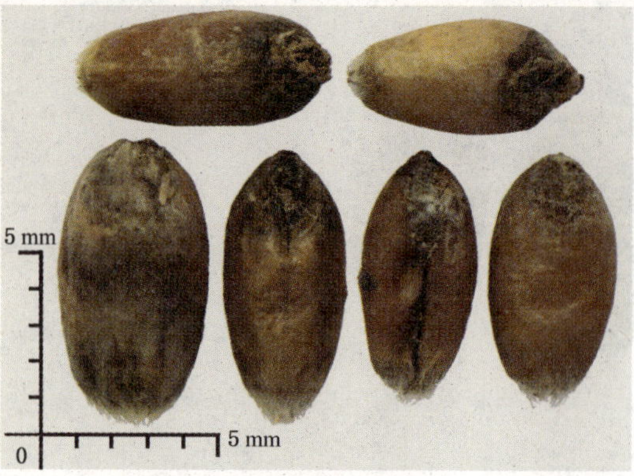

无使用价值的小麦籽粒：
a）粒面明显生霉并伤及胚和胚乳的颗粒

无使用价值的小麦籽粒：
b）胚乳变色变质的颗粒

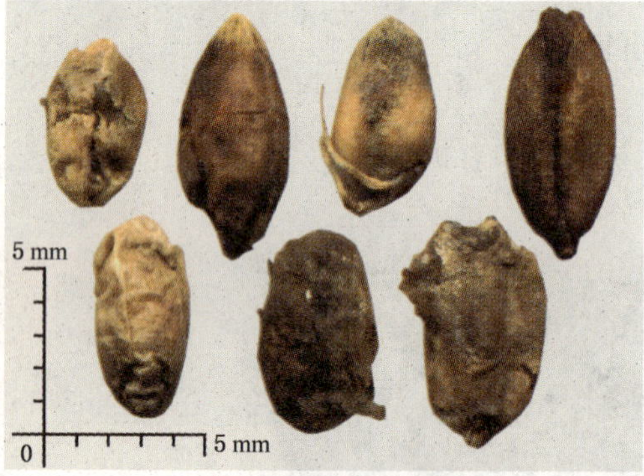

无使用价值的小麦籽粒：
c）胚乳皱缩变质的颗粒

无使用价值的小麦籽粒：
d）生芽粒中芽超过本颗粒长度的小麦颗粒

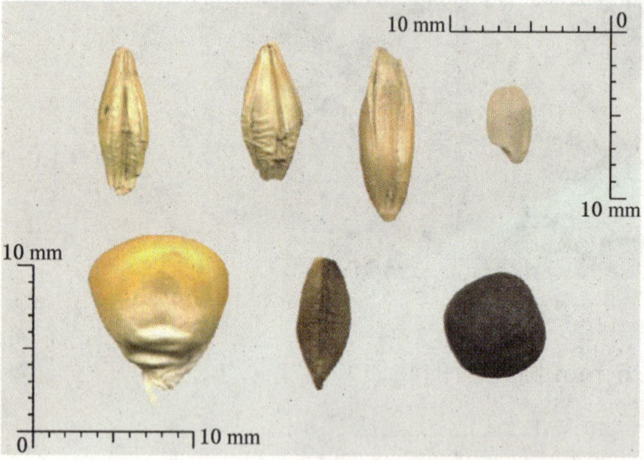

e）异种粮粒

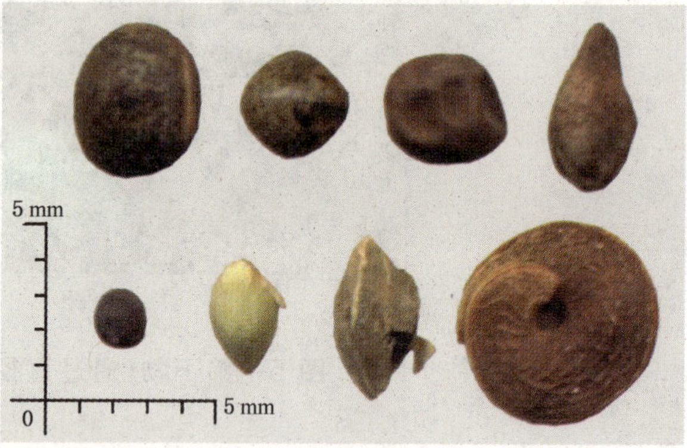

f）草籽

g）麦壳

图 7　有机杂质

5.3 不完善粒

5.3.1 GB 1351—2008 中 3.2 规定的不完善粒包括:虫蚀粒、病斑粒、破损粒、生芽粒和生霉粒。

5.3.2 不完善粒示图:见图 8～图 14。

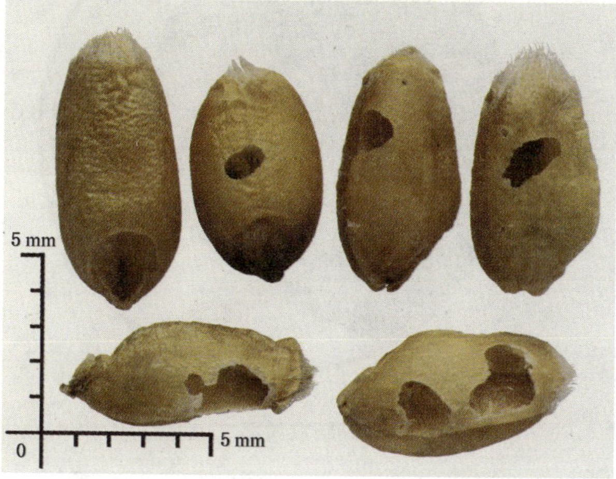

a) 被虫蛀蚀且伤及胚或胚乳的颗粒

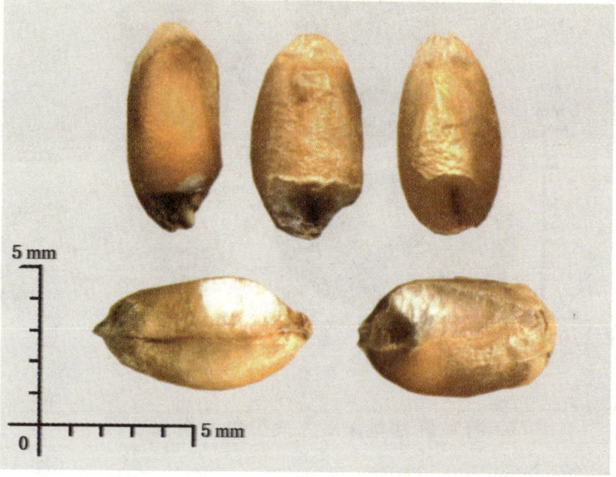

b) 被虫蛀蚀且伤及胚或胚乳的颗粒

图 8 虫蚀粒

a) 粒面带有病斑且伤及胚或胚乳的颗粒

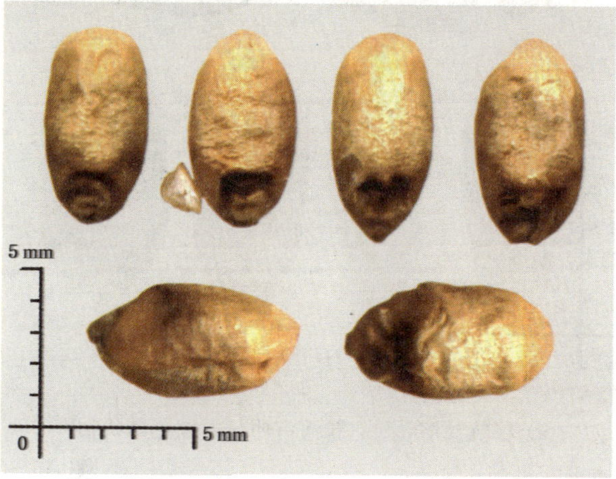

b) 粒面带有病斑且伤及胚或胚乳的颗粒

图 9 病斑粒

a) 籽粒胚部呈深褐色或黑色并伤及胚或胚乳的颗粒

图 10 黑胚粒

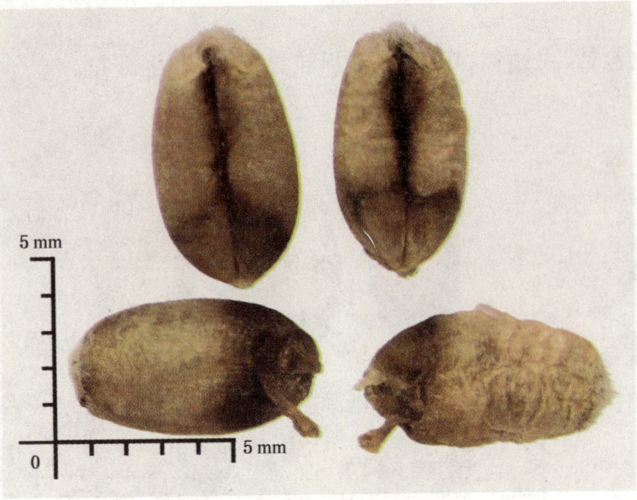

b）籽粒胚部呈深褐色或黑色并伤及胚乳

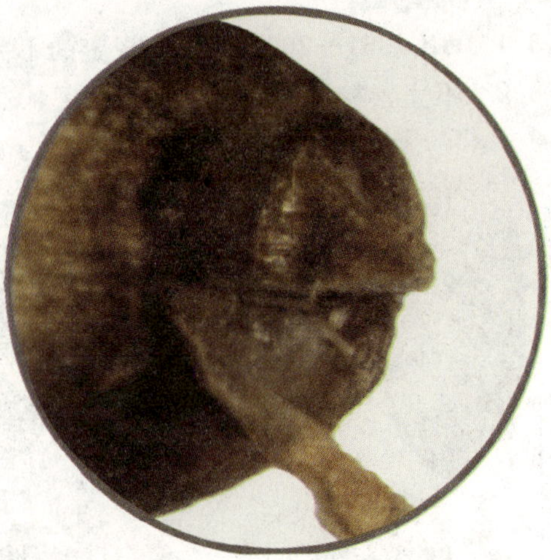

c）黑胚粒局部

图 10（续）

a）籽粒皱缩，呆白，粒面有明显粉红色霉状物

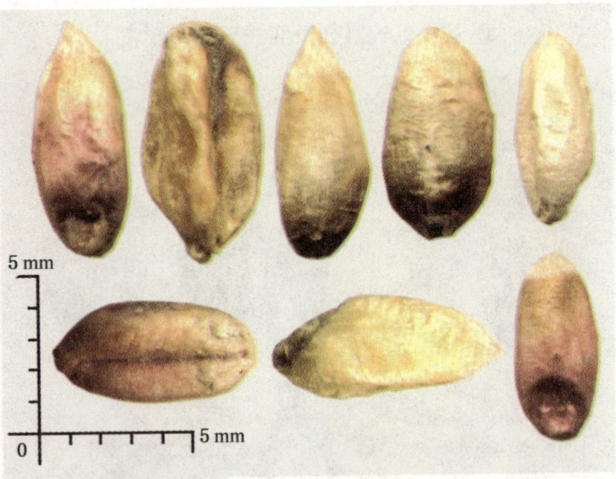

b）籽粒皱缩，呆白，粒面呈紫色，间有黑色子囊壳

图 11　赤霉病粒

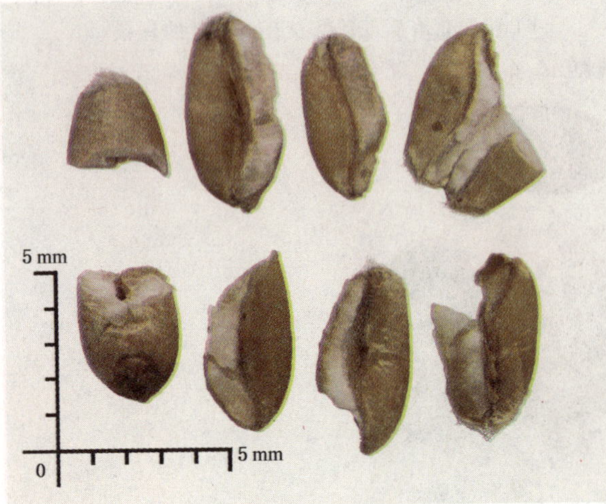

a）破碎并伤及胚或胚乳的颗粒

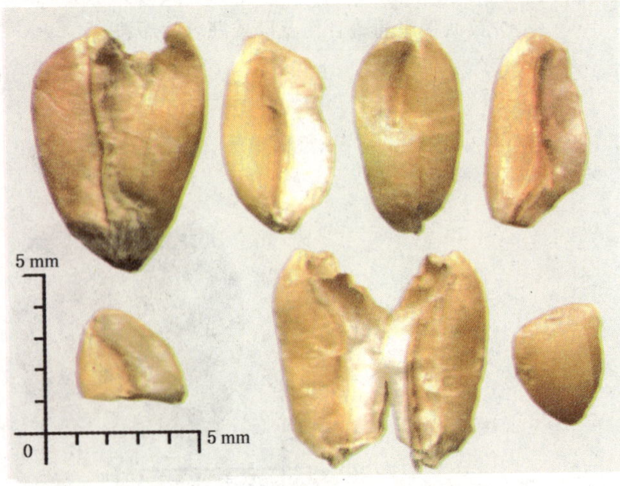

b）压扁并伤及胚或胚乳的颗粒

图 12　破损粒

a）种皮已破裂

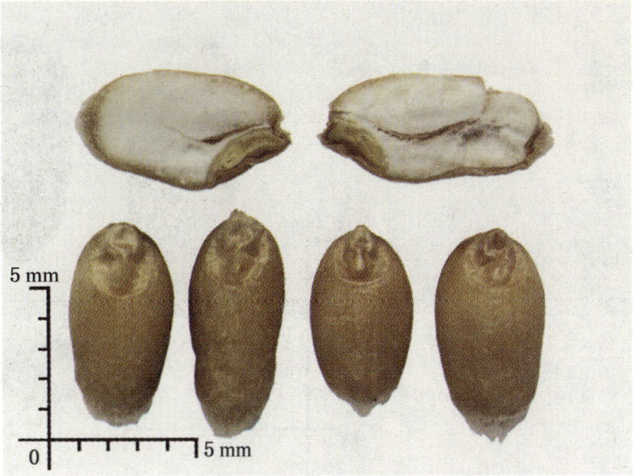

b）种皮隆起且与胚分离

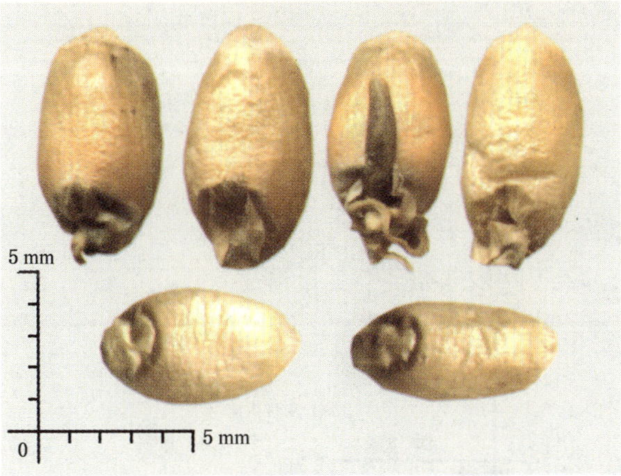

c）芽已突破种皮

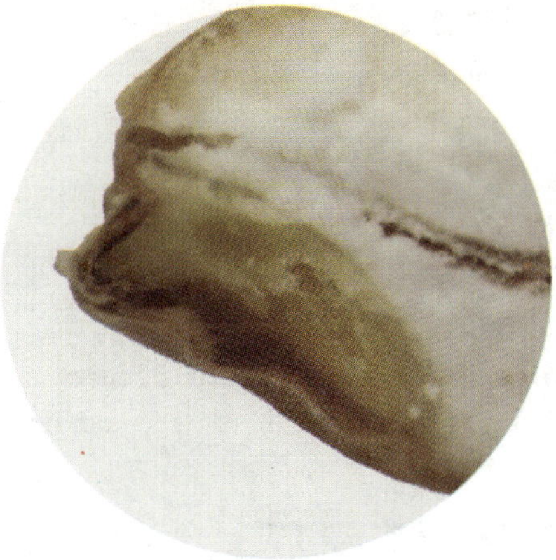

d）芽或幼根明显隆起且与胚分离(局部)

图 13　生芽粒

a）粒面生霉的颗粒

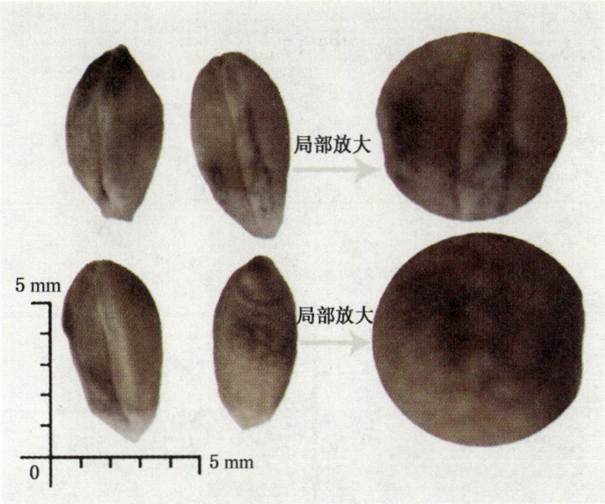

b）粒面生霉的颗粒(局部)

图 14　生霉粒

5.4　麦角

5.4.1　一种寄生在禾本科植物子房内的真菌所形成的菌核，略弯曲，两端稍细，表面暗紫色至黑色。

5.4.2　麦角示图：见图 15。

图 15 麦角

5.5 角质和粉质

5.5.1 角质示图:见图 16。

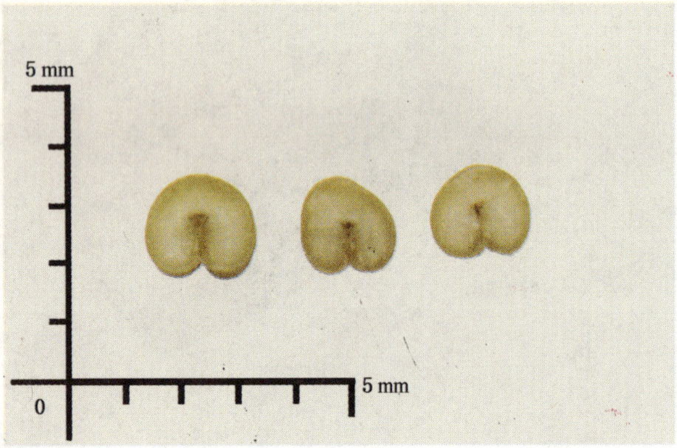

a) 半透明玻璃质

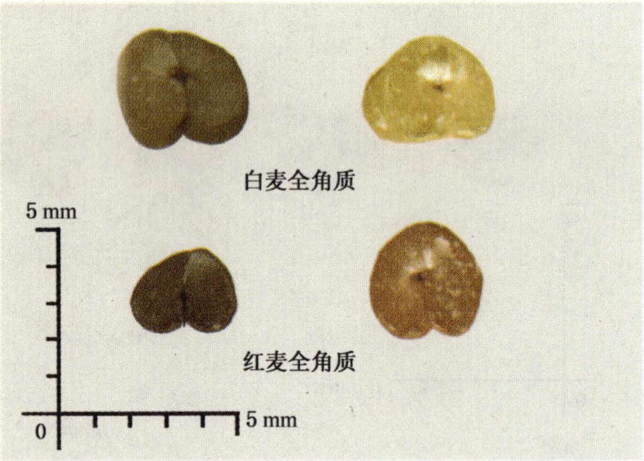

b) 全角质

图 16 角质

5.5.2 粉质示图:见图 17。

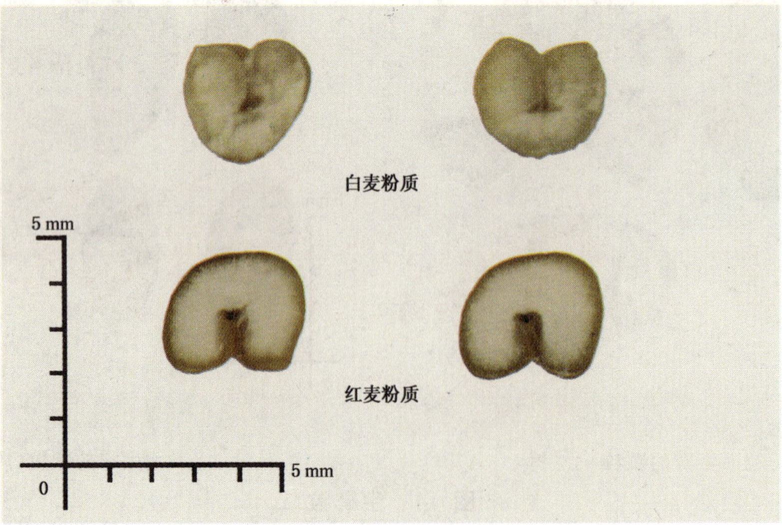

图 17 粉质

参 考 文 献

[1] GB/T 5494 粮油检验 粮食、油料的杂质、不完善粒检验

ICS 67.040
B 20

中华人民共和国国家标准

GB/T 22505—2008

粮油检验　感官检验环境照明

Inspection of grain and oils—Sensory analysis environment—Lighting

2008-11-04 发布　　2009-01-20 实施

中华人民共和国国家质量监督检验检疫总局
中国国家标准化管理委员会　发布

前言

本标准的附录 A 为规范性附录。

本标准由国家粮食局提出。

本标准由全国粮油标准化技术委员会归口。

本标准起草单位:河南工业大学、北京理工大学、河南省粮油饲料产品质量监督检验站、中国华粮物流集团北良有限公司。

本标准主要起草人:杨红卫、廖宁放、吴存荣、胡威捷、范秋梅、尹成华、路辉丽、杜海波、唐怀建、周展明。

粮油检验　感官检验环境照明

1　范围

本标准规定了粮油感官检验时的照明质量、光照度、照明设备的安装和维护。

本标准适用于粮油感官检验时的照明。

2　术语和定义

下列术语和定义适用于本标准。

2.1

北空昼光　north sky light

从日出 3 h 后到日落 3 h 前，避开太阳光直射的从北窗看的天空光。

2.2

色温　color temperature

当光源的色品与某一温度下完全辐射体的色品相同时，该完全辐射体的绝对温度为此光源的色温。色温的符号为 T_c，单位为 K。

2.3

一般显色指数　general color rendering index

光源对 CIE 规定的 8 种颜色的特殊显色指数的平均值，符号为 R_a。

2.4

CIE 标准照明体　CIE standard illuminants

由 CIE 规定的入射在物体上的一个特定的相对光谱功率分布。

2.4.1

标准照明体 A　standard illuminants A

根据国际实用温标而规定的绝对温度为 2 856 K 的完全辐射体。

2.4.2

标准照明体 C　standard illuminants C

相关色温约为 6 774 K 的平均昼光。

2.4.3

标准照明体 D_{65}　standard illuminants D_{65}

相关色温约为 6 504 K 的平均昼光。

2.4.4

标准照明体 D_{55}　standard illuminants D_{55}

相关色温约为 5 503 K 的昼光。

2.4.5

标准照明体 D_{75}　standard illuminants D_{75}

相关色温约为 7 504 K 的昼光。

2.5

光照度　illuminance

照射到表面一点处的面元上的光通量除以该面元的面积，单位为勒克司(lx)，1 lx=1 lm/m^2。

3 照明质量

3.1 标准照明的特性

应相当于北空昼光的色温和光谱分布,具体要求见附录 A。

3.2 光源的要求

3.2.1 相关色温:6 500 K±200 K。

3.2.2 一般显色指数:高于 75。

3.2.3 光谱分布应尽量接近 CIE 标准照明体 D_{65}(附录 A)。

4 光照度

整个检验工作区表面上的光照度应在(750±100)lx 范围内,最大不得超过 1 000 lx 。

5 照明设备的安装

5.1 光源应能提供所要求的照明质量和光照度。

5.2 检验工作区上的光应尽量均匀,且不应有眩光和交叉照明。灯管前应安装具有很好透光性能、光谱呈中性漫射的玻璃(或有机玻璃),可产生漫射光线,并使漫射光线具有足够的方向性,让检验员在工作时可以有深度感。

5.3 灯具应封闭,易于安装和检查维修。

6 照明设备的维护

6.1 定期用光照度计测量并记录整个检验工作区的光照度,灯光不足的灯管要立即用相同型号的灯管更换,保证恰当的照明条件和均匀的光照度。

6.2 定期清洁灯具。

附　录　A
（规范性附录）
粮油检验用照明光色品质特性

表 A.1　粮油检验用照明光色品质特性

波长/nm	D_{65}相对光谱功率分布/%	波长/nm	D_{65}相对光谱功率分布/%	波长/nm	D_{65}相对光谱功率分布/%	波长/nm	D_{65}相对光谱功率分布/%	波长/nm	D_{65}相对光谱功率分布/%	波长/nm	D_{65}相对光谱功率分布/%
400	82.8	455	117.4	510	107.8	565	98.2	620	87.7	675	80.3
405	87.1	460	117.8	515	106.3	570	96.3	625	85.5	680	78.3
410	91.5	465	116.3	520	104.8	575	96.1	630	83.3	685	74.0
415	92.5	470	114.9	525	106.2	580	95.8	635	83.5	690	69.7
420	93.4	475	115.4	530	107.7	585	92.2	640	83.7	695	70.7
425	90.1	480	115.9	535	106.0	590	88.7	645	81.9	700	71.6
430	86.7	485	112.4	540	104.4	595	89.3	650	80.0		
435	95.8	490	108.8	545	104.2	600	90.0	655	80.1		
440	104.9	495	109.1	550	104.0	605	89.8	660	80.2		
445	110.9	500	109.4	555	102.0	610	89.6	665	81.2		
450	117.0	505	108.6	560	100.0	615	88.6	670	82.3		

注：这些数据出自国际照明委员会 CIE 色度学委员会(E-1.3.1)1956 年 8 月的推荐表Ⅳ。

ICS 67.040
X 04

中华人民共和国国家标准

GB/T 22506—2008

粮油检验　酶改性磷脂中1-和2-溶血磷脂酰胆碱的测定　高效液相色谱法

Inspection of grain and oils—Determination of 1- and 2- acyl lysophosphatidylcholine in enzymatically modified phospholipids—High performance liquid chromatography

2008-11-04 发布　　2009-01-20 实施

中华人民共和国国家质量监督检验检疫总局
中国国家标准化管理委员会　发布

前言

本标准的附录A为资料性附录。

本标准由国家粮食局提出。

本标准由全国粮油标准化技术委员会归口。

本标准起草单位：江南大学。

本标准主要起草人：王兴国、金青哲、单良、刘元法、宋志华、潘秋琴。

粮油检验　酶改性磷脂中1-和2-溶血磷脂酰胆碱的测定 高效液相色谱法

1　范围

本标准规定了用高效液相色谱法测定酶改性磷脂中1-溶血磷脂酰胆碱(1-acly lysophosphatidylcholine;1- LPC)和2-溶血磷脂酰胆碱(2- acly lysophosphatidylcholine;2- LPC)的原理、试剂、仪器设备、样品准备、操作步骤、结果表示及精密度和准确度。

本标准适用以大豆磷脂、蛋黄磷脂、菜籽磷脂为原料制备的溶血磷脂酰胆碱的测定。

本标准的检出限为0.1 μg。

2　规范性引用文件

下列标准中的条款通过本标准的引用而成为本标准的条款。凡是注日期的引用文件,其随后所有的修改单(不包括勘误的内容)或修订版均不适用于本标准,然而,鼓励根据本标准达成协议的各方研究是否可使用这些文件的最新版本。凡是不注日期的引用文件,其最新版本适用于本标准。

GB/T 6682　分析实验室用水规格和试验方法(GB/T 6682—2008,ISO 3696:1987,MOD)

3　原理

酶改性磷脂产品中的1-和2-溶血磷脂酰胆碱与磷脂酰胆碱(PC)等其他成分用高效液相色谱分离,采用示差折光检测器检测,外标法定量。

4　试剂

以下所用的试剂,除特殊注明外,均为分析纯试剂;水为符合GB/T 6682规定的一级水。

4.1　95%乙醇。

4.2　草酸($H_2C_2O_4 \cdot 2H_2O$)。

4.3　草酸溶液(0.02 moL/L):准确称取1.261 g草酸(4.2),加水溶解并稀释至500 mL。

4.4　磷脂标准品[1)]:磷脂酰胆碱(PC),1-棕榈酰-溶血磷脂酰胆碱(1-LPC),2-棕榈酰-溶血磷脂酰胆碱(2-LPC)。

5　仪器设备

5.1　高效液相色谱仪:配折光检测器。

5.2　高速离心机:10 000 r/min。

5.3　纤维膜:0.45 μm。

5.4　超声波清洗仪:180 W。

5.5　天平:分度值0.000 1 g。

---

1)　标准品可使用Sigma公司的产品。给出Sigma公司仅为方便用户使用本标准,并无其他商业行为,其他凡是能够达到要求的标准品,均可以选择使用。

6 样品准备

称取 50 mg～100 mg 酶改性磷脂样品(m)，用 95%乙醇溶解稀释至 25 mL，用高速离心机(5.2)离心，取上清液用 0.45 μm 纤维膜(5.3)过滤，现配现用。

7 操作步骤

7.1 色谱条件

色谱柱：氨基柱，250 mm×4.6 mm，粒径 5 μm，或分离效果相当的色谱柱。

流动相：95%乙醇(4.1)：草酸溶液(4.3)＝92：8(体积比)，通过 0.45 μm 纤维膜(5.3)，并经过超声波(5.4)脱气处理。

流速：1 mL/min。

柱温：25 ℃。

进样量：10 μL。

7.2 标准曲线

分别精确称取适量预先经五氧化二磷干燥两天的磷脂酰胆碱、1-溶血磷脂酰胆碱、2-溶血磷脂酰胆碱标准品(4.4)，用 95%乙醇(4.1)溶解、稀释，配置一系列浓度的标准溶液，标准溶液中各磷脂组分的浓度在 0.05 mmoL/L～2.0 mmoL/L 范围内，现配现用。

用微量进样器准确注入 10 μL 现配的各浓度标准溶液于高效液相色谱仪(5.1)中，记录峰面积，以峰面积对进样量绘制标准曲线。

标准品的色谱图参见附录 A。

注：配制好的标准溶液应在 12 h 内完成测定。

7.3 色谱测定

用微量进样器准确注入 10 μL 现配的样品液(6)于高效液相色谱仪(5.1)中，按照(7.1)规定的色谱条件进行色谱分析，记录峰面积。样品液中待测组分浓度较高时应进行适当稀释，保证其响应值均在仪器检测的线性范围内。根据保留时间定性，外标法定量，得到样品中 1-溶血磷脂酰胆碱和 2-溶血磷脂酰胆碱的摩尔浓度(c)。

注：配制好的样品液应在 12 h 内完成测定。

8 结果表示

样品中 1-或 2-溶血磷脂酰胆碱的含量按式(1)计算：

$$P = \frac{c \times \overline{M}_w \times V \times 0.1}{m} \qquad \cdots\cdots(1)$$

式中：

P——样品中 1-或 2-溶血磷脂酰胆碱的含量，以质量分数计，%；

c——由外标法测得的样品中 1-和 2-溶血磷脂酰胆碱的浓度，单位为毫摩尔每升(mmol/L)；

$\overline{M}_w$——1-或 2-溶血磷脂酰胆碱摩尔质量的平均值，单位为克每摩尔(g/mol)；

V——样品最终定容体积，单位为毫升(mL)；

m——样品质量，单位为毫克(mg)。

9 精密度和准确度

测定值的相对标准偏差小于 5%。不同浓度水平条件下，方法的回收率为 96.7%～103.5%。

附 录 A
（资料性附录）
磷脂酰胆碱（PC）和溶血磷脂酰胆碱（LPC）标准品色谱图

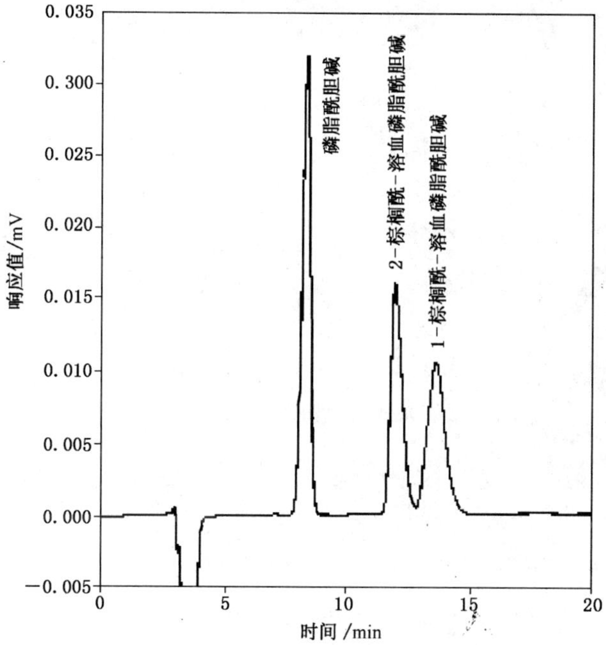

图 A.1　磷脂酰胆碱（PC）和溶血磷脂酰胆碱（LPC）标准品色谱图

ICS 67.040
X 04

中华人民共和国国家标准

GB/T 22507—2008/ISO 15304:2002

动植物油脂　植物油中反式脂肪酸异构体含量测定　气相色谱法

Animal and vegetable fats and oils—Determination of the content of *trans* fatty acid isomers of vegetable fats and oils—Gas chromatographic method

（ISO 15304:2002，IDT）

2008-11-04 发布　　2009-01-20 实施

中华人民共和国国家质量监督检验检疫总局
中国国家标准化管理委员会　发布

前　言

本标准等同采用 ISO 15304:2002《动植物油脂　植物油中反式脂肪酸异构体含量测定　气相色谱法》(英文版)。

为便于使用,本标准对 ISO 15304:2002 进行了下列编辑性修改:

——“本国际标准”一词改为“本标准”;

——用小数点“.”代替作为小数点的逗号“,”;

——删除国际标准的前言,增加了本标准前言;

——删除 ISO 15304:2002 中资料性概述要素(包括封面、封二、前言);

——根据 ISO 15304:2002 技术勘误表 1,将图 B.2 中的标注进行更正;

——用 GB/T 17376《动植物油脂　脂肪酸甲酯制备》代替 ISO 5509:2000。

本标准的附录 A、附录 B、附录 C、附录 D 和附录 E 均为资料性附录。

本标准由国家粮食局提出。

本标准由全国粮油标准化技术委员会归口。

本标准起草单位:国家粮食局科学研究院、江南大学食品学院。

本标准主要起草人:张蕊、薛雅琳、王兴国、宋志华。

动植物油脂　植物油中反式脂肪酸异构体含量测定　气相色谱法

1　范围

本标准规定了植物油中反式脂肪酸异构体含量测定的毛细管柱气相色谱法。

本标准采用单毛细管柱气相色谱(GC)法，适用于测定(高温)精炼或氢化植物油脂中产生的反式异构体的含量。

本标准在同一样品同次分析中也可给出其他脂肪酸的报告(例如：全部脂肪酸组成，饱和脂肪酸、单不饱和脂肪酸和多不饱和脂肪酸的总量)。

注1：由本标准获得的反式异构体含量可能与其他方法获得的反式异构体含量不相同。

注2：(高温)精炼(脱酸和脱臭)中只产生单不饱和脂肪酸和多不饱和脂肪酸的几何异构体，如双键位置保持不变；氢化过程中，既产生位置异构体又产生几何异构体。

注3：氢化产生的某些特殊顺、反异构体可能同时出峰，会影响结果的准确性。通常，部分氢化油脂中的这部分异构体可忽略不记。

2　规范性引用文件

下列文件中的条款通过本标准的引用而成为本标准的条款。凡是注日期的引用文件，其随后所有的修改单(不包括勘误的内容)或修订版均不适用于本标准，然而，鼓励根据本标准达成协议的各方研究是否可使用这些文件的最新版本。凡是不注日期的引用文件，其最新版本适用于本标准。

GB/T 15687　动植物油脂　试样的制备(GB/T 15687—2008，ISO 661:2003，IDT)

GB/T 17376　动植物油脂　脂肪酸甲酯制备(GB/T 17376—2008，ISO 5509:2000，IDT)

3　术语和定义

下列术语和定义适用于本标准。

3.1

精炼(高温)油脂反式脂肪酸异构体含量　content of *trans* fatty acid isomers of (high temperature) refined oils and fats

C18：1*trans*、C18：2 *trans*、C18：3 *trans* 脂肪酸甲酯的总和，表示为总脂肪酸甲酯的质量分数。

3.2

部分氢化油脂反式脂肪酸异构体含量　content of *trans* fatty acid isomers of partially hydrogenated oils and fats

所有反式双键脂肪酸甲酯的总和，表示为总脂肪酸甲酯的质量分数。

注：反式脂肪酸异构体的含量用百分数表示。

4　原理

依据脂肪酸碳链长度、(不)饱和程度、几何结构和双键位置的不同，在强极性固定相毛细管气相色谱柱上分离样品中的脂肪酸甲酯。

5　试剂和材料

除非另有规定，仅使用分析纯试剂。

5.1 载气

使用干燥的、除去氧气的气相色谱级载气，最好是氦气、氢气或者氮气。

警告——只有在采用毛细管柱进行分析时，可选氢气作为载气，能使分析速度加快一倍（与氦气相比），但存在危险。使用氢气时应具有安全装置，与仪器结合在一起的安全装置是基本的要求。

5.2 具有证书的参比物(CRM)

BCR162(大豆/玉米混合)，可从欧洲委员会(EC)标准物质局获得。

注：除EC的CRM外，也可使用著名供应商如Supelco，Larodan，Nuchek及Sigma公司提供的校准标准物。不同的氢化油应选择不同的标准物(例如：含月桂酸的油、不含月桂酸的油和棕榈油)。

6 仪器

常用实验仪器，及以下特殊仪器：

6.1 气相色谱仪：装有毛细管进样系统(最好用分流方式，分流比约为1∶100)和火焰离子化检测器(FID)。

6.2 毛细管柱：具有强极性固定相(例如，CP™-Sil 88，SP-2340，BPX-70或相似强极性氰丙基固定相，如SP-2380和SP-2560，它们对不同几何异构体也具有相似的分辨能力)。

注：为提高分离效果，推荐使用100 m的SP-2560或CP™-Sil 88柱，氢气作载气。

色谱柱规格如下：

——CP™-Sil 88，(50 m～100 m)×0.25 mm内径，0.20 μm；

——SP-2360，(50 m～100 m)×0.25 mm内径，0.2 μm；

——SP-2340，60 m×0.25 mm内径，0.2 μm；

——BPX-70，50 m×0.22 mm内径，0.25 μm。

使用的最佳条件在10.2.1中列出，参见附录A。

7 扦样

本标准未规定扦样方法，建议扦样执行GB/T 5524《动植物油脂　扦样》[1]。

实验室接收的样品应具有代表性，在运输和储藏过程中没有被损坏或发生变化。

8 试样制备

试样制备按GB/T 15687执行。

从样品中取出实验部分前，充分混合样品。固体样品完全熔化，以保证充分混合。

9 甲酯的制备

依照GB/T 17376将试样中的甘三酯进行甲酯化。

也可使用AOCS Ce2-66[2]或IUPAC 2.301[3]方法。

反式异构体的测定，例如特级初榨橄榄油，按照GB/T 17376中反式酯化程序进行，试样应避免加热。

10 分析步骤

10.1 总则

同时分析试样(或一系列试样)、空白样(正庚烷)和参比样(CRM)(5.2)。

10.2 气相色谱条件

10.2.1 选择表1推荐的一组温度和色谱柱，设置气相色谱仪。按表1调节载气线速度，分流比约为1∶100。在表1给出的色谱条件下得到的典型色谱图参见附录B。

表 1　精炼和氢化植物油中反式异构体定性和定量推荐使用的气相色谱条件

参　量	建议最佳操作条件		
固定相	SP-2340	CP™-Sil 88	BPX-70
温度/℃	192	175	198
柱前压/kPa	125	130	155
载气线速度(氦气)/(cm/s)	15	19	17
参　量	建议 100 m 色谱柱最佳实验条件		
固定相	SP-2560	CP™-Sil 88	CP™-Sil 88
温度/℃	120～240 (4 ℃/min)	150	175
柱前压/kPa	220	170	160
载气线速度(氢气)/(cm/s)	30	30	30

10.2.2　进样口温度和检测器温度为 250 ℃。

10.3　性能检查

吸取 0.5 μL～1 μL 的甲酯化试样(浓度约 7 mg/mL 庚烷)，注入气相色谱仪进行分析。将类似样品的测试结果与附录 B 中典型色谱图对比。如获得的谱图与范例色谱图不完全相同，需对柱箱温度进行微调。每次以 1 ℃幅度升高或降低柱箱温度，直至获得良好的分离效果。通过微调可消除每批色谱柱和仪器温度控制的差异，一般微调范围在指示温度的正、负几度范围内。

如果柱箱温度提高，C20：1 *cis* 峰比亚麻酸 C18：3 9*cis*，12*cis*，15*cis*(*ccc*)早馏出(见参考文献[4])。

注：BPX-70 固定相的特性有些不同，在这些色谱条件下，C20：1 *cis* 峰比亚麻酸 C18：3 9*cis*，12*cis*，15*cis*(*ccc*)晚出峰(对照附录 B)。

如气相色谱系统设置正确，在精炼(高温)油中，如：大豆油，谱图中应该有少量天然存在的 C18：1 11*cis* 异构体出现在 C18：1 9*cis* 峰的后面。这两个 C18：1*cis* 异构体应该能很好的分离(参见附录 B)。

注：氢化海产品油产生更宽范围的反式异构体，定性和定量更加困难。

在精炼(高温)油中，天然 C20：1*cis* 异构体出峰位置恰好在最后馏出的反式异构体 C18：3(*tcc*)和 C18：3*ccc*(亚麻酸)峰之间。对于这种分析类型，如果分离充分，在精炼(高温)油中，应该有 C18：1 *trans* 异构体的小峰、两个大小差不多的 C18：2 *trans* 异构体的峰及四个(有时五个)C18：3 *trans* 异构体的峰。

对于部分氢化油脂，在色谱图上 C18：1 13*trans* 和 C18：1 9*cis* 异构体分离明显。这需要顺反异构体峰间有精确的分离度(参见附录 B)。

C18：1 13*trans* 异构体总是与 C18：1 14*trans* 异构体同时馏出。因此，这两个异构体的峰被认为是 C18：1 (13+14)*trans* 峰。

10.4　峰鉴定

精炼(高温)油脂中，反式异构体数量有限，只产生几何异构体，双键位置保持不变。这些特殊的异构体是 C18 型脂肪酸：C18：1 9*trans*，C18：2 9*c*12*t*，C18：2 9*t*12*c*，C18：3*tct*、*cct*、*ctc* 和 *tcc*9，12，15 异构体(在某些样品中也发现少量的 C18：2 9*t*12*t* 和 C18：3 *ttc* 异构体)。

在部分氢化油脂中，含有反式双键的异构体用等链长(ECL)概念来鉴定。为了用此体系对峰进行精确的鉴定，应在用有效的顺反脂肪酸异构体标准品[1]进行校准后，测定 ECL 值(参见附录 C)。

在每组分析中，第一个样品为空白(正庚烷)。运行空白样时，应没有峰被检测出来。每测十个样品后测试一个空白。

1)　可以从很多化学试剂供应商购买[例如 Nu-Check Prep Inc.(美国)；Sigma(美国)；Larodan(瑞典)]。

每批分析中(例如,每一批甲酯化),至少分析一个参比样(5.2),来检查甲酯化性能和气相分析性能。每测十个样品后进一针已甲酯化的参比样。

11 结果计算

11.1 总则

每个组分的相对质量分数通过测定相应组分峰的校准面积与所有峰的校准面积比值计算。校准用于补偿 FID 对每个组分的响应值。使用 BCR 标准(见 5.2)测定单个组分的校准因子。

11.2 计算 FID 响应因子

通过式(1)计算各组分 FID 响应因子:

$$F_x = \frac{M_x}{(n_x - 1)A_C} \qquad (1)$$

式中:

F_x——组分 x 的 FID 响应因子;

M_x——组分 x 的相对摩尔质量;

n_x——甲酯化脂肪酸组分 x 的碳原子数;

A_C——碳原子的相对原子质量(A_C=12.01)。

本公式计算给出一个理论响应因子。

11.3 计算 FID 校准因子

通过式(2)计算各组分 FID 校准因子:

$$f_x = \frac{F_x}{F_r} \qquad (2)$$

式中:

f_x——组分 x 的校准因子;

F_x——组分 x 的 FID 响应因子;

F_r——C16:0 的 FID 响应因子(F_r=1.407)。

C16:0 的 FID 响应因子(F_r=1.407)是参比(f_x=1.00)。计算中使用的所有其他校准 FID 响应因子是相对这个值。例如,C10:0 校准响应因子为 1.10。参见附录 D 所列 FID 因子。

11.4 计算相对质量分数

通过式(3)计算各组分相对质量分数:

$$w_x = \frac{A_x \times f_x \times 100\%}{A_t} \qquad (3)$$

式中:

w_x——峰面积百分率法计算的组分 x 相对质量分数;

A_x——组分 x 相应的峰面积;

f_x——组分 x 的校准因子;

A_t——所有峰校准面积的总和,除去溶剂峰。

11.5 计算反式脂肪酸异构体的含量

11.5.1 精炼(高温)油

精炼(高温)油中反式脂肪酸异构体的含量表示为相对于所有脂肪酸甲酯,C18:1*trans*、C18:2 *trans*、C18:3 *trans* 脂肪酸甲酯相对质量分数的总和。可能出现的最大峰有:C18:1 *trans*(1 个峰)、C18:2 *trans*(2 个峰)、C18:3 trans(4 个峰),见图 A.4 和图 A.5。

结果精确至 0.01%(质量分数)。

11.5.2 部分氢化油

部分氢化油脂反式脂肪酸异构体的含量表示为相对于所有脂肪酸甲酯,所有含有反式双键脂肪酸甲酯相对质量分数的总和。

结果精确至0.1%(质量分数)。

12 精密度

12.1 联合实验

该联合实验的方法的精密度报告参见附录E。当浓度超出已给定浓度范围时,这些联合实验的测试数据可能不适用。

注:个别部分氢化油含有反式脂肪酸的水平超出了来自联合实验的水平范围。

12.2 重复性

在同一实验室,由同一操作员使用相同的设备,按相同的测试方法,在短时间内对同一被测对象相互独立地进行测试的条件下,两个测试结果的绝对差超出表2给出的r值的情况不超过5%。

12.3 再现性

在不同的实验室,由不同的操作员使用不同设备,按相同的测试方法,对同一被测对象相互独立地进行测试的条件下,两个测定结果的绝对差值超出表2给出的R值的情况不超过5%。

表2 重复性限(r)和再现性限(R)

样品	反式脂肪酸异构体 含量平均值/%(质量分数)	r/ %(质量分数)	R/ %(质量分数)
葵花籽油	0.34	0.08	0.21
大豆油	0.78	0.13	0.31
菜籽油	1.09	0.13	0.40

13 测试报告

测试报告需说明:

——完整地识别样品所需的所有信息;

——扦样方法;

——关于本标准使用的测试方法;

——所有在本标准中未规定或视为任选的操作细节,以及使用本方法时其他可能影响了测定结果的事件;

——获取的测试结果;

——如检验了重复性,列出结果。

附　录　A
（资料性附录）
最　佳　条　件

最佳条件见图 A.1～图 A.3。

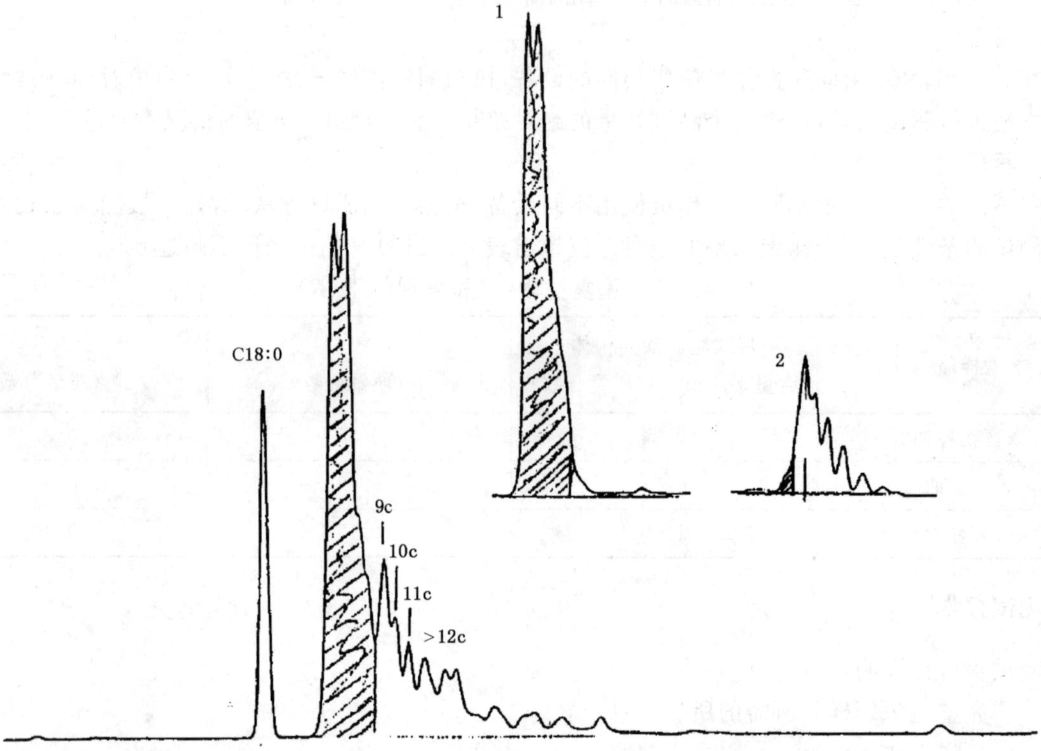

峰鉴定：

1——*trans* 单烯酸；

2——*cis* 单烯酸。

图 A.1　BPX-70 色谱柱最佳条件，198 ℃（等温），样品 BO35

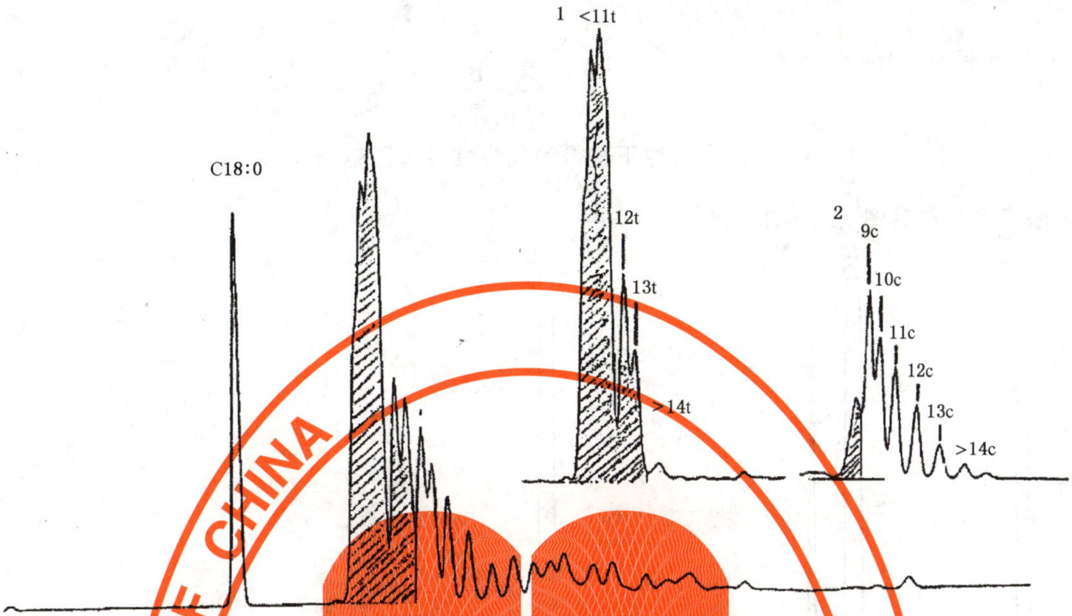

峰鉴定：

1——*trans* 单烯酸；

2——*cis* 单烯酸。

图 A.2 CP-Sil 88 色谱柱最佳条件，175 ℃（等温），样品 BO35

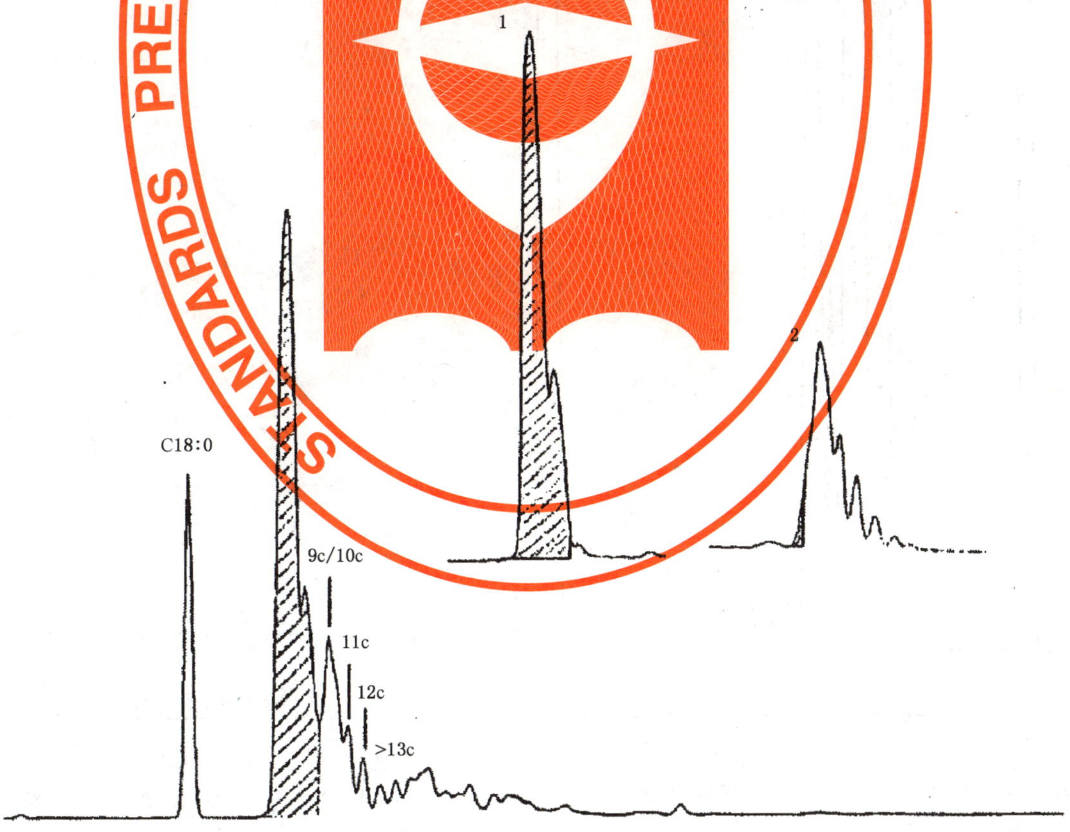

峰鉴定：

1——*trans* 单烯酸；

2——*cis* 单烯酸。

图 A.3 SP-2340 色谱柱最佳条件，192 ℃（等温），样品 BO35

附 录 B
（资料性附录）
推荐条件下获得的代表性色谱图范例

甲酯的色谱图见图 B.1～图 B.5。

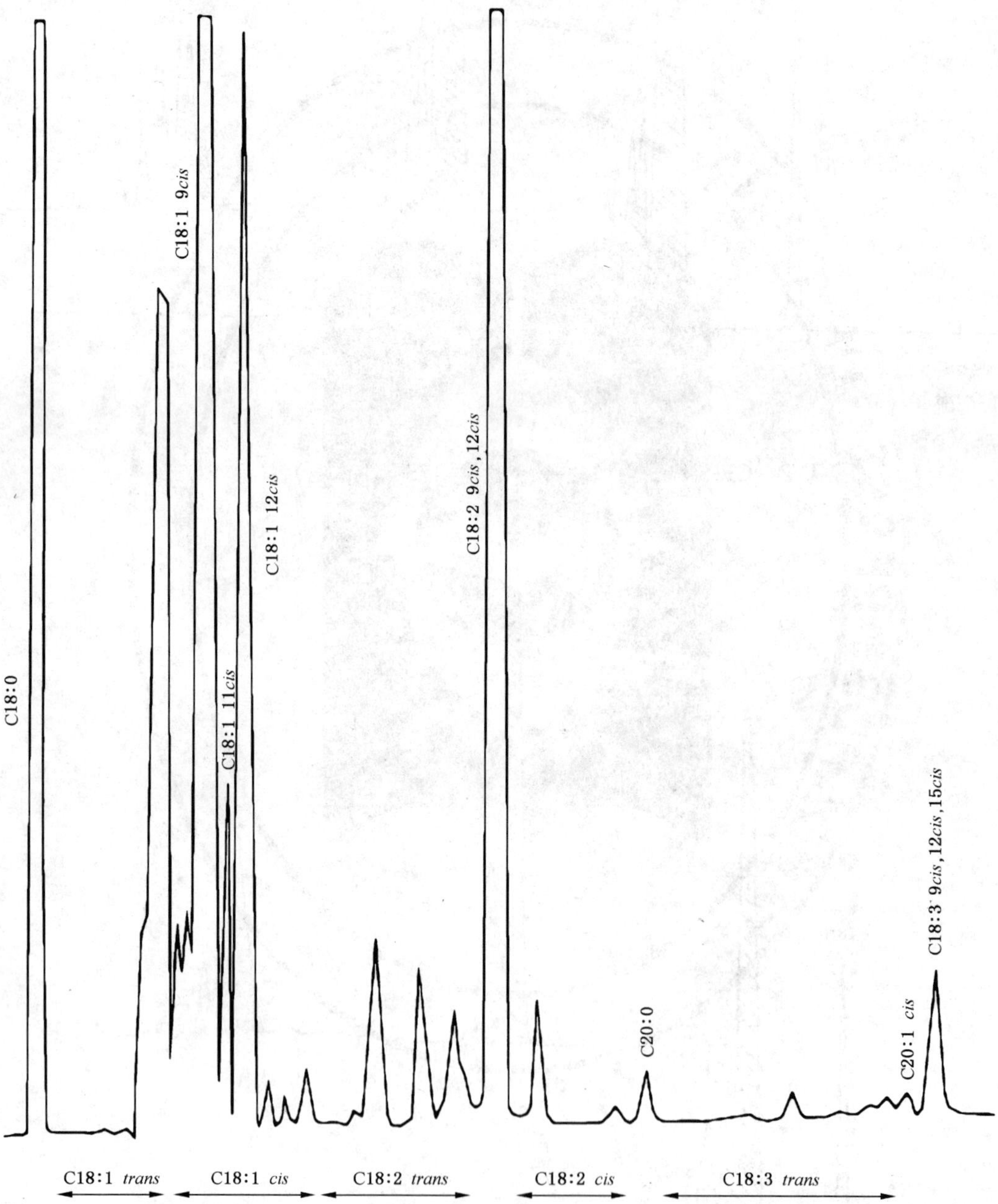

注：50 m×0.25 mm×0.20 μm，CP[TM]-Sil 88 色谱柱(Chrompack)，175 ℃(等温)。色谱图上指出了 *cis* 和 *trans* 脂肪酸异构体保留区域。

图 B.1 部分氢化大豆油样品甲酯的色谱图

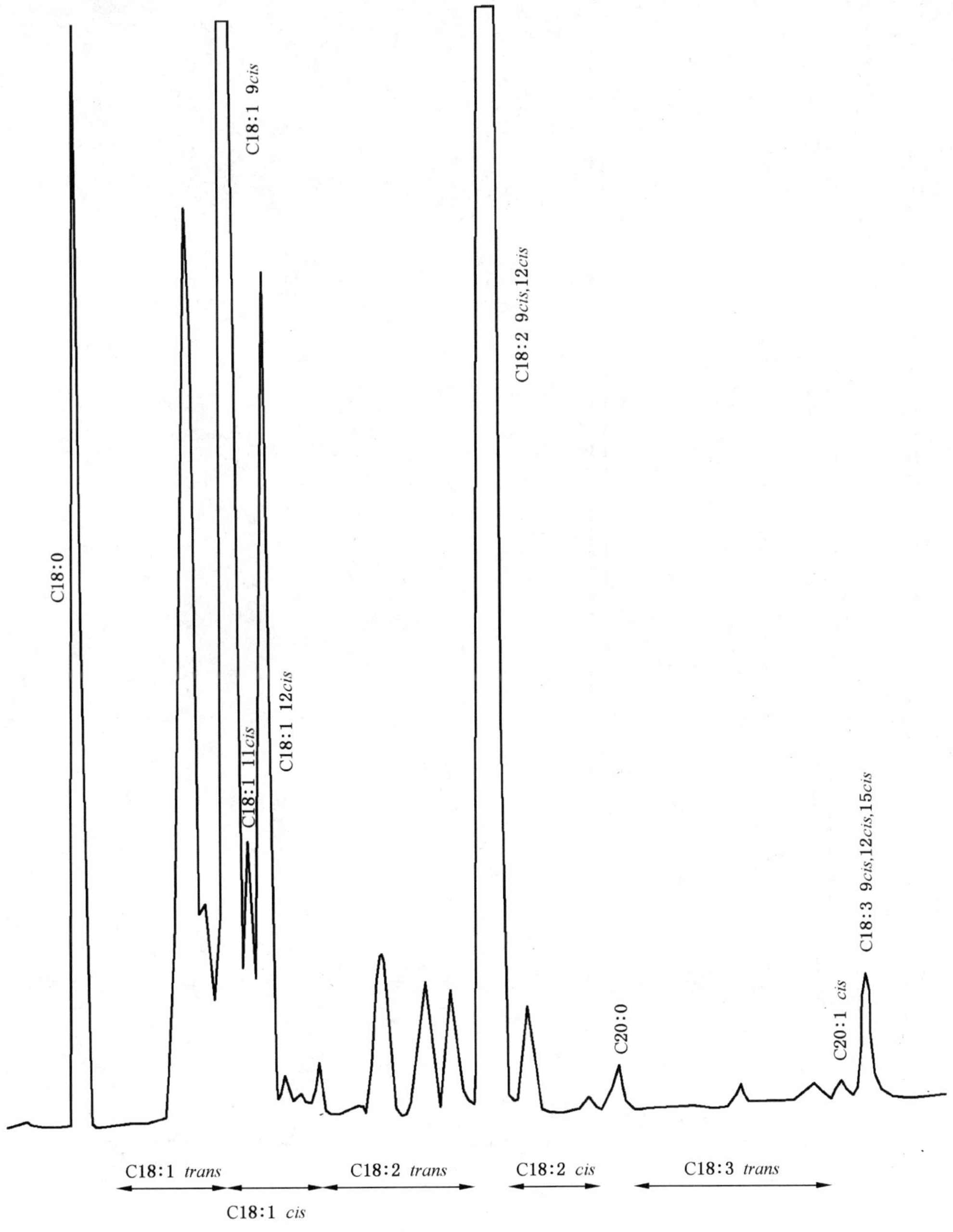

注：60 m×0.25 mm×0.20 μm，SP-2340 色谱柱(Supelco)，190 ℃(等温)。色谱图上指出了 *cis* 和 *trans* 脂肪酸异构体保留区域。

图 B.2 部分氢化大豆油样品甲酯的色谱图

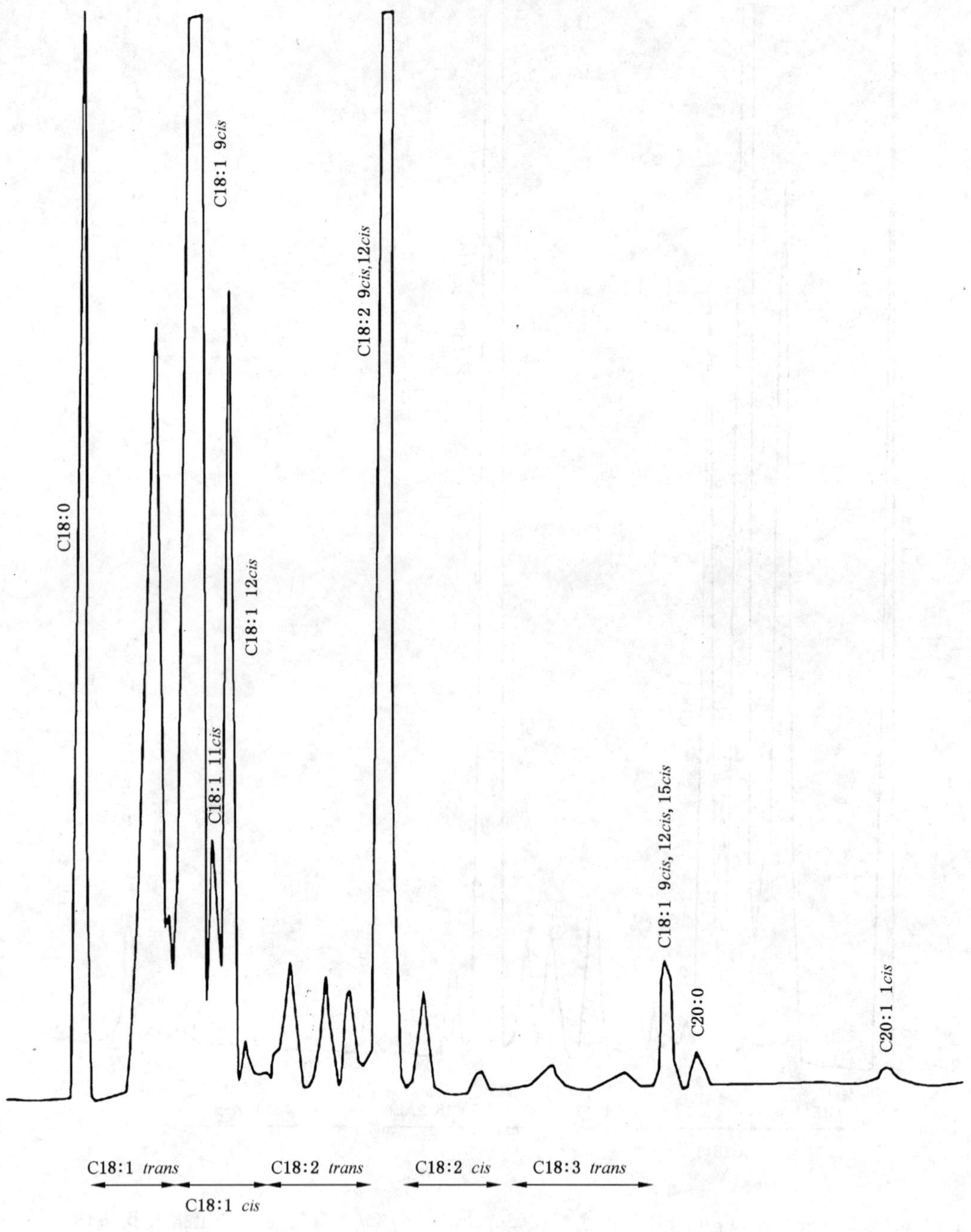

注：50 m×0.22 mm×0.25 μm，BPX-70 色谱柱(SGE)，198 ℃(等温)。色谱图上指出了 *cis* 和 *trans* 脂肪酸异构体保留区域。

图 B.3　部分氢化大豆油样品甲酯的色谱图

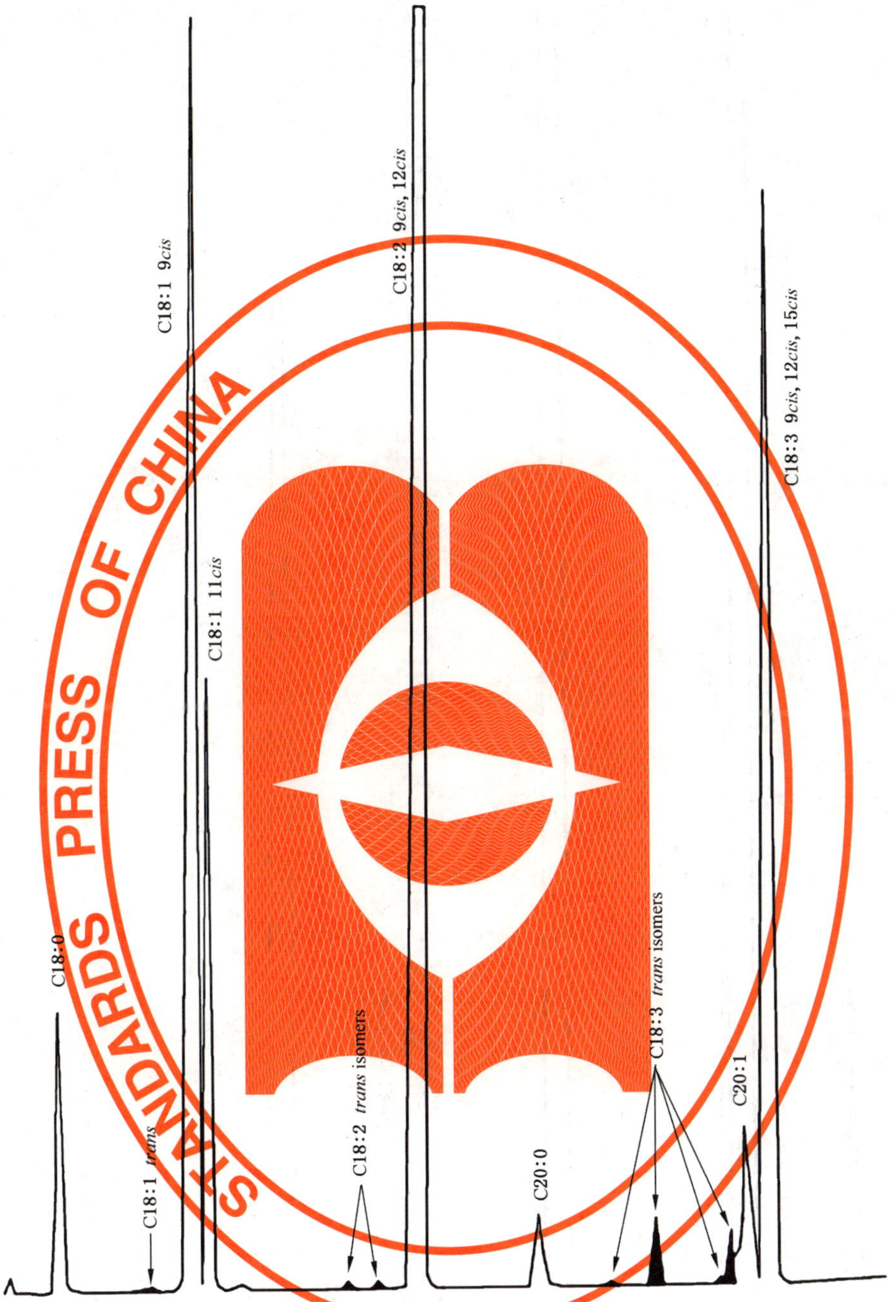

注：50 m×0.25 mm×0.20μm，CP™-Sil 88 色谱柱(Chrompack)，175 ℃(等温)。*trans* 脂肪酸异构体为图中阴影部分。

图 B.4 物理精炼菜籽油样品甲酯的色谱图

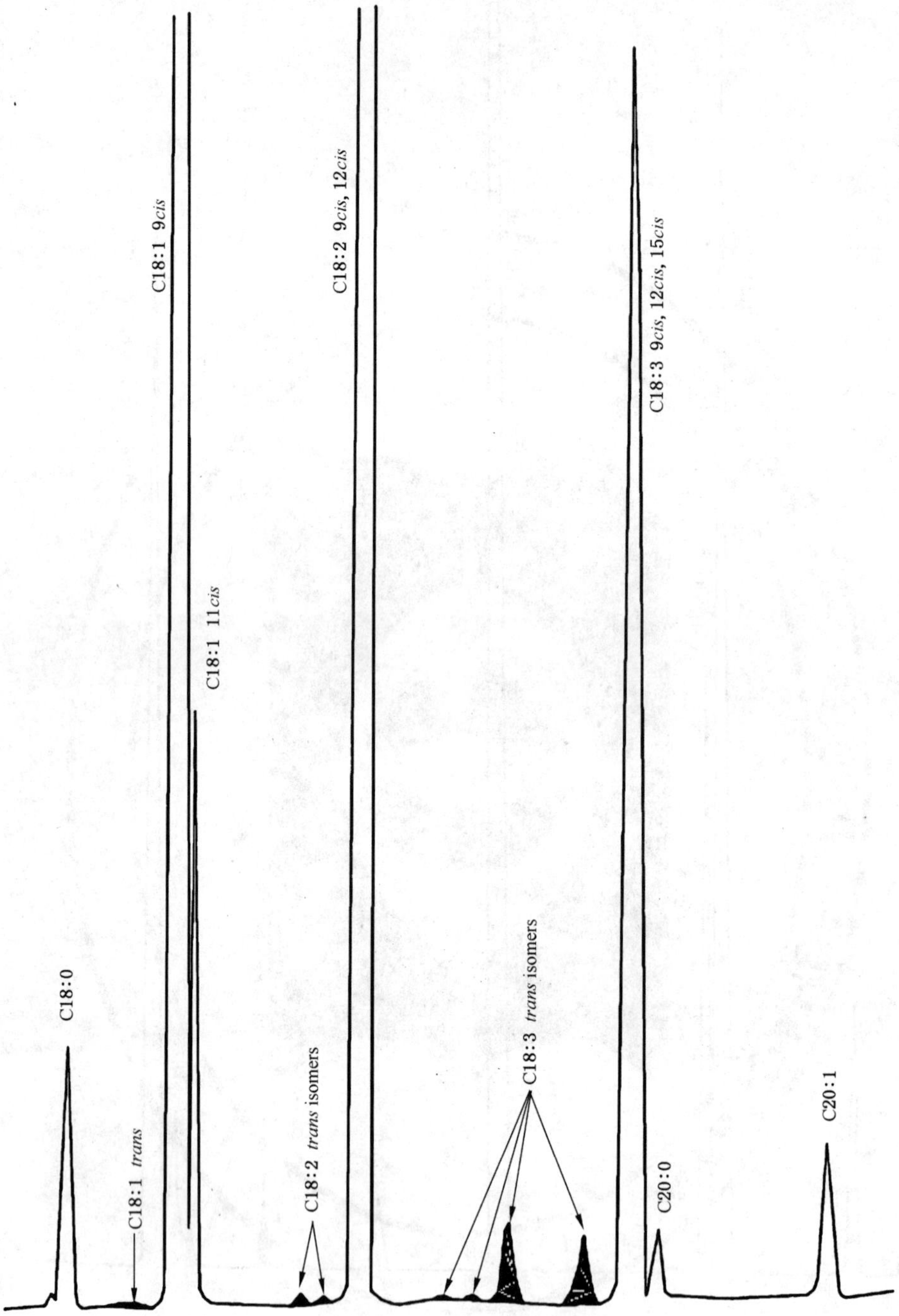

注：50 m×0.22 mm×0.25 μm，BPX-70 色谱柱（SGE），198 ℃（等温）。*trans* 脂肪酸异构体为图中阴影部分。

图 B.5 高温精炼菜籽油样品甲酯的色谱图

附 录 C
（资料性附录）
等链长(ECL)值

等链长(ECL)值见表 C.1。

表 C.1 等链长(ECL)值

C18 异构体		固定相和温度		
		SP-2340 192 ℃	CP™-Sil 88 175 ℃	BPX-70 198 ℃
C18:1	6*cis*	—	18.58	—
	7*cis*	—	18.58	—
	9*cis*	18.68	18.66	18.46
	10*cis*	—	—	—
	11*cis*	18.76	18.74	18.53
	12*cis*	—	18.80	—
	13*cis*	—	18.87	—
	15*cis*	—	19.00	—
	6*trans*	—	18.41	—
	7*trans*	—	18.42	—
	9*trans*	18.49	18.46	18.28
	10*trans*	—	18.49	—
	11*trans*	—	18.52	—
	12*trans*	—	18.57	—
	13*trans*	—	18.61	—
	15*trans*	—	18.66	—
C18:2	9*c*12*c*	19.62	19.63	19.14
	9*c*12*t*	19.40	19.40	18.94
	9*t*12*c*	19.48	19.49	19.02
	9*t*12*t*	19.26	19.20	18.69
	12*c*15*c*	—	19.92	—
C18:3	6*c*9*c*12*c*	—	20.28	—
	9*t*12*t*15*t*	—	20.04	—
	9*t*12*c*15*t*	20.23	20.26	19.42
	9*c*12*c*15*t*	20.35	20.36	19.61
	9*c*12*t*15*c*	—	20.53	19.51
	9*t*12*c*15*c*	20.57	20.56	19.82
	9*c*12*c*15*c*	20.68	20.67	19.93

注 1：在三种强极性固定相和推荐最佳条件下，Unilever Research Vlaardinggen[符拉尔丁根（荷兰西南部港市）]测定主要脂肪酸异构体的值。

注 2：文献数据，见参考文献[5]和[6]。

附 录 D
（资料性附录）
FID 响应因子和 FID 校准因子

FID 响应因子和 FID 校准因子见表 D.1。

表 D.1 FID 响应因子和 FID 校准因子

脂肪酸甲酯(x)中脂肪酸碳原子数	M_x[a]	n_x[a]-1	F_x[a]	f_x[a]
4:0	102.13	4	2.126	1.51
6:0	130.19	6	1.807	1.28
8:0	158.24	8	1.647	1.17
9:0	172.27	9	1.594	1.13
10:0	186.30	10	1.551	1.10
11:0	200.32	11	1.516	1.08
12:0	214.35	12	1.487	1.06
13:0	228.37	13	1.463	1.04
14:0	242.40	14	1.442	1.02
15:0	256.42	15	1.423	1.01
16:0	270.46	16	1.407	1.00(参比)
17:0	284.49	17	1.393	0.99
18:0	298.52	18	1.381	0.98
19:0	312.52	19	1.370	0.97
20:0	326.57	20	1.360	0.97
21:0	340.57	21	1.350	0.96
22:0	354.62	22	1.342	0.95
23:0	368.62	23	1.334	0.95
24:0	382.68	24	1.328	0.94

[a] M_x 为组分 x 的相对分子质量；
n_x 为组分 x 的脂肪酸甲酯碳原子数；
F_x 为组分 x 的 FID 因子；
f_x 为组分 x 的校准因子。

附　录　E
（资料性附录）
联合实验室测试结果

1995 年按照 ISO 5725-1[7]，ISO 5725-2[8] 和 MEN6303[9] 进行了本方法的联合实验室精密度测试。60 个实验室参与了这次测试。38 个实验室的结果被接受。测试 6 个盲样：葵花籽油、大豆油和菜籽油各两份（见表 E.1）。测试报告已发表（参见参考文献[10]）。

注：个别部分氢化油反式脂肪酸的水平超出了来自实验室间测试的水平范围。

表 E.1　联合实验室测试结果

项　　目	样　　品		
	葵花籽油	大豆油	菜籽油
剔除离群实验室后实验室数目	38	38	37
剔除离群结果后可接受结果的数目	144	147	143
反式脂肪酸异构体含量平均值/%（质量分数）	0.34	0.78	1.09
重复性标准偏差 S_r/%（质量分数）	0.029	0.045	0.047
重复性相对标准偏差/%	8.64	5.85	4.34
重复性限 $r(r=2.8S_r)$/%（质量分数）	0.08	0.13	0.13
再现性标准偏差 S_R/%（质量分数）	0.077	0.109	0.143
再现性相对标准偏差/%	22.64	14.07	13.14
再现性限 $R(R=2.8S_R)$/%（质量分数）	0.21	0.31	0.40

1999 年，Unilever Research Vlaardingen 与多实验室研究协会合作，组织不同种类可食用油反式脂肪酸异构体测定的国际联合实验室测试。来自 29 个不同国家的 62 个实验室参与了实验室间测试；57 个实验室寄回实验结果。依据 ISO 5725-2，用同水平法计算重复性限和再现性限。研究 6 个样品：葵花籽油、菜籽油和橄榄油各两份（见表 E.2～表 E.4）。

表 E.2　葵花籽油实验室间测试结果

项　　目	葵花籽油			
	trans C18∶1	trans C18∶2	trans C18∶3	总反式脂肪酸异构体
剔除离群实验室后实验室数目	39	51	30	50
剔除离群结果后可接受结果的数目	468	612	360	600
反式脂肪酸异构体含量平均值/%（质量分数）	0.029	0.154	0.033	0.205
重复性标准偏差 S_r/%（质量分数）	0.005	0.009	0.007	0.015
重复性相对标准偏差/%	18.48	5.8	21.65	7.49
重复性限 $r(r=2.8S_r)$/%（质量分数）	0.015	0.025	0.020	0.043
再现性标准偏差 S_R/%（质量分数）	0.014	0.030	0.013	0.048
再现性相对标准偏差/%	46.80	19.25	38.96	23.17
再现性限 $R(R=2.8S_R)$/%（质量分数）	0.038	0.083	0.036	0.133

表 E.3 菜籽油实验室间测试结果

项目	菜籽油			
	trans C18∶1	trans C18∶2	trans C18∶3	总反式脂肪酸异构体
剔除离群实验室后实验室数目	33	48	47	47
剔除离群结果后可接受结果的数目	396	576	564	564
反式脂肪酸异构体含量平均值/%(质量分数)	0.032	0.074	0.406	0.521
重复性标准偏差 S_r/%(质量分数)	0.005	0.012	0.015	0.027
重复性相对标准偏差/%	15.63	15.93	3.69	5.21
重复性限 $r(r=2.8S_r)$/%(质量分数)	0.014	0.033	0.042	0.076
再现性标准偏差 S_R/%(质量分数)	0.009	0.020	0.058	0.081
再现性相对标准偏差/%	29.02	27.03	14.16	15.63
再现性限 $R(R=2.8S_R)$/%(质量分数)	0.026	0.056	0.161	0.228

表 E.4 橄榄油实验室间测试结果

项目	橄榄油			
	trans C18∶1	trans C18∶2	trans C18∶3	总反式脂肪酸异构体
剔除离群实验室后实验室数目	31	36	22	40
剔除离群结果后可接受结果的数目	372	432	264	480
反式脂肪酸异构体含量平均值/%(质量分数)	0.023	0.021	0.016	0.055
重复性标准偏差 S_r/%(质量分数)	0.005	0.007	0.005	0.012
重复性相对标准偏差/%	23.29	34.01	29.02	22.08
重复性限 $r(r=2.8S_r)$/%(质量分数)	0.015	0.020	0.013	0.034
再现性标准偏差 S_R/%(质量分数)	0.009	0.011	0.009	0.030
再现性相对标准偏差/%	40.37	51.02	53.57	54.55
再现性限 $R(R=2.8S_R)$/%(质量分数)	0.026	0.030	0.024	0.084

参 考 文 献

［1］ GB/T 5524 动植物油脂 扦样(GB/T 5524—2008,ISO 5555:2001,IDT)

［2］ AOCS Official Method Ce 2-66:*Preparation of methyl esters of long-chain fatty acids*

［3］ IUPAC 2.301:*Preparation of the fatty acid methyl esters*

［4］ DUCHATEAU G. S. M. J. E, van OOSTEN H. J. and VASCONCELLOS M. A. Analysis of *cis*-and *trans*-fatty acid isomers with capillary GLC in hydrogenated and refined vegetable oils. *J. Am. Oil Chem. Soc.*, 73, 1996, pp. 275-282

［5］ SCHOLFIELD C. R. Gas chromatographic equivalent chain lengths of fatty acid methyl esters on a Silar 10C glass capillary column. *J. Am. Oil Chem. Soc.*, 58, 1981, pp. 662-663

［6］ RATNAYAKE W. M. N. and PELLETIER G. Positional and geometrical isomers of linoleic acid in partially hydrogenated oils. *J. Am. Oil Chem. Soc.*, 69, 1992, pp. 95-105

［7］ ISO 5725-1, *Accuracy(trueness and precision) of measurement methods and results—Part 1: General principles and definitions*

［8］ ISO 5725-2, *Accuracy(trueness and precision) of measurement methods and results—Part 2: Basic method for the determination of repeatability and reproducibility of a standard measurement method*

［9］ MEN 6303, *Vegetable and animal oils and fats—Determination of repeatability and reproducibility of methods of analysis by interlaboratory tests*

［10］ BRUGGEN P. C. van, DUCHATEAU G. S. M. J. E., MOOREN, M. M. W. and OOSTEN H. J. van. Precision of low *trans* fatty acid level determination in refined oils: Results of a collaborative capillary gas liquid chromatography study. *J. Am. Oil Chem. Soc.*, 75(4), 1998, pp. 483-488

ICS 67.040
X 01

中华人民共和国国家标准

GB/T 22508—2008

预防与降低谷物中真菌毒素污染操作规范

Code of practice for the prevention and reduction of mycotoxin contamination in cereals

(CAC/RCP 51—2003,Code of practice for the prevention and reduction of mycotoxin contamination in cereals,including annexes on ochratoxin A,zearalenone, fumonisins and tricothecenes,MOD)

2008-11-04 发布　　2009-01-20 实施

中华人民共和国国家质量监督检验检疫总局
中国国家标准化管理委员会　发布

前　言

本标准修改采用 CAC/RCP 51—2003《预防和降低谷物中真菌毒素污染操作规范，包括赭曲霉素 A、玉米赤霉烯酮、伏马毒素和单端孢霉烯族毒素的附录》。

本标准与 CAC/RCP 51—2003 相比主要技术差异如下：

——将原国际标准中属于引言部分的第 1 段到第 3 段的适用内容经转化后形成本标准的引言；

——增加了标准的“范围”和“规范性引用文件”两部分内容，并将原国际标准中“CAC/RCP 1—1969，Rev. 4(2003)”代替为 GB/T 19538；

——将原国际标准的附录 A、附录 B、附录 C 和附录 D 的适用内容纳入了标准正文中，其中附录 A 和附录 D 的适用内容经转化后成为本标准的 3.2.7，附录 B 的适用内容经转化后成为本标准的 3.3.7，附录 C 的适用内容经转化后纳入本标准 3.4.3；

——为了方便比较，在附录 A 中列出了本标准条款和国际标准条款的对照一览表。

本标准的附录 A 为资料性附录。

本标准由国家粮食局科学研究院和中国标准化研究院共同提出。

本标准由全国粮油标准化技术委员会归口。

本标准起草单位：国家粮食局科学研究院、中国标准化研究院。

本标准主要起草人：王松雪、杨丽、林家永、曹阳、吴子丹。

引　言

0.1　真菌毒素是一类由产毒真菌产生的有毒物质，可广泛污染农作物及其产品。目前还无法完全消除真菌毒素的污染，通过制定操作规范来预防和降低谷物中真菌毒素的污染十分必要。由国际食品法典委员会制定的CAC/RCP 51—2003《预防和降低谷物中真菌毒素污染操作规范》为各国预防和控制谷物中各种真菌毒素的污染提供了统一的指导。该操作规范经修改采用后转化为本标准。为有效实施该标准，生产者在执行本标准条款之前，有必要将本标准中的通用原则和当地种植作物的种类、气候条件以及农艺措施结合起来。同时要清醒认识到良好农业规范(GAP)只是防御谷物真菌毒素污染的基本前提，其后在此基础上用于食品和饲料谷物的处理、储藏、加工和销售环节中应继续履行良好操作规范(GMP)。

0.2　本标准包括两部分内容：第一部分是在实施良好农业规范(GAP)和良好操作规范(GMP)基础上，降低谷物各种真菌毒素污染的推荐操作规范；第二部分是推荐应用的管理体系，该体系是基于危害分析与关键控制点(HACCP)原理。

0.3　本标准包含降低谷物中各种真菌毒素污染的一般原则。在实施本标准时，生产者需要了解从田间到储藏、运输等各个环节中，可能导致谷物感染真菌和促其生长以及产毒的环境因素。对某一具体农作物，种植、收获前及收获后的策略要根据当年的气候条件、本地区的作物种类和传统生产条件来确定。同时，鼓励开发快速、经济、准确的检测试剂盒和配套的采样方案，以及采用适当的程序如分离、修复、召回或转作它用等来处理可能对人和(或)动物健康造成威胁的谷物；鼓励开展在田间、收获和储藏环节进行真菌毒素污染预防的方法和技术研究。

预防与降低谷物中真菌毒素污染操作规范

1 范围

本标准规定了预防和降低谷物中真菌毒素污染的操作规范和应用管理体系。

本标准适用于谷物种植、收获前、收获、储藏、运输各个环节谷物中各种真菌毒素污染的预防和降低。

2 规范性引用文件

下列文件中的条款通过本标准的引用而成为本标准的条款。凡是注日期的引用文件，其随后所有的修改单（不包括勘误的内容）或修订版均不适用于本标准，然而，鼓励根据本标准达成协议的各方研究是否可使用这些文件的最新版本。凡是不注日期的引用文件，其最新版本适用于本标准。

GB/T 19538 危害分析与关键控制点（HACCP）体系及其应用指南（GB/T 19538—2004，CAC/RCP 1—1969；Rev. 3（1997），Amd，1999，IDT）

GB/T 20014.2 良好农业规范 第2部分：农场基础控制点与符合性规范

GB/T 20014.3 良好农业规范 第3部分：作物基础控制点与符合性规范

GB/T 20014.4 良好农业规范 第4部分：大田作物控制点与符合性规范

GB/T 22000 食品安全管理体系 食品链中各类组织的要求（GB/T 22000—2006，ISO 22000：2005，IDT）

LS/T 1211 粮油储藏技术规范

3 以良好农业规范（GAP）和良好操作规范（GMP）为基础的推荐操作规范

3.1 种植

3.1.1 在作物种植时，考虑建立和维持作物轮作制度。一般情况下，避免连续两年在同一农田种植同一作物，或轮种对同一真菌寄主敏感的不同作物，以减少田间的感染。

3.1.2 种植新作物前，宜尽量将散落在田间的陈谷穗、秸秆和其他残体犁到地下或清除掉，避免这些残留物可能成为产毒真菌生长的基质。在土壤易受侵蚀的地区，可根据需要采用免耕措施以保护土壤。

3.1.3 根据土壤测试结果，决定是否需要使用肥料或土壤改良剂，以保证土壤合适的 pH 值和肥力，避免作物生长受到抑制，特别是在种子的发育阶段。

3.1.4 宜选种能抗真菌和其他病虫害的种子品种。在特定地区，宜种植在该地区推荐种植的品种。

3.1.5 应选择适宜的农时进行播种，尽量使种子发育和成熟期避开高温和干旱天气。

3.1.6 保持合适的作物行间距和株间距，避免种植过度密集，保证作物能够正常生长。作物种植间距可根据种子提供者或农业技术机构给出的科学数值确定。

3.2 收获前

3.2.1 采取有害生物综合管理策略，适当使用登记注册的杀虫剂、杀真菌剂和其他合适的操作，尽量降低昆虫和真菌对作物的破坏和侵染程度。

3.2.2 使用机械除草方法、使用登记注册的除草剂或其他安全可靠的除草方法控制杂草生长。

3.2.3 耕作时尽量减少对作物的机械损伤。对农作物的机械损伤，会增大真菌毒素产生的风险。

3.2.4 灌溉时要均匀，以确保田间的所有作物均能获得充足的水分。但在扬花期和成熟期，特别对小麦、大麦和黑麦，不宜进行灌溉，以避免过量灌溉可能造成的镰刀菌的侵染和扩散。

3.2.5 宜计划在谷物完全成熟、水分含量低时进行收获。如谷物尚未完全成熟，但可能会遇到持续酷热、雨天或干旱天气，亦可计划进行收获。为减少真菌毒素的产生，宜避免延缓收获已被镰刀菌感染的谷物。

3.2.6 收获前，应确保所有用于收获和储存谷物的设备、设施性能完好，任何设备故障均可使谷物质量下降和增加真菌毒素产生的风险。生产者要储备这些设备的常用配件，以确保尽量缩短修理时间。同时提前进行水分含量检测仪器的校验。

3.2.7 收获前，使用微生物标准检测方法检测样品中的真菌感染情况，对谷物上真菌毒素污染的预防，如玉米赤霉烯酮和单端孢霉烯族化合物，宜在扬花期就建立谷穗上镰刀菌感染情况的监测，并对收获前代表性样品中真菌毒素的含量进行检测。

3.3 收获期

3.3.1 收获谷物及从田间搬运谷物进行干燥、贮藏时，用于收运谷物的车辆在使用前和使用后宜进行清洗和干燥，做到无昆虫污染和无可见霉菌感染。

3.3.2 收获时，尽可能避免谷物受到机械损伤，且不宜与土壤接触。收获完后宜采取措施将田间被侵染的谷穗、谷壳、秸秆和残体收集起来并尽可能减少散布，以免真菌孢子侵染后种植的谷物。

3.3.3 收获时同一农田不同位置收获的谷物水分含量也会相差很大，因此，每批谷物的含水量宜由多个采样点的粮食水分含量综合确定。

3.3.4 收获后及时测定谷物的水分含量，并将谷物干燥到安全水分以内。用于水分测定的谷物样品应具有代表性。为避免同一批谷物干燥前后混存再次引起水分含量变化，可将干燥后的谷物单独储存。

3.3.5 干燥时，宜采用对谷物损坏最小的干燥方式，干燥后的谷物水分含量应低于储存中霉菌生长要求的水分含量，以避免新鲜谷物上的大量霉菌，特别是镰刀菌的进一步生长。

3.3.6 新收获的谷物应做好清理工作，去除破损、虫蚀、生芽、生霉、病斑及其他损伤的颗粒和杂质。没有感染症状的感染谷物不能通过常规清理方法去除。一些种子清理方法，如重力分选可以去除一些感染的谷物，或采取其他更为有效可行的方法。

3.3.7 收获时要选择好时机，如玉米的收获不宜在温暖的月份。在温暖的月份种植和收获的玉米，伏马毒素的含量会显著高于该年较冷的月份。

3.4 储存

3.4.1 为降低霉菌生长的危险性，除严寒地区(指月份平均气温低于－10 ℃的地区，下同)外，宜避免在干燥或脱粒前将收获后的新鲜高水分谷物堆积存放。在高湿度天气自然晾晒一些谷物，可能导致霉菌感染，可以使用强制通风来降低谷物水分。

3.4.2 确保谷物储存设施完好，包括具备良好的干燥和通风设施。这些储存设施应能防雨、防地下水渗漏以及防止啮齿类动物和鸟类进入，并能尽量减少大气温湿度的影响。

3.4.3 收获后，用于储存的谷物宜干燥到安全水分以内，尽快冷却，并尽量减少储存谷物中杂质和破损、虫蚀、生芽、生霉、病斑及其他损伤颗粒的数量。农药的使用参照3.4.8中规定。如为避免赭曲霉毒素A的产生，在收获后应当立即开始干燥，尽快使谷物中的含水量降到谷物安全水分以下；优先推荐使用热风干燥，除严寒地区外，如干燥能力有限，需要周转储存时，确保水分含量小于16%，周转储存时间小于10 d，储存温度低于20 ℃。

3.4.4 使用适当的采样和测试方法监测所有准备储存和外运的谷物中真菌毒素的水平。

3.4.5 对于包装谷物，确保包装袋的清洁、干燥，且宜堆放在有防水层的地面上，并垛设通风道。

3.4.6 需要时，使用通风措施以维持储存区域内合适的温度和保持温度均匀。储存期间，应定期检查谷物的水分含量和粮堆温度。

3.4.7 储存时，应定时测量粮堆温度。当同一点短时间内出现异常升温时，提示可能有微生物生长或(和)有害虫活动。明显感染的谷物应进行分离和送检。在感染的谷物被分离出去后，将保留下的谷物通风降温。不要用被感染的谷物作食品或饲料。

3.4.8 通过良好的仓房管理措施使储存设施中的昆虫和真菌降低到最低水平。这包括使用适合的已被注册登记的杀虫剂和杀真菌剂或其他合适的替代方法。应注意使用的化学药剂不应导致危害和影响谷物的最终使用,并要严格控制使用剂量。

3.4.9 使用一些可行的和经过批准的防霉剂(如有机酸中的丙酸)有利于粮食的安全储存。这些有机酸能有效地杀死各种真菌、防止动物用饲料谷物上产生真菌毒素。在长期储存时,这些有机酸盐通常更为有效。应注意,这些化合物会对谷物口感和气味产生负面影响。

3.4.10 记录每个季节收获和储存过程中的测量数据(如温度、水分和湿度),以及与传统操作中任何的不同或变化,并将记录整理成文件。这些资料对于分析某一具体作物年份真菌生长和真菌毒素产生的原因非常有用,有助于将来避免发生同样的错误。

3.5 从储存到运输

3.5.1 运输时使用的容器要干燥,没有可见真菌、昆虫和其他任何污染物质。容器在使用前和再次使用时宜进行清洗和去除污染,且适合欲装载的货物。需要时,使用登记注册的熏蒸剂或杀真菌剂消毒运输工具和容器。卸货时,应当清空运输容器内的货物并及时进行清理。

3.5.2 用适当方法,如密封容器、加盖苫布等措施,以避免谷物在装运过程中受潮,宜避免运输过程中温度波动和避免采用可能导致在谷物上形成结露的措施,以免导致局部湿气积聚,进而造成真菌生长和毒素产生。

3.5.3 运输时可用防虫和防啮齿类动物的容器或使用一些化学药剂杀虫和灭鼠,以避免害虫、鸟和鼠类的危害。使用的化学药剂应获得批准许可,并允许其在谷物的最终产品上使用。

4 推荐应用的管理体系

4.1 危害分析与关键控制点(HACCP)体系是一种食品安全管理体系,该体系被用来识别和控制食品生产和加工中的危害。HACCP 的基本原理在 GB/T 19538 和参考文献[1]和[2]已有叙述。

4.2 HACCP 是一个全面的综合管理体系。在食品工业的一些环节,使用 HACCP 作为食品安全管理体系优于其他类型的管理控制体系。如实施恰当,该体系将降低许多谷物上真菌毒素的污染水平。在农场,特别是在田间,许多影响谷物上真菌毒素污染的因素,在环境上是相互关联的,而且也难于或者不可能得到控制,如天气和害虫。但是,在收获后,储存时真菌产生毒素的关键控制点可以被确定。例如,干燥后期就是一个关键控制点,通过对这个关键点上谷物水分含量/水活度这一关键限值的设置,可以达到控制真菌毒素污染的目的。

4.3 推荐在种植业生产过程中实施良好农业规范(GAP),在产品储存、加工和分销时实施良好操作规范(GMP)。HACCP 体系应建立在健全的良好农业规范(GAP)和良好操作规范(GMP)基础之上。建立整体的谷物真菌毒素预防与控制 HACCP 体系时,种植业生产过程中的良好农业规范(GAP)的建立可参考 GB/T 20014.2、GB/T 20014.3、GB/T 20014.4 的适用性内容,其后良好操作规范(GMP)的建立可参考 GB/T 22000—2006 和 LS/T 1211 的适用性内容。

4.4 推荐在使用 HACCP 之前,参考 GB/T 19538 和世界粮农组织和国际原子能机构(FAO/IAEA)出版的控制真菌毒素污染的 HACCP 应用手册[3]。

4.5 推荐将 HACCP 原理结合到真菌毒素控制的整体程序中,以控制食品和饲料上真菌毒素污染引起的风险[4]。在生产、处理、储存和加工各种谷物时实施 HACCP 全程管理,通过运用可行的预防性控制措施将使真菌毒素污染降到最低程度。

附 录 A
（资料性附录）
本标准章条编号与 CAC/RCP 51—2003 章条编号对照

表 A.1 为本标准章条编号与 CAC/RCP 51—2003 章条编号对照一览表。

表 A.1 本标准章条编号与 CAC/RCP 51—2003 章条编号对照

本标准章条编号	对应的国际标准章条编号
0.1	1 的部分内容
0.2	2
0.3	3 的部分内容
1	—
2	—
3	I
3.1	—
3.1.1	4
3.1.2	5
3.1.3	6
3.1.4	7
3.1.5	8
3.1.6	9
3.2	—
3.2.1	10
3.2.2	11
3.2.3	12
3.2.4	13
3.2.5	14
3.2.6	15
3.2.7	附录 A 和附录 D 的部分内容
3.3	—
3.3.1	16
3.3.2	17
3.3.3	18
3.3.4	19
3.3.5	20
3.3.6	21
3.3.7	附录 B 的部分内容
3.4	—

表 A.1(续)

本标准章条编号	对应的国际标准章条编号
3.4.1	22
3.4.2	23
3.4.3	24 和附录 C 的部分内容
3.4.4	25
3.4.5	26
3.4.6	27
3.4.7	28
3.4.8	29
3.4.9	30
3.4.10	31
3.5	—
3.5.1	32
3.5.2	33
3.5.3	34
4	Ⅱ
4.1	35
4.2	36
4.3 的部分内容	37
4.4	38、39
4.5	40
附录 A	—

参 考 文 献

[1] FAO. 1995. The use of hazard analysis critical control points (HACCP) principles in food control. FAO Food and Nutrition Paper No. 58 Rome

[2] ILSI. 1997. A simple guide to understanding and applying the hazard analysis critical control point concept, ILSI Europe Concise Monograph series. 2nd edition, ILSI Europe, Brussels

[3] FAO/IAEA training and reference center for food and pesticide control, 2001. Manuel on the Application of the HACCP System in Mycotoxin Prevention and Control. FAO Food and Nutrition Paper No. 73. Rome

[4] FAO. Preventing mycotoxin contamination. Food, Nutrition and Agriculture No. 23, 1999. Food and Nutrition Division, FAO, Rome

ICS 67.040
X 04

中华人民共和国国家标准

GB/T 22509—2008

动植物油脂　苯并(*a*)芘的测定
反相高效液相色谱法

Animal and vegetable fats and oils—Determination of benzo(*a*)pyrene—Reverse-phase high performance liquid chromatography method

(ISO 15302:2007，MOD)

2008-11-04 发布　　　　2009-01-20 实施

中华人民共和国国家质量监督检验检疫总局
中国国家标准化管理委员会　发布

前　言

本标准修改采用 ISO 15302:2007《动植物油脂　苯并(*a*)芘的测定　反相高效液相色谱法》(英文版)。

本标准与 ISO 15302:2007 相比主要技术性差异为：

——删除了名词术语；

——对仪器设备作了适当修改；

——增加了氧化铝活度的测定方法；

——将洗脱试剂石油醚(40 ℃～60 ℃)或正己烷更改为石油醚(30 ℃～60 ℃)或正己烷；

——将待测液定容体积 250 μL 更改为 100 μL，将进样体积 50 μL 更改为 10 μL；

——将内标法定量计算更改为外标法定量计算。

本标准的附录 A、附录 B、附录 C 和附录 D 均为资料性附录。

本标准由国家粮食局提出。

本标准由全国粮油标准化技术委员会归口。

本标准起草单位：大连市产品质量监督检验所、国家粮食质量监督检验中心、大连标准检测技术研究中心。

本标准主要起草人：董广彬、郑顺利、王春燕、李鹏、潘炜、姜俊、李海燕、顾鑫荣、关成、毛希琴、勇艳华、刘志璋、张晓凡。

动植物油脂　苯并(*a*)芘的测定 反相高效液相色谱法

1　范围

本标准规定了用反相高效液相色谱法测定动植物油脂中苯并(*a*)芘的原理、试剂和材料、仪器和设备、扦样方法、试样的制备、操作步骤、测试结果的表示及精密度等内容。

本标准适用于动植物油脂。

本标准方法的最低检出限：0.1 μg/kg。

本标准的测量范围:0.1 μg/kg～50 μg/kg。

2　规范性引用文件

下列文件中的条款通过本标准的引用而成为本标准的条款。凡是注日期的引用文件，其随后所有的修改单(不包括勘误的内容)或修订版均不适用于本标准，然而，鼓励根据本标准达成协议的各方研究是否可使用这些文件的最新版本。凡是不注日期的引用文件，其最新版本适用于本标准。

GB/T 6379.2　测量方法与结果的准确度(正确度与精密度)　第2部分:确定标准测量方法重复性与再现性的基本方法(GB/T 6379.2—2004,ISO 5725-2:1994,IDT)

GB/T 6682　分析实验室用水规格和试验方法(GB/T 6682—2008,ISO 3696:1987,MOD)

GB/T 15687　油脂试样制备(GB/T 15687—1995,eqv ISO 661:1989)

3　原理

样品经溶剂溶解，通过氧化铝柱吸附，用洗脱试剂洗脱苯并(*a*)芘，用反相高效液相色谱分离，荧光检测器检测，根据色谱峰的保留时间定性，外标法定量。

4　试剂和材料

除特殊要求外，所用试剂为分析纯试剂。当使用推荐试剂以外的分析纯试剂时，应全部进行空白试验并报告空白分析的结果。

4.1　水:符合 GB/T 6682 规定的一级水要求。

4.2　石油醚(沸程 30 ℃～60 ℃)或正己烷:每升加 4 g 氢氧化钾颗粒重蒸。

4.3　乙腈:色谱纯。

4.4　四氢呋喃:色谱纯。

4.5　乙腈四氢呋喃混合溶液:90 mL 乙腈(4.3)和 10 mL 四氢呋喃(4.4)的混和溶液。

4.6　甲苯:色谱纯。

4.7　无水硫酸钠。

4.8　层析用中性氧化铝(100 目～200 目):Brockmann 活度Ⅳ级(参见附录 A)，由活度为Ⅰ级的中性氧化铝减活制备而成。将 90 g 经 450 ℃灼烧 12 h 的氧化铝放入密闭容器中降至室温，加入 10 mL 水(4.1)。剧烈摇动容器 15 min，静置平衡 24 h，室温下密闭避光保存。由于不同品牌氧化铝活性存在差异，建议对质控样品进行测试，使氧化铝活性满足苯并(*a*)芘的回收率要求。建议应做相应的样品回收实验验证氧化铝活性。

4.9　苯并(*a*)芘标准品:CAS 编号:50-32-8，纯度不低于 99.0%。

警告——苯并(*a*)芘是一种已知的致癌物质，测定时应特别注意安全防护。测定应在通风柜中进行并戴手套，尽量减少暴露。

4.10 苯并(*a*)芘标准贮备溶液：准确称取 12.5 mg 苯并(*a*)芘(4.9)于 25 mL 容量瓶中，用甲苯(4.6)溶解，定容。此溶液约含苯并(*a*)芘 0.5 mg/mL，4 ℃避光保存，至少 6 个月内稳定。

4.11 标准工作液：用苯并(*a*)芘标准贮备溶液(4.10)，分别配制苯并(*a*)芘含量大约为 0.2 μg/mL 和 0.01 μg/mL 的两种标准溶液。

5 仪器和设备

5.1 玻璃层析柱(参见附录 B)：配有烧结玻璃垫和聚四氟乙烯旋塞。

5.2 恒温水浴。

5.3 旋转蒸发仪。

5.4 高效液相色谱仪：如果使用自动进样器，样品定量环应在序列进样间用乙腈冲洗。

5.5 玻璃样品瓶：约 1 mL，配有可密封的盖子。

6 扦样方法

实验室接收的样品应具有代表性，且在运输和贮存过程中样品不被破坏或改变。

本标准不规定扦样方法，推荐采用 GB/T 5524 规定的扦样方法。

7 试样的制备

按 GB/T 15687 方法制备试样。

8 操作步骤

8.1 样品的净化

用玻璃烧杯称取约 0.4 g 试样，精确到 0.001 g，用 2 mL 石油醚(4.2)溶解稀释。

向层析柱(5.1)中加入一半高度的石油醚(4.2)。快速称取 22 g 氧化铝(4.8)于小烧杯中，立即转移到层析柱(5.1)中，轻轻敲打层析柱，使氧化铝均匀沉淀。再装入一层约 30 mm 高的无水硫酸钠(4.7)。打开层析柱底部的旋塞，石油醚流出至无水硫酸钠的顶部，关闭旋塞。

在层析柱出口端放置一个 20 mL 的量筒。向层析柱中移入样品溶液，用 2 mL 石油醚(4.2)清洗层析柱内壁。向层析柱加入 80 mL 石油醚(4.2)洗脱，流速为 1 mL/min，洗脱液放满 20 mL 量筒后，弃去。换用圆底烧瓶收集其余洗脱液。

将收集的洗脱液在 65 ℃的水浴中旋转蒸发(5.3)至 0.5 mL～1.0 mL，转移至一个预先称量的玻璃样品瓶(5.5)中。玻璃样品瓶置于 35 ℃的水浴(5.2)中继续蒸发，并用氮气吹至近干(氮气流量大约为 25 mL/min)。用石油醚清洗圆底烧瓶两次，每次 1 mL，将清洗液转移至玻璃样品瓶中，继续在 35 ℃及氮气条件下蒸发至干。称量玻璃样品瓶的质量(精确到 0.1 mg)，计算瓶内残渣质量。旋紧样品瓶盖，4 ℃储存备用。

8.2 测定

8.2.1 推荐的色谱条件

推荐的色谱条件如下：

a) 保护柱：Lichrosorb RP-C_{18}，4.6 mm×75 mm，粒度 5 μm；

b) 色谱柱：多环芳烃分析柱，4.6 mm×250 mm；

c) 进样量：10 μL；

d) 流动相：乙腈：水为 880：120(体积比)；

e) 流速：1.0 mL/min；

f) 荧光检测器:发射波长:406 nm(狭缝 10 nm),激发波长:384 nm(狭缝 10 nm)。

8.2.2 标准曲线的绘制

将标准工作液(4.11)稀释为五种不同浓度的溶液,每个溶液进样量为 10 μL 时苯并(*a*)芘的质量为 0.004 ng、0.008 ng、0.04 ng、0.2 ng、0.4 ng 。根据峰的积分面积绘制 5 点校正曲线,色谱图参见附录 C。

8.3 样品分析

8.3.1 向装有待测试样(8.1)的玻璃样品瓶中注入 100 μL 的乙腈四氢呋喃混合溶液(4.5)。小心涡旋溶解残渣,避免样品瓶盖与溶剂接触。使用标准曲线(8.2.2),对苯并(*a*)芘在 0.1 μg/kg～50 μg/kg 的范围内定量。苯并(*a*)芘含量超过 10 μg/kg 的样品可以使用乙腈四氢呋喃混合溶液(4.5)稀释或减少进样体积。

8.3.2 将 10 μL 的试样液注入液相色谱仪进行测定。保证注入到色谱柱中试样液溶解的残渣不能超过 1.5 mg,若超过 1.5 mg,需用四氢呋喃(4.4)稀释或重新进行净化。

9 测试结果的表示

苯并(*a*)芘含量按式(1)计算。

$$w = \frac{c \times V}{m} \qquad \cdots\cdots(1)$$

式中:

w——样品中苯并(*a*)芘含量,单位为微克每千克(μg/kg);

c——从标准工作曲线得到的待测液中苯并(*a*)芘的浓度,单位为纳克每微升(ng/μL);

V——待测液体积,单位为微升(μL);

m——样品质量,单位为克(g)。

计算结果在 0 μg/kg～10 μg/kg 之间时保留一位小数,计算结果大于 10 μg/kg 时保留到最接近的整数。

10 精密度

本标准的精密度数据是按照 GB/T 6379.2 的规定确定的,重复性和再现性的置信区间以 95%来计算。

10.1 重复性

在重复性条件下,获得的两次独立测试结果的绝对差值不得超过重复性限 r,动植物油脂中苯并(*a*)芘的含量范围及重复性方程见表 1。如果差值超过重复性限,应舍弃试验结果并重新完成两次单个试验的测定。

10.2 再现性

在再现性条件下,获得的两次独立测试结果的绝对差值不得超过再现性限 R,动植物油脂中苯并(*a*)芘的含量范围及再现性方程见表 1。苯并(*a*)芘添加样品实验室间的测试分析结果见附录 D。

表 1 重复性限和再现性限方程

油脂类别	含量范围/(μg/kg)	重复性限 r	再现性限 R
植物油	0.5～50.0	r=0.084 3 m+0.313	R=0.100 m+0.256
动物油脂	0.2～50.0	r=0.057 7m+0.066 4	R=0.193 m+0.217
注:m 为两次测定结果的算术平均值。			

附 录 A
(资料性附录)
Brockmann 氧化铝活度测定方法

A.1 活度定义

根据含水量的不同,中性氧化铝可以划分为五种活度等级。Brockmann 定义Ⅰ级氧化铝为 450 ℃灼烧 12 h 的氧化铝,Ⅱ、Ⅲ、Ⅳ、Ⅴ级氧化铝是Ⅰ级氧化铝分别加入 3%、6%、10%、15%的水而制成。

A.2 测定

A.2.1 层析柱:玻璃层析柱,ϕ15 mm×H150 mm,下部垫少许脱脂棉,装入高度为 50 mm 氧化铝,敲实。

A.2.2 试剂:苯+石油醚(1+4)。

A.2.3 活度测试液的配置:按下列组合方式,分别取每种偶氮染料 20 mg,用试剂(A.2.2)定容于 50 mL容量瓶中,配置成相应的染料混合溶液。

第一对(Ⅰ):偶氮苯(azobenzene,AB)和对甲氧基偶氮苯(p-methoxyazobenzene,MAB);

第二对(Ⅱ):MAB 和苏丹红Ⅰ(Sudan Ⅰ,S Ⅰ);

第三对(Ⅲ):苏丹红Ⅰ和苏丹红Ⅲ(Sudan Ⅲ,S Ⅲ);

第四对(Ⅳ):苏丹红Ⅲ和对氨基偶氮苯(p-aminoazobenzene,AAB);

第五对(Ⅴ):AAB 和对羟基偶氮苯(p-hydroxyazobenzene,HAB)。

A.2.4 分别取染料混合溶液Ⅰ、Ⅱ、Ⅲ、Ⅳ、Ⅴ各 10 mL,慢慢加到五支氧化铝层析柱内,待流尽后再加入 20 mL 试剂(A.2.2),待流尽后观察有色染料在柱上的迁徙情况,确定氧化铝的活度,如图 A.1 所示。若第一对染料溶液完全吸附在柱上时,该氧化铝活度为Ⅰ级;若第一对染料溶液的 MAB 吸附在柱上、但 AB 流出,而第二对染料溶液的两个组分都吸附在柱上,则该氧化铝活度为Ⅱ级;若第二对染料溶液的 MAB 组分流出,而第三对染料溶液的两个组分都吸附在柱上,则该氧化铝活度为Ⅲ级;依次类推。

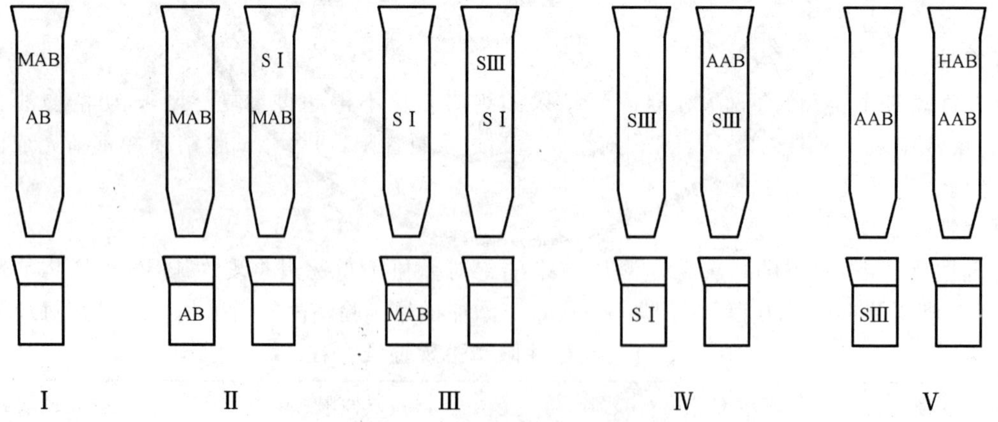

图 A.1 氧化铝活度的确定

附　录　B
（资料性附录）
玻璃层析柱装置示意图

单位为厘米

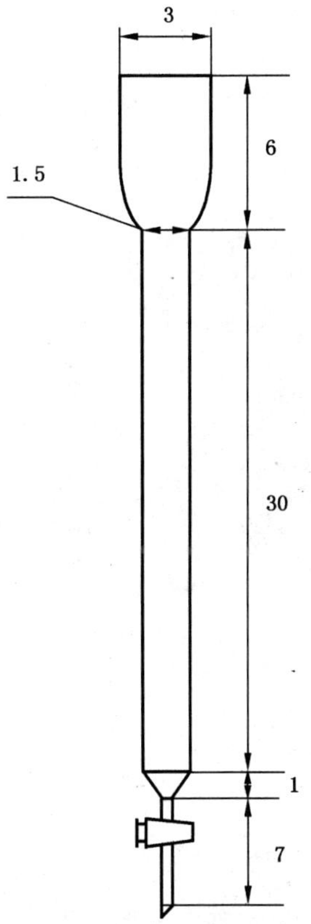

图 B.1　玻璃层析柱装置示意图

附 录 C
（资料性附录）
苯并(*a*)芘标准色谱图

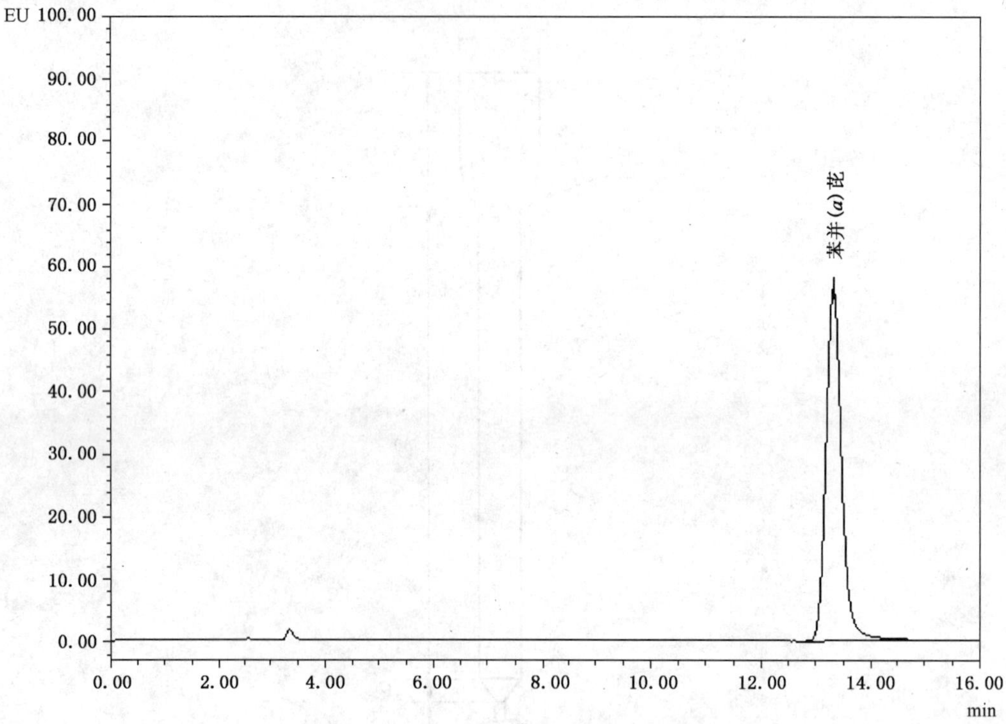

图 C.1 苯并(*a*)芘标准色谱图

附 录 D
（资料性附录）
实验室间结果比对

本方法经由7家实验室进行实验室间的测试分析，用鸡油和大豆油样品分别进行三个水平的添加回收实验，对得到的结果按照GB/T 6379.2进行精密度数据统计，统计结果见表D.1。

表D.1 统计分析结果

样品添加浓度/(μg/kg)	鸡油样品				大豆油样品			
	0	0.5	10.0	50.0	0	0.5	10.0	50.0
实验室个数	7	7	7	7	7	7	7	7
平均值/(μg/kg)	0.220	0.630	8.650	45.770	—	0.440	8.840	46.100
重复性标准差 S_r/(μg/kg)	0.010	0.027	0.237	0.960	—	0.027	0.498	1.477
重复性变异系数/%	4.55	4.29	2.74	2.10	—	6.14	5.63	3.20
重复性限值 r/(μg/kg)	0.028	0.076	0.664	2.688	—	0.076	1.394	1.136
再现性标准差 S_R/(μg/kg)	0.126	0.139	0.609	3.236	—	0.033	0.498	1.719
再现性变异系数/%	57.27	22.06	7.04	7.07	—	7.50	5.63	3.73
再现性限值 R/(μg/kg)	0.353	0.389	1.705	9.061	—	0.092	1.394	4.813

参 考 文 献

［1］ GB/T 5524 动植物油脂 扦样(GB/T 5524—2008,ISO 5555:2001,IDT)

ICS 67.040
X 04

中华人民共和国国家标准

GB/T 22510—2008/ISO 2171:2007

谷物、豆类及副产品灰分含量的测定

Cereals, pulses and by-products—Determination of ash yield by incineration

(ISO 2171:2007,IDT)

2008-11-04 发布　　　　2009-01-20 实施

中华人民共和国国家质量监督检验检疫总局
中国国家标准化管理委员会　发布

前　言

本标准等同采用ISO 2171:2007《谷物、豆类及副产品　灰分含量的测定》(英文版)。

为便于使用,本标准对ISO 2171:2007作了下列编辑性修改:

——“本国际标准”一词改为“本标准”;

——用小数点“.”代替作为小数点的逗号“,”;

——删除国际标准的前言;

——用“质量分数”代替“m/m”,用“体积分数”代替“v/v”;

——将原引用标准ISO 6540改为GB/T 10362;

——将原引用标准ISO 712改为GB/T 21305。

本标准的附录A、附录B为资料性附录。

本标准由国家粮食局提出。

本标准由全国粮油标准化技术委员会归口。

本标准起草单位:北京国家粮食质量监测中心。

本标准主要起草人:呙琴、尚艳娥、王彩琴、李辉。

谷物、豆类及副产品
灰分含量的测定

1 范围

本标准规定了食用谷物、豆类及其粉碎制品灰分含量的测定方法。

本标准适用于谷物颗粒、面粉和小麦颗粒粉、粉碎制品(麸皮和麸皮含量高的制品、粗粒面粉)、混合谷物粉(混合物)、除粉碎制品外的其他谷物副产品、豆类及其副产品等灰分含量测定。

本标准不适用于淀粉及淀粉衍生物(参见 ISO 3593)、饲料(参见 ISO 5984)、种子的灰分含量测定。

2 规范性引用文件

下列文件中的条款通过本标准的引用而成为本标准的条款。凡是注日期的引用文件,其随后所有的修改单(不包括勘误的内容)或修订版均不适用于本标准,然而,鼓励根据本标准达成协议的各方研究是否可使用这些文件的最新版本。凡是不注日期的引用文件,其最新版本适用于本标准。

GB/T 10362 粮油检验 玉米水分测定(GB/T 10362—2008,ISO 6540:1980,MOD)

GB/T 21305 谷物及谷物制品水分的测定 常规法(GB/T 21305—2007,ISO 712:1998,IDT)

ISO 24557 豆类水分含量的测定 烘箱法

3 术语和定义

下列术语和定义适用于本标准。

3.1

灰分 ash

试样经本标准规定方法灼烧后剩下的残留物。

4 原理

试样经高温灰化至有机物灼烧完全后,称量残留物。550 ℃灰化后残留物呈片状,900 ℃灰化后残留物呈玻璃状。

通常情况下,含盐(如氯化钠、焦磷酸盐)产品应采用(550±10)℃灰化。

不同产品类型采用的灰化温度见表 1。

表 1 产品类型和灰化温度

产品类型	灰化温度/℃	
面粉	550±10	900±25
小麦颗粒粉	550±10	900±25
谷物颗粒	550±10	900±25
其他粉碎制品(麸皮、麸皮含量高的制品、粗粒面粉)	550±10	—
混合谷物产品(混合物)	550±10	—
除粉碎制品外的其他谷物副产品	550±10	—
豆类及其副产品	550±10	—

5 试剂

除其他说明，所使用的试剂为分析纯，水为蒸馏水、去离子水或相当纯度的水。

5.1 盐酸：1∶1(体积比)体积混合。

5.2 五氧化二磷(P_2O_5)。

5.3 乙醇。

6 仪器

6.1 粉碎磨：容易清理，死角尽可能小，粉碎快速均匀。

6.2 灰化皿：容积不低于 20 mL，长方形或圆形，平底，底部表面积至少 12 cm^2。在实验条件下灰化皿不被损害。合适的材质为：

a) 900 ℃为铂金或铑；

b) 550 ℃为石英或硅石。

在这两种情况下，使用的材质符合相应要求。

灰化皿应在盐酸(5.1)中至少浸泡 1 h，先用自来水淋洗，然后用蒸馏水冲洗，最后放在烘箱(6.7)中烘干。

6.3 电加热马福炉：可充分通风，有温度控制系统，耐热层在灰化温度下不掉渣，温度能控制在(900±25)℃或(550±10)℃。

6.4 干燥器：有多孔铝或陶瓷托盘，内盛五氧化二磷干燥剂。

6.5 分析天平：分度值 0.1 mg。

6.6 格槽分样器或锥形分样器。

6.7 烘箱：用于干燥灰化皿。

7 扦样

实验室所得样品应具有代表性，在运输和储存过程中不得受到损害或变质。

本标准不规定扦样方法，推荐采用 ISO 6644 和 ISO 13690。

8 试样的制备

对谷物或含有整粒谷物的产品，混合均匀后，根据所使用的粉碎磨(6.1)的要求，分取有代表性数量的样品。粉碎分取的样品。

其他产品不需粉碎。

9 测定步骤

9.1 水分含量的测定

玉米和豆类分别按 GB/T 10362 和 ISO 24557 测定试样的水分含量，其他谷物按 GB/T 21305 测定试样的水分含量。

豆类及其产品如果水分含量低于 7%或高于 13%，应按 GB/T 21305 进行 90 min 烘干和水分调节。

9.2 灰化皿的准备

900 ℃的灰化皿(6.2)：将洁净的灰化皿放入已达灰化温度的马福炉(6.3)内 5 min，取出，置入干燥器(6.4)中冷却，称量(6.5)，精确至 0.1 mg。

550 ℃的灰化皿：将洁净的灰化皿放入烘箱(6.7)中烘干(如在 130 ℃烘 90 min)，立即将灰化皿取出，置入干燥器(6.4)内冷却，称量(6.5)，精确至 0.1 mg。

9.3 试样的准备

将准备好的试样仔细混匀，快速称量(6.5)，精确至0.1 mg。

灰化温度为900 ℃时称取试样3.9 g～4.1 g，对低密度产品，称取试样(2±0.1)g。

灰化温度为550 ℃时称取试样4.9 g～5.1 g，对低密度产品，称取试样(3±0.1)g。

称好的样品置于按9.2要求操作的灰化皿内，铺平样品使其成均匀薄层，不要压实。

9.4 预灰化

将盛有样品的灰化皿置于已达灰化温度的炉门口内。

在900 ℃灰化时，样品立即燃烧。

在550 ℃灰化时，需用乙醇(5.3)点燃，并需要进行预灰化，可以将灰化皿放入冷的马福炉内，然后升高炉温至灰化温度。

9.5 灰化

待试料燃烧完全后，将灰化皿放入马福炉内，关闭炉门。继续灰化至全部试料包括残留物中的碳粒灼烧完全，900 ℃至少灰化1 h，550 ℃至少灰化4 h。

灰化完全后，从马福炉内取出灰化皿，置于干燥器内冷却。不要叠放灰化皿以保证样品的有效干燥。

由于灰分的吸湿性，灰化皿达到室温后(金属灰化皿需放置15 min～20 min，石英或硅石灰化皿需至少放置60 min～90 min)，立即快速称量，精确至0.1 mg。

550 ℃灰化的样品，在打开干燥器时，要特别注意防止片状残留物被空气吹出。

样品测定结果的有效性应根据实验室的质量保证进行核查。

9.6 测定次数

同一试样至少进行两次测定。

10 结果表示

灰分含量 $w_{a,d}$ 以干基的质量分数表示，按式(1)计算：

$$w_{a,d}=(m_2-m_1)\times\frac{100}{m_0}\times\frac{100}{100-w_m} \quad \cdots\cdots(1)$$

式中：

m_2——灰化皿(9.2)和灰化后残渣(9.5)的质量，单位为克(g)；

m_1——灰化皿(9.2)的质量，单位为克(g)；

m_0——样品(9.3)的质量，单位为克(g)；

w_m——样品的水分含量，%。

如果进行了重复性实验，两次测定的算术平均值作为测定结果。

结果表示精确至质量分数0.01%。

灰分含量 $w_{a,w}$ 以湿基的质量分数表示，按式(2)计算：

$$w_{a,w}=(m_2-m_1)\times\frac{100}{m_0} \quad \cdots\cdots(2)$$

式中：

m_2——灰化皿(9.2)和灰化后残渣(9.5)的质量，单位为克(g)；

m_1——灰化皿(9.2)的质量，单位为克(g)；

m_0——试料(9.3)的质量，单位为克(g)。

11 精密度

11.1 实验室间试验

参照ISO 5725-1，ISO 5725-2和ISO 5725-6进行实验室间试验，根据实验结果得出重复性限、再现性限及临界差。详见附录A。

从实验室间试验得出的值可能不适用于其他含量范围和测试对象。

11.2 重复性

在同一实验室内，用同一方法，对同一试样，由同一操作人员使用同一设备，相继获得的两个独立的测试结果之间的绝对差超过下列重复性限 r[见式(3)]的情况不大于5%：

$$r = 2.8 \times S_r \qquad (3)$$

当 $0.49\% < w_{a,d} \leqslant 1.00\%$ 时，$r = 2.8 \times 0.009 = 0.025$；

当 $1.00\% < w_{a,d} \leqslant 2.53\%$ 时，$r = 2.8 \times 0.012 = 0.034$。

式中 S_r 是重复性的标准偏差。

11.3 再现性

用同一方法，对同一试样，在不同实验室内，由不同操作人员使用不同设备获得的两个独立的测试结果之间的绝对差超过下列再现性限 R[见式(4)]的情况不大于5%：

$$R = 2.8 \times S_R \qquad (4)$$

当 $0.49\% < w_{a,d} \leqslant 1.00\%$ 时，$R = 2.8 \times 0.023 = 0.064$；

当 $1.00\% < w_{a,d} \leqslant 2.53\%$ 时，$R = 2.8 \times 0.027 = 0.076$。

式中 S_R 是再现性的标准偏差。

11.4 临界差

临界差是在重复性条件下，两个测试结果的两个平均值间的误差。

11.4.1 同一实验室两组测量的比较

在重复性条件下，在同一实验室得出的两个测试结果的两个平均值间的误差为实验室内临界差 $CD_{内}$[见式(5)]：

$$CD_{内} = 2.8S_r\sqrt{\frac{1}{2n_1} + \frac{1}{2n_2}} = 2.8S_r\sqrt{\frac{1}{2}} = 1.98S_r \qquad (5)$$

当 $0.49\% < w_{a,d} \leqslant 1.00\%$ 时，$CD_{内} = 0.018$；

当 $1.00\% < w_{a,d} \leqslant 2.53\%$ 时，$CD_{内} = 0.024$。

式中 n_1 和 n_2 是对应于每个平均值测试结果的数量。这里 $n_1 = n_2 = 2$。

11.4.2 两个实验室的两组测量的比较

在重复性条件下，在两个实验室得出的两个测试结果的两个平均值间的误差为实验室内临界差 $CD_{间}$[见式(6)]：

$$CD_{间} = 2.8S_r\sqrt{S_R{}^2 - S_r{}^2\left(1 - \frac{1}{2n_1} - \frac{1}{2n_2}\right)} = 2.8\sqrt{S_R{}^2 - 0.5S_r{}^2} \qquad (6)$$

当 $0.49\% < w_{a,d} \leqslant 1.00\%$ 时，$CD_{间} = 0.058$；

当 $1.00\% < w_{a,d} \leqslant 2.53\%$ 时，$CD_{间} = 0.077$。

应用表见附录B。

11.5 不确定度

不确定度是表征合理地赋予测试结果分散性的参数。不确定度通过实验室间测试结果的统计分布而确定，用实验标准偏差表示。

本标准中，不确定度 u 等于加或减两倍再现性标准偏差，即 $u = \pm 2S_R$。

12 测试报告

测试报告应说明：

a) 完整地识别样品所需的所有信息；

b) 取样方法；

c) 试验方法；

d) 所有在本标准中未规定或视为任选的操作细节，以及其他可能已经影响了实验结果的事件；

e) 测试结果，如检查了重现性，列出最终结果；

f) 说明结果表示方式(湿基和/或干基)。

附 录 A
（资料性附录）
实验室间测试结果

A.1 在匈牙利(H)、大布列颠(GB)和国际谷物科学与技术协会(ICC)进行的实验室间测试结果见表 A.1。

表 A.1 实验室间测试结果

产品	来源	实验室数目	平均值 $\overline{w}$/% (质量分数)	重复性标准偏差 S_r	重复性限 $r=2.8S_r$	重复性协方差 $CV(r)=S_r/\overline{w}$	再现性标准偏差 S_R	再现性限 $R=2.9S_R$	再现性协方差 $CV(R)=S_R/\overline{w}$
面粉 D	GB	9	0.490	0.007	0.020	1.43	0.013	0.036	2.650
面粉 2	H	29	0.494	0.008	0.022	1.62	0.026	0.073	5.26
普通小麦粉 2	ICC	7	0.516	0.001 7	0.004 9	0.33	0.011 8	0.033 0	2.29
面粉 B	GB	12	0.536	0.01	0.028	1.87	0.027	0.076	5.04
面粉 A	GB	12	0.568	0.005	0.014	0.88	0.032	0.09	5.63
面粉 C	GB	11	0.606	0.014	0.039	2.31	0.03	0.084	4.95
面粉 F	GB	12	0.609	0.014	0.039	2.30	0.021	0.059	3.45
面粉 E	GB	12	0.641	0.011	0.031	1.72	0.022	0.062	3.43
普通小麦粉 1	ICC	13	0.725	0.010 4	0.029 2	1.43	0.014 2	0.039 7	1.96
面粉 1	H	30	0.771	0.006	0.017	0.78	0.022	0.062	2.85
小麦/大麦粉	ICC	12	0.946	0.007 1	0.019 8	0.75	0.018 5	0.051 7	1.96
粗小麦粉	ICC	14	1.187	0.013 4	0.037 6	1.13	0.028 3	0.079 0	2.38
小麦 2	H	31	1.615	0.011	0.031	0.68	0.033	0.092	2.04
小麦 1	H	28	1.714	0.01	0.028	0.58	0.034	0.095	1.98
麸皮	ICC	12	2.530	0.015	0.042 0	0.59	0.021	0.059	0.83

A.2 图 A.1 和图 A.2 分别表示用干基质量分数表示的平均灰分含量与重复性标准偏差和再现性标准偏差的关系。

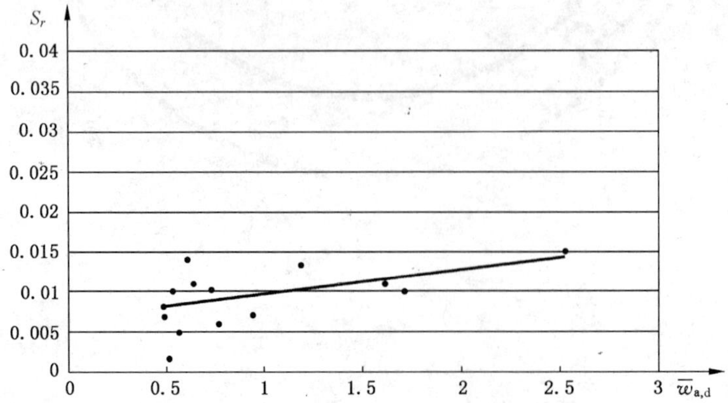

重复性的线性回归方程：$S_r=0.003\overline{w}_{a,d}+0.006\ 8$（相关系数：$c^2=0.218\ 9$）

图中：

S_r——重复性标准偏差；

$\overline{w}_{a,d}$——平均灰分含量(用干基质量分数表示)。

图 A.1 重复性标准偏差和用干基质量分数表示的平均灰分含量的关系

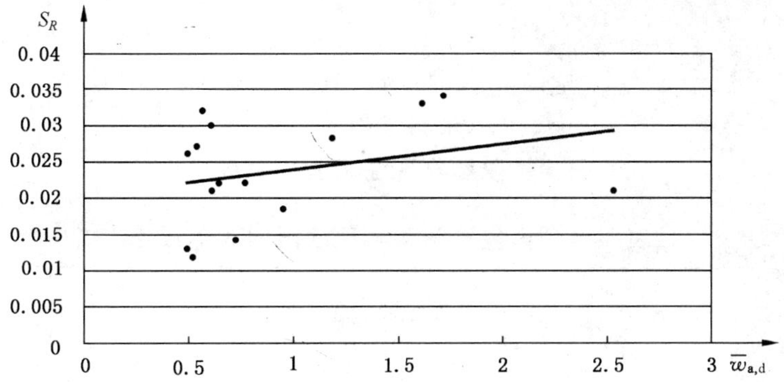

再现性的线性回归方程：$S_R=0.003\,5\overline{w}_{a,d}+0.020\,4$（相关系数：$c^2=0.081\,2$）

图中：

S_R——再现性标准偏差；

$\overline{w}_{a,d}$——平均灰分含量（用干基质量分数表示）。

图 A.2 再现性标准偏差和用干基质量分数表示的平均灰分含量的关系

附　录　B
（资料性附录）
重复性限和再现性限的实际应用

表 B.1　重复性限和再现性限的实际应用

范围	有效范围 质量分数 $w_{a,d}$/%	重复性 标准偏差 S_r	重复性限 $r=2.8S_r$	重复性临界差 CD_r	再现性标准 偏差 S_R	再现性限 $R=2.8S_R$	再现性临 界差 CD_R
谷物和面粉	$0.49<w_{a,d}\leqslant 1.00$	0.009	0.025	0.018	0.023	0.064	0.062
	$1.00<w_{a,d}\leqslant 2.53$	0.012	0.034	0.024	0.027	0.074	0.071

参 考 文 献

［1］ ISO 3593，*Starch—Determination of ash*

［2］ ISO 5725-1:1994，*Accuracy (trueness and precision) of measurement methods and results—Part 1:General principles and definitions*

［3］ ISO 5725-2:1994，*Accuracy (trueness and precision) of measurement methods and results—Part 2:Basic method for the determination of repeatability and reproducibility of a standard measurement method*

［4］ ISO 5725-6:1994，*Accuracy (trueness and precision) of measurement methods and results—Part 6:Use in practice of accuracy values*

［5］ ISO 5984，*Animal feeding stuffs—Determination of crude ash*

［6］ ISO 6644，*Flowing cereals and milled cereal products—Automatic sampling by mechanical means*

［7］ ISO 13690，*Cereals，pulses and milled products—Sampling of static batches*

ICS 55.100
A 82

中华人民共和国国家标准

GB/T 22511—2008

化工产品包装用铝瓶

Aluminum bottles packaging for chemical products

2008-11-04 发布　　2009-05-01 实施

中华人民共和国国家质量监督检验检疫总局
中国国家标准化管理委员会　发布

前 言

本标准附录A为资料性附录。

本标准由全国包装标准化技术委员会提出并归口。

本标准起草单位:龙口市福利铝制品厂、国家包装产品质量监督检验中心(济南)、国家包装产品质量监督检验中心(广州)、龙口市化工厂。

本标准主要起草人:王微山、姜传兴、郑艳明、苏本玉、山广利、山其英、姜盛杰、卢恒彬、姜礼超。

化工产品包装用铝瓶

1 范围

本标准规定了化工产品包装用铝瓶(以下简称铝瓶)的要求、试验方法、检验规则及标志、包装、运输和贮存。

本标准适用于经过拉伸或挤压生产的化工产品包装用铝瓶。

2 规范性引用文件

下列文件中的条款通过本标准的引用而成为本标准的条款。凡是注日期的引用文件,其随后所有的修改单(不包括勘误的内容)或修订版均不适用于本标准,然而,鼓励根据本标准达成协议的各方研究是否可使用这些文件的最新版本。凡是不注日期的引用文件,其最新版本适用于本标准。

GB/T 191 包装储运图示标志(GB/T 191—2008,ISO 780:1997,MOD)

GB/T 2828.1 计数抽样检验程序 第1部分:按接收质量限(AQL)检索的逐批检验抽样计划(GB/T 2828.1—2003,ISO 2859-1:1999,IDT)

GB/T 2829 周期检验计数抽样程序及表(适用于对过程稳定性的检验)

GB/T 3190 变形铝及铝合金化学成分(GB/T 3190—2008,ISO 209:2007,MOD)

GB/T 3880.1 一般工业用铝及铝合金板、带材 第1部分:一般要求

GB/T 3880.2 一般工业用铝及铝合金板、带材 第2部分:力学性能

GB/T 3880.3 一般工业用铝及铝合金板、带材 第3部分:尺寸偏差

GB/T 4857.5 包装 运输包装件 跌落试验方法(GB/T 4857.5—1992,ISO 2248:1985,EQV)

GB/T 12670 聚丙烯(PP)树脂

GB 12672 丙烯腈-丁二烯-苯乙烯(ABS)树脂

GB/T 16265 包装材料试验方法 相容性(GB/T 16265—2008,FED-STD-101 METHOD 3004,MOD)

BB/T 0042 包装容器 铝质农药瓶

3 产品结构

产品结构示意图见图1。

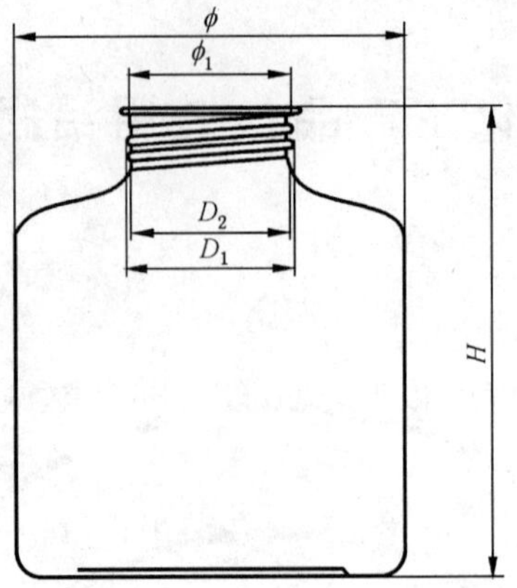

H——瓶高度；
ϕ——瓶体直径；
ϕ_1——瓶口内径；
D_1——瓶口直径；
D_2——丝内直径。

图 1 产品结构示意图

4 要求

4.1 瓶体

4.1.1 材质

工业纯铝，铝含量大于或等于 99.5%，材料的化学成分应符合 GB/T 3190 的规定，材料的性能符合 GB/T 3880.1～3880.3 的规定。

4.1.2 瓶体外观

瓶口平整完好，卷口光滑；瓶口螺距均一，无双丝纹，瓶口不椭圆，不变形，无毛刺，瓶口弧形顺畅，无明显皱褶；瓶身清洁，表面无明显拉丝及凹凸不平和砂眼、裂缝现象；无明显的划伤、碰伤；瓶底凹进不小于 0.5 mm。

4.1.3 尺寸及质量偏差

尺寸及质量偏差见表 1。

表 1 尺寸及质量偏差

规格/mL	瓶体直径 ϕ/mm	瓶口内径 ϕ_1/mm	丝纹深度 D/mm	瓶高度 H/mm	质量偏差/%
≥1 500	±0.15	±0.6	±0.2	±1	±3
1 000～1 500	±0.15	±0.5	±0.2	±0.8	±3
≤1 000	±0.15	±0.4	±0.2	±0.5	±6
注：特殊规格由供需双方商定。					

4.1.4 满口容量

铝瓶的满口容量：小于等于 1 500 mL 不得低于标称容量的 120%；1 501 mL～5 000 mL 不得低于标称容量的 115%；5 001 mL～10 000 mL 不得低于标称容量的 110%。

4.2 瓶盖

4.2.1 材质

应根据内装物的性质，选用适当材质的瓶盖，采用聚丙烯塑料时应符合 GB/T 12670 规定，采用 ABS 树脂时质量标准应符合 GB 12672 的规定。

4.2.2 瓶盖外观

4.2.2.1 螺口瓶盖为标准外螺纹旋塞，颜色均匀一致，质量均等，表面光洁、平整，弧线顺畅，无毛刺、洞眼、气泡、缺边等缺陷。

4.2.2.2 螺距均匀，铝芯完整，铝芯与聚丙烯合为一体，无分离现象。

4.3 口、盖互配性

铝瓶瓶口应与相应瓶盖、密封圈相互配合良好，可以随意互换。瓶盖与密封圈配合后，与瓶体旋紧、松开各三次，密封圈应无裂纹、扭断现象。

4.4 相容性

瓶盖及密封圈应与内装物相容，不改变原有形状、性能和特性。

4.5 物理性能

物理性能见表2。

表2 物理性能

项目	要求
耐压性能	0.1 MPa，5 min，无变形
气密性能	30 kPa 1 min，无漏气
液压性能	250 kPa 5 min，不渗漏
跌落性能	1.8 m 高度跌落，不泄漏

4.6 农药包装用铝瓶应符合 BB/T 0042 的规定。

4.7 盛装化工产品包装用铝瓶应符合国家有关规定。

5 试验方法

5.1 外观

采用目力观察与直尺测定的方法分别检查划伤、碰伤程度，以及洗白后有无水斑出现。在专用试验仪器上观察铝瓶有无砂眼及孔洞现象，专用试验仪器及结构示例图参见附录A。

5.2 尺寸及质量偏差

5.2.1 瓶体直径

用精度为 0.02 mm 的游标卡尺从外圈卡住铝瓶，测其直径。

5.2.2 瓶口内径

用精度为 0.02 mm 的游标卡尺从瓶口内卡住铝瓶，测其内径。

5.2.3 丝纹深度

用卡尺分别测量瓶口直径 D_1 与卡进丝内测量其直径 D_2，丝纹深度 $D=(D_1-D_2)/2$。

5.2.4 瓶高度

用精度为 0.02 mm 的深度尺，水平桌面上放置一块平板玻璃，将铝瓶瓶口朝下放于玻璃上，选择最高点读取准确数据。

5.2.5 质量偏差

用精度为 0.1 g 的架盘天平测其瓶重，取其平均值。

5.3 满口容量试验

按式(1)计算，精确到1%。

$$P=(Q_1-Q_2)/Q_2\times 100\% \quad \cdots\cdots(1)$$

式中：

P——满口容量，%；

Q_1——实际容量，单位为毫升(mL)；

Q_2——标称容量,单位为毫升(mL)。

5.4 相容性试验

按 GB/T 16265 的规定进行。

5.5 耐压试验

将带进气管与压力表的盖与铝瓶拧紧通气,试验压力为 0.1 MPa,5 min 之内铝瓶无明显变形。

5.6 气密试验

5.6.1 测试仪器:气密试验装置。

5.6.2 测试方法:将铝瓶装在气密试验装置上,完全浸入水中充气加压至 30 kPa,观察 1 min 检查有无气泡冒出。

5.7 液压试验

5.7.1 测试仪器:液压试验装置。

5.7.2 测试方法:将铝瓶装满清水连接到液压试验装置的充压接头上,拧紧后,瓶内逐渐加压至 250 kPa,保持 5 min,观察铝瓶有无泄漏。

5.8 跌落试验

按 GB/T 4857.5 的规定进行。在 1.8 m 高度下,底、侧两个角度各跌落 2 次,观察样品有无泄漏。

6 检验规则

6.1 以同一型号规格的一次发货批为一个检验批,以一个铝瓶为一个样本单位。

6.2 产品的检验分出厂检验和型式检验。

6.3 出厂检验项目为:4.1.2、4.1.3 、4.1.4、4.2.2、4.3 规定的全部内容。

6.4 型式检验:检验项目为全项。

6.5 在下列情况下应进行型式检验:

a) 新产品或老产品转厂生产的试制定型鉴定;

b) 当结构、材料、工艺改变,有可能影响产品性能时;

c) 正常生产时每半年进行一次;

d) 停产半年以上恢复生产时;

e) 出厂检验结果与上次型式检验有较大差异时;

f) 国家质量技术监督机构提出进行型式检验要求时。

6.6 出厂检验按 GB/T 2828.1 中正常检查二次抽样方案进行检验,检验项目,检查水平,接收质量限见表 3。

表 3 出厂检验

序号	检 验 项 目	检验水平	接收质量限(AQL)
1	外观(4.1.2、4.2.2)	S-3	2.5
2	尺寸及质量偏差 (4.1.3)	S-3	2.5
3	满口容量(4.1.4)	S-2	1.5
4	口、盖互配性(4.3)	S-1	1.0

6.7 型式检验按 GB/T 2829 规定进行,采用判别水平的一次抽样方案,检验项目、不合格质量水平、样本大小、判定数组见表 4。

表 4　型式检验

序号	检　验　项　目	不合格质量水平 RQL	样本大小(n)	判定数组	
				Ac	Re
1	外观(4.1.2、4.2.2)	20	5	0	1
2	尺寸及质量偏差 (4.1.3)	15	6	0	1
3	满口容量(4.1.4)	12	8	0	1
4	口、盖互配性(4.3)	12	8	0	1
5	相容性(4.4)	12	8	0	1
6	耐压性能(4.5)	12	8	0	1
7	气密性能(4.5)	12	8	0	1
8	液压性能(4.5)	12	8	0	1
9	跌落性能(4.5)	15	6	0	1

7　标志、包装、运输和贮存

7.1　标志

包装箱外面应印有产品名称、类别、质量、生产厂家、包装箱规格并符合 GB/T 191 要求。

7.2　包装

7.2.1　采用瓦楞纸箱包装或按用户要求，产品采用竖直排列，瓶之间用隔板隔开。

7.2.2　每个包装箱上应附有产品合格证。

7.2.3　包装箱应用塑料带捆扎或塑料胶带封口粘扎。

7.3　运输

运输时要轻放轻卸、严禁抛掷，防止碰撞、重压，避免雨淋、曝晒与污染。

7.4　贮存

应贮存于干燥无腐蚀性的库房里。

附　录　A
（资料性附录）
砂眼及孔洞观察仪器使用方法及示意图

A.1　仪器要求

电压 12 V，功率 30 W。

A.2　使用方法

将砂眼及孔洞观察仪器放在暗室中，接通电源，灯泡亮后，将被测试样品倒置于工作云台上，灯泡在瓶内发光，摇动手柄使云台带动铝瓶转动，观察铝瓶各部位是否有漏光现象。

A.3　砂眼及孔洞观察仪器示意图

砂眼及孔洞观察仪器示意图见图 A.1。

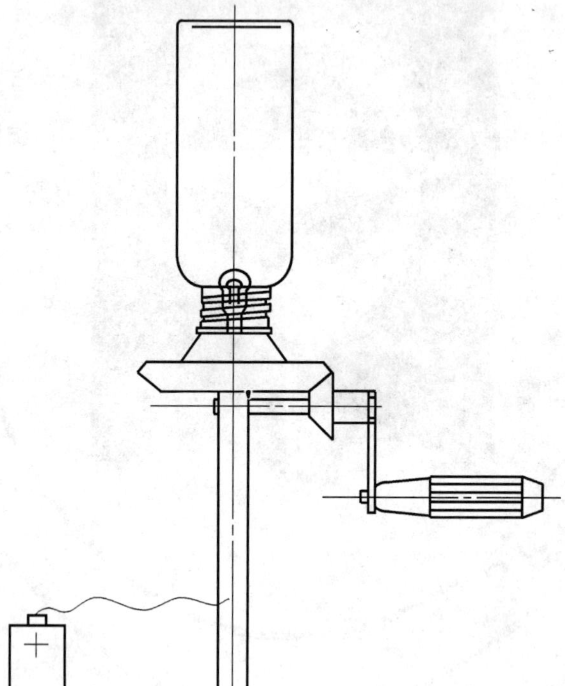

图 A.1　砂眼及孔洞观察仪器示意图

ICS 75.180.10
E 92

中华人民共和国国家标准

GB/T 22512.2—2008
代替 GB/T 9253.1—1999,GB/T 4749—2003

石油天然气工业　旋转钻井设备 第2部分:旋转台肩式螺纹连接的加工与测量

Petroleum and natural gas industries—Rotary drilling equiment—Part 2:Threading and gauging of rotary shouldered thread connections

（ISO 10424-2：2007，MOD）

2008-11-04 发布　　2009-05-01 实施

中华人民共和国国家质量监督检验检疫总局
中国国家标准化管理委员会　发布

前　　言

GB/T 22512《石油天然气工业　旋转钻井设备》分为以下两个部分：

——第1部分：旋转钻柱构件；

——第2部分：旋转台肩式螺纹连接的加工与测量。

本部分为GB/T 22512的第2部分。

本部分修改采用ISO 10424-2:2007《石油天然气工业　旋转钻井设备　第2部分：旋转台肩式螺纹连接的加工与测量》（英文版）。

本部分根据ISO 10424-2:2007重新起草。考虑到我国国情，在采用ISO 10424-2:2007时，本部分做了一些修改，主要技术性差异如下：

——对混淆使用螺纹牙型半角和螺纹牙侧角两个不同术语的部分内容进行了修改；

——9.2.3对于螺纹工作量规，增加了纵向存污槽结构及要求；

——10.3.2.2牙侧角测量，增加了可使用其他精密仪器测量牙侧角的方法；

——根据我国有关政策要求，明确规定只有经中国实验室国家认可委员会或其他ISO成员国的国家实验室认可机构认可的校准实验室方可进行校对量规的检测认可。删除附录J的内容。

为便于使用，本部分还做了下列编辑性修改：

——用"GB/T 22512的本部分"代替"ISO 10424本部分"；

——用小数点"."代替作为小数点的逗号","；

——删除ISO 10424-2:2007(E)的前言和引言；

——对图进行了重新绘制。

本部分代替GB/T 9253.1—1999《石油钻杆连接螺纹》和GB/T 4749—2003《旋转台肩式螺纹连接量规》，与GB/T 9253.1—1999和GB/T 4749—2003相比主要变化如下：

——用"旋转台肩式螺纹连接"术语代替"石油钻杆接头"和"石油钻具接头"；

——增加了钻铤及直接连接钻铤的螺纹连接的倒角直径的要求（本部分的6.2）；

——增加了低扭矩结构的规定（本部分的6.3）；

——增加了产品选用结构（本部分的第7章）；

——增加了关于量规检测认可的要求，修改了量规参数规范和测量方法（本部分的第10章）；

——增加了资料性附录"其他旋转台肩式连接"（本部分的附录F）；

——增加了资料性附录"计算"（本部分的附录I）；

——删除了螺纹量规牙侧面和测量面的表面粗糙度要求及塞规螺纹中径的测量方法等（GB/T 4749—2003的5.7和附录B）。

本部分的附录C和附录D为规范性附录，附录A、附录B、附录E、附录F、附录G、附录H和附录I为资料性附录。

本部分由全国石油钻采设备和工具标准化技术委员会（SAC/TC 96）提出并归口。

本部分负责起草单位：中国石油天然气集团公司管材研究所。

本部分参加起草单位：宝鸡石油机械有限公司、北京石油机械厂和山西北方风雷工业集团有限公司。

本部分主要起草人：杨力能、徐婷、杨析、方伟、许晓锋、葛明君、蔺瑜、王瑞宵、范育昭、马福保、朱煜鑫。

本部分代替标准的历次发布情况为：

——GB/T 4749—1984、GB/T 4749—1993、GB/T 4749—2003；

——GB/T 9253.1—1988、GB/T 9253.1—1999。

石油天然气工业　旋转钻井设备
第2部分:旋转台肩式螺纹连接的
加工与测量

1　范围

GB/T 22512的本部分规定了石油天然气工业用旋转台肩式螺纹连接及量规的要求,包括螺纹和螺纹量规的尺寸要求、测量方法、量规规范以及螺纹检测方法和仪器。所述螺纹连接优先用于钻柱构件。

特殊公差、质量、试验、检测和成品要求等补充规定可由有关各方协商确定。

本部分适用于下列优先选用的旋转台肩式螺纹连接设计:

数字(NC)型;

正规(REG)型;

贯眼(FH)型。

以上旋转台肩式螺纹连接均可溯源到有关国际组织提供的量规计量校准系统。

2　一致性——计量单位

在本部分中,数据采用国际单位制和美国惯用单位制两种单位制表示。国际单位制和美国惯用单位制数据表分别在标准正文和附录A中给出。图中的数据采用国际单位制和美国惯用单位制两种单位制表示。对于某一特定的订单,只使用其中一种单位制,无需给出用其他单位制表示的数据。用于本部分的国际单位制和美国惯用单位制转换公式参见附录G。

按照这两种单位制中的任一种单位制表示的规范生产的产品应认为是等效的,并完全互换。因此,符合本部分用其中一种单位制表示的要求的也符合用另一种单位制表示的要求。

本部分中,国际单位制单位数据后的括号内为美国惯用单位制表示的数据。

3　规范性引用文件

下列文件中的条款通过GB/T 22512的本部分的引用而成为本部分的条款。凡是注日期的引用文件,其随后所有的修改单(不包括勘误的内容)或修订版均不适用于本部分,然而,鼓励根据本部分达成协议的各方研究是否可使用这些文件的最新版本。凡是不注日期的引用文件,其最新版本适用于本部分。

GB/T 15481—2000　检测和校准实验室能力的通用要求(idt ISO/IEC 17025:1999)

ISO 10424-1　石油天然气工业　旋转钻井设备　第1部分:旋转钻柱构件

ISO 11961　石油天然气工业　钢制钻杆

API Spec 7　旋转钻柱构件规范

4　术语、定义、缩略语和符号

4.1　术语和定义

下列术语和定义适用于GB/T 22512的本部分。

4.1.1

倒角直径　bevel diameter

旋转台肩式连接接触面的外径。

4.1.2

内螺纹连接　box connection

内螺纹端　box end

石油管材上带有内螺纹(母螺纹)的螺纹连接。

4.1.3

内螺纹　box thread

旋转台肩式连接接内表面上的螺纹(母螺纹)。

4.1.4

磨合　break-in

适用于新加工的螺纹的工艺程序以保证其匹配性。

4.1.5

校准系统　calibration system

文件化的量规校准和控制系统。

4.1.6

冷加工　cold working

在足够低的温度下旋转式台肩连接表面的金属塑性变形产生的应变强化。

4.1.7

第一牙完整螺纹　first perfect thread

距外螺纹端密封面最远或内螺纹端密封面最近,且具有完整螺纹牙顶和牙底的螺纹。

4.1.8

全牙高螺纹　full-depth thread

螺纹牙底位于外螺纹小径圆锥或内螺纹大径圆锥上的螺纹。

4.1.9

测量基准点　gauge point

在垂直于旋转式台肩连接的螺纹轴线的假想平面内的该点处测量螺纹中径 C。

注:该平面位于距外螺纹端台肩 15.875 mm(0.062 5 in)处。

4.1.10

互换紧密距　interchange stand-off

一个量规与量规序列中对应高一级准确度等级量规之间的紧密距:原始基准量规或地区标准量规,校对量规,工作量规。

4.1.11

导程　lead

螺纹上的一点到下一圈螺纹对应点之间平行于螺纹轴线的距离,或同一圈螺旋线上对应点间的轴向距离。

4.1.12

扭矩台肩　make-up shoulder

旋转式台肩连接的密封台肩。

4.1.13

制造商　manufacturer

具有螺纹加工能力和设备,保证产品符合本部分全部条款的工厂、公司或企业。

4.1.14

标准量规　master gauge

用于校准其他量规的量规。

注:包括校对量规、地区标准量规和原始基准量规。

4.1.15

配对紧密距　mating stand-off

一个塞规和与其配套的环规之间的紧密距。

注：互换紧密距是一个量规与量规序列中对应高一级准确度等级量规之间的紧密距。

4.1.16

外螺纹连接　pin connection

外螺纹端　pin end

石油管材上带有外螺纹(公螺纹)的螺纹连接。

4.1.17

外螺纹　pin thread

旋转台肩式连接外表面上的螺纹(公螺纹)。

4.1.18

螺距　pitch

相邻两牙螺纹之间的轴向距离，对于单头螺纹，螺距等于导程。

4.1.19

中径圆锥　pitch cone

一个假想的圆锥，该圆锥上任意一点处的直径等于该点处的螺纹中径。

4.1.20

中径　pitch diameter

螺纹牙厚和槽宽相等位置处的直径。

4.1.21

产品　product

符合本部分要求的带有旋转台肩式连接的钻柱构件。

4.1.22

参考尺寸　reference dimension

该尺寸是由两个或其他更多的尺寸的结果。

4.1.23

旋转台肩式连接　rotary shouldered connection

用于钻柱构件的具有粗牙圆锥螺纹和密封台肩的螺纹连接。

4.1.24

紧密距　stand-off

配对的量规或量规与产品的测量面之间的距离。

4.1.25

应力分散槽　stress-relief groove

旋转台肩式连接结构上的改进，去除了内、外螺纹连接上不参与啮合的一段螺纹。

注：这一工艺减小了应力集中从而降低了在内、外螺纹高应力区发生疲劳断裂的可能性。

4.1.26

锥度　taper

一定螺纹长度上，中径圆锥直径的增加量。

注：锥度用 mm/mm(in/ft)表示。

4.1.27

螺纹牙型　thread form

螺纹轴向剖面内一个螺距长度上的螺纹轮廓形状。

4.1.28

螺纹牙型高度 thread height

螺纹牙顶到牙底在垂直于螺纹轴线方向上的距离。

4.1.29

公差 tolerance

允许的变化量。

4.1.30

工作量规 working gauges

用于测量旋转台肩式连接的量规。

4.2 设计型式和定义

注：所有旋转台肩式连接均可加工成右旋(RH)或左旋(LH)型式，未标注为左旋(LH)的螺纹连接均认为是右旋(RH)螺纹连接。

4.2.1

贯眼型 full-hole (FH) style;FH style

采用 V-040 或 V-050 螺纹牙型的旋转台肩式连接的型号和规格。

注：其代号对应过去的某一钻杆规格。

4.2.2

GOST Z 型 GOST Z style

采用 V-038R、V-040 或 V-050 螺纹牙型的俄罗斯标准旋转台肩式连接的型号和规格。

注：其代号按米制进行圆整后的外螺纹连接根部圆柱直径命名。

4.2.3

H90 型 H90 style

采用 90°螺纹牙型的旋转台肩式连接的型号和规格。

注：其代号对应过去的某一钻杆规格。

4.2.4

内平型 IF style

采用 V-038R 螺纹牙型的旋转台肩式连接的型号和规格。

注 1：其代号对应过去的某一钻杆规格。

注 2：对应过去的 V-065 螺纹牙型。

4.2.5

数字型 number style;NC style

采用 V-038R 螺纹牙型的旋转台肩式连接的型号和规格。

注：其代号用外螺纹测量基准点处的中径以 2.54 mm (0.1 in)为单位折算的前两位数表示。

4.2.6

裸眼型 open-hole style;OH style

采用 V-076 螺纹牙型的旋转台肩式连接的型号和规格。

注：其代号对应过去的某一钻杆规格。

4.2.7

PAC 型 PAC style

采用 V-076 螺纹牙型的旋转台肩式连接的型号和规格。

注：其代号对应过去的某一钻杆规格。

4.2.8

正规型　regular style;REG style

采用 V-040、V-050 或 V-055 螺纹牙型的旋转台肩式连接的型号和规格。

注：其代号对应过去的某一钻杆规格。

4.2.9

SL H90 型;SL H90 style

采用 90°削平螺纹牙型的旋转台肩式连接的型号和规格。

注：其代号对应过去的某一钻杆规格。

4.3　缩略语和符号

4.3.1　缩略语

c/bore	扩锥孔
CW	冷加工
dia	直径
FF	完整平面
FH	贯眼(型)
ID	内径
IF	内平(型)
LH	左旋
LT	低扭矩结构
max	最大
min	最小
NC	数字连接(型)
OD	外径
OH	裸眼(型)
ref	参考尺寸
REG	正规(型)
RH	右旋
SRG	应力分散槽
thds	螺纹

4.3.2　符号

A	外螺纹测量基准点处螺纹牙底至应力分散槽的深度
B	内螺纹连接应力分散槽的深度,从中径圆锥的牙顶测量
C_{GP}	工作量规的测量基准点处的螺纹中径
C	产品螺纹测量基准点处的螺纹中径
d_b	螺距和锥度量规用触头直径
D_{BG}	内螺纹连接应力分散槽直径
d_{bh}	螺纹牙型高度量规用触头直径
D_{CB}	后扩孔应力分散形状的圆柱直径
D_{FG}	低扭矩结构外螺纹台肩面凹槽直径和内螺纹扩锥孔端面直径
D_{FP}	塞规调整盘直径
D_L	外螺纹大端直径
D_{LF}	外螺纹台肩根部直径
D_{MP}	塞规测量基准点处的大径

D_{MR}　环规测量基准点处的小径
D_R　环规外径
D_S　外螺纹小端直径
D_{SRG}　外螺纹应力分散槽直径
F_c　产品螺纹牙顶宽度
F_r　产品螺纹牙底宽度
f_c　产品螺纹牙顶削平高度
f_{cg}　量规螺纹牙顶削平高度
f_r　产品螺纹牙底削平高度
f_{rg}　量规螺纹牙底削平高度
H　截顶前的螺纹参考高度
h　截顶后的产品螺纹高度
h_{bg}　内螺纹连接应力分散槽深度，垂直于圆锥母线测量
h_{cn}　按锥度补偿后的产品螺纹高度
h_g　截顶后的量规螺纹参考高度
L_{BC}　内螺纹(锥部)长度
L_{BG}　内螺纹连接台肩面到应力分散槽的长度
L_{BT}　内螺纹长度(最小值)
L_{ct}　按锥度补偿后的螺距累计长度
L_{CB}　后扩孔的长度
L_{CYL}　后扩孔形状圆柱的深度
L_{ft}　外螺纹连接台肩面至第一个全牙高螺纹的长度
L_{GP}　台肩面至测量基准点的长度
L_{pg}　塞规总长度
L_{rg}　环规总长度
L_{PC}　外螺纹(锥部)长度
L_{Q_C}　内螺纹扩锥孔深度
L_{SRG}　外螺纹应力分散槽长度
L_X　内螺纹连接的台肩面至最后一牙螺纹在后扩孔圆柱上的刻痕
n　每 25.4 mm(1.0 in)长度上的螺纹牙数
P　螺距(因所有螺纹均为单头螺纹，故也适用于导程)
Q　环规的镗孔直径
Q_C　内螺纹连接的扩锥孔直径
r_c　螺纹牙顶的圆角半径
r_r　螺纹牙底的圆角半径
R　产品螺纹的牙底圆弧半径
R_{bg}　内螺纹应力分散槽的圆角半径
R_{FG}　低扭矩结构形状的圆角半径
S　螺纹量规的配对紧密距
S_0　检验合格的螺纹校对量规的配对紧密距
S_1　工作塞规与校对环规间的互换紧密距
S_2　工作环规与校对塞规间的互换紧密距
T　锥度，以 mm/mm 或 in/ft 表示一定长度上螺纹中径的增加量

T_{FP}　　量规调整盘厚度

φ　　半圆锥角

θ　　螺纹牙侧面与螺纹轴线垂线间的夹角

5　购方需提供的资料

在订购按本部分制造的旋转台肩式连接时，购方应在订单上规定下列要求：

——标准条款；

——螺纹类型和规格；

——如需要，购方可选择第7章所列的选择性要求作为补充要求。

6　螺纹加工

6.1　螺纹形状与尺寸

6.1.1　基本尺寸

旋转台肩式连接应按表1规定的规格型号供货。旋转台肩式连接的尺寸应符合表1和表2，以及图1和图2的规定。表1、表2中的锥度 T 与图1和图2中半圆锥角 φ 相关，$T=2\tan\varphi$。

表1和表2未规定公差和以后未定义公差的尺寸应视为参考尺寸。这些尺寸的偏离不应视为拒收的依据。外螺纹连接小端的外倒角由制造厂确定。

右旋螺纹应视为标准螺纹形式。符合本部分且具有经过认可的校对量规的左旋螺纹应可接受。

6.1.2　台肩面

旋转台肩式连接的台肩面应垂直于螺纹轴线，其平面度和垂直度的公差不超过0.05 mm(0.002 in)。

6.1.3　紧密距

旋转台肩式连接的紧密距应符合第8章规定的紧密距公差范围。

单位为毫米（英寸）

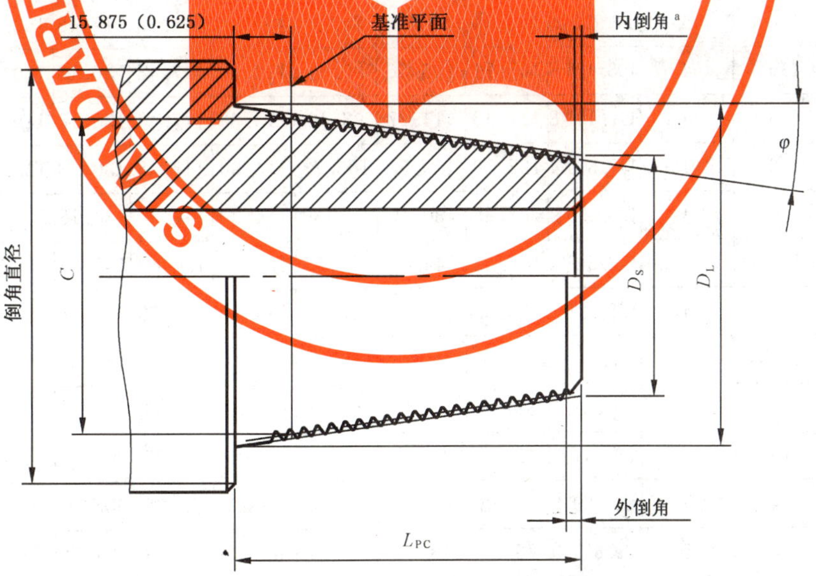

注：外倒角的角度由制造厂确定。

[a] 可选择的内倒角，符合ISO 11961或产品规范。

图1　外螺纹连接

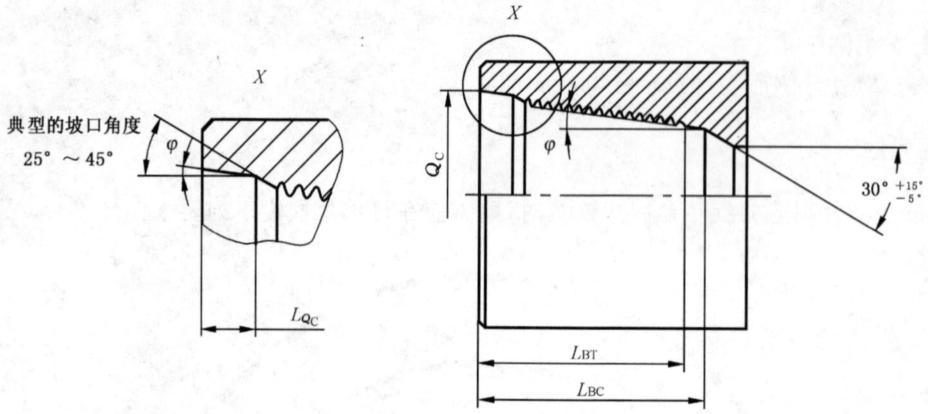

图 2 内螺纹连接

表 1 优先选用的螺纹连接的产品螺纹尺寸(国际单位制[a])

1	2	3	4	5	6	7	8	9	10	11	12	13	14
型号规格	螺纹牙型	锥度 T^b/(mm/mm)	每25.4 mm上的螺纹牙数 n	测量基准点处的螺纹中径 C_{ref}/mm	外螺纹大端直径 D_L/mm	外螺纹根部圆柱直径 $D_{LF}\pm0.4$ mm	外螺纹小端直径 D_S/mm	外螺纹锥部长度[c] $L_{PC}{}^{0}_{-3}$/mm	内螺纹长度 $L_{BT\,min}$/mm	内螺纹锥部长度 $L_{BC}{}^{+9}_{0}$/mm	内螺纹扩锥孔直径 $Q_C{}^{+0.8}_{-0.4}$/mm	内螺纹扩锥孔长度 $L_{QC}{}^{+1.6}_{-0.8}$/mm	$L_{ft\,max}$/mm
NC23	V-038R	1/6	4	59.817 0	65.10	61.90	52.40	76.20	79.38	92.08	66.68	15.88	12.70
NC26	V-038R	1/6	4	67.767 2	73.05	69.85	60.35	76.20	79.38	92.08	74.61	15.88	12.70
NC31	V-038R	1/6	4	80.848 2	86.13	82.96	71.32	88.90	92.08	104.78	87.71	15.88	12.70
NC35	V-038R	1/6	4	89.687 4	94.97	92.08	79.10	95.25	98.42	111.12	96.84	15.88	12.70
NC38	V-038R	1/6	4	96.723 2	102.01	98.83	85.06	101.60	104.78	117.48	103.58	15.88	12.70
NC40	V-038R	1/6	4	103.428 8	108.71	105.56	89.66	114.30	117.48	130.18	110.33	15.88	12.70
NC44	V-038R	1/6	4	112.191 8	117.48	114.27	98.42	114.30	117.48	130.18	119.06	15.88	12.70
NC46	V-038R	1/6	4	117.500 4	122.78	119.61	103.73	114.30	117.48	130.18	124.62	15.88	12.70
NC50	V-038R	1/6	4	128.059 2	133.35	130.43	114.30	114.30	117.48	130.18	134.94	15.88	12.70
NC56	V-038R	1/4	4	142.646 4	149.25	144.86	117.50	127.00	130.18	142.88	150.81	15.88	12.70
NC61	V-038R	1/4	4	156.921 2	163.53	159.16	128.60	139.70	142.88	155.58	165.10	15.88	12.70
NC70	V-038R	1/4	4	179.146 2	185.75	181.38	147.65	152.40	155.58	168.28	187.32	15.88	12.70
1REG	V-055	1/8	6	29.311 6	32.54	31.32	27.78	38.10	50.80	53.98	33.04	11.13	10.16
1½ REG	V-055	1/8	6	39.141 4	42.37	41.17	36.02	50.80	53.98	66.80	42.88	11.13	10.16
2⅜ REG	V-040	1/4	5	60.080 4	66.68	63.88	47.62	76.20	79.38	92.08	68.26	15.88	12.70
2⅞ REG	V-040	1/4	5	69.605 4	76.20	73.41	53.98	88.90	92.08	104.78	77.79	15.88	12.70
3½ REG	V-040	1/4	5	82.292 7	88.90	86.11	65.07	95.25	98.42	111.12	90.49	15.88	12.70
4½ REG	V-040	1/4	5	110.867 7	117.48	114.68	90.47	107.95	111.12	123.82	119.06	15.88	12.70
5½ REG	V-050	1/4	4	132.944 1	140.21	137.41	110.03	120.65	123.82	136.52	141.68	15.88	12.70
6⅝ REG	V-050	1/6	4	146.248 1	152.20	149.40	131.02	127.00	130.18	142.88	153.99	15.88	12.70

表 1（续）

1	2	3	4	5	6	7	8	9	10	11	12	13	14
型号规格	螺纹牙型	锥度 T^{b}/(mm/mm)	每25.4 mm上的螺纹牙数 n	测量基准点处的螺纹中径 C_{ref}/mm	外螺纹大端直径 D_L/mm	外螺纹根部圆柱直径 $D_{LF}\pm0.4$ mm	外螺纹小端直径 D_S/mm	外螺纹锥部长度[c] $L_{PC}{}^{0}_{-3}$/mm	内螺纹长度 $L_{BT\,min}$/mm	内螺纹锥部长度 $L_{BC}{}^{+9}_{0}$/mm	内螺纹扩锥孔直径 $Q_C{}^{+0.8}_{-0.4}$/mm	内螺纹扩锥孔长度 $L_{QC}{}^{+1.6}_{-0.8}$/mm	$L_{ft\,max}$/mm
7⅝ REG	V-050	1/4	4	170.549 1	177.80	175.01	144.48	133.35	136.52	149.22	180.18	15.88	12.70
8⅝ REG	V-050	1/4	4	194.731 1	201.98	199.14	167.84	136.52	139.70	152.40	204.39	15.88	12.70
5½ FH	V-050	1/6	4	142.011 4	147.96	145.16	126.78	127.00	130.18	142.88	150.02	15.88	12.70
6⅝ FH	V-050	1/6	4	165.597 8	171.53	168.73	150.37	127.00	130.18	142.88	173.83	15.88	12.70

[a] 美国惯用单位制表参见表 A.1。

[b] 锥度 T 1/6 相当半圆锥角 $\varphi=4.764°$

锥度 T 1/4 相当半圆锥角 $\varphi=7.125°$

锥度 T 1/8 相当半圆锥角 $\varphi=3.576°$

[c] 仅对牙轮钻头的公差为：${}^{0}_{-5}$ mm。

表 2 产品螺纹牙型尺寸（国际单位制[a]）

1	2	3	4	5	6	7	8
螺纹牙型		V-038R	V-038R	V-040	V-050	V-050	V-055
每 25.4 mm 上的螺纹牙数	n	4	4	5	4	4	6
螺距/mm		6.35	6.35	5.08	6.35	6.35	4.233 33
牙侧角 /(°)	θ, ± 0.75°	30	30	30	30	30	30
锥度/(mm/mm)	T	1/6	1/4	1/4	1/6	1/4	1/8
牙顶宽度/mm	$F_{c,ref}$	1.65	1.65	1.02	1.27	1.27	1.40
牙底圆弧半径/mm	R	0.97	0.97	0.51	0.64	0.64	—
牙底宽度/mm	F_r	—	—	—	—	—	1.19
牙底圆角半径/mm	$r_r\pm0.2$	—	—	—	—	—	0.38
截顶前的螺纹参考高度/mm	H_{ref}	5.486 53	5.470 62	4.376 50	5.486 53	5.470 62	3.661 41
牙顶削平高度/mm	f_c	1.426 50	1.422 35	0.875 31	1.097 31	1.094 12	1.208 25
牙底削平高度/mm	f_r	0.965 20	0.965 20	0.508 00	0.635 00	0.635 00	1.032 51
截顶后的螺纹高度/mm	$h^{+0.025}_{-0.076}$	3.094 83	3.083 06	2.993 19	3.754 22	3.741 50	1.420 65
牙顶圆角半径/mm	$r_c\pm0.2$	0.38	0.38	0.38	0.38	0.38	0.38

注：尺寸的含义见图 4 和图 5。

[a] 美国惯用单位制表参见表 A.2。

6.1.4 螺纹轴线

除钻头以外，旋转台肩式连接的螺纹轴线与产品设计轴线的角度偏差不应超过 0.057°[0.001 mm/mm (0.001 in/in)投影轴线]。设计轴线理论上应与螺纹轴线相交于连接台肩面处。

6.1.5 螺距公差

旋转台肩式连接的螺距公差应符合下列规定：

a) 在全牙高螺纹范围内，任一段 25.4 mm(1.0 in)长度上的螺距累计偏差不超过±0.038 mm/25.4 mm(0.001 5 in/in)；

b) 在全牙高螺纹范围内，螺距累计偏差不超过±0.114 mm(0.004 5in)，或在全牙高螺纹范围内每 25.4 mm(1.0 in)上按 0.025 mm(0.001 in)计算螺距累计偏差之和，取两者中的较大值。

螺距的确定方法见第 8 章。

6.1.6 锥度公差

旋转台肩式连接的锥度公差应符合下列规定：

a) 外螺纹：在全牙高螺纹范围内，平均锥度偏差为 $^{+0.002\,5}_{0}$ mm/mm($^{+0.030}_{0}$ in/ft)；

b) 内螺纹：在全牙高螺纹范围内，平均锥度为 $^{0}_{-0.002\,5}$ mm/mm($^{0}_{-0.030}$ in/ft)。

锥度的确定方法见 8.5。

6.1.7 螺纹牙型

螺纹牙型应符合表 2，以及图 3 和图 4 的规定。

6.1.8 外螺纹连接的根部尺寸

外螺纹连接的根部尺寸应符合下列规定：

a) 除非采用应力分散槽，钻铤上的旋转台肩式连接的根部应有一段圆柱部分，圆柱直径 D_{LF} 应符合表 1 的规定，同时还应如图 5 所示有一个半径为(1.6±0.4)mm(0.062 in±0.015 in)的过渡圆弧。

b) 其他钻柱构件所采用的螺纹连接的根部形式与钻铤不同，采用圆锥形式而不采用圆柱形式。当螺纹连接的根部选用圆锥形式时，圆锥与密封面相交处的圆弧半径如图 5 所示应不小于 0.8 mm(0.03 in)。

c) 外螺纹连接的根部圆柱与螺纹上具有完整螺纹牙型高度的首点处的牙侧面的交点到台肩面的距离应不大于 L_{ft}(见图 6 和表 1)。

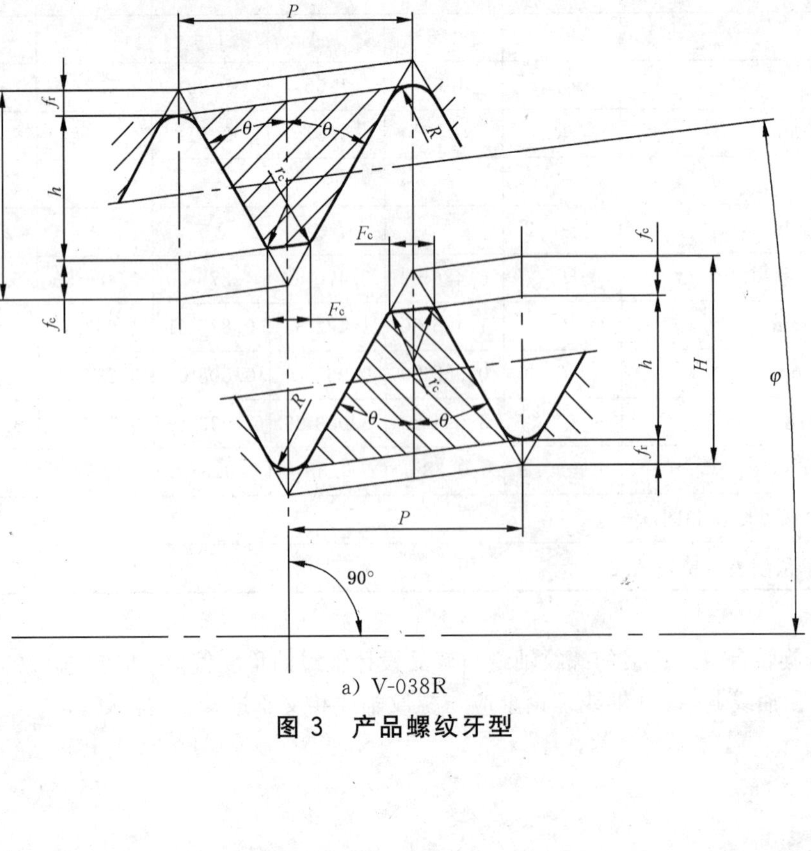

a) V-038R

图 3 产品螺纹牙型

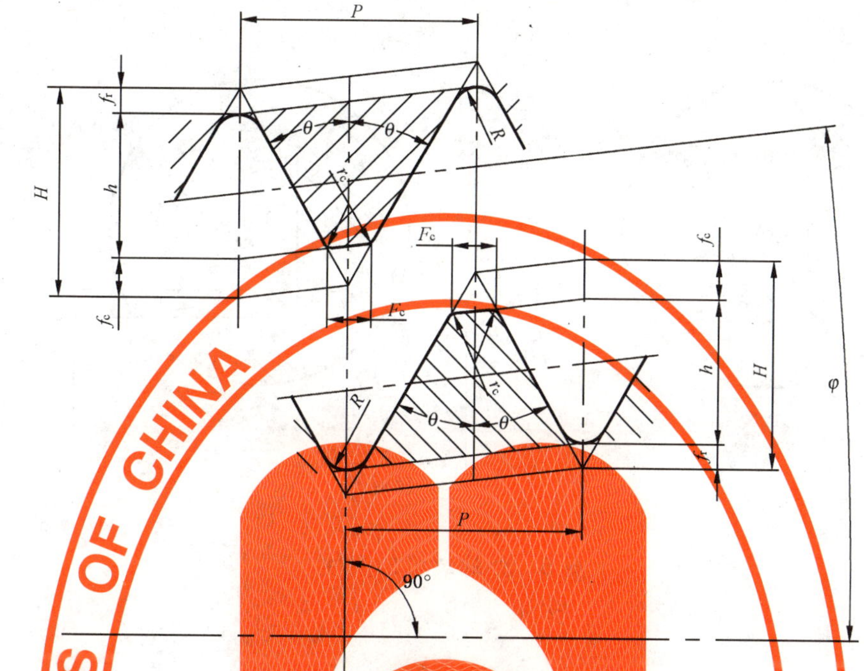

b) V-050，V-040

图 3（续）

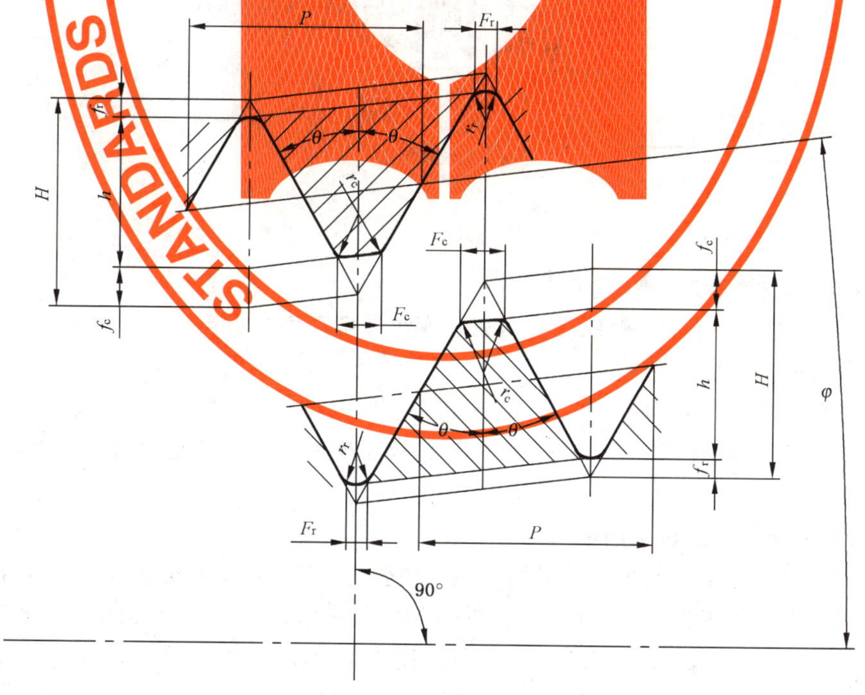

图 4 V-055 产品螺纹牙型

单位为毫米(英寸)

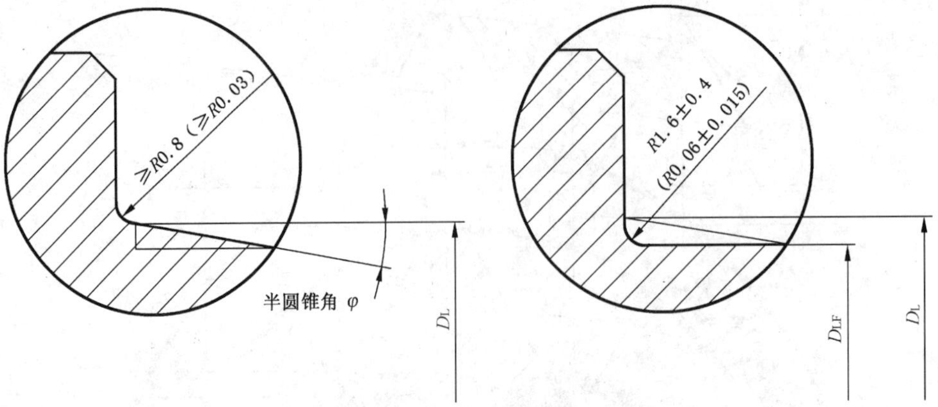

图 5 外螺纹根部圆柱

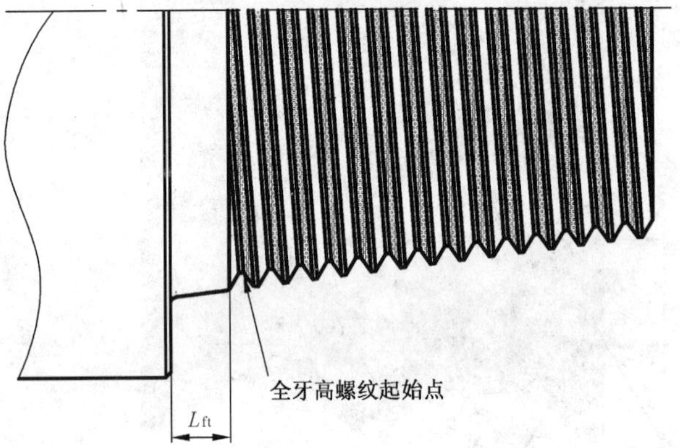

注 1：螺纹上具有完整螺纹牙型高度的首点。

图 6 螺纹上具有完整螺纹牙型高度的首点

6.1.9 内螺纹连接的扩锥孔

内螺纹连接扩锥孔的直径 Q_C 应符合表 1 规定，锥度 T 见 6.1.1 和图 2。内螺纹连接的扩锥孔深度 L_{Q_C} 应符合表 1 规定。内螺纹连接的扩锥孔和第一牙螺纹相交处的坡口角度由制造厂确定，典型的坡口角度为 25°～45°。

6.2 钻铤及直接与钻铤连接的接头的倒角

钻铤及与钻铤连接的接头的倒角直径根据附录 I 的公式计算，主要取决于螺纹连接上的外径。与钻铤常用最小直径对应的参考倒角直径见表 3。钻铤的外径每增加 6.4 mm(0.25 in)，倒角直径将重新计算。外径每增加(或减少)6.4 mm(0.25 in)，倒角直径相应增加(或减少)4.8 mm(0.19 in)。

对于低扭矩结构，倒角直径已专门设定，不应随外径的改变而增加。

除非另有规定，倒角直径的公差应为±0.4 mm(±0.015 in)。

这些倒角直径不适用于 API Spec7 及 ISO 10424-1 中已有规定的钻杆连接、钻头或与钻头连接的内螺纹连接。

表 3 具有 60°螺纹牙型的螺纹连接用于钻铤时的参考倒角直径(国际单位制[a])

单位为毫米

1	2	3	4	5	6	7	8	9
规格型号	参考外径 OD[b]	参考倒角直径	规格型号	参考外径 OD[b]	参考倒角直径	规格型号	参考外径 OD[b]	参考倒角直径
NC23	79.38	76.20	NC50	161.92	155.18	5½ REG	165.10	159.54
NC26	85.72	82.95	NC56	190.50	180.58	6⅝ REG	190.50	181.37
NC31	104.78	100.41	NC61	209.55	198.44	7⅝ REG	219.08	209.55
NC35	120.65	114.70	NC70	241.30	227.81	7⅝ REG LT	244.48	234.95
NC38	120.65	116.28	2⅜ REG	79.38	76.60	8⅝ REG FF	241.30	232.17
NC40	133.35	127.40	2⅞ REG	98.42	90.88	8⅝ REG LT	269.88	266.70
NC44	146.05	139.70	3½ REG	107.95	103.58	5½ FH	171.45	165.89
NC46	152.40	145.26	4½ REG	139.70	134.54	6⅝ FH	203.20	195.66

注：这些倒角直径不适用于钻杆连接、钻头或与钻头连接的内螺纹连接。

[a] 美国惯用单位制表参见表 A.3；

[b] 外径大于参考外径时见 6.2。

6.3 低扭矩结构

个别用于具有较大外径产品的螺纹连接应采用改进的倒角直径和加大的扩锥孔。这将容许上扣扭矩在保证螺纹连接弯曲强度的同时，在密封面上也产生合适的接触压应力。低扭矩结构如图 7 所示，尺寸见表 4。超过标明直径的产品应强制使用这种结构。

表 4 低扭矩结构(国际单位制[a])

单位为毫米

1	2	3	4
规格型号	要求大于的外径	台肩面凹槽直径 $D_{FG}{}^{+0.8}_{-0.4}$	台肩面凹槽圆角半径 $R_{FG}{}^{0}_{-0.4}$
7⅝ REG	241.3	196.9	6.35
8⅝ REG	266.7	228.6	6.35

注：见图 7。

[a] 美国惯用单位制表参见表 A.4。

单位为毫米(英寸)

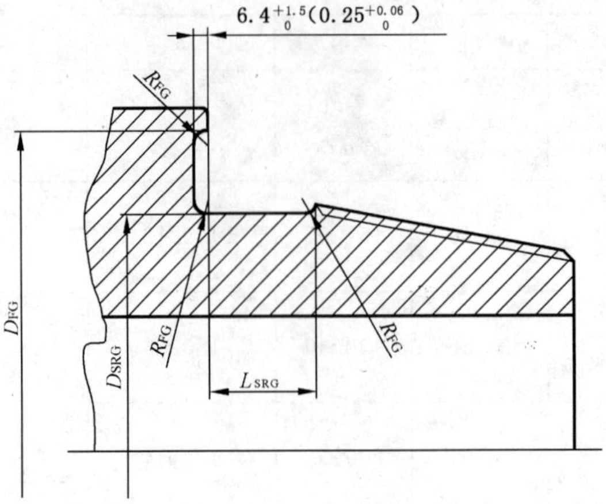

a) 带有应力分散槽的外螺纹连接

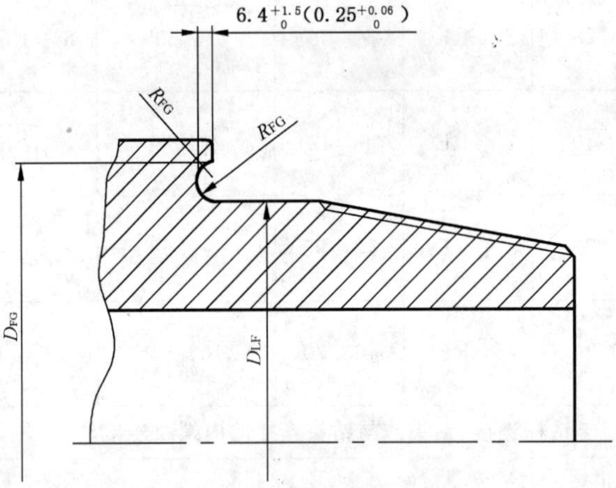

b) 不带有应力分散槽的外螺纹连接

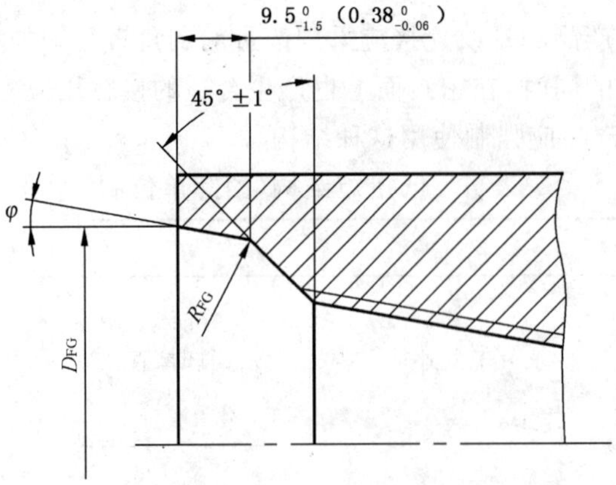

c) 低扭矩内螺纹连接

图 7 外径大于 241 mm(9.5 in)的特定螺纹连接用低扭矩结构

7 产品选用结构

7.1 通则

7.2～7.6 的要求仅适用于采购合同有明确规定时。

7.2 应力分散结构

如果螺纹连接的疲劳失效可能导致严重后果,可规定采用应力分散结构。应力分散结构有两种基本设计形式:一种是外螺纹连接采用应力分散槽和内螺纹连接采用的后扩孔结构,另一种则是内、外螺纹连接上都采用应力分散槽结构。推荐采用内螺纹连接的后扩孔应力分散结构设计。但是,内螺纹连接的应力分散槽的使用结果表明也取得了明显的效果。

应力分散槽结构如图 8、图 9 和图 10 所示。未列出的螺纹连接尺寸宜参见附录 I 的公式计算。外螺纹连接台肩处的应力分散槽和内螺纹连接根部的应力分散槽或后扩孔结构的尺寸应符合表 5 的要求。

测量基准点处的螺纹中径 C 小于 89 mm(3.5 in)的外螺纹连接不推荐使用应力分散槽。

外螺纹连接的长度 L_{PC} 小于 89 mm(3.5 in)的螺纹连接不推荐使用后扩孔结构。

应力分散槽结构导致外螺纹连接的抗拉强度和截面模数略有降低,但在大多数情况下,降低疲劳失效的风险足以抵消连接截面积减小带来的影响。对预期的超高载荷,宜对该影响进行计算。

表 5 优先选用的螺纹连接的应力分散槽和后扩孔形状的尺寸(国际单位制[a])

单位为毫米

1	2	3	4	5	6	7	8
规格型号	内螺纹连接后扩孔形状			内螺纹连接应力分散槽		外螺纹连接应力分散槽	
	圆柱直径 $D_{CB}{}^{+0.38}_{0}$	台肩面至最后一牙螺纹刻痕长度 L_{Xref}	台肩面至圆柱末端长度 $L_{CYL}\pm7.9$	应力分散槽直径 $D_{BG}{}^{+0.79}_{0}$	台肩面至应力分散槽起点的长度 $L_{BG}{}^{0}_{-3.1}$	应力分散槽直径 $D_{SRG}{}^{0}_{-0.79}$	应力分散槽长度 $L_{SRG}\pm0.79$
NC35	82.15	82.55	133.35	84.53	85.72	82.07	25.40
NC38	88.11	88.90	139.70	90.49	92.08	89.10	25.40
NC40	92.87	101.60	152.40	94.85	104.78	95.81	25.40
NC44	101.60	101.60	152.40	103.58	104.78	104.57	25.40
NC46	106.76	101.60	152.40	109.14	104.78	109.88	25.40
NC50	117.48	101.60	152.40	119.46	104.78	120.45	25.40
NC56	121.84	114.30	165.10	123.03	117.48	134.04	25.40
NC61	132.95	127.00	177.80	134.14	130.18	148.31	25.40
NC70	152.00	139.70	190.50	153.19	142.88	170.54	25.40
4½ REG	94.46	95.25	146.05	96.04	98.42	101.93	25.40
5½ REG	114.30	107.95	158.75	114.30	111.12	123.67	25.40
6⅝ REG	134.14	114.30	165.10	134.94	117.48	137.59	25.40
7⅝ REG	148.83	120.65	171.45	148.83	123.82	161.26	25.40
8⅝ REG	172.24	123.82	174.63	172.24	127.00	185.45	25.40
5½ FH	129.78	114.30	165.10	130.97	117.48	133.35	25.40
6⅝ FH	153.59	114.30	165.10	154.38	117.48	156.95	25.40

注:见图 8、图 9 和图 10。

[a] 美国惯用单位制表参见表 A.5。

单位为毫米(英寸)

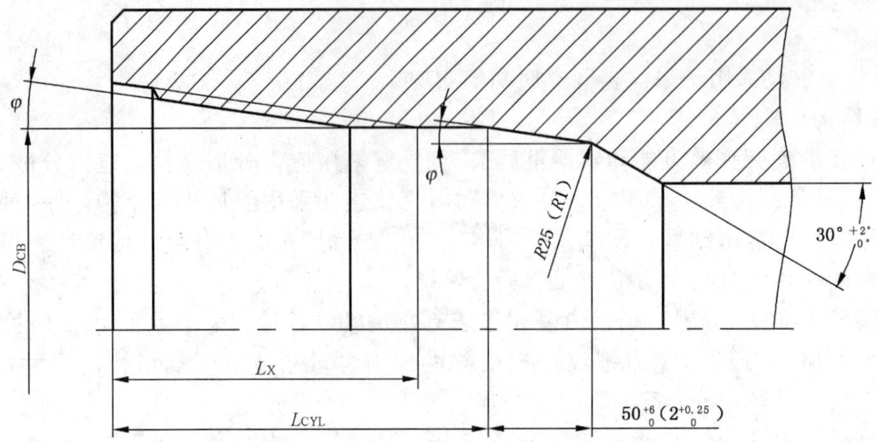

图 8　内螺纹连接后扩孔结构

单位为毫米(英寸)

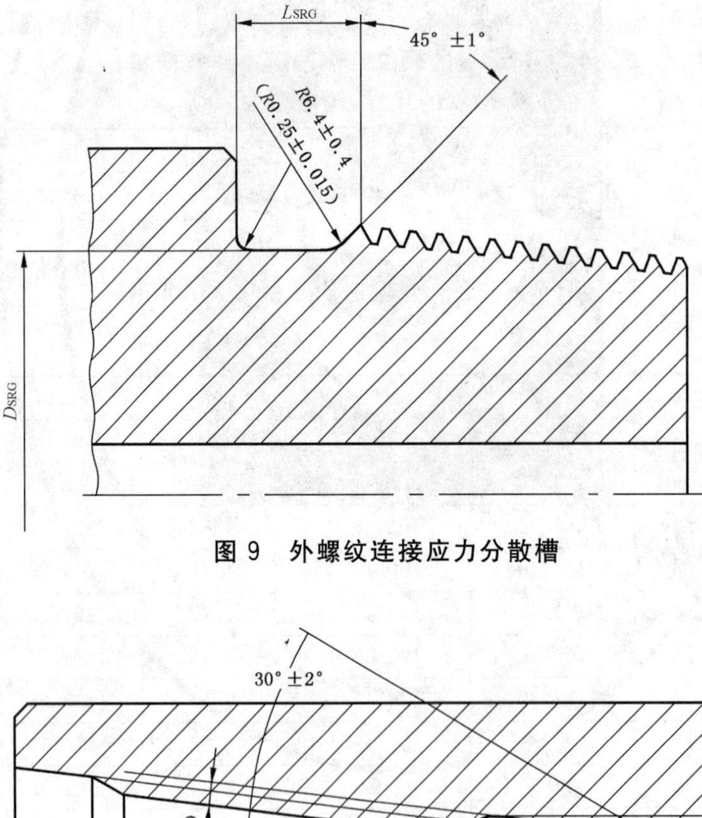

图 9　外螺纹连接应力分散槽

单位为毫米(英寸)

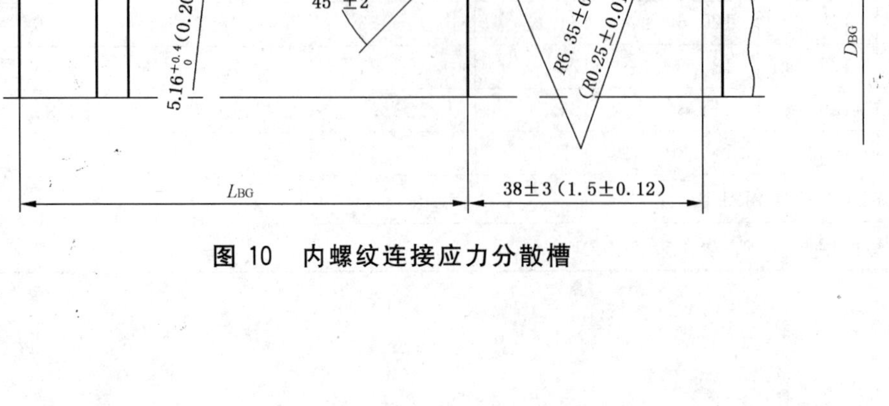

图 10　内螺纹连接应力分散槽

7.3 基准标记

7.3.1 概述

按此规定，内、外螺纹连接均可采用基准标记作为原始尺寸的证据，以评估在用螺纹连接的台肩面损伤的修复情况。基准标记宜设在距外螺纹连接根部台肩面或内螺纹连接扩锥孔端面 3.18 mm (0.125 in)位置处。

基准标记一般用于钻杆连接。不应用于带有应力分散槽的外螺纹连接。

有两种型式的基准标记可供选用。

7.3.2 圆柱形基准标记

圆柱形基准标记由位于外螺纹连接根部或内螺纹连接扩锥孔处的长度为 3.18 mm(0.125 in)的圆柱或直线镗孔组成，如图 11 和图 12 所示。

内螺纹连接的圆柱形基准标记的直径为内螺纹连接的扩锥孔圆柱直径 Q_C+0.4 mm(0.016 in)。

外螺纹连接的圆柱形基准标记结构的直径为外螺纹连接的根部直径 D_{LF}+0.8 mm(0.032 in)。

7.3.3 标签式基准标记

标签式基准标记由一个直径为 4.7 mm(0.19 in)的圆和一个与之相切的刻线组成，刻线位于圆靠近扭矩台肩的一侧。标签式基准标记如图 13 所示打印在产品表面，刻线位于距扭矩台肩 3.18 mm (0.125 in)处且平行于扭矩台肩面。

7.4 表面处理

表面处理方式由用户和制造厂协商确定，所有的测量应在表面处理前进行。

7.5 冷加工

按此规定，可对测量后的螺纹根部进行冷加工。冷加工前满足本部分要求的螺纹连接应认为符合本部分。在这种情况下，该螺纹连接也应打印“CW”标志，表示该螺纹在测量后进行了冷加工。对于外螺纹连接，此标志应标记在外螺纹的根部。对于内螺纹连接，此标志应标记在内螺纹连接的扩锥孔处。

注 1：冷加工后的螺纹紧密距测量一般有所变化。对已测量的螺纹连接进行冷加工，可能导致螺纹紧密距测量值偏离本部分的规定。这不影响螺纹连接的互换性，而且可改善螺纹连接的抗疲劳性能。

注 2：本部分未规定冷加工程序。不合适的冷加工程序可能损伤螺纹连接。

7.6 磨合

按此规定，螺纹连接在投入使用前可通过反复旋合进行磨合。所有的测量应在磨合前进行。

单位为毫米(英寸)

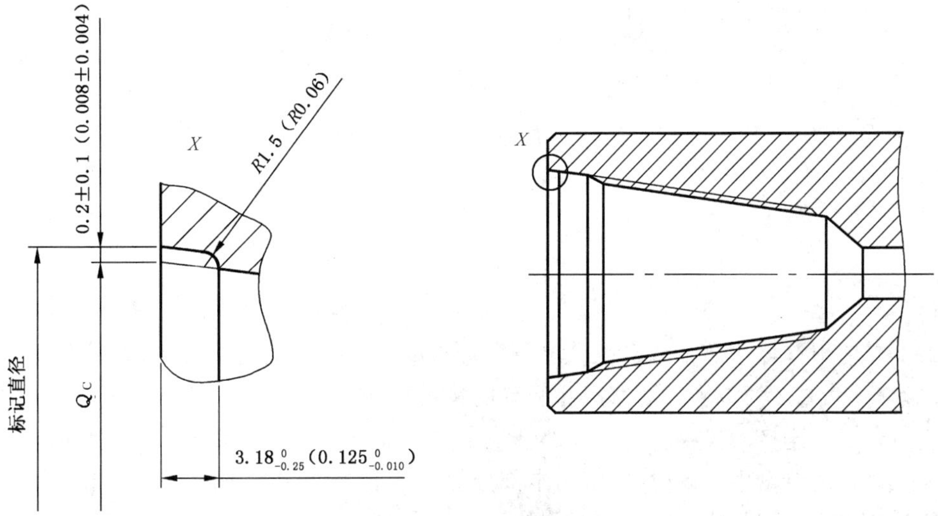

图 11 圆柱形基准标记——内螺纹

单位为毫米(英寸)

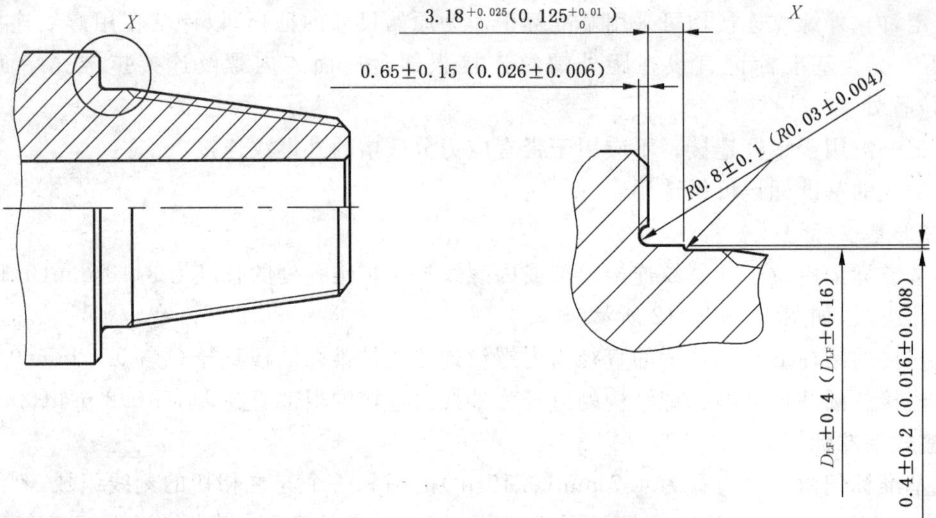

注：基准标记的直径见 7.3.2。

图 12 圆柱形基准标记——外螺纹

单位为毫米(英寸)

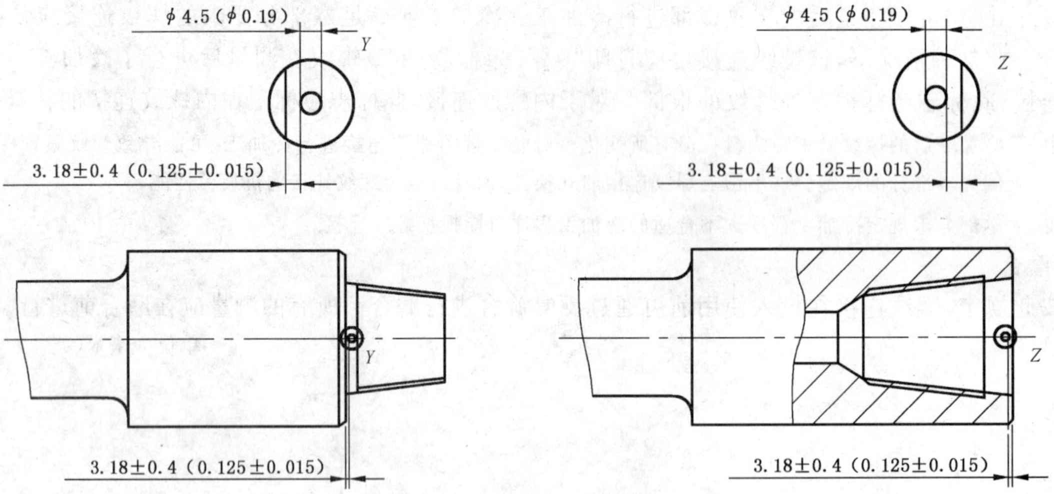

图 13 标签式基准标记

8 产品测量

8.1 测量

8.1.1 通则

凡要求生产使用符合本部分规定的旋转台肩式的钻柱构件制造商,应持有或获准使用经校准的校对量规,包括符合 9.2.2 的单个校对塞规和配套的校对环规。

所有旋转台肩式连接的螺纹应遵循本部分规定的测量要求。这些要求无意限制使用其他仪器或方法来控制加工过程。但发生争议时,应使用本部分提供的有关螺纹紧密距、螺距、锥度和螺纹牙型的测量仪器进行仲裁以确定接收或拒收。本部分的目的是表明按照 8.1.2~8.6 的规定测量合格的产品螺纹参数应可接收。因此,量规在允许公差范围内的差异,不应作为拒收的理由。

8.1.2 **注意事项**

8.1.2.1 **温度**

所用仪器均应置于与被检验产品在同一温度条件下足够长的时间，以消除温差。

某些旋转台肩式连接所用的材料与制造量规用钢铁材料的热膨胀系数显著不同，尤其是无磁钻铤。当测量环境温度显著偏离 20 ℃时，宜考虑该因素对螺纹紧密距测量结果的影响。

8.1.2.2 **仪器的保管**

本部分所述的仪器均为精密仪器，均应小心而仔细地操作与管理，以保持按本测量方法进行检测而相应要求的仪器的高准确度和精确度，参见附录 B，详见附录 C 和附录 D。如果仪器不慎受损，如不小心跌落或受到严重撞击，在其准确度恢复之前，不宜用于产品检测。

8.1.2.3 **清洗螺纹**

在测量前，所有螺纹均要彻底清洗。如在运输后进行测量，则应使用硬鬃毛刷和适宜的溶剂清除螺纹脂。

8.2 **紧密距测量**

8.2.1 **紧密距**

工作量规的紧密距是确定螺纹中径平面与螺纹连接密封台肩面相互位置关系的一种方法。它同时受其他螺纹参数的影响，特别是锥度和螺距，但当这些螺纹参数均符合标准要求时其影响很小。

8.2.2 **工作量规**

制造商应拥有第 9 章规定的工作量规用于测量产品螺纹，并应保持工作量规状态良好以保证按要求进行检测的产品螺纹可被接收(见附录 D)。螺纹工作量规应符合第 10 章关于量规校准和复检的所有规定。宜尽量减少使用校对量规检验产品螺纹。这种情况宜限于用校对量规对工作量规进行重校后而测量结果仍有争议的情况。用校对量规检验产品螺纹时宜小心操作。订购校对量规应遵守第 10 章关于量规校准和复检的所有规定。

8.2.3 **紧密距公差**

紧密距值的公差应如图 14 规定。工作量规紧密距 S_1 和 S_2 的定义见 9.1。这些公差适用于最终机加工之后和尚未进行任何防粘扣或冷加工表面处理的内、外螺纹连接。表面处理后的紧密距测量值可能会发生变化并超出标准规定，这种情况不应成为拒收的理由。因此，在进行表面处理之前符合本部分要求的螺纹连接允许标注为符合本部分的螺纹连接。

单位为毫米(英寸)

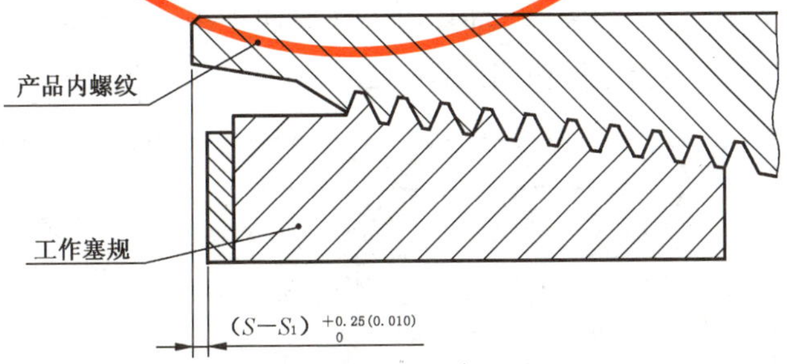

a) 测量内螺纹

图 14 螺纹测量

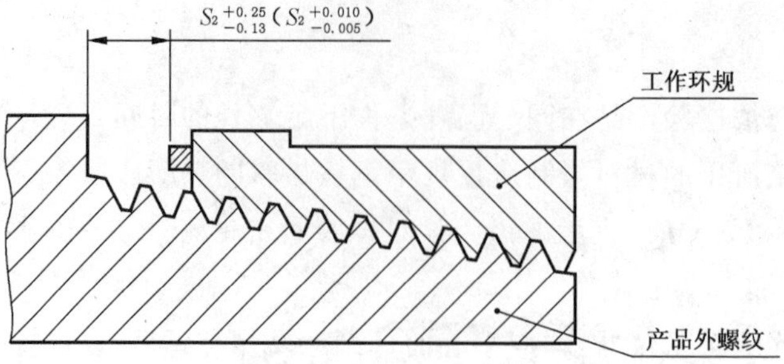

b) 测量外螺纹

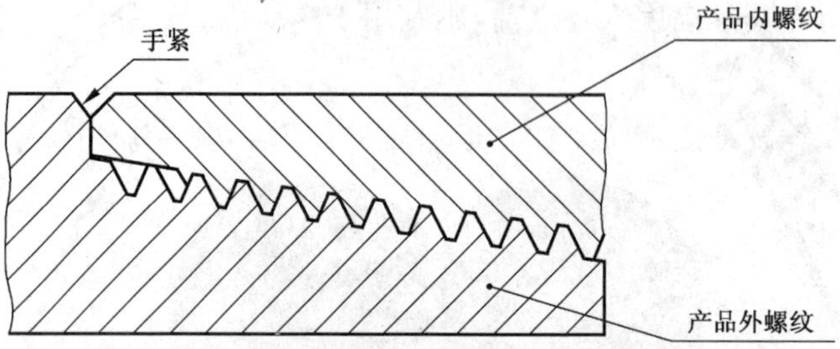

c) 手紧旋合的产品螺纹

图 14（续）

8.3 量规触头

宜尽可能沿螺纹中径圆锥测量螺距和锥度。因此，螺距量规和锥度量规的触头应为球形，宜采用碳化钨或碳化钽制成。球形触头的直径应使触头与螺纹牙侧面接触，而不是和螺纹牙底接触，符合接触牙侧面要求的常用球形触头尺寸见表 6 第 5 列。螺纹高度量规宜采用球形触头，且不应接触螺纹牙侧面，尺寸要求见表 6 第 7 列。

8.4 螺距测量

8.4.1 螺距公差

螺距公差应采用 mm/25.4 mm(in/in)形式表示，螺距偏差和累计偏差应相应按此确定。测量间隔超过 25.4 mm(1.0 in)时，其示值偏差宜以 mm/25.4 mm(in/in)为基础进行计算。对于累计偏差测量，其示值偏差表示累计偏差。

8.4.2 螺距量规

应采用螺距量规测量螺距偏差。测量装置的准确度应高于 0.005 mm(0.000 2 in)。

8.4.3 螺距量规标准样板

螺距量规标准样板的示意图如图 15 所示，其结构设计应可补偿用平行于螺纹圆锥母线测量取代平行于螺纹轴线测量而产生的偏差，见表 6。标准样板上任意两个相邻凹槽间距离的公差应在±0.003 mm(±0.000 1 in)以内，任意两个不相邻凹槽间距离的公差应在±0.005 mm(±0.000 2 in)以内。

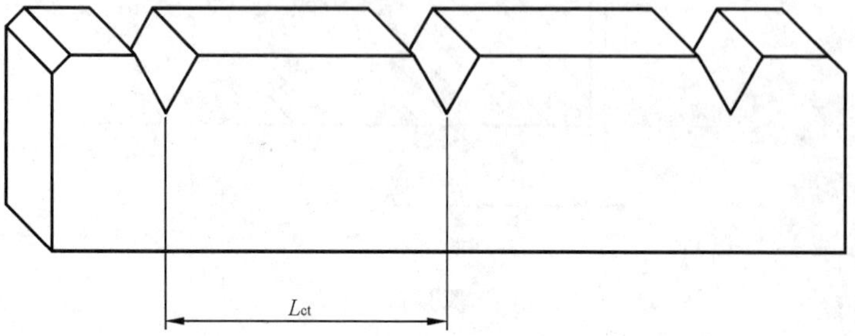

图 15 螺距标准样板

8.5 锥度测量

8.5.1 锥度公差

对于所有的旋转台肩式连接，锥度公差应采用 mm/ mm(in/ft)形式表示，锥度偏差应相应按此确定。以每毫米螺纹长度上螺纹中径的增加量(mm/mm)来表示。应在适宜的螺纹长度间隔上测量螺纹锥度，示值偏差应以 mm/ mm(in/ft)为基础进行计算。

8.5.2 锥度量规

应采用在测量范围内准确度高于 0.010 mm(0.000 4 in)的测量仪器来测量螺纹锥度。

8.6 螺纹牙型高度测量及量规

宜采用在测量范围内准确度高于 0.010 mm(0.000 4 in)的测量仪器来测量螺纹高度。

应提供如图 16 所示的标准样板来标定量规。标准样板的结构应可补偿用垂直于螺纹圆锥母线取代垂直于螺纹轴线测量螺纹牙型高度而产生的偏差，标准样板上 U 型槽的深度应符合表 6 第 6 列的规定，其公差应在±0.005 mm(±0.000 2 in)以内。

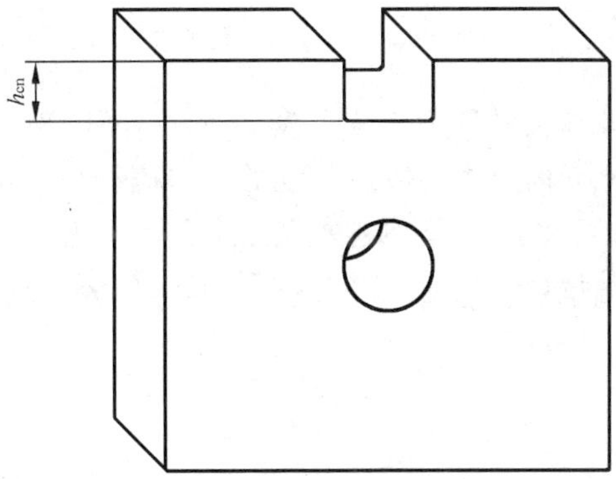

图 16 螺纹高度标准样板

表 6 补偿后的螺纹长度、螺纹高度和触头直径(国际单位制[a])

1	2	3	4	5	6	7
螺纹牙型	锥度 T/(mm/mm)	每 25.4 mm 上的螺纹牙数 n	补偿后的螺纹长度[b] L_{ct}/mm	螺距和锥度量规用触头直径 d_b±0.05 mm	补偿后的螺纹高度[c] h_{cn}/mm	螺纹高度用触头直径 d_{bh}±0.05 mm
V-038R	1/6	4	25.488 0	3.67	3.087	1.83
V-038R	1/4	4	25.597 7	3.67	3.067	1.83
V-040	1/4	5	25.597 7	2.92	2.974	0.86
V-050	1/4	4	25.597 7	3.66	3.718	1.12
V-050	1/6	4	25.488 0	3.67	3.743	1.12
V-055	1/8	6	25.449 6	2.44	1.418	1.83
注：尺寸的含义见图 15 和图 16。						

[a] 美国惯用单位制表参见表 A.6。

[b] 补偿螺纹长度 L_{ct}是平行于圆锥母线测量。未补偿螺纹长度是平行于螺纹轴线测量。

[c] 补偿螺纹牙型高度 h_{cn}是垂直于圆锥母线测量。未补偿螺纹牙型高度是垂直于螺纹轴线测量。

9 旋转台肩式连接的量规系统

9.1 量规间的相互关系

校对量规和工作量规之间的关系应如图17所示，图中合格的校对塞规为测量标准，合格的校对环规为转换标准。紧密距值 S_0 是合格的校对规的塞规上的旋转台肩平面到环规测量基准点平面的距离。合格的校对环规用以确定工作塞规的紧密距值 S_1，合格的校对塞规用以确定工作环规的紧密距值 S_2。S_1 和 S_2 是工作量规从合格的校对量规测得的紧密距值，其值可以大于或小于 S 值，互换紧密距值的允许偏差范围见表11。应记录每一件工作量规的相关紧密距值和对应的校对量规的识别编号。

合格的校对量规的紧密距值 S_0（图17a)）应在20 ℃±1 ℃（68 ℉±2 ℉）的条件下测量。其他紧密距（图17b)至d)）宜在室温下测量。

标注在校对环规上的配对紧密距 S_0，主要用作确定校对量规磨损或缓慢变化极限的基准。

9.2 量规规范

9.2.1 规范

本部分的量规规范源自API Spec 7。

9.2.2 标准量规

原始基准量规、地区标准量规和校对量规应符合表7和表8，图18和图19的要求。原始基准量规和地区标准量规的公差应符合表10的要求。校对量规的公差应符合表11的要求。本部分所述的测量原理和公差要求同样适用于附录F中所列其他连接类型，所有的螺纹尺寸均可根据螺纹参数计算得到。投入使用前，所有的地区标准量规和校对量规应按第10章的要求进行校准。

单位为毫米（英寸）

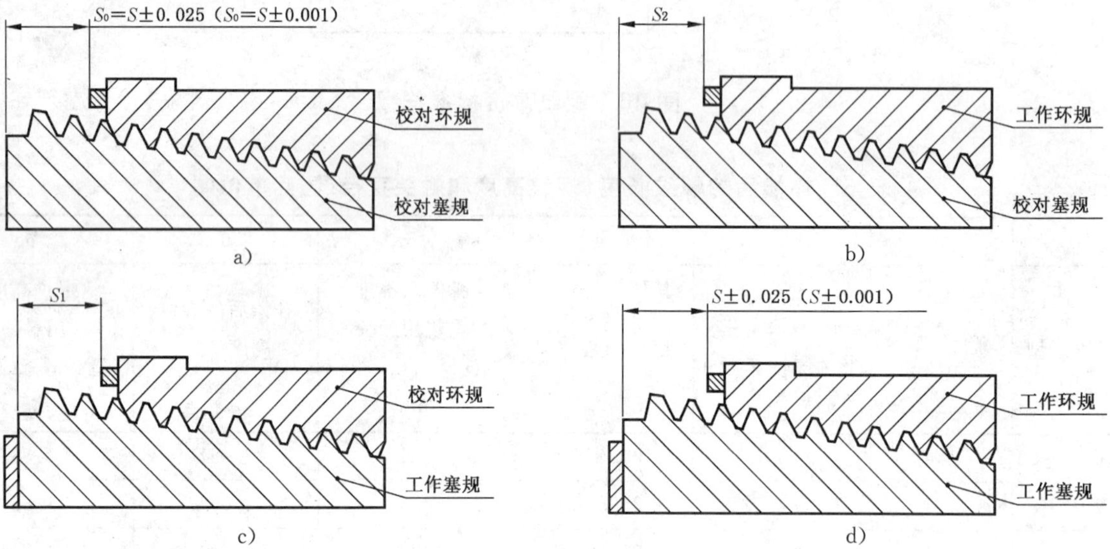

图17 量规关系图

9.2.3 工作量规

工作量规应符合表7、表8和表9，以及图18和图20的要求，公差应符合表12的要求。除1 REG和1½REG等配对紧密距值为9.525 mm(0.375 in)的工作量规外，其他所有工作塞规应从大端面起去除不起作用的部分螺纹。为保证不起作用的螺纹已被去除，大端第一牙螺纹的起始点应位于距量规大端面27.4 mm～28.5 mm(1.080 in～1.120 in)的范围内。

工作量规的中径测量基准点位于距测量平面34.925 mm(1.375 in)处。

用户和制造厂协商可确定是否加工纵向存污槽。纵向存污槽应贯穿螺纹，且其中一个槽应经过塞规小端或环规大端第一个完整螺纹的起始点。

表 7 量规螺纹牙型尺寸(国际单位制[a])

1	2	3	4	5	6	7	8	9
螺纹牙型	每 25.4 mm 上的螺纹牙数 n	螺距/mm	螺纹牙侧角 θ/(°)	锥度 T/(mm/mm)	截顶前的螺纹牙型高度 H_{ref}/mm	牙底削平高度 $f_{rg\ max}$/mm	牙顶削平高度 f_{cg}/mm	截顶后的螺纹牙型高度 $h_{g\ ref}$/mm
V-038R	4	6.350 00	30	1/6	5.486 53	1.355 98	1.651 00	2.479 55
V-038R	4	6.350 00	30	1/4	5.470 62	1.355 98	1.651 00	2.463 64
V-040	5	5.080 00	30	1/4	4.376 50	1.002 28	1.002 28	2.371 93
V-050	4	6.350 00	30	1/4	5.470 62	1.221 23	1.221 23	3.028 16
V-050	4	6.350 00	30	1/6	5.486 53	1.224 28	1.224 28	3.037 97
V-055	6	4.233 33	30	1/8	3.661 40	—	1.399 54	2.261 86

注 1:尺寸的含义见图 18。

注 2:计算螺纹牙型高度和削平量时,考虑了锥度的影响,与相同螺距的圆柱螺纹相比,螺纹牙型高度值有所减小。

注 3:第 3、4 和 7 列的公差见表 10、表 11 和表 12。

[a] 美国惯用单位制表参见表 A.7。

表 8 优先选用的连接的量规螺纹尺寸(国际单位制[a])

1	2	3	4	5	6	7	8	9
规格型号	螺纹牙型	锥度 T/(mm/mm)	每 25.4 mm 上的螺纹牙数 n	测量基准点处的尺寸			工作量规测量基准点处的螺纹中径[d]/mm	紧密距 S
				中径[b] C/mm	(塞规) 大径[b] $D_{MP\ ref}$/mm	(环规) 小径[c] $D_{MR\ ref}$/mm		
NC23	V-038R	1/6	4	59.817 000	62.001 7	57.632 3	56.642 000	15.875
NC26	V-038R	1/6	4	67.767 200	69.951 9	65.582 8	64.592 200	15.875
NC31	V-038R	1/6	4	80.848 200	83.032 9	78.663 8	77.673 200	15.875
NC35	V-038R	1/6	4	89.687 400	91.872 1	87.503 0	86.512 400	15.875
NC38	V-038R	1/6	4	96.723 200	98.907 9	94.538 8	93.548 200	15.875
NC40	V-038R	1/6	4	103.428 800	105.613 5	101.244 4	100.253 800	15.875
NC44	V-038R	1/6	4	112.191 800	114.376 5	110.007 4	109.016 800	15.875
NC46	V-038R	1/6	4	117.500 400	119.685 1	115.316 0	114.325 400	15.875
NC50	V-038R	1/6	4	128.059 180	130.243 8	125.874 8	124.884 180	15.875
NC56	V-038R	1/4	4	142.646 400	144.815 1	140.477 7	137.883 900	15.875
NC61	V-038R	1/4	4	156.921 200	159.089 9	154.752 5	152.158 700	15.875
NC70	V-038R	1/4	4	179.146 200	181.314 9	176.977 5	174.383 700	15.875
1 REG	V-055	1/8	6	29.311 600	30.172 7	28.449 3	26.930 350	9.525
1½ REG	V-055	1/8	6	39.141 400	40.002 5	38.279 1	36.760 150	9.525

表 8（续）

1	2	3	4	5	6	7	8	9
规格型号	螺纹牙型	锥度 T/(mm/mm)	每 25.4 mm 上的螺纹牙数 n	测量基准点处的尺寸 中径[b] C/mm	（塞规）大径[b] $D_{MP\ ref}$/mm	（环规）小径[c] $D_{MR\ ref}$/mm	工作量规测量基准点处的螺纹中径[d]/mm	紧密距 S
2⅜ REG	V-040	1/4	5	60.080 398	62.452 3	57.708 5	55.317 898	15.875
2⅞ REG	V-040	1/4	5	69.605 398	71.977 3	67.233 5	64.842 898	15.875
3½ REG	V-040	1/4	5	82.292 698	84.664 6	79.920 8	77.530 198	15.875
4½ REG	V-040	1/4	5	110.867 698	113.239 6	108.495 8	106.105 198	15.875
5½ REG	V-050	1/4	4	132.944 108	135.972 3	129.915 7	128.181 608	15.875
6⅝ REG	V-050	1/6	4	146.248 120	149.286 0	143.210 0	143.073 120	15.875
7⅝ REG	V-050	1/4	4	170.549 062	173.577 2	167.520 9	165.786 562	15.875
8⅝ REG	V-050	1/4	4	194.731 132	197.759 3	191.702 7	189.968 632	15.875
5½ FH	V-050	1/6	4	142.011 400	145.049 2	138.973 6	138.836 400	15.875
6⅝ FH	V-050	1/6	4	165.597 840	168.635 7	162.559 9	162.422 840	15.875

[a] 美国惯用单位制表参见表 A.8。

[b] 第 5 列和第 6 列的数值仅适用于原始基准量规、地区标准量规和校对量规。

[c] 第 7 列的数值仅适用于环规。

[d] 第 8 列的数值仅适用于工作塞规。

表 9　优先选用的连接的量规外观尺寸(国际单位制[a])

单位为毫米

1	2	3	4	5	6
规格型号	塞规长度 L_{pg}	调整盘直径[b] D_{FP}	环规长度 L_{rg}	环规外径 D_R	环规镗孔直径 Q
NC23	76.20	52.22	60.32	98.42	64.03
NC26	76.20	60.17	60.32	106.36	71.98
NC31	88.90	73.25	73.02	130.18	85.06
NC35	95.25	82.09	79.38	133.35	93.90
NC38	101.60	89.13	85.72	142.88	100.94
NC40	114.30	95.83	98.42	149.22	107.67
NC44	114.30	104.60	98.42	161.92	116.41
NC46	114.30	109.91	98.42	165.10	121.72
NC50	114.30	120.47	98.42	180.98	132.28
NC56	127.00	135.08	111.12	200.02	146.86
NC61	139.70	149.35	123.82	215.90	161.14
NC70	152.40	171.58	136.52	238.12	183.36
1 REG	38.10	[c]	28.58	63.50	34.54
1½ REG	50.80	[c]	41.28	73.03	42.88

表 9（续）

单位为毫米

1	2	3	4	5	6
规格型号	塞规长度 L_{pg}	调整盘直径[b] D_{FP}	环规长度 L_{rg}	环规外径 D_R	环规镗孔直径 Q
2⅜ REG	76.20	54.13	60.32	95.25	64.29
2⅞ REG	88.90	63.65	73.02	107.95	73.81
3½ REG	95.25	76.33	79.38	127.00	86.51
4½ REG	107.95	104.90	92.08	158.75	115.09
5½ REG	120.65	125.88	104.78	190.50	137.85
6⅝ REG	127.00	138.38	111.12	209.55	151.10
7⅝ REG	133.35	163.09	117.48	241.30	175.41
8⅝ REG	136.53	187.27	120.65	273.05	199.59
5½ FH	127.00	134.42	111.12	196.85	146.91
6⅝ FH	127.00	157.73	111.12	228.60	170.46

注：尺寸的含义见图 19 和图 20。

[a] 美国惯用单位制表参见表 A.9。

[b] 中径不大于 143.0 mm 的所有量规调整盘的最大厚度 T_{FP} 应为 9.5 mm，其余较大规格量规调整盘的最大厚度 T_{FP} 应为 11.10 mm。

[c] 1 REG 和 1½REG 规格的量规无调整盘。

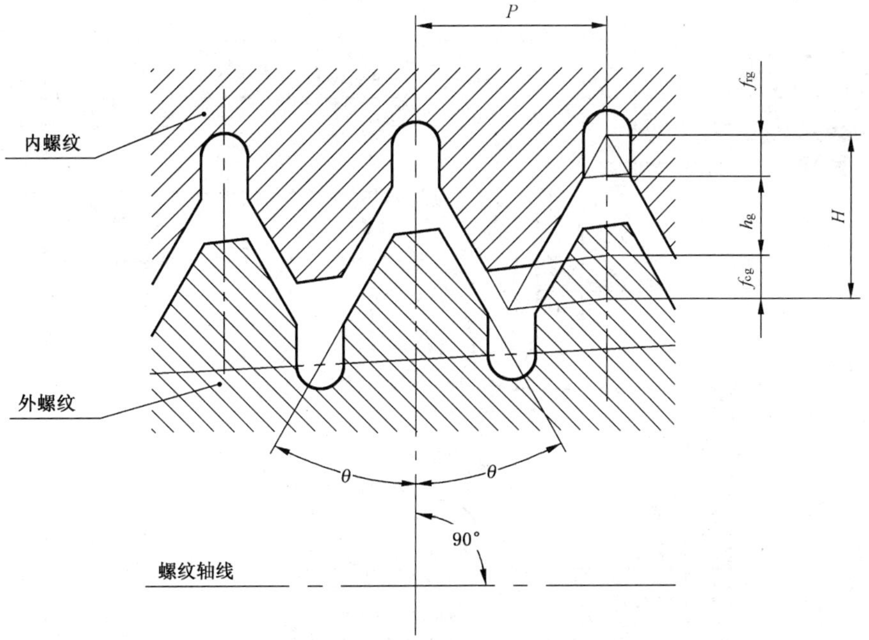

图 18 量规螺纹牙型

单位为毫米(英寸)

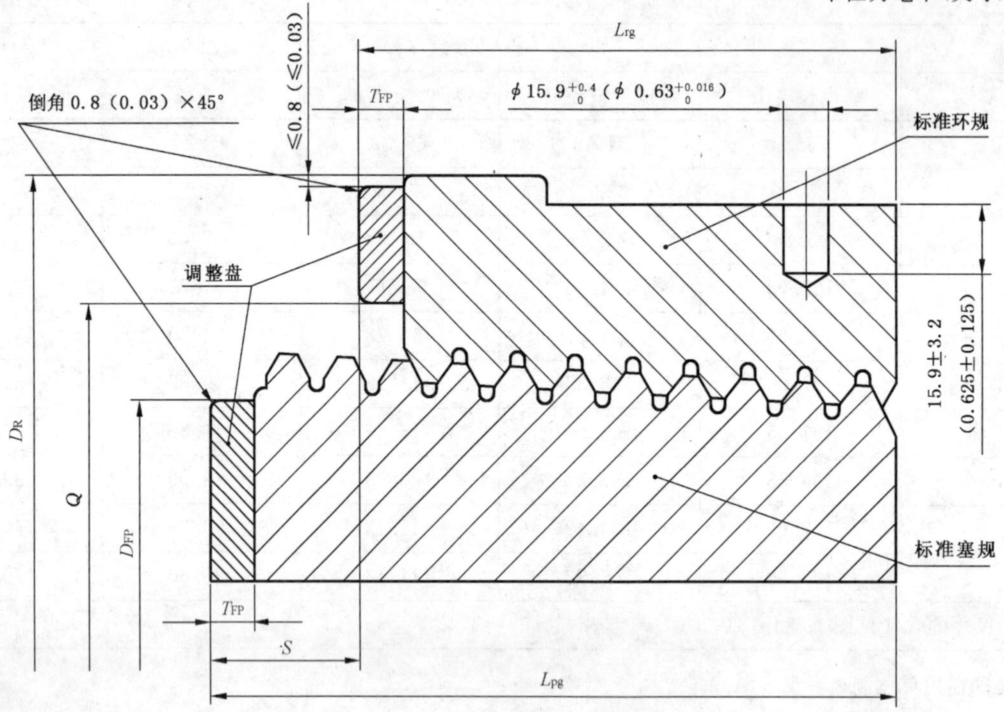

注：中径小于 50 mm(2.0 in)的量规，扭矩杆孔的直径应由 15.9 mm 减小为 9.53 mm$^{+0.25}_{0}$(由 0.65 in 减小为 0.38 in$^{+0.01}_{0}$)。

图 19　原始基准量规、地区标准量规和校对量规

单位为毫米(英寸)

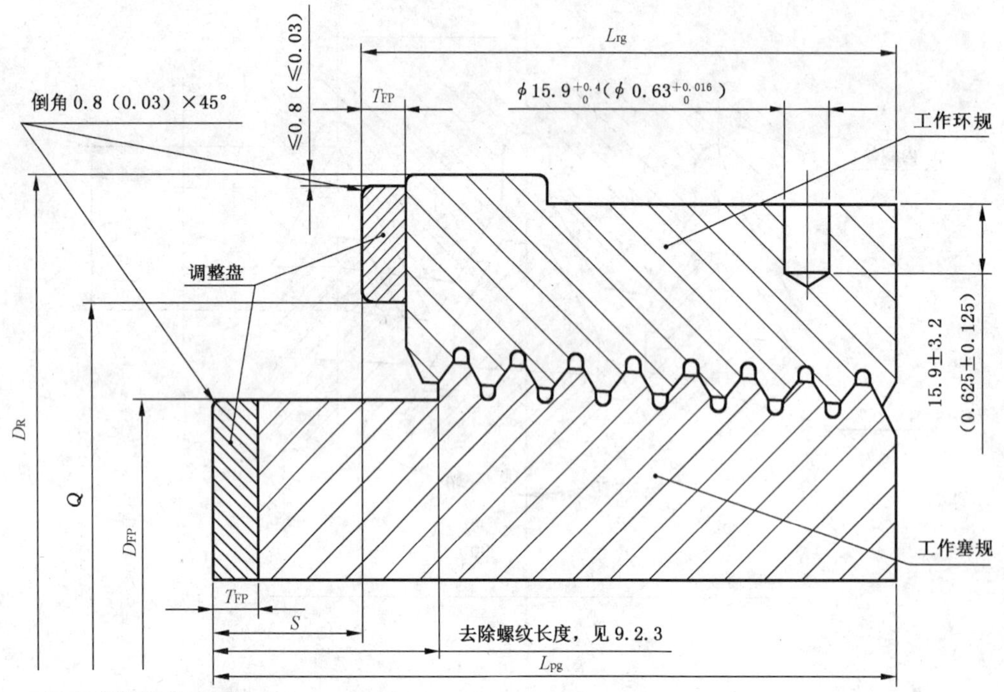

注 1：去除的塞规螺纹长度见 9.2.3。

注 2：中径小于 50 mm(2.0 in)的量规，扭矩杆孔的直径应由 15.9 mm 减小为 9.53 mm$^{+0.25}_{0}$(由 0.65 in 减小为 0.38 in$^{+0.01}_{0}$)。

图 20　工作量规

9.2.4 通用设计

所有的塞规和环规应淬硬和磨制。最小硬度应为 55 HRC 或等效的表面硬度值。

量规可规定为右旋或左旋。2006 年以前，只有 REG 型螺纹连接有左旋校对量规。塞规和环规端部的不完整螺纹应去除并倒钝。

除 1 REG 和 1½REG 等配对紧密距值为 9.53 mm(0.375 in)以外的其他量规均应附有图 19 和图 20 所示的调整盘。这些调整盘或不带调整盘的量规端面应垂直于中径圆锥，其平面度和垂直度的公差不超过±0.010 mm(0.000 4 in)。对于中径 C 不大于 142.20 mm(5.598 in)的量规，调整盘厚度 T_{FP} 最大应为 9.53 mm(0.375 in)。对于中径 C 大于 142.20 mm(5.598 in)的量规，调整盘厚度 T_{FP} 最大应为 11.10 mm(0.437 in)。

9.2.5 牙底形状

量规螺纹的牙底应为尖形，截底圆弧半径不超过 0.25 mm(0.01 in)，或在牙底开槽，开槽宽度不超过表 7 所列出牙底削平值。开槽深度应足以清除原始螺纹的尖牙底，否则将失去开槽的意义。

9.2.6 初始紧密距

新制造和修复过的塞规和环规应符合表 8 规定的配对紧密距值，表 10、表 11 和表 12 的规定的配对紧密距公差。

塞规和环规相对原始基准量规、地区标准量规和校对量规的互换紧密距应符合表 8 的公称紧密距尺寸，表 10、表 11 和表 12 的规定的配对紧密距公差。

注：对互换紧密距的要求是对符合配对和互换紧密距要求的量规的重要螺纹参数可能出现的偏差而制定的一种限制。如果个别螺纹参数的制造偏差等于或接近于表 10、表 11 和表 12 允许极限偏差，则有必要控制其他螺纹参数的偏差在允许范围以补偿这一影响。配对量规的螺距偏差可部分或全部通过锥度进行补偿。

9.2.7 外观参数

L_{pg}、L_{rg}、D_R 和 Q，以及调整盘 D_{FP} 和 T_{FP} 等尺寸应符合表 9 的要求，其公差应符合表 10、表 11和表 12 的规定。环规外径 D_R 由制造厂自定。

表 10 原始基准量规和地区标准量规的尺寸公差(国际单位制[a])

1	2		3	
参数	公差			
	塞规		环规	
测量基准点处的螺纹中径[b]/mm	±0.005		—	
螺距[c]/mm 螺纹中径≤99 螺纹中径>99	 ±0.005 ±0.008		 ±0.008 ±0.010	
锥度[d]/mm	min	max	min	max
全部	0.003	0.010	−0.030	−0.015
螺纹牙侧角/(°)	±0.083		±0.167	
配对紧密距 S/mm	—		±0.025	
地区标准量规和原始基准量规间的互换紧密距/mm	±0.102		±0.102	
牙顶削平 f_{cg}/mm	±0.028 4		±0.027 9	
量规长度 L_{pg} 和 L_{rg}/mm	±2.4		±2.4	
塞规调整盘直径 D_{FP}/mm	±0.4		—	
环规外径 D_R/mm	—		±0.4	
环规镗孔直径 Q/mm	—		±0.4	

表 10（续）

1	2	3
参　数	公　差	
	塞规	环规
注：见图 19。		

a 美国惯用单位制表参见表 A.10。

b 确定中径时，未考虑修正螺旋升角的影响。

c 任意两牙间的最大允许偏差，任意两牙是指相邻两牙或间隔不超过从完整螺纹的两端各减去一圈螺纹的其余完整螺纹长度。

d L_{rg}见表 9 第 4 列。为减少螺距偏差对互换紧密距的影响，环规的中径圆锥为负锥度。锥度允许偏差的含义见图 22。

表 11　校对量规的尺寸公差（国际单位制[a]）

1	2		3	
参　数	公　差			
	塞规		环规	
测量基准点处的螺纹中径[b]/mm				
螺纹中径≤152	±0.010		—	
螺纹中径＞152	±0.013		—	
螺距[c]/mm				
螺纹中径≤152	±0.010		±0.015	
螺纹中径＞152	±0.013		±0.018	
锥度[d]/mm	min	max	min	max
L_{rg}≤89	0	0.010	−0.030	−0.010
L_{rg}＝90～102	0	0.013	−0.036	−0.010
L_{rg}＝103～114	0	0.015	−0.041	−0.010
L_{rg}＝115～127	0	0.018	−0.046	−0.010
L_{rg}＝128～140	0	0.020	−0.051	−0.010
L_{rg}≥141	0	0.023	−0.056	−0.010
螺纹牙侧角/(°)	±0.117		±0.25	
配对紧密距 S/mm	—		±0.025	
校对量规和地区标准量规或原始基准量规间的互换紧密距/mm	±0.102		±0.102	
牙顶削平 f_{cg}/mm	±0.031 8		±0.031 8	
量规长度 L_{pg}和 L_{rg}/mm	±2.4		±2.4	
塞规调整盘直径 D_{FP}/mm	±0.4		—	
环规外径 D_R/mm	—		±0.4	
环规镗孔直径 Q/mm	—		±0.4	
注：见图 19。				

a 美国惯用单位制表参见表 A.11。

b 确定中径时，未考虑修正螺旋升角的影响。

c 任意两牙间的最大允许偏差，任意两牙是指相邻两牙或间隔不超过从完整螺纹的两端各减去一圈螺纹的其余完整螺纹长度。

d L_{rg}见表 9 第 4 列。为减少螺距偏差对互换紧密距的影响，环规的中径圆锥为负锥度。锥度允许偏差的含义见图 22。

表 12　工作量规尺寸公差（国际单位制[a]）

1	2		3	
参　数	公　差			
	塞规		环规	
测量基准点处的螺纹中径[b]/mm				
螺纹中径≤152	±0.010		—	
螺纹中径＞152	±0.013		—	
螺距[c]/mm				
螺纹中径≤152	±0.010		±0.015	
螺纹中径＞152	±0.013		±0.018	
锥度[d]/mm	min	max	min	max
L_{rg}≤89	0	0.015	−0.036	−0.010
L_{rg}＝90～102	0	0.018	−0.041	−0.010
L_{rg}＝103～114	0	0.020	−0.046	−0.010
L_{rg}＝115～127	0	0.023	−0.051	−0.010
L_{rg}＝128～140	0	0.025	−0.056	−0.010
L_{rg}≥141	0	0.028	−0.061	−0.010
螺纹牙侧角/(°)	±0.117		±0.25	
配对紧密距 S/mm	—		±0.025	
工作量规和校对量规间的互换紧密距/mm	±0.102		±0.102	
牙顶削平 f_{cg}/mm	±0.031 8		±0.031 8	
量规长度 L_{pg} 和 L_{rg}/mm	±2.4		±2.4	
塞规调整盘直径 D_{FP}/mm	±0.4		—	
环规外径 D_R/mm	—		±0.4	
环规镗孔直径 Q/mm	—		±0.4	
注：见图 20。				

[a] 美国惯用单位制表参见表 A.12。

[b] 确定中径时，未考虑修正螺旋升角的影响。工作量规的测量基准点距测量端面 34.925 mm。

[c] 任意两牙间的最大允许偏差，任意两牙是指相邻两牙或间隔不超过从完整螺纹的两端各减去一圈螺纹的其余完整螺纹长度。

[d] L_{rg} 见表 9 第 4 列。为减少螺距偏差对互换紧密距的影响，环规的中径圆锥为负锥度。锥度允许偏差的含义见图 22。

9.2.8　标记

9.2.8.1　通则

量规制造厂应按 9.2.8.2～9.2.8.6 的规定在塞规和环规上作永久性标志。塞规宜标记在量规的本体上，当小尺寸量规的手柄与量规为一体时，可标记在手柄上。量规制造厂可增加其他认为有必要的标志。

9.2.8.2　规格

量规的规格或代号见表 8 第 1 列。

9.2.8.3 型式

螺纹连接的型式见表8第1列，如有需要，可标注左旋。

示例1：NC

示例2：REG LH

9.2.8.4 准确度等级

量规按准确度等级分为工作量规、校对量规、地区标准量规和原始基准量规。

9.2.8.5 制造商

量规制造商应为每一件量规编排区别于其他厂家的唯一产品识别编号。量规制造商的名称或标识，以及量规的产品识别编号应标记在塞规和环规上。对于API量规，量规认可机构也应编排唯一识别编号并标记在量规上。

9.2.8.6 日期

应将量规的检测认可日期标记在校对量规和地区标准量规上。修复后的量规重新检测认可后，应将以前的检测认可日期更换为重新检测认可日期。按10.3.1.5要求，复检日期不应标记在校对量规或工作量规上。

9.2.8.7 紧密距

校对量规和工作量规的初始配对紧密距应只标记于环规上。按10.3.1.6要求进行周期复检的配对紧密距值不应标记在校对量规或工作量规上。

例1：一套经检测认可合格的NC56旋转台肩式连接地区标准量规应标志如下：

	NC56旋转台肩式连接地区标准量规
制造厂名(或商标)	识别编号
	检测认可日期
	配对紧密距

例2：一套NC56旋转台肩式连接工作量规应标志如下：

	NC56旋转台肩式连接工作量规
制造厂名(或商标)	识别编号
	检测认可日期
	配对紧密距

例3：一套经检测认可合格的4 1/2REG旋转台肩式连接校对量规应标志如下：

	4 1/2REG旋转台肩式连接校对量规
制造厂名(或商标)	识别编号
	检测认可日期
	配对紧密距

10 量规校准

10.1 校准系统

校对量规和工作量规的持有者和用户应建立文件化的校准和控制体系。应妥善保存可证明量规符合9.2.2和9.2.3关于量规设计和校准要求的有关文件记录，包括原始配对紧密距测量值。校准系统应制定符合10.3.1.5和10.3.1.6要求的复检周期。校准记录应标明最新校准日期、校准人员身份和校准履历。当校对标准量规不在量规用户现场时，用户现场应保存校对量规检测认可证书(报告)的副本。

所有的量规应成套校准和保持。所有测量仪器均应与被检验的量规在同一温度下足够长时间以消除温差。量规的尺寸应在20 ℃±1 ℃温度环境中测量。

10.2 验收准则

本部分规定的参数如满足以下两个条件，应接收：

——测量不确定度小于或等于测量参数公差范围的25%和0.002 5 mm(0.000 1 in)两者中的较大者；

——测量值在标准规定的极限值和测量不确定度之和的范围内。

10.3 量规测量方法

10.3.1 紧密距的测量

10.3.1.1 配对和互换紧密距

配对和互换紧密距(见图 17)应按 10.3.1.2～10.3.1.6 的规定进行测量。

在测量过程中，与测量相关的量规和量具应置于 20 ℃±1 ℃的相同的环境温度中。

10.3.1.2 清洗

量规旋和前应无明显可见的污物。应用干净的鹿皮或鬃刷在螺纹表面涂敷较薄的一层中性矿物油。

10.3.1.3 扭矩

配对的量规应手紧至无相对移动后，再用相应规格的扭矩锤连续锤击至完全旋合(见图 21)。扭矩锤的重量如下：

0.45 kg(1 lb)用于中径不大于 50 mm(1.98 in)的量规；

0.91 kg(2 lb)用于中径 50 mm(1.98 in)～81 mm(3.15 in)的量规；

1.36 kg(3 lb)用于中径 81 mm(3.15 in)～130 mm(5.12 in)的量规；

1.82 kg(4 lb)用于中径 130 mm(5.12 in)～166 mm(6.50 in)的量规；

2.27 kg(5 lb)用于中径 166 mm(6.50 in)～180 mm(7.09 in)的量规；

2.72 kg(6 lb)用于中径大于 180 mm(7.09 in)的量规。

10.3.1.4 上紧的方法

扭矩锤的锤击次数并不重要。应施以足够的锤击次数直至连续的锤击不再使得环规相对塞规转动。测量过程中，应将塞规牢靠固定，最好是固定在工作台的台钳上。如此固定后，锤击 12 次宜足够达到完全旋合。

单位为毫米(英寸)

注：中径小于 50 mm(2.0 in)的量规，扭矩杆的直径应由 15.88 mm 减小为 9.50 mm$_{-0.025}^{\ 0}$(由 0.625 in 减小为 0.374 in$_{-0.010}^{\ 0}$)。

图 21 扭矩锤

10.3.1.5 **周期检测**

10.3.1.5.1 **概述**

塞规和环规应按10.3.1.5.2和10.3.1.5.3规定的计划进行周期检测，以保证量规的紧密距保持在10.3.1.6规定的极限范围内。

10.3.1.5.2 **标准量规**

地区标准量规和校对量规的配对紧密距和互换紧密距应至少每7年复检一次，复检合格证书为继续使用的证明。复检证书也应报告量规的配对紧密距和互换密距。地区标准量规应在授权的认可检测实验室与对应的原始基准量规进行复检。校对标准量规应在某一授权的授权检测机构与认可合格的地区标准量规或原始标准量规进行复检。

10.3.1.5.3 **工作量规**

工作量规配对紧密距和互换紧密距应定期与认可合格的校对量规进行复检。工作量规的复检频次宜根据其使用次数确定。复检频次应保证量规的配对紧密距和互换紧密距保持在10.3.1.1的要求范围之内。10.1规定的校准体系应被用于确定复检频次。

10.3.1.6 **复检紧密距**

地区标准量规、校对量规和工作量规(塞规和环规)的周期复检配对紧密距应符合下列相对于初始配对紧密距值的磨损极限公差范围：

a) 地区标准量规：$^{+0.0127}_{-0.0330}$ mm($^{+0.0005}_{-0.0013}$ in)；

b) 校对量规：$^{+0.0127}_{-0.0584}$ mm($^{+0.0005}_{-0.0023}$ in)；

c) 工作量规：$^{+0.0127}_{-0.0584}$ mm($^{+0.0005}_{-0.0023}$ in)。

地区标准量规和校对量规相对于原始基准量规或地区标准量规的互换紧密距周期复检值应分别符合公称紧密距值±0.1000 mm(0.00396 in)。

不符合以上轴向极限公差范围的量规应停止使用或按10.3.1.7的规定进行修复。

10.3.1.7 **修复**

紧密距检测报告不符合10.3.1.1或10.3.1.6要求，或由于其他原因而不适合继续使用的塞规和环规应停止使用。地区标准量规、校对量规和工作量规在使用期间发现不符合要求可予以修复。修复后的地区标准量规和校对量规在重新投入使用前，应按10.4的要求再次送交认可机构进行初始检测认可。修复后的工作量规应检测其与9.2要求的相符性。

10.3.2 **螺纹参数测量**

10.3.2.1 **锥度**

锥度的公差范围按环规长度L_{rg}来确定。

某一测量长度上的锥度应在完整螺纹全长两端各减去一牙的其余完整螺纹长度内，沿中径圆锥在直径上测量，并应符合表10、表11和表12规定的基本圆锥的公差。测量长度小于螺纹全长的锥度，其间任何一牙螺纹的中径圆锥应落在图22所示的极限范围内。

极限范围定义如下：

——通过量规大端一牙完整螺纹的一个圆锥，对于塞规它具有规定的最小锥度值，对于环规它具有规定的最大锥度值；

——按最小和最大锥度范围为偏移量平移该圆锥，对于塞规是沿直径变小的方向移动，而对于环规是沿直径变大的方向移动。

10.3.2.2 **螺距**

塞规和环规的螺距应在完整螺纹全长两端各减去一牙的其余完整螺纹长度上，沿中径圆锥平行于螺纹轴线测量。任意两牙间的螺距偏差不应超过表10、表11和表12规定的公差。这些尺寸应在实验室仪器上进行测量或检验证明符合表10、表11和表12规定的公差。

10.3.2.3 **牙侧角**

牙侧角应适合在全牙高螺纹上进行测量。可使用光学比较仪或其他精密仪器测量牙侧角。

牙侧角的定义与量规中径圆锥的轴线相关，测量上有一定难度。考虑到半圆锥角的影响后，可采用同侧的螺纹中径线作为参考来测量牙侧角。

10.4 **量规的检测认可**

新制造和修复后的校对量规在使用前，应送交某一量规认可机构证明符合本部分的要求。该证明应只能由经过中国实验室国家认可委员会或其他ISO成员国的国家实验室认可机构认可的校准实验室发放。这些校准实验室和认可机构应符合GB/T 15481的要求。

美国石油学会(API)拥有上述优先选用的螺纹连接量规的检测认可程序，参见附录E。

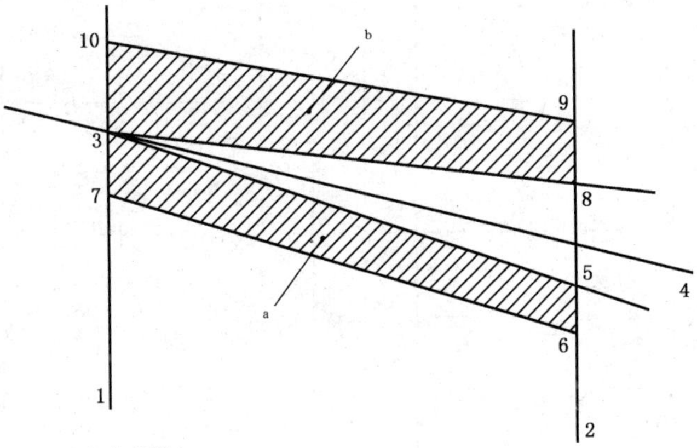

1——量规的大端，去掉了一牙完整螺纹；

2——量规的小端；

3——锥度公差的基准点；

4——基本圆锥；

5——塞规的锥度极限偏差，最小锥度；

6——塞规的极限偏差，最大锥度；

7——锥度公差位置点；

8——环规的极限偏差，最大锥度；

9——环规的极限偏差，最小锥度；

10——环规公差位置。

a 3-5-6-7区域即为塞规的公差。

b 3-8-9-10区域即为环规的公差。

图22 量规锥度公差带

例：NC50地区标准塞规，L_{rg}为98.4 mm，在距大端面1牙处的中径测量值为129.124 mm(3.875 in)，向小端延伸6牙处的中径的公差范围计算如下：

a) 计算公称锥度的影响：

$T\times6\times P=1/6$ mm/mm×6×6.35 mm=6.350 mm(0.250 0 in)

b) 计算最小锥度的影响：

(0.003 mm/98.4 mm)×6×6.35 mm=−0.001 mm

(0.000 1 in/3.875 4 in)×6×0.25 in=−0.000 04 in

c) 计算公差带：

(0.003−0.010)mm=−0.007 mm(0.000 3 in)

则该位置上的螺纹中径的允许范围如下：

(129.124−6.350−0.001)mm=$122.774_{-0.007}^{\ 0}$ mm

(5.083 6−0.250 0−0.000 04)in=$4.833\ 6_{-0.000\ 3}^{\ 0}$ in

附　录　A
（资料性附录）
美国惯用单位制表

表 A.1　优先选用的螺纹连接的产品螺纹尺寸（美国单位惯用制）

1	2	3	4	5	6	7	8	9	10	11	12	13	14
型号规格	螺纹牙型	锥度[a] T/(in/ft)	每 in 上的螺纹牙数 n	测量基准点处的螺纹中径 C/in	外螺纹大端直径 D_{Lref}/in	外螺纹根部圆柱直径 $D_{LF}\pm0.015$ in	外螺纹小端直径 D_{sref}/in	外螺纹锥部长度[b] $L_{PC}{}_{-0.12}^{0}$/in	内螺纹长度 $L_{BT\ min}$/in	内螺纹扩锥孔直径 $L_{BC}{}_{0}^{+0.38}$/in	内螺纹孔大端直径 $Q_C{}_{-0.015}^{+0.030}$/in	内螺纹扩锥孔长度 $L_{Q_C}{}_{-0.03}^{+0.06}$/in	L_{ftmax}/in
NC23	V-038R	2.0	4.0	2.355 00	2.563	2.437	2.063	3.000	3.125	3.625	2.625	0.625	0.50
NC26	V-038R	2.0	4.0	2.668 00	2.876	2.750	2.376	3.000	3.125	3.625	2.938	0.625	0.50
NC31	V-038R	2.0	4.0	3.183 00	3.391	3.266	2.808	3.500	3.625	4.125	3.453	0.625	0.50
NC35	V-038R	2.0	4.0	3.531 00	3.739	3.625	3.114	3.750	3.875	4.375	3.812	0.625	0.50
NC38	V-038R	2.0	4.0	3.808 00	4.016	3.891	3.349	4.000	4.125	4.625	4.078	0.625	0.50
NC40	V-038R	2.0	4.0	4.072 00	4.280	4.156	3.530	4.500	4.625	5.125	4.344	0.625	0.50
NC44	V-038R	2.0	4.0	4.417 00	4.625	4.499	3.875	4.500	4.625	5.125	4.688	0.625	0.50
NC46	V-038R	2.0	4.0	4.626 00	4.834	4.709	4.084	4.500	4.625	5.125	4.906	0.625	0.50
NC50	V-038R	2.0	4.0	5.041 70	5.250	5.135	4.500	4.500	4.625	5.125	5.312	0.625	0.50
NC56	V-038R	3.0	4.0	5.616 00	5.876	5.703	4.626	5.000	5.125	5.625	5.938	0.625	0.50
NC61	V-038R	3.0	4.0	6.178 00	6.438	6.266	5.063	5.500	5.625	6.125	6.500	0.625	0.50
NC70	V-038R	3.0	4.0	7.053 00	7.313	7.141	5.813	6.000	6.125	6.625	7.375	0.625	0.50
1 REG	V-055	1.5	6.0	1.154 00	1.281	1.233	1.094	1.500	2.000	2.125	1.301	0.438	0.40
1-1/2 REG	V-055	1.5	6.0	1.541 00	1.668	1.621	1.418	2.000	2.125	2.625	1.688	0.438	0.40

表 A.1(续)

1	2	3	4	5	6	7	8	9	10	11	12	13	14
型号规格	螺纹牙型	锥度[a] T/(in/ft)	每 in 上的螺纹牙数 n	测量基准点处的螺纹中径 C/in	外螺纹大端直径 D_{Lref}/in	外螺纹根部圆柱直径 $D_{LF}\pm0.015$ in	外螺纹小端直径 D_{sref}/in	外螺纹锥部长度[b] $L_{PC}{}^{0}_{-0.12}$/in	内螺纹长度 $L_{BT\ min}$/in	内螺纹扩锥孔直径 $L_{BC}{}^{+0.38}_{0}$/in	内螺纹孔大端直径 $Q_C{}^{+0.030}_{-0.015}$/in	内螺纹扩锥孔长度 $L_{Q_C}{}^{+0.06}_{-0.03}$/in	L_{ftmax}/in
2-3/8 REG	V-040	3.0	5.0	2.365 37	2.625	2.515	1.875	3.000	3.125	3.625	2.688	0.625	0.50
2-7/8 REG	V-040	3.0	5.0	2.740 37	3.000	2.890	2.125	3.500	3.625	4.125	3.062	0.625	0.50
3-1/2 REG	V-040	3.0	5.0	3.239 87	3.500	3.390	2.562	3.750	3.875	4.375	3.562	0.625	0.50
4-1/2 REG	V-040	3.0	5.0	4.364 87	4.625	4.515	3.562	4.250	4.375	4.875	4.688	0.625	0.50
5-1/2 REG	V-050	3.0	4.0	5.234 02	5.519	5.410	4.332	4.750	4.875	5.375	5.578	0.625	0.50
6-5/8 REG	V-050	2.0	4.0	5.757 80	5.992	5.882	5.158	5.000	5.125	5.625	6.062	0.625	0.50
7-5/8 REG	V-050	3.0	4.0	6.714 53	7.000	6.890	5.688	5.250	5.375	5.875	7.094	0.625	0.50
8-5/8 REG	V-050	3.0	4.0	7.666 58	7.952	7.840	6.608	5.375	5.500	6.000	8.047	0.625	0.50
5-1/2 FH	V-050	2.0	4.0	5.591 00	5.825	5.715	4.991	5.000	5.125	5.625	5.906	0.625	0.50
6-5/8 FH	V-050	2.0	4.0	6.519 60	6.753	6.643	5.920	5.000	5.125	5.625	6.844	0.625	0.50

[a] 锥度 T 2 in/ft 相当半圆锥角 $\varphi=4.764°$
锥度 T 3 in/ft 相当半圆锥角 $\varphi=7.125°$
锥度 T 1.5 in/ft 相当半圆锥角 $\varphi=3.576°$

[b] 仅对牙轮钻头的公差为:${}^{0}_{-0.19}$ in。

表 A.2　产品螺纹牙型尺寸(美国惯用单位制)

1	2	3	4	5	6	7	8
螺纹牙型		V-038R	V-038R	V-040	V-050	V-050	V-055
每 in 上的螺纹牙数	n	4	4	5	4	4	6
螺距/in		0.25	0.25	0.20	0.25	0.25	0.166 667
牙侧角/(°)	θ,± 0.75	30	30	30	30	30	30
锥度/(in/ft)	T	2	3	3	3	2	1.5
牙顶宽度/in	$F_{c,ref}$	0.065	0.065	0.04	0.05	0.05	0.055
牙底圆弧半径/in	R	0.038	0.038	0.02	0.025	0.025	—
牙底宽度/in	F_r	—	—	—	—	—	0.047
牙底圆角半径/in	r_r ± 0.008	—	—	—	—	—	0.015
截顶前的螺纹参考高度/in	H_{ref}	0.216 005	0.215 379	0.172 303	0.215 379	0.216 005	0.144 150
牙顶削平高度/in	f_c	0.056 161	0.055 998	0.034 461	0.043 076	0.043 201	0.047 569
牙底削平高度/in	f_r	0.038 000	0.038 000	0.020 000	0.025 000	0.025 000	0.040 650
截顶后的螺纹牙型高度/in	$h^{+0.001}_{-0.003}$	0.121 844	0.121 381	0.117 842	0.147 303	0.147 804	0.055 931
牙顶圆角半径/in	r_c ±0.008	0.015	0.015	0.015	0.015	0.015	0.015
注：尺寸的含义见图 4 和图 5。							

表 A.3　具有 60°螺纹牙型的螺纹连接用于钻铤时的参考倒角直径(美国惯用单位制)

单位为英寸

1	2	3	4	5	6	7	8	9
规格型号	参考外径 OD[b]	参考倒角直径	规格型号	参考外径 OD[b]	参考倒角直径	规格型号	参考外径 OD[b]	参考倒角直径
NC 23	3.125	3.000	NC 50	6.375	6.109	5½ REG	6.500	6.281
NC 26	3.375	3.266	NC 56	7.500	7.109	6⅝ REG	7.500	7.141
NC 31	4.125	3.953	NC 61	8.250	7.813	7⅝ REG	8.625	8.250
NC 35	4.750	4.516	NC 70	9.500	8.969	7⅝ REG LT	9.625	9.250
NC 38	4.750	4.578	2⅜ REG	3.125	3.016	8⅝ REG FF	9.500	9.141
NC 40	5.250	5.016	2⅞ REG	3.875	3.578	8⅝ REG LT	10.625	10.500
NC 44	5.750	5.500	3½ REG	4.250	4.078	5½ FH	6.750	6.531
NC 46	6.000	5.719	4½ REG	5.500	5.297	6⅝ FH	8.000	7.703
注：这些倒角直径不适用于钻杆连接、钻头或与钻头连接的内螺纹连接。								
[a] 外径大于参考外径时见 6.2。								

表 A.4 低扭矩结构(美国惯用单位制)

单位为英寸

1	2	3	4
规格型号	要求的外径	台肩面凹槽直径 $D_{FG}{}^{+0.031}_{-0.015}$	台肩面凹槽圆角半径 $R_{FG}{}^{0}_{-0.015}$
7⅝ REG	9.50	7.75	0.25
8⅝ REG	10.50	9.00	0.25
注：见图 7。			

表 A.5 优先选用的螺纹连接的应力分散槽和后扩孔形状的尺寸(美国惯用单位制)

单位为英寸

1	2	3	4	5	6	7	8
规格型号	内螺纹连接后扩孔形状			内螺纹连接应力分散槽		外螺纹连接应力分散槽	
	圆柱直径 $D_{CB}{}^{+0.015}_{0}$	台肩面至最后一牙螺纹刻痕长度 $L_{X\,ref}$	台肩面至圆柱末端长度 $L_{CYL}\pm0.031$	应力分散槽直径 $D_{BG}{}^{+0.031}_{0}$	台肩面至应力分散槽起点的长度 $L_{BG}{}^{0}_{-0.13}$	应力分散槽直径 $D_{SRG}{}^{0}_{-0.031}$	应力分散槽长度 $L_{SRG}\pm0.031$
NC35	3.234	3.25	5.25	3.328	3.38	3.231	1.00
NC38	3.469	3.50	5.50	3.562	3.62	3.508	1.00
NC40	3.656	4.00	6.00	3.734	4.12	3.772	1.00
NC44	4.000	4.00	6.00	4.078	4.12	4.117	1.00
NC46	4.203	4.00	6.00	4.297	4.12	4.326	1.00
NC50	4.625	4.00	6.00	4.703	4.12	4.742	1.00
NC56	4.797	4.50	6.50	4.844	4.62	5.277	1.00
NC61	5.234	5.00	7.00	5.281	5.12	5.839	1.00
NC70	5.984	5.50	7.50	6.031	5.62	6.714	1.00
4½ REG	3.719	3.75	5.75	3.781	3.88	4.013	1.00
5½ REG	4.500	4.25	6.25	4.500	4.38	4.869	1.00
6⅝ REG	5.281	4.50	6.50	5.312	4.62	5.417	1.00
7⅝ REG	5.859	4.75	6.75	5.859	4.88	6.349	1.00
8⅝ REG	6.781	4.88	6.88	6.781	5.00	7.301	1.00
5½ FH	5.109	4.50	6.50	5.156	4.62	5.250	1.00
6⅝ FH	6.047	4.50	6.50	6.078	4.62	6.179	1.00
注：见图 8、图 9 和图 10。							

表 A.6 补偿后的螺纹长度、螺纹牙型高度和触头直径(美国惯用单位制)

1	2	3	4	5	6	7
螺纹牙型	锥度 T/(in/ft)	每英寸上的螺纹牙数 n	补偿后的螺纹长度[a] L_{ct}/in	螺距和锥度用触头直径 $d_b \pm 0.002$ in	补偿后的螺纹高度[b] h_{cn}/in	螺纹高度用触头直径 $d_{bh} \pm 0.002$ in
V-038R	2	4	1.003 47	0.144	0.121 6	0.072
V-038R	3	4	1.007 78	0.144	0.120 7	0.072
V-040	3	5	1.007 78	0.115	0.117 1	0.034
V-050	3	4	1.007 78	0.144	0.146 4	0.044
V-050	2	4	1.003 47	0.144	0.147 4	0.044
V-055	1.5	6	1.001 95	0.096	0.055 8	0.072

注：尺寸的含义见图 15 和图 16。

[a] 补偿螺纹长度 L_{ct}是平行于圆锥母线测量。未补偿螺纹长度是平行于螺纹轴线测量。

[b] 补偿螺纹牙型高度 h_{cn}是垂直于圆锥母线测量。未补偿螺纹牙型高度是垂直于螺纹轴线测量。

表 A.7 量规螺纹牙型尺寸(美国惯用单位制)

1	2	3	4	5	6	7	8	9
螺纹牙型	每英寸上的螺纹牙数 n	螺距/in	螺纹牙侧角 θ/(°)	锥度 T/(in/ft)	截顶前的螺纹牙型高度 H_{ref}/in	牙底削平高度 $f_{rg\,max}$/in	牙顶削平高度 f_{cg}/in	截顶后的螺纹牙型高度 $h_{g\,ref}$/in
V-038R	4	0.250 000	30	2	0.216 005	0.053 385	0.065 000	0.097 620
V-038R	4	0.250 000	30	3	0.215 379	0.053 385	0.065 000	0.096 994
V-040	5	0.200 000	30	3	0.172 303	0.039 460	0.039 460	0.093 383
V-050	4	0.250 000	30	3	0.215 379	0.048 080	0.048 080	0.119 219
V-050	4	0.250 000	30	2	0.216 005	0.048 200	0.048 200	0.119 605
V-055	6	0.166 667	30	1.5	0.144 150	—	0.055 100	0.089 050

注 1：尺寸的含义见图 18。

注 2：计算螺纹牙型高度和削平量时，考虑了锥度的影响，与相同螺距的圆柱螺纹相比，螺纹牙型高度值有所减小。

注 3：第 3、4 和 7 列的公差见表 10、表 11 和表 12。

表 A.8　优先选用的螺纹连接量规的螺纹参数尺寸(美国惯用单位制)

1	2	3	4	5	6	7	8	9
规格型号	螺纹牙型	锥度 T/(in/ft)	每英寸上的螺纹牙数 n	测量基准点处的尺寸			工作量规测量基准点处的螺纹中径[c]/in	紧密距 S/in
				中径[a] C/in	(塞规)大径[a] D_{MP}/in	(环规)小径[b] D_{MR}/in		
NC23	V-038R	2.0	4	2.355 00	2.441 01	2.269 00	2.230 00	0.625 0
NC26	V-038R	2.0	4	2.668 00	2.754 01	2.582 00	2.543 00	0.625 0
NC31	V-038R	2.0	4	3.183 00	3.269 01	3.097 00	3.058 00	0.625 0
NC35	V-038R	2.0	4	3.531 00	3.617 01	3.445 00	3.406 00	0.625 0
NC38	V-038R	2.0	4	3.808 00	3.894 01	3.722 00	3.683 00	0.625 0
NC40	V-038R	2.0	4	4.072 00	4.158 01	3.986 00	3.947 00	0.625 0
NC44	V-038R	2.0	4	4.417 00	4.503 01	4.331 00	4.292 00	0.625 0
NC46	V-038R	2.0	4	4.626 00	4.712 01	4.540 00	4.501 00	0.625 0
NC50	V-038R	2.0	4	5.041 70	5.127 71	4.955 70	4.916 70	0.625 0
NC56	V-038R	3.0	4	5.616 00	5.701 38	5.530 62	5.428 50	0.625 0
NC61	V-038R	3.0	4	6.178 00	6.263 38	6.092 62	5.990 50	0.625 0
NC70	V-038R	3.0	4	7.053 00	7.138 38	6.967 62	6.865 50	0.625 0
1 REG	V-055	1.5	6	1.154 00	1.187 95	1.120 05	1.060 25	0.375 0
1½ REG	V-055	1.5	6	1.541 00	1.574 95	1.507 05	1.447 25	0.375 0
2⅜ REG	V-040	3.0	5	2.365 37	2.458 75	2.271 99	2.177 87	0.625 0
2⅞ REG	V-040	3.0	5	2.740 37	2.833 75	2.646 99	2.552 87	0.625 0
3½ REG	V-040	3.0	5	3.239 87	3.333 25	3.146 49	3.052 37	0.625 0
4½ REG	V-040	3.0	5	4.364 87	4.458 25	4.271 49	4.177 37	0.625 0
5½ REG	V-050	3.0	4	5.234 02	5.353 24	5.114 79	5.046 52	0.625 0
6⅝ REG	V-050	2.0	4	5.757 80	5.877 40	5.638 20	5.632 80	0.625 0
7⅝ REG	V-050	3.0	4	6.714 53	6.833 75	6.595 31	6.527 03	0.625 0
8⅝ REG	V-050	3.0	4	7.666 58	7.785 80	7.547 35	7.479 08	0.625 0
5½ FH	V-050	2.0	4	5.591 00	5.710 60	5.471 40	5.466 00	0.625 0
6⅝ FH	V-050	2.0	4	6.519 60	6.639 20	6.400 00	6.394 60	0.625 0

[a] 第 5 列和第 6 列的数值仅适用于原始基准量规、地区标准量规和校对量规。

[b] 第 7 列的数值仅适用于环规。

[c] 第 8 列的数值仅适用于工作量规。

表 A.9　优先选用的螺纹连接量规的外观尺寸(美国惯用单位制)　　单位为英寸

1	2	3	4	5	6
规格型号	塞规长度 L_{pg}	调整盘直径[a] D_{FP}	环规长度 L_{rg}	环规外径 D_R	环规镗孔直径 Q
NC23	3.000	2.056	2.375	3.875	2.521
NC26	3.000	2.369	2.375	4.187	2.834
NC31	3.500	2.884	2.875	5.125	3.349
NC35	3.750	3.232	3.125	5.250	3.697
NC38	4.000	3.509	3.375	5.625	3.974
NC40	4.500	3.773	3.875	5.875	4.239
NC44	4.500	4.118	3.875	6.375	4.583
NC46	4.500	4.327	3.875	6.500	4.792
NC50	4.500	4.743	3.875	7.125	5.208
NC56	5.000	5.318	4.375	7.875	5.782
NC61	5.500	5.880	4.875	8.500	6.344
NC70	6.000	6.755	5.375	9.375	7.219
1 REG	1.500	b	1.125	2.500	1.360
1½ REG	2.000	b	1.625	2.875	1.688
2⅜ REG	3.000	2.131	2.375	3.750	2.531
2⅞ REG	3.500	2.506	2.875	4.250	2.906
3½ REG	3.750	3.005	3.125	5.000	3.406
4½ REG	4.250	4.130	3.625	6.250	4.531
5½ REG	4.750	4.956	4.125	7.500	5.427
6⅝ REG	5.000	5.448	4.375	8.250	5.949
7⅝ REG	5.250	6.421	4.625	9.500	6.906
8⅝ REG	5.375	7.373	4.750	10.750	7.858
5½ FH	5.000	5.292	4.375	7.750	5.784
6⅝ FH	5.000	6.210	4.375	9.000	6.711

注 1：尺寸的含义见图 19 和图 20。

[a] 中径不大于 5.63 in 的所有量规调整盘的最大厚度 T_{FP} 为 0.375 in，其余较大规格量规调整盘的最大厚度 T_{FP} 为 0.437 in。

[b] 1 REG 和 1½REG 规格量规无调整盘。

表 A.10　原始基准量规和地区标准量规的尺寸公差(美国惯用单位制)

1	2		3	
参　数	公　差			
	塞规		环规	
测量基准点处的螺纹中径[a]/in	±0.000 2		—	
螺距[b]/in 螺纹中径≤3.90 螺纹中径>3.90	 ±0.000 2 ±0.000 3		 ±0.000 3 ±0.000 4	
锥度[c]/in	min	max	min	max
全部	0.000 1	0.000 4	−0.001 2	−0.000 6
螺纹牙侧角/(°)	±0.083		±0.167	
配对紧密距 S/in	—		±0.001	
地区标准量规和原始基准量规间的互换紧密距/in	±0.004		±0.004	
牙顶削平 f_{cg}/in	±0.001 12		±0.001 10	
量规长度 L_{pg}和 L_{rg}/in	±0.093		±0.093	
塞规调整盘直径 D_{FP}/in	±0.015		—	
环规外径 D_R/in	—		±0.015	
环规镗孔直径 Q/in	—		±0.015	

注：见图 19。

a 确定中径时，未考虑修正螺旋升角的影响。

b 任意两牙间的最大允许偏差，任意两牙是指相邻两牙或间隔不超过从完整螺纹的两端各减去一圈螺纹的其余完整螺纹长度。

c L_{rg}见表 9 第 4 列。为减少螺距偏差对互换紧密距的影响，环规的中径圆锥为负锥度。锥度允许偏差的含义见图 22。

表 A.11　校对量规的尺寸公差(美国惯用单位制)

1	2		3	
参　数	公　差			
	塞规		环规	
测量基准点处的螺纹中径[a]/in 螺纹中径≤5.598 螺纹中径>5.598	 ±0.000 4 ±0.000 5		 — —	
螺距[b]/in 螺纹中径≤5.598 螺纹中径>5.598	 ±0.000 4 ±0.000 5		 ±0.000 6 ±0.000 7	
锥度[c]/in	min	max	min	max
L_{rg}≤3.5	0	0.000 4	−0.001 2	−0.000 4
L_{rg}=3.5～4	0	0.000 5	−0.001 4	−0.000 4
L_{rg}=4～4.5	0	0.000 6	−0.001 6	−0.000 4
L_{rg}=4.56～5	0	0.000 7	−0.001 8	−0.000 4
L_{rg}=6.06～5.5	0	0.000 8	−0.002 0	−0.000 4
L_{rg}≥5.56	0	0.000 9	−0.002 2	−0.000 4

表 A.11（续）

1	2	3
参　数	公　差	
	塞规	环规
螺纹牙侧角/(°)	±0.117	±0.25
配对紧密距 S/in	—	±0.001
校对量规和地区标准量规或原始基准量规间的互换紧密距/in	±0.004	±0.004
牙顶削平 f_{cg}/in	±0.001 25	±0.001 25
量规长度 L_{pg} 和 L_{rg}/in	±0.093	±0.093
塞规调整盘直径 D_{FP}/in	±0.015	—
环规外径 D_R/in	—	±0.015
环规镗孔直径 Q/in	—	±0.015
注：见图 19。		

[a] 确定中径时，未考虑修正螺旋升角的影响。

[b] 任意两牙间的最大允许偏差，任意两牙是指相邻两牙或间隔不超过从完整螺纹的两端各减去一圈螺纹的其余完整螺纹长度。

[c] L_{rg} 见表 9 第 4 列。为减少螺距偏差对互换紧密距的影响，环规的中径圆锥为负锥度。锥度允许偏差的含义见图 22。

表 A.12　工作量规的尺寸公差(美国惯用单位制)

1	2		3	
参　数	公　差			
	塞规		环规	
测量基准点处的螺纹中径[a]/in				
螺纹中径≤5.598	±0.000 4		—	
螺纹中径>5.598	±0.000 5		—	
螺距[b]/in				
螺纹中径≤5.598	±0.000 4		±0.000 6	
螺纹中径>5.598	±0.000 5		±0.000 7	
锥度[c]/in	min	max	min	max
L_{rg}≤3.5	0	0.000 6	−0.001 4	−0.000 4
L_{rg}=3.5～4	0	0.000 7	−0.001 6	−0.000 4
L_{rg}=4～4.5	0	0.000 8	−0.001 8	−0.000 4
L_{rg}=4.56～5	0	0.000 9	−0.002 0	−0.000 4
L_{rg}=6.06～5.5	0	0.001 0	−0.002 2	−0.000 4
L_{rg}≥5.56	0	0.001 1	−0.002 4	−0.000 4
螺纹牙侧角/(°)	±0.117		±0.25	
配对紧密距 S/in	—		±0.025	
校对量规和地区标准量规或原始基准量规间的互换紧密距/in	±0.000 4		±0.000 4	
牙顶削平 f_{cg}/in	±0.001 25		±0.001 25	

表 A.12（续）

1	2	3
参　数	公　差	
	塞规	环规
量规长度 L_{pg} 和 L_{rg}/in	±0.093	±0.093
塞规调整盘直径 D_{FP}/in	±0.015	—
环规外径 D_R/in	—	±0.015
环规镗孔直径 Q/in	—	±0.015
注：见图 20。		

[a] 确定中径时，未考虑修正螺旋升角的影响。工作量规的测量基准点距测量端面 34.925 mm。

[b] 螺距的最大允许偏差是在有效螺纹全长两端各减去一圈螺纹的范围内，任意两牙螺纹间的偏差。

[c] L_{rg} 见表 9 第 4 列。为减少螺距偏差对互换紧密距的影响，环规的中径圆锥为负锥度。锥度最大允许偏差的意义见图 22。

附 录 B
（资料性附录）
地区标准量规的保管和使用

B.1 保护涂层

地区标准量规的测量表面宜涂敷一层凡士林予以保护。天气寒冷时，建议将凡士林稍许加热，使之易于流动。如果量规在六个月内尚未使用过，宜将量规彻底清洗后，涂上一层新的凡士林。

中性油在短期内可有效保护量规，视天气情况其有效期为几天至两个星期。随着环境温度的升高，中性油从量规表面脱落的速度也相应加快。落在量规保护油膜上的灰尘微粒甚至会渗入量规表面，造成轻微锈斑。考虑到保管人员在使用地区标准量规检验校对量规后，并不一定可准确知道下次使用地区标准量规的时间，因而建议通常情况下均应涂敷凡士林对量规进行保护。

B.2 存储

量规宜在良好的温度控制环境下单独存放。当塞规和环规旋合在一起存放时，不论有无保护层，均有电解腐蚀的趋势，表现为接触表面产生脱色斑渍。如长时间旋合，这些表面可能会锈蚀在一起。地区标准量规的理想存放办法是采用带有木槅板、门与锁的盒子或柜子，以防未经许可而使用量规。用木板将槅板再分成单独的格，以便存放各种规格的塞规。这样可防止在存放期间损坏螺纹表面。环规不需要分格存放，但不宜堆积在一起。槅板上应覆盖蜡纸以保护塞规和环规的端面。

B.3 清洗

测量量规紧密距时，地区标准量规和校对量规在旋合前都宜彻底清洗。有效的清洗方法是将量规(塞规和环规)浸泡在适当的溶剂中，并用硬刷刷洗螺纹表面。清洗后，宜检查校对量规螺纹表面有无损伤或锈斑等。量规上的毛刺或粗糙的螺纹会损伤地区标准量规，因而地区标准量规不宜与这些量规进行旋合。对于螺纹表面上的斑渍，保管人员应做出评价。光亮而平滑的钢质表面间的摩擦系数小于粗糙、有斑渍的表面的摩擦系数。显而易见，摩擦系数将影响紧密距值的测量。含大量胶质的油沉积在量规表面将增加摩擦。在此情况下，不建议继续测量紧密距值。

B.4 润滑

测量紧密距值时，宜在量规的螺纹表面均匀涂敷一薄层医用矿物油，油的用量不宜过多。多余的油会从量规端部流出，而且如果出现油脂堆积将会影响紧密距测量结果。

B.5 旋合钮矩

旋合时塞规宜牢固地固定在台钳内。宜采用重型台钳并牢固地固定在结实的工作台上。这一点对紧密距值的测量非常重要，尤其是对于较大规格的量规，固定装置的刚性可能影响测量结果。在锤击时，杠杆臂应基本在水平位置，见图21。紧密距值宜在调整盘上沿圆周方向取四点上进行测量，测量时应避开调整盘上的打印字码形成的凸起。宜取四个读数的平均值作为用紧密距的测量报告值。

附　录　C
（规范性附录）
校对量规的装运说明

C.1　一般性注意事项

校对量规如能妥善使用和维护，并仅用于规定用途，即用以测量螺纹光滑、洁净的工作量规，一般宜保持良好状态数年。量规在发往量规认可机构测量紧密距值之前，量规所有人应将量规清洗干净。

C.2　清洗

可用带尖的软木签去除沉积的油渍或斑渍。该方法是将量规（塞规或环规）安装在车床的卡盘上并缓慢旋转，同时将软木签的尖端嵌入螺纹牙槽并均匀压在螺纹的两个牙侧面上。通常即可除去大部分沉积，有时可能还需要在木签上添加一些细粒度的金刚砂和油。不应使用较粗颗粒和尖锐的研磨材料。

C.3　修复

螺纹表面上的毛刺和小的刻痕可用优质油石打磨。由于过度的打磨会严重影响量规的精度，因此不允许用油石打磨扩展到整个量规上的刻痕。对于严重的凹痕和刻痕，建议由量规制造厂重新研磨。

C.4　涂层

量规晾干后，宜将塞规和环规涂敷一层医用矿物油，成对装在一起，并用油纸包裹。

C.5　包装

建议使用环保或类似包装材料单独运送每对量规。

C.6　包装箱

包装箱应制作牢固，其材料应足够结实以防止量规在运输过程中受损，建议采用厚度为 50 mm（2 in）的木质材料。量规托管人如认为包装箱不适于用作回程运送，则应修理或更换包装箱，并因此而增加检验费用。应采用中间带孔的分隔板块将量规固定在运送箱内，塞规手柄牢固地置于分隔板的中心孔内。量规装好后，宜采用木螺钉从包装箱外面将分隔板固紧。包装箱的盒盖应用螺钉上紧，而不应采用钉子，并将返回的地址牢固贴在盒盖的背面，托管人将量规返送给量规所有人时将盒盖翻转即可使用。

C.7　运输

应预付所有运输费用。宜采用快件方式运量规，其转运和送货比较及时。保管人员集中提取拟返送的量规，量规所有者宜向保管人员注明采用空运或快件方式运送。

C.8　测量原则

不允许保管人员将原始标准量规或地区标准量规与有污物或螺纹损伤的校对量规进行旋合。如认为需要进行去除涂敷层以外的其他清洗工作，检测机构可额外收取有关费用。如量规生锈或刻痕严重而需要修复时，检测机构将通知量规所有人。此类量规如被确认无法修复，应考虑取消其授权校对量规资格。

C.9 海关的要求及运输

当采用海运方式时，境外的量规所有人应提前与海关代理商协商安排送检量规的运输事宜，无论是送往量规原产国或其他国家，进入目的国家，视需要而定是否缴纳海关关税，并需预付进出海港的运费。如同量规原产地的代理人已经洽商好，则该代理人宜在进口港或其附近委托海关代理商安排量规进口事宜并向量规认可机构预付运费。

采用空运方式可省去海关代理商的服务环节。当采用空运方式，量规认可机构将在机场提取量规，并根据需要办理关税手续。检验结束后，量规认可机构办理免税手续，如用户需要也可把量规交付飞机场返送。送返给用户的量规所发生的运费将在目的地收取。

空运方式的费用比海运方式较高，但差额部分大致与海关代理商费用相当。空运方式的另外一个优势就是在很大程度上减少了量规离开量规持有工厂的时间和运输期间的追踪。

附　录　D
（规范性附录）
工作量规的保管和使用

D.1　量规的磨损

如量规的螺纹参数是均匀磨损，则对工作量规的配对紧密距值的减小的影响不大，只须在检验产品螺纹的紧密距时采用相对于校对量规的修正值进行补偿即可。

D.2　维护

量规具有较高的精度，量规可被视为是重要的投资，宜精心维护。量规被不当使用或损坏，其作为检验工具的价值将很快失去。

D.3　保护

量规宜避免灰尘和砂子。适当的环境对于量规的储存具有重要意义。建议将塞规和环规分别存放，而不要旋合在一起。量规在存放期间宜涂敷一层高级防锈油。

D.4　检查和维修

使用之前，宜检查量规的螺纹上有无毛刺。宜采用中等粒度的油石或细锉去除毛刺或其他粗糙的斑点。宜定期检查量规的测量表面有无轻微凸起，并宜用细锉或油石将其去除。

D.5　使用

宜细心使用量规检查产品螺纹。旋合前，彻底清洗量规和产品螺纹。使用量规时，在量规的螺纹涂上少量的油可保护量规并延长其使用寿命。螺纹表面未经润滑而用力旋合，将导致螺纹表面的咬合和擦伤，并将影响测量结果的准确性。可使用一根长约 152 mm(5.91 in)的助力杆以确保将量规旋紧到产品螺纹上。量规旋合测量不到位将导致产品螺纹达不到预期的连接性能。

附　录　E
（资料性附录）
API 量规认可机构的要求

E.1　量规的检测认可

E.1.1　检测认可程序要求

新制造和修复后的地区标准量规和校对量规宜送去检测认可以确认 9.2 规定的重要参数的准确性。

新制造和修复后的地区标准量规和校对量规应送往下列量规认可机构之一进行检测认可。原始标准量规的拥有者应是所有地区标准量规的量规认可机构：

——美国国家标准与技术研究院；

——英国国家物理实验室；

——日本国家计量研究实验室；

——阿根廷国家工业技术研究所；

——中国国家计量研究院。

E.1.2　一般性要求

地区标准量规、校对量规和工作量规应成套检测认可，如一个校对塞规和一个校对环规。只有在与以前配套检测认可过的量规一起送达的情况下方可对单个量规进行检测认可。当以前配套检测认可过的量规在用时，应向认可机构提供相关检测认可资料证明配套量规的准确性。

所有送检的量规应具有永久性的唯一识别编码。

E.1.3　检测认可

量规制造厂应选择一个认可机构对新制造和修复后的地区标准量规和校对量规对 9.2 的要求的符合性进行检测。符合所有要求的量规应从认可机构获得一份检测认可证书作为该量规的准确性的证明。检测认可证书应包括以下内容：

a）认可机构的名称；

b）检测人员的签名；

c）检测认可日期；

d）量规的出厂编号；

e）配对紧密距测量值；

f）互换紧密距测量值；

g）结论。

检测认可机构应至少保留检测认可证书副本 7 年备查。

E.1.4　互换紧密距

所有新制造和修复后的校对量规应按 10.1 的要求送往其中一个认可机构用原始标准量规或地区标准量规确定互换紧密距。

E.1.5　地区标准量规

认可机构保存的地区标准量规用于检查校对量规的互换紧密距。只有校对量规应用地区标准量规进行检查。地区标准量规不应用于检查工作量规。

E.1.6　紧密距报告

如果量规符合 10.3.1.5 和 10.3.1.6 关于互换紧密距的规定，量规制造厂或修理厂应从认可机构获得一份关于配对紧密距和互换紧密距测量值的报告。量规制造厂或修理厂应至少保留报告副本 7 年备查。

E.1.7 标记

所有经检验符合 9.2 要求的地区标准量规和校对量规应在塞规和环规上永久标记认可机构的名称或标志。

E.2 认可机构

E.2.1 概述

任何证实具有符合 API 政策和能力要求的计量实验室均可提出申请成为 API 量规认可机构。感兴趣的机构可与 API 上游标准部联系。

E.2.2 基准量规的管理

美国国家标准与技术研究院负责原始标准量规的管理。

E.2.3 认可机构的能力要求

所有的 API 量规认可机构申请者必须证实具有以下检测能力：

a) 工作环境；

b) 检验设备；

c) 标准与校准；

d) 人员资格；

e) 组织机构；

f) 文件管理；

g) 保管与使用。

E.2.4 认可机构的批准

符合以上要求的计量实验室经 API 上游标准部的认证后，即为标准量规的认可机构并列在 API 出版物中。这些实验室只能检测认可其拥有的地区标准量规所对应型号规格的校对量规。

附　录　F
（资料性附录）
其他旋转台肩式连接

F.1　可互换的连接

本部分正文所述连接是优先选用的连接，包括 NC23～NC70、1 REG～8⅝REG、5½FH 和 6⅝FH。数字型连接（表 F.1 的第 1 列）可与一些已淘汰的连接互换。当需要使用已淘汰的连接时，应采用等效的数字型连接替代。其他非优先选用的连接也可互换，仅在本节规定如下。

表 F.1　可互换的连接

NC	IF	FH	SH[a]	XH[a]	DSL[a]	EF[a]	WO[a]
数字型	内平型	贯眼型	—	—	—	—	—
NC26	2⅜ IF	—	2⅞ SH	—	—	—	—
NC31	2⅞ IF	—	3½ SH	—	—	—	—
NC38	3½ IF	—	4½ SH	—	—	—	—
NC40	—	4 FH	—	—	4½ DSL	—	—
NC46	4 IF	—	—	4½ XH	—	—	4 WO
NC50	4½ IF	—	—	5 XH	5½ DSL	—	4½ WO
—	2⅞ XH	—	3½ DSL	—	—	—	—
—	3½ XH	4 SH	—	—	—	4½ EF	—

[a] SH 为 Slim Hole 的简称，XH 为 eXtra Hole 的简称，DSL 为 Double StreamLine 的简称，EF 为 External Flush 的简称，WO 为 Wide Open 的简称。

F.2　GOST 连接

大多数 GOST 标准规定的连接可与本部分的连接互换。等效连接表如表 F.2 所示。GOST 标准的公差与本部分略有不同。

表 F.2　GOST 等效连接

GOST	ISO	GOST	ISO	GOST	ISO
Z-30	NC10	Z-94	NC35	Z-147	5½ FH
Z-35	NC12	Z-101	3½ FH	Z-149	NC56
Z-38	NC13	Z-102	NC38	Z-152	6⅝ REG
Z-44	NC16	Z-108	NC40	Z-163	NC61
Z-65	NC23	Z-117	4½ REG	Z-171	6⅝ FH
Z-66	2⅜ REG	Z-118	NC44	Z-177	7⅝ REG
Z-73	NC26	Z-121	4½ FH	Z-185	NC70
Z-76	2⅞ REG	Z-122	NC46	Z-201	8⅝ REG
Z-86	NC31	Z-133	NC50	Z-203	NC77
Z-88	3½ REG	Z-140	5½ REG	—	—

F.3 不可互换的连接

部分连接的螺纹参数与其他可配合的连接的参数非常接近，但未达到连接所需要的强度。见 a)～c)：

a) 外螺纹长度不同：

——NC38 和 3½ WO；

——2⅞ OH SW 和 2⅞ OH LW；

——4 OH SW 和 4 OH LW。

b) 锥度不同：

——NC44 和 4 OH。

c) 螺纹中径的差值不超过 1.5 mm (0.06 in)：

——NC26 和 2⅜ WO；

——NC31 和 2⅞ XH＝2⅞ WO；

——NC35 和 4 SH。

F.4 非优先选用的连接的产品螺纹

除优先选用的连接，还有许多连接类型。其螺纹参数参见表 F.3～F.6。

F.5 产品螺纹尺寸

有一些连接的螺纹牙型比表 F.1 和表 F.2 所列连接使用更多。如图 F.1 所示，国际单位制尺寸见表 F.3 和 F.5(美国惯用制单位表参见表 F.4 和 F.6)。

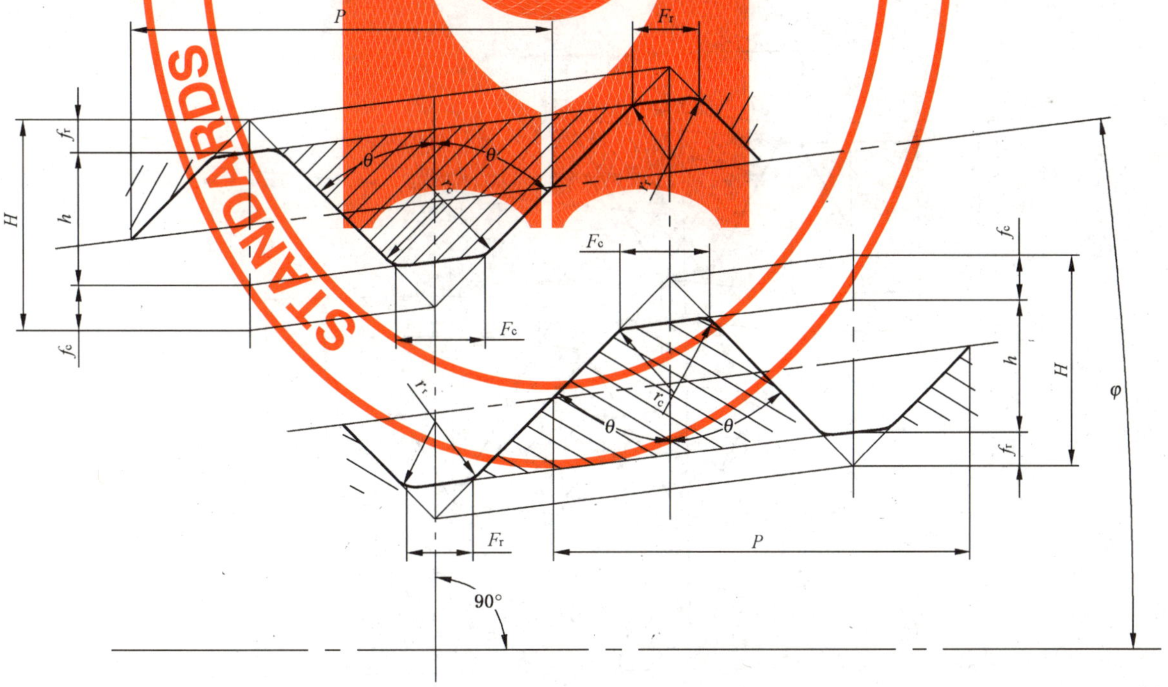

a) 90-V-050

图 F.1 90-V-050,90-V-084 和 V-076 螺纹牙型

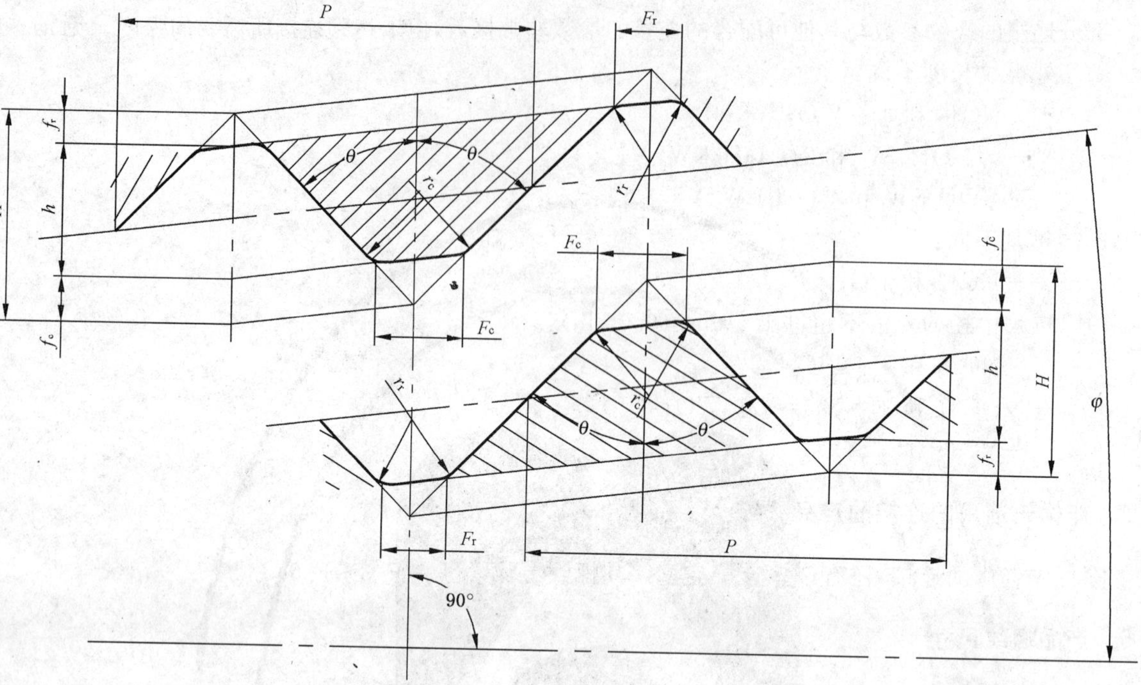

b) 90-V-084

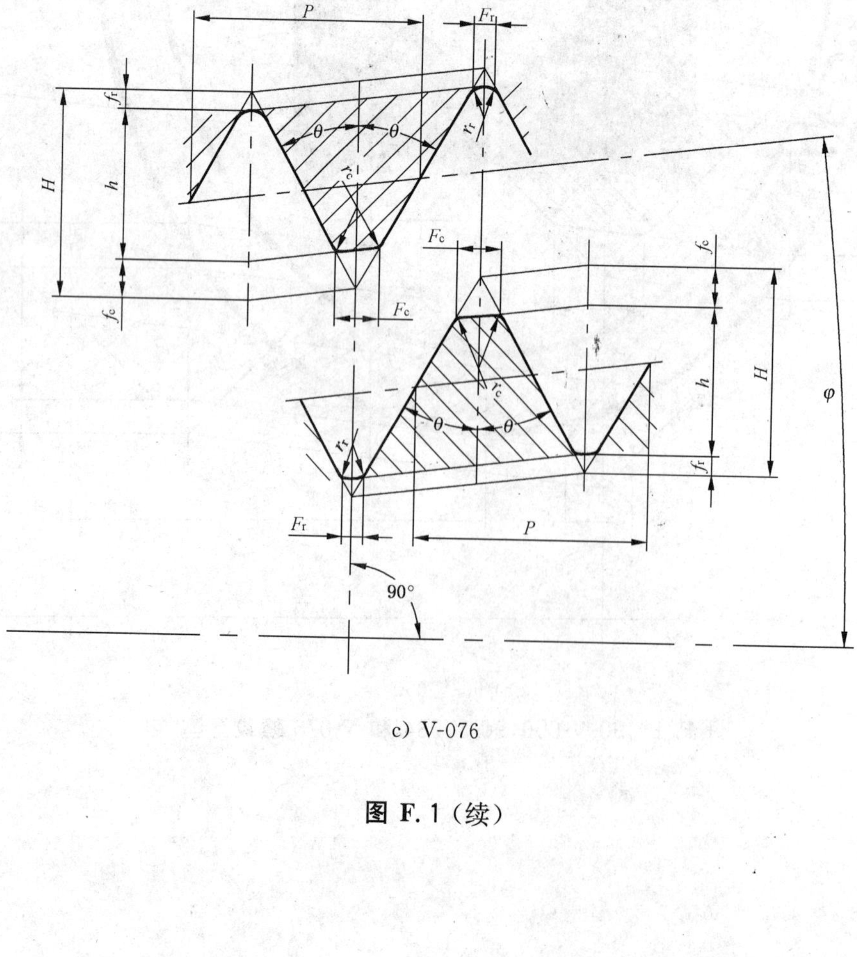

c) V-076

图 F.1（续）

表 F.3 螺纹尺寸(国际单位制[a])

1	2	3	4	5	6	7
螺纹牙型		90-V-050	90-V-050	V-065	V-076	90-V-084
每 25.4 mm 上的螺纹牙数	n	3.5	3.5	4	4	3
螺距/mm	ref	7.257 14	7.257 14	6.35	6.35	8.466 67
牙侧角 /(°)	$\theta \pm 0.75$	45	45	30	30	45
锥度/(mm/mm)	T	1/6	1/4	1/6	1/8	5/48
牙顶宽度/mm	$F_{c,ref}$	1.27	1.27	1.65	1.93	2.13
牙底圆弧半径/mm	R	—	—	—	—	—
牙底宽度/mm	$F_{r,ref}$	0.86	0.86	1.42	1.70	1.73
牙底圆角半径/mm	$r_r \pm 0.2$	0.76	0.76	0.38	0.38	0.76
截顶前的螺纹牙型高度/mm	H_{ref}	3.603 37	3.571 88	5.486 53	5.492 09	4.221 86
牙顶削平高度/mm	f_c	0.630 49	0.625 16	1.426 49	1.670 61	1.069 52
牙底削平高度/mm	f_r	0.432 87	0.425 02	1.228 98	1.471 88	0.866 32
截顶后的螺纹牙型高度/mm	$h^{+0.025}_{-0.076}$	2.540 00	2.521 71	2.831 06	2.349 50	2.286 00
牙顶圆角半径/mm	$r_c \pm 0.2$	0.38	0.38	0.38	0.38	0.38
注：见图 4、图 5 和图 F.1。						
[a] 美国惯用单位制表参见表 F.4。						

表 F.4 螺纹尺寸(美国惯用制单位)

1	2	3	4	5	6	7
螺纹牙型		90-V-050	90-V-050	V-065	V-076	90-V-084
每英寸上的螺纹牙数	n	3.5	3.5	4	4	3
螺距/in	ref	0.285 714	0.285 714	0.25	0.25	0.333 333
牙侧角/(°)	$\theta \pm 0.75$	45	45	30	30	45
锥度/(in/ft)	T	2	3	2	1.5	1.25
牙顶宽度/in	$F_{c,ref}$	0.05	0.05	0.065	0.076	0.084
牙底圆弧半径/in	R	—	—	—	—	—
牙底宽度/in	F_r	0.034	0.034	0.056	0.067	0.068
牙底圆角半径/in	$r_r \pm 0.008$	0.03	0.03	0.015	0.015	0.03
截顶前的螺纹牙型高度/in	H_{ref}	0.141 865	0.140 625	0.216 005	0.216 224	0.166 215
牙顶削平高度/in	f_c	0.024 823	0.024 613	0.056 161	0.065 772	0.042 107
牙底削平高度/in	f_r	0.017 043	0.016 733	0.048 385	0.057 948	0.034 107
截顶后的螺纹牙型高度/in	$h^{+0.001}_{-0.003}$	0.100 000	0.099 280	0.111 459	0.092 504	0.090 000
牙顶圆角半径/in	$r_c \pm 0.008$	0.015	0.015	0.015	0.015	0.015
注：见图 4、图 5 和图 F.1。						

表 F.5　非优先选用的连接产品尺寸（国际单位制[a]）

1	2	3	4	5	6	7	8	9	10	11	12	13	14
型号规格	螺纹牙型	锥度[b] T/(mm/mm)	每25.4 mm上的螺纹牙数 n	测量基准点处的螺纹中径 C_{ref}/mm	外螺纹大端直径 D_L/mm	外螺纹根部圆柱直径 $D_{LF}\pm0.4$ mm	外螺纹小端直径 D_S/mm	外螺纹锥部长度[c] $L_{PC}{}_{-3}^{0}$/mm	内螺纹长度 $L_{BT\ min}$/mm	内螺纹锥部长度 $L_{BC}{}_{0}^{+9}$/mm	内螺纹扩锥孔直径 $Q_C{}_{-0.4}^{+0.8}$/mm	内螺纹扩锥孔长度 $L_{Q_C}{}_{-0.8}^{+1.6}$/mm	$L_{ft\ max}$/mm
NC10	V-055	1/8	6	27.000 20	30.23	29.03	25.47	38.10	41.28	53.98	30.58	11.13	10.16
NC12	V-055	1/8	6	32.131 00	35.36	34.16	29.80	44.45	47.62	60.32	35.71	11.13	10.16
NC13	V-055	1/8	6	35.331 40	38.56	37.36	33.00	44.45	47.62	60.32	38.91	11.13	10.16
NC16	V-055	1/8	6	40.868 60	44.10	42.90	38.54	44.45	47.62	60.32	44.48	11.13	10.16
NC77	V-038R	1/4	4	196.621 40	203.22	198.83	161.94	165.10	168.28	180.98	204.79	15.88	12.70
2⅞ FH	V-040	1/4	5	85.481 16	92.08	87.71	69.85	88.90	92.08	104.78	93.66	15.88	12.70
3½ FH	V-040	1/4	5	94.843 60	101.44	98.65	77.63	95.25	98.42	111.12	102.79	15.88	12.70
4½ FH	V-040	1/4	5	115.112 80	121.71	118.92	96.31	101.60	104.78	111.12	123.82	15.88	12.70
5½ IF	V-038R	1/6	4	157.200 60	162.48	159.54	141.31	127.00	130.18	142.88	163.91	15.88	12.70
6⅝ IF	V-038R	1/6	4	184.175 40	189.45	186.53	168.29	127.00	130.18	142.88	190.90	15.88	12.70
2⅜ OH LW	V-076	1/8	4	65.735 20	69.87	67.47	62.33	60.32	63.50	76.20	71.04	15.88	12.70
2⅜ OH SW	V-076	1/8	4	65.735 20	69.87	67.47	62.33	60.32	63.50	76.20	71.04	15.88	12.70
2⅞ OH LW	V-076	1/8	4	75.793 60	79.93	77.39	71.99	63.50	66.68	79.38	81.36	15.88	12.70
2⅞ OH SW	V-076	1/8	4	75.793 60	79.93	77.39	70.80	73.02	76.20	98.42	81.36	15.88	12.70
3½ OH LW	V-076	1/8	4	94.691 20	98.83	96.44	88.51	82.55	85.72	98.42	100.41	15.88	12.70
3½ OH SW	V-076	1/8	4	94.691 20	98.83	96.44	88.51	82.55	85.72	98.42	100.41	15.88	12.70
4 OH LW	V-076	1/8	4	112.166 40	116.30	113.90	105.19	88.90	92.08	104.78	117.87	15.88	12.70

表 F.5(续)

1	2	3	4	5	6	7	8	9	10	11	12	13	14
型号规格	螺纹牙型	锥度[b] T/(mm/mm)	每 25.4 mm 上的螺纹牙数 n	测量基准点处的螺纹中径 C_{ref}/mm	外螺纹大端直径 D_L/mm	外螺纹根部圆柱直径 $D_{LF}\pm0.4$ mm	外螺纹小端直径 D_S/mm	外螺纹锥部长度[c] $L_{PC}{}^{0}_{-3}$/mm	内螺纹长度 $L_{BT\ min}$/mm	内螺纹锥部长度 $L_{BC}{}^{+9}_{0}$/mm	内螺纹扩锥孔直径 $Q_C{}^{+0.8}_{-0.4}$/mm	内螺纹扩锥孔长度 $L_{Q_C}{}^{+1.6}_{-0.8}$/mm	$L_{ft\ max}$/mm
4 OH SW	V-076	1/8	4	112.166 40	116.30	113.90	103.60	101.60	104.78	117.48	117.87	15.88	12.70
4½ OH LW	V-076	1/8	4	120.700 80	124.84	122.63	112.93	95.25	98.42	111.13	125.81	15.88	12.70
4½ OH SW	V-076	1/8	4	120.700 80	124.84	122.63	112.93	95.25	98.42	111.13	125.81	15.88	12.70
2⅜ PAC	V-076	1/8	4	55.956 20	60.09	58.88	52.55	60.32	63.50	76.20	61.12	9.52	6.35
2⅞ PAC	V-076	1/8	4	60.172 60	64.31	61.90	56.77	60.32	63.50	76.20	65.48	9.52	6.35
3½ PAC	V-076	1/8	4	73.253 60	77.39	76.20	67.07	82.55	85.72	98.43	78.98	9.52	6.35
2⅜ SH	V-038R	1/6	4	56.642 00	61.92	59.13	49.75	73.02	76.20	88.90	63.50	15.88	12.70
4 SH	V-038R	1/6	4	91.541 60	96.82	94.06	82.00	88.90	92.08	104.78	98.43	15.88	12.70
2⅜ WO	V-038R	1/6	4	66.167 00	71.45	68.66	61.39	60.32	63.50	76.20	72.63	15.88	12.70
2⅞ WO	V-038R	1/6	4	79.273 40	84.55	81.71	71.85	76.20	79.38	92.08	85.72	15.88	12.70
3½ WO	V-038R	1/6	4	96.723 20	102.00	99.21	87.19	88.90	92.08	104.78	103.58	15.88	12.70
2⅞ XH	V-038R	1/6	4	79.222 60	84.50	81.71	67.57	101.60	104.78	117.48	85.33	15.88	9.53
3½ XH	V-038R	1/6	4	91.541 60	96.82	94.03	82.00	88.90	92.08	104.78	98.42	15.88	12.70
3½ H 90	90-V-050	1/6	3.5	99.786 44	104.77	102.92	87.84	101.60	104.78	117.48	106.36	15.88	12.70
4 H90	90-V-050	1/6	3.5	109.311 44	114.30	109.54	96.31	107.95	111.13	123.83	115.89	15.88	12.70
4½ H90	90-V-050	1/6	3.5	117.795 04	122.78	119.61	103.73	114.30	117.48	130.18	124.22	15.88	12.70
5 H90	90-V-050	1/6	3.5	124.665 74	129.65	125.02	109.55	120.65	123.83	136.53	131.37	15.88	12.70

表 F.5（续）

1	2	3	4	5	6	7	8	9	10	11	12	13	14
型号规格	螺纹牙型	锥度[b] T/(mm/mm)	每 25.4 mm 上的螺纹牙数 n	测量基准点处的螺纹中径 C_{ref}/mm	外螺纹大端直径 D_L/mm	外螺纹根部圆柱直径 $D_{LF}\pm0.4$ mm	外螺纹小端直径 D_S/mm	外螺纹锥部长度[c] $L_{PC}{}_{-3}^{0}$/mm	内螺纹长度 $L_{BT\ min}$/mm	内螺纹锥部长度 $L_{BC}{}_{0}^{+9}$/mm	内螺纹扩锥孔直径 $Q_C{}_{-0.4}^{+0.8}$/mm	内螺纹扩锥孔长度 $L_{Q_C}{}_{-0.8}^{+1.6}$/mm	$L_{ft\ max}$/mm
5½ H90	90-V-050	1/6	3.5	131.536 44	136.52	131.78	116.42	120.65	123.83	136.53	138.11	15.88	12.70
6⅝ H90	90-V-050	1/6	3.5	147.411 44	152.40	147.65	131.23	127.00	130.18	142.88	153.99	15.88	12.70
7 H90	90-V-050	1/4	3.5	158.808 42	165.10	160.35	130.17	139.70	142.88	155.58	166.69	15.88	12.70
7⅝ H90	90-V-050	1/4	3.5	181.383 94	187.67	182.93	148.78	155.58	158.75	171.45	189.31	15.88	12.70
8⅝ H90	90-V-050	1/4	3.5	203.608 94	209.90	205.16	167.83	168.28	171.45	184.15	211.53	15.88	12.70
2⅜ SL H90	90-V-084	5/48	3	65.481 20	69.22	67.87	61.78	71.44	74.61	87.31	70.25	15.88	12.70
2⅞ SL H90	90-V-084	5/48	3	77.444 60	81.18	80.19	73.41	74.61	77.79	90.49	82.15	15.88	12.70
3½ SL H90	90-V-084	5/48	3	93.675 20	97.41	96.01	88.98	80.96	84.14	96.84	98.42	15.88	12.70
GOST Z-161	V-050	1/6	4	155.962 25	161.90	160.05	140.73	127.00	130.18	142.88	163.93	15.88	12.70
GOST Z-189	V-050	1/6	4	183.462 25	189.40	187.55	168.23	127.00	130.18	142.88	191.76	15.88	12.70

a 美国惯用单位制表参见表 F.6。

b 锥度 T 1/6 mm/mm 相当半圆锥角 φ= 4.764°

锥度 T 1/4 mm/mm 相当半圆锥角 φ=7.125°

锥度 T 1/8 mm/mm 相当半圆锥角 φ=3.576°

锥度 T 5/48 mm/mm 相当半圆锥角 φ= 2.981°

c 仅对牙轮钻头的公差为：${}_{-5}^{0}$ mm。

表 F.6 非优先选用的连接的产品尺寸(美国惯用单位制)

1	2	3	4	5	6	7	8	9	10	11	12	13	14
型号规格	螺纹牙型	锥度[a] T/(in/ft)	每英寸上的螺纹牙数 n	测量基准点处的螺纹中径 C/in	外螺纹大端直径 $D_{L\ ref}$/in	外螺纹根部圆柱直径 $D_{LF}\pm0.015$ in	外螺纹小端直径 D_S/in	外螺纹锥部长度[b] $L_{PC}{}_{-0.12}^{\ 0}$/in	内螺纹长度 $L_{BT\ min}$/in	内螺纹扩锥孔直径 $L_{BC}{}_{\ 0}^{+0.38}$/in	内螺纹孔大端直径 $Q_C{}_{-0.015}^{+0.030}$/in	内螺纹扩锥孔长度 $L_{Q_C}{}_{-0.03}^{+0.06}$/in	$L_{ft\ max}$/in
NC10	V-055	1.5	6	1.063 00	1.190	1.143	1.003	1.500	1.625	2.125	1.204	0.438	0.40
NC12	V-055	1.5	6	1.265 00	1.392	1.345	1.173	1.750	1.875	2.375	1.406	0.438	0.40
NC13	V-055	1.5	6	1.391 00	1.518	1.471	1.299	1.750	1.875	2.375	1.532	0.438	0.40
NC16	V-055	1.5	6	1.609 00	1.736	1.689	1.517	1.750	1.875	2.375	1.751	0.438	0.40
NC77	V-038R	3	4	7.741 00	8.001	7.828	6.376	6.500	6.625	7.125	8.062	0.625	0.50
2⅞ FH	V-040	3	5	3.365 40	3.625	3.453	2.750	3.500	3.625	4.125	3.688	0.625	0.50
3½ FH	V-040	3	5	3.734 00	3.994	3.884	3.056	3.750	3.875	4.375	4.047	0.625	0.50
4½ FH	V-040	3	5	4.532 00	4.792	4.682	3.792	4.000	4.125	4.625	4.875	0.625	0.50
5½ IF	V-038R	2	4	6.189 00	6.397	6.281	5.564	5.000	5.125	5.625	6.453	0.625	0.50
6⅝ IF	V-038R	2	4	7.251 00	7.459	7.344	6.626	5.000	5.125	5.625	7.516	0.625	0.50
2⅜ OH LW	V-076	1.5	4	2.588 00	2.751	2.656	2.454	2.375	2.500	3.000	2.797	0.625	0.50
2⅜ OH SW	V-076	1.5	4	2.588 00	2.751	2.656	2.454	2.375	2.500	3.000	2.797	0.625	0.50
2⅞ OH LW	V-076	1.5	4	2.984 00	3.147	3.047	2.834	2.500	2.625	3.125	3.203	0.625	0.50
2⅞ OH SW	V-076	1.5	4	2.984 00	3.147	3.047	2.787	2.875	3.000	3.500	3.203	0.625	0.50
3½ OH LW	V-076	1.5	4	3.728 00	3.891	3.797	3.485	3.250	3.375	3.875	3.953	0.625	0.50
3½ OH SW	V-076	1.5	4	3.728 00	3.891	3.797	3.485	3.250	3.375	3.875	3.953	0.625	0.50

表 F.6（续）

1	2	3	4	5	6	7	8	9	10	11	12	13	14
型号规格	螺纹牙型	锥度[a] T/(in/ft)	每英寸上的螺纹牙数 n	测量基准点处的螺纹中径 C/in	外螺纹大端直径 $D_{L\,ref}$/in	外螺纹根部圆柱直径 $D_{LF}\pm0.015$ in	外螺纹小端直径 D_S/in	外螺纹锥部长度[b] $L_{PC}{}^{0}_{0.12}$/in	内螺纹长度 $L_{BT\,min}$/in	内螺纹扩锥孔直径 $L_{BC}{}^{+0.38}_{0}$/in	内螺纹孔大端直径 $Q_C{}^{+0.030}_{-0.015}$/in	内螺纹扩锥孔长度 $L_{Q_C}{}^{+0.06}_{-0.03}$/in	$L_{ft\,max}$/in
4 OH LW	V-076	1.5	4	4.416 00	4.579	4.484	4.141	3.500	3.625	4.125	4.641	0.625	0.50
4 OH SW	V-076	1.5	4	4.416 00	4.579	4.484	4.079	4.000	4.125	4.625	4.641	0.625	0.50
4½ OH LW	V-076	1.5	4	4.752 00	4.915	4.828	4.446	3.750	3.875	4.375	4.953	0.625	0.50
4½ OH SW	V-076	1.5	4	4.752 00	4.915	4.828	4.446	3.750	3.875	4.375	4.953	0.625	0.50
2⅜ PAC	V-076	1.5	4	2.203 00	2.366	2.318	2.069	2.375	2.500	3.000	2.406	0.375	0.25
2⅞ PAC	V-076	1.5	4	2.369 00	2.532	2.437	2.235	2.375	2.500	3.000	2.578	0.375	0.25
3½ PAC	V-076	1.5	4	2.884 00	3.047	3.000	2.641	3.250	3.375	3.875	3.109	0.375	0.25
2⅜ SH	V-038R	2	4	2.230 00	2.438	2.328	1.959	2.875	3.000	3.500	2.500	0.625	0.50
4 SH	V-038R	2	4	3.604 00	3.812	3.703	3.229	3.500	3.625	4.125	3.875	0.625	0.50
2⅜ WO	V-038R	2	4	2.605 00	2.813	2.703	2.417	2.375	2.500	3.000	2.859	0.625	0.50
2⅞ WO	V-038R	2	4	3.121 00	3.329	3.217	2.829	3.000	3.125	3.625	3.375	0.625	0.50
3½ WO	V-038R	2	4	3.808 00	4.016	3.906	3.433	3.500	3.625	4.125	4.078	0.625	0.50
2⅞ XH	V-038R	2	4	3.119 00	3.327	3.217	2.660	4.000	4.125	4.625	3.359	0.625	0.38
3½ XH	V-038R	2	4	3.604 00	3.812	3.702	3.229	3.500	3.625	4.125	3.875	0.625	0.50
3½ H90	90-V-050	2	3.5	3.928 60	4.125	4.052	3.458	4.000	4.125	4.625	4.188	0.625	0.50
4 H90	90-V-050	2	3.5	4.303 60	4.500	4.313	3.792	4.250	4.375	4.875	4.562	0.625	0.50

表 F.6（续）

1	2	3	4	5	6	7	8	9	10	11	12	13	14
型号规格	螺纹牙型	锥度[a] T/(in/ft)	每英寸上的螺纹牙数 n	测量基准点处的螺纹中径 C/in	外螺纹大端直径 $D_{L\ ref}$/in	外螺纹根部圆柱直径 $D_{LF}\pm0.015$ in	外螺纹小端直径 D_S/in	外螺纹锥部长度[b] $L_{PC}{}_{-0.12}^{0}$/in	内螺纹长度 $L_{BT\ min}$/in	内螺纹扩锥孔直径 $L_{BC}{}_{0}^{+0.38}$/in	内螺纹孔大端直径 $Q_C{}_{-0.015}^{+0.030}$/in	内螺纹扩锥孔长度 $L_{Q_C}{}_{-0.03}^{+0.06}$/in	$L_{ft\ max}$/in
4½ H90	90-V-050	2	3.5	4.637 60	4.834	4.709	4.084	4.500	4.625	5.125	4.891	0.625	0.50
5 H90	90-V-050	2	3.5	4.908 10	5.104	4.922	4.313	4.750	4.875	5.375	5.172	0.625	0.50
5½ H90	90-V-050	2	3.5	5.178 60	5.375	5.188	4.583	4.750	4.875	5.375	5.438	0.625	0.50
6⅝ H90	90-V-050	2	3.5	5.803 60	6.000	5.813	5.167	5.000	5.125	5.625	6.062	0.625	0.50
7 H90	90-V-050	3	3.5	6.252 30	6.500	6.313	5.125	5.500	5.625	6.125	6.562	0.625	0.50
7⅝ H90	90-V-050	3	3.5	7.141 10	7.389	7.202	5.858	6.125	6.250	6.750	7.453	0.625	0.50
8⅝ H90	90-V-050	3	3.5	8.016 10	8.264	8.077	6.608	6.625	6.750	7.250	8.328	0.625	0.50
2⅜ SL H90	90-V-084	1.25	3	2.578 00	2.725	2.672	2.432	2.812	2.938	3.438	2.766	0.625	0.50
2⅞ SL H90	90-V-084	1.25	3	3.049 00	3.196	3.157	2.890	2.938	3.062	3.562	3.234	0.625	0.50
3½ SL H90	90-V-084	1.25	3	3.688 00	3.835	3.780	3.503	3.188	3.312	3.812	3.875	0.625	0.50
GOST Z-161	V-050	2	4	6.140 25	6.374	6.301	5.541	5.000	5.125	5.625	6.454	0.625	0.50
GOST Z-189	V-050	2	4	7.222 92	7.457	7.384	6.623	5.000	5.125	5.625	7.550	0.625	0.50

[a] 锥度 T 1/6 mm/mm 相当半圆锥角 $\varphi=4.764°$
锥度 T 1/4 mm/mm 相当半圆锥角 $\varphi=7.125°$
锥度 T 1/8 mm/mm 相当半圆锥角 $\varphi=3.576°$
锥度 T 5/48 mm/mm 相当半圆锥角 $\varphi=2.981°$

[b] 仅对牙轮钻头的公差为：${}_{-0.19}^{0}$ in。

F.6 非优先选用的连接结构

F.6.1 概述

一些用在钻铤的连接需要较大的倒角直径。为解决这一问题，开发了低扭矩扩锥孔结构。大于表 F.7和表 F.8 中所列直径的钻铤应采用这种结构。倒角直径应按以下所列数据，不考虑钻铤的外径超过其极限范围。

F.6.2 H90 型连接的低扭矩结构

表 F.7 低扭矩结构（国际单位制[a]）

单位为毫米

规格型号	要求大于的外径	台肩面凹槽直径 D_{FG}	倒角直径
7 H90	218.9	181.0	209.6
7 H90	225.2	181.0	219.0
7⅝ H90	247.6	203.2	235.0
7⅝ H90	250.8	203.2	244.3
8⅝ H90	273.0	238.2	266.7
8⅝ H90	285.8	238.2	273.0
注 1：见图 7。 注 2：圆角半径 $R_{FG}6.35_{-0.4}^{0}$。			
[a] 美国惯用单位制表参见表 F.8。			

表 F.8 低扭矩结构（美国惯用制单位）

单位为英寸

规格型号	要求大于的外径尺寸	台肩面凹槽直径 D_{FG}	倒角直径
7 H90	8.62	7.12	8.25
7 H90	8.87	7.12	8.62
7⅝ H90	9.75	8.0	9.25
7⅝ H90	9.87	8.0	9.62
8⅝ H90	10.75	9.38	10.5
8⅝ H90	11.25	9.38	10.75
注 1：见图 7。 注 2：圆角半径 $R_{FG}0.25_{-0.015}^{0}$。			

F.6.3 倒角直径

具有 60°螺纹牙型连接的起始倒角直径参见表 F.9 和表 F.10。具有 60°螺纹牙型连接的倒角直径遵循相同的原则：钻铤外径每增加（或减少）6.35 mm（0.25 in），倒角直径相应增加（或减少）4.762 mm（0.187 in）。

H90 和 Slimline H90 型连接具有 90°螺纹牙型，其倒角直径不遵循常规原则。这些连接的倒角直径由设计者选择并按照选定的方式增加。可参考表 F.11 所列的外径范围来确定倒角直径。

F.6.4 非优先选用的连接用应力分散结构

所有连接的应力分散结构的设计方法相同，它们是可选择的。当选用这种结构时，其尺寸见表 F.13 和表 F.14，这种结构不应用于尺寸小于表中所列尺寸的连接。

表 F.9　具有 60°螺纹牙型的连接用于钻铤时的参考倒角直径(国际单位制[a])　单位为毫米

1	2	3	4	5	6	7	8	9
规格型号	参考外径	参考倒角直径	规格型号	参考外径	参考倒角直径	规格型号	参考外径	参考倒角直径
NC10	34.92	34.14	2⅜ OH LW	79.38	76.20	2⅜ PAC	76.20	69.85
NC12	41.28	39.70	2⅜ OH SW	79.38	76.20	2⅞ PAC	79.38	76.20
NC13	46.02	44.45	2⅞ OH LW	95.25	91.68	3½ PAC	95.25	91.28
NC16	53.98	52.40	2⅞ OH SW	95.25	91.68	2⅜ SH	79.38	75.41
NC77	279.40	260.75	3½ OH LW	123.82	117.87	4 SH	120.65	115.09
2⅞ FH	107.95	104.38	3½ OH SW	123.82	117.87	2⅜ WO	85.72	82.55
3½ FH	123.82	118.67	4 OH LW	149.22	141.29	2⅞ WO	101.60	97.63
4½ FH	146.05	140.49	4 OH SW	149.22	141.29	3½ WO	127.00	121.13
5½ IF	187.32	181.37	4½ OH LW	161.92	153.19	2⅞ XH	104.78	97.63
6⅝ IF	228.60	219.08	4½ OH SW	161.92	153.19	3½ XH	120.65	115.09

a 美国惯用单位制表参见表 F.10。

表 F.10　具有 60°螺纹牙型的连接用于钻铤时的参考倒角直径(美国惯用单位制)　单位为英寸

1	2	3	4	5	6	7	8	9
规格型号	参考外径	参考倒角直径	规格型号	参考外径	参考倒角直径	规格型号	参考外径	参考倒角直径
NC10	1.375	1.344	2⅜ OH LW	3.125	3.000	2⅜ PAC	3.000	2.750
NC12	1.625	1.563	2⅜ OH SW	3.125	3.000	2⅞ PAC	3.125	3.000
NC13	1.812	1.750	2⅞ OH LW	3.750	3.609	3½ PAC	3.750	3.594
NC16	2.125	2.063	2⅞ OH SW	3.750	3.609	2⅜ SH	3.125	2.969
NC77	11.000	10.266	3½ OH LW	4.875	4.641	4 SH	4.750	4.531
2⅞ FH	4.250	4.109	3½ OH SW	4.875	4.641	2⅜ WO	3.375	3.250
3½ FH	4.875	4.672	4 OH LW	5.875	5.563	2⅞ WO	4.000	3.844
4½ FH	5.750	5.531	4 OH SW	5.875	5.563	3½ WO	5.000	4.769
5½ IF	7.375	7.141	4½ OH LW	6.375	6.031	2⅞ XH	4.125	3.844
6⅝ IF	9.000	8.625	4½ OH SW	6.375	6.031	3½ XH	4.750	4.531

表 F.11　具有 90°螺纹牙型的连接用于钻铤时的参考倒角直径(国际单位制[a])　单位为毫米

规格型号	外径		倒角直径	连接类型与规格	外径		倒角直径
	自	到			自	到	
3½ H90	127.00	130.18	122.24	7 H90 FF	209.55	212.72	203.20
	133.35	139.70	127.00		215.90	215.90	209.55
4 H90	139.70	142.88	134.94	7 H90 LT	219.08	222.25	209.55
	146.05	152.40	139.70		225.42	228.60	219.08
	155.58	158.75	146.05	7⅝ H90 FF	241.30	244.48	234.95

表 F.11（续） 单位为毫米

规格型号	外径		倒角直径	连接类型与规格	外径		倒角直径
	自	到			自	到	
4½ H90	152.40	155.58	146.05	7⅝ H90 LT	247.65	247.65	234.95
	158.75	165.10	152.40		250.82	260.35	244.48
	168.28	171.45	158.75	8⅝ H90 FF	266.70	269.88	254.00
5 H90	165.10	168.28	155.58	8⅝ H90 LT	273.05	279.40	266.70
	171.45	177.80	161.92		282.58	292.10	273.05
5½ H90	171.45	171.45	161.92	2⅜ SL H90	82.55	82.55	79.38
	174.62	190.50	168.28	2⅞ SL H90	104.78	104.78	98.42
6⅝ H90	193.68	193.68	184.15		107.95	107.95	104.78
	196.85	209.55	190.50	3½ SL H90	123.82	123.82	117.48
					127.00	127.00	123.82

[a] 美国惯用单位制表参见表 F.12。

表 F.12 具有90°螺纹牙型的连接用于钻铤时的参考倒角直径(美国惯用单位制) 单位为英寸

规格型号	外径		倒角直径	连接类型与规格	外径		倒角直径
	自	到			自	到	
3½ H90	5.000	5.125	4.812	7 H90 FF	8.250	8.375	8.000
	5.250	5.500	5.000		8.500	8.500	8.250
4 H90	5.500	5.625	5.312	7 H90 LT	8.625	8.750	8.250
	5.750	6.000	5.500		8.875	9.000	8.625
	6.125	6.250	5.750	7⅝ H90 FF	9.500	9.625	9.250
4½ H90	6.000	6.125	5.750	7⅝ H90 LT	9.750	9.750	9.250
	6.250	6.500	6.000		9.875	10.250	9.625
	6.625	6.750	6.250	8⅝ H90 FF	10.500	10.625	10.000
5 H90	6.500	6.625	6.125	8⅝ H90 LT	10.750	11.000	10.500
	6.750	7.000	6.375		11.125	11.500	10.750
5½ H90	6.750	6.750	6.375	2⅜ SL H90	3.250	3.250	3.125
	6.875	7.500	6.625	2⅞ SL H90	4.125	4.125	3.875
6⅝ H90	7.625	7.625	7.250		4.250	4.250	4.125
	7.750	8.250	7.500	3½ SL H90	4.875	4.875	4.625
					5.000	5.000	4.875

表 F.13 非优先选用的连接的应力分散和结构的尺寸(国际单位制[a]) 单位为毫米

1	2	3	4	5	6	7	8
规格型号	内螺纹连接后扩孔形状			内螺纹连接应力分散槽		外螺纹连接应力分散槽	
	圆柱直径 $D_{CB}{}^{+0.38}_{0}$	台肩面至最后一牙螺纹刻痕长度 $L_{X\,ref}$	台肩面至圆柱末端长度 $L_{CYL}\pm 7.9$	应力槽直径 $D_{BG}{}^{+0.79}_{0}$	台肩面至应力分散槽起点的长度 $L_{BG}{}^{0}_{-3.1}$	应力分散槽直径 $D_{SRG}{}^{0}_{-0.79}$	应力分散槽长度 $L_{SRG}\pm 0.79$
NC77	166.29	152.40	203.20	167.48	155.58	188.01	25.40
3½ FH	81.76	82.55	133.35	83.34	85.72	85.90	25.40
4½ FH	100.41	88.90	139.70	102.00	92.08	106.17	25.40
5½ IF	144.46	114.30	165.10	146.45	117.48	149.58	25.40
6⅝ IF	171.45	114.30	165.10	173.43	117.48	176.56	25.40
3½ OH LW	—	—	—	94.85	73.02	87.71	25.40
3½ OH SW	—	—	—	94.85	73.02	87.71	25.40
4 OH LW	—	—	—	111.52	79.38	102.82	25.40
4 OH SW	105.57	88.90	139.70	109.88	92.08	105.82	25.40
4½ OH LW	115.09	82.55	133.35	119.22	85.72	114.34	25.40
4½ OH SW	115.09	82.55	133.35	119.22	85.72	114.34	25.40
4 SH	—	—	—	87.31	79.38	83.92	25.40
3½ XH	—	—	—	87.31	79.38	83.92	25.40
3½ H90	90.49	88.90	139.70	93.66	92.08	92.48	25.40
4 H90	98.42	95.25	146.05	102.39	98.42	102.00	25.40
4½ H90	106.36	101.60	152.40	109.54	104.78	110.49	25.40
5 H90	111.92	107.95	158.75	115.49	111.12	117.36	25.40
5½ H90	119.06	107.95	158.75	122.24	111.12	124.23	25.40
6⅝ H90	133.75	114.30	165.10	137.32	117.48	140.10	25.40
7H90	133.75	127.00	177.80	136.52	130.18	151.01	25.40
7⅝ H90	152.40	142.88	193.68	154.78	146.05	173.58	25.40
8⅝ H90	171.45	155.58	206.38	173.83	158.75	195.81	25.40
3½ SL H90	—	—	—	95.35	71.44	86.36	25.40
GOST Z-161	143.77	114.30	165.10	144.85	117.48	147.30	25.40
GOST Z-189	171.27	114.30	165.10	172.35	117.48	174.80	25.40
注：见图 8、图 9 和图 10。							
[a] 美国惯用单位制表参见表 F.14。							

表 F.14 非优先选用的连接的应力分散和结构的尺寸(美国惯用单位制) 单位为英寸

1	2	3	4	5	6	7	8
规格型号	内螺纹连接后扩孔形状			内螺纹连接应力分散槽		外螺纹连接应力分散槽	
	圆柱直径 $D_{CB}{}^{+0.015}_{0}$	台肩面至最后一牙螺纹刻痕长度 $L_{X\ ref}$	台肩面至圆柱末端长度 $L_{CYL}\pm0.31$	应力槽直径 $D_{BG}{}^{+0.031}_{0}$	台肩面至应力分散槽起点的长度 $L_{BG}{}^{0}_{-0.13}$	应力分散槽直径 $D_{SRG}{}^{0}_{-0.031}$	应力分散槽长度 $L_{SRG}\pm0.031$
NC77	6.547	6.000	8.000	6.594	6.125	7.402	1.000
3½ FH	3.219	3.250	5.250	3.281	3.375	3.382	1.000
4½ FH	3.953	3.500	5.500	4.016	3.625	4.180	1.000
5½ IF	5.688	4.500	6.500	5.766	4.625	5.889	1.000
6⅝ IF	6.750	4.500	6.500	6.828	4.625	6.951	1.000
3½ OH LW	—	—	—	3.732	2.875	3.453	1.000
3½ OH SW	—	—	—	3.732	2.875	3.453	1.000
4 OH LW	—	—	—	4.389	3.125	4.166	1.000
4 OH SW	4.156	3.500	5.500	4.326	3.625	4.166	1.000
4½ OH LW	4.531	3.250	5.250	4.694	3.375	4.502	1.000
4½ OH SW	4.531	3.250	5.250	4.694	3.375	4.502	1.000
4 SH	—	—	—	3.438	3.125	3.304	1.000
3½ XH	—	—	—	3.438	3.125	3.304	1.000
3½ H90	3.562	3.500	5.500	3.688	3.625	3.641	1.000
4 H90	3.875	3.750	5.750	4.031	3.875	4.016	1.000
4½ H90	4.188	4.000	6.000	4.312	4.125	4.350	1.000
5 H90	4.406	4.250	6.250	4.547	4.375	4.620	1.000
5½ H90	4.688	4.250	6.250	4.812	4.375	4.891	1.000
6⅝ H90	5.266	4.500	6.500	5.406	4.625	5.516	1.000
7 H90	5.266	5.000	7.000	5.375	5.125	5.945	1.000
7⅝ H90	6.000	5.625	7.625	6.094	5.750	6.834	1.000
8⅝ H90	6.750	6.125	8.125	6.844	6.250	7.709	1.000
3½ SL H90	—	—	—	3.754	2.812	3.400	1.000
GOST Z-161	5.660	4.500	6.500	5.703	4.625	5.799	1.000
GOST Z-189	6.743	4.500	6.500	6.785	4.625	6.882	1.000
注：见图 8、图 9 和图 10。							

F.7 非优先选用的连接螺纹参数的测量

表F.15和表F.16提供了非优先选用的连接的参考尺寸和螺纹测量用触头直径。

表 F.15 补偿后的螺纹长度、螺纹牙型高度和触头直径(国际单位制[a])

1	2	3	4	5	6	7
螺纹牙型	锥度 T/(mm/mm)	每25.4 mm上的螺纹牙数 n/mm	补偿后的螺纹长度[b] L_{ct}/mm	螺距和锥度量规用触头直径 $d_b \pm 0.05$ mm	补偿后的螺纹高度[c] h_{cn}/mm	螺纹牙型高度量规用触头直径 $d_{bh} \pm 0.05$ mm
90-V-050	1/6	3.5	50.976 1	5.13	2.531	1.83
90-V-050	1/4	3.5	51.195 3	5.13	2.502	1.83
V-065	1/6	4.0	25.488 0	3.67	2.821	1.83
V-076	1/8	4.0	25.449 6	3.67	2.345	1.83
90-V-084	5/48	3.0	25.434 4	5.99	2.283	1.83

注：见图15和图16。

[a] 美国惯用单位制表参见表F.16。

[b] 补偿螺纹长度 L_{ct} 是平行于圆锥母线测量。未补偿螺纹长度是平行于螺纹轴线测量。

[c] 补偿螺纹牙型高度 h_{cn} 是垂直于圆锥母线测量。未补偿螺纹牙型高度是垂直于螺纹轴线测量。

表 F.16 补偿后的螺纹长度、螺纹牙型高度和触头直径(美国惯用单位制)

1	2	3	4	5	6	7
螺纹牙型	锥度 T/(in/ft)	每英寸螺纹牙数 n	补偿后的螺纹长度[a] L_{ct}/in	螺距和锥度用触头直径 $d_b \pm 0.002$ in	补偿后的螺纹牙型高度[b] h_{cn}/in	螺纹牙型高度用触头直径 $d_{bh} \pm 0.002$ in
90-V-050	2	3.5	2.006 93	0.202	0.099 7	0.072
90-V-050	3	3.5	2.015 56	0.202	0.098 5	0.072
V-065	2	4.0	1.003 47	0.144	0.111 1	0.072
V-076	1.5	4.0	1.001 95	0.144	0.092 3	0.072
90-V-084	1.25	3.0	1.001 36	0.236	0.089 9	0.072

注：见图15和图16。

[a] 补偿螺纹长度 L_{ct} 是平行于圆锥母线测量。未补偿螺纹长度是平行于螺纹轴线测量。

[b] 补偿螺纹牙型高度 h_{cn} 是垂直于圆锥母线测量。未补偿螺纹牙型高度是垂直于螺纹轴线测量。

F.8 非优先选用的连接的量规尺寸

F.8.1 概述

以上所列连接的量规应按照表F.17～表F.22所列尺寸制造。

F.8.2 量规的螺纹尺寸

表 F.17 非优先选用连接的量规螺纹牙型尺寸(国际单位制[a])

1	2	3	4	5	6	7	8	9
螺纹牙型	每 25.4 mm 上的螺纹牙数 n	螺距/mm	螺纹牙侧角 θ/(°)	锥度 T/(mm/mm)	截顶前的螺纹牙型高度 H_{ref}/mm	牙底削平高度 $f_{rg\,max}$/mm	牙顶削平高度 f_{cg}/mm	截顶后的螺纹牙型高度 $h_{g\,ref}$/mm
90-V-050	3.5	7.257 14	45	1/6	3.603 37	0.757 50	0.757 43	2.088 36
90-V-050	3.5	7.257 14	45	1/4	3.571 88	0.752 07	0.752 09	2.067 74
V-065	4.0	6.350 00	30	1/6	5.486 53	1.528 09	1.528 06	2.430 35
V-076	4.0	6.350 00	30	1/8	5.492 09	1.797 71	1.797 81	1.896 67
90-V-084	3.0	8.466 67	45	5/48	4.221 86	1.196 49	1.196 59	1.828 88

注 1：尺寸的含义见图 18。

注 2：计算螺纹牙型高度和削平量时，考虑了锥度的影响，与相同螺距的圆柱螺纹相比，螺纹牙型高度值有所减小。

注 3：第 3、4 和 7 列的公差见表 10、表 11 和表 12。

[a] 美国惯用单位制表参见表 F.18。

表 F.18 非优先选用连接的量规螺纹牙型尺寸(美国惯用单位制)

1	2	3	4	5	6	7	8	9
螺纹牙型	每英寸上的螺纹牙数 n	螺距/in	螺纹牙侧角 θ/(°)	锥度 T/(in/ft)	截顶前的螺纹牙型高度 H_{ref}/in	牙底削平高度 $f_{rg\,max}$/in	牙顶削平高度 f_{cg}/in	截顶后的螺纹牙型高度 $h_{g\,ref}$/in
90-V-050	3.5	0.285 714	45	2	0.141 865	0.029 823	0.029 820	0.082 219
90-V-050	3.5	0.285 714	45	3	0.140 625	0.029 609	0.029 610	0.081 407
V-065	4	0.250 00	30	2	0.216 005	0.060 161	0.060 160	0.095 683
V-076	4	0.250 00	30	1.5	0.216 224	0.070 776	0.070 780	0.074 672
90-V-084	3	0.333 333	45	1.25	0.166 215	0.047 106	0.047 110	0.072 003

注 1：尺寸的含义见图 18。

注 2：计算螺纹牙型高度和削平量时，考虑了锥度的影响，与相同螺距的圆柱螺纹相比，螺纹牙型高度值有所减小。

注 3：第 3、4 和 7 列公差见表 10～表 12。

表 F.19 量规螺纹尺寸(国际单位制[a])

1	2	3	4	5	6	7	8	9
规格型号	螺纹牙型	锥度 T/(mm/mm)	每 25.4 mm 上的螺纹牙数 n	测量基准点处的尺寸			工作量规测量基准点处的螺纹中径[d]/mm	紧密距 S/mm
				中径[b] C/mm	(塞规)大径[b] $D_{MP\ ref}$/mm	(环规)小径[c] $D_{MR\ ref}$/mm		
NC10	V-055	1/8	6	27.000 20	27.991	26.009	24.618 95	15.875
NC12	V-055	1/8	6	32.131 00	33.122	31.140	29.749 75	15.875
NC13	V-055	1/8	6	35.331 40	36.322	34.340	32.950 15	15.875
NC16	V-055	1/8	6	40.868 60	41.860	39.878	38.487 35	15.875
NC77	V-038R	1/4	4	196.621 40	198.993	194.249	191.858 90	15.875
2⅞ FH	V-040	1/4	5	85.481 16	87.853	83.109	80.718 66	15.875
3½ FH	V-040	1/4	5	94.843 60	97.215	92.472	90.081 10	15.875
4½ FH	V-040	1/4	5	115.112 80	117.485	112.741	110.350 30	15.875
5½ IF	V-038R	1/6	4	157.200 60	159.580	154.821	154.025 60	15.875
6⅝ IF	V-038R	1/6	4	184.175 40	186.555	181.796	181.000 40	15.875
2⅜ OH LW	V-076	1/8	4	65.735 20	67.683	63.788	63.353 95	15.875
2⅞ OH LW	V-076	1/8	4	75.793 60	77.741	73.846	73.412 35	15.875
2⅞ OH SW	V-076	1/8	4	75.793 60	77.741	73.846	73.412 35	15.875
3½ OH SW	V-076	1/8	4	94.691 20	96.639	92.744	92.309 95	15.875
4 OH LW	V-076	1/8	4	112.166 40	114.114	110.219	109.785 15	15.875
4½ OH SW	V-076	1/8	4	120.700 80	122.648	118.753	118.319 55	15.875
2⅜ PAC	V-076	1/8	4	55.956 20	57.853	54.060	53.574 95	15.875
2⅞ PAC	V-076	1/8	4	60.172 60	62.069	58.276	57.791 35	15.875
3½ PAC	V-076	1/8	4	73.253 60	75.150	71.357	70.872 35	15.875
2⅜ SH	V-038R	1/6	4	56.642 00	59.022	54.262	53.467 00	15.875
4 SH	V-038R	1/6	4	91.541 60	93.921	89.162	88.366 60	15.875
2⅜ WO	V-038R	1/6	4	66.167 00	68.597	63.737	62.992 00	15.875
2⅞ WO	V-038R	1/6	4	79.273 40	81.704	76.843	76.098 40	15.875
3½ WO	V-038R	1/6	4	96.723 20	99.154	94.293	93.548 20	15.875
2⅞ XH	V-038R	1/6	4	79.222 60	81.653	76.792	76.047 60	15.875
3½ XH	V-038R	1/6	4	91.541 60	93.972	89.111	88.366 60	15.875
3½ H90	90-V-050	1/6	3.5	99.786 44	101.926	97.647	96.611 44	15.875
4 H90	90-V-050	1/6	3.5	109.311 44	111.451	107.172	106.136 44	15.875
4½ H90	90-V-050	1/6	3.5	117.795 04	119.934	115.656	114.620 04	15.875
5 H90	90-V-050	1/6	3.5	124.665 74	126.805	122.527	121.490 74	15.875
5½ H90	90-V-050	1/6	3.5	131.536 44	133.676	129.397	128.361 44	15.875

表 F.19（续）

1	2	3	4	5	6	7	8	9
规格型号	螺纹牙型	锥度 T/(mm/mm)	每 25.4 mm 上的螺纹牙数 n	测量基准点处的尺寸 中径[b] C/mm	（塞规）大径[b] $D_{MP\ ref}$/mm	（环规）小径[c] $D_{MR\ ref}$/mm	工作量规测量基准点处的螺纹中径[d]/mm	紧密距 S/mm
6⅝ H90	90-V-050	1/6	3.5	147.411 44	149.551	145.272	144.236 44	15.875
7 H90	90-V-050	1/4	3.5	158.808 42	160.927	156.690	154.045 92	15.875
7⅝ H90	90-V-050	1/4	3.5	181.383 94	183.502	179.265	176.621 44	15.875
8⅝ H90	90-V-050	1/4	3.5	203.608 94	205.727	201.490	198.846 44	15.875
2⅜ SL H90	90-V-084	5/48	3	65.481 20	67.361	63.602	63.496 83	15.875
2⅞ SL H90	90-V-084	5/48	3	77.444 60	79.324	75.565	75.460 23	15.875
3½ SL H90	90-V-084	5/48	3	93.675 20	95.555	91.796	91.690 83	15.875
GOST Z-161	V-050	1/6	4	155.962 25	159.000	152.924	152.787 25	15.875
GOST Z-189	V-050	1/6	4	183.462 25	186.500	180.424	180.287 25	15.875

[a] 美国惯用单位制表参见表 F.20。

[b] 第 5 列和第 6 列的数值仅适用于原始标准量规、地区标准量规和校对量规。

[c] 第 7 列的数值仅适用于环规。

[d] 第 8 列的数值仅适用于工作量规。

表 F.20 量规螺纹尺寸（美国惯用单位制）

1	2	3	4	5	6	7	8	9
规格型号	螺纹牙型	锥度 T/(in/ft)	每英寸上的螺纹牙数 n	测量基准点处的尺寸 中径[a] C/in	（塞规）大径[a] D_{MP}/in	（环规）小径[b] D_{MR}/in	工作量规测量基准点处的螺纹中径[c]/in	紧密距 S/in
NC10	V-055	1.5	6	1.063 00	1.102 0	1.024 0	0.969 25	0.625
NC12	V-055	1.5	6	1.265 00	1.304 0	1.226 0	1.171 25	0.625
NC13	V-055	1.5	6	1.391 00	1.430 0	1.352 0	1.297 25	0.625
NC16	V-055	1.5	6	1.609 00	1.648 0	1.570 0	1.515 25	0.625
NC77	V-038R	3	4	7.741 00	7.834 4	7.647 6	7.553 50	0.625
2⅞ FH	V-040	3	5	3.365 40	3.458 8	3.272 0	3.177 90	0.625
3½ FH	V-040	3	5	3.734 00	3.827 4	3.640 6	3.546 50	0.625
4½ FH	V-040	3	5	4.532 00	4.625 4	4.438 6	4.344 50	0.625
5½ IF	V-038R	2	4	6.189 00	6.282 7	6.095 3	6.064 00	0.625
6⅝ IF	V-038R	2	4	7.251 00	7.344 7	7.157 3	7.126 00	0.625
2⅜ OH LW	V-076	1.5	4	2.588 00	2.664 7	2.511 3	2.494 25	0.625
2⅞ OH LW	V-076	1.5	4	2.984 00	3.060 7	2.907 3	2.890 25	0.625

表 F.20（续）

1	2	3	4	5	6	7	8	9
规格型号	螺纹牙型	锥度 T/(in/ft)	每英寸上的螺纹牙数 n	测量基准点处的尺寸			工作量规测量基准点处的螺纹中径[c]/in	紧密距 S/in
				中径[a] C/in	（塞规）大径[a] D_{MP}/in	（环规）小径[b] D_{MR}/in		
2⅞ OH SW	V-076	1.5	4	2.984 00	3.060 7	2.907 3	2.890 25	0.625
3½ OH SW	V-076	1.5	4	3.728 00	3.804 7	3.651 3	3.634 25	0.625
4 OH LW	V-076	1.5	4	4.416 00	4.492 7	4.339 3	4.322 25	0.625
4 OH SW	V-076	1.5	4	4.416 00	4.492 7	4.339 3	4.322 25	0.625
4½ OH SW	V-076	1.5	4	4.752 00	4.828 7	4.675 3	4.658 25	0.625
2⅜ PAC	V-076	1.5	4	2.203 00	2.277 7	2.128 3	2.109 25	0.625
2⅞ PAC	V-076	1.5	4	2.369 00	2.443 7	2.294 3	2.275 25	0.625
3½ PAC	V-076	1.5	4	2.884 00	2.958 7	2.809 3	2.790 25	0.625
2⅜ SH	V-038R	2	4	2.230 00	2.323 7	2.136 3	2.105 00	0.625
4 SH	V-038R	2	4	3.604 00	3.697 7	3.510 3	3.479 00	0.625
2⅜ WO	V-038R	2	4	2.605 00	2.700 7	2.509 3	2.480 00	0.625
2⅞ WO	V-038R	2	4	3.121 00	3.216 7	3.025 3	2.996 00	0.625
3½ WO	V-038R	2	4	3.808 00	3.903 7	3.712 3	3.683 00	0.625
2⅞ XH	V-038R	2	4	3.119 00	3.214 7	3.023 3	2.994 00	0.625
3½ XH	V-038R	2	4	3.604 00	3.699 7	3.508 3	3.479 00	0.625
3½ H90	90-V-050	2	3.5	3.928 60	4.012 8	3.844 4	3.803 60	0.625
4 H90	90-V-050	2	3.5	4.303 60	4.387 8	4.219 4	4.178 60	0.625
4½ H90	90-V-050	2	3.5	4.637 60	4.721 8	4.553 4	4.512 60	0.625
5 H90	90-V-050	2	3.5	4.908 10	4.992 3	4.823 9	4.783 10	0.625
5½ H90	90-V-050	2	3.5	5.178 60	5.262 8	5.094 4	5.053 60	0.625
6⅝ H90	90-V-050	2	3.5	5.803 60	5.887 8	5.719 4	5.678 60	0.625
7 H90	90-V-050	3	3.5	6.252 30	6.335 7	6.168 9	6.064 80	0.625
7⅝ H90	90-V-050	3	3.5	7.141 10	7.224 5	7.057 7	6.953 60	0.625
8⅝ H90	90-V-050	3	3.5	8.016 10	8.099 5	7.932 7	7.828 60	0.625
2⅜ SL H90	90-V-084	1.25	3	2.578 00	2.652 0	2.504 0	2.499 88	0.625
2⅞ SL H90	90-V-084	1.25	3	3.049 00	3.123 0	2.975 0	2.970 88	0.625
3½ SL H90	90-V-084	1.25	3	3.688 00	3.762 0	3.614 0	3.609 88	0.625
GOST Z-161	V-050	2	4	6.140 25	6.259 8	6.020 6	6.015 25	0.625
GOST Z-189	V-050	2	4	7.222 92	7.342 5	7.103 3	7.097 92	0.625

[a] 第 5 列和第 6 列的数值仅适用于原始标准量规、地区标准量规和校对量规。

[b] 第 7 列的数值仅适用于环规。

[c] 第 8 列的数值仅适用于工作量规。

表 F.21 量规外观尺寸(国际单位制[a])

单位为毫米

1	2	3	4	5	6
规格型号	塞规长度 L_{pg}	调整盘直径[b] D_{FP}	环规长度 L_{rg}	环规外径 D_R	环规镗孔直径 Q
NC10	38.1	22.45	22.23	52.64	29.85
NC12	44.45	27.58	28.58	58.80	34.98
NC13	44.45	30.78	28.58	62.64	38.18
NC16	44.45	36.32	28.58	69.28	43.71
NC77	165.1	190.69	149.23	257.84	200.85
2⅞ FH	88.9	79.55	73.03	124.47	89.71
3½ FH	95.25	88.92	79.38	135.71	99.07
4½ FH	101.6	109.18	85.73	160.03	119.34
5½ IF	127	151.27	111.13	210.55	161.43
6⅝ IF	127	178.24	111.13	242.92	188.41
2⅜ OH LW	60.325	60.23	44.45	100.27	69.54
2⅞ OH LW	63.5	70.29	47.63	112.34	79.60
2⅞ OH SW	73.025	70.29	57.15	112.34	79.60
3½ OH SW	82.55	89.19	66.68	135.02	98.49
4 OH LW	88.9	106.66	73.03	155.99	115.97
4 OH SW	101.6	106.66	85.73	155.99	115.97
4½ OH SW	95.25	115.20	79.38	166.23	124.50
2⅜ PAC	60.325	50.50	44.45	88.47	59.71
2⅞ PAC	60.325	54.72	44.45	93.53	63.92
3½ PAC	82.55	67.80	66.68	109.23	77.00
2⅜ SH	73.025	50.71	0.00	89.88	60.88
4 SH	88.9	85.61	0.00	131.76	95.78
2⅜ WO	60.325	60.18	44.45	101.37	70.45
2⅞ WO	88.9	73.29	73.03	117.09	83.56
3½ WO	88.9	90.74	73.03	138.03	101.01
2⅞ XH	101.6	73.24	85.73	117.03	83.51
3½ XH	88.9	85.56	73.03	131.82	95.83
3½ H90	101.6	94.09	85.73	141.36	103.78
4 H90	107.95	103.62	92.08	152.79	113.30
4½ H90	114.3	112.10	98.43	162.97	121.79
5 H90	120.65	118.97	104.78	171.22	128.66
5½ H90	120.65	125.84	104.78	179.46	135.53
6⅝ H90	127	141.72	111.13	198.51	151.40
7 H90	139.7	153.13	123.83	212.16	162.78

表 F.21（续）

单位为毫米

1	2	3	4	5	6
规格型号	塞规长度 L_{pg}	调整盘直径[b] D_{FP}	环规长度 L_{rg}	环规外径 D_R	环规镗孔直径 Q
7⅝ H90	155.575	175.71	139.70	239.25	185.36
8⅝ H90	168.275	197.93	152.40	265.92	207.58
2⅜ SL H90	71.424 8	60.05	55.55	99.88	69.22
2⅞ SL H90	74.599 8	72.01	58.72	114.24	81.18
3½ SL H90	80.962 5	88.24	65.09	133.72	97.41
GOST Z-161	127	149.37	111.13	209.85	160.85
GOST Z-189	127	176.87	111.13	242.85	188.35

注 1：尺寸的含义见图 19 和图 20。

a 美国惯用单位制表参见表 F.22。

b 中径不大于 143.0 mm 的所有量规调整盘的最大厚度 T_{FP} 应为 9.5 mm，其余较大规格量规调整盘的最大厚度 T_{FP} 应为 11.10 mm。

表 F.22　量规外观尺寸(美国惯用单位制)

1	2	3	4	5	6
规格型号	塞规长度 L_{pg}	调整盘直径[a] D_{FP}	环规长度 L_{rg}	环规外径 D_R	环规镗孔直径 Q
NC10	1.500	0.884	0.875	2.072	1.175
NC12	1.750	1.086	1.125	2.315	1.377
NC13	1.750	1.212	1.125	2.466	1.503
NC16	1.750	1.430	1.125	2.728	1.721
NC77	6.500	7.508	5.875	10.151	7.907
2⅞ FH	3.500	3.132	2.875	4.901	3.532
3½ FH	3.750	3.501	3.125	5.343	3.900
4½ FH	4.000	4.299	3.375	6.300	4.698
5½ IF	5.000	5.955	4.375	8.289	6.356
6⅝ IF	5.000	7.017	4.375	9.564	7.418
2⅜ OH LW	2.375	2.371	1.750	3.948	2.738
2⅞ OH LW	2.500	2.767	1.875	4.423	3.134
2⅞ OH SW	2.875	2.767	2.250	4.423	3.134
3½ OH SW	3.250	3.511	2.625	5.316	3.878
4 OH LW	3.500	4.199	2.875	6.141	4.566
4 OH SW	4.000	4.199	3.375	6.141	4.566
4½ OH SW	3.750	4.535	3.125	6.544	4.902
2⅜ PAC	2.375	1.988	1.750	3.483	2.351
2⅞ PAC	2.375	2.154	1.750	3.682	2.517
3½ PAC	3.250	2.669	2.625	4.300	3.032

表 F.22(续)

1	2	3	4	5	6
规格型号	塞规长度 L_{pg}	调整盘直径[a] D_{FP}	环规长度 L_{rg}	环规外径 D_R	环规镗孔直径 Q
2⅜ SH	2.875	1.996	0.000	3.538	2.397
4 SH	3.500	3.370	0.000	5.187	3.771
NC10	1.500	0.884	0.875	2.072	1.175
NC12	1.750	1.086	1.125	2.315	1.377
2⅜ WO	2.375	2.369	1.750	3.991	2.774
2⅞ WO	3.500	2.885	2.875	4.610	3.290
3½ WO	3.500	3.572	2.875	5.434	3.977
2⅞ XH	4.000	2.883	3.375	4.608	3.288
3½ XH	3.500	3.368	2.875	5.190	3.773
3½ H90	4.000	3.704	3.375	5.565	4.086
4 H90	4.250	4.079	3.625	6.015	4.461
4½ H90	4.500	4.413	3.875	6.416	4.795
5 H90	4.750	4.684	4.125	6.741	5.065
5½ H90	4.750	4.954	4.125	7.065	5.336
6⅝ H90	5.000	5.579	4.375	7.815	5.961
7 H90	5.500	6.029	4.875	8.353	6.409
7⅝ H90	6.125	6.918	5.500	9.419	7.298
8⅝ H90	6.625	7.793	6.000	10.469	8.173
2⅜ SL H90	2.812	2.364	2.187	3.932	2.725
2⅞ SL H90	2.937	2.835	2.312	4.498	3.196
3½ SL H90	3.188	3.474	2.563	5.264	3.835
GOST Z-161	5.000	5.881	4.375	8.262	6.333
GOST Z-189	5.000	6.963	4.375	9.561	7.416

注 1：尺寸的含义见图 19 和图 20。

[a] 中径不大于 5.63 in 的所有量规调整盘的最大厚度 T_{FP} 为 0.375 in，其余较大规格量规调整盘的最大厚度 T_{FP} 为 0.437 in。

附　录　G
（资料性附录）
美国惯用单位制转换表

G.1　转换表

国际单位制向美国惯用单位制宜采用表 G.1 所列转换因子。

表 G.1　国际单位制向美国惯用单位制转换因子

1 mm	=1/25.4 in=1/304.8 ft
1 mm/mm	=12 in/ft(in/ft)=1 in/in(in/in)
1 牙螺纹/25.4 mm	=1 牙螺纹/in
1 kg	=2.204 6 lb

式(G.1)用于将摄氏温度(t_C)转换为华氏温度(t_F)：

$$t_F = (1.8 \times t_C) + 32 \qquad \text{(G.1)}$$

G.2　圆整

本部分中的大多数尺寸已在 API Spec 7 中以美国惯用单位制表示。此处所用国际单位制尺寸按下列规则转换：

——螺纹设计尺寸进行精确转换。这要求比原始美国惯用单位制多一位有效数字，ISO 标准不一致。

——这些尺寸包括 C，f_C，f_r 和 R。

——螺距和锥度用精确转换的数据表示。

——其他所有尺寸转换后比原始美国惯用单位制少一位有效数字。这样做的目的是按照 ISO 的圆整规则再转换为美国惯用单位制时，其结果与传统的美国惯用单位制数值相等。

——某一数值中，所保留的最后一位数后的那位数若小于 5，则保留的最后一位数不变；若大于 5，则保留的最后一位数加 1。若所保留的最后一位数后紧接着是 5，其后均为 0，则保留的最后一位数如果是偶数，则不变；如果是奇数，则加 1。

附 录 H
（资料性附录）
新制旋转台肩式连接的推荐测量方法

H.1 概述

本附录介绍了典型的螺纹参数测量仪器及其使用方法。仪器的代理商无意推荐某一特定的仪器制造商或结构。

H.2 螺距量规

H.2.1 概述

宜采用螺距量规测量螺距，其中一种型式的螺距量规如图 H.1 所示，宜采用类似原理的量规测量内螺纹。螺距量规的结构应设计为：当采用标准样板调整量规的零位时，测量机构处于张紧状态，见图 15。测量装置的准确度应高于 0.005 mm(0.000 2 in)。

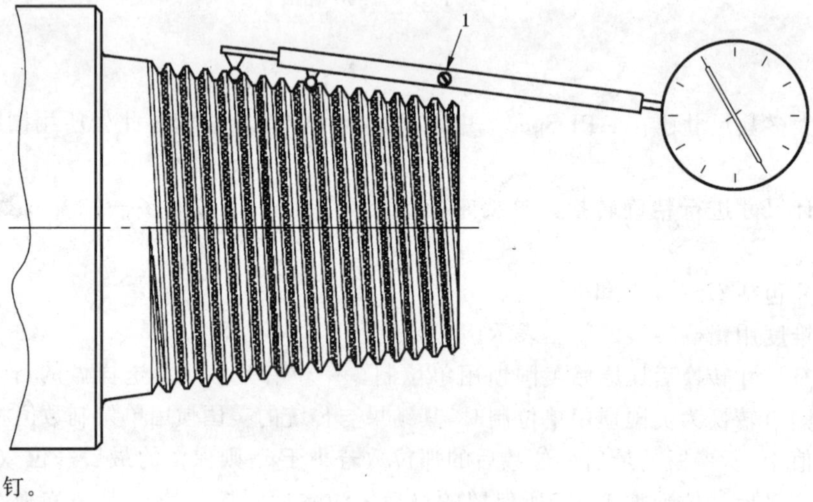

1——调整螺钉。

图 H.1 外螺纹螺距测量

H.2.2 调整量规

使用前，宜调整活动触头使两个触头之间的距离等于拟测量的螺纹间距(见表 6)，且将量仪置于标准样板上调整指示表至零位。如指示表未指向零位，宜松开测量臂上的锁紧螺钉，通过调整螺钉将指示表调到零位，而后再拧紧锁紧螺钉。宜反复进行调整，到量规置于标准样板上时指示表对准零位为止。

H.2.3 螺距测量程序

宜将量规的触头置于相应的螺纹槽内，量规应以固定触头为轴心在测量线两侧小弧度旋转。指示表上最小的正读数或最大的负读数应视为螺距误差。

H.3 锥度测量

H.3.1 锥度卡尺

宜采用类似图 H.2 和图 H.3 所示的带有指示表的卡尺测量螺纹锥度。该卡尺测量范围内的测量准确度应高于 0.010 mm(0.000 4 in)。

H.3.2 锥度测量程序

把卡尺的调整臂设定为拟测量的外螺纹的尺寸，应将卡尺固定臂上的触头置于第一牙完整螺纹槽内，而活动臂上的触头则置于180°对侧的同一牙螺纹槽内。应保持固定触头不动，活动触头小弧度摆动，当指示表显示最大读数时，将指示表调整到零位。按同样的方法，应沿同一条螺纹母线轴线在完整螺纹长度范围内按适宜的间距进行连续测量。可在螺纹牙顶上划一条平行于螺纹轴线的线以使固定测头沿同一条母线测量。连续测量值之差即为该测量间距上的螺纹锥度。

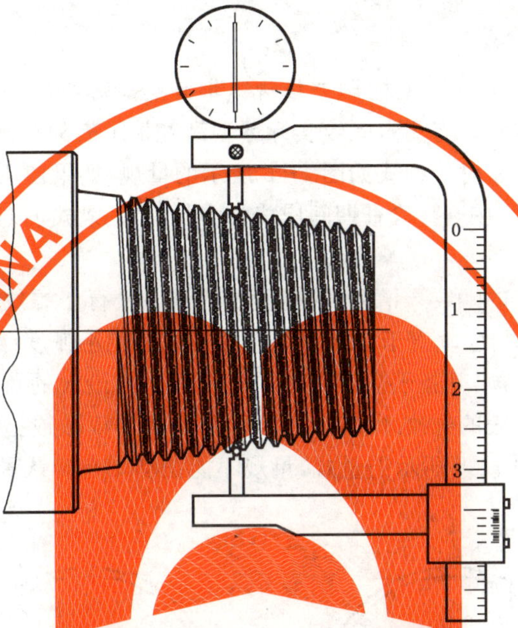

图 H.2　外螺纹锥度测量

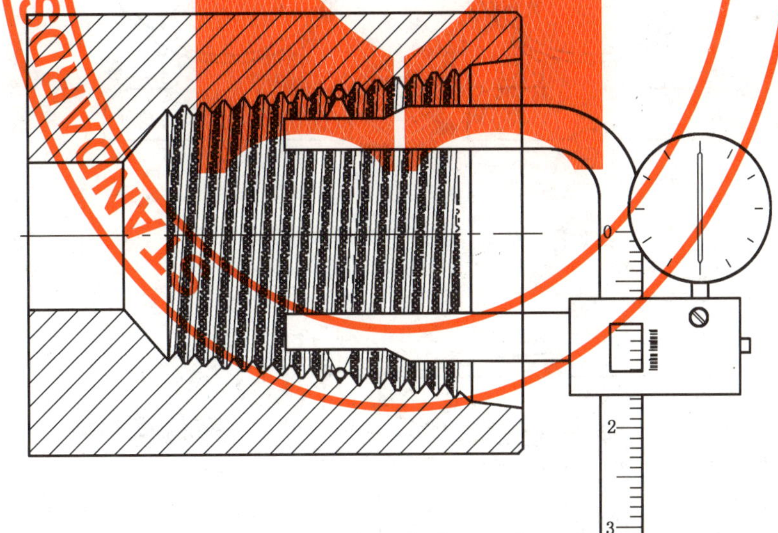

图 H.3　内螺纹锥度测量

H.4 螺纹牙型高度测量

H.4.1 螺纹牙型高度量规

如果尺寸允许，宜采用与图 H.4 中类似的量规测量外螺纹和内螺纹的螺纹牙型高度，或采用图 H.5 所示类型的量规测量小尺寸内螺纹的螺纹牙型高度。该类量规应带有图 H.6 所示的可准确测量螺纹牙型高度偏差的指示表。

H.4.2 调整量规

应使用和被测螺纹牙型对应的 U 型槽调整量规。带有测量螺纹牙型高度偏差指示表的量规应采用相应的槽调整指示表至零位。带有测量螺纹实际牙型高度指示表的量规应使用相应的槽来调整指示表至显示正确的螺纹牙型高度。对于型式如图 H.5 所示的量规，如果使用加力杆而导致标准校对块不能平稳放置在指示表的测砧时，在调整检查期间应将加力杆偏移该方向以避免接触标准校对块。

H.4.3 测量程序

应将量规的触头置于相应的螺纹牙槽内，同时量规的测砧平行于螺纹轴线跨置在相邻螺纹的牙顶上。型式如图 H.4 所示的量规，应垂直于圆锥母线在测量线两侧小弧度摆动量规进行测量。对于标定为测量实际螺纹牙型高度的量规，其指示表上最小的正读数值或最大的负读数值应被视为螺纹牙型高度误差。对于带有平衡式指示表的螺纹牙型高度量规，指示表的读数或指针在拐点处的数值应被视为螺纹牙型高度误差。型式如图 H.5 所示的量规，量规不能摆动。在确认量规被可靠置放且位于螺纹牙槽的中心后方可读数。

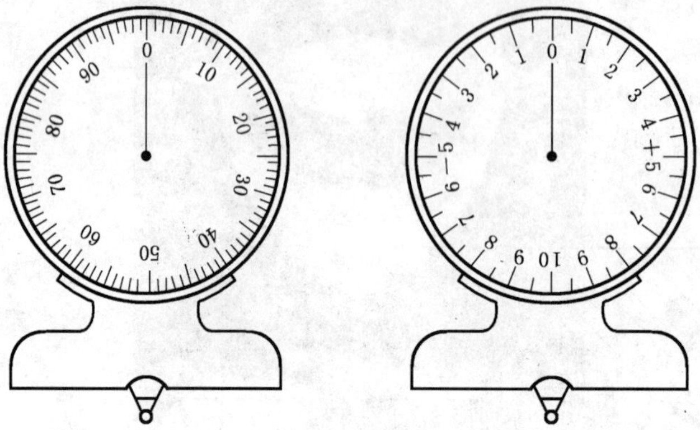

图 H.4 螺纹牙型高度量规

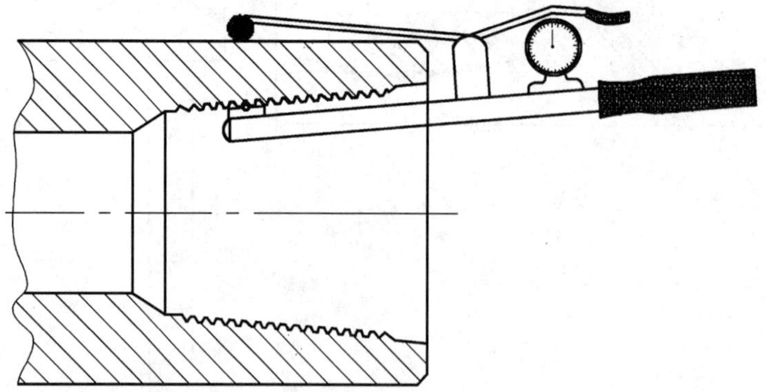

图 H.5 内螺纹牙型高度测量

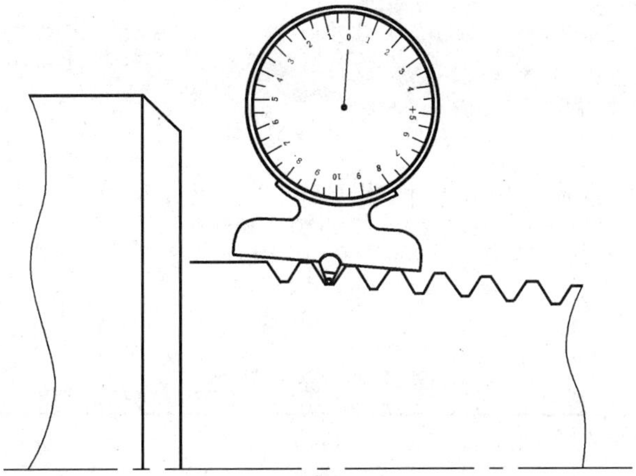

图 H.6 外螺纹牙型高度测量

附 录 I
（资料性附录）
计 算

I.1 螺纹尺寸

以下表格所列的螺纹尺寸应由基本尺寸（表 I.1）、导出尺寸和辅助尺寸（表 I.2）组成，导出尺寸由基本尺寸计算得到，辅助尺寸由设计者确定。

I.2 基本尺寸

表 I.1 基本尺寸

测量基准点处的中径尺寸（L_{GP}位置）	C
每 25.4 mm(1 in)上的螺纹牙数	n
锥度	T
螺纹牙侧角	θ
牙顶削平宽度	F_c
牙底削平宽度	F_r
牙底圆弧半径	R
外螺纹长度	L_{PC}
测量基准点至台肩面的长度	L_{GP}

I.3 导出尺寸

I.3.1 下列关系由螺纹定义确定并应用于本部分。

I.3.2 螺距 P，见图 3：

$$P=25.4\ \text{mm}/n \quad (1\ \text{in}/n)$$

I.3.3 螺纹牙型高度 H，见图 3：

$$H=P[1-(T\tan\theta/2)^2]/(2\tan\theta)$$

I.3.4 半圆锥角 φ，见图 1：

$$\varphi=\arctan(T/2)$$

I.3.5 牙顶削平 f_c，见图 3：

$$f_c=F_c[1-(T\tan\theta/2)^2]/(2\tan\theta)$$

I.3.6 牙底削平 f_r，带有平牙底，见图 4：

$$f_r=F_r[1-(T\tan\theta/2)^2]/(2\tan\theta)$$

I.3.7 牙底削平，不带平牙底，见图 3：

$$f_r=R(1-\sin\theta)/\sin\theta$$

I.3.8 外螺纹根部圆锥大径 D_L，见图 1：

$$D_L=C+L_{GP}T+H-2f_c$$

I.3.9 外螺纹小端大径 D_S，见图 1：

$$D_S=D_L-TL_{PC}$$

I.4 设计原则

I.4.1 这些关系是设计选择的结果,不必一定与本部分规定的数据相同。特别指出,有一些计算尺寸按英制单位惯例进行了圆整。

I.4.2 内螺纹锥部长度 L_{BC},见图 2:

$$L_{BC} = L_{PC} + 15.87\ \mathrm{mm}(0.62\ \mathrm{in})$$

I.4.3 内螺纹长度 L_{BT},见图 2:

$$L_{BT} = L_{PC} + 3.18\ \mathrm{mm}(0.12\ \mathrm{in})$$

I.4.4 倒角直径,见图 1:

连接上的倒角有两个目的,第一是保护密封面的外沿,避免产生挤压和飞边等变形。第二是提高密封面的接触压力,从而减少泄漏和弯曲而导致的分离。一般而言,建议倒角后的密封面宽度达到未倒角前的 65%～70%。

倒角直径在公差范围内宜尽量一致,避免在配对的外螺纹连接和内螺纹连接的密封面上压出凹槽。

指定规格和形式的连接可用于不同外径的钻铤。为补偿未倒角台肩面的宽度的增加,宜相应增加倒角直径。

一般而言,对于具有 60°螺纹牙型的连接,钻铤的外径每增加(或减少)6.4 mm(0.25 in),宜重新计算倒角直径。外径每增加(或减少)6.4 mm(0.25 in),倒角直径也相应增加(或减少)4.8 mm(0.19 in)。

如果外径 OD 已知,大多数具有 60°螺纹牙型的连接的倒角直径能够确定。表 3 列出了大多数具有 60°螺纹牙型的连接的参考外径和相应的参考倒角直径尺寸。这些参考值是根据以上讨论的初始设计 OD 和倒角的数值扩展推导得到。表 3 中所采用的外径 OD 为公称尺寸,未考虑公差。

示例:查询与 NC50 连接且公称外径 OD 为 175 mm(6.88 in)的钻铤的倒角直径。初始 OD(参考 OD)为 161.9 mm (6.38 in)或两者之差为 13.1 mm(0.52 in)。此数值为 6.4 mm(0.25 in)的 2 倍,因此倒角直径为:155.2 mm+(2×4.8) =164.80 mm[6.11 in+(2×0.19)=6.49 in]。

本原则的例外情况:用于外径 OD 为 155.58 mm 和 158.75 mm(6 1/8 in 和 6 1/4 in)的钻铤上的 NC50 连接的倒角直径已被规定为 153.988 mm(6.062 in),超出了本原则的范围。

I.4.5 后扩孔形状的直径 D_{CB} 和后扩孔形状的长度 L_{CY},见图 8:

$$L_{CYL} = L_{PC} - 12.7\ \mathrm{mm}(0.5\ \mathrm{in})$$

$$D_{CB} = C + L_{GP}T + H - 2f_r - L_X T$$

I.4.6 内螺纹应力分散槽直径 D_{CB}、内螺纹应力分散槽长度 L_{BG},见图 10:

$$L_{BG} = L_P - 9.52\ \mathrm{mm}(0.375\ \mathrm{in})$$

$$h_{bg} = 5.16\ \mathrm{mm}(0.203\ \mathrm{in})$$

$$R_{bg} = 6.35\ \mathrm{mm}(0.250\ \mathrm{in})$$

$$D_{BG} = C - T(L_{BG} - L_{GP}) + 2B$$

$$B = \{h_{bg} - R_{bg}[1 - \cos(45^\circ + \varphi)]\}\left[\frac{\sin(45^\circ)}{\sin(45^\circ + \varphi)}\right] + R_{bg}(1 - \cos 45^\circ) - f_c$$

I.4.7 外螺纹应力分散槽直径 D_{SRG},见图 9:

$$D_{SRG} = C - H + 2f_r - A$$

式中 A 是测量基准点处的螺纹牙底到应力分散槽的深度,取决于螺纹牙型。数值见表 I.2。

I.5 量规尺寸

在测量基准点 L_{GP} 处的螺纹大径 D_{MP}:

$$D_{MP} = C + (H - 2f_{cg})$$

在测量基准点 L_{GP} 处的螺纹小径 D_{MR}:

$$D_{MR} = C - (H - 2f_{cg})$$

测量基准点 L_{GP}处的中径 C_{GP}：

$$C_{GP} = C - 19.05\ \text{mm} \cdot T$$

$$[C_{GP} = C - 1.375\ \text{in} \cdot (T/12)]$$

$$L_{ct} = 25.4\ \text{mm}/\cos\varphi$$

$$[L_{ct} = 1.0\ \text{in}/\cos\varphi]$$

$$d_b = P/(2\cos\theta)$$

量规螺纹牙型高度 h_g：

$$h_g = H - f_{cg} - f_{rg}$$

对于带有完整牙底圆弧半径 R 的螺纹牙型(V-038R、V-040、V-050)，量规螺纹牙型的牙顶削平高度 f_{cg}：

$f_{cg} = R\cos\theta(\tan\varphi + \cot\theta)$加 0.01 mm～0.012 mm(0.004 in～0.005 in)的允许变化量

对于螺纹牙型带有平牙底的螺纹牙型(V-055、V-076、90-V-050、90-V-084)，量规螺纹牙型的牙顶削平高度截顶高度 f_{cg}：

$f_{cg} = f_r + r(1/\cos\varphi - \sin\theta - \cos\theta\tan\varphi)$加 0.01 mm～0.012 mm(0.004 in～0.005 in)的允许变化量

$f_{cg} = f_{rg}$

表 I.2 辅助设计尺寸

1	2	3	4	5	6	7
螺纹牙型	锥度 T	θ	A		B	
		±0.75°	mm	(in)	mm	(in)
V-038R	1/6	30°	4.064	(0.160)	3.24	(0.128)
V-038R	1/4	30°	5.080	(0.200)	2.97	(0.117)
V-040	1/4	30°	5.588	(0.220)	2.97	(0.117)
V-050	1/4	30°	5.080	(0.200)	2.64	(0.104)
V-050	1/6	30°	4.445	(0.175)	2.91	(0.115)
V-055	1/8	30°	—	—	4.08	(0.160)
V-076	1/8	30°	3.810	(0.150)	3.62	(0.143)
90-V-050	1/6	45°	4.572	(0.180)	3.39	(0.133)
90-V-050	1/4	45°	5.080	(0.200)	3.12	(0.123)
90-V-084	5/48	45°	4.826	(0.190)	3.73	(0.147)

ICS 75.180.10
E 92

中华人民共和国国家标准

GB/T 22513—2008

石油天然气工业 钻井和采油设备 井口装置和采油树

**Petroleum and natural gas industries—
Drilling and production equipment—Wellhead and christmas tree equipment**

(ISO 10423:2003,MOD)

2008-11-04 发布 2009-05-01 实施

中华人民共和国国家质量监督检验检疫总局
中国国家标准化管理委员会 发布

前　言

本标准修改采用 ISO 10423:2003《石油天然气工业　钻井和采油设备　井口装置和采油树》(英文版)。

本标准根据 ISO 10423:2003 重新起草。

考虑到我国国情,在采用 ISO 10423:2003 时,本标准做了如下一些技术修改:

——用对应的国家标准或行业标准代替了部分引用文件(本标准第 2 章);

——对 ISO 10423:2003 中表格和只有内容、没有表格编号的表格,以及合并的表格重新按照正文的顺序进行统一编号。对 ISO 10423:2003 中图和表内的图,也重新进行统一编号;

——增加了附录 H(规范性附录:SI 制法兰连接螺母);

——增加了附录 N(规范性附录),将标准 API Spec 6A(第 19 版)的技术修改内容,以规范性附录的形式纳入本标准,并在正文中对应修改的章、节、表、图附近的页边空白处,用垂直单线做出了标识。

为便于使用,本标准还做了下列编辑性修改:

——"本国际标准"一词改为"本标准";

——用小数点"."代替作为小数点的逗号",";

——删除了 ISO 10423:2003 前言,增加了本前言;

——删除了 ISO 10423:2003 中附录 B、附录 D 中的英制单位数据表格;

——删除了 ISO 10423:2003 中附录 K、附录 L 中的英制单位的图和表格;

——删除了 ISO 10423:2003 中附录 M(资料性附录:图和数表的对应编号);而用 ISO 10423:2003 与本标准对应的章条编号、图和数表编号,编辑成本标准的附录 P,以尽量少用脚注;

——按国家制图标准对 ISO 10423:2003 中的图进行了修改;

——附录顺序按照正文出现的先后顺序进行了调整;

——用 SY 5087—2005《含硫化氢气井安全钻井推荐作法》的部分内容,替换了附录 A 中美国德克萨斯州铁路委员会法规 36 相应的条款;

——增加了附录 B(资料性附录:国内外标准的对比),以指导使用。

本标准的附录 C、附录 G、附录 H、附录 K、附录 M、附录 N 是规范性附录,附录 A、附录 B、附录 D、附录 E、附录 F、附录 I、附录 J、附录 L、附录 O、附录 P 是资料性附录。

本标准由中国石油天然气集团公司提出。

本标准由全国石油钻采设备和工具标准化技术委员会(SAC/TC 96)归口。

本标准负责起草单位:中国石油集团钻井工程技术研究院江汉机械研究所。

本标准参加起草单位:国家油气田井口设备质量监督检验中心、宝鸡石油机械有限责任公司、石油工业井控装置质量监督检验中心、江苏咸中石油机械有限公司、重庆新泰机械有限责任公司、大庆油田装备制造集团。

本标准主要起草人:辜志宏、文志雄、张斌、范亚民、刘雪梅、张斌、夏正华、潘明浩、王明安、李朝明、申会芹、李世宏、李鹏飞、潘建武、吴清河、肖莉。

石油天然气工业
钻井和采油设备　井口装置和采油树

1　范围

1.1　目的

本标准规定了石油天然气工业用井口装置和采油树的性能、尺寸和功能互换性、设计、材料、试验、检验、焊接、标志、包装、贮存、运输、采购、修理和修造的要求，并给出了相应的推荐作法。

本标准不适用于油田现场使用、试验和修理的井口装置和采油树。

1.2　适用范围

本标准适用于下列特定设备：

a）　井口装置：
  1）　套管头壳体；
  2）　套管头四通；
  3）　油管头四通；
  4）　转换四通；
  5）　多级套管(油管)头本体和四通。

b）　连接装置及附件：
  1）　转换连接装置；
  2）　油管头异径接头；
  3）　顶部连接装置；
  4）　三通和四通；
  5）　流体取样器；
  6）　异径连接四通和过渡四通。

c）　套管悬挂器和油管悬挂器：
  1）　芯轴式悬挂器；
  2）　卡瓦式悬挂器。

d）　阀门和节流油嘴：
  1）　单层完井阀；
  2）　多层完井阀；
  3）　驱动阀；
  4）　驱动器用阀；
  5）　止回阀；
  6）　节流阀；
  7）　地面安全阀及驱动器、水下安全阀及驱动器；
  8）　背压阀。

e）　单件连接装置[法兰式、螺纹式、其他端部连接装置(OEC)和焊接式]：
  1）　焊颈连接装置；
  2）　盲板连接装置；
  3）　螺纹式连接装置；
  4）　异径接头和封隔连接装置；
  5）　管堵；
  6）　阀拆卸堵(V-R 堵)。

f）　其他装置：

1) 驱动器；
2) 毂；
3) 压力边界贯穿装置；
4) 垫环；
5) 送入工具和试验工具；
6) 防磨衬套。

本标准中使用的典型设备术语见图1和图2。其所有零部件的几何尺寸符合本标准正文中表的要求。

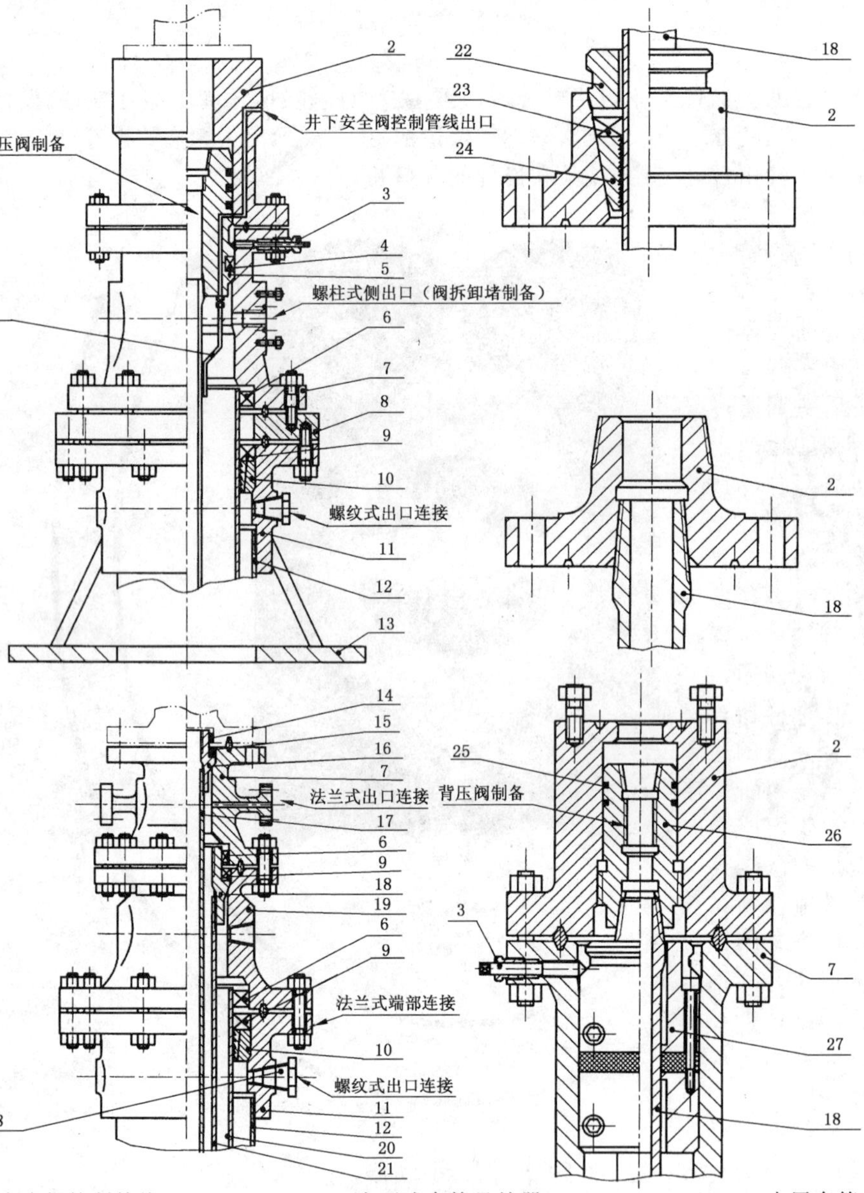

1——井下安全阀控制管线；
2——油管头异径接头；
3——锁紧螺钉；
4——油管悬挂器封隔；
5——带井下安全阀控制管线的伸长颈油管悬挂器；
6——底部套管封隔；
7——油管头四通；
8——双螺柱式异径接头；
9——环形套管封隔；
10——卡瓦式套管悬挂器；
11——套管头壳体；
12——表层套管；
13——井口支撑板；
14——伸长颈油管悬挂器密封；
15——环形油管悬挂器密封；
16——芯轴式油管悬挂器；
17——油管；
18——芯轴式套管悬挂器；
19——套管头四通；
20——中层套管；
21——内层套管；
22——油管封隔支撑；
23——油管封隔；
24——卡瓦式油管悬挂器；
25——芯轴式油管悬挂器密封；
26——芯轴式油管悬挂器；
27——缠绕式悬挂器封隔；
28——管堵。

图1 典型井口装置总成

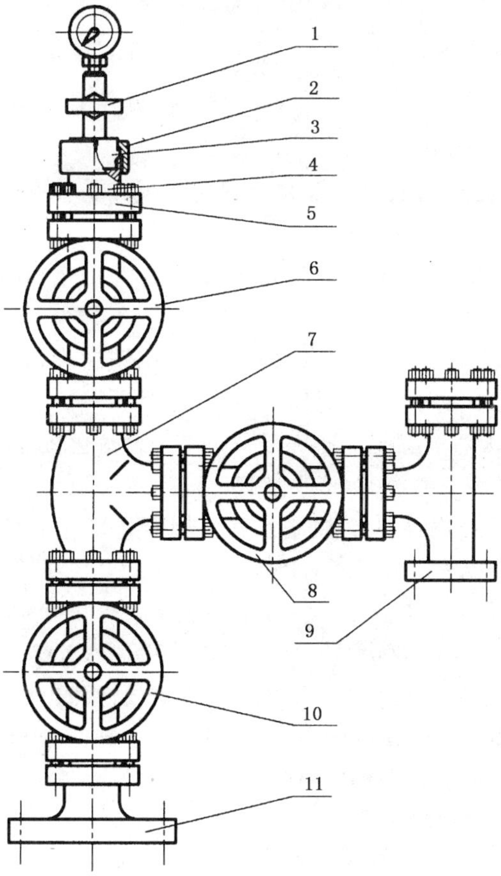

1——压力表截止阀；
2——盖螺母；
3——管堵；
4——本体；
5——顶部连接装置；
6——抽汲阀或顶部阀；
7——三通；
8——翼阀；
9——节流阀；
10——主阀；
11——油管头异径接头。

图 2　典型的采油树

1.3　使用条件

本标准根据不同井身结构的压力、温度、材料级别及工作条件，规定了使用条件。

1.4　产品规范级别(PSL)

本标准确定了五种产品规范级别(PSL)的要求，这五种 PSL 标志定义了不同的技术质量要求。附录 A 提供了选择适用 PSL 的指南。

2　规范性引用文件

下列文件中的条款通过本标准的引用而成为本标准的条款。凡是注日期的引用文件，其随后所有的修改单(不包括勘误的内容)或修订版均不适用于本标准，然而，鼓励根据本标准达成协议的各方研究是否可以使用这些文件的最新版本。凡是不注日期的引用文件，其最新版本适用于本标准。

GB/T 2828.1—2003 计数抽样检验程序 第1部分：按接收质量限(AQL)检索的逐批检验抽样计划(ISO 2859-1：1999,IDT)

GB/T 9253.2—1999 石油天然气工业 套管、油管和管线管螺纹的加工、测量和检验

GB/T 11259 无损检测 超声检测用钢参考试块的制作与检验方法

GB/T 12716 60°密封管螺纹

GB/T 16783.1 石油天然气工业 钻井液现场测试 第1部分：水基钻井液(GB/T 16783.1—2006,ISO 10414-1：2001,IDT)

GB/T 19830 石油天然气工业 油气井套管或油管用钢管(GB/T 19830—2005,ISO 11960：2001,IDT)

GB/T 20174 石油天然气工业 钻井和采油设备 钻通设备(GB/T 20174—2006,ISO 13533：2001,MOD)

GB/T 20972.1 石油天然气工业 油气开采中用于含硫化氢环境的材料 第1部分：选择抗裂纹材料的一般原则(GB/T 20972.1—2007,ISO 15156-1：2001,IDT)

GB/T 20972.2 石油天然气工业 油气开采中用于含硫化氢环境的材料 第2部分：抗开裂碳钢、低合金钢和铸铁(GB/T 20972.2—2008,ISO 15156-2：2003,MOD)

GB/T 20972.3 石油天然气工业 油气开采中用于含硫化氢环境的材料 第3部分：抗开裂耐蚀合金和其他合金(GB/T 20972.3—2008,ISO 15156-3：2003,MOD)

GB/T 21412.4 石油天然气工业 水下生产系统的设计和操作 第4部分：水下井口装置和采油树设备(GB/T 21412.4—2008,ISO 13628-4：1999,IDT)

JB/T 7927 阀门铸钢件 外观质量要求

SY/T 6407 旋转钻井钻柱构件规范

SY/T 10010 海上生产平台电气系统的设计、安装的推荐作法

ISO 13628-3 石油天然气工业 水下生产系统的设计和操作 第3部分：过出油管(TFL)系统

ISO 13678 石油天然气工业 套管、油管和管线管用螺纹脂的评价与试验

ASME B1.1 统一英制螺纹

ASME B1.2 统一英制螺纹用量规和计量

ASME 锅炉和压力容器规范：1998：

第Ⅴ卷 无损检测

第Ⅷ卷 第一册 压力容器建造规则

第Ⅷ卷 第二册 压力容器建造另一规则

第Ⅸ卷 焊接和钎焊评定

ASNT SNT-TC-1A 无损检测人员资格鉴定和认证

ASTM A 193/A 193M 高温用合金钢和不锈钢栓接材料标准规范

ASTM A 194/A 194M 高温高压螺栓用碳钢和合金钢螺母标准规范

ASTM A 320/A 320M 低温用合金钢和不锈钢栓接材料标准规范

ASTM A370 钢制品力学性能试验方法和定义标准

ASTM A 388/A 388M 重型锻钢件超声波检验的标准作法

ASTM A 453/A 453M 膨胀系数与奥氏体不锈钢相近的高温栓接材料标准规范

ASTM A 703/A 703M：1999 承压零件用铸钢件通用要求标准规范

ASTM D 395 橡胶压缩变形性能的标准试验方法

ASTM D 412 硫化橡胶和热塑合成橡胶拉伸性能的标准试验方法

ASTM D 471 液体对橡胶性能影响的标准试验方法

ASTM D 1414 O形橡胶圈的标准试验方法

ASTM D 1415 橡胶性能 国际硬度的标准试验方法
ASTM D 1418 橡胶和橡胶乳胶 命名的标准作法
ASTM D 2240 橡胶性能 硬度计硬度的标准试验方法
ASTM E 10 金属材料布氏硬度的标准试验方法
ASTM E 18 金属材料洛氏硬度和洛氏表面硬度的标准试验方法
ASTM E 92 金属材料维氏硬度的标准试验方法
ASTM E 94 射线照相检验的标准指南
ASTM E 140 金属标准硬度换算表(布氏硬度、维氏硬度、洛氏硬度、表面硬度、努氏硬度和肖氏硬度之间的关系)
ASTM E 165 液体渗透检验的标准试验方法
ASTM E 709 磁粉检验的标准指南
ASTM E 747 射线照相用线型像质指示器的设计、制造和材料分类的标准作法
EN 473 无损检测 无损检测人员的资格鉴定和认证 通用原则
SAE AS 568A:1974 航空航天用 O 形圈尺寸标准

注:规范性引用文件的使用,参见附录 B。

3 术语、定义和缩略语

3.1 术语和定义

下列术语和定义适用于本标准。

3.1.1

验收准则 acceptance criteria

对材料、产品或服务性能确定的限制条件。

3.1.2

易接近的润湿表面 accessible wetted surface

为进行无损检测,通过直接目视能见到的润湿表面。

注:它不包括试验端口、控制管线端口、锁紧螺孔和其他同类型的贯穿孔。

3.1.3

驱动器 actuator

遥控或自动操作阀门或节流阀的执行机构。

3.1.4

异径接头 adapter

具有不同标称尺寸和(或)不同额定工作压力值的端部连接承压件,用于连接不同标称尺寸和(或)不同额定工作压力值的其他装置部件。

3.1.5

环形封隔 annular packoff

在悬挂的管件或悬挂器外径与该管件所通过或悬挂器所通过的套管头或四通内径之间密封环空压力的装置。

3.1.6

发运条件 as-shipped condition

产品或装置准备发运的条件。

3.1.7

背压阀 back-pressure valve

通过采油树装入油管悬挂器,防止井液流出井外的单向或双向止回阀。

3.1.8

本体 body

井口装置和采油树上，承受井眼压力的端部连接之间的任何部分。

3.1.9

栓接封闭件 bolting closure

用于装配井眼承压件，或连接端部或出口连接的螺纹式紧固件。例如，螺柱、螺母、螺栓和有头螺钉。

3.1.10

暴露栓接 exposed bolting

直接暴露于酸性环境，或通过埋设、隔离、装备法兰保护套或其他方法使之不直接在大气中暴露的栓接。

3.1.11

非暴露栓接 nonexposed bolting

不直接暴露于酸性环境，而且不通过埋设、隔离、装备法兰保护套或其他方法使之直接在大气中暴露的栓接。

3.1.12

盖 bonnet

不同于端部或出口连接的本体承压隔板。

3.1.13

底部套管封隔 bottom casing packoff

安装在悬挂的管柱或悬挂器上部，密封悬挂管柱或悬挂器外径与四通或油管头异径接头内径之间环空压力的装置。

3.1.14

管堵 bullplug

用于具有内螺纹的端部或出口连接的承压堵头，其上可具有内止口和(或)试验孔。

3.1.15

校准 calibration

对照一个已知准确度的标准进行比较和调整。

3.1.16

碳钢 carbon steel

最大含碳量2%(质量分数)、锰1.65%(质量分数)及其他元素残留含量的铁碳合金，但为脱氧有意添加的定量元素除外[通常为硅和(或)铝]。

3.1.17

套管 casing

从地表下入已钻井眼作衬壁的管子。

3.1.18

芯轴式套管悬挂器 casing hanger mandrel

在套管头内，用内、外螺纹连接套管并悬挂套管柱的装置。

3.1.19

卡瓦式套管悬挂器 slip-type casing hanger

在套管头内，用楔形件夹持套管并悬挂套管柱的装置。

3.1.20

套管头壳体 casing head housing

连接表层套管的最上端，用于悬挂和密封套管柱的装置。

3.1.21

套管头四通　casing head spool

连接在另一套管头上，用于悬挂和密封次级套管柱的装置。

3.1.22

铸件(名词)　casting(noun)

通过液体物质在铸模内凝固获得成品或接近成品形状的物件。

注：高温等静压零件不认为是铸件。

3.1.23

化学分析　chemical analysis

测定材料的化学成分。

3.1.24

节流阀　choke

用于限制和控制流体流量的装置。

3.1.25

节流油嘴　choke bean(flow bean)

固定式节流阀上的用于控制流量，可更换的孔口零件。

3.1.26

节流阀调节件　choke trim

用于控制或调节流体流量的压力控制节流元件，包括节流油嘴。

注：单阀杆和通过压力分区的多级阀芯部分属于承压部件。

3.1.27

采油树　christmas tree

用于控制油井生产的装置总成，包括油管头异径接头、阀、三通、四通、顶部连接装置和装于油管头最上部连接的节流阀。

3.1.28

符合　conformance

与规定的要求一致。

3.1.29

单件连接装置　loose connector

制造时预期与井口装置和采油树的另一件做成整体的一种连接装置。例如，盲板，堵头，隔离件，焊颈式、法兰式、螺柱式或其他单件连接装置。

3.1.30

耐蚀合金　corrosion-resistant alloy，CRA

钛、镍、钴、铬、钼，其中任何一种元素的规定含量或总含量超过50%(质量分数)的非铁基合金。

3.1.31

耐蚀环槽　corrosion-resistant ring grooves

镶衬了耐蚀金属的环槽。

注：这种耐蚀金属要么是耐蚀合金CRA，要么是奥氏体不锈钢。

3.1.32

四通　cross

最少带有四个开口的承压件。

3.1.33

转换连接装置　cross-over connector

以限面密封方式进行密封的一种异径接头，其顶部连接额定工作压力值高于其底部额定工作压力值。

3.1.34

转换法兰　cross-over flange

具有限面密封方式和顶部连接额定工作压力值高于其底部连接的双面或单面螺柱式异径法兰。

3.1.35

转换四通　cross-over spool

在(或近)底部法兰面上采用限面密封的法兰式或其他方式连接的装置。

注：它具有适当的装置来悬挂和密封内层套管柱或油管柱的环形空间。转换四通的顶部连接额定工作压力值高于其底部连接。

3.1.36

制造日期　date of manufacture

制造商对成品最后验收的日期。

3.1.37

修理/修造日期　date of repair/remanufacture

修理者/修造者对成品最后验收的日期。

3.1.38

动密封　dynamic seal

安装后的密封表面存在相对运动的密封。

3.1.39

端部连接　end connection

出口连接　outlet connection

用于将承压或控压装置连接在一起的整体外螺纹或内螺纹、毂端连接装置、螺柱式或螺栓式法兰，或任何其他方式的连接。

3.1.40

装置　equipment

适用于本标准的任何零件或总成。

3.1.41

等效圆　equivalent round (ER)

一种在热处理低合金钢和马氏体不锈钢时，为了确定材料的硬化性能使各种形状截面与圆棒材进行比较的一种规则。

3.1.42

配合　fit

零件间的几何关系。

注：包括用于设计一个零件与其相配零件间的公差标准。

3.1.43

法兰　flange

具有用于连接承压装置的密封机构和螺栓孔的凸缘，本标准规定了其尺寸。

3.1.43.1

盲板法兰　blind flange

没有中心通孔的法兰，用于封闭整个法兰端部或出口连接。

3.1.43.2

单件法兰　loose flange

制造时未拟定与符合本标准的另一件装置做成整体的法兰。例如,这种类型法兰包括盲板,隔离件,焊颈式、螺柱式或其他连接方式的异径法兰。

3.1.43.3

螺纹式法兰　threaded flange

一侧有密封面、另一侧有内螺纹的法兰,用于法兰连接和螺纹连接的对接。

3.1.43.4

焊颈法兰　welding neck flange

在其密封面的对面带颈的法兰,颈端制备有与相应管子或过渡件焊接的坡口。

3.1.44

锻件(名词)　forging(noun)

用锻造方法得到的成型金属件。

3.1.45

锻造(动词)　forge(verb)

通过压力使金属塑性变形,达到预期的形状。

注:锻造通常是一种热工艺,可选用锻模。

3.1.46

外形　form

包括其全部零部件的产品基本形状。

3.1.47

功能　function

产品在使用期间的作用。

3.1.48

仪表和试验口连接　gage and test port connection

井口装置和采油树上钻出并攻上螺纹的孔,通过该孔可测量装置内部压力,或通过该孔可施加压力以试验密封机构。

3.1.49

悬挂器芯轴　hanger mandrel

通过螺纹与管柱连接,作为管柱上端套管悬挂器或油管悬挂器上的一部分。

3.1.50

热影响区　heat affected zone(HAZ)

在焊接或切割中的基体金属未被熔化,但其机械性能或显微结构由于加热已改变的部分。

3.1.51

炉(铸造批)　heat(cast lot)

从同一炉最终熔炼出的材料。

注:对于重熔合金而言,它可解释为从同一根重熔锭块生成的原材料。

3.1.52

热敏锁闭机构　heat sensitive lock-open device

安装在地面安全阀(SSV)驱动器上的机构,用以保持 SSV 处于全开位置,直到充分受热才引起机构释放且能使 SSV 阀关闭。

3.1.53

热处理批　heat treat lot

〈分批作业炉〉经同一热处理周期,作为同一批装卸和搬运的材料。

3.1.54

热处理批　heat treat lot

〈连续作业炉〉经同一过程参数的热处理过程，连续搬运的标称尺寸相同的一组零件材料。

3.1.55

热处理　heat treatment(heat treating)

为改变材料的物理或机械性能，对其进行受控加热和冷却的交替进程。

3.1.56

保压时间　hold period

产品承受压力并与压力源隔绝的时间。

3.1.57

高温等静压　hot isostatic pressing(HIP)

用来压实金属和冶金粘结金属粉末的特殊锻造工艺。

注：该工艺是在易变形的金属容器内装有能被锻成所需形状的东西，通过对压热器内的容器施加高温高压，形成全尺寸锻造组织。

3.1.58

热加工　hot-work

在再结晶温度之上，使金属产生塑性变形的加工。

3.1.59

毂　hub

具有外角台阶，用来连接承压装置的密封机构外缘。

3.1.60

工件批追溯能力　job lot traceability

从标识有炉号的工作批中识别零件的能力。

3.1.61

线状显示　linear indication

一种表面无损检测(NDE)迹象，其长度大于或等于宽度的三倍。

3.1.62

锁紧螺钉　lock screw (tie-down screw)

穿过套管头或油管头壁，以锁住悬挂器或增强密封的螺钉。

3.1.63

低合金钢　low alloy steel

合金元素总含量少于5%(质量分数)，但高于碳钢规定的钢。

注：低合金钢包括含铬量少于11%(质量分数)的铬钢。

3.1.64

装配和拆卸(动词)　**make-and-break**(verb)

装上和拆下连接件。

3.1.65

生产制造　manufacturing operation

包括但不限于机加工、焊接、热处理或其他用于生产最终产品的活动。

3.1.66

材料基本性能　material performance basis

满足本标准准则材料必须表明的最低性能。

3.1.67

多级转换四通 multistage cross-over spool

在法兰式或其他方式连接的装置中，采用多于一级的限面密封的方式，以提供合适的手段在多处悬挂和密封内层套管与油管柱的环形空间。

注：这种多级转换四通上部连接装置的额定工作压力值可高于其下部连接装置的额定工作压力值。

3.1.68

客观证据 objective evidence

用文件证明的现场试验、试验数据、出版物、有限元分析，或用以核实性能特性而进行计算的记录。

3.1.69

零件 part

用于装配单一装置单元的单件。如本体、阀盖、闸板、螺柱、手轮等阀的零件。零件也可是一个未加工成型的工件。

3.1.70

焊后热处理 post-weld heat treatment

焊接之后的任何热处理，包括去应力热处理。

3.1.71

压力边界贯穿装置 pressure-boundary penetration

直接贯穿或与井筒连通的装置。例如，油脂或密封脂注入嘴；止回阀；控制、试验或测量口管堵和附件，试验、测量或注入口上的针阀；电气和控制管线穿线装置。

3.1.72

承压件 pressure-containing part

当预期功能丧失时，会导致其封存的流体向大气泄漏的那些零件。例如，本体、阀盖和阀杆。

3.1.73

控压件 pressure-controlling part

专门用来控制或调节承压流体流动的那些零件。例如，阀孔的密封机构、节流阀调节件和悬挂器。

3.1.74

承压完整性 pressure integrity

产品保持承受压力的结构和阻止泄漏的能力。

3.1.75

压力容器质量 pressure vessel quality

承压件和控压件限定符合适用产品规范级别要求的金属材料的质量。

3.1.76

主要装置 primary equipment

通常情况下，不能与井液或井压隔离的装置。

3.1.77

合格人员 qualified personnel

以制造商、用户、本标准要求为基础，通过培训、实践或两者结合而获得资格和能力的人员。

3.1.78

额定工作压力 rated working pressure

装置设计能承受和(或)控制的最大内压。

注：额定工作压力不同于试验压力。

3.1.79

记录　records

可再次得到的信息。

3.1.80

相关显示　relevant indication

主要尺寸大于1.6 mm的表面无损检测迹痕。

注：与表面断裂无关的相关迹痕认为是非相关迹痕。例如，磁导率变化、非金属条带。

3.1.81

修造　remanufacture

对井口装置和采油树进行拆卸、重新组装和试验的活动(包括更换或不更换零件)。零件可进行机加工、焊接、热处理或其他生产制造。

注：修造不包括更换本体。

3.1.82

修理　repair

对井口装置和采油树进行拆卸、重新组装和试验的活动(包括更换或不更换零件)。

注：修理不包括机加工、焊接、热处理、其他生产制造或更换本体。

3.1.83

修理级别　repair level

按本标准对装置进行修理或修造的级别。

3.1.84

修理者(修造者)　repairer/remanufacturer

依照本标准选择井口装置和采油树修理和修造的主要承包商。

3.1.85

替换零件　replacement part

符合井口装置和采油树适用的修理和修造规范级别要求，用于修理和修造一台装置的零件。

3.1.86

限面密封装置　restricted-area sealing means

限面封隔　restricted area packoff

用以隔离高压与低压的一种封隔装置或其他装置。

注：该装置用于连接装置上或较低额定工作压力值面积上限制压力引起载荷，它还可用于承压面小于邻近的垫环或连接装置的密封。

3.1.87

封存流体　retained fluid

由井内产出或注入井内的实际流体。

3.1.88

室温　room temperature

4 ℃～50 ℃间的任何温度。

3.1.89

圆状显示　rounded indication

一种呈环形或长度小于三倍宽度的椭圆形无损检测迹痕。

3.1.90

送入工具　running tool

用来从钻台面下入、收回、定位或连接远离井口装置的工具。

3.1.91

次要装置　secondary equipment

正常情况下，能与井液或井压隔离的装置。

3.1.92

连续性代码　serialization

为保持装置的各个部件和(或)零件记录而分配的唯一性代码。

3.1.93

隔离件　spacer

用于装置的其他件间进行连接和提供隔离的一种承压件。

3.1.94

规定材料　specified material

符合制造商或工业标准规定的特殊性能要求的材料。

3.1.95

不锈钢　stainless steel

含铬量大于11%(质量分数)的耐蚀性钢。

注：为得到特殊的性能，也可添加其他元素。

3.1.96

静密封　static seal

安装后密封表面无相对运动的密封。

3.1.97

应力腐蚀开裂　stress-corrosion cracking

由腐蚀和应力共同作用导致的开裂。

3.1.98

消除应力　stress relief

对材料加热并控制到预定温度，以降低焊接后的残余应力。

3.1.99

螺柱式法兰连接　studded-flange connection

以固定端螺柱旋入法兰式端部和出口连接的螺孔内，代替穿装式螺栓的连接方式。

3.1.100

实质性改变　substantive change

由制造商认定的在预期使用中影响产品性能的改变。

3.1.101

硫化物应力开裂　sulfide-stress cracking

金属材料由于暴露于含硫化氢环境中而造成的开裂。

3.1.102

地面安全阀　surface safety valve(SSV)

一种失去动力源就会自动关闭的井口装配阀门。

注：在本标准中，包括SSV阀和SSV阀用驱动器。

3.1.103

地面安全阀用驱动器　SSV actuator

水下安全阀用驱动器　underwater safety valae actuator(USV actuator)

一种当供给动力时使SSV/USV阀打开，当失去动力或释放动力后阀自动关闭的装置。

3.1.104

地面安全阀阀件　SSV valve

水下安全阀阀件　USV valve

当 SSV/USV 关闭时,保存井液和封堵流体的那部分装置。

3.1.105

三通　tee

具有三个开口结构的承压件。

注:两个开口相对形成三通的贯通部分,另一开口与贯通线成 90°。三通可配有螺纹、法兰、螺柱或其他端部连接装置。

3.1.106

试验工具　test tool

下入井口装置内进行压力试验的工具。

3.1.107

顶部连接装置　top connector

底部孔试验异径接头　bottom hole test adapter

允许贯通采油树全尺寸孔的采油树最上部的附件。

3.1.108

螺纹保护器　thread protector

在装卸、运输和贮存中用来保护螺纹与密封面的盖帽或衬套。

3.1.109

油管　tubing

用于油井内引导流体从生产层进入采油树,或用于压井或处理井内流体的管子。

注:油管和套管有区别,油管在井的使用期内可收回。

3.1.110

油管悬挂器芯轴　tubing hanger mandrel

油管头内用外螺纹或内螺纹连接油管,以支撑油管柱的装置。

3.1.111

油管头异径接头　tubing head adapter

适应连接油管头最上部的法兰和采油树最下部的阀的装置。

3.1.112

油管头四通　tubing head spool

连接最上层的套管头或最小套管柱,以悬挂油管及密封油套环形空间的装置部件。

3.1.113

水下安全阀　underwater safety valve(USV)

装在水下井口处,失去动力就会关闭的自动阀组。

注:在本标准中,该术语包括 USV 阀和 USV 阀用驱动器。

3.1.114

阀孔密封机构　valve-bore sealig mechanism

切断流经阀孔液流的阀内部零件。例如,闸板、球、旋塞、阀杆架、阀瓣和其相应的阀座。

3.1.115

止回阀　check valve

允许流体向一个方向自由地流动,而且有自动防止向另一个方向流动的机构的阀。

3.1.116

全径阀 full-bore valve

关闭机构(如闸板)和阀本体有相同通孔尺寸的阀。

3.1.117

闸阀 gate valve

阀体内装有与通孔成90°的操作闸板,用以关闭的阀。

3.1.118

主阀 master valve

装在采油树垂直通孔最下部的阀。

注:用以完全关井。

3.1.119

旋塞阀 plug valve

垂直于管道上永久性装有旋塞的阀总成,当旋塞转动90°时,阀关闭。例如,旋塞可以是圆柱形、锥形、球形等。

3.1.120

缩径阀 reduced-opening valve

通过关闭机构构成具有常规或文丘里式开口或具有圆形或非圆形开口的阀。

3.1.121

抽汲阀 swab valve

顶阀 crown valve

位于采油树垂直通孔的最上部,高于出口管线的阀。

3.1.122

文丘里阀 venturi valve

为减小压力损失,从全开端至缩减的关闭区域有良好流线型的开口缩小的阀。

3.1.123

翼阀 wing valve

用以关闭井内流体,装在采油树非垂直通道上的阀。

3.1.124

阀拆卸堵(V-R堵) valve-removal plug

安装在井口装置上,使闸阀能够在承压下拆卸的螺纹式旋塞。

3.1.125

目视检查 visual examination

对零件和装置在材料和加工质量上的可见缺陷的目检。

3.1.126

内部无损检查 volumetric non-destructive examination(volumentric NDE)

用射线和(或)超声波检测方法对材料的内部缺陷进行的检查。

3.1.127

防磨衬套 wear bushing

保护井口装置内表面和悬挂的套管顶部的可拆卸式缸套装置。

3.1.128

组焊 fabrication weld

连接两个或多个零件的焊接。

3.1.129
非承压件焊接 non-pressure-containing weld
不进行焊接也不会降低零件承压完整性的焊接。

3.1.130
承压件焊接 pressure-containing weld
不进行焊接将会降低零件承压完整性的焊接。

3.1.131
焊接坡口 weld groove
在需连接的两金属之间准备容纳焊接填充金属的区域。

3.1.132
焊接连接 weld joint
通过焊接把部件装配在一起。

3.1.133
焊接 welding
带有或不带有外加填充材料的熔接。

3.1.134
井口装置 wellhead
井口表层套管的最上部和油管头异径接头之间的全部永久性装置。

3.1.135
润湿表面 wetted surface
由于设计或内密封泄漏,与井内带压流体接触的任何表面。

3.1.136
锻件 wrought products
用锻造或高温等静压的方式成形的制品。

3.1.137
锻造组织 wrought structure
不含铸造树枝状组织的一种组织。

3.1.138
屈服强度 yield strength
室温下测得的,使材料产生塑性变形且卸载后不能恢复至原有尺寸的应力强度。

注:本标准规定的屈服强度是按 ASTM A370 中的 0.2%屈服强度。

3.2 缩略语

下列缩略语适用于本标准。

AQL	接收质量限
CRA	耐蚀合金
DAC	距离振幅曲线
ER	等效圆
FEA	有限元分析
HAZ	热影响区
HBW	布氏硬度
HIP	高温等静压
HRB	洛氏硬度 B 标尺
HRC	洛氏硬度 C 标尺

NDE	无损检测
NPT	美国标准锥管螺纹
OEC	其他端部连接
OEM	原始设备制造商
PQR	工艺评定记录
PR	性能要求
PSL	产品规范级别
QTC	鉴定试验试样
r. m. s	均方根
RL	修理(修造)级别
R_m	极限抗拉强度
ROE	暴露半径
SSV	地面安全阀
TC	试样
UNS	统一编码系统
USV	水下安全阀
WPQ	焊接工艺评定
WPS	焊接工艺规程

4 设计和性能——一般要求

4.1 性能要求——总则

性能要求是对产品在发运条件下特定的和唯一的要求。所有产品的设计，应使该产品在额定的压力、温度和表3所列材料级别相适应的试验流体条件下，其性能符合本章及第10章的要求。其他要求包括承载能力、周期、操作力或操作扭矩。有两种性能要求级别即PR1和PR2。安全阀应属于PR2级并满足附录C的要求。

4.2 工作条件

4.2.1 额定工作压力值

4.2.1.1 总则

装置的设计应只能在以下最高额定工作压力[1)]下工作：13.8 MPa(2 000 psi)，20.7 MPa(3 000 psi)，34.5 MPa(5 000 psi)，69.0 MPa(10 000 psi)，103.5 MPa(15 000 psi)，138.0 MPa(20 000 psi)。

4.2.1.2 螺纹式装置的限制

设计带有内螺纹式端部和出口连接的装置，应按表1限定螺纹尺寸和额定工作压力。此额定值不包括油管悬挂器和套管悬挂器。

表1 内螺纹式端部或出口连接的额定工作压力值

螺纹类型	标称管径/mm(in)	外径尺寸/mm	额定工作压力	
			MPa	psi
管线管/NPT(标称尺寸)	12.7(1/2)	21.3	69.0	10 000
	19.1～50.8(3/4～2)	26.7～60.3	34.5	5 000
	63.5～152.4(2 ½～6)	70.3～168.3	20.7	3 000

1) 本标准中额定工作压力值13.8 MPa，20.7 MPa，34.5 MPa，69.0 MPa，103.5 MPa，138.0 MPa分别与国内现行的14 MPa，21 MPa，35 MPa，70 MPa，105 MPa，140 MPa压力级别相对应。

表 1（续）

螺纹类型	标称管径/mm(in)	外径尺寸/mm	额定工作压力	
			MPa	psi
油管(不加厚和外加厚圆螺纹)	26.7～114.3(1.050～4 ½)	26.7～114.3	34.5	5 000
套管(8 牙圆螺纹、偏梯形螺纹、直连形)	114.3～273.1(4 ½～10 ¾)	114.3～273.1	34.5	5 000
	298.5～339.7(11 ¾～13 ⅜)	298.5～339.7	20.7	3 000
	406.4～508(16～20)	406.4～508.0	13.8	2 000

4.2.1.3 **设计考虑**

设计应将承压的影响和其他压力引起的载荷计算在内。特殊条件也应考虑，如在转换连接装置内的额定工作压力值变化和由于暂时的试验堵头引起的增压。部件总成上外部载荷(弯曲力矩、拉伸等)的影响，不在本标准范围(参见 A.2)之内。

4.2.2 **额定温度值**

4.2.2.1 **总则**

设计的装置应符合表 2 所示的一种或多种带有最低和最高温度的额定温度范围。最低温度是装置可承受的最低环境温度。最高温度是装置可直接接触到的流体最高温度。

表 2 额定温度值

温度级别	作业范围/℃	
	最小	最大
K	−60	82
L	−46	82
P	−29	82
R	室温	
S	−18	66
T	−18	82
U	−18	121
V	2	121

4.2.2.2 **设计考虑**

设计应考虑装置在使用中会遇到由于温度变化和温度梯度所引起的不同热膨胀影响。对高温额定值的设计，如 X 级和 Y 级，应考虑温度对强度的影响，参见附录 D。

4.2.2.3 **额定温度值考虑**

选择额定温度值是使用者的首要责任。在决定这些选择时，用户应考虑到在钻井和(或)生产作业中装置将承受的温度。

4.2.3 **材料级别**

4.2.3.1 **总则**

装置设计所用材料(包括金属材料)应满足表 3 的规定。表 3 没有规定当前和将来的井口环境，但提供了更严酷的使用条件和相对腐蚀程度的材料级别。

在满足力学性能的条件下，不锈钢可代替碳钢和低合金钢，耐蚀合金可代替不锈钢。

表 3 材料要求

材料级别	材料最低要求	
	本体、盖、端部和出口连接	控压件、阀杆和芯轴悬挂器
AA——一般使用	碳钢或低合金钢	碳钢或低合金钢
BB——一般使用		不锈钢
CC——一般使用	不锈钢	
DD——酸性环境[a]	碳钢或低合金钢[b]	碳钢或低合金钢[b]
EE——酸性环境[a]		不锈钢[b]
FF——酸性环境[a]	不锈钢[b]	
HH——酸性环境[a]	耐蚀合金[b]	耐蚀合金[b]

a 指按 GB/T 20972.1 定义。

b 指符合 GB/T 20972.2 和 GB/T 20972.3。

4.2.3.2 材料级别

选定材料级别是用户的首要责任。在决定这些选择时，用户宜按附录 A 列出的不同环境因素和生产的可变性进行考虑。

4.3 设计方法

4.3.1 连接装置

4.3.1.1 法兰

本标准规定的法兰应按 API 原制定的设计准则和方法设计。

4.3.1.2 毂和端部出口连接

用于本标准规定装置上的端部和出口毂连接(16B 和 16BX)的设计，应符合 GB/T 20174 的材料和尺寸要求。

4.3.1.3 卡箍

符合 GB/T 20174 要求的卡箍、整体式毂可安装在本标准规定的装置上。

4.3.2 套管悬挂器、油管悬挂器、背压阀、锁紧螺钉和阀杆

套管悬挂器、油管悬挂器、背压阀、锁紧螺钉和阀杆的设计应满足制造商书面规定的性能特性和 4.2 规定的使用条件。制造商应规定被工程作法认可的设计方法。

4.3.3 其他端部连接装置、本体和盖

4.3.3.1 总则

使用标准材料的其他端部连接装置、本体和盖(非本标准规定的设计)应按下列的一种或多种方法设计。标准材料是指性能满足或超过表 4 规定要求的材料。

其他端部连接装置、本体和盖使用非标准材料应根据 4.3.3.6 的要求进行设计。非标准材料是指最小屈服强度超过 517 MPa 而延展性不满足表 4 对标准 75K 材料要求的材料。

表 4 本体、盖、端部和出口连接的标准材料性能要求

材料代号	力学性能			
	0.2%屈服强度/MPa	抗拉强度/MPa	50 mm 的伸长率/%	断面收缩率/%
36K	≥248	≥483	≥21	不要求
45K	≥310		≥19	≥32
60K	≥414	≥586	≥18	≥35
75K	≥517	≥655	≥17	

如按 4.3.3.2 至 4.3.3.6 中方法计算出的应力超过了许用应力时，应采用由制造商认可的其他方法判别这些应力。本标准不包括疲劳分析和局部承载应力值。

4.3.3.2 ASME 方法

按 ASME 第Ⅷ卷第 2 册附录 4 所叙述的设计方法，可用于承压装置的设计计算。设计许用应力应按下列准则限定，见式(1)：

$$S_T = 0.83S_Y \quad 和 \quad S_m = 2/3\ S_Y \qquad \cdots\cdots(1)$$

式中：

S_T——静水压试验压力下的最大许用的总体一次薄膜应力强度；

S_Y——材料规定的最小屈服强度；

S_m——额定工作压力下的设计应力强度。

4.3.3.3 变形能理论

被称为 Von Mises 法则的变形能理论方法可用于承压装置的设计计算。有关缺陷和应力集中的规定不属本标准的范围。但压力容器基本壁厚可在静水试验压力的基础上，结合三维应力确定其尺寸，并受下列准则限定，见式(2)：

$$S_E = S_Y \qquad \cdots\cdots(2)$$

式中：

S_E——在压力容器壁内最高应力处的最大许用当量应力，按变形能理论方法计算；

S_Y——材料规定的最小屈服强度。

4.3.3.4 实验应力分析

作为 4.3.3.2 和 4.3.3.3 所述的一种替代方法，可使用 ASME 第Ⅷ卷第 2 册附录 6 所述的实验应力分析方法。

4.3.3.5 复核试验设计条件

4.3.3.5.1 总则

作为上述分析方法的一种替代，可用在静水压试验中提高试验压力的方法，并按下列程序确定装置的额定工作压力值。

待确定的最大许用工作压力的容器或容器零件，应在事前施加不大于要求的或预期的最大许用工作压力 1.5 倍的压力。

4.3.3.5.2 屈服强度的确定

a) 方法

应按相应材料规范中规定的方法确定试验件材料的屈服强度。

b) 试样制备

屈服强度应由完成试验后从试验件切取的三个或四个试样的屈服强度平均值确定。试样应从在试验时应力未超过其屈服强度处切取。试样不应用火焰切割，因为这样可能影响材料的强度。

c) 替代试样

如果来自同一根材料的余料已按该压力零件进行了相同的热处理，则该试样可以从这一余料中切取。试样不应用火焰切割，或热量足以影响试样性能的其他方法切取。

d) 替代方法

当屈服强度不是由试验试样确定时，4.3.3.5.3 中给出了一个替代方法评估复核结果，以确定最大许用工作压力。

4.3.3.5.3 试验程序

a) 装置

尽可能接近实际的最高应力处，在沿最大应力方向上，以能指示应变到 50 微应变(0.005%)的任何类型应变计测量应变。制造商应将用于确定测量应变部位的程序或应变测试的部位，以及温度补偿和静水压对应变计作用的方法形成文件。

b) 加压

容器或容器零件内的静水压力应逐渐升高到接近预期工作压力的 1/2。而后，试验压力应以额定工作压力的十分之一或更少的压力为一级，逐级分档增加，直至达到试验程序要求的压力。

c) 观测

达到每一级压力后，应收集并记录应变计和静水压的读数。而后应释放该压力，并确定每一应变计在每次增压后的任何永久应变，每一级压力增量只需要测量一次。

d) 记录

试验中应对每个应变片的应变与试验压力的关系绘制两条曲线，一条表示在压力下的应变，一条表示去除压力后的永久应变。试验可在试验压力达到公式计算的(期望工作压力)H 值时停止，但试验压力不应超过最高残余应变线达到 0.2%时对应的压力。

e) 结果计算

应采用下列公式之一，计算按本试验规定的被试件的最大许用工作压力 p：

按 4.3.3.5.2 确定平均屈服强度时，见式(3)：

$$p = 0.5H(S_Y/S_A) \qquad \cdots\cdots(3)$$

不按试样确定的实际平均屈服强度时，见式(4)：

$$p = 0.4H \qquad \cdots\cdots(4)$$

式中：

H——按 4.3.3.5.3 中 b)试验停止时的静水压试验压力；

S_Y——材料规定的最小屈服强度；

S_A——试样的实际平均屈服强度。

4.3.3.6 非标材料的设计要求

按 ASME 第Ⅷ卷第 2 册附录 4 所叙述的设计方法，应用于非标材料承压装置的设计计算。设计许用应力应按下列准则限定，见式(5)～式(7)：

$$S_T = 5/6S_Y \text{ 或 } 2/3R_{m,min}\text{（取两者中较小者）} \qquad \cdots\cdots(5)$$

$$S_m = 2/3S_Y \text{ 或 } 1/2\,R_{m,min}\text{（取两者中较小者）} \qquad \cdots\cdots(6)$$

$$S_s = 2S_Y \text{ 或 } R_{m,min}\text{（取两者中较小者）} \qquad \cdots\cdots(7)$$

式中：

S_T——静水压试验压力下最大许用的总体一次薄膜应力强度；

S_Y——材料规定的最小屈服强度；

$R_{m,min}$——材料规定的最小抗拉强度；

S_m——额定工作压力下的设计应力强度；

S_s——一次应力加二次应力的最大合成强度。

4.3.4 封闭栓接

确定封闭栓接的最大许用拉应力时应考虑栓接预紧力、额定工作压力和静水压试验压力等条件。螺纹小径的栓接应力不应超过式(8)的限定：

$$S_A = 0.83S_Y \qquad \cdots\cdots(8)$$

式中：

S_A——最大许用拉应力；

S_Y——栓接材料规定的最小屈服强度。

确定栓接应力时应考虑作用在封闭面积上的全部载荷，包括作用在密封面积上的压力、垫环载荷和任何附加的机械及热负荷。

4.3.5 其他零件

所有承压件和控压件的设计应满足制造商文件规定的性能和4.2中的工作条件。制造商应规定与工程作法相一致的设计方法。

4.3.6 特殊装置

第10章规定了各部分特殊装置要求。

4.4 其他设计资料

4.4.1 总则

端部和出口连接应是其本体的整体组成部分,或通过符合第6章要求的焊接予以连接。PSL4装置的设计不应采用组焊。

4.4.2 公差

除在表和图内另有规定外,应采用表5规定的尺寸公差。

表5 尺寸公差

尺寸/mm	公差/mm
x	±0.5
x.x	±0.5
x.xx	±0.13

4.4.3 栓接

4.4.3.1 端部和出口栓接

a) 孔排列

法兰用的端部和出口螺栓孔应等距分布并跨在共同的中心线上。

b) 螺柱螺纹的旋合

进入螺柱式法兰本体的螺柱螺纹旋合长度,最小应为螺柱外径的一倍。

4.4.3.2 其他栓接

设计的螺柱螺纹应能承受通过完全旋入的螺母传递给螺柱的拉伸载荷。

4.4.4 试验、排放、注入和仪表连接

4.4.4.1 密封

所有试验、排放、注入和仪表连接,均应保证装置安装后在静水压试验压力下的防漏和密封。

4.4.4.2 试验和仪表连接接口

a) 小于或等于69.0 MPa

工作压力小于或等于69.0 MPa用的试验和仪表连接口,应制定符合10.2规定的内螺纹,且不应小于12 mm(1/2 in)的标称尺寸。也可使用b)述及的高压连接。

b) 103.5 MPa和138.0 MPa

工作压力为103.5 MPa和138.0 MPa用的试验和仪表连接应符合10.11。

4.4.4.3 排放孔和注入孔

排放孔和注入孔应符合制造商规定的要求。

4.5 设计文件

设计文件应包括方法、假设、计算和设计要求。设计要求应包括但不限于尺寸、试验和工作压力、材料、环境,还包括其他作为设计依据的恰当要求。设计文件的载体应清晰、明了、可复制和可检索。设计文件从该型号、规格和额定工作压力的最后一台产品制造完成后,至少应保存5年。

4.6 设计评审

设计文件应由原设计人员以外的有资格的人员评审和确认。

4.7 设计验证

制造商应将其设计验证程序和设计的性能验证的结果形成文件。附录C给出了包括SSVs和USVs验收准则在内的性能鉴定程序。如果制造商或买方有规定时，可使用附录E给出的包括验证准则在内的附加鉴定程序。

5 材料——一般要求

5.1 总则

本章述及本体、盖、端部和出口连接、毂端连接装置、悬挂器、背压阀、管堵、阀拆卸堵、防磨衬套、压力边界贯穿装置和密封垫环用的材料性能、工艺过程和成分要求。其他承压件和控压件应采用满足5.2和第4章设计要求的材料制造。

本章内的所有材料要求，适用于碳钢、低合金钢和马氏体不锈钢(沉积硬化型的除外)。满足本章和第4章设计要求的其他合金系列(包括沉积硬化不锈钢)可供使用。

在10.16.4中，规定了驱动器用材料。

5.2 书面规范

5.2.1 总则

所有金属和非金属承压件或控压件均应有书面材料规范。

5.2.2 金属要求

制造商对本体、盖、端部和出口连接、阀杆、阀孔密封机构、背压阀、管堵、阀拆卸堵和芯轴式悬挂器用金属材料应规定书面要求，且应定义下列接收/拒收准则：

a) 对PSL1
   1) 力学性能要求；
   2) 材料鉴定；
   3) 热处理程序，包括周期、淬火作法、温度及其偏差、冷却介质；
   4) 材料成分及允差；
   5) 无损检测要求。
b) 对PSL2～PSL4
   1) PSL1的所有要求；
   2) 允许的熔炼作法；
   3) 成型作法，包括热加工和冷加工作法；
   4) 热处理装置的校准。

5.2.3 非金属要求

非金属承压或控压密封件应有书面材料规范。制造商对非金属材料规定的书面要求应明确以下项目：

1) 普通基体聚合物——ASTM D 1418；
2) 力学性能要求；
3) 材料鉴定(应符合装置级别要求)；
4) 贮存和老化控制要求。

5.3 芯轴式油管悬挂器和套管悬挂器

5.3.1 材料

所有芯轴式油管悬挂器和套管悬挂器应使用符合制造商规定的适用特性要求的材料制造。

a) PSL1的要求
   1) 拉伸试验；
   2) 硬度试验。

b） PSL2～PSL4 的要求：

1） PSL1 的所有要求；

2） 冲击试验。

5.3.2 工艺过程

5.3.2.1 铸造作法

a） PSL1 的要求

用于悬挂器芯轴的所有铸件应满足第 5 章和第 7 章适用的要求。

b） PSL2 的要求

除符合 PSL1 的要求外，材料制造商还应制定铸造作法文件，以确定对型砂控制、型芯制作、合箱、熔炼、热处理和 NDE 的界限，保证提供符合本标准要求的铸件的重复性。

c） PSL3 和 PSL4

应使用锻件。

5.3.2.2 热加工作法

a） PSL1 的要求

所有锻件材料应采用热成型加工，以产生完全的锻造组织结构。

b） PSL2～PSL4 要求

除符合 PSL1 的要求外，制造商应将热加工作法形成文件。

5.3.2.3 熔炼作法

a） PSL1～PSL3 的要求

制造商应规定所有悬挂器芯轴材料的熔炼作法。

b） PSL4 的要求

除符合 PSL1～PSL3 的要求外，制造商应将 PSL4 材料所用的熔炼作法形成文件。

5.3.3 热处理

5.3.3.1 设备鉴定

所有热处理作业应采用符合制造商规定的设备进行。

5.3.3.2 温度

a） PSL1～PSL 3 的要求

保温时间和热处理周期应遵守制造商的热处理规范。

b） PSL4 的要求

除符合用 PSL1～PSL3 要求外，PSL4 零件的温度级别应决定于使用的热壑。

若零件采用碳钢、合金钢、不锈钢、钛基合金、镍-铜合金和镍基合金中的某一种制造，则热壑应采用同类材料制造。对不同于上述材料制造的零件，热壑应采用与该零件相同的合金制造。所有热壑的等效圆(ER)的选择应符合 5.7.2。热壑的等效圆(ER)应大于或等于热处理负载中任何部分的最大等效圆。

此外，作为一种替代，当本条所有要求得到满足时，生产的零件可用作热壑。热电偶的温度检测点应插入该零件或热壑内，距任何外表面或内表面的距离不得小于 25 mm。

5.3.3.3 淬火——PSL2～PSL4 的要求(适用于淬火或回火的材料)

a） 水淬

水或接近水冷却速率的其他淬火介质温度，在淬火开始时不应超过 40 ℃。对于浸池淬火，水或淬火介质温度在淬火终了时不应超过 50 ℃。

b） 其他淬火介质

其他淬火介质的温度范围应符合制造商的书面规范。

5.3.4 **PSL2～PSL4 化学成分**

悬挂器芯轴体的材料应符合制造商的书面规范。

制造商应规定材料的标准化学成分和成分偏差。

材料成分应按制造商选定的国家或国际公认标准,逐炉(重熔级材料逐锭)确定。

5.3.5 **材料鉴定试验——PSL2～PSL4 的要求**

5.3.5.1 **总则**

鉴定使用材料要求的最小拉伸和(或)冲击性能,鉴定试验应按 5.3.5.2 和 5.3.5.3 的要求进行。

鉴定试验试样(QTC)应使用 5.7 所述的质量鉴定试样。

5.3.5.2 **拉伸试验**

a) 试样

拉伸试样应从 5.7.4.1 述及的 QTC 上切取。

b) 试验方法

按 ASTM A 370 规定的程序,在室温下进行拉伸试验。

至少应进行一次拉伸试验,拉伸试验结果应满足制造商制定的规范要求。

c) 重试验

若拉伸试验结果不满足相应的要求,可另取两个试样(从没有进行额外的热处理的相同的 QTC 上切取)补充拉伸试验两次,以验证材料。这两次的试验结果均应全部满足相应的要求。

5.3.5.3 **冲击试验**

a) 试样

冲击试样应从 5.7.4.1 所述及的 QTC 上切取。

b) 试验方法

冲击试验应按 ASTM A 370 规定的程序,并使用夏比 V 型缺口试样进行。

为了验证某一额定温度用的材料,冲击试验应在其额定温度范围的最低温度或低于该最低温度下进行。

鉴定一炉材料至少应试验三个冲击试样。这些试验确定的冲击性能应满足制造商的规范要求。

c) 重试验

若试验失败,可再取三个试样重新试验(在没有进行额外热处理的同一 QTC 的具有代表性的相同位置处切取)。每个试样的冲击值均应等于或超过所要求的最小平均值。

5.4 **本体、盖、端部和出口连接**

5.4.1 **材料**

a) 拉伸性能要求

所有本体、盖、端部和出口连接应由表 6 规定的标准或非标准材料制造。标准材料应满足表 4 规定的性能,非标准材料应符合制造商的书面规范。书面规范应包括所规定合金的拉伸强度、屈服强度、伸长率、断面收缩率、韧性和硬度的最低要求。所有非标准材料应超过 75K 的最小屈服强度,伸长率不小于 15%且断面收缩率不小于 20%。

b) 冲击韧性要求

冲击韧性值应符合表 7 的规定。

当使用小尺寸试样时,夏比 V 型缺口冲击韧性值应等于 10 mm×10 mm 试样的冲击韧性值乘以表 8 中列出的相应修正系数。PSL4 不应使用小试样。

表 6　本体、盖、端部和出口连接的标准材料应用

零件		额定工作压力/MPa					
		13.8	20.7	34.5	69.0	103.5	138.0
		材料代号					
本体[a]、盖		36K、45K、60K、75K、NS[b]	36K、45K、60K、75K、NS	36K、45K、60K、75K、NS	36K、45K、60K、75K、NS	45K、60K、75K、NS	60K、75K、NS
整体端部连接装置	法兰式	60K、75K、NS	60K、75K、NS	60K、75K、NS	60K、75K、NS	75K、NS	75K、NS
	螺纹式	60K、75K、NS	60K、75K、NS	60K、75K、NS	—	—	—
	其他[c]	c	c	c	c	c	c
单件连接装置	焊颈式	45K	45K	45K	60K、75K、NS	75K、NS	75K、NS
	盲板式	60K、75K、NS	60K、75K、NS	60K、75K、NS	60K、75K、NS	75K、NS	75K、NS
	螺纹式	60K、75K、NS	60K、75K、NS	60K、75K、NS	—	—	—
	其他[c]	c	c	c	c	c	c

a　如果端部连接为表中所指示代号的材料，则焊接按第 6 章进行，设计按第 4 章进行。

b　NS 是指按 4.3.3 和 5.4.1a)定义的非标准材料。

c　制造商规定。

表 7　夏比 V 型缺口冲击要求(10 mm×10 mm)

温度级别	试验温度/℃	最小平均冲击功(横向)/J		
		PSL1	PSL2	PSL3 和 PSL4
K	−60	20	20	20
L	−46			
P	−29	—		
R	−18		—	
S				
T				
U				
V				

表 8　小尺寸冲击试样修正系数(PSL1～PSL3)

试样尺寸/(mm×mm)	修正系数
10×7.5	0.833
10×5.0	0.667
10×2.5	0.333

5.4.2 材料鉴定试验

5.4.2.1 总则

如果鉴定使用材料要求的最小拉伸和(或)冲击性能时，则所要求的试验应从适用的试验试样或质量鉴定试样中切取的样品上进行。

a) PSL1 要求

应使用 5.6 所述的试验试样(TC)或 5.7 所述的质量鉴定试验试样(QTC)来鉴定材料。

b) PSL2～PSL4 要求

应使用 5.7 所述的质量鉴定试验试样(QTC)。

5.4.2.2 PSL1 拉伸试验

a) 试样

拉伸试样应从 5.6 或 5.7 述及的 TC 上切取，该试验试样应用于验证一炉材料和同一炉生产的本体、盖与端部和出口连接。

b) 试验方法

拉伸试验按照 ASTM A 370 规定的程序在室温下进行。

至少应进行一次拉伸试验，拉伸试验的结果应满足表 4 的要求。

c) 重试验

当拉伸试验结果不能满足相应的要求，可在另外两个试样(从没有进行额外的热处理的相同的 TC 或 QTC 上切取)上再补充两次拉伸试验，以验证材料。这两次试验的结果均应满足要求。

5.4.2.3 PSL2～PSL4 拉伸试验

a) 试样

拉伸试验的试样应从 5.7 述及的 QTC 上切取。

b) 试验方法

拉伸试验按 ASTM A 370 规定的程序在室温下进行。

至少应进行一次拉伸试验。拉伸试验的结果应满足表 4 相应的要求。

c) 重试验

当拉伸试验结果不能满足相应的要求，可在另外两个试样(从没有进行额外的热处理的相同 QTC 上切取)上再补充两次拉伸试验，以验证材料。这两次试验的结果均应满足相应的要求。

5.4.2.4 PSL1～PSL4 冲击试验

a) 取样

如果用同一炉材料制造的本体、盖或端部和出口连接要求冲击试验，则冲击试验应在同一炉材料上进行。

b) 试样

冲击试样应从 5.6 或 5.7 所述、适用的试验试样上切取。该试验试样应能验证一炉材料和用同一炉材料制造的本体、盖与端部和出口连接。

c) 试验方法

冲击试验按 ASTM A 370 规定的程序，使用夏比 V 型缺口试样进行。

为了验证某一额定温度用的材料，冲击试验应在其额定温度范围的最低温度或低于该最低温度下进行。

鉴定一炉材料至少试验三个冲击试样。这些试验确定的冲击性能应满足表 7 的要求。任何情况下，单个冲击值不应低于要求的最小平均值的三分之二。同样，三次试验中应仅允许有一次低于所要求的平均值。

d) PSL1～PSL4 重试验

如试验失败，可从未进行额外热处理的同一 QTC（对于 PSL1 部件可用 TC）上切取的另外三个试样重新试验。每一试样的冲击值均应等于或超过要求的最小平均值。

e) 试样取向

表 7 所列数值是锻件横向试验和铸件及焊接件的质量鉴定的最低验收值。锻件可以用纵向试验代替横向，但其最低平均值不应低于 27J。

5.4.3 工艺过程

5.4.3.1 铸造作法

a) PSL1 的要求

本体、盖和端部与出口连接用的所有铸件应满足第 5 章和第 7 章相应的要求。

b) PSL2 的要求

除符合 PSL1 的要求外，制造商应将铸造作法形成文件，并确定型砂控制、型芯制作、合箱、熔炼和热处理及 NDE 的限制，以保证重复性生产的铸件符合本标准的要求。

c) PSL3 和 PSL4 的要求

应使用锻件。

5.4.3.2 热加工作法

a) PSL1 的要求

所有锻造材料应采用产生完全锻造组织的热加工法成型。

b) PSL2～PSL4 的要求

除符合 PSL1 的要求外，制造商应将热加工作法形成文件。

5.4.3.3 熔炼作法

a) PSL1～PSL3 的要求

制造商应规定熔炼作法。

b) PSL4 的要求

除符合 PSL1～PSL 3 的要求外，制造商应将用于 PSL4 的材料熔炼作法形成文件。

5.4.4 热处理

5.4.4.1 设备鉴定

所有热处理作业应采用按制造商规定要求进行鉴定合格的设备。

5.4.4.2 温度

a) PSL1～PSL3 的要求

应按制造商的热处理规范确定保温时间和热处理周期。

b) PSL4 的要求

除符合 PSL1～PSL3 的要求外，PSL4 零件的温度等级决定于使用的热壑。

若零件采用碳钢、合金钢、不锈钢、钛基合金、镍-铜合金和镍基合金制造，则热壑应采用同类材料制造。对不同于上述材料级别的零件，热壑应采用与该零件相同的合金制造。所有热壑的等效圆（ER）的选择应符合 5.7.2。热壑的等效圆（ER）应大于或等于热处理负载中的任何单个零件的最大等效圆。

此外，作为一种替代，若本条所有要求得到满足，可使用一个生产零件用作热壑。热电偶的温度检测点应插入该零件或热壑内，距任何外表面或内表面的距离不得小于 25 mm。

5.4.4.3 淬火——PSL2～PSL4 的要求（适用于淬火或回火的材料）

a) 水淬

水或接近水冷却速率的淬火介质的初始淬火温度不应超过 40 ℃。对于池型淬火，水或淬火介质的温度，在淬火终了时不应超过 50 ℃。

b) 其他淬火介质

其他淬火介质的温度范围应符合制造商的书面规范。

5.4.5 化学成分

5.4.5.1 总则

材料应符合制造商的书面规范。

a) 制造商应规定材料的标称化学成分及允许偏差。

b) 材料成分应按制造商选定的国家或国际公认标准，以炉次为基础（重熔级材料以重熔锭为基础）确定。

5.4.5.2 成分限制

表 9 列出了制造本体、盖、端部和出口连接所要求的碳钢、低合金钢和马氏体不锈钢（沉积硬化型的除外）的元素限制（质量分数）。当成分是由公认的工业标准规定时，若工业标准中对残留量或微量元素的限制是在本标准的限制之内，则作为残留量或微量元素不必报出。表 9 不适用于其他合金系。为了使制造商遇到复杂要求时能自由地使用合金系，这些表中有意略去了对其他合金系的成分限制。

表 9 本体、盖、端部和出口连接材料的钢成分限制（质量分数，%）

合金元素	产品规范级别					
	PSL2			PSL3 和 PSL4		
	碳钢和低合金钢	马氏体不锈钢	焊颈法兰用45K 材料[a]	碳钢和低合金钢	马氏体不锈钢	焊颈法兰用45K 材料[a]
C	≤0.45	≤0.15	≤0.35	≤0.45	≤0.15	≤0.35
Mn	≤1.80	≤1.00	≤1.05	≤1.80	≤1.00	≤1.05
Si	≤1.00	≤1.50	≤1.35	≤1.00	≤1.50	≤1.35
P	≤0.040		≤0.050	≤0.025		≤0.050
S						
Ni	≤1.00	≤4.50		≤1.00	≤4.50	
Cr	≤2.75	11.0~14.0	—	≤2.75	11.0~14.0	—
Mo	≤1.50	≤1.00		≤1.50	≤1.00	
V	≤0.30	—		≤0.30	—	

a 在规定的碳最大含量（0.35%）以下，碳含量每减少 0.01%，允许锰的规定含量（1.05%）再增加 0.06%，但锰的最大含量不得超过 1.35%。

5.4.5.3 公差范围

表 10 仅对 PSL3 和 PSL4 列出了制造商规范述及材料成分所用元素的公差范围要求。这些公差仅用于表 9 涉及的材料。

如果制造商按公认的工业标准规定 PSL3 或 PSL4 材料的化学成分，则材料应符合所引用的工业标准中的公差范围。如果制造商规定的材料化学成分不包括在公认的工业标准内，则表 9 所列材料的公差范围应符合表 10。

表 10　合金元素最大公差范围要求(质量分数,%)

合金元素	产品规范级别		
	PSL3 和 PSL4		
	碳钢和低合金钢	马氏体不锈钢	焊颈法兰用 45K 材料
C	0.08	0.08	—
Mn	0.40	0.40	
Si	0.30	0.35	
Ni	0.50	1.00	
Cr	0.50	—	
Mo	0.20	0.20	
V	0.10	0.10	
注:这些值是任何一种元素允许变化的总量,并且不应超过表 9 的规定。			

5.5　密封垫环

5.5.1　材料

密封垫环的材料应符合制造商的书面规范。

5.5.2　材料鉴定试验

a)　拉伸试验:不规定。

b)　冲击试验:不规定。

c)　硬度要求:最大硬度应符合表 11 的要求。

表 11　密封垫环硬度要求

材　　料	硬　　度
软铁	≤56 HRB
碳钢和低合金钢	≤68 HRB
不锈钢	≤83 HRB
镍合金 UNS N08825	≤92 HRB
抗腐蚀合金(CRA)	硬度应符合制造商的书面规范

5.5.3　工艺过程

5.5.3.1　熔炼、铸造和热加工

a)　熔炼作法

制造商应选择和规定制造密封垫环材料的熔炼作法。熔炼车间应使用能生产无裂纹、夹渣、缩孔和剥落的均质材料的作法。

b)　铸造作法

离心铸造应是铸造密封垫环唯一可接受的方法。

c)　热加工作法

锻件应完全热加工。密封垫环可以用贯通的油管或管子,轧制的环或轧制和焊接的棒或平板制造。

5.5.3.2　热处理

a)　设备鉴定

零件和 QTC 的所有热处理应采用满足制造商规定要求的设备进行。

b） 方法

热处理操作应按照制造商的书面规范进行。

垫环在最终机加工之前应退火、正火或固溶热处理。

5.5.4 化学成分

垫环的化学成分应符合制造商的书面规范。

5.6 试验试样(TC)

5.6.1 总则

试验试样(TC)所表示的性能，应能代表构成所验证生产零件材料的热加工特性曲线的性能。

但由于材料的可淬性，从 TC 获得的结果不总是符合实际零件所有截面的性能。

如果它满足本标准的要求，那么单根 TC 可用于代表同炉生产的零件的冲击和(或)拉伸性能。

分批热处理的材料：如果 TC 是钻取的样芯，或是从生产零件延伸部分或是牺牲件上切取，则该 TC 仅证明具有相同或较小的等效圆的生产零件满足要求。该 TC 应仅证明经同一热处理批生产的材料和零件的性能。

连续炉热处理材料：TC 应从牺牲件或者从生产零件延伸部分切取，该 TC 应只证明具有相同尺寸和形状的零件。该 TC 应仅证明同炉同批热处理生产的材料和零件的性能。

5.6.2 等效圆(ER)

a） 选择

零件 TC 的尺寸应采用下列等效圆(ER)方法确定。

b） 等效圆法

图 3 所示为确定简单实心零件和空心零件及复杂零件等效圆的基本模型。

零件的 ER 应按“在热处理”状态下的零件实际尺寸确定。

螺柱型零件的 ER，应按复杂零件的方法、由该零件的最厚法兰厚度 T 确定。

c） 尺寸要求

除下列情况外，TC 的 ER 尺寸应大于或等于所验证零件的尺寸：

1） 锻件：不要求超过 63 mm 等效圆尺寸。

2） 铸件：不要求超过 ASTM A 703 图 1 所示的尺寸。

注：制造商可选择符合 ASME 第Ⅷ卷第 2 册，AM-201 和 AM-202 要求的 TC 的 ER，代替上述要求。

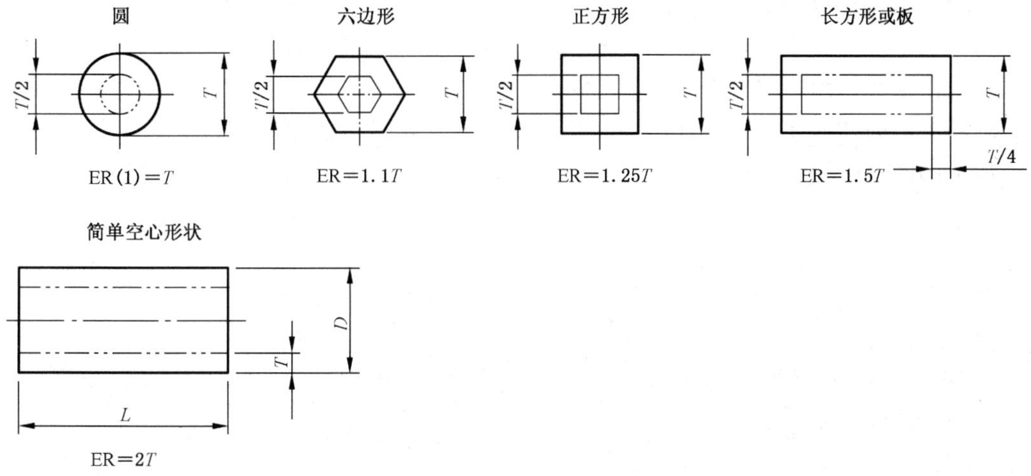

当 L 小于 T 时，看作 L 厚的平板，试样的切取部分是被 1/4 包围的双点划线内部区域。

当 L 小于 D 时，看作 T 厚的平板。

a） 长度为 L 的简单结构等效圆截面/形状

图 3 等效圆模型

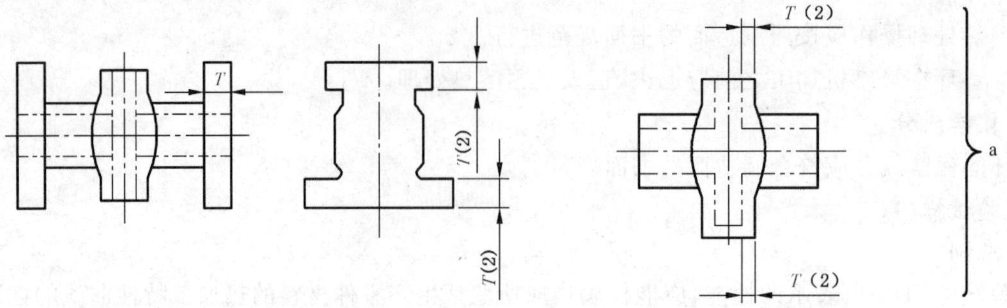

当内、外表面的最终热处理厚度在 13 mm 范围内时，ER=1/4T；当内、外表面的最终热处理厚度不在 13 mm 范围内时，ER=2T；在多头法兰中，T 为最厚法兰的厚度。

T 为热处理时的厚度，在 T(2)所在位置使用较大的尺寸。

b) 复杂形状井口装置部件的常规法兰本体

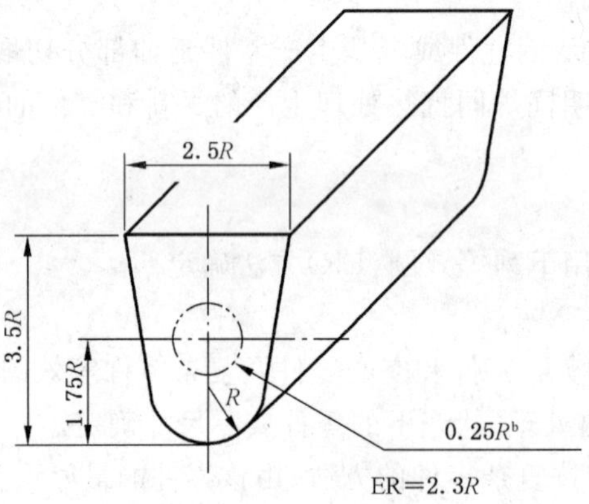

c) 基尔试块形状

[a] 具有螺纹和开口端的本体。

[b] 被包围的部分是试样的切取部分。

图 3（续）

5.6.3 工艺过程

5.6.3.1 熔炼、铸造和热加工

a) 熔炼作法

在任何情况下均不应采用比所验证材料更纯净的熔炼作法处理 TC(即用重熔级或真空脱气材料制成的 TC，不应证明在第一次熔炼而没有经历同一熔炼作业的材料)。从同一重熔锭切取下的重熔级材料，可验证第一次熔炼同炉的其他重熔级材料。但这些重熔锭中不应添加合金。

b) 铸造作法

制造商应采用与被验证零件相同的铸造作法来铸造 TC，以保证其具有准确的代表性。

c) 热加工作法

制造商所用 TC 的锻造比，应小于或等于被验证零件的锻造比。TC 的总锻造比不应超过该被验证零件的总锻造比。

5.6.3.2 焊接

除附着型焊接外，不允许在 TC 上焊接。

5.6.3.3 热处理

a) 设备鉴定

所有热处理作业应使用符合 5.8 的设备进行。

b) 分批热处理方法

TC应按制造商规定的与被验证零件相同的热处理方法处理，TC应按制造商规定的热处理程序进行热处理。

c) 连续炉热处理方法

对于连续炉的材料热处理，TC应来自与被验证的材料同炉和相同热处理批。

5.6.4 **材料鉴定**

5.6.4.1 **拉伸和冲击试样**

如果需要拉伸和(或)冲击试验试样，则应从经过TC最终热处理周期后的同一个TC上切取。如果多个TC符合本标准的相应要求，且在相同的炉温设定值和时间下进行热处理则可使用这些TC。

拉伸试样应从TC上切取，其纵向中心线应完全在实心TC距表面1/4T包线以内的芯部，或在空心TC(见图3)最厚截面的壁厚中心部位的3 mm以内。尺寸大于5.6.2c)规定的TC，若采用规定的TC尺寸，不必从远离TC尺寸表面处切取。

试样应从TC上切取，以便拉伸试样的标距长度和夏比冲击V形缺口的底边距TC端部至少1/4T。

如果以牺牲零件作TC，则试样应按5.6.2所限定的生产零件，在符合TC尺寸要求的零件截面上切取。

如果TC的自然形状不影响其使用，则应使用标准直径为12.7 mm的拉伸试样来鉴定碳钢、低合金钢和不锈钢。否则，可使用符合ASTM A 370要求的标准小尺寸试样。标准的12.7 mm或标准的小尺寸试样(见ASTM A 370)可用来鉴定CRA材料。

应使用标准截面10 mm×10 mm的冲击试样，在材料不足时，应使用可获得的小一级的标准截面试样。冲击试样的缺口应在距表面1/4T包线以内的芯部。

5.6.4.2 **硬度试验**

在最终热处理周期后的TC上应至少进行一次洛氏硬度或布氏硬度试验。

TC硬度试验前的热处理周期应严格与拉伸和冲击试验试样所经历的热处理周期相同。

硬度试验应按ASTM E 10或ASTM E 18规定的程序进行。

5.7 **质量鉴定试样(QTC)**

5.7.1 **总则**

质量鉴定试样(QTC)所表示的性能，应能代表构成所验证生产零件材料的热加工特性曲线的性能。

由于材料的可淬性，QTC的结果不总是符合实际零件所有截面的性能。

单一的QTC如果满足本标准的要求，则可代表同一炉生产零件的冲击和(或)拉伸性能。

分批热处理：如果QTC是钻取的样芯、或是从生产零件延伸部分切取，则该QTC仅可以证明具有相同或较小等效圆的零件的性能，且该QTC应仅证明经同一热处理批的材料和零件。

连续炉处理材料：QTC应从牺牲件或者从生产零件延伸部分切取，应仅证明具有相同尺寸和形状的零件的性能，且该QTC应仅证明从同炉和同批热处理的材料和零件。

5.7.2 **等效圆(ER)**

5.7.2.1 **选择**

零件的QTC尺寸应采用5.7.2.2所给的ER方法确定。

5.7.2.2 **等效圆法**

图3所示为确定简单实心零件和空心零件及较复杂零件ER的基本模型。

零件的ER应按“在热处理”状态下的零件实际尺寸确定。

螺柱型零件的ER应按复杂形状零件的方法、由该零件最厚法兰的厚度T确定。

5.7.2.3 **尺寸要求**

除下列情况外，QTC 的 ER 应大于或等于所验证零件的尺寸：

a) 对于 PSL2：

锻件：不要求超过 63 mm 等效圆的尺寸。

铸件：不要求超过 ASTM A 703 中所示的尺寸。

b) 对于 PSL3 和 PSL4：

不要求超过 125 mm 等效圆的尺寸。

注：制造商可选择符合 ASME 第Ⅷ卷第 2 册，AM-201 和 AM-202 QTC 的 ER，代替上述要求。

5.7.3 **工艺过程**

5.7.3.1 **熔炼、铸造和热加工**

a) 熔炼作法

在任何情况下，不应采用比所验证的材料更纯净的熔炼作业处理 QTC(如由重熔级或真空脱气材料制成的 QTC，不可证明在第一次熔炼时同炉而没有经历相同熔炼作法的材料)。从同一个重熔锭上切取下的重熔级材料，可用作验证在第一次熔炼时同炉的其他重熔级材料；在这些单一重熔锭中不应添加合金。但用于制造 PSL4 零件的重熔级材料(自耗电极法)，应在重熔锭的基础上验证。

b) 铸造作法

制造商应采用与被验证零件相同的铸造作法来铸造 QTC，以保证其准确的代表性。

c) 热加工作法

制造商所用 QTC 的锻造比，应小于或等于被验证零件的锻造比。QTC 总的锻造比不应超过所验证零件的总的锻造比。

5.7.3.2 **焊接**

除附着焊接外，不允许在 QTC 上焊接。

5.7.3.3 **热处理**

a) 设备鉴定

所有热处理作业应使用符合 5.8 的设备进行。

b) 分批热处理方法

QTC 应按照制造商规定的与被验证零件相同的热处理方法处理，QTC 应使用材料制造商规定的热处理程序进行热处理。

如果 QTC 试样与所验证的零件不同炉处理时，这些 QTC 进行奥氏体化、固溶热处理或时效硬化(当需要时)的温度，与所验证零件的温度差应控制在 14 ℃以内。零件的回火温度不应低于 QTC 回火温度 14 ℃，其上限不应高于材料的热处理工艺允许值。在每一温度下的保温时间不应超过对所验证的零件的保温时间。

c) 连续炉热处理方法

对连续炉热处理的材料，QTC 应取自与验证的材料同炉和相同的热处理批。

5.7.4 **材料鉴定**

5.7.4.1 **拉伸和冲击试样**

如果需要拉伸和(或)冲击试样，则应从经过最终热处理周期后的同一 QTC 上切取。如果多个 QTC 符合本标准的相应要求，且在相同的炉温设定值和时间下进行热处理，则可使用这些 QTC。

试样应从 QTC 上切取，其纵向中心线应完全在实心 QTC 距表面 1/4T 包线以内的芯部，或在空心 QTC(见图 3)最厚截面壁厚中心的 3 mm 以内。

尺寸大于 5.7.2.3 规定 QTC，试样不必从远离规定的 QTC 尺寸表面处切取。

试样应从 QTC 上切取，以便拉伸试样的标距长度和夏比 V-型缺口的底边距 QTC 端部至少 1/4T。

如果以牺牲零件作 QTC，则应在按 5.7.2 所限定的符合 QTC 尺寸要求的生产零件截面上切取试样。

应使用标准直径为 12.7 mm 的拉伸试样。若 QTC 实际形状影响其使用，可使用符合 ASTM A 370 要求的标准小尺寸试样。

应使用标准截面 10 mm×10 mm 的冲击试样，在材料不足时，应使用可获得的小一级的标准截面试样。冲击试样的缺口应在距表面 1/4*T* 包线以内的芯部。

5.7.4.2 硬度试验

在最终热处理周期后的 QTC 上应至少进行一次洛氏或布氏硬度试验。

QTC 硬度试验前的热处理周期应严格与拉伸和冲击试验试样所经历的热处理周期相同。硬度试验应按 ASTM E 10 或 ASTM E 18 规定的程序进行。

5.8 热处理设备鉴定

所有零件、QTC 和 TC 的热处理应在符合制造商规定的"生产型"设备上进行。

"生产型"热处理设备应是日常用于生产大于或等于 TC 试样的等效圆零件的设备。

5.9 材料验证

如果本标准中引用了本条，则制造商应规定验证和试验材料所必需的方法。

5.10 管堵和阀拆卸堵

管堵和阀拆卸堵的材料要求最低应与 PSL3 级的本体、盖、端部和出口连接(见 5.4)所规定的要求相同。

5.11 背压阀

背压阀的材料要求最低应与 PSL3 级的油管悬挂器(见 5.3)的要求相同。

5.12 压力边界贯穿装置

压力边界贯穿装置的材料要求应按制造商的规定，直接暴露于井眼流体和酸性环境(DD、EE、FF、HH 类材料)中的压力边界贯穿装置应满足 GB/T 20972.1～GB/T 20972.3 的要求。

5.13 防磨衬套

防磨衬套的材料要求应按制造商的规定，其硬度应符合 241 HBW～321 HBW。

5.14 毂端连接装置

GB/T 20174 中规定的毂的材料要求，应等同于毂被连接到的装置的材料要求，最低是 PSL2 级的本体、盖、端部和出口连接(见 5.4)的要求。

6 焊接——一般要求

6.1 总则

按下列四组制定要求：

a) 堆焊除外的非承压件焊接：PSL1～PSL3；

b) 本体、盖、端部和出口连接、管堵、阀拆卸堵和背压阀的承压件制造焊接：PSL1～PSL3；

c) 本体、盖、端部和出口连接、管堵、阀拆卸堵和背压阀的承压件修理焊接：PSL1～PSL3；

d) 耐蚀堆焊和(或)表面硬化及其他材料表面性能控制的堆焊：PSL1～PSL4。

6.2 堆焊除外的非承压件焊接(PSL1～PSL3)

a) 焊接工艺/性能

焊接工艺和性能的验证应按 ASME 第Ⅸ卷第Ⅱ章和第Ⅲ章进行。

b) 应用

焊接应按规定程序由合格的焊接人员进行。焊接型式和尺寸应符合制造商的设计要求。

c) 质量控制要求

焊接和完成的焊件应符合表 12 的要求。

表 12 焊接的质量控制要求

焊接类型	阶段	PSL1	PSL2	PSL3/PSL3G	PSL4
承压件焊接	准备	—	—	a	不允许焊接
	完成	—	a,b,c 或 d	a,b,c 或 d,e	
非承压件焊接	准备	—	—	a	
	完成	—	a	a,e	
补焊	准备	—	h	h	
	完成	—	a,b,f 或 g	a,b,e,f 或 g	
焊接金属堆焊层(垫环槽,阀杆、阀孔密封机构和节流阀板)	准备	—	—	b	b
	完成	—	b	b	b
焊接耐蚀合金堆焊层(本体、盖、端部和出口连接)	准备	a	a	a	a
	完成	a,b	a,b	a,b,i	a,b,i

a——目检;
b——对非铁磁材料的渗透检验和铁磁材料的磁粉检验;
c——射线(射线照像或显像)检验;
d——超声波检验;
e——硬度试验(焊缝);
f——如果焊缝厚度大于壁厚 25% 或 25 mm(取其小者),只用超声波检验;
g——如果对于 PSL2 焊缝厚度大于壁厚 25%,对于 PSL3 焊缝厚度大于壁厚 20% 或 25 mm(取其小者),只用射线(射线照像或显像)检验;
h——仅对材料缺陷采用适用的渗透或磁粉检验;
i——堆焊厚度的测量、连接整体性试验和内部检验应按照制造商的规范。如果堆焊层作为制造商设计准则或本标准设计准则的一部分,则内部检验应符合 7.4.2.3.15 方法和接收标准。

注:准备——指表面准备、连接装置准备、装配和预热。
完成——指所有焊接、焊后热处理和机加工以后。

6.3 承压件制造焊接——本体、盖、端部和出口连接、管堵、阀拆卸堵及背压阀

6.3.1 总则

管堵和阀拆卸堵允许非制造焊接。

6.3.2 PSL1

6.3.2.1 焊缝设计

制造商应有书面规范规定带公差的焊缝和焊槽的设计。附录 F 提供了推荐的焊缝坡口设计。

6.3.2.2 材料

a) 焊条

焊条应符合美国焊接协会或制造商的规范,制造商应有书面的焊条贮存和管理程序。低氢型焊条应按焊条制造商推荐的方法贮存和使用,以保持其原有的低氢特性。

b) 熔敷焊金属性能

通过工艺评定记录(PQR)确定的熔敷焊金属的力学性能,应符合或超过规定母材金属的最低力学性能。

6.3.2.3 焊接工艺评定

a) 书面程序

应按 ASME 第Ⅸ卷,第Ⅱ章描述的书面焊接工艺规程(WPS)进行焊接。焊接工艺规程应描述

所有影响焊接的基本的、非基本的及补充的因素(见 ASME 第Ⅸ卷)。

工艺评定记录应记录评定试验用所有基本的及补充的(如果需要)焊接工艺因素。焊接工艺规程和工艺评定记录均应按 7.5 的要求作为记录并存档。

b) 母材金属的编组

制造商对于未列入 ASME 第Ⅸ卷的材料,可建立 P-号编组。

c) 热处理状态

所有试验应根据制造商书面规范,在焊后热处理状态的试验焊件上进行。

d) 硬度试验

对 DD、EE、FF 和 HH 等级的金属,焊缝和母材金属热影响区(HAZ)截面应做硬度试验,并应作为工艺评定记录的一部分。其结果应符合 GB/T 20972.2 和 GB/T 20972.3 的要求。

制造商应规定硬度试验部位,以确定最大硬度。试验应按 ASTM E 18 洛氏方法或 ASTM E 92 维氏 10 kg 方法,在焊缝和母材金属热影响区截面上进行。结果应按 ASTM E 140 换算成相应的洛氏硬度 HRC。

e) 硬度试验(可选)

最低机械性能要求。为了检验硬度和评定生产焊件的质量,在焊缝金属上应至少做三个硬度试验,并将记录作为工艺评定记录的一部分。试验方法与检验生产焊件的方法相同。这些试验可根据 7.4.2.1.3b)所示的方法,用作评定硬度小于 7.4.2.1.3c)所示的焊缝金属。

f) 冲击试验

如果要求对母材金属做冲击试验,则试验应按 ASTM A 370 的要求采用夏比 V 型缺口方法进行。焊缝和母材金属热影响区的试验结果应符合母材金属的最低要求。试验结果的记录应成为工艺评定记录的一部分。

任一冲击试验的重复试验应符合 ASTM A 370。

6.3.2.4 焊接性能评定

a) 试验要求

焊机和焊接操作人员应符合 ASME 第Ⅸ卷第Ⅲ章的要求。

b) 记录

焊接工艺评定(WPQ)试验的记录应符合 ASME 第Ⅸ卷的要求

6.3.2.5 焊接要求

a) 评定

焊接应符合焊接工艺规程并使用合格的焊机和焊接操作人员。

b) 焊接工艺规程的使用

焊机和焊接操作人员应达到和符合焊接工艺规程规定的焊接参数。

c) 焊缝设计

作为生产零件设计部分的所有焊缝应由制造商作出规定,并说明对焊缝的要求。

d) 预热

当焊接工艺规程要求时,总成或零件预热应按制造商书面程序的规定进行。

6.3.2.6 焊后热处理

焊后热处理应按适用的焊接工艺规程进行。

焊缝可就地焊后热处理。制造商应规定就地焊后热处理的程序。

6.3.2.7 焊接控制

a) 程序

制造商焊接控制系统应包括监视、调整、控制焊机和焊接操作人员是否符合要求,焊接工艺规程的使用是否正确。

b) 仪表校准

检验温度、电压和电流的仪表应按制造商的书面规范保养和校准。

6.3.3 PSL2

6.3.3.1 总则

适用 PSL1 级的所有要求,并增加了在 6.3.3.2 至 6.3.3.4 的要求。

6.3.3.2 焊接工艺评定

a) 母材金属编组

在 ASME 第Ⅸ卷 P-号或 S-号组中未列出的母材金属,应由制造商予以专门评定。

b) 冲击试验

如果要求母材金属做冲击试验,则一组中的三个试样均应从焊缝金属和母材金属热影响区切取,且每个试样应至少有一面在材料表面的 1/4T 处。其中 T 为试验焊接厚度。试样缺口底边应正对试验焊件的表面,并处于下列位置:

1) 焊缝金属试样(每组三个):为 100%焊缝金属;

2) HAZ 试样(每组三个):应包括尽可能多的热影响区材料。

6.3.3.3 焊后热处理——炉内加热

焊后炉内热处理应在符合制造商规定要求的设备中进行。

6.3.3.4 焊后热处理——局部加热

焊后局部热处理应在焊接工艺规程规定的温度范围内,围绕焊缝带加热。在最大焊缝宽度的表面上,焊缝每侧的最小加热宽度应为焊缝厚度与距焊缝边缘 50 mm 中的较小者。不允许直接用火焰在材料上加热。

6.3.4 PSL3

6.3.4.1 总则

适用 PSL1 和 PSL2 的所有要求,并增加了在 6.3.4.2 至 6.3.4.4 的要求。

6.3.4.2 焊接工艺评定

6.3.4.2.1 热处理

试验焊件的焊后热处理应在焊接工艺规程规定的同一温度范围内进行。焊接工艺规程的焊后热处理允许范围应是标称温度范围±14 ℃。

6.3.4.2.2 化学分析

试验焊件母材金属和填充金属的化学成分,应由供应商提供或由试验获得,并应成为工艺评定记录的一部分。

6.3.4.2.3 硬度试验

如果焊接工艺用于评定 DD、EE、FF 或 HH 等级金属零件或装置,则硬度试验应符合 ASTM E 18 的洛氏法或符合 ASTM E 92 的维氏 10 kg 法。

a) 洛氏法

试验部位应按图 4 所示。

对于焊缝截面厚度小于 13 mm,硬度试验应在母材金属、焊缝和热影响区各进行四次。

对于焊缝截面厚度大于或等于 13 mm,硬度试验应在母材金属、焊缝和热影响区各进行六次。

对于所有厚度,热影响区硬度试验应在距焊缝内表面 2 mm 处的母材金属上,及距焊缝顶部和底部各 3 mm 内至少各试验一次。

b) 维氏 10 kg 法

试验部位应按图 5 所示。

对于焊缝截面厚度小于 13 mm,硬度试验应在母材金属和焊缝各进行四次。

对于焊缝截面厚度大于或等于 13 mm,硬度试验应在母材金属和焊缝各进行六次。

对于所有厚度,相距 3 mm 的多个热影响区硬度试验,应在距焊缝内表面 0.3 mm 处的母材金属上,及距焊缝顶部和底部各 2 mm 处至少应各试验一次。

6.3.4.3 焊接控制

用于检验焊接参数的仪器、仪表和量规，应按制造商制定的书面规范，用可追踪到制造商选定的国家或国际公认基准(器)的装置进行维护和校准。从制造商建立校准记录起，校准间隔最长为六个月。间隔可延长(最长增加六个月)或根据记载缩短。文字记录应注明校准日期、所用程序、准确度、频率和结果。

单位为毫米

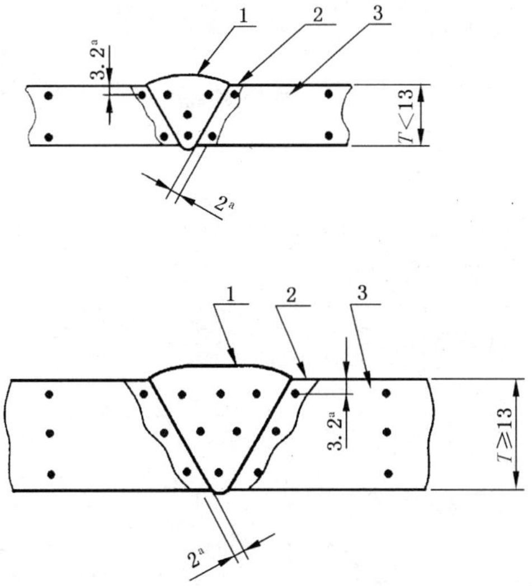

1——焊缝；

2——HAZ；

3——母材。

ª 典型尺寸。

图 4 焊接工艺评定洛氏硬度的测试位置(PSL3)

单位为毫米

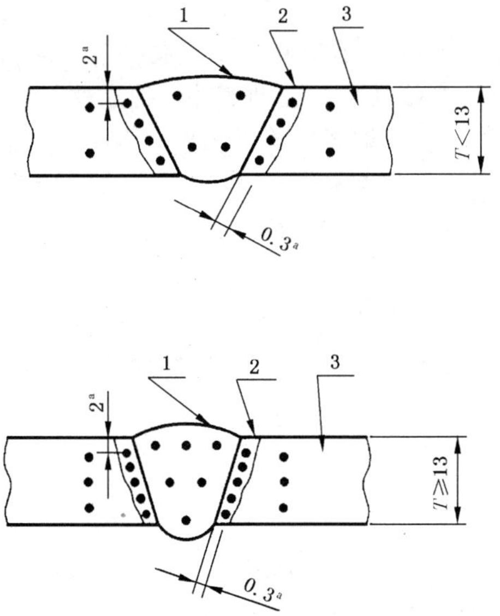

1——焊缝；

2——HAZ；

3——母材。

ª 典型尺寸。

图 5 焊接工艺评定维氏硬度的测试位置(PSL3)

6.3.4.4 应用

生产焊件的焊后热处理应在焊接工艺规程规定的同一温度范围内进行。生产焊件消除应力的热处理时间，不应小于试验焊件消除应力的热处理时间。

6.3.5 PSL4

除堆焊外，不允许焊接。

6.3.6 质量控制要求

承压焊件的要求见表 12。

6.4 承压件补焊——本体、盖、端部和出口连接、管堵、阀拆卸堵和背压阀

6.4.1 PSL1

a) 总则

所有补焊程序应规定焊接工艺规程和无损检测的要求。

焊接应按规定的焊接工艺规程进行。

b) 母材金属

在选择焊接工艺规程之前，应了解母材金属的成分、本标准规定的材料代号、冲击韧性和热处理状态(如果必要)。

c) 熔接

选择的焊接工艺规程和修补的方法应确认完全熔接。

d) 工艺评定记录

选择的焊接工艺规程应由 6.3.2.3 中所述及的工艺评定记录验证。

e) 补焊

管堵、阀拆卸堵和背压阀不允许补焊。

f) 措施

应有检查、鉴定和消除不符合条件的措施，见 7.4.2.2.13。

g) 焊机和焊接操作人员资格

焊机和焊接操作人员应具有 6.3.2.4 规定的资格。

6.4.2 PSL2 和 PSL3

应满足 PSL1 的所有要求。对螺栓孔、锥孔和机加工盲孔的补焊应增加如下要求：

a) 焊机和焊接操作人员应使用模拟孔进行辅助的补焊性能评定试验。
b) 补焊评定试验孔应按 7.4.2.2.14 射线照相探伤评定合格，或通过中心线的两个垂直分割面的横截面作酸洗宏观检查，以验证完全熔接。被分割开的四个件，每件的分割表面均应进行酸洗应进行宏观检查。该评定应包括孔的总深度。
c) 作为性能控制，补焊评定应受下列主要因素限制：
   1) 性能评定试验的孔径是合格的最小直径。任何比试验孔直径大的孔应认为合格；
   2) 试验孔的深度直径比，应证明所有相同的或较小的深度直径比的补焊孔合格；
   3) 性能评定试验孔应具有平行的直孔壁。如有锥度、止口或其他扩孔结构，则认为该孔的轮廓的变化是必要的。

6.4.3 PSL4

不允许补焊。

6.4.4 质量控制要求

焊缝无损检测应符合制造商和表 12 的要求。

6.5 耐蚀堆焊和(或)表面硬化堆焊及其他材料表面性能控制

6.5.1 PSL1

6.5.1.1 垫环槽

6.5.1.1.1 总则

本条适用于单件的连接装置与整体的端部和出口连接的垫环槽。

6.5.1.1.2 **堆焊工艺(性能)评定**

堆焊评定应按 ASME 第Ⅸ卷第Ⅱ章和第Ⅲ章执行。

a) 化学分析

化学分析应按 ASME 第Ⅸ卷要求,在距原有母材金属表面 3 mm 或更小的焊缝金属上进行。在该位置堆积的焊缝金属的化学成分应由制造商规定。对于奥氏体或 300 系列不锈钢,化学成分应符合表 13 要求。

b) 用于硫化氢环境的焊缝应符合 GB/T 20972.2 和 GB/T 20972.3 的要求。

表 13 化学成分要求

元　　素	成分(质量分数)/%
镍	8.0(最小)
铬	16.0(最小)
碳	0.08(最大)

6.5.1.1.3 **应用**

a) 焊后热处理

带耐蚀堆焊环槽的端部和出口连接,应经受符合焊接工艺规程的焊后热处理。

b) 堆焊环槽

堆焊环槽应按图 12、表 46 制作。

c) 其他堆焊

若其他堆焊堆积的焊缝金属的力学性能等于或超过母材金属的力学性能,则可采用。

6.5.1.2 **其他耐蚀堆焊**

6.5.1.2.1 **总则**

本条适用于除垫环槽以外的本体、盖、毂端连接装置、端部和出口连接装置的耐蚀堆焊。但不适用于硬化表面处理或阀孔密封机构、节流阀调节件或阀杆的堆焊。

6.5.1.2.2 **堆焊工艺(性能)评定**

堆焊评定应按 ASME 第Ⅸ卷第Ⅱ章和第Ⅲ章执行。

a) 化学分析

化学分析应按 ASME 第Ⅸ卷的要求,由制造商在完成的焊件最小厚度位置的焊缝金属上进行。

奥氏体不锈钢,化学成分应符合表 13 的要求。

镍基合金 UNS N06625,化学成分应符合表 14 中某一等级的要求。

应符合 GB/T 20972.2 和 GB/T 20972.3 要求的其他成份,堆焊层的化学分析应符合相应 NACE 认可材料的规范限制。

所有其他成分,堆焊层的化学分析应符合制造商书面规范的限制。

表 14 化学成分要求

等　　级	元　　素	成分(质量分数)/%
Fe5	铁	5.0(最大)
Fe10	铁	10.0(最大)

b) 力学性能

制造商应规定确定力学性能的方法,结果记录在工艺评定记录中。

焊后热处理之后,母材金属应保持最低力学性能要求。

如果制造商或本标准的设计准则不考虑堆焊层作为其零件,则不要求做堆焊层的拉伸试验和冲击试验。

如果制造商或本标准的设计准则考虑堆焊层作为其零件，则要求做堆焊层的力学性能试验。

c) 符合 GB/T 20972.2 和 GB/T 20972.3 的堆焊

用于硫化氢环境的堆焊应符合 GB/T 20972.2 和 GB/T 20972.3 的要求。

如果焊接工艺适用在 DD、EE、FF 或 HH 等级材料的本体、盖或法兰，则硬度试验可按 ASTM E 18 洛氏法或 ASTM E 92 维氏 10 kg 法进行。硬度试验每件至少应在三个位置上试验（母材金属、热影响区和堆焊层中至多两层的每一层）。所要求的硬度试验位置见图 6。

d) 弯曲试验指南

为了检验堆焊层/母材金属结合的牢固性，弯曲试验和验收准则应符合 ASME 第Ⅸ卷的要求。

单位为毫米

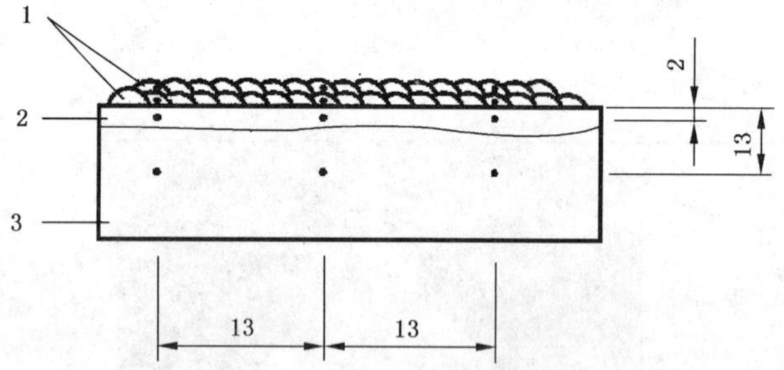

1——堆焊层；

2——HAZ；

3——母材。

图 6 堆焊的硬度试验位置

6.5.1.2.3 符合 GB/T 20972.2 和 GB/T 20972.3 的母材金属

经堆焊与焊后热处理的母材金属应符合 GB/T 20972.2 和 GB/T 20972.3 的要求。

6.5.1.3 其他

除 6.5.1.1 和 6.5.1.2 中所指的的堆焊外，其他堆焊不要求焊接工艺（性能）评定。但制造商应有书面程序，规定在最终机加工状态下持续符合材料表面性能的控制方法。

6.5.1.4 堆焊层修理

堆焊层修理包括用堆焊材料构成的相连的母材金属的修理，仅在下列情况适用：

a) 符合 6.5.1.1、6.5.1.2 或 6.5.1.3 的总要求；

b) 若堆焊时使用制造商或本标准设计规范中规定的材料和（或）母材金属，这些材料应符合设计准则中要求的特性；

c) 用于硫化氢环境的堆焊层修理和有关构成的母材金属符合 GB/T 20972.2 和 GB/T 20972.3 的要求。禁止对 PSL4 装置进行与堆焊无关的母材金属的补焊。

6.5.2 PSL2～PSL4

6.5.2.1 总则

应满足 PSL1 的所有要求，和 6.5.2.2～6.5.2.5 所给出的要求。

6.5.2.2 堆焊工艺（性能）评定

应按 ASME 第Ⅸ卷第Ⅱ章和第Ⅲ章的规定对堆焊、表面硬化处理或其他堆焊型式（如果适用）进行评定。

6.5.2.3 力学性能

母材金属的力学性能在焊后热处理后应保持最低力学性能要求。

制造商应制定确定力学性能的方法。结果应记录在工艺评定记录中。

6.5.2.4 垫环槽堆焊层的硬度试验

硬度试验作为工艺评定试验的一部分，应在焊缝金属上进行。试验位置应在距母材金属的 3 mm 范围之内。三个或更多个试验结果的平均值应大于或等于 83 HRB，并记录在工艺评定记录中。

6.5.2.5 质量控制要求

堆焊金属的质量控制要求见表 12。

除 6.5.1.1 和 6.5.1.2 中所指的的堆焊外，其他堆焊不要求焊接工艺(性能)评定。但制造商应有书面程序，规定在最终机加工状态下，持续符合制造商规定的材料表面性能的控制方法。

7 质量控制

7.1 总则

本章规定了符合本标准的装置和制造用材料的质量控制要求、质量控制记录要求。

7.2 测量和试验装置

7.2.1 总则

用于检查、试验或考核材料或其他装置的仪器设备，应按制造商规定的周期溯源到国家或国际认可的基准，并予以标志、控制、校准和调整，以保持符合本标准要求的准确度。

7.2.2 压力测量仪表

7.2.2.1 类型和准确度

压力测量仪表至少应准确到满量程的±0.5%。

7.2.2.2 校准程序

压力测量仪表应定期用标准压力测量装置或砝码试验器，在满量程的 25%、50%、75%刻度上重新校准。

7.2.2.3 校准周期

校准周期应根据使用的重复性和使用程度确定。根据记录的校准历史，校准周期可延长或者缩短。

直至制造商能建立校准情况记录前，校准周期应最长三个月，新延长的校准周期最多增加三个月。

7.3 质量控制人员资格

7.3.1 无损检测(NDE)人员

无损检测人员应按在 EN 473 或 ASNT SNT-TC-1A 规定的要求取得资格。

7.3.2 目视检验人员

目视检验人员应按 EN 473 或 ASNT SNT-TC-1A 的要求，每年进行一次视力检查。

7.3.3 焊接检验人员

对焊接作业和已完工焊件进行的目视检验人员，应取得下列资格和证书：

a) 美国焊接学会(AWS)颁发的焊接检验员证；或者

b) AWS 颁发的高级焊接检验员证；或者

c) AWS 颁发的副焊接检验员证；或者

d) 按制造商形成文件的培训计划颁发的焊接检验人员证。

7.3.4 其他人员

所有进行其他直接影响材料和产品质量控制活动的人员，应按制造商书面规定的要求取得资格。

7.4 质量控制要求

7.4.1 总则

7.4.1.1 质量控制表

本章所包括的表 15～表 34，列出了特定零件和装置的质量控制要求。

7.4.1.2 材料

第 5 章规定了包括芯轴式油管悬挂器和芯轴式套管悬挂器、本体、盖、端部和出口连接、密封垫环、管堵和阀拆卸堵、背压阀、压力边界贯穿装置、防磨衬套、毂端连接装置及鉴定试样的详细鉴定要求。

7.4.1.3 质量控制说明

所有质量控制工作应由制造商的书面规定加以控制，包括适用的方法和定量的或定性的验收准则。

无损检测规程应详述本标准的有关要求，及由制造商选定的适用的国家或国际认可标准中的要求。所有无损检测规程应由Ⅲ级检查人员批准。

7.4.1.4 验收状态

所有装置、零件和材料的验收状态应在装置、零件或材料上，或在可追踪到装置、零件或材料的记录上加以标识。

7.4.1.5 DD、EE、FF 和 HH 级材料

用于硫化氢环境作业的承压件或控压件，应逐一进行硬度试验，以验证已满足 GB/T 20972.2 和 GB/T 20972.3 规定的硬度值(对于可根据 7.4.6.2 取样的密封垫环除外)。如果 7.4.1 的其他要求满足本要求，则不要求再进行附加的试验或检验。

7.4.2 本体、盖、端部和出口连接及毂端连接装置(见表 15)

7.4.2.1 PSL1

7.4.2.1.1 拉伸试验

拉伸试验应按 5.4.2.2 进行。

表 15 对本体、盖、端部和出口连接及毂端连接装置的质量控制要求

<table>
<tr><td colspan="2" rowspan="2">检验项目</td><td colspan="4">相应条款</td></tr>
<tr><td>PSL1</td><td>PSL2</td><td>PSL3/3G</td><td>PSL4</td></tr>
<tr><td colspan="2">拉伸试验</td><td>7.4.2.1.1</td><td>7.4.2.2.1</td><td>7.4.2.2.1</td><td>7.4.2.2.1</td></tr>
<tr><td colspan="2">冲击试验</td><td>7.4.2.1.2</td><td>7.4.2.2.2[a]</td><td>7.4.2.3.2[a]</td><td>7.4.2.4.2[a]</td></tr>
<tr><td colspan="2">硬度试验</td><td>7.4.2.1.3</td><td>7.4.2.2.3</td><td>7.4.2.3.3</td><td>7.4.2.3.3</td></tr>
<tr><td colspan="2">硬度试验 GB/T 20972.2 和 GB/T 20972.3</td><td>7.4.1.5</td><td>7.4.1.5</td><td>7.4.1.5</td><td>7.4.1.5</td></tr>
<tr><td colspan="2">尺寸检验</td><td>7.4.2.1.4</td><td>7.4.2.1.4</td><td>7.4.2.3.4</td><td>7.4.2.3.4</td></tr>
<tr><td colspan="2">可追溯性</td><td rowspan="2">—</td><td>7.4.2.2.5</td><td>7.4.2.3.5</td><td>7.4.2.3.5</td></tr>
<tr><td colspan="2">化学分析</td><td>7.4.2.2.6</td><td>7.4.2.2.6</td><td>7.4.2.2.6</td></tr>
<tr><td colspan="2">目检</td><td>7.4.2.1.5</td><td>7.4.2.1.5、7.4.2.2.7</td><td>—</td><td>—</td></tr>
<tr><td colspan="2">表面无损检测</td><td>—</td><td>7.4.2.2.8、7.4.2.2.9</td><td>7.4.2.3.8</td><td>7.4.2.3.8</td></tr>
<tr><td rowspan="6">焊缝无损检测</td><td>总则</td><td>7.4.2.1.6</td><td>7.4.2.1.6</td><td>7.4.2.1.6</td><td rowspan="6">除堆焊层外不允许焊接(见 7.4.2.4.9)</td></tr>
<tr><td>目检</td><td rowspan="7">—</td><td>7.4.2.2.11</td><td>7.4.2.2.11</td></tr>
<tr><td>表面无损检测</td><td>7.4.2.2.12</td><td>7.4.2.2.12、7.4.2.3.11</td></tr>
<tr><td>补焊</td><td>7.4.2.2.13</td><td>7.4.2.2.13</td></tr>
<tr><td>内部无损检测</td><td>7.4.2.2.14</td><td>7.4.2.3.12</td></tr>
<tr><td>硬度试验</td><td rowspan="3">—</td><td>7.4.2.3.13</td></tr>
<tr><td colspan="2">连续性代码</td><td>7.4.2.3.14</td><td>7.4.2.3.14</td></tr>
<tr><td colspan="2">内部无损检测</td><td>7.4.2.3.15</td><td>7.4.2.4.11</td></tr>
<tr><td colspan="6">a 按 API Spec 6A(第 19 版)的技术勘误和正文的对应条款进行了修改。</td></tr>
</table>

7.4.2.1.2 冲击试验(适用于温度级别 K 和 L)

冲击试验应符合 5.4.2.4 进行。

7.4.2.1.3 **硬度试验**

a) 取样

单件连接装置不要求硬度试验。

额定工作压力为 13.8 MPa、20.7 MPa、34.5 MPa 的本体、盖、端部和出口连接装置及毂端连接装置，应按 GB/T 2828.1，检查水平Ⅱ，4.0 AQL 进行抽样。

额定工作压力为 69.0 MPa、103.5 MPa、138.0 MPa 的本体、盖、端部和出口连接装置及毂端连接装置，每件应进行硬度试验。

b) 试验方法

硬度试验应按 ASTM E 10 或 ASTM E 18 规定的程序进行。

其他测量单位应按 ASTM E 140 进行硬度换算。

试验应按制造商规范指定的位置，在最终热处理（包括所有消除应力的热处理）和外表面机加工完成后进行。

如果本体、端部和出口连接装置及毂端有不同的材料标记，则每个零件均应进行试验。

c) 验收准则

零件应达到表 16 规定的最小硬度值。

用非标高强度材料制造的零件应满足制造商书面规范的最小硬度要求。

如果测量值满足下列要求，则可验收不符合最小硬度等级的零件。

拉伸试验结果确定的平均抗拉强度，应使用 QTC 的硬度测量结果，以确定同炉热处理零件的最小硬度验收值。任何零件可验收的最小布氏硬度值按下式确定：

$$HBW_C = \frac{R_{m,min}}{R_{m,QTC}}(\overline{HBW}_{QTC})$$

式中：

HBW_C——零件最终热处理（包括消除应力）周期之后可接收的最小布氏硬度值；

$R_{m,min}$——相应材料代号用可接收的最小极限抗拉强度；

$R_{m,QTC}$——由 QTC 拉伸试验确定的平均极限抗拉强度；

$\overline{HBW}_{QTC}$——在 QTC 上进行的所有试验测得的布氏硬度平均值。

表 16 材料硬度要求

材料代号	布氏硬度
36 K，45 K	≥140 HBW
60 K	≥174 HBW
75 K	≥197 HBW

7.4.2.1.4 **尺寸检验**

a) 取样

应按 GB/T 2828.1，检验水平Ⅱ，1.5AQL 的要求抽样，且所有端部和出口连接的螺纹应用量规检验。

b) 试验方法

螺纹式端部和出口连接应在手紧装配下，用量规按图 20、图 21、图 22 所示检验紧密距。

c) 验收准则

应符合 GB/T 9253.2，或 ASME B1.1 和 ASME B1.2 的适用条款。

制造商应规定和验证关键尺寸。

关键尺寸的验收准则应按制造商的书面规范要求。

7.4.2.1.5 **目视检验**

a) 抽样

每件应作目视检验。

b) 试验方法

铸件的目视检查应按 JB/T 7927 规定的程序进行。

锻件的目视检查应按制造商的书面规范进行。

c) 验收准则

1) 铸件——按 JB/T 7927 的要求。

1 型:不可接受;

2 型～12 型:A 和 B 可接受。

2) 锻件——按制造商的书面规范。

7.4.2.1.6 焊缝无损检测——总则

如果有检验要求(见表 12)时,应对所有焊接形式的基本焊接参数和装置进行监测;在焊接过程中应进行核查;已完成的焊件(全部易接近的焊缝和焊缝周围至少 13 mm 范围内的母材金属)应进行检验,并符合本条的方法和验收准则。

不同于其他焊接方式,本体、盖和法兰的耐蚀堆焊层的要求和验收准则,应符合制造商的书面规范。制造商的耐蚀堆焊层书面规范应包括测定堆焊层厚度的方法。

7.4.2.2 PSL2

7.4.2.2.1 拉伸试验

PSL2 的拉伸试验要求应符合 5.4.2.3。

7.4.2.2.2 冲击试验

PSL2 的冲击试验要求应符合 5.4.2.4。

7.4.2.2.3 硬度试验

除所有零件应试验外,对 PSL2 硬度试验要求应与 PSL1 相同。

7.4.2.2.4 尺寸检验

PSL2 的尺寸检验要求应与 PSL1 相同。

7.4.2.2.5 可追溯性

要求具有工作批追溯能力。

按制造商的书面要求,应在材料或零件上保留标志,以便于追溯。

制造商书面规定的追溯要求应包括标志的维护或更换和标志控制记录。

7.4.2.2.6 化学分析

a) 取样

化学分析应逐炉进行。

b) 试验方法

化学分析应按制造商选定的国家或国际公认的标准进行。

c) 验收准则

化学成分应符合 5.4.5 和制造商书面规范的要求。

7.4.2.2.7 目视检验

非润湿和非密封表面的目视检验要求应和 PSL1 的要求相同。润湿和密封表面应按 7.4.2.2.8 和 7.4.2.2.9 述及的适用的表面无损检测方法进行检验。

7.4.2.2.8 表面无损检测(NDE)——铁磁性材料

a) 取样

每一完工零件所有易接近的润湿表面和所有易接近的密封表面,在最终热处理和机加工之后,应进行磁粉检验。

b) 试验方法

所有铁磁性材料应按 ASTM E 709 规定的程序检验。与井液接触表面或密封表面上不允许使用电极磁化法。

如果判断磁痕为非相关磁痕，则应使用渗透探伤方法，或去除磁痕重新探伤检验，以证实其非相关磁痕。

c) 验收准则

使用如下验收准则：

1) 无任何主要尺寸大于或等于 5 mm 的相关磁痕；
2) 在任意连续 40 cm^2 的面积内不多于 10 个相关磁痕；
3) 在同一直线上，没有四个或四个以上间隔小于 1.6 mm（边至边）的相关磁痕；
4) 在压力接触密封表面上无任何相关磁痕。

7.4.2.2.9 表面无损检测——非铁磁性材料

a) 取样

每一完工零件所有易接近的润湿表面和所有易接近的密封表面，在最终热处理和机加工后，应以液体渗透法检验。

b) 试验方法

所有非铁磁性材料应按 ASTM E 165 规定的程序进行检验。

c) 验收准则

使用如下验收准则：

1) 无任何相关线性显示；
2) 无任何主要尺寸大于或等于 5 mm 的相关圆状迹痕；
3) 在同一直线上，没有四个或四个以上间隔小于 1.6 mm（边至边）的相关圆状迹痕；
4) 在压力接触密封表面上无任何相关迹痕。

7.4.2.2.10 焊缝无损检测——总则

PSL2 的总则要求应与 PSL1 相同。

7.4.2.2.11 焊缝检验——目视

a) 取样

所有焊缝应在焊后热处理和机加工之后进行 100%目视检查。

b) 试验方法

检查应包括焊缝两侧相邻至少 13 mm 的母材金属。

c) 验收准则

使用如下验收准则：

1) 所有承压焊缝应完全穿透熔合；
2) 咬边不应使该处（两边）厚度减少到最小厚度以下；
3) 不允许在密封表面上或其 3 mm 之内有表面缩松和裸露的夹渣。

7.4.2.2.12 焊缝无损检测——表面

a) 取样

所有承压制造焊件和堆焊层，在全部焊接、焊后热处理和机加工完成之后，应进行 100%磁粉检验（铁磁性材料）或液体渗透检验（非铁磁性材料）。

b) 试验方法/验收——磁粉检验

检验应包括焊缝两侧相邻至少 13 mm 的母材金属。

磁粉检验应按 7.4.2.2.8 所述和下列附加验收准则进行：

1) 没有相关线性显示；
2) 深度小于或等于 16 mm 的焊缝，没有大于 3 mm 的圆状显示；深度大于 16 mm 的焊缝没有大于 5 mm 的圆状显示。

c) 试验方法/验收——液体渗透检验

液体渗透检验应按 7.4.2.2.9 所述和下列附加验收准则进行：

深度小于或等于 16 mm 的焊缝应没有任何大于 3 mm 的圆状迹痕；深度大于 16 mm 的焊缝无任何大于 5 mm 的圆状迹痕。

7.4.2.2.13 补焊

所有补焊应采用与所修补的焊件母体金属或焊缝金属相同的方法和验收准则进行检验。

检验应包括所有焊缝两侧邻近 13 mm 内的母材金属。

准备焊接的表面应在焊接前进行检验，以保证清除缺陷至可接受的程度。方法和验收准则应符合 7.4.2.2.12 的要求。

7.4.2.2.14 焊缝无损检测——内部

a) 取样

所有承压焊接件在焊接、焊后热处理和机加工之后，应进行 100% 的射线照相或超声波检验。所有修补大于原有壁厚的 25% 或 25 mm(取较小者)的补焊焊缝，应在所有焊接及焊后热处理之后，进行射线照相或超声波检验。检验应包括所有焊缝两侧相邻至少 13 mm 的母材金属。

b) 试验方法——射线照相检验

射线照相检验应对最小当量灵敏度 2%，按 ASTM E 94 的规定程序进行。

X-射线和 γ-射线辐射源在各自厚度范围限度之内均可采用。如果制造商有书面记载证明这些方法会产生最小当量灵敏度 2% 的结果，则实时显象和记录/增强方法均可采用。线型显象质量指示器可按 ASTM E 747 采用。

c) 验收准则——射线照相检验

使用如下验收准则：

1) 无任何类型的裂纹、未完全熔合或未焊透的缺陷区；
2) 无任何含有长度大于或等于表 17 数值的延伸熔渣；
3) 在任何总长度为 $12T$ 的焊缝内，没有线性累计长度大于焊缝厚度 T 的夹渣群，除非连续熔渣之间的距离超过最长夹渣长度的六倍；
4) 无任何超过 ASME 第Ⅷ卷第 1 册附录 4 规定的圆状显示。

d) 试验方法——超声波检验

超声波检验应按 ASME 第Ⅴ卷第 5 章规定的程序进行。

e) 验收准则——超声波检验

使用如下验收准则：

1) 无任何振幅超过基准值的信号显示；
2) 无任何解释为裂纹、未完全焊透或未完全熔接的线性显示；
3) 无任何振幅超过表 17 基准值的熔渣显示。

表 17 延伸熔渣长度要求

焊缝厚度 T/mm	熔渣长度 L/mm
<19.0	6.4
19～57.0	0.33T
>57.0	19.0

注：T 是被检验焊缝的厚度；如焊接连接不同厚度的两件，则 T 是两件厚度中的较小者。

7.4.2.3 **PSL3/3G**

7.4.2.3.1 **拉伸试验**

PSL3 的拉伸试验要求应与 PSL2 相同。

7.4.2.3.2 **冲击试验**

PSL3 的冲击试验要求，应符合 5.4.2.4。

7.4.2.3.3 **硬度试验**

PSL3 的硬度试验要求应与 PSL2 的相同，但应在每一完工零件(本体、盖与端部连接)上进行一次硬度试验，并按制造商设计文件规定的位置，在每一端部连接面上进行附加试验。

7.4.2.3.4 **尺寸检验**

PSL3 的尺寸检验要求应与 PSL1 的相同。另外，应对所有零件进行检验。

7.4.2.3.5 **可追溯性**

PSL3 的制造零件应能追溯到熔炼炉号和热处理批号。

7.4.2.3.6 **化学分析**

PSL3 的化学分析要求应与 PSL2 相同。

7.4.2.3.7 **目视检查**

不要求。

7.4.2.3.8 **表面无损检测**

PSL3 的表面无损检测要求应与 PSL2 相同(见 7.4.2.2.8 和 7.4.2.2.9)。

另外，每件完工零件的所有易接近表面均应检查；所有磁粉检验应采用湿荧光法；表面无损检测应在所有堆焊准备的表面上进行(见表 12)。

7.4.2.3.9 **焊缝无损检测——总则**

PSL3 的焊缝无损检测总则要求应与 PSL1 相同。

PSL3 的修焊要求应与 PSL2 相同。

7.4.2.3.10 **焊缝检验——目视**

PSL3 的目检要求应与 PSL2 相同。

7.4.2.3.11 **焊缝无损检测——表面探伤**

PSL3 的表面要求应与 PSL2 相同。另外磁粉检验应按湿荧光法进行。

7.4.2.3.12 **焊缝无损检测——内部探伤**

除所有补焊外，对 PSL3 内部探伤的要求应与 PSL2 相同，如果补焊超过原有壁厚的 20%或 25 mm(取较小者)，或槽腔范围超过 65 cm^2，经全部焊接和焊后热处理完后，应用射线照相或超声波检验。

7.4.2.3.13 **焊缝无损检测——硬度试验**

a) 取样

所有易接近的承压、非承压和修补焊缝应 100%抽样。

b) 试验方法

硬度试验应按 ASTM E 10 或 ASTM E 18 规定的程序进行。

在所有热处理和机加工之后，至少应在焊缝和相邻未受影响的母材金属上各进行一次硬度试验。

c) 验收准则

硬度值应符合 7.4.2.1.3 对母材的要求。

如果焊缝位置无法进行硬度试验，则应以工艺评定记录(PQR)记录的硬度作为验收基准。

7.4.2.3.14 **连续性代码**

应对每一单个零件和(或)装置分配唯一的代码并给予相应的标识，以保持可追溯性和相关的记录。

7.4.2.3.15 **内部无损检测**

a) 取样

在进行改善力学性能的热处理之后和限制检验结果有效解释的机加工之前，应对每个零件尽实际可能进行内部探伤(射线照片或超声波)。

对于淬火和回火产品，在改善力学性能热处理(不包括消除应力热处理或重新回火减小硬度)之后，应进行内部探伤。

b) 超声波检验

1) 试验方法

热加工件：其超声波检验应按 ASTM A 388(除浸渍法可使用以外)和 GB/T 11259 规定的平底孔规程进行。

校准：金属厚度 38 mm 以下时，距离-波幅曲线(DAC)应以 1.6 mm 平底孔为基准绘制；金属厚度 38 mm～150 mm 时，DAC 曲线应以 3.2 mm 平底孔为基准绘制；金属厚度超过 150 mm 时 DAC 曲线应以 6.4 mm 平底孔为基准绘制。

2) 验收准则

使用如下验收准则：

无任何单个超过基准距离-波幅曲线的显示；

无任何多个迹痕超过基准距离-波幅曲线 50%。多个迹痕是指在任何方向上彼此间距在 13 mm 以内有两个或两个以上的显示(每个均超过基准距离-波幅曲线 50%)。

c) 射线照相检验

1) 试验方法

热加工零件的射线照相检验应按 7.4.2.2.14 规定的方法进行。

2) 验收准则

对热加工件使用以下验收准则：

无任何裂纹、折皱或爆裂；

无任何长度大于表 17 数值的细长显示；

在一条线上的每 $12T$ 长度内，无任何累积长度大于 T 的成组显示。

7.4.2.4 **PSL4**

7.4.2.4.1 **拉伸试验**

PSL4 的拉伸试验要求应与 PSL2 相同。

7.4.2.4.2 **冲击试验**

PSL4 的冲击试验要求应符合 5.4.2.4。

7.4.2.4.3 **硬度试验**

PSL4 的硬度试验要求应与 PSL3 相同。

7.4.2.4.4 **尺寸检验**

PSL4 的尺寸检验要求应与 PSL3 相同。

7.4.2.4.5 **可追溯性**

PSL4 的可追溯性要求应与 PSL3 相同。

7.4.2.4.6 **化学分析**

PSL4 的化学分析要求应与 PSL2 相同。

7.4.2.4.7 **目视检验**

不要求。

7.4.2.4.8 **表面无损检测**

PSL4 的表面无损检测要求应与 PSL3 相同。

7.4.2.4.9 焊缝无损检测

除堆焊外，不允许在 PSL4 零件或装置上焊接，在 PSL4 堆焊层的无损检测要求应与 PSL3 相同。

7.4.2.4.10 连续性代码

PSL4 的连续性代码要求应与 PSL3 相同。

7.4.2.4.11 内部无损检测

除如下要求外，PSL4 的内部无损检测要求应与 PSL3 相同：

a) 验收准则——超声波检验

验收准则应与 PSL3 相同。另外，在同一平面上，不论测头两倍直径面积上的振幅如何，应无任何成串显示。

b) 验收准则——热加工件的射线照相检验

1) 无任何裂纹、折皱或爆裂；

2) 无任何大于 6.4 mm 的细长显示；

3) 无任何多于两个间隔小于 13 mm 的显示。

7.4.3 阀杆(PSL1～PSL4)

7.4.3.1 质量控制要求、方法和验收准则

表 18 列出对阀杆的质量控制要求。阀杆的要求与本体、盖相同，此外，材料性能应符合 5.1 和 5.2 的要求。阀杆的冲击试验要求和验收准则应与本体、盖、端部与出口连接相同。

表 18 阀杆的质量控制要求

<table>
<tr><th colspan="2" rowspan="2">检验项目</th><th colspan="4">相应条款</th></tr>
<tr><th>PSL1</th><th>PSL2</th><th>PSL3</th><th>PSL4</th></tr>
<tr><td colspan="2">拉伸试验</td><td>5.6</td><td>5.7</td><td>5.7</td><td>5.7</td></tr>
<tr><td colspan="2">冲击试验</td><td>5.9</td><td>7.4.2.1.2</td><td>7.4.2.1.2</td><td>7.4.2.1.2</td></tr>
<tr><td colspan="2">硬度试验</td><td>7.4.2.1.3</td><td>7.4.2.2.3</td><td>7.4.2.3.3</td><td>7.4.2.3.3</td></tr>
<tr><td colspan="2">硬度试验(GB/T 20972.2 和 GB/T 20972.3)</td><td>7.4.1.5</td><td>7.4.1.5</td><td>7.4.1.5</td><td>7.4.1.5</td></tr>
<tr><td colspan="2">尺寸检验</td><td>7.4.2.1.4</td><td>7.4.2.1.4</td><td>7.4.2.3.4</td><td>7.4.2.3.4</td></tr>
<tr><td colspan="2">可追溯性</td><td rowspan="2">—</td><td>7.4.2.2.5</td><td>7.4.2.3.5</td><td>7.4.2.3.5</td></tr>
<tr><td colspan="2">化学分析</td><td>7.4.2.2.6</td><td>7.4.2.2.6</td><td>7.4.2.2.6</td></tr>
<tr><td colspan="2">目检</td><td>7.4.2.1.5</td><td>7.4.2.2.7</td><td>—</td><td>—</td></tr>
<tr><td colspan="2">表面无损检测</td><td>—</td><td>7.4.2.2.8、7.4.2.2.9</td><td>7.4.2.3.8</td><td>7.4.2.3.8</td></tr>
<tr><td rowspan="6">焊缝无损检测</td><td>总则</td><td>7.4.2.1.6</td><td>7.4.2.1.6</td><td>7.4.2.1.6</td><td rowspan="6">除堆焊层外不允许焊接(见 7.4.2.4.9)</td></tr>
<tr><td>目检</td><td rowspan="7">—</td><td>7.4.2.2.11</td><td>7.4.2.2.11</td></tr>
<tr><td>表面无损检测</td><td>7.4.2.2.12</td><td>7.4.2.3.11</td></tr>
<tr><td>补焊</td><td>7.4.2.2.13</td><td>7.4.2.2.13</td></tr>
<tr><td>内部无损检测</td><td>7.4.2.2.14</td><td>7.4.2.3.12</td></tr>
<tr><td>硬度试验</td><td rowspan="3">—</td><td>7.4.2.3.13</td></tr>
<tr><td colspan="2">连续性代码</td><td>7.4.2.3.14</td><td>7.4.2.3.14</td></tr>
<tr><td colspan="2">内部无损检测</td><td>7.4.3.2</td><td>7.4.3.2</td></tr>
</table>

7.4.3.2 内部无损检测(PSL3 和 PSL4)

a) 取样

每个阀杆或用于加工阀杆的棒料，应使用超声波或射线照相进行内部探伤。检验应在最终热处理(消除应力热处理除外)之后，和在限制检验结果有效解释的机加工之前进行。

b) 试验方法

锻件应根据 7.4.2.3.15 所规定的方法进行检验。如果进行超声波检验，则应采用直射技术，从外径和两端对每根阀杆或加工阀杆的棒料进行超声波检验。若不能采用直射技术进行阀杆的轴向检验，则应采用斜射技术进行检验。

c) 校准

距离-波幅曲线(DAC)以直径为 3.2 mm 平底孔(直射技术)和深 25 mm、直径 1.6 mm 侧钻孔(斜射技术)为基准绘制。

d) 验收准则

验收准则应符合 7.4.2.3.15。

7.4.4 其他压力边界贯穿装置(PSL1～PSL4)

其他压力边界贯穿装置的质量应按制造商的书面规范予以控制，材料性能应符合 5.1 和 5.2 的要求。

7.4.5 阀孔密封机构和节流阀调节件(PSL2～PSL4)

表 19 列出了阀孔密封机构和节流阀调节件的质量控制要求。节流阀调节件，应仅进行表面无损检测和连续性代码。铜连接装置、压配合或热压配合连接装置不需进行表面无损检测。铜连接装置、压配合或热压配合连接装置的显示限制是无相关的。

除阀孔密封机构的材料性能应符合 5.1 和 5.2 的要求、不需要内部无损检测外，其他要求与本体、盖相同。

表 19 阀孔密封机构和节流阀调节件质量控制要求

<table>
<tr><th colspan="2" rowspan="2">检验项目</th><th colspan="4">相应条款</th></tr>
<tr><th>PSL1</th><th>PSL2</th><th>PSL3</th><th>PSL4</th></tr>
<tr><td colspan="2">拉伸试验</td><td rowspan="2">—</td><td rowspan="2">—</td><td>5.7</td><td>5.7</td></tr>
<tr><td colspan="2">硬度试验</td><td>7.4.2.3.3</td><td>7.4.2.3.3</td></tr>
<tr><td colspan="2">硬度试验(GB/T 20972.2 和 GB/T 20972.3)</td><td>7.4.1.5</td><td>7.4.1.5</td><td>7.4.1.5</td><td>7.4.1.5</td></tr>
<tr><td colspan="2">尺寸检验</td><td rowspan="10">—</td><td rowspan="4">—</td><td>7.4.2.1.4
7.4.2.3.4</td><td>7.4.2.1.4
7.4.2.3.4</td></tr>
<tr><td colspan="2">可追溯性</td><td>7.4.2.3.5</td><td>7.4.2.3.5</td></tr>
<tr><td colspan="2">化学分析</td><td>7.4.2.2.6</td><td>7.4.2.2.6</td></tr>
<tr><td colspan="2">表面无损检测</td><td>7.4.2.3.8</td><td>7.4.2.3.8</td></tr>
<tr><td rowspan="5">焊缝无损检测</td><td>总则</td><td>7.4.2.1.6</td><td>7.4.2.1.6</td><td rowspan="5">除堆焊层外不允许焊接(见 7.4.2.4.9)</td></tr>
<tr><td>目检</td><td>7.4.2.2.11</td><td>7.4.2.2.11</td></tr>
<tr><td>表面无损检测</td><td>7.4.2.2.12</td><td>7.4.2.3.11</td></tr>
<tr><td>补焊</td><td>7.4.2.2.13</td><td>7.4.2.2.13</td></tr>
<tr><td>硬度试验</td><td rowspan="2">—</td><td>7.4.2.3.13</td></tr>
<tr><td colspan="2">连续性代码</td><td>7.4.2.3.14</td><td>7.4.2.3.14</td></tr>
<tr><td colspan="6">注：节流阀调节件只要求表面无损检测和连续性代码(见 7.4.5)。</td></tr>
</table>

7.4.6 密封垫环(PSL2～PSL4)(见表 20)

7.4.6.1 尺寸检验

a) 取样

抽样应按制造商文件规定的要求进行。

b) 试验方法

应按制造商文件规定的程序进行。

c) 验收准则

应符合 10.4.2.1 的要求。

7.4.6.2 硬度试验

a) 抽样

在完工的垫环上,最少抽样数量应按 GB/T 2828.1,检查水平Ⅱ,1.5AOL 进行。

b) 试验方法

按 ASTM E 18 规定的程序,最少应进行一次硬度试验。硬度试验的位置应按图 7 所示。

c) 验收准则

验收准则应符合表 21。

表 20 密封垫环质量控制要求

检验项目	相应条款			
	PSL1	PSL2	PSL3	PSL4
尺寸检验	7.4.6.1	7.4.6.1	7.4.6.1	7.4.6.1
硬度试验	7.4.6.2	7.4.6.2	7.4.6.2	7.4.6.2
硬度试验(GB/T 20972.2 和 GB/T 20972.3)	7.4.1.5	7.4.1.5	7.4.1.5	7.4.1.5
表面粗糙度	7.4.6.3	7.4.6.3	7.4.6.3	7.4.6.3

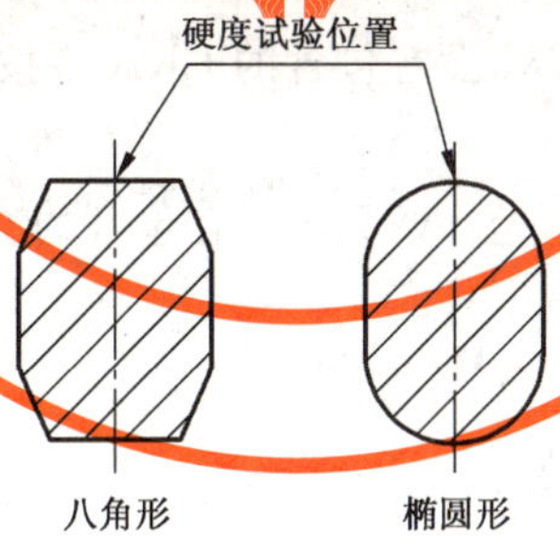

图 7 垫环硬度试验位置

7.4.6.3 表面粗糙度

a) 取样

应按照制造商书面规定的要求进行。

b) 试验方法

应按制造商的书面程序进行。

c) 验收准则

验收准则符合表 22。

表 21 密封垫环硬度试验验收准则

材料	硬度
软铁	≤56 HRB
碳钢和低合金钢	≤68 HRB
不锈钢	≤83 HRB
Ni 合金 UNS N08825	≤92 HRB
CRA	硬度应符合制造商的书面规范要求

表 22 密封垫环表面粗糙度验收准则

垫环型式	表面粗糙度 $Ra/\mu m$
R	≤1.6
RX	≤1.6
BX	≤0.8

7.4.7 **螺柱和螺母(PSL1～PSL4)**(见表 23)

7.4.7.1 **总则**

螺柱和螺母的要求仅适用于 10.1 中所规定的端部和出口法兰及螺柱连接。质量控制应按表 23 和下列要求进行(其他螺柱和螺母应符合 4.3.4 设计要求和制造商的规范)。

7.4.7.2 **拉伸试验**

除屈服强度应符合或超过表 54 所示最小值外,拉伸试验要求应按 ASTM A 193、ASTM A 194、ASTM A 320 或 ASTM A 453 规定的相应程序进行。

7.4.7.3 **冲击试验**

螺柱和螺母冲击试验应按表 54 所规定的要求进行。

7.4.7.4 **尺寸检验**

a) 取样

应按适用的 ASTM 规范要求,ASTM 没有包含的 CRA 应按制造商的书面规范。

b) 试验方法

应按适用的 ASTM 规范,ASTM 没有包含的 CRA 应按制造商的书面规范。

c) 验收准则

验收准则应按适用的 ASTM 规范,ASTM 没有包含的 CRA 应按制造商的书面规范。

7.4.7.5 **硬度试验**

a) 试样

试样应符合适用的 ASTM 规范。

b) 取样

应符合适用的 ASTM 规范。此外,ASTM A 453、660 级栓接材料和其他 CRA 栓接材料应分别进行硬度试验。

c) 试验方法

硬度试验应按 ASTM E 18 和 ASTM A 370 进行。

d) 验收准则

暴露栓接的验收准则应符合 GB/T 20972.2 和 GB/T 20972.3,非暴露栓接的硬度试验不要求符合 GB/T 20972.2 和 GB/T 20972.3。

所有其他栓接,应符合适用的 ASTM 规范,ASTM 没有包含的 CRA 应按制造商的书面规范。

7.4.7.6 化学分析

化学分析应按适用的ASTM规范规定的程序进行，ASTM没有包含的CRA应按制造商的书面规范进行。

表23 螺柱和螺母质量控制要求

检验项目	相应条款			
	PSL1	PSL2	PSL3	PSL4
拉伸试验	7.4.7.2	7.4.7.2	7.4.7.2	7.4.7.2
冲击试验	7.4.7.3	7.4.7.3	7.4.7.3	7.4.7.3
尺寸检验	7.4.7.4	7.4.7.4	7.4.7.4	7.4.7.4
硬度试验	7.4.7.5	7.4.7.5	7.4.7.5	7.4.7.5
硬度试验(GB/T 20972.2和GB/T 20972.3)	7.4.7.5	7.4.7.5	7.4.7.5	7.4.7.5
化学分析	7.4.7.6	7.4.7.6	7.4.7.6	7.4.7.6

7.4.8 非金属密封材料(PSL1～PSL4)(见表24)

表24 非金属密封材料的质量控制要求

检验项目	相应条款			
	PSL1	PSL2	PSL3	PSL4
尺寸检验	7.4.8.1.1	7.4.8.1.1	7.4.8.1.1	7.4.8.1.1
目检	7.4.8.1.2	7.4.8.1.2	7.4.8.1.2	7.4.8.1.2
硬度	7.4.8.1.3	7.4.8.1.3	7.4.8.1.3	7.4.8.1.3
文件	—	7.4.8.2.4	7.4.8.3.4	7.4.8.4.4
批可追溯性	—	—	7.4.8.3.4a)	7.4.8.3.4a)
硫化日期证书			7.4.8.3.4b)	7.4.8.3.4b)
储存期限截止日期证书			7.4.8.3.4c)	7.4.8.3.4c)
物理性能数据			—	7.4.8.4.4
贮存和老化控制			9.6	9.6

7.4.8.1 PSL1

7.4.8.1.1 尺寸检验

a) 取样

非金属密封件的抽样，O形圈应按GB/T 2828.1，检查水平Ⅱ，2.5AQL进行；其他密封件应按GB/T 2828.1，检查水平Ⅱ，1.5AQL进行。

b) 试验方法

每件试样应按规定的公差检验尺寸。

c) 验收准则

如果按程序检验出的拒收量少于允许的样品拒收量，则该批应验收通过。

7.4.8.1.2 目视检验

a) 取样

O形圈抽样应按GB/T 2828.1，检查水平Ⅱ，2.5AQL进行；其他密封件应按GB/T 2828.1，检查水平Ⅱ，1.5AQL进行。

b) 试验方法

每件试样应按照厂书面要求进行目视检验。

c) 验收准则

如果按程序检验出的拒收量少于允许的样品拒收量,则该批应验收通过。

7.4.8.1.3 **硬度试验**

a) 取样

O 型圈抽样应按 GB/T 2828.1,检查水平Ⅱ,2.5AQL 进行;其他密封件应按 GB/T 2828.1,检查水平Ⅱ,1.5AQL 进行。

b) 试验方法

硬度试验应按 ASTM D 2240 或 ASTM D 1415 规定的程序进行。

c) 验收准则

硬度应按制造商的书面规范加以控制。

7.4.8.2 **PSL2**

7.4.8.2.1 **尺寸检验**

PSL2 的尺寸检验要求应与 PSL1 相同。

7.4.8.2.2 **目视检验**

PSL2 的目视检验要求应与 PSL1 相同。

7.4.8.2.3 **硬度试验**

PSL2 的硬度试验要求应与 PSL1 相同。

7.4.8.2.4 **文件**

供应者/制造商应证明材料和最终产品符合制造商的规范。证书上应包括厂的零件号、规范编号和部件号。

7.4.8.3 **PSL3**

7.4.8.3.1 **尺寸检验**

PSL3 的尺寸检验要求应与 PSL1 相同。

7.4.8.3.2 **目视检验**

PSL3 的目视检验要求应与 PSL1 相同。

7.4.8.3.3 **硬度试验**

PSL3 的硬度试验要求应与 PSL1 相同。

7.4.8.3.4 **文件**

对 PSL3 的文件要求应与 PSL2 相同。此外,还应包括下列文件:

a) 批号

b) 硫化/模压日期

c) 储存期限截止日期。

7.4.8.3.5 **贮存和老化控制**

非金属密封材料的贮存应符合 9.6 的要求。

7.4.8.4 **PSL4**

7.4.8.4.1 **尺寸检验**

PSL4 的尺寸检验要求应与 PSL1 相同。

7.4.8.4.2 **目视检验**

PSL4 的目视检验要求应与 PSL1 相同。

7.4.8.4.3 **硬度试验**

PSL4 的硬度试验要求应与 PSL1 相同。

7.4.8.4.4 **文件**

PSL4 的文件要求应与 PSL3 相同。此外，还应包括下列文件：

a) 供应者/制造商应提供其供应化合物的物理性能试验结果副本。物理性能应符合制造商的书面规范。

b) 鉴定合成橡胶的物理性能数据应包括表 25 中的内容。

c) 其他非金属密封材料的物理性能，应符合制造商的书面规范要求。

7.4.8.4.5 **贮存和老化控制**

PSL4 非金属密封材料的贮存要求应与 PSL3 相同。

表 25 合成橡胶的物理性能数据

数据	文件
硬度试验	ASTM D 1414、ASTM D 2240
拉伸试验	ASTM D 412、ASTM D 1414
伸长率	ASTM D 412、ASTM D 1414
压缩变形	ASTM D 395、ASTM D 1414
模量	ASTM D 412、ASTM D 1414
浸液	ASTM D 471、ASTM D 1414

7.4.9 **组装装置**(PSL1～PSL4)

7.4.9.1 **总则**

表 26～表 30 提供了组装装置的质量控制要求，该要求根据不同的产品规范级别列出。

首先进行本体静水压试验。在阀安装、操作和试验后，应进行通径试验。其他试验的顺序由制造商自定。

表 26 全径阀的质量控制要求

检验项目	相应条款				
	PSL1	PSL2	PSL3	PSL3G	PSL4
通径试验	7.4.9.3.1	7.4.9.3.1	7.4.9.3.1	7.4.9.3.1	7.4.9.3.1
静水压试验	本体 7.4.9.3.3 阀座 7.4.9.3.5	本体 7.4.9.3.3 阀座 7.4.9.4.5	—	—	—
静水压试验（延长的）	—	—	本体 7.4.9.5.4 阀座 7.4.9.5.6	本体 7.4.9.5.4 阀座 7.4.9.5.6	本体 7.4.9.5.4 阀座 7.4.9.5.6
气压试验	—	—	—	本体 7.4.9.5.7 阀座 7.4.9.5.8 倒密封 7.4.9.5.9[a]	本体 7.4.9.6.6 阀座 7.4.9.6.7 倒密封 7.4.9.6.8
可追溯性	—	—	7.4.9.2.2b)	7.4.9.2.2b)	7.4.9.2.2b)
连续性代码	—	7.4.9.2.1b)	7.4.9.2.1b)	7.4.9.2.1b)	7.4.9.2.1b)

[a] 可选。

表 27　常规阀和文丘里阀的质量控制要求

<table>
<tr><th rowspan="2">检验项目</th><th colspan="5">相　应　条　款</th></tr>
<tr><th>PSL1</th><th>PSL2</th><th>PSL3</th><th>PSL3G</th><th>PSL4</th></tr>
<tr><td>静水压试验</td><td>本体 7.4.9.3.3
阀座 7.4.9.3.5</td><td>本体 7.4.9.3.3
阀座 7.4.9.3.5</td><td>—</td><td>—</td><td>—</td></tr>
<tr><td>静水压试验
（延长的）</td><td rowspan="4">—</td><td rowspan="3">—</td><td>本体 7.4.9.5.4
阀座 7.4.9.5.6</td><td>本体 7.4.9.5.4
阀座 7.4.9.5.6</td><td>本体 7.4.9.5.4
阀座 7.4.9.5.6</td></tr>
<tr><td>气压试验</td><td>—</td><td>本体 7.4.9.5.7
阀座 7.4.9.5.8
倒密封 7.4.9.5.9[a]</td><td>本体 7.4.9.6.6
阀座 7.4.9.6.7
倒密封 7.4.9.6.8</td></tr>
<tr><td>可追溯性</td><td>7.4.9.2.2b)</td><td>7.4.9.2.2b)</td><td>7.4.9.2.2b)</td></tr>
<tr><td>连续性代码</td><td>7.4.9.2.1b)</td><td>7.4.9.2.1b)</td><td>7.4.9.2.1b)</td><td>7.4.9.2.1b)</td></tr>
<tr><td colspan="6">[a] 可选。</td></tr>
</table>

表 28　止回阀的质量控制要求

<table>
<tr><th rowspan="2">检验项目</th><th colspan="5">相　应　条　款</th></tr>
<tr><th>PSL1</th><th>PSL2</th><th>PSL3</th><th>PSL3G</th><th>PSL4</th></tr>
<tr><td>静水压试验</td><td>本体 7.4.9.3.3
阀座 7.4.9.3.5</td><td>本体 7.4.9.3.3
阀座 7.4.9.3.5</td><td>—</td><td>—</td><td>—</td></tr>
<tr><td>静水压试验
（延长的）</td><td rowspan="4">—</td><td rowspan="3">—</td><td>本体 7.4.9.5.4
阀座 7.4.9.5.6</td><td>本体 7.4.9.5.4
阀座 7.4.9.5.6</td><td>本体 7.4.9.5.4
阀座 7.4.9.5.6</td></tr>
<tr><td>气压试验</td><td>—</td><td>本体 7.4.9.5.7
阀座 7.4.9.5.8</td><td>本体 7.4.9.6.6
阀座 7.4.9.6.7</td></tr>
<tr><td>可追溯性</td><td>7.4.9.2.2b)</td><td>7.4.9.2.2b)</td><td>7.4.9.2.2b)</td></tr>
<tr><td>连续性代码</td><td>7.4.9.2.1b)</td><td>7.4.9.2.1b)</td><td>7.4.9.2.1b)</td><td>7.4.9.2.1b)</td></tr>
</table>

表 29　套管头和油管头、油管头异径接头、节流阀、三通、四通
流体取样器、转换连接装置、异径接头、隔离四通和顶部连接装置的质量控制要求

<table>
<tr><th rowspan="2">检验项目</th><th colspan="5">相　应　条　款</th></tr>
<tr><th>PSL1</th><th>PSL2</th><th>PSL3</th><th>PSL3G</th><th>PSL4</th></tr>
<tr><td>静水压试验</td><td>7.4.9.3.3</td><td>7.4.9.3.3</td><td>—</td><td>—</td><td>—</td></tr>
<tr><td>静水压试验
（延长的）</td><td rowspan="4">—</td><td rowspan="3">—</td><td>7.4.9.5.4</td><td>7.4.9.5.4</td><td>7.4.9.5.4</td></tr>
<tr><td>气压试验</td><td>—</td><td>7.4.9.5.7</td><td>7.4.9.6.6</td></tr>
<tr><td>可追溯性</td><td>7.4.9.2.2b)</td><td>7.4.9.2.2b)</td><td>7.4.9.2.2b)</td></tr>
<tr><td>连续性代码</td><td>7.4.9.2.1b)</td><td>7.4.9.2.1b)</td><td>7.4.9.2.1b)</td><td>7.4.9.2.1b)</td></tr>
</table>

表 30 采油树质量控制要求

检验项目	相应条款			
	PSL1	PSL2	PSL3/3G	PSL4
通径试验	7.4.9.3.2	7.4.9.3.2	7.4.9.3.2	7.4.9.3.2
静水压试验	7.4.9.3.4	7.4.9.3.4	—	—
静水压试验(延长的)	—	—	7.4.9.5.5	7.4.9.5.5

7.4.9.2 装配连续性代号和可追溯性记录

7.4.9.2.1 装配连续性代号

a) PSL1

无要求。

b) PSL2～PSL4

阀、井口装置、三通、四通、油管头异径接头、悬挂器、节流阀、背压阀和流体取样器要求有连续性代码。

7.4.9.2.2 可追溯性记录

a) PSL1 和 PSL2

无要求。

b) PSL3 和 PSL4

应列出标志本体、盖、阀杆、端部和出口连接及阀孔密封机构的报告,以实现装配可追溯性。

7.4.9.3 PSL1 试验

7.4.9.3.1 通径试验——全径阀

a) 试验方法

在阀经装配、操作和压力试验后,用图 8 及表 31 所述的通径规贯通阀孔。

b) 验收规则

通径规应完全贯通阀孔。

7.4.9.3.2 通径试验——采油树(见图 8 及表 31)

a) 试验方法

通径规贯通采油树总成的主孔通径。

b) 验收准则

通径规应完全贯通采油树主孔通径。

单位为毫米

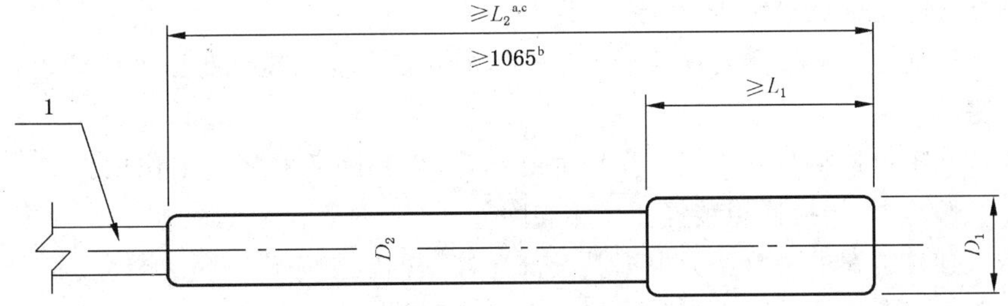

1——手柄。

[a] 为单阀最小长度。

[b] 为采油树最小长度。

[c] 为阀端距。

图 8 通径规

表 31　单个管线阀和采油树的通径尺寸

单位为毫米

标称法兰尺寸（代号）	标称孔尺寸	$D_1{}^{+0.68}_{0}$	$D_2{}^{+0.7}_{0}$	$L_{1\ min}$
46（1 13/16）	46	45.20	38.6	76
52（2 1/16）				
52（2 1/16）	52	51.60	48.3	
65(2 9/16)	65	64.30	59.7	
78(3 1/16)	78	77.00	73.2	78
79(3 1/8)	79	78.60	73.2	79
103(4 1/16)	103	102.40	97.3	103
130(5 1/8)	130	129.40	126.2	130
179(7 1/16)	152	151.60	148.3	152
179(7 1/16)	156	154.80	151.6	156
179(7 1/16)	162	161.00	158.0	162
179(7 1/16)	168	167.50	164.3	168
179(7 1/16)	179	178.60	175.5	179
228(9)	228	227.80	224.8	228

7.4.9.3.3　本体静水压试验——单独装置

a)　试验方法

组装装置在制造商运输前，进行本体静水压试验。本体静水压试验应是最先进行的压力试验。试验压力不应是阀关闭机构两端的压力差。试验液可用水或带添加剂的水。试验在涂漆前完成，但如果本体和其他承压件是由锻造材料制成的，则试验可在涂漆后完成。

单件连接装置、管堵和阀拆卸堵不要求静水压试验。

组装装置的本体静水压试验应包括三部分：

1)　初始保压期；

2)　压力降至零；

3)　第二次保压期。

试验在本体充填油脂之前进行，装配中允许使用润滑剂。

两次保压期均不应少于 3 min；直到达到试验压力，装置和压力测量仪表已与压力源隔离，本体构件外表面完全擦干后，才开始计时。

本体静水压试验压力根据装置的额定工作压力确定。静水压试验压力应按表 32 的要求。

b)　特殊考虑

1)　端部和出口连接具有不同工作压力的装置，用其最低的额定工作压力值来确定本体静水压试验压力(转换连接装置和节流阀除外)。

2)　转换连接装置的试验压力根据其上部连接的额定工作压力值来确定，试验压力施加在其内部和下部连接的限面封隔机构以上；其下部连接应按限面封隔机构以下的额定工作压力值确定其试验压力。

3)　入口连接比出口连接的额定工作压力高的节流阀，入口连接至可更换阀座或节流油嘴的阀体-油嘴的密封点，按入口连接的相应压力进行静水压试验。密封点下游的阀体其余部分，按出口连接相应压力进行试验。试验可采用临时阀座密封件进行。

4) 阀和节流阀在试验期间应部分开启。

5) 多孔装置的每一个孔进行单独试验。

c) 验收准则

装置在试验压力下，不应有可见的渗漏。当用螺纹式试验工装连接时，进行螺纹式井口零件的静水压试验期间，超过螺纹的工作压力后，沿螺纹渗漏是允许的。

表 32 本体静水压试验压力

单位为兆帕

额定工作压力	法兰标称尺寸 mm(in)		管线管和油管螺纹	套管螺纹 mm(in)		
	≤346 (13 ⅝)	≥425 (16 ¾)		套管规格 (114.3～273.1) (4 ½～10 ¾)	套管规格 (298.5～339.7) (11 ¾～13 ⅜)	套管规格 (406.5～508.0) (16～20)
13.8	27.6	20.7	27.6	27.6	27.6	15.5
20.7	41.5	31.0	41.5	41.4	31.0	—
34.5	51.7	51.7	51.7	51.7	—	—
69.0	103.5	103.5	103.5	—	—	—
103.5	155.0	155.0	—	—	—	—
138.0	207.0	—	—	—	—	—

7.4.9.3.4 **本体静水压试验——采油树**

除完全采用已进行过本体静水压试验的装置(非单件连接装置)组装的采油树，仅需试验至额定工作压力外，其他要求与 7.4.9.3.3 相同。

7.4.9.3.5 **阀座静水压试验——阀**

a) 试验方法

双向阀以额定工作压力施加于闸板或旋塞的每一侧，另一侧通大气，进行阀座静水压试验。

除止回阀应在下游试验外，单向阀按阀体指明的方向施加压力。

保压期应至少 3 min。

在各保压期之间，将压力降到零。

闸板或旋塞的每一侧，至少试验两次。

b) 验收准则

在每一保压期间，应无可见的渗漏。

7.4.9.4 **PSL2 试验**

7.4.9.4.1 **通径试验——全径阀**

PSL2 的通径试验应与 PSL1 相同。

7.4.9.4.2 **通径试验——采油树**

PSL2 的通径试验应与 PSL1 相同。

7.4.9.4.3 **本体静水压试验——单独装置**

PSL2 的本体静水压试验应与 PSL1 相同。

7.4.9.4.4 **本体静水压试验——采油树**

PSL2 的本体静水压试验应与 PSL1 相同。

7.4.9.4.5 **阀座静水压试验——阀**

a) 试验方法：

等于额定工作压力的阀座静水压试验压力，施加于阀的闸板或旋塞的一侧，另一侧通大气。双向阀在两个方向试验。除止回阀应在下游试验外，单向阀按阀体指明方向施加压力。

当压力施加于闸板或旋塞一侧以后，保持压力并监视至少 3 min。

然后，阀(除止回阀外)在满压差下开启。

重复上述两步试验。

然后在闸板或旋塞一侧进行第三次施压，保持压力并监视至少 3 min。

双向阀在闸板或旋塞另一侧，使用上述相同程序再次试验。对开式阀板阀可同时作两个阀座试验。

b) 验收准则——阀座试验

在每一保压期间，阀应无可见的渗漏。

7.4.9.5 PSL3 试验

7.4.9.5.1 通径试验——全径阀

PSL3 的通径试验应与 PSL1 相同。

7.4.9.5.2 通径试验——采油树

PSL3 的通径试验应与 PSL1 相同。

7.4.9.5.3 压力试验记录

a) 在所有的静水压试验中应采用图形记录仪。该记录应标明记录装置、日期和签名。

b) 在气压试验中，不要求使用图形记录仪。但气压试验应书面规定试验参数和验收准则。

7.4.9.5.4 本体静水压试验(延长)——单个装置

PSL3 的静水压试验应与 PSL1 相同。另外，本体静水压试验要求的第二次保压期，至少延长至 15 min。

7.4.9.5.5 本体静水压试验(延长)——采油树

PSL3 的静水压试验应与 PSL1 相同。另外，本体静水压试验要求的第二次保压期，至少延长至 15 min。

7.4.9.5.6 阀座静水压试验(延长)——阀

PSL3 的阀座静水压试验应与 PSL2 相同。另外，阀座静水压试验要求的第二次和第三次保压期，至少延长至 15 min。

7.4.9.5.7 PSL3G 本体气压试验——单个装置

除进行单个装置的本体静水压试验(延长)(见 7.4.9.5.4)外，本体气压试验应按如下进行。

a) 试验方法

在环境温度下，用氮气作为试验介质，使试验装置完全浸没在水池中进行试验。

阀和节流阀应在部分开启状态下进行试验。

组装装置的本体气压试验应包括一次不少于 15 min 保压期；直到达到试验压力，装置和压力监测仪表与压力源隔离后，才开始计时。

试验压力应等于装置的额定工作压力。

b) 特殊考虑(见 7.4.9.3.3b))

本体静水压试验的特殊考虑相宜之处，也适用于本体气压试验。

c) 验收准则

在保压期间，水池中应无可见气泡。只要在保压期间水池内无可见的气泡，气压试验压力降低不超过 2.0 MPa，仍是可接受的。

7.4.9.5.8 PSL3G 阀座气压试验——阀

除进行或代替阀座静水压试验(延长)(见 7.4.9.5.6)外，阀座气压试验应按如下进行。

a) 试验方法

气体压力分别作用于双向阀闸板或旋塞的每一侧，另侧通大气。除止回阀应在下游试验外，单向阀按阀体上指明的方向进行试验。

在环境温度下，用氮气作为试验介质，使试验装置完全浸没在水池中进行试验。

试验应包括两次监测保压期。

第一次试验压力应等于额定工作压力，监测保压期应至少 15 min。

然后压力降至零，阀应完全开启和完全关闭一次。

第二次试验压力应为 1.8 MPa～2.2 MPa，监测保压期应至少 15 min。

双向阀按上述相同的程序在闸板或旋塞的另一侧再次试验，对开式闸阀可同时作两个阀座试验。

b) 验收准则

在保压期间，水池中应无可见气泡。只要在保压期间水池内无可见的气泡，气压试验压力降低不超过 2.0 MPa，仍是可接受的。

7.4.9.5.9 PSL3G 倒密封气压试验——闸阀

倒密封气压试验可用于闸阀。倒密封气压试验应与本体气压试验——单个装置（见 7.4.9.5.7）和阀的阀座气压试验（见 7.4.9.5.8）结合进行。

a) 试验方法

在环境温度下，用氮气作为试验介质，使试验装置完全浸没在水池中进行试验。

在试验期间，主填料和倒密封或其他更换填料盒装置之间的区域应排空。

试验应包括一个保压期。

试验监测期压力为额定工作压力。

监测的保压期应至少 15 min。

b) 验收准则

在保压期间，水池中应无可见气泡。只要在保压期间水池内无可见的气泡，气压试验压力降低不超过 2.0 MPa，仍是可接受的。

7.4.9.6 PSL4 试验

7.4.9.6.1 通径试验——全径阀

PSL4 的通径试验应与 PSL1 相同。

7.4.9.6.2 通径试验——采油树

PSL4 的通径试验应与 PSL1 相同。

7.4.9.6.3 本体静水压试验（延长）——单个装置

PSL4 的通径试验应与 PSL3 相同。

7.4.9.6.4 本体静水压试验（延长）——采油树

对 PSL4 的通径试验应与 PSL3 相同。

7.4.9.6.5 阀座静水压试验（延长）——阀

PSL4 的通径试验应与 PSL3 相同。

7.4.9.6.6 本体气压试验——单个装置

a) 试验方法

在环境温度下，用氮气作为试验介质，使试验装置完全浸没在水池中进行试验。

阀和节流阀应在部分开启状态下进行试验。

组装装置的本体气压试验应包括一次不少于 15 min 的保压期；直到达到试验压力且装置和压力监测仪表与压力源隔离后，才开始计时。

试验压力应等于装置的额定工作压力。

b) 特殊考虑（见 7.4.9.3.3b））

本体静水压试验的特殊考虑相宜之处也适用于本体气压试验。

c) 验收准则

在保压期间，水池中应无可见气泡。只要在保压期间水池内无可见的气泡，气压试验压力降低不超过 2.0 MPa，仍是可接受的。

7.4.9.6.7　**阀座气压试验——阀**

a)　试验方法

气体压力分别作用于双向阀闸板或旋塞的每一侧，另侧通大气。除止回阀应在下游试验外，单向阀应按阀体上指明的方向进行试验。

在环境温度下，用氮气作为试验介质，使试验装置完全浸没在水池中进行试验。

试验应包括两次监测保压期。

第一次试验压力应等于额定工作压力，监测保压期应为 60 min。

然后压力降至零，阀应完全开启和完全关闭一次。

第二次试验压力应为额定工作压力的 5%～10%，监测保压期应为 60 min。

双向阀按上述相同的程序在闸板或旋塞的另一侧再次试验，对开式闸阀可同时作两个阀座试验。

b)　验收准则

在保压期间，水池中应无可见气泡。只要在保压期间水池内无可见的气泡，气压试验压力降低不超过 2.0 MPa，仍是可接受的。

7.4.9.6.8　**倒密封气压试验——闸阀**

a)　试验方法

倒密封或其他用于更换填料的装置做气压试验。在环境温度下，用氮气作为试验介质，使试验装置完全浸没在水池中进行试验。

在试验期间，主填料和倒密封或其他更换填料盒装置之间区域应排空。

试验应包括两次保压期。

每次监测的保压期为 60 min。

第一次保压期压力应为额定工作压力。

然后压力降至零，倒密封或其他的更换填料装置松开一次。

第二次保压期压力应为额定工作压力的 5%～10%。

b)　验收准则

在保压期间，水池中应无可见气泡。只要在保压期间水池内无可见的气泡，气压试验压力降低不超过 2.0 MPa，仍是可接受的。

7.4.10　**套管和油管的悬挂器芯轴(PSL1～PSL4)**(见表 33)

7.4.10.1　**PSL1**

7.4.10.1.1　**拉伸试验**

拉伸试验应按 5.4.2.2 进行。

7.4.10.1.2　**尺寸检验**

a)　取样

所有悬挂螺纹、举升螺纹和背压阀螺纹均应用量规检验。

b)　试验方法

按图 20、图 21 和图 22 所示的量规和计量作法，在手紧旋合下测量紧密距。梯形螺纹(ACME)和其他直螺纹外形按制造商规范进行检验。

c)　验收准则

验收准则应符合适用的规范。

7.4.10.1.3　**硬度试验**

a)　取样

每一件均应作硬度试验。

b) 试验方法

硬度试验按 ASTM E 10 或 ASTM E 18 规定的程序进行。试验应在制造商规范确定的位置，并在最终热处理(包括所有消除应力热处理)和所有机加工之后进行。

c) 验收准则

按制造商规范验收。

7.4.10.1.4 可追溯性

要求有工作批追溯能力。

标志应保留在材料和零件上，以便于按制造商书面要求进行追溯。

制造商书面的追溯要求，应包括标志和标志控制记录的维护或更换的规定。

表 33 套管和油管的悬挂器芯轴质量控制要求

检验项目		相应条款			
		PSL1	PSL2	PSL3	PSL4
拉伸试验[a]		7.4.10.1.1	7.4.10.2.1	7.4.10.2.1	7.4.10.2.1
冲击试验[a]		—	7.4.10.2.2	7.4.10.2.2	7.4.10.4.2
硬度试验[a]		7.4.10.1.3	7.4.10.1.3	7.4.10.3.4	7.4.10.3.4
硬度试验[a](GB/T 20972.2 和 GB/T 20972.3)		7.4.1.5	7.4.1.5	7.4.1.5	7.4.1.5
尺寸检验		7.4.10.1.2	7.4.10.1.2	7.4.10.3.3	7.4.10.3.3
可追溯性		7.4.10.1.4	7.4.10.1.4	7.4.10.3.5	7.4.10.3.5
化学分析[a]		7.4.10.1.5	7.4.10.1.5	7.4.10.1.5	7.4.10.1.5
目检		7.4.10.1.6	7.4.10.1.6	—	—
表面无损检测		—	7.4.10.2.8	7.4.10.3.8	7.4.10.3.8
焊缝无损检测	总则		7.4.10.2.9 7.4.2.2.10	7.4.10.3.9	除堆焊层外不允许焊接(见 7.4.10.4.9)
	目检		7.4.2.2.11	7.4.10.3.10	
	表面无损检测		7.4.2.2.12	7.4.10.3.11	
	补焊		7.4.2.2.13	7.4.10.3.12	
	内部无损检测		7.4.2.2.14	7.4.10.3.13	
	无损检测硬度试验		—	7.4.10.3.14	
连续性代码				7.4.10.3.15	7.4.10.3.15
内部无损检测				7.4.10.3.16	7.4.10.4.11

[a] 如适用，应按 5.1、5.2 和 5.3 的验收准则进行。

7.4.10.1.5 化学分析

a) 取样

每炉次应进行化学分析。

b) 试验方法

化学分析应按制造商选定的国家或国际认可的标准进行。

c) 验收准则

化学成分应符合制造商书面规范的要求。

7.4.10.1.6 目视检验

a) 取样

每件均应进行目视检验。

b) 试验方法

铸件的目视检验按 JB/T 7927 规定的程序进行。

锻件的目视检验按制造商书面规范进行。

c) 验收准则

铸件应符合 JB/T 7927 的要求。

1 型:不可接受。

2～12 型:A 和 B 可接受。

锻件应按制造商书面规范。

7.4.10.2 PSL2

7.4.10.2.1 拉伸试验

拉伸试验应按 5.3.5.1 和 5.3.5.2 进行。

7.4.10.2.2 冲击试验

冲击试验应按 5.3.5.1 和 5.3.5.3 进行。

7.4.10.2.3 尺寸检验

PSL2 的尺寸检验要求应与 PSL1 相同。

7.4.10.2.4 硬度试验

PSL2 的硬度试验要求应与 PSL1 相同。

7.4.10.2.5 可追溯性

PSL2 的追溯能力要求应与 PSL1 相同。

7.4.10.2.6 化学分析

PSL2 的化学分析要求应与 PSL1 相同。

7.4.10.2.7 目视检验

目视检验要求应与 PSL1 相同。

7.4.10.2.8 表面无损检测

表面无损检测要求应符合 7.4.2.2.8 和 7.4.2.2.9。

7.4.10.2.9 焊接

焊接的控制质量要求应符合 7.4.2.2.10～7.4.2.2.14,补焊应符合 6.4。

7.4.10.3 PSL3

7.4.10.3.1 拉伸试验

PSL3 的拉伸试验要求应与 PSL2 相同。

7.4.10.3.2 冲击试验

PSL3 的冲击试验要求应与 PSL2 相同。

7.4.10.3.3 尺寸检验

PSL3 的尺寸检验要求应与 PSL1 相同。另外,所有零件均应进行检验。

7.4.10.3.4 硬度试验

PSL3 的硬度试验要求应与 PSL1 相同。此外,在每一件成品上应按制造商设计文件规定的位置增加一次硬度试验。

7.4.10.3.5 可追溯性

PSL3 制造的零件应追溯到规定的炉次和热处理批号。

7.4.10.3.6 化学分析

PSL3 的化学分析要求应与 PSL1 相同。

7.4.10.3.7 目视检验

不要求。

7.4.10.3.8 表面无损检测

表面无损检测要求应符合 7.4.2.3.8。

7.4.10.3.9 焊缝无损检测——总则

焊缝无损检测的总则要求应符合 7.4.2.2.10。

7.4.10.3.10 焊缝检验——目检

目视检验要求应符合 7.4.2.2.11。

7.4.10.3.11 焊缝无损检测——表面

焊缝表面无损检测要求应符合 7.4.2.3.11。

7.4.10.3.12 补焊焊缝

补焊要求应符合 7.4.2.2.13。

7.4.10.3.13 焊缝无损检测——内部

焊缝内部无损检测要求应符合 7.4.2.2.14。

7.4.10.3.14 焊缝无损检测——硬度试验

a) 取样

所有易接近的承压、非承压和补焊焊缝应 100%进行试验。

b) 试验方法

硬度试验应按 ASTM E10 或 ASTM E18 规定的程序进行。

在完成所有热处理和机加工之后，在焊缝和相邻不影响基体金属的附近至少各进行一次硬度试验。

c) 验收准则

应符合制造商的规范。

如焊缝不易进行硬度试验，工艺评定记录中记录的硬度可以作为验收基础。

7.4.10.3.15 连续性代码

连续性代号应符合 7.4.2.3.14。

7.4.10.3.16 内部无损检测

内部无损检测应按 7.4.2.3.15 进行。

7.4.10.4 PSL4

7.4.10.4.1 拉伸试验

PSL4 的拉伸试验要求应与 PSL2 相同。

7.4.10.4.2 冲击试验

PSL4 的冲击试验要求应与 PSL2 相同。验收准则应按制造商的规范。

7.4.10.4.3 尺寸检验

PSL4 的尺寸检验要求应与 PSL3 相同。

7.4.10.4.4 硬度试验

PSL4 的硬度试验要求应与 PSL3 相同。

7.4.10.4.5 可追溯性

PSL4 的追溯性要求应与 PSL3 相同。

7.4.10.4.6 化学分析

PSL4 的化学分析要求应与 PSL1 相同。

7.4.10.4.7 目视检验

不要求。

7.4.10.4.8 表面无损检测

PSL4 表面无损检测的要求应与 PSL3 相同。

7.4.10.4.9 焊缝无损检测

除堆焊层外,不允许在 PSL4 零件或装置上焊接。PSL4 的堆焊层无损检测要求应与 PSL3 相同。

7.4.10.4.10 连续性代码

PSL4 的连续性代码要求应与 PSL3 的要求相同。

7.4.10.4.11 内部无损检测

除 PSL4 的内部无损检测要求应与 PSL3 相同外,还包括:

a) 验收准则——超声波

与 PSL3 相同的验收准则。另外,在两倍探头直径的面积内,不论波幅如何,在同一平面上应没有连续成串的显示出现。

b) 验收准则——射线

验收准则应包括以下内容:

1) 无任何裂纹、折皱或爆裂;

2) 无任何超过 6.4 mm 的细长显示;

3) 无任何多于两个分隔小于 13 mm 的显示。

7.4.11 管堵、阀拆卸堵和背压阀(见表 34)

7.4.11.1 总则

不应使用铸件,不允许补焊。

7.4.11.2 拉伸试验

拉伸试验应按 5.4.2.3 进行。

表 34 管堵、阀拆卸堵和背压阀的质量控制要求

<table>
<tr><th>检验项目</th><th>本体</th><th>阀密封机构
(背压阀)</th><th>总成
(背压阀)</th></tr>
<tr><td>拉伸试验[a]</td><td>7.4.11.2</td><td rowspan="3">—</td><td rowspan="8">—</td></tr>
<tr><td>冲击试验[b]</td><td>7.4.11.3</td></tr>
<tr><td>硬度试验[c]</td><td>7.4.11.4</td></tr>
<tr><td>GB/T 20972.2 和
GB/T 20972.3</td><td>7.4.1.5</td><td>7.4.1.5</td></tr>
<tr><td>尺寸检验</td><td>7.4.11.5</td><td rowspan="5">—</td></tr>
<tr><td>可追溯性</td><td>7.4.11.6</td></tr>
<tr><td>化学分析[d]</td><td>7.4.11.7</td></tr>
<tr><td>目检</td><td>7.4.11.8</td></tr>
<tr><td>静水压试验</td><td>—</td><td>7.4.11.9</td></tr>
</table>

[a] 验收准则按 5.4.2.3。

[b] 验收准则按 5.4.2.4。

[c] 没有被 GB/T 20972.2 和 GB/T 20972.3 规定的硬度限制或没有依靠热处理来获得规定的最小强度级别的那些材料,硬度试验不要求。

[d] 验收准则按 5.4.5。

7.4.11.3 冲击试验

冲击试验应按 5.4.2.4 进行。

7.4.11.4 硬度试验

硬度试验应按 7.4.2.1.3 进行。

7.4.11.5 尺寸检验

尺寸检验应按 7.4.2.1.4 进行，另外，所有螺纹应用量规检验。

7.4.11.6 可追溯性

可追溯性要求应符合 7.4.2.2.5。

7.4.11.7 化学分析

化学分析的要求应符合 7.4.2.2.6。

7.4.11.8 目视检查

目视检查应按 7.4.2.1.5 进行。

7.4.11.9 背压阀的静水压试验

背压阀应按额定工作压力进行静水压试验。验收准则应按 7.4.9.3.3 的要求。

7.5 质量控制记录要求

7.5.1 总则

7.5.1.1 目的

本标准要求的质量控制记录是必需的，用以证明所有的材料和制造的产品符合本标准的要求。

7.5.1.2 NACE 记录要求

证实 DD、EE、FF 和 HH 类材料的装置符合 GB/T 20972.2 和 GB/T 20972.3 要求的记录，应作为 7.5.2 的补充要求，除非本标准所要求的记录也同时满足了 GB/T 20972.2 和 GB/T 20972.3 的要求。

7.5.1.3 记录控制

a) 本标准要求的质量控制记录应保持清晰、易于识别和可检索，并应避免损坏、变质或遗失。

b) 本标准要求的质量控制记录应由制造商保管，其保存期限应从记录及装置上标注的制造日期起至少五年。

c) 本标准要求的所有质量控制记录应签署并注明日期。

7.5.2 制造商维护的记录

7.5.2.1 本体、盖、端部和出口连接、阀杆、阀孔密封机构、芯轴式油管悬挂器和套管悬挂器记录

a) PSL1

  1) 材料试验记录：
     化学分析；
     拉伸试验；
     冲击试验(若需要)；
     硬度试验。

  2) 焊接工艺记录：
     焊接工艺规程；
     焊接工艺评定记录；
     焊机评定记录。

  3) 无损检测人员资格记录。

  4) 硬度试验(如适用)。

b) PSL2

  1) PSL1 要求的所有记录对 PSL2 也要求。

  2) 无损检测记录：
     表面无损检测记录；

焊缝内部无损检测记录；

补焊无损检测记录。

3） 热处理合格证明。

c） PSL3

1） 所有要求的记录应与零件的序列号对应。

2） 提供 PSL2 要求的所有记录。

3） 内部无损检测记录(除阀孔密封机构外)。

4） 热处理记录：

实际温度；

实际处理时间。

不要求合格证明。

5） 硬度试验记录：

实际硬度。

6） 焊接工艺记录：

焊机标志；

焊接工艺；

填充材料类型；

焊后热处理。

7） 尺寸检验记录(要求见 7.4.2.3.4)。

d） PSL4

1） 所有要求的记录应与该零件的序列号对应。

2） PSL3 要求的所有记录对 PSL4 也要求。

3） 显示处理时间和温度的实际热处理温度图表。

不要求热处理记录。

4） 采用的熔炼作业(仅对本体、盖、端部和出口连接)。

7.5.2.2 密封垫环记录

不要求记录。

7.5.2.3 螺柱和螺母记录

不要求记录。

7.5.2.4 非金属密封材料记录

非金属密封材料记录应按 7.4.8 的要求。

7.5.2.5 管堵、阀拆卸堵和背压阀

材料试验记录：

1） 化学分析；

2） 拉伸试验；

3） 冲击试验；

4） 硬度试验。

7.5.2.6 总装装置记录

a） PSL1

不要求记录。

b） PSL2

组装装置压力试验记录：

1） 实际试验压力；

2） 保压持续时间。

c） PSL3

1） PSL2 要求的所有记录对 PSL3 也要求；

2） 另外，还要求下列记录：
组装的可追溯性记录；
静水压试验记录。
3） 另外，PSL3G 装置要求如下气压试验记录：
实际试验压力；
实际保压持续时间。
d） PSL4
1） PSL3 要求的所有记录对 PSL4 也要求。
2） 另外，还要求下列气压试验记录：
实际试验压力；
实际保压持续时间。

7.5.2.7 节流阀调节件记录

a） PSL1 和 PSL 2
不要求记录。
b） PSL3 和 PSL 4
要求表面无损检测记录。

7.5.3 提供给买方的记录

7.5.3.1 总则

制造商应把按本标准制造的装置的记录提供给买方。
如适用，这些记录应与制造商保存或包含的记录一致。
这些由制造商提供的记录应在明显的位置标明零件序列号。

7.5.3.2 本体、盖、端部和出口连接、阀杆、阀孔密封机构、芯轴式油管悬挂器与芯轴式套管悬挂器、背压阀记录

a） PSL1～PSL3
不要求提供记录。
b） PSL4
要求提供以下记录：
1） 无损检测记录；
2） 硬度试验记录；
3） 材料试验记录；
4） 热处理记录。

7.5.3.3 密封垫环记录

不要求提供记录。

7.5.3.4 螺柱和螺母记录

不要求提供记录。

7.5.3.5 非金属密封材料记录

a） PSL1～PSL 3
不要求提供记录。
b） PSL4
符合本标准 PSL4 要求的非金属密封件的合格证书。

7.5.3.6 组装装置记录

a） PSL1 和 PSL 2
不要求提供记录。
b）. PSL3
要求提供以下记录：
1） 符合本标准 PSL3 要求的装置，及温度和材料级别的合格证书；

2） 组装追溯能力记录；

3） 压力试验记录。

c） PSL3G 和 PSL4

PSL3 的所有记录/合格证书对 PSL3G 和 PSL4 也要求。另外，应提供气压试验记录。

8 标志

8.1 标志要求

8.1.1 总则

装置按表 35 的规定在其表面作标志。标志应包括本标准代号 GB/T 22513、额定温度值、材料级别、产品规范级别、性能级别、制造日期(年、月)和制造商名称或厂标。其他标志应按表 35～表 42 的规定。不允许标志产品并不存在的特性。

表 35 标志要求和位置

<table>
<tr><th rowspan="2">标志内容</th><th colspan="6">位 置</th></tr>
<tr><th>井口装置</th><th>连接装置和附件</th><th>套管悬挂器和油管悬挂器</th><th>单件连接装置</th><th>阀门和节流阀</th><th>驱动器</th></tr>
<tr><td>GB/T 22513
(本标准代号)</td><td rowspan="5">铭牌和(或)本体</td><td rowspan="4">铭牌和(或)本体</td><td rowspan="6">铭牌和(或)本体</td><td rowspan="13">连接装置外径</td><td rowspan="6">铭牌和(或)本体</td><td>铭牌和(或)本体</td></tr>
<tr><td>温度级别或额定值
(4.2.2)</td><td rowspan="3">铭牌和(或)本体(驱动器封存液体)</td></tr>
<tr><td>材料级别
(4.2.3)</td></tr>
<tr><td>产品规范级别(1.4)</td></tr>
<tr><td>性能级别(4.1)</td><td>—</td><td rowspan="2">铭牌和(或)本体</td></tr>
<tr><td>标称尺寸代号
(孔需要时用)</td><td>铭牌(或本体)和连接装置外径</td><td>铭牌、本体和(或)连接装置外径</td></tr>
<tr><td>螺纹尺寸
(仅螺纹产品)</td><td>铭牌(或本体)和(或)靠近每一螺纹处</td><td>铭牌(或本体)和(或)靠近每一螺纹处</td><td>铭牌和(或)靠近每一连接装置</td><td>铭牌(或本体)和(或)靠近每一螺纹处</td><td rowspan="4">—</td></tr>
<tr><td>端部和出口连接装置尺寸</td><td rowspan="2">铭牌(或本体)和每一连接装置外径</td><td rowspan="2">铭牌(或本体)和每一连接装置外径</td><td rowspan="3">—</td><td>铭牌和(或)本体</td></tr>
<tr><td>额定工作压力
(4.2.1)</td><td>铭牌(或本体)和每一连接装置外径</td></tr>
<tr><td>垫环形式和规格</td><td>靠近每一连接装置</td><td>靠近每一连接装置</td><td>靠近每一连接装置处</td></tr>
<tr><td>制造日期</td><td rowspan="3">铭牌和(或)本体</td><td rowspan="3">铭牌和(或)本体</td><td rowspan="3">铭牌和(或)本体</td><td rowspan="3">铭牌和(或)本体</td><td rowspan="3">铭牌和(或)本体</td></tr>
<tr><td>制造商名或厂标</td></tr>
<tr><td>序列号(需要时用)</td></tr>
<tr><td>硬度试验值
(如果适用)</td><td>靠近试验位置</td><td>靠近试验位置</td><td>靠近试验位置</td><td>靠近试验位置</td><td>靠近试验位置</td><td>靠近试验位置</td></tr>
</table>

8.1.2 标志方法

可使用低应力钢印作标志(圆点、虚线或圆头V形)。普通尖头V形钢印可在低应力区使用,如在法兰外径。尖头V形钢印不允许在高应力区使用,除非打印后在最低590 ℃消除应力。可选择在铭牌上的标志方法。

8.1.3 铭牌

如果本体或连接装置上有永久标志,则不需要铭牌。

8.1.4 被遮盖处的标志

若标志在连接装置外径被卡箍或其他整体连接装置零件遮盖,应在靠近连接装置的明显位置处打印标志。

8.1.5 螺纹标志

螺纹型式标志,依据GB/T 19830,应按如下标志:

a) 管线管——LP;
b) 套管(短圆螺纹)——STC;
c) 套管(长圆螺纹)——LC;
d) 套管(偏梯型螺纹)——BC;
e) 套管(直连型)——XL;
f) 油管(不加厚)——NU;
g) 油管(外加厚)——EU。

8.1.6 规格标志

规格标志应包括标称尺寸代号,需要时还可包括受限尺寸孔或加大尺寸孔。

8.1.7 金属堆焊

若装置有金属堆焊的耐蚀垫环槽,则垫环的类型和代号后应紧跟着"CRA"代号,以标志耐蚀合金,或"SST"代号以标志奥氏体不锈钢。

8.1.8 硬度试验

若阀体、盖或端部及出口连接需要进行硬度试验,硬度试验的实际值应打印在靠近试验位置的零件上。组装后,硬度标志允许被其他部件盖住。

8.1.9 其他端部连接装置

a) 其他端部连接装置应在尺寸或额定工作压力值后用"OEC"标志。
b) 毂端连接装置应在尺寸和额定值后用"GB/T 20174"标志。

8.2 井口装置

套管头壳体、套管头四通、油管头四通、转换四通、多级头壳体、多级四通、异径接头四通和过渡四通,应按表35、表36的规定作标志。孔径尺寸应在其前标有"Bore"(孔)字样。

表36 井口装置的附加标志

标　　志	位　　置
底部制备	铭牌(或本体)和底部连接装置外径
最小垂直通孔直径	

8.3 连接装置和附件

转换连接装置、油管头异径接头、顶部连接装置、三通、四通、流体取样器、异径接头和隔离件,应按表35、表37作标志。连接装置和附件不作性能级别标志。

表 37　连接装置和附件的附加标志

<table>
<tr><th>标　　志</th><th>位　　置</th></tr>
<tr><td>封隔套管尺寸</td><td rowspan="2">铭牌(或本体)和底部连接装置外径</td></tr>
<tr><td>最小垂直通孔直径</td></tr>
</table>

8.4　套管悬挂器和油管悬挂器

8.4.1　芯轴式悬挂器的标志

若芯轴式悬挂器有不同的顶端螺纹和底端螺纹，应按先底端螺纹后顶端螺纹并加“TOP”(顶端)字样列出这两种螺纹。任一能倒转安装的悬挂器，在正常安装时面向井眼的端部应有“DOWN”(向下)字样。芯轴式悬挂器的额定工作压力和载荷额定值的标志为可选。芯轴式悬挂器应按表 35、表 38 的规定作标志。

表 38　悬挂器的附加标志

<table>
<tr><th rowspan="2">标　　志</th><th colspan="2">位　　置</th></tr>
<tr><th>芯轴式悬挂器</th><th>卡瓦悬挂器</th></tr>
<tr><td>最小孔</td><td>铭牌和(或)本体</td><td rowspan="2">—</td></tr>
<tr><td>背压阀型式或型号</td><td>铭牌和(或)本体(仅油管悬挂器)</td></tr>
<tr><td>套管(或油管)尺寸</td><td>—</td><td>铭牌和(或)本体</td></tr>
<tr><td>额定工作压力(可选)</td><td rowspan="2">铭牌和(或)本体(可选)</td><td rowspan="2">铭牌和(或)本体(可选)</td></tr>
<tr><td>载荷额定值信息(可选)</td></tr>
<tr><td>最小垂直通孔直径</td><td>铭牌和(或)本体</td><td>—</td></tr>
<tr><td>方向“DOWN”(如果需要)</td><td>本体底部</td><td>本体底部</td></tr>
</table>

8.4.2　卡瓦式悬挂器的标志

任一能倒转安装的悬挂器，在正常安装时面向井眼的端部应有“DOWN”(向下)字样。卡瓦式悬挂器的额定工作压力和载荷额定值的标志为可选。卡瓦式悬挂器应按表 35、表 38 作标志。

8.5　阀和节流阀

阀、多层阀、驱动阀、为驱动器配置的阀、止回阀和节流阀，应按表 35 和表 39 的规定作标志。

表 39　阀和节流阀的附加标志

<table>
<tr><th rowspan="2">标　　志</th><th colspan="2">位　　置</th></tr>
<tr><th>阀</th><th>节流阀</th></tr>
<tr><td>流动方向(仅单流阀)</td><td>本体</td><td>本体</td></tr>
<tr><td>开启方向</td><td>手轮</td><td>手轮</td></tr>
<tr><td>孔尺寸[a](仅多孔阀)</td><td>连接装置外径(见表 59 和表 60)</td><td>—</td></tr>
<tr><td colspan="3">[a] 见 10.5.4.2.2。</td></tr>
</table>

a)　多层阀的附加标志

多层阀应按尺寸递减的顺序标出标称孔径(例如 $3\frac{1}{16}\times 2\frac{1}{16}$，$2\frac{9}{16}\times 2\frac{9}{16}$)。具有相同孔径的多层阀可标出标称孔径和其后跟孔数(例如 $2\frac{1}{16}$-4)。

b)　阀的手轮

阀的手轮应标出阀开启的方向。

c)　节流阀的标称尺寸和最大开孔

应按 10.9.3.3 的规定，标出其标称尺寸和最大孔径。

d) 节流油嘴

节流油嘴应按表 40 的规定，在其外径或端都标出油嘴的孔口尺寸和制造商名称或厂标。

e) 为驱动器配置的阀

在本标准代号 GB/T 22513 后面标明字母“V”。

f) 地面安全阀和水下安全阀

符合 10.20 要求的安全阀，应在本标准代号 GB/T 22513 后标明字母“SSV”(地面安全阀)或“USV”(水下安全阀)。

表 40 节流油嘴标志

标 志	位 置
制造商名称或厂标	外径或端部
尺寸	外径或端部
标称孔尺寸	外径或端部
油嘴尺寸	外径或端部

8.6 单件连接装置[法兰式、螺纹式、其他端部连接装置(OEC)和焊接式]

焊颈连接装置、盲板连接装置、螺纹式连接装置、异径接头和分隔连接装置，应按表 35 规定作标志。单件连接装置，不要求标志出性能级别。

8.7 其他装置

8.7.1 驱动器

驱动器应按表 35 规定作标志。温度额定值、材料级别、产品规范级别的标志仅用于封存流体的驱动器。装在驱动器上的盖应认为是所标志阀的一部分。电动驱动器的标志可在驱动器的单独铭牌上，并应包括但不限于区域类别、电压、频率、电流(启动和运行)和发电机绝缘性要求。

8.7.2 驱动器和驱动器配置阀的组装

驱动器配置阀如果与驱动器一起组装，则应用标签标出表 41 规定的内容。

8.7.3 垫环

垫环应按表 42 规定作标志。垫环材料应采用表 43 的标志。

表 41 采油树、驱动器与驱动器用阀门组装件标志

标 志	位 置
最后验收日期	标签或铭牌
组装者姓名	标签或铭牌
组装者所在地	标签或铭牌

表 42 垫环标志

标 志	位 置
制造日期	垫环外径
制造商名称或厂标	垫环外径
垫环型式和代号	垫环外径
材料	垫环外径

表 43　环形垫环材料标志

材　料	标　志
软铁	D-4
低碳钢和低合金钢	S-4
304 不锈钢	S304-4
316 不锈钢	S316-4
镍合金钢 UNS N08825	825-4
其他 CRA 材料	UNS 编号-4

8.8　螺柱和螺母

8.8.1　螺柱标志

螺柱应按 ASTM A 193、ASTM A 320 或 ASTM A 453 的适用要求作标志。CRA 材料的螺柱应用 UNS-编号打上钢印，如果不采用这种方式，则应标上合金的商品名和屈服强度。

8.8.2　螺母标志

螺母应按 ASTM A 194 作标志。

8.8.3　冲击试验标志

若冲击试验温度不同于 ASTM 规范规定的温度，则实际试验温度[以摄氏度(℃)为单位]应按 ASTM 规范所要求的级别直接打钢印。所有 CRA 材料螺柱的冲击试验温度[以摄氏度(℃)为单位]应直接在“CRA”标识下打上钢印。

8.9　采油树

组装后的采油树应用表 41 规定的内容做标志。

8.10　阀拆卸堵

阀拆卸堵应标上本标准代号 GB/T 22513，及其后至少应标上标称尺寸、“VR”(如 69.0 MPa 额定工作压力)或“HPVR”(对 138.0 MPa 额定工作压力)、材料级别和制造商名或厂标。

8.11　管堵

管堵应标上本标准代号 GB/T 22513，并在其后至少应标上标称尺寸、材料级别和制造商名或厂标。若适用，可标在暴露的端部或六方平面上。内六方管堵可标在小头非暴露的六方平面上。

8.12　背压阀

背压阀应标上本标准代号 GB/T 22513，并在其后至少应标上标准尺寸、额定工作压力、材料级别和制造商名或厂标。

9　贮存和运输

9.1　试验后排放

所有装置试验后、贮存与运输前，应排放干净和润滑。

9.2　防锈

运输前，零件和装置裸露的金属表面应涂上在 50 ℃以下不会变成流体的防锈层。

9.3　密封表面保护

裸露的密封表面应防护，以避免在运输中机械损伤。

9.4　装配和维护说明

如果需要，制造商应向买方提供有关现场组装、维护井口装置和采油树所需的图纸和说明书。如果合适，还包括附录 G 规定的装置操作手册。

9.5　密封垫环

单件密封垫环在贮存和运输时，应装箱或包裹。

9.6 非金属材料的老化控制

a) PSL1 和 PSL2

制造商应制定非金属密封材料的老化控制和防护程序。

b) PSL3 和 PSL4

制造商书面规定的非金属密封材料要求，至少应包括下列规定：

1) 室内贮存；

2) 最高温度不超过 49 ℃；

3) 避免太阳光直接照射；

4) 贮存时不受压；

5) 贮存时避免与液体接触；

6) 避免臭氧和放射线损伤。

制造商应说明这些规定和要求。

10 装置——特殊要求

10.1 法兰式端部和出口连接

10.1.1 法兰的型式和使用

本标准包括三种型式的端部和出口法兰：6B 型法兰、6BX 型法兰和扇形法兰。6B 型和 6BX 型法兰可用作整体式、盲板式或焊颈式法兰。

6B 型法兰也可作螺纹式法兰。某些 6BX 型盲板法兰还可用作试验法兰。扇形法兰常用于双管完井，并与装置构成整体。

10.1.2 设计

10.1.2.1 法兰型式的额定工作压力值和尺寸范围

6B 型、6BX 型和扇形法兰按表 44 所示标称尺寸范围和额定工作压力的组合进行设计。

10.1.2.2 6B 型法兰

10.1.2.2.1 总则

6B 型法兰属于垫环连接型式，而非面靠面结合式法兰，栓接上紧力作用于金属垫环上。6B 型法兰应采用贯通的螺栓式或螺柱式连接设计。

表 44 法兰的额定工作压力和尺寸范围

额定工作压力 MPa	法兰尺寸范围/mm(in)		
	6B 型	6BX 型	双管扇形
13.8	52～540(2 1/16～21 1/4)	680～762(26 3/4～30)	—
20.7	52～527(2 1/16～20 3/4)	680～762(26 3/4～30)	—
34.5	52～279(2 1/16～11)	346～540(13 5/8～21 1/4)	(35～103)×108[(1 3/8～4 1/16)×4 1/4]
69.0	—	46～540(1 13/16～21 1/4)	—
103.5		46～476(1 13/16～18 3/4)	
138.0		46～346(1 13/16～13 5/8)	

10.1.2.2.2 尺寸

a) 标准尺寸

6B 型整体式、螺纹式和焊颈式法兰的尺寸应符合图 10、表 45。

6B 型盲板法兰的尺寸应符合图 9 的要求。

环槽尺寸应符合图 18、表 52 或图 23、表 55 的要求。

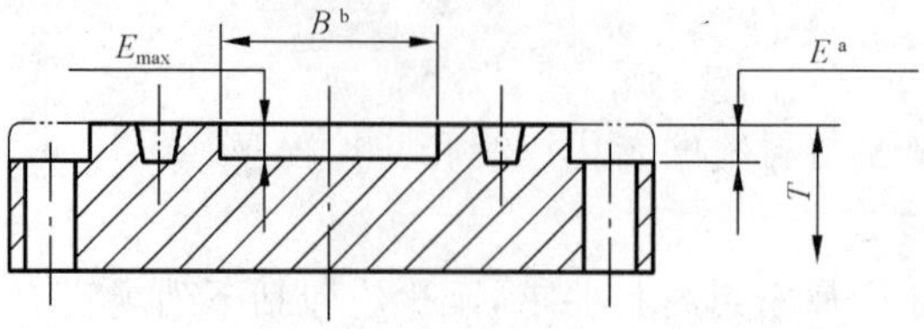

尺寸 B、T 和未注尺寸见图 10、表 45;尺寸 E 见图 18、表 52 及图 23、表 55;凸面和(或)沉孔任选。

[a] 可选;

[b] 沉孔。

图 9 6B 盲板法兰

b) 整体式法兰的例外

用作套管头和油管头的端部连接 6B 型法兰,可有入口坡口、止口或凹槽,以容纳套管悬挂器和油管悬挂器。本标准不包括这些坡口、止口和凹槽的尺寸,它们可以超出图 10、表 45 的 B 尺寸。

c) 螺纹式法兰

螺纹应符合 4.2.1.2 的要求。

d) 焊颈式法兰

1) 孔径和壁厚:孔径 J_L 不应超出图 10、表 45 内的数值。规定孔的焊端壁厚不应小于连接法兰所用管子标称壁厚的 87.5%。

2) 焊端尺寸:焊端尺寸应符合图 11。

3) 锥度:如果焊端标称孔径比管子标称孔径小 4.8 mm 或更多,则法兰应自焊端加工成不超过 3∶1 坡度的锥孔,但应采用最小壁厚的要求。

注:由于最大通径尺寸较小,6B 型焊颈法兰不宜焊接到本标准规定的装置上,而用螺栓与另外的 6B 型法兰连接,作为焊到管子上的过渡件。

10.1.2.2.3 法兰面

法兰面在垫环连接侧应加工成平面或凸面,并应完全机加工,法兰背面可完全机加工或在螺栓孔处锪孔加工。法兰背面或锪孔表面应与正面的平行度误差在 1°之内,且表面加工后的厚度应符合图 10、表 45 的尺寸。

10.1.2.2.4 垫环

6B 型法兰应按 10.4 使用 R 型或 RX 型垫环。

10.1.2.2.5 耐蚀环槽

6B 型法兰可在环槽内制成耐蚀的堆焊层。堆焊层在堆焊前,环槽制备应符合图 12、表 46 的尺寸。如果其他焊接制备的堆焊层合金强度等于或超过母材金属强度,则可以采用。

10.1.2.2.6 环槽表面

环槽的所有 23°表面粗糙度不应大于 $Ra1.6\ \mu m$。

10.1.2.3 6BX 型法兰

10.1.2.3.1 总则

6BX 型法兰是带凸起面的垫环结合式法兰。当垫环密封时,依赖尺寸公差,连接螺栓的力可作用于法兰凸起面,这可防止过大的螺栓上紧力矩损伤法兰或垫环。因此 6BX 型法兰连接的每副法兰中应有一个法兰有凸起面。6BX 型法兰设计应采用贯通螺栓式或螺柱式连接。

注:6BX 型法兰从正常作用上讲,面对面接触是不必要的。

10.1.2.3.2 尺寸

a) 标准尺寸

6BX 型整体式法兰尺寸应符合图 13、表 47 的相应要求。

6BX 型焊颈式法兰尺寸应符合图 14、表 48 的相应要求。

注:6BX 型焊颈式法兰不像 6BX 型整体式法兰适用于所有的额定工作压力值和尺寸。

6BX 型盲板法兰和试验法兰的尺寸应符合图 15、表 49 或图 16、表 50 的适用要求。

b) 整体法兰的例外

6BX 型法兰用作套管头和油管头的端部连接，可有入口坡口、止口或凹槽，以容纳套管悬挂器和油管悬挂器。本标准不包括这些坡口、止口或凹槽的尺寸，它可以超出表中 B 的尺寸。

c) 焊颈法兰

焊颈端的制备尺寸应符合图 11 要求。

10.1.2.3.3 **法兰面**

法兰面在垫环侧应是凸起的，但螺柱式法兰可以是平面。法兰正面应完全机加工。螺母支承面应与法兰垫环表面平行度误差在 1°之内。法兰背面可完全机加工或在螺栓孔处锪孔加工。加工完的厚度应符合图 13 和表 47、图 14 和表 48、图 15 和表 49 的相应尺寸。

10.1.2.3.4 **垫环**

6BX 型法兰应按 10.4 使用 BX 型垫环。

10.1.2.3.5 **耐蚀环槽**

6BX 型法兰可在环槽内制成耐蚀的堆焊层。堆焊之前，环槽尺寸应符合图 12 及表 46。如果其他焊接制备的堆焊层合金强度等于或超过母材金属强度，则可以采用。

10.1.2.3.6 **环槽表面**

所有环槽的 23°表面粗糙度不应大于 $Ra0.8\ \mu m$。

10.1.2.4 **扇形法兰**

10.1.2.4.1 **总则**

扇形法兰是带凹面垫环结合式法兰。当垫环密封时，依赖尺寸公差，连接螺栓的力作用于法兰凹面的外表面。这可防止过大的栓接上紧力矩损伤法兰或垫环。扇形法兰设计应采用贯通螺栓式或螺柱式连接。

注：扇形法兰从正常作用上讲，面对面接触是不必要的。

10.1.2.4.2 **尺寸**

扇形法兰的尺寸应符合图 17、表 51 的要求，环槽尺寸应符合图 18、表 52 要求。

10.1.2.4.3 **法兰面**

法兰面应完全机加工。螺母支承表面应与法兰垫环面平行度误差在 1°之内。法兰背面可完全机加工或螺栓孔处锪孔加工。加工后的法兰厚度应符合图 17、表 51 的尺寸。

10.1.2.4.4 **垫环**

扇形法兰应按 10.4 使用 RX 型垫环。

10.1.2.4.5 **耐蚀环槽**

扇形法兰不应制作耐蚀环槽。

10.1.2.4.6 **H_2S 环境**

材料级别为 DD、EE、FF 和 HH 的上述扇形法兰不应用于硫化氢环境。

10.1.2.4.7 **安装**

扇形法兰用于双管完井时，应边对边两个法兰成组使用。管汇应牢固地拴在一起，以增加法兰的稳定性。

10.1.2.4.8 **垫环槽表面**

环槽的 23°表面粗糙度不应大于 $Ra1.6\ \mu m$。

10.1.3 **材料**

法兰材料应符合第 5 章的要求。

10.1.4 **试验**

按本章要求提供的单件法兰在最终验收前，不要求作静水压试验。

10.1.5 **标志**

法兰应按第 8 章的要求作标志。

10.1.6 贮存和运输

所有法兰应按第 9 章的要求进行贮存和运输。

单位为毫米

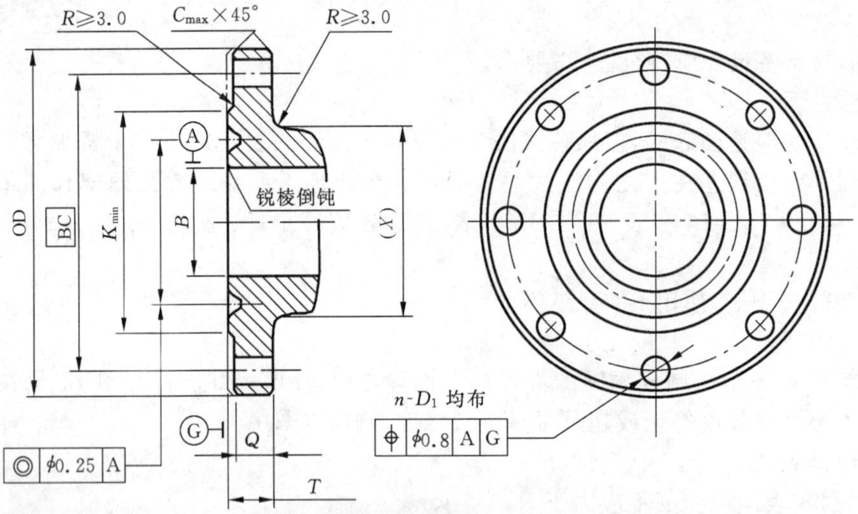

a) 整体式法兰

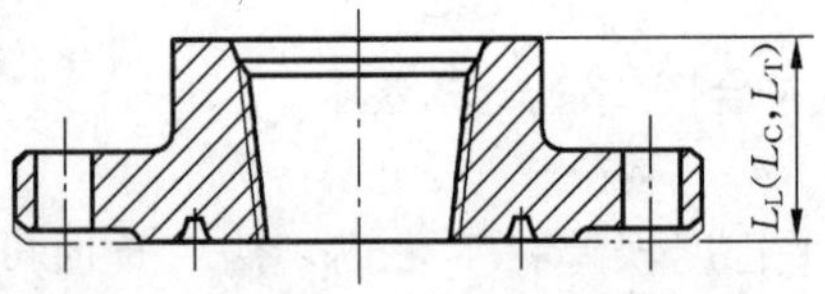

b) 螺纹式法兰

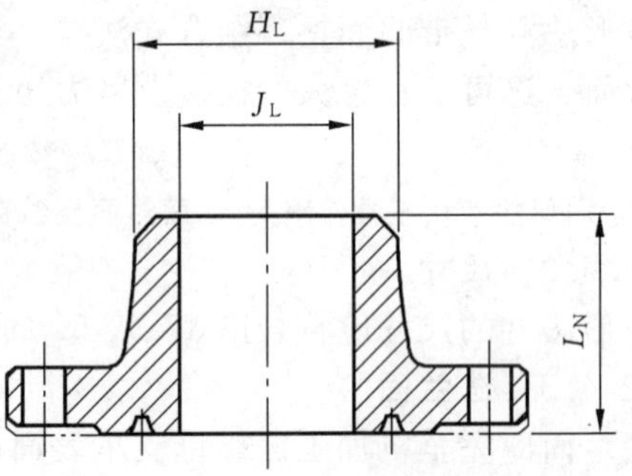

c) 焊接式法兰

图 b)、c)中的未注尺寸与 a)相同。

图 10 6B 型法兰

单位为毫米

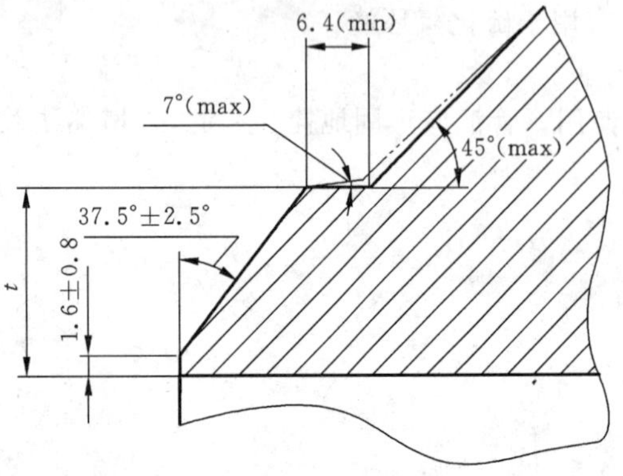

a) 焊颈厚 $t \leqslant 22$ mm

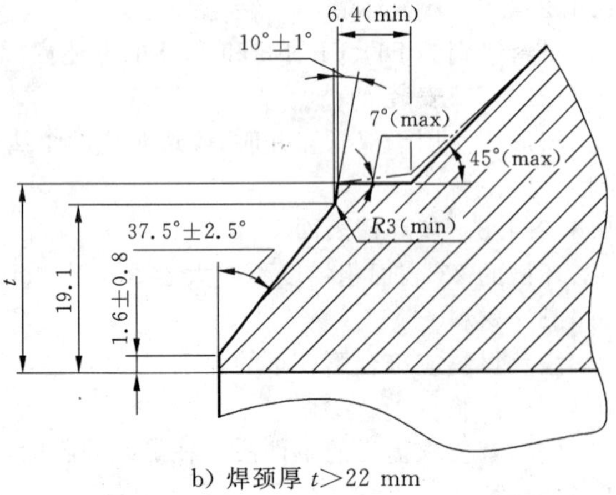

b) 焊颈厚 $t > 22$ mm

图 11 6B 型和 6BX 型焊颈法兰的焊接端制备

单位为毫米

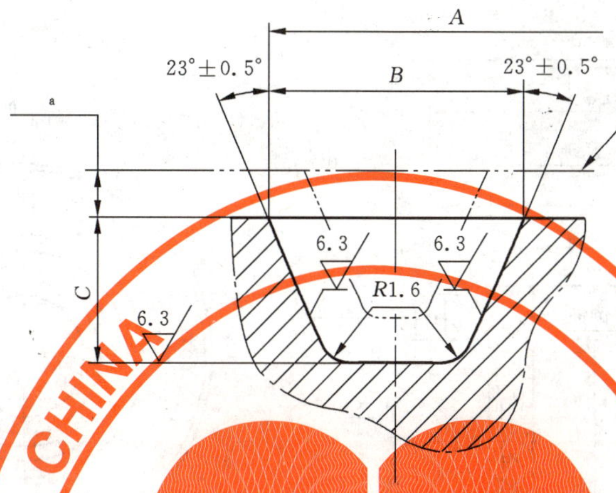

a 堆焊层的最终机加工厚度不小于 3 mm。

图 12　耐蚀的堆焊层环槽粗加工图

单位为毫米

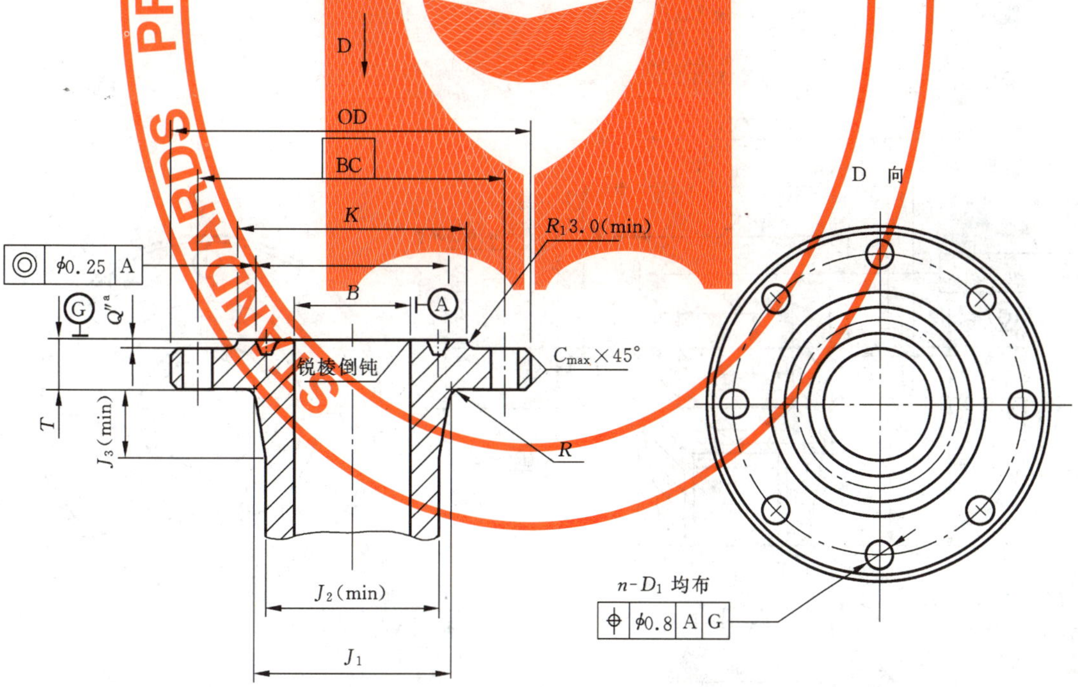

a $Q''_{max}=E$(见图 24、表 56);$Q''_{min}=3$ mm;螺柱式法兰的 Q'' 可省略。

图 13　6BX 型整体法兰

单位为毫米

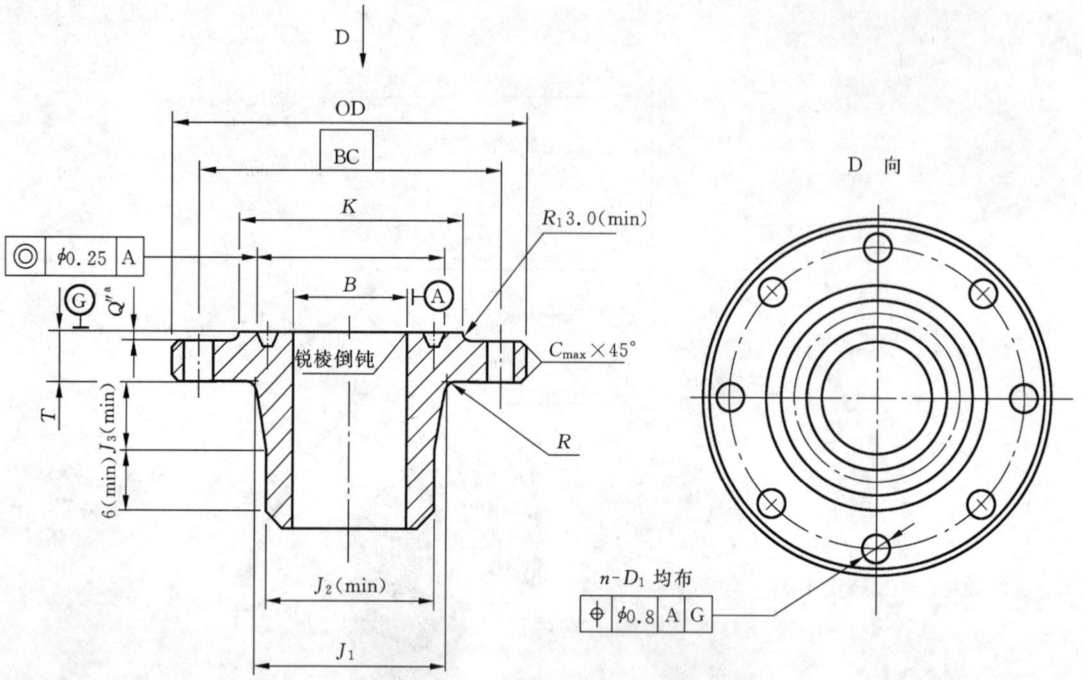

a $Q''_{max}=E$(见图 24、表 56)；$Q''_{min}=3$ mm。

图 14 6BX 型焊颈法兰

单位为毫米

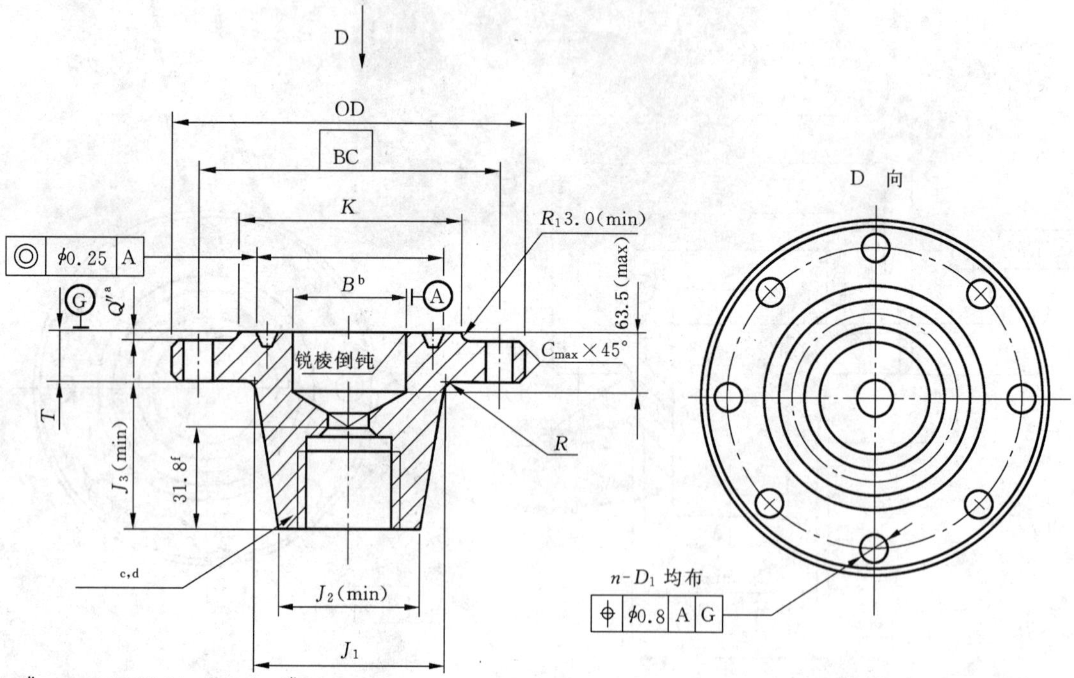

a $Q''_{max}=E$(见图 24、表 56)；$Q''_{min}=3$ mm。

b 该孔可选。

c 试验连接见图 38。

d 1/2LP 管线管螺纹或 1/2NPT 螺纹(工作压力最大为 69.0 MPa)。

e 63.5 mm(max)尺寸(无 31.8 mm 尺寸)适合于 138.0 MPa 额定工作压力和 103.5 MPa 额定工作压力中的 5 ⅛法兰。

f 31.8 mm 尺寸(无 63.5(max)尺寸)适合于 69.0 MPa 额定工作压力和 103.5 MPa 额定工作压力(5 ⅛法兰除外)。

图 15 6BX 型盲板和试验法兰

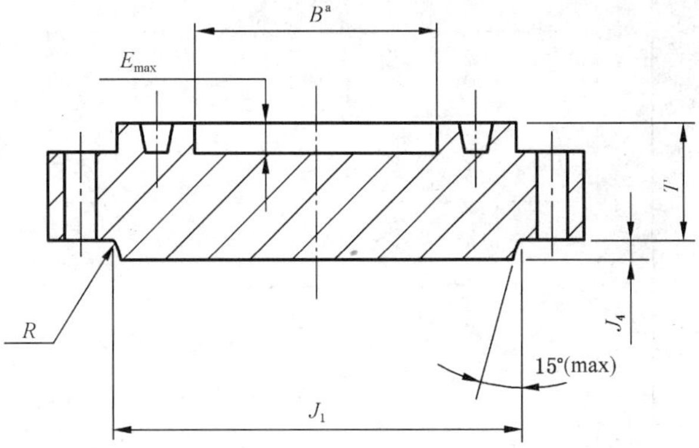

图中未注尺寸见图 13 和表 47、图 14 和表 48、图 15 和表 49。

[a] 沉孔。图中 T 是被 API Spece 6A(第 19 版)的技术勘误修改后的尺寸,修改前它没有包括正面的沉孔深度 E。

图 16　6BX 型盲板法兰

单位为毫米

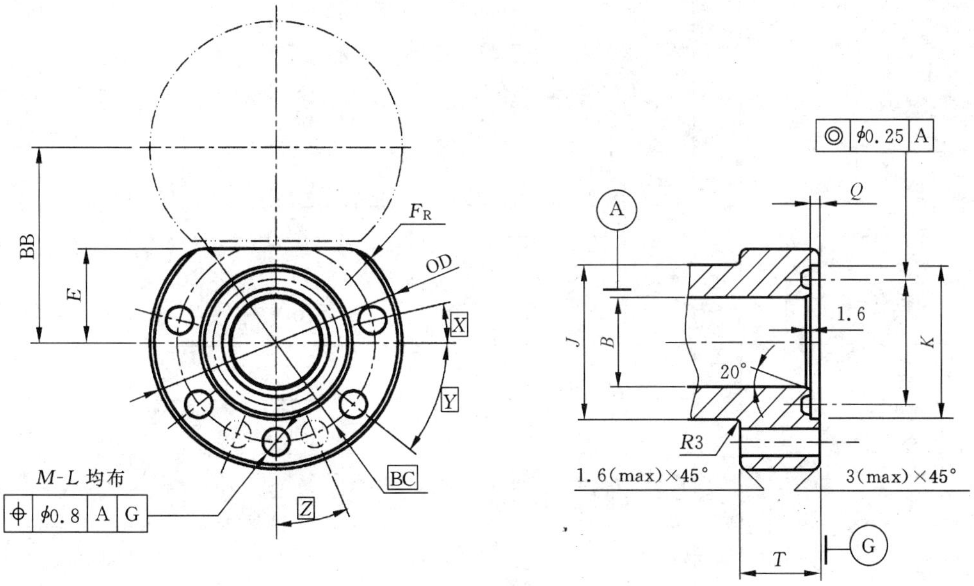

图 17　双层完井扇形法兰

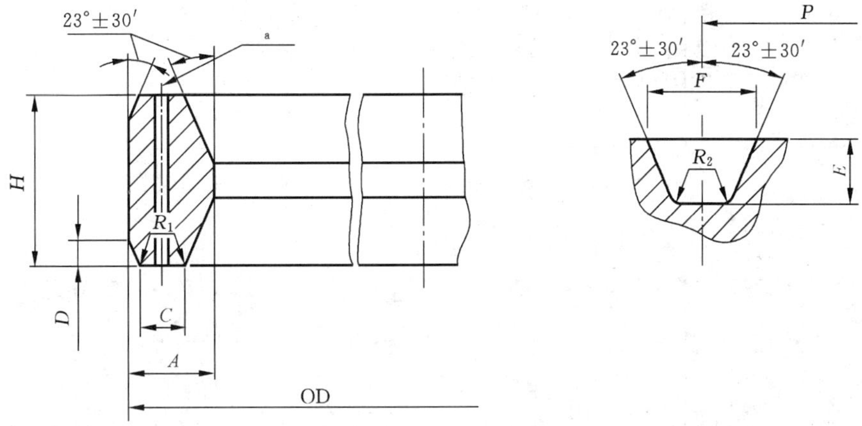

[a] 仅 RX82～RX91 在环截面上有压力通孔,孔中心线位于尺寸 C 的中点。RX82～RX85 的孔径为 1.5 mm,RX86 和 RX87 的孔径为 2.4 mm,RX88～RX91 的孔径为 3.0 mm。

图 18　RX 型压力自封垫环及环槽

表 45　额定工作压力 13.8 MPa、20.7 MPa、34.5 MPa 的 6B 型法兰(见图 10)

标称尺寸和孔径 D		法兰基本尺寸										螺栓尺寸			孔缘及长度尺寸								垫环号 R 或 RX
		最大孔径	外径		法兰总厚	法兰盘厚	螺栓孔分布圆直径	螺栓孔直径[a]		颈部大径	最大倒角	螺栓数量	螺纹规格[b]	全螺纹螺栓长度	管线螺纹法兰连接长度	套管螺纹法兰连接长度	油管螺纹法兰连接长度	焊颈法兰长度	焊颈法兰颈部小颈		焊颈法兰最大孔颈	端部台肩直径	
in	mm	B	OD	公差	T^{+3}_{0}	Q	BC	D_1	公差	X	C	n		L_{ssb}	L_L	L_C	L_T	$L_N \pm 1.5$	H_L	公差	J_L	K	
		mm											in(mm)	mm									
13.8 MPa																							
2 1/16	52	53.2	165	±2	33.4	25.4	127.0	20 (19)	+2 −0.5	84	3	8	5/8 (M16)	115	45	—	—	81	60.3	+2.3 −0.8	53.3	108	23
2 9/16	65	65.9	190		36.6	28.6	149.2	23 (23)		100			3/4 (M20)	125	50			88	73.0		63.5	127	26
3 1/8	79	81.8	210		39.7	31.8	168.3			117				135	54			91	88.9		78.7	146	31
4 1/16	103	108.7	275		46.1	38.1	215.9	26 (25)		152			7/8 (M22)	150	62	89		110	114.3		103.1	175	37
5 1/8	130	131.0	330		52.4	44.5	266.7	29 (30)		189			1 (M27)	170	69	102		122	141.3		122.9	210	41
7 1/16	178	181.8	355	±3	55.6	47.6	292.1			222	6	12		180	75	115		126	168.3	+4 −0.8	147.1	241	45
9	228	229.4	420		63.5	55.6	349.3	32 (33)		273			1 1/8 (M30×3)	205	85	127		141	219.1		199.1	302	49
11	279	280.2	510		71.5	63.5	431.8	35 (36)		343		16	1 1/4 (M33×3)	220	94	134		160	273.0		248.4	356	53
13 5/8	346	346.9	560		74.7	66.7	489.0			400		20		230	100	100		—	—	—	—	413	57
16 3/4	425	426.2	685		84.2	76.2	603.2	42 (42)	+2.5 −0.5	495			1 1/2 (M39×3)	260	115	115						508	65
21 1/4	540	540.5	815		98.5	88.9	723.9	45 (45)		610		24	1 5/8 (M42×3)	300	137	137						635	73

表 45（续）

标称尺寸和孔径 D		法兰基本尺寸										螺栓尺寸			孔缘及长度尺寸								垫环号 R 或 RX
		最大孔径	外径		法兰总厚	法兰盘厚	螺栓孔分布圆直径	螺栓孔直径[a]		颈部大径	最大倒角	螺栓数量	螺纹规格[b]	全螺纹螺栓长度	管线螺纹法兰连接长度	套管螺纹法兰连接长度	油管螺纹法兰连接长度	焊颈法兰长度	焊颈法兰颈部小颈		焊颈法兰最大孔颈	端部台肩直径	
in	mm	B	OD	公差	T^{+3}_{0}	Q	BC	D_1	公差	X	C	n		L_{ssb}	L_L	L_C	L_T	$L_N\pm1.6$	H_L	公差	J_L	K	
		mm											in(mm)	mm									
20.7 MPa																							
2 1/16	52	53.2	215	±2	46.1	38.1	165.1	26 (25)	+2 −0.5	104.8	3	8	7/8 (M22)	150	65.1		65.1	109.6	60.3	+2.3 −0.8	50.0	124	24
2 9/16	65	65.9	245		49.3	41.3	190.5	29 (30)		123.8			1 (M27)	165	71.4	—	71.4	112.7	73.0		59.7	137	27
3 1/8	79	81.8	240		46.1	38.1	190.5	26 (25)		127.0			7/8 (M22)	150	61.9		74.7	109.5	88.9		74.4	156	31
4 1/16	103	108.7	290		52.4	44.4	235.0	32 (33)		158.8			1 1/8 (M30×3)	180	77.8	88.9	88.9	122.2	114.3		98.0	181	37
5 1/8	130	131.0	350		58.8	50.8	279.4	35 (36)		190.5			1 1/4 (M33×3)	195	87.3	101.6		134.9	141.3		122.9	216	41
7 1/16	179	181.8	380	±3	63.5	55.6	317.5	32 (33)		235.0	6	12	1 1/8 (M30×3)	205	93.7	114.3		147.6	168.3	+4 −0.8	147.1	241	45
9	228	229.4	470		71.5	63.5	393.7			298.5				230	109.5	127.0		169.9	219.1		189.7	308	49
11	279	280.2	545		77.8	69.9	469.9	39 (39)		368.3		16	1 3/8 (M36×3)	240	115.9	133.4	—	192.1	273.0		237.2	362	53
13 5/8	346	346.9	610		87.4	79.4	533.4			419.1				260	125.4	125.4						419	57
16 3/4	425	426.2	705		100.1	88.9	616.0	45 (45)	+2.5 −0.5	508.0		20	1 5/8 (M42×3)	300	128.6	144.6		—	—	—	—	524	66
20 3/4	527	527.8	855		120.7	108.0	749.3	54 (56)		622.3			2 (M52×3)	370	171.4	171.5						648	74

表 45（续）

标称尺寸和孔径 *D*		法兰基本尺寸										螺栓尺寸			孔缘及长度尺寸								垫环号 *R* 或 RX
		最大孔径	外径		法兰总厚	法兰盘厚	螺栓孔分布圆直径	螺栓孔直径[a]		颈部大径	最大倒角	螺栓数量	螺纹规格[b]	全螺纹螺栓长度	管线螺纹法兰连接长度	套管螺纹法兰连接长度	油管螺纹法兰连接长度	焊颈法兰长度	焊颈法兰颈部小颈		焊颈法兰最大孔颈	端部台肩直径	
in	mm	*B*	OD	公差	T^{+3}_{0}	*Q*	BC	D_1	公差	*X*	*C*	*n*		L_{ssb}	L_L	L_C	L_T	$L_N \pm 1.6$	H_L	公差	J_L	*K*	
		mm											in(mm)	mm									
34.5 MPa																							
2 1/16	52	53.2	215		46.1	38.1	165.1	26 (25)		104.8			7/8 (M22)	150	65.1		65.1	109.5	60.3		43.7	124	24
2 9/16	65	65.9	245		49.3	41.3	190.5	29 (30)		123.8			1 (M27)	165	71.4	—	71.4	112.7	73.0		54.9	137	27
3 1/8	79	81.8	265	±2	55.6	47.7	203.2	32 (33)	+2 −0.5	133.3	3	8	1 1/8 (M30×3)	185	81.0		81.0	125.4	88.9	+2.3 −0.8	67.5	168	35
4 1/16	103	108.7	310		62.0	54.0	241.3	35 (36)		161.9			1 1/4 (M33×3)	205	98.4	98.4	98.4	131.8	114.3		88.1	194	39
5 1/8	130	131.0	375		81.0	73.1	292.1	42 (42)	+2.5 −0.5	196.8			1 1/2 (M39×3)	255	112.7	112.7		163.5	141.3		110.3	229	44
7 1/16	178	181.8	395		92.1	82.6	317.5	39 (39)	+2 −0.5	228.6			1 3/8 (M36×3)	275	128.6	128.6	—	181.0	168.3		132.6	248	46
9	228	229.4	485	±3	103.2	92.1	393.7	45 (45)	+2.5 −0.5	292.1	6	12	1 5/8 (M42×3)	305	154.0	154.0		223.8	219.1	+4 −0.8	173.8	318	50
11	279	280.2	585		119.1	108.0	482.6	51 (52)		368.3			1 7/8 (M48×3)	350	169.9	169.9		265.1	273.1		216.7	371	54

[a] 螺栓孔直径 D_1 括号内数字为采用 SI 制螺栓时，应加工的螺栓孔直径。

[b] 括号内数字为采用 SI 制的螺栓规格，螺母规格见附录 H。

表 46　堆焊不锈钢垫环槽堆焊前尺寸(见图 12)

垫环代号	槽外径 $A^{+0.8}_{0}$ mm	槽宽 $B^{+0.8}_{0}$ mm	槽深 $C^{+0.8}_{0}$ mm	垫环代号	槽外径 $A^{+0.8}_{0}$ mm	槽宽 $B^{+0.8}_{0}$ mm	槽深 $C^{+0.8}_{0}$ mm
R20[a]	85.3	15.7	9.9	R87	125.0	23.9	14.7
R23	102.9	19.1	11.4	R88	152.1	26.9	16.3
R24	115.6			R89	142.5		
R25[a]	118.6	15.7	9.9	R90	186.9	30.2	17.8
R26	121.9	19.1	11.4	R91	302.0	40.4	21.1
R27	128.3			R99	255.3	19.1	11.4
R31	144.0			R201[a]	59.9	12.7	7.6
R35	156.7			R205[a]	71.1		10.7
R37	169.4			R210[a]	106.7	16.8	9.9
R39	182.1			R215[a]	150.4	19.1	11.4
R41	201.2			BX150	81.8	18.3	9.1
R44	213.9			BX151	86.1	18.8	
R45	231.4			BX152	94.5	19.6	9.7
R46	232.9	20.6	13.2	BX153	111.3	21.1	10.4
R47	256.8	26.9	16.3	BX154	127.3	22.4	11.2
R49	290.1	19.1	11.4	BX155	159.0	24.6	11.9
R50	294.9	23.9	14.7	BX156	250.2	30.5	14.7
R53	344.2	19.1	11.4	BX157	307.3	33.5	16.3
R54	349.0	23.9	14.7	BX158	365.5	36.1	17.8
R57	401.3	19.1	11.4	BX159	440.9	39.4	19.6
R63	454.4	34.0	19.6	BX160	416.3	26.9	17.8
R65	490.2	19.1	11.4	BX162	486.7	24.9	11.9
R66	495.0	23.9	14.7	BX163	571.8	32.5	21.8
R69	553.7	19.1	11.4	BX164	586.2	39.9	
R70	561.6	26.9	16.3	BX165	640.8	34.3	22.6
R73	606.0	20.6	13.2	BX166	656.3	41.9	
R74	612.4	26.9	16.3	BX167	776.7	30.0	24.9
R82	77.5	19.1	11.4	BX168	782.6	32.8	24.9
R84	83.8			BX169	185.2	23.9	13.2
R85	101.3	20.6	13.2	BX303	872.0	37.1	29.7
R86	115.6	23.9	14.7	[a] 见 10.1.2.4.5。			

表 47 6**BX** 型整体法兰(见图 13)

标称尺寸和孔径 D		法兰基本尺寸													螺栓尺寸			垫环号
		最大孔径	外径		法兰总厚	螺栓孔分布圆直径	螺栓孔直径[a]		颈部大径	颈部小径	颈部长度	圆弧半径	最大倒角	端部台肩直径	螺栓数量	螺纹规格[b]	全螺纹螺栓长度	
in	mm	B	OD	公差	T^{+3}_{0}	BC	D_1	公差	$J_{1\,-3}^{\,0}$	J_2'(min)	J_3(min)	R	C	$K\pm1.6$	n		L_{ssb}	BX
		mm														in(mm)	mm	
13.8 MPa																		
26 ¾	680	680.2	1 040	±3	126.3	952.5	48 (48)	+2.5 −0.5	835.8	743.0	185.7	16	6	805	20	1 ¾ (M45×3)	350	167
30	762	762.8	1 120		134.2	1 039.8	45 (45)		931.9	833.0	196.9			908	32	1 ⅝ (M42×3)	360	303
20.7 MPa																		
26 ¾	680	680.2	1 100	±3	161.2	1 000.1	54 (56)	+2.5 −0.5	870.0	776.3	185.7	16	6	832	24	2 (M52×3)	430	168
30	762	762.8	1 185		167.1	1 090.6	51 (52)		970.0	871.1	196.9			922	32	1 ⅞ (M48×3)	450	303
34.5 MPa																		
13 ⅝	346	346.9	675	±3	112.8	590.6	45 (45)	+2.5 −0.5	481.0	423.9	114.3	16	6	457	16	1 ⅝ (M42×3)	315	160
16 ¾	425	426.2	770		130.2	676.3	51 (52)		555.6	527.1	76.2	19		535	16	1 ⅞ (M48×3)	370	162
18 ¾	476	477.0	905		165.9	803.3	54 (56)		674.7	598.5	152.4	16		627	20	2 (M52×3)	445	163
21 ¼	540	540.5	990		181.0	885.8			758.8	679.5	165.1	18		702	24		480	165

表 47（续）

标称尺寸和孔径 D		法兰基本尺寸														螺栓尺寸			垫环号 BX
		最大孔径	外径		法兰总厚	螺栓孔分布圆直径	螺栓孔直径[a]		颈部大径	颈部小径	颈部长度	圆弧半径	最大倒角	端部台肩直径		螺栓数量	螺纹规格[b]	全螺纹螺栓长度	
in	mm	B	OD	公差	T^{+3}_{0}	BC	D_1	公差	$J_{1\,-3}^{\,0}$	J_2(min)	J_3(min)	R	C	K±1.6		n		L_{ssb}	
		mm															in(mm)	mm	
69.0 MPa																			
1 13/16	46	46.8	185	±2	42.1	146.1	23 (23)	+2.0 −0.5	88.9	65.1	48.5	10	3	105		8	3/4 (M20)	125	151
2 1/16	52	53.2	200		44.1	158.8			100.0	74.7	51.6			111				130	152
2 9/16	65	65.9	230		51.2	184.2	26 (25)		120.7	92.1	57.2			132			7/8 (M22)	150	153
3 1/16	78	78.6	270		58.4	215.9	29 (30)		142.1	110.2	63.5			152			1 (M27)	170	154
4 1/16	103	104.0	315		70.3	258.8	32 (33)		182.6	146.1	73.1			185			1 1/8 (M30×3)	205	155
5 1/8	130	131.0	360		79.4	300.0			223.8	182.6	81.0			221		12		220	169
7 1/16	179	180.2	480		103.2	403.2	42 (42)		301.6	254.0	95.3			302			1 1/2 (M39×3)	285	156
9	228	229.4	550	±3	123.9	476.3			374.7	327.1	93.7	16		359		16		330	157
11	279	280.2	655		141.3	565.2	48 (48)		450.9	400.1	103.2			429			1 3/4 (M45×3)	380	158
13 5/8	346	346.9	770		168.3	673.1	51 (52)	+2.5 −0.5	552.5	495.3	114.3		6	518		20	1 7/8 (M48×3)	440	159
16 3/4	425	426.2	870			776.3			655.6	601.7	76.2	19		576		24		445	162
18 3/4	476	477.0	1 040		223.1	925.5	61 (62)		752.5	674.7	155.6	16		697			2 1/4 (M58×3)	570	164
21 1/4	540	540.5	1 145		241.3	1 022.4	67 (68)		847.7	762.0	165.1	21		781			2 1/2 (M64×3)	620	166

表 47（续）

标称尺寸和孔径 D		法兰基本尺寸：最大孔径	外径		法兰总厚	螺栓孔分布圆直径	螺栓孔直径[a]		颈部大径	颈部小径	颈部长度	圆弧半径	最大倒角	端部台肩直径	螺栓尺寸：螺栓数量	螺纹规格[b]	全螺纹螺栓长度	垫环号
in	mm	B	OD	公差	T^{+3}_{0}	BC	D_1	公差	$J_{1\ -3}^{\ \ 0}$	J_2(min)	J_3(min)	R	C	$K\pm1.6$	n	in(mm)	L_{ssb}	BX
		mm														in(mm)	mm	
103.5 MPa																		
1 13/16	46	46.8	210	±2	45.3	160.3	26 (25)	+2.0 −0.5	97.6	71.4	47.6	10	3	106	8	7/8 (M22)	140	151
2 1/16	52	53.2	220		50.8	174.6			111.1	82.5	54.0			114			150	152
2 9/16	65	65.9	255		57.2	200.0	29 (30)		128.6	100.0	57.1			133		1 (M27)	170	153
3 1/16	78	78.6	290		64.3	230.2	32 (33)		154.0	122.2	63.5			154		1 1/8 (M30×3)	190	154
4 1/16	103	104.0	360		78.6	290.5	39 (39)		195.3	158.7	73.0			194		1 3/8 (M36×3)	235	155
5 1/8	130	131.0	420		98.5	342.9	42 (42)	+2.5 −0.5	244.5	200.0	81.8	16		225	12	1 1/2 (M39×3)	290	169
7 1/16	179	180.2	505	±3	119.1	428.6			325.4	276.2	92.1[c]		6	305	16		325	156
9	228	229.4	650		146.1	552.4	51 (52)		431.8	349.2	123.8			381		1 7/8 (M48×3)	400	157
11	279	280.2	815		187.4	711.2	54 (56)		584.2	427.0	235.7			454	20	2 (M52×3)	490	158
13 5/8	346	346.9	885		204.8	771.5	61 (62)		595.3	528.6	114.3	25		541		2 1/4 (M58×3)	540	159
18 3/4	476	477.0	1 160		255.6	1 016.0	80 (80)	+3.0 −0.5	812.8	730.2	155.6			722		3 (M76×3)	680	164

表 47（续）

标称尺寸和孔径 D		法兰基本尺寸													螺栓尺寸			垫环号
		最大孔径	外径		法兰总厚	螺栓孔分布圆直径	螺栓孔直径[a]		颈部大径	颈部小径	颈部长度	圆弧半径	最大倒角	端部台肩直径	螺栓数量	螺纹规格[b]	全螺纹螺栓长度	
in	mm	B	OD	公差	T^{+3}_{0}	BC	D_1	公差	$J_{1\,-3}^{\;\;0}$	J_2(min)	J_3(min)	R	C	K±1.6	n		L_{ssb}	BX
		mm														in(mm)	mm	
138.0 MPa																		
1 13/16	46	46.8	255		63.5	203.2	29 (30)		133.4	109.5	49.2			117		1 (M27)	190	151
2 1/16	52	53.2	285		71.5	230.2	32 (33)	+2.0 −0.5	154.0	127.0	52.4			132		1 1/8 (M30×3)	210	152
2 9/16	65	65.9	325	±2	79.4	261.9	35 (36)		173.0	144.5	58.7	10	3	151	8	1 1/4 (M33×3)	235	153
3 1/16	78	78.6	355		85.8	287.3	39 (39)		192.1	160.3	63.5			171		1 3/8 (M36×3)	255	154
4 1/16	103	104.0	445		106.4	357.2	48 (48)		242.9	206.4	73.0			219		1 3/4 (M45×3)	310	155
7 1/16	179	180.2	655		165.1	554.0	54 (56)	+2.5 −0.5	385.8	338.1	96.8	16		352		2 (M52×3)	445	156
9	228	229.4	805	±3	204.8	685.8	67 (68)		481.0	428.6	107.9		6	441	16	2 1/2 (M64×3)	570	157
11	279	280.2	885		223.9	749.3	74 (74)		566.7	508.0	103.2	25		505		2 3/4 (M70×3)	605	158
13 5/8	346	346.9	1 160		292.1	1 016.0	80 (80)	+3.0 −0.5	693.7	628.6	133.3			614	20	3 (M76×3)	760	159

a 螺栓孔直径 D_1 括号内数字为采用 SI 制螺栓时，应加工的螺栓孔直径。

b 括号内数字为采用 SI 制的螺栓规格。

c 原文为 66.7，已被 API Spec 6A(第 19 版)的技术勘误修改。

表 48　6BX 型焊颈法兰(见图 14)

标称尺寸和孔径 D		法兰基本尺寸													螺栓尺寸			垫环号
		最大孔径	外径		法兰总厚	螺栓孔分布圆直径	螺栓孔直径[a]		颈部大径	颈部小径	颈部长度	圆弧半径	最大倒角	端部台肩直径	螺栓数量	螺纹规格[b]	全螺纹螺栓长度	
in	mm	B	OD	公差	T^{+3}_{0}	BC	D_1	公差	$J_{1-3}^{\ 0}$	J_2(min)	J_3(min)	R	C	$K\pm1.6$	n	in(mm)	L_{ssb}	BX
		mm															mm	
69.0 MPa																		
1 13/16	46	46.8	185	±2	42.1	146.0	23 (23)	+2.0 −0.5	88.9	65.1	48.4	10	3	105	8	3/4 (M20)	125	151
2 1/16	52	53.2	200		44.1	158.8			100.0	74.6	51.6			111			135	152
2 9/16	65	65.9	230		51.2	184.2	26 (25)		120.7	92.1	57.2			132		7/8 (M22)	150	153
3 1/16	78	78.6	270		58.4	215.9	29 (30)		142.1	110.3	63.5			152		1 (M27)	170	154
4 1/16	103	104.0	315		70.3	258.8	32 (33)		182.6	146.1	73.0			185		1 1/8 (M30×3)	205	155
5 1/8	130	131.0	360		79.4	300.0			223.8	182.6	81.0			221	12		220	169
7 1/16	179	180.2	480	±3	103.2	403.2	42 (42)	+2.5 −0.5	301.6	254.0	95.2	16	6	302		1 1/2 (M39×3)	285	156
9	228	229.4	550		123.9	476.3			374.7	327.1	93.7			359	16		330	157
11	279	280.2	655		141.3	565.2	48 (48)		450.9	400.1	103.2			429		1 3/4 (M45×3)	380	158
13 5/8	346	346.9	770		168.3	673.1	51 (52)		552.5	495.3	114.3			518	20	1 7/8 (M48×3)	440	159
16 3/4	425	426.2	870		168.3	776.3			655.6	601.7	76.2	19		576	24		445	162

表 48（续）

标称尺寸和孔径 D		法兰基本尺寸													螺栓尺寸			垫环号
		最大孔径	外径		法兰总厚	螺栓孔分布圆直径	螺栓孔直径[a]		颈部大径	颈部小径	颈部长度	圆弧半径	最大倒角	端部台肩直径	螺栓数量	螺纹规格[b]	全螺纹螺栓长度	
in	mm	B	OD	公差	T^{+3}_{0}	BC	D_1	公差	$J_{1}{}^{0}_{-3}$	J_2(min)	J_3(min)	R	C	$K\pm1.6$	n		L_{ssb}	BX
		mm														in(mm)	mm	
103.5 MPa																		
1 13/16	46	46.8	210	±2	45.3	160.3	26 (25)	+2.0 −0.5	97.6	71.4	47.6	10	3	106	8	7/8 (M22)	140	151
2 1/16	52	53.2	220		50.8	174.6			111.1	82.6	54.0			114			150	152
2 9/16	65	65.9	255		57.2	200.0	29 (30)		128.6	100.0	57.2			133		1 (M27)	170	153
3 1/16	78	78.6	290		64.3	230.2	32 (33)		154.0	122.2	63.5			154		1 1/8 (M30×3)	190	154
4 1/16	103	104.0	360		78.6	290.5	39 (39)	+2.5 −0.5	195.3	158.8	73.0			194		1 3/8 (M36×3)	235	155
5 1/8	130	131.0	420		98.5	342.9	42 (42)		244.5	200.0	81.8	16		225	12	1 1/2 (M39×3)	290	169
7 1/16	179	180.2	505	±3	119.1	428.6			325.4	276.2	92.1		6	305	16		325	156
138.0 MPa																		
1 13/16	46	46.8	255	±2	63.5	203.2	29 (30)	+2.0 −0.5	133.4	109.5	49.2	10	3	117	8	1 (M27)	190	151
2 1/16	52	53.2	285		71.5	230.2	32 (33)		154.0	127.0	52.4			132		1 1/8 (M30×3)	210	152
2 9/16	65	65.9	325		79.4	261.9	35 (36)		173.0	144.5	58.7			151		1 1/4 (M33×3)	235	153
3 1/16	78	78.6	355		85.8	287.3	39 (39)		192.1	160.3	63.5			171		1 3/8 (M36×3)	255	154
4 1/16	103	104.0	445		106.4	357.2	48 (48)	+2.5 −0.5	242.9	206.4	73.0			219		1 3/4 (M45×3)	310	155
7 1/16	179	180.2	655	±3	165.1	554.0	54 (56)		385.8	338.1	96.8	16	6	352	16	2 (M52×3)	445	156

[a] 螺栓孔直径 D_1 括号内数字为采用 SI 制螺栓时，应加工的螺栓孔直径。

[b] 括号内数字为采用 SI 制的螺栓规格。

表 49　6BX 型盲板和试验法兰(见图 15)

标称尺寸和孔径 D		法兰基本尺寸													螺栓尺寸			垫环号
		最大孔径	外径		法兰总厚	螺栓孔分布圆直径	螺栓孔直径[a]		颈部大径	颈部小径	颈部长度	圆弧半径	最大倒角	端部台肩直径	螺栓数量	螺纹规格[b]	全螺纹螺栓长度	
in	mm	B	OD	公差	T^{+3}_{0}	BC	D_1	公差	$J_{1\,-3}^{\;\;0}$	J_2(min)	J_3(min)	R	C	$K\pm1.6$	n		L_{ssb}	BX
		mm														in(mm)	mm	
69.0 MPa																		
1 13/16	46	46.8	185	±2	42.1	146.0	23 (23)	+2.0 −0.5	88.9	65.1	48.4	10	3	105	8	3/4 (M20)	125	151
2 1/16	52	53.2	200		44.1	158.8			100.0	74.6	51.6			111			135	152
2 9/16	65	65.9	230		51.3	184.2	26 (25)		120.6	92.1	57.1			132		7/8 (M22)	150	153
3 1/16	78	78.6	270		58.4	215.9	29 (30)		142.1	110.3	63.5			152		1 (M27)	170	154
4 1/16	103	104.0	315		70.3	258.8	32 (33)		182.6	146.0	73.0			185		1 1/8 (M30×3)	205	155
5 1/8	130	131.0	360		79.4	300.0			223.8	182.6	81.0			221	12		220	169
103.5 MPa																		
1 13/16	46	46.8	210	±2	45.3	160.3	26 (25)	+2.0 −0.5	97.6	71.4	47.6	10	3	106	8	7/8 (M22)	140	151
2 1/16	52	53.2	220		50.8	174.6			111.1	82.6	54.0			114			150	152
2 9/16	65	65.9	255		57.2	200.0	29 (30)		128.6	100.0	57.1			133		1 (M27)	170	153

表 49（续）

标称尺寸和孔径 D		法兰基本尺寸													螺栓尺寸			垫环号
		最大孔径	外径		法兰总厚	螺栓孔分布圆直径	螺栓孔直径[a]		颈部大径	颈部小径	颈部长度	圆弧半径	最大倒角	端部台肩直径	螺栓数量	螺纹规格[b]	全螺纹螺栓长度	BX
in	mm	B	OD	公差	T^{+3}_{0}	BC	D_1	公差	$J_{1\,-3}^{\;0}$	J_2(min)	J_3(min)	R	C	$K\pm1.6$	n		L_{ssb}	
		mm														in(mm)	mm	
103.5 MPa																		
3 1/16	78	78.6	290	±2	64.3	230.2	32 (33)	+2.0 −0.5	154.0	122.2	63.5	10	3	154	8	1 1/8 (M30×3)	190	154
4 1/16	103	104.0	360		78.6	290.5	39 (39)		195.3	158.8	73.0			194		1 3/8 (M36×3)	235	155
5 1/8	130	131.0	420		98.5	342.9	42 (42)	+2.5 −0.5	244.5	200.0	81.8	16		225	12	1 1/2 (M39×3)	290	169
138.0 MPa																		
1 13/16	46	46.8	255	±2	63.5	203.2	29 (30)	+2.0 −0.5	133.4	109.5	49.2	10	3	117	8	1 (M27)	190	151
2 1/16	52	53.2	285		71.4	230.2	32 (33)		154.0	127.0	52.4			132		1 1/8 (M30×3)	210	152
2 9/16	65	65.9	325		79.4	261.9	35 (36)		173.0	144.5	58.7			151		1 1/4 (M33×3)	235	153
3 1/16	78	78.6	355		85.7	287.3	39 (39)		192.1	160.3	63.5			171		1 3/8 (M36×3)	255	154
4 1/16	103	104.0	445		106.4	357.2	48 (48)	+2.5 −0.5	242.9	206.4	73.0			219		1 3/4 (M45×3)	310	155

[a] 螺栓孔直径 D_1 括号内数字为采用 SI 制螺栓时，应加工的螺栓孔直径。

[b] 括号内数字为采用 SI 制的螺栓规格。

表 50 6BX 型盲板法兰(见图 16)

标称通径和孔径 B		法兰盘厚 T	颈部直径 J_1	沉孔深 E	附加颈部直径 J_4
in	mm	mm			
13.8 MPa					
26 3/4	680	126.3	835.8	21.4	9.7
30	762	134.2	931.9	23.0	17.5
20.7 MPa					
26 3/4	680	161.2	870.0	21.4	0
30	762	167.1	970.0	23.0	12.7
34.5 MPa					
13 5/8	346	112.8	481.1	14.3	23.9
16 3/4	425	130.2	555.8	8.3	17.5
18 3/4	476	165.9	674.7	18.3	19.1
21 1/4	540	181.0	758.8	19.1	22.4
69.0 MPa					
5 1/8	130	79.4	223.8	9.5	6.4
7 1/16	179	103.2	301.8	11.1	9.7
9	228	123.9	374.7	12.7	
11	279	141.3	450.9	14.3	14.2
13 5/8	346	168.3	552.5	15.9	17.5
16 3/4	425		655.6	8.3	30.2
18 3/4	476	223.1	752.3	18.3	25.4
21 1/4	540	241.3	847.9	19.1	31.8
103.5 MPa					
5 1/8	130	98.5	244.5	9.5	6.4
7 1/16	179	119.1	325.4	11.1	7.9
9	228	146.1	431.8	12.7	14.2
11	279	187.4	584.2	14.3	12.7
13 5/8	346	204.8	595.3	15.9	17.5
18 3/4	476	255.6	812.8	18.3	35.1
138.0 MPa					
7 1/16	179	165.1	385.8	11.1	7.9
9	228	204.8	481.1	12.7	6.4
11	279	223.9	566.7	14.3	12.7
13 5/8	346	292.1	693.7	15.9	14.2

注：未列尺寸见图 13 和表 47、图 14 和表 48、图 15 和表 49 的相应尺寸。

表 51 额定工作压力 34.5 MPa 的双层完井扇形法兰尺寸(见图 17)

标称尺寸和孔径 D		法兰基本尺寸										螺栓尺寸											垫环号
		最大孔径	外径		法兰总厚	平面至中心的距离	最小半径	颈部直径		止口直径	止口深度	螺栓分布圆直径	螺栓孔直径[a]		螺栓孔数量	角度			螺纹规格[b]	双头螺栓螺纹长度	全螺纹螺栓的螺纹长度	通孔中心距	
		B	OD	公差	T^{+3}_{0}	$E^{0}_{-0.5}$	F_R	J	公差	K	$Q^{+0.25}_{0}$	BC	L	公差	M	X	Y	Z				BB	RX
in	mm	mm													个	(°)			in(mm)	mm			
1 ⅜	35	35.3	130	±2	39.7	29.5	6	56.4	0 −0.5	52.4	2.77	98.4	16 (15)	+2.0 −0.5	5	13	38.5	—	½ (M12)	70	115	—	201
1 13/16	46	46.4	155		52.4	34.9	3	69.8		66.7	1.83	117.5	20 (19)			16	37		⅝ (M16)	90	145	70.64	205
2 1/16	52	53.2	165		54.0	44.4		77.0		79.4	3.68	130.2	23 (23)			19	35.5		¾ (M20)	95	150	90.09	20
2 9/16	65	65.9	215		63.5	56.4		93.7		101.6		161.9	29 (30)			21	34.5		1 (M27)	120	185	114.30	210
3 ⅛	79	80.2	230			63.5		114.3	0 −0.8	115.9	3.30	179.4				23	33.5			125	195	128.19	25
4 1/16	103	104.0	270		69.9	74.6	25	133.4		144.5	5.33	206.4	32 (33)		6	28.5	19	23.5	1 ⅛ (M30×3)	135	210	—	215
4 1/16×4 ¼	103×108	108.7																					

[a] 螺栓孔直径 D_1 括号内数字为采用 SI 制螺栓时,应加工的螺栓孔直径。

[b] 括号内数字为采用 SI 制的螺栓规格。

表 52　RX 型压力自紧密封垫环(见图 18)　　单位为毫米

<table>
<tr><th>垫环号</th><th>环和槽的中径 $P\pm0.13$</th><th>垫环外径 $OD^{+0.5}_{0}$</th><th>环宽 $A^{c}{}^{+0.20}_{0}$</th><th>平面宽 $C^{+0.15}_{0}$</th><th>外侧斜面环高 $D^{0}_{-0.8}$</th><th>八角环高 $H^{c}{}^{+0.20}_{0}$</th><th>八角环内圆角半径 $R_1\pm0.5$</th><th>槽深 $E^{+0.5}_{0}$</th><th>槽宽 $F\pm0.20$</th><th>槽内圆角半径 R_{2max}</th><th>装后法兰近似间距 S</th></tr>
<tr><td>RX20</td><td>68.26</td><td>76.20</td><td>8.74</td><td>4.62</td><td>3.18</td><td>19.05</td><td rowspan="14">1.5</td><td>6.4</td><td>8.74</td><td rowspan="13">0.8</td><td>9.7</td></tr>
<tr><td>RX23</td><td>82.55</td><td>93.27</td><td rowspan="2">11.91</td><td rowspan="2">6.45</td><td rowspan="2">4.24</td><td rowspan="2">25.40</td><td rowspan="2">7.9</td><td rowspan="2">11.91</td><td rowspan="2">11.9</td></tr>
<tr><td>RX24</td><td>95.25</td><td>105.97</td></tr>
<tr><td>RX25</td><td rowspan="2">101.60</td><td>109.55</td><td>8.74</td><td>4.62</td><td>3.18</td><td>19.05</td><td>6.4</td><td>8.74</td><td>—</td></tr>
<tr><td>RX26</td><td>111.91</td><td rowspan="9">11.91</td><td rowspan="9">6.45</td><td rowspan="9">4.24</td><td rowspan="9">25.40</td><td rowspan="9">7.9</td><td rowspan="9">11.91</td><td rowspan="10">11.9</td></tr>
<tr><td>RX27</td><td>107.95</td><td>118.26</td></tr>
<tr><td>RX31</td><td>123.83</td><td>134.54</td></tr>
<tr><td>RX35</td><td>136.53</td><td>147.24</td></tr>
<tr><td>RX37</td><td>149.23</td><td>159.94</td></tr>
<tr><td>RX39</td><td>161.93</td><td>172.64</td></tr>
<tr><td>RX41</td><td>180.98</td><td>191.69</td></tr>
<tr><td>RX44</td><td>193.68</td><td>204.39</td></tr>
<tr><td>RX45</td><td rowspan="2">211.15</td><td>221.84</td></tr>
<tr><td>RX46</td><td>222.25</td><td>13.49</td><td>6.68</td><td>4.78</td><td>28.58</td><td>9.7</td><td>13.49</td><td rowspan="2">1.5</td></tr>
<tr><td>RX47</td><td>228.60</td><td>245.26</td><td>19.84</td><td>10.34</td><td>6.88</td><td>41.28</td><td>2.3</td><td>12.7</td><td>19.84</td><td>18.3[a]</td></tr>
<tr><td>RX49</td><td rowspan="2">269.88</td><td>280.59</td><td>11.91</td><td>6.45</td><td>4.24</td><td>25.40</td><td rowspan="5">1.5</td><td>7.9</td><td>11.91</td><td>0.8</td><td rowspan="5">11.9</td></tr>
<tr><td>RX50</td><td>283.36</td><td>16.66</td><td>8.51</td><td>5.28</td><td>31.75</td><td>11.2</td><td>16.66</td><td>1.5</td></tr>
<tr><td>RX53</td><td rowspan="2">323.85</td><td>334.57</td><td>11.91</td><td>6.45</td><td>4.24</td><td>25.40</td><td>7.9</td><td>11.91</td><td>0.8</td></tr>
<tr><td>RX54</td><td>337.34</td><td>16.66</td><td>8.51</td><td>5.28</td><td>31.75</td><td>11.2</td><td>16.66</td><td>1.5</td></tr>
<tr><td>RX57</td><td>381.00</td><td>391.72</td><td>11.91</td><td>6.45</td><td>4.24</td><td>25.40</td><td>7.9</td><td>11.91</td><td>0.8</td></tr>
<tr><td>RX63</td><td>419.10</td><td>441.73</td><td>27.00</td><td>14.78</td><td>8.46</td><td>50.80</td><td>2.3</td><td>16.0</td><td>27.00</td><td>2.3</td><td>21.3</td></tr>
<tr><td>RX65</td><td rowspan="2">469.90</td><td>480.62</td><td>11.91</td><td>6.45</td><td>4.24</td><td>25.40</td><td rowspan="3">1.5</td><td>7.9</td><td>11.91</td><td>0.8</td><td rowspan="3">11.9</td></tr>
<tr><td>RX66</td><td>483.39</td><td>16.66</td><td>8.51</td><td>5.28</td><td>31.75</td><td>11.2</td><td>16.66</td><td>1.5</td></tr>
<tr><td>RX69</td><td rowspan="2">533.40</td><td>544.12</td><td>11.91</td><td>6.45</td><td>4.24</td><td>25.40</td><td>7.9</td><td>11.91</td><td>0.8</td></tr>
<tr><td>RX70</td><td>550.06</td><td>19.84</td><td>10.34</td><td>6.88</td><td>41.28</td><td>2.3</td><td>12.7</td><td>19.84</td><td>1.5</td><td>18.3</td></tr>
</table>

表 52（续）

单位为毫米

<table>
<tr><th>垫环号</th><th>环和槽的中径 $P\pm0.13$</th><th>垫环外径 $OD^{+0.5}_{0}$</th><th>环宽 $A^{c}{}^{+0.20}_{0}$</th><th>平面宽 $C^{+0.15}_{0}$</th><th>外侧斜面环高 $D^{0}_{-0.8}$</th><th>八角环高 $H^{c}{}^{+0.20}_{0}$</th><th>八角环内圆角半径 $R_1\pm0.5$</th><th>槽深 $E^{+0.5}_{0}$</th><th>槽宽 $F\pm0.20$</th><th>槽内圆角半径 R_{2max}</th><th>装后法兰近似间距 S</th></tr>
<tr><td>RX73</td><td rowspan="2">584.20</td><td>596.11</td><td>13.49</td><td>6.68</td><td>5.28</td><td>31.75</td><td>1.5</td><td>9.7</td><td>13.49</td><td rowspan="2">1.5</td><td>15.0</td></tr>
<tr><td>RX74</td><td>600.86</td><td>19.84</td><td>10.34</td><td>6.88</td><td>41.28</td><td>2.3</td><td>12.7</td><td>19.84</td><td>18.3</td></tr>
<tr><td>RX82</td><td>57.15</td><td>67.87</td><td rowspan="2">11.91</td><td rowspan="2">6.45</td><td rowspan="3">4.24</td><td rowspan="3">25.40</td><td rowspan="7">1.5</td><td rowspan="2">7.9</td><td rowspan="2">11.91</td><td rowspan="2">0.8</td><td rowspan="2">11.9</td></tr>
<tr><td>RX84</td><td>63.50</td><td>74.22</td></tr>
<tr><td>RX85</td><td>79.38</td><td>90.09</td><td>13.49</td><td>6.68</td><td>9.7</td><td>13.49</td><td rowspan="6">1.5</td><td rowspan="5">9.7</td></tr>
<tr><td>RX86</td><td>90.50</td><td>103.58</td><td rowspan="2">15.09</td><td rowspan="2">8.51</td><td rowspan="2">4.78</td><td rowspan="2">28.58</td><td rowspan="2">11.2</td><td rowspan="2">16.66</td></tr>
<tr><td>RX87</td><td>100.03</td><td>113.11</td></tr>
<tr><td>RX88</td><td>123.83</td><td>139.29</td><td>17.48</td><td rowspan="2">10.34</td><td rowspan="2">5.28</td><td rowspan="2">31.75</td><td rowspan="2">12.7</td><td rowspan="2">19.84</td></tr>
<tr><td>RX89</td><td>114.30</td><td>129.77</td><td>18.26</td></tr>
<tr><td>RX90</td><td>155.58</td><td>174.63</td><td>19.84</td><td>12.17</td><td>7.42</td><td>44.45</td><td rowspan="2">2.3</td><td>14.2</td><td>23.02</td><td>18.3</td></tr>
<tr><td>RX91</td><td>260.35</td><td>286.94</td><td>30.18</td><td>19.81</td><td>7.54</td><td>45.24</td><td>17.5</td><td>33.34</td><td>2.3</td><td>19.1</td></tr>
<tr><td>RX99</td><td>234.95</td><td>245.67</td><td>11.91</td><td>6.45</td><td>4.24</td><td>25.40</td><td>1.5</td><td>7.9</td><td>11.91</td><td rowspan="2">0.8</td><td>11.9</td></tr>
<tr><td>RX201</td><td>46.05</td><td>51.46</td><td>5.74</td><td>3.20</td><td>1.45[b]</td><td>11.30</td><td rowspan="2">0.5[c]</td><td rowspan="2">4.1</td><td rowspan="2">5.56</td><td rowspan="4">—</td></tr>
<tr><td>RX205</td><td>57.15</td><td>62.31</td><td>5.56</td><td>3.05</td><td>1.83[b]</td><td>11.10</td><td>0.5</td></tr>
<tr><td>RX210</td><td>88.90</td><td>97.64</td><td>9.53</td><td>5.41</td><td>3.18[b]</td><td>19.05</td><td>0.8[c]</td><td>6.4</td><td>9.53</td><td rowspan="2">0.8</td></tr>
<tr><td>RX215</td><td>130.18</td><td>140.89</td><td>11.91</td><td>5.33</td><td>4.24[b]</td><td>25.40</td><td>1.5[c]</td><td>7.9</td><td>11.91</td></tr>
</table>

a 原文为 23.1，已被 API Spec 6A(第 19 版)的技术勘误修改。

b 这些尺寸的公差是$\left(^{\ 0}_{-0.38}\right)$ mm；

c 这些尺寸的公差是$\left(^{+0.5}_{\ 0}\right)$ mm；

d 如果任何垫环在整个圆周上的环宽或环高的尺寸变化量不超过 0.10 mm，则环宽 A 和环高 H 才允许有 0.2 mm 的正偏差。

10.2 螺纹式端部和出口连接

10.2.1 总则

本条给出了按 GB/T 9253.2 的规定，通过螺纹连接的单件和整体装置的端部与出口连接的要求，包括油管悬挂器和套管悬挂器。其他单件螺纹式端部和出口连接不包括在本标准中。

10.2.2 设计

10.2.2.1 总则

内螺纹和外螺纹的尺寸和公差，应符合 GB/T 9253.2 或 GB/T 12716 的适用(见 10.2.2.3)要求。

a) 螺纹长度

内螺纹的长度不应小于图 19 和 GB/T 9253.2 规定的外螺纹有效长度 L_2。

b) 符合 GB/T 12716 要求的 NPT 内、外螺纹

一般用途管线螺纹(英制)或称 60°密封管螺纹可用于尺寸小于或等于 38 mm(1 ½ in)的 LP 螺纹。

注：虽然符合 GB/T 9253.2 的 LP 螺纹和 NPT 螺纹基本上是可以互换的，但经几次旋紧后，螺纹表面上的微小变化可增加磨损和擦伤的趋势。

10.2.2.2 螺纹间隙

在所有内螺纹式装置上，应提供如 GB/T 9253.2 所示的最小长度 J 的间隙。

10.2.2.3 螺纹止口

带有内螺纹的端部和出口连接，可带有或不带有螺纹入口止口。不配备止口的 API 内螺纹，应具有如图 19 和图 20 所示的最小深度为 $P/2$ 的 45°外倒角。配备止口的内螺纹应符合表 53 规定的止口尺寸，止口底部应有 45°外倒角。作为一种替代，止口尺寸可按 GB/T 9253.2 的规定。

10.2.2.4 螺纹同轴度

螺纹应与端部连接的轴线同轴，同轴度的公差不超过±5 mm/m 或设计轴线的 0.3°。

10.2.2.5 端部/出口接箍直径

端部和出口接箍直径不应小于表中规定的连接装置或螺纹接箍直径，以提供在额定工作压力下螺纹零件的结构完整性。

10.2.3 试验(测量)

螺纹量规应遵守 GB/T 9253.2 中 4.2～4.6 所规定的工作规要求。螺纹应在手紧旋合下测量紧密距。按本标准制造的螺纹，应按图 20、图 21 和图 22 进行测量，按 GB/T 9253.2 制造的螺纹，采用 GB/T 9253.2 规定的测量方法。

10.2.4 标志

螺纹连接装置应按第 8 章的要求作标志。

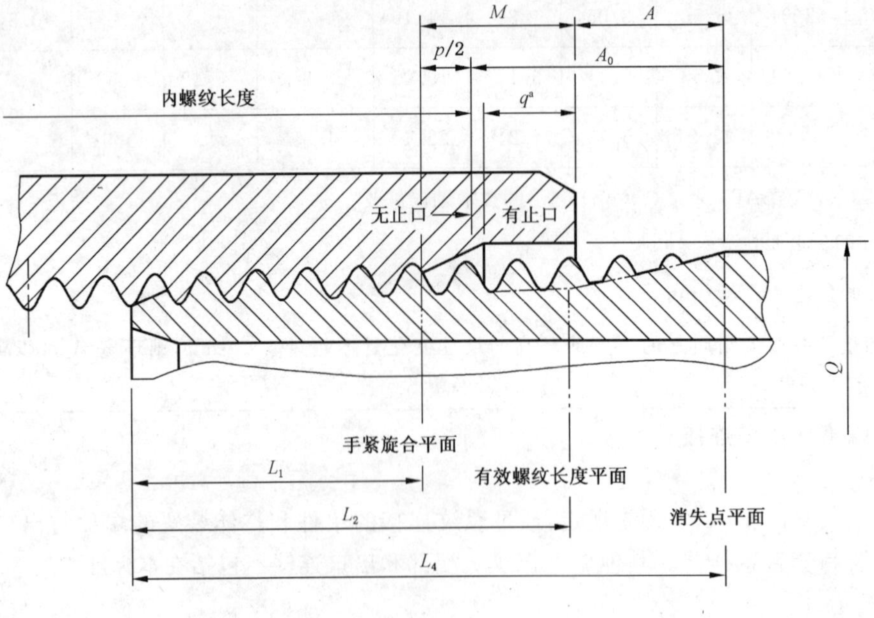

a 参考尺寸。

图 19 管线管螺纹止口和紧密距(尺寸 L_1,L_2,L_4 见 GB/T 9253.2)

表 53　管线管螺纹止口和紧密距

螺纹标称尺寸 in	消失点平面至手紧面长度 $A+M$	紧密距 无止口螺纹 A_0	紧密距 带浅止口螺纹 A	止口面至手紧面长度 M	止口 尺寸 Q	止口 深度 q
	mm					
管线管螺纹						
⅛	5.40	4.93	1.01	4.38	11.9	3.3
¼	10.02	9.32	5.45	4.57	15.2	
⅜	9.16	8.45	4.55	4.61	18.8	
½	11.72	10.82	3.45	8.28	23.6	6.4
¾	11.54	10.64	3.27	8.27	29.0	
1	14.85	13.74	6.32	8.53	35.8	
1 ¼	14.95	13.84	6.48	8.47	44.5	
1 ½	15.37	14.27	6.89	8.48	50.5	
2	15.80	14.70	6.87	8.94	63.5	
2 ½	22.59	21.00	10.04	12.55	76.2	9.7
3	22.04	20.45	9.45	12.59	92.2	
3 ½	21.91	20.33	9.32		104.9	
4	22.60	21.01	9.99	12.61	117.6	
5	22.94	21.35	10.35	12.58	144.5	
6	25.10	23.51	12.48	12.62	171.5	
8	27.51	25.93	14.81	12.70	222.3	
10	29.18	27.59	16.36	12.81	276.4	
12	30.45	28.86	16.83	13.62	328.7	
14D	28.49	26.90	14.94	13.56	360.4	
16D	27.22	25.63	13.71	13.52	411.2	
18D	27.53	25.94	14.00	13.53	462.0	
20D	29.43	27.84	15.85	13.58	512.8	
长圆和短圆套管螺纹						
4 ½	27.41	25.82	15.00	12.40	117.6	9.7
5					130.3	
5 ½					143.0	
6 ⅝			15.07	12.34	171.5	
7			15.00	12.40	181.1	

表 53（续）

<table>
<tr><th rowspan="2">螺纹标称
尺寸
in</th><th rowspan="2">消失点平面至
手紧面长度
$A+M$</th><th colspan="2">紧密距</th><th rowspan="2">止口面至
手紧面长度
M</th><th colspan="2">止口</th></tr>
<tr><th>无止口螺纹
A_0</th><th>带浅止口螺纹
A</th><th>尺寸
Q</th><th>深度
q</th></tr>
<tr><th></th><th colspan="6">mm</th></tr>
<tr><td colspan="7">长圆和短圆套管螺纹</td></tr>
<tr><td>7 5/8</td><td rowspan="8">29.11</td><td rowspan="8">27.52</td><td rowspan="3">16.72</td><td rowspan="3">12.39</td><td>196.9</td><td rowspan="8">9.7</td></tr>
<tr><td>8 5/8</td><td>222.3</td></tr>
<tr><td>9 5/8</td><td>247.7</td></tr>
<tr><td>10 3/4[a]</td><td rowspan="2">16.65</td><td rowspan="2">12.46</td><td>276.4</td></tr>
<tr><td>11 3/4[a]</td><td>301.8</td></tr>
<tr><td>13 3/8[a]</td><td>15.95</td><td>13.15</td><td>344.4</td></tr>
<tr><td>16[a]</td><td rowspan="2">15.89</td><td rowspan="2">13.22</td><td>411.2</td></tr>
<tr><td>20[a]</td><td>512.8</td></tr>
<tr><td colspan="7">不加厚油管螺纹</td></tr>
<tr><td>1.050</td><td rowspan="7">16.41</td><td rowspan="7">15.14</td><td>8.13</td><td>8.28</td><td>29.0</td><td rowspan="5">6.4</td></tr>
<tr><td>1.315</td><td>8.07</td><td>8.34</td><td>35.8</td></tr>
<tr><td>1.660</td><td rowspan="2">8.13</td><td rowspan="2">8.28</td><td>44.5</td></tr>
<tr><td>1.900</td><td>50.5</td></tr>
<tr><td>2 3/8</td><td>7.69</td><td>8.72</td><td>63.5</td></tr>
<tr><td>2 7/8</td><td>4.51</td><td>11.90</td><td>76.2</td><td rowspan="4">9.7</td></tr>
<tr><td>3 1/2</td><td>4.45</td><td>11.96</td><td>92.2</td></tr>
<tr><td>4</td><td rowspan="2">19.91</td><td rowspan="2">18.33</td><td rowspan="2">7.65</td><td rowspan="2">12.27</td><td>104.9</td></tr>
<tr><td>4 1/2</td><td>117.6</td></tr>
<tr><td colspan="7">外加厚油管螺纹</td></tr>
<tr><td>1.050</td><td rowspan="4">16.41</td><td rowspan="4">15.14</td><td>8.07</td><td>8.34</td><td>35.8</td><td rowspan="5">6.4</td></tr>
<tr><td>1.315</td><td>7.99</td><td>8.42</td><td>39.9</td></tr>
<tr><td>1.660</td><td>8.04</td><td>8.37</td><td>48.5</td></tr>
<tr><td>1.900</td><td>8.05</td><td>8.36</td><td>55.6</td></tr>
<tr><td>2 3/8</td><td rowspan="5">19.91</td><td rowspan="5">18.33</td><td>10.87</td><td>9.04</td><td>69.1</td></tr>
<tr><td>2 7/8</td><td>7.69</td><td>12.22</td><td>81.8</td><td rowspan="4">9.7</td></tr>
<tr><td>3 1/2</td><td rowspan="3">7.65</td><td rowspan="3">12.27</td><td>98.6</td></tr>
<tr><td>4</td><td>111.3</td></tr>
<tr><td>4 1/2</td><td>124.0</td></tr>
<tr><td colspan="7">[a] 仅指短圆套管螺纹(不包括长圆套管螺纹)。</td></tr>
</table>

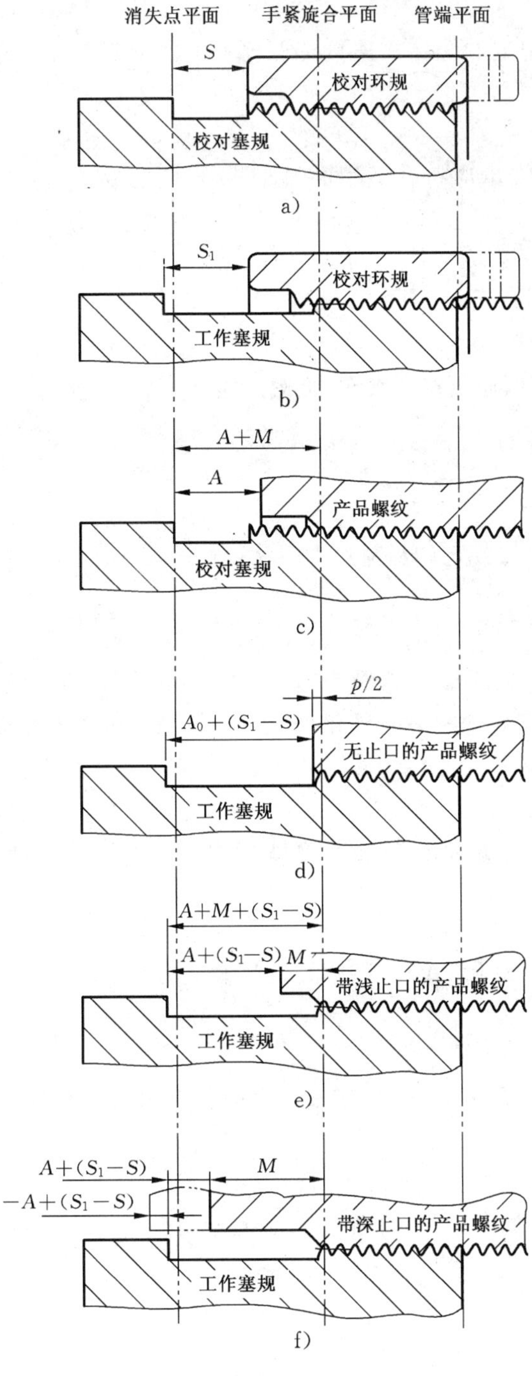

注：S_1 和与图中尺寸相关的 L_1、L_2、L_4 的尺寸见 GB/T 9253.2。

图 20　管线管、套管和油管内螺纹手紧装配测量作法

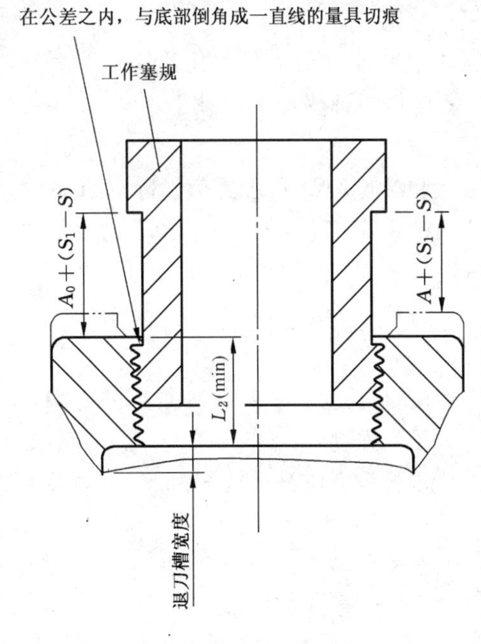

注：双点画线为带浅止口轮廓线。

图 21　工作塞规用于带退刀槽的螺纹的阀和零件

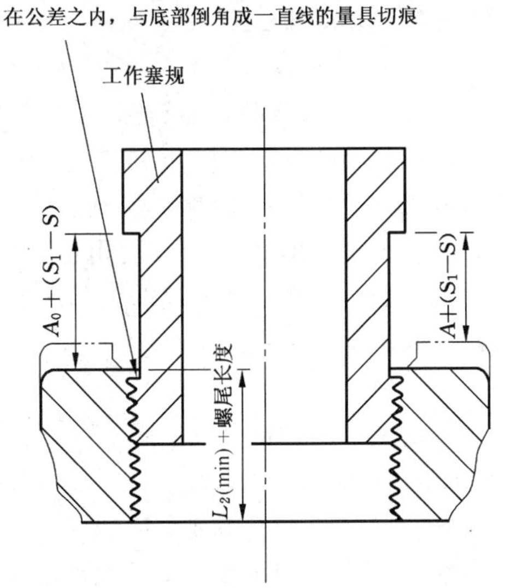

注：双点画线为带浅止口轮廓线。

图 22　工作塞规用于带螺尾的螺纹的阀和零件

10.3 螺柱和螺母

10.3.1 总则

螺柱和螺母的要求仅适用端部和出口法兰与10.1规定的螺柱式连接。螺栓长度的计算参见附录I,法兰螺栓扭矩计算参见附录J。

10.3.2 设计

螺柱和螺母的要求见表54。除另有说明外,螺柱和螺母应符合适用的ASTM规范的要求。螺柱的尺寸和螺距应符合ASTM A 193的要求,螺母的尺寸和螺距应符合ASTM A 194的要求。表54中的机械性能优于ASTM的要求。

10.3.3 材料

10.3.3.1 总则

栓接应符合适用的ASTM规范的要求,见表54。可以使用符合表54机械性能要求的替代材料。

a) 屈服强度

屈服强度应符合或超过表54的最低要求。

b) 尺寸限制

如材料符合要求,可超过ASTM A 320对L7M级规定的材料尺寸限制。

10.3.3.2 NACE暴露栓接

a) ASTM A453 660级

硬度不大于35 HRC,且直径不大于63.5 mm时的最小屈服强度为725 MPa或直径大于63.5 mm时的最小屈服强度为655 MPa,经固溶处理和时效硬化处理的ASTM A453 660级栓接,是可接收的。

b) CRA材料

除了最高硬度应满足GB/T 20972.3的要求外,其最低机械性能满足ASTM A453 660级栓接的其他CRA材料,则可以使用。

注:一些材料易受环境的影响而开裂。

用于酸性环境中隔离法兰的栓接应满足10.3.3.3(见GB/T 20972.2,第七节)。

10.3.3.3 NACE暴露栓接(低强度)

a) ASTM A193 B7M级

ASTM A193 B7M级仅适用于GB/T 20972.2暴露栓接(低强度)、对列于表54中法兰时的最小屈服强度为550 MPa的情况。

b) ASTM A 320 L7M级

ASTM A 320 L7M级仅适用于GB/T 20972.2暴露栓接(低强度)、对列于表54中的法兰的最小屈服强度为550 MPa的情况。

10.3.3.4 NACE非暴露栓接

a) ASTM A193 B7级

ASTM A193 B7级仅适用于GB/T 20972.2非暴露栓接、对列于表54中的法兰在非暴露条件下使用。

b) ASTM A320 L7级或L43级

ASTM A320 L7或L43级仅适用于GB/T 20972.2非暴露栓接、对列于表54中的法兰在非暴露条件下使用。

10.3.3.5 NACE螺母

a) ASTM A194 2HM级

ASTM A194 2HM级适用于所有法兰尺寸和额定工作压力。

b) NACE暴露栓接

ASTM A453 660 级或 CRA 螺母，仅用于 NACE 暴露栓接有防止粘扣要求时使用。

表 54 端部法兰用栓接要求

要求		材料级别						
		AA、BB 或 CC		DD、EE、FF 或 HH				
		温度级别						
		P,S,T 或 U	K,L,P,S,T 或 U	P,S,T 或 U	K,L,P,S,T 或 U	P,S,T 或 U	K,L,P,S,T 或 U	K,L,P,S,T 或 U
GB/T 20972.1～20972.3		不适用	不适用	非暴露	非暴露	暴露(低强度)		暴露
尺寸和额定工作压力		全部	全部	全部	全部	所有 13.8 MPa、20.7 MPa 法兰；34.5 MPa(法兰<$13\frac{5}{8}$)；69.0 MPa(法兰<$4\frac{1}{16}$)；103.5 MPa(法兰为 $1\frac{13}{16}$、$5\frac{1}{8}$)；所有 138.0 MPa 法兰		全部
栓接	ASTM 规范等级和材料	A 193 GR B7	A 320 GR L7 或 L43	A 193 GR B7	A 320 GR L7 或 L43	A 193 GR B7M	A 320 GR L7M	A 453 Gr. 660 CRA
	最小屈服强度/MPa	725(≤63.5 mm) 655(>63.5 mm)				550		725(≤63.5 mm) 655(>63.5 mm)
	硬度按 GB/T 20972.2 和 GB/T 20972.3	无				有		
	夏比冲击试验要求	无	有	无	有	无	有	无
螺母	ASTM 规范级别重型	A 194 2H,2HM 4 或 7				A 194 GR 2HM		
	硬度按 GB/T 20972.2 和 GB/T 20972.3	无				有		
	夏比冲击试验要求	无						

10.4 密封垫环

10.4.1 总则

R 型和 RX 型的垫环应用于 6B 法兰，BX 型密封垫环仅用于 6BX 法兰。RX 型和 BX 型的垫环具有压力自紧密封，但不能互换。

10.4.2 设计

10.4.2.1 尺寸

密封垫环应符合图 18 及表 52、图 23 及表 55、图 24 及表 56 规定的尺寸和公差要求。密封垫环应平整，平面度公差为垫环外径的 0.2%，且不大于 0.38 mm。

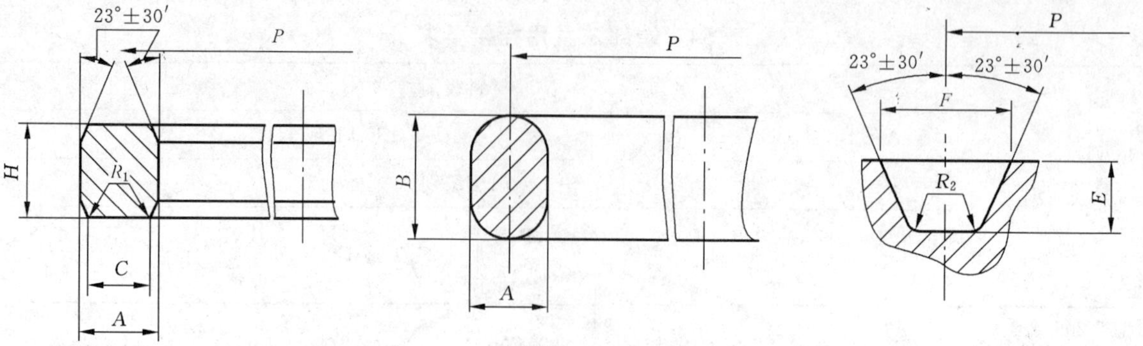

a) 八角形　　b) 椭圆形　　c) 垫环槽

图 23　R 型密封垫环及环槽

单位为毫米

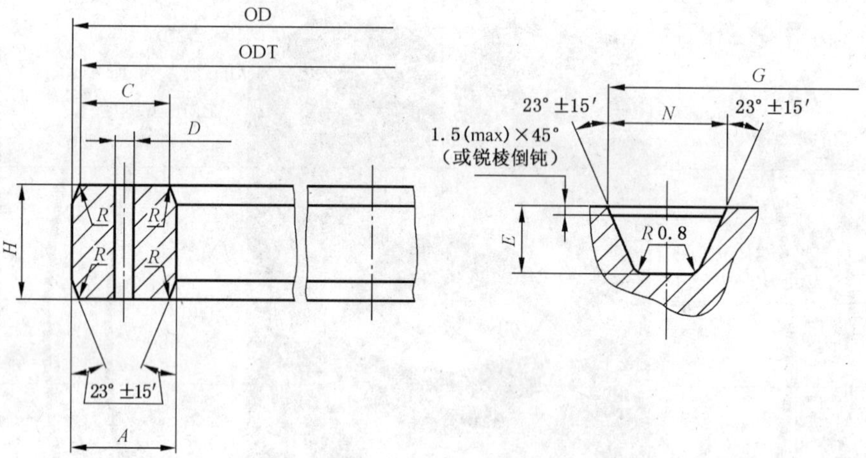

注：圆角半径 R 应是环高 H 的 8%～12%；每个垫环中心线上有一个压力通孔。

图 24　BX 型压力自封垫环及环槽

10.4.2.2　R 和 RX 垫环

a)　表面粗糙度

R 型和 RX 型的垫环上所有 23°表面粗糙度不应大于 $Ra1.6$ μm。

b)　RX 压力通孔

某些尺寸的 RX 垫环应有一个如图 18 所示的贯通环截面的压力通孔。

10.4.2.3　BX 垫环

a)　表面粗糙度

BX 型垫环上所有 23°表面粗糙度不应大于 $Ra0.8$ μm。

b)　压力通孔

每个 BX 垫环应有一个如图 24、表 56 所示的贯通环截面的压力通孔。

10.4.2.4　垫环的重复使用

在环槽内，通过过盈量限制来形成密封关系的密封垫环，不应重复使用。

10.4.3　材料

a)　垫环材料

垫环材料应符合第 5 章的要求。

b)　涂层和镀层

使用涂层和镀层有助于密封接合，同时减少擦伤、延长使用寿命。涂层和镀层的厚度应不大于 0.013 mm。

表 55　R 型密封垫环(见图 23)

单位为毫米

<table>
<tr><th>垫环号</th><th>环(槽)的中径 P±0.18(±0.13)</th><th>环宽 A±0.20</th><th>椭圆环高 B±0.5</th><th>八角环高 H±0.5</th><th>八角环面宽 C±0.2</th><th>八角环内圆角半径 R_1±0.5</th><th>槽深 $E^{+0.5}_{0}$</th><th>槽宽 F±0.20</th><th>槽内圆角半径 R_{2max}</th><th>装配后法兰近似间距 S</th></tr>
<tr><td>R20</td><td>68.28</td><td>7.95</td><td>14.3</td><td>12.7</td><td>5.23</td><td rowspan="19">1.5</td><td>6.4</td><td>8.74</td><td rowspan="12">0.8</td><td>4.1</td></tr>
<tr><td>R23</td><td>82.55</td><td rowspan="11">11.13</td><td rowspan="11">17.5</td><td rowspan="11">15.9</td><td rowspan="11">7.75</td><td rowspan="11">7.9</td><td rowspan="11">11.91</td><td rowspan="12">4.8</td></tr>
<tr><td>R24</td><td>95.25</td></tr>
<tr><td>R26</td><td>101.60</td></tr>
<tr><td>R27</td><td>107.95</td></tr>
<tr><td>R31</td><td>123.83</td></tr>
<tr><td>R35</td><td>136.53</td></tr>
<tr><td>R37</td><td>149.23</td></tr>
<tr><td>R39</td><td>161.93</td></tr>
<tr><td>R41</td><td>180.98</td></tr>
<tr><td>R44</td><td>193.68</td></tr>
<tr><td>R45</td><td rowspan="2">211.15</td></tr>
<tr><td>R46</td><td>12.70</td><td>19.1</td><td>17.5</td><td>8.66</td><td>9.7</td><td>13.49</td><td rowspan="2">1.5</td></tr>
<tr><td>R47</td><td>228.60</td><td>19.05</td><td>25.4</td><td>23.9</td><td>12.32</td><td>12.7</td><td>19.84</td><td>4.1</td></tr>
<tr><td>R49</td><td rowspan="2">269.88</td><td>11.13</td><td>17.5</td><td>15.9</td><td>7.75</td><td>7.9</td><td>11.91</td><td>0.8</td><td>4.8</td></tr>
<tr><td>R50</td><td>15.88</td><td>22.4</td><td>20.6</td><td>10.49</td><td>11.2</td><td>16.66</td><td>1.5</td><td>4.1</td></tr>
<tr><td>R53</td><td rowspan="2">323.85</td><td>11.13</td><td>17.5</td><td>15.9</td><td>7.75</td><td>7.9</td><td>11.91</td><td>0.8</td><td>4.8</td></tr>
<tr><td>R54</td><td>15.88</td><td>22.4</td><td>20.6</td><td>10.49</td><td>11.2</td><td>16.66</td><td>1.5</td><td>4.1</td></tr>
<tr><td>R57</td><td>381.00</td><td>11.13</td><td>17.5</td><td>15.9</td><td>7.79</td><td>7.9</td><td>11.91</td><td>0.8</td><td>4.8</td></tr>
<tr><td>R63</td><td>419.10</td><td>25.40</td><td>33.3</td><td>31.8</td><td>17.30</td><td>2.3</td><td>16.0</td><td>27.00</td><td>2.3</td><td>5.6</td></tr>
<tr><td>R65</td><td rowspan="2">469.90</td><td>11.13</td><td>17.5</td><td>15.9</td><td>7.75</td><td rowspan="14">1.5</td><td>7.9</td><td>11.91</td><td>0.8</td><td>4.8</td></tr>
<tr><td>R66</td><td>15.88</td><td>22.4</td><td>20.6</td><td>10.49</td><td>11.2</td><td>16.66</td><td>1.5</td><td>4.1</td></tr>
<tr><td>R69</td><td rowspan="2">533.40</td><td>11.13</td><td>17.5</td><td>15.9</td><td>7.75</td><td>7.9</td><td>11.91</td><td>0.8</td><td rowspan="2">4.8</td></tr>
<tr><td>R70</td><td>19.05</td><td>25.4</td><td>23.9</td><td>12.32</td><td>12.7</td><td>19.84</td><td rowspan="3">1.5</td></tr>
<tr><td>R73</td><td rowspan="2">584.20</td><td>12.70</td><td>19.1</td><td>17.5</td><td>8.66</td><td>9.7</td><td>13.49</td><td>3.3</td></tr>
<tr><td>R74</td><td>19.05</td><td>25.4</td><td>23.9</td><td>12.32</td><td>12.7</td><td>19.84</td><td rowspan="3">4.8</td></tr>
<tr><td>R82</td><td>57.15</td><td rowspan="2">11.13</td><td rowspan="10">—</td><td rowspan="2">15.9</td><td rowspan="2">7.75</td><td rowspan="2">7.9</td><td rowspan="2">11.91</td><td rowspan="2">0.8</td></tr>
<tr><td>R84</td><td>63.50</td></tr>
<tr><td>R85</td><td>79.38</td><td>12.70</td><td>17.5</td><td>8.66</td><td>9.7</td><td>13.49</td><td rowspan="6">1.5</td><td>3.3</td></tr>
<tr><td>R86</td><td>90.50</td><td rowspan="2">15.88</td><td rowspan="2">20.6</td><td rowspan="2">10.49</td><td rowspan="2">11.2</td><td rowspan="2">16.66</td><td rowspan="2">4.1</td></tr>
<tr><td>R87</td><td>100.03</td></tr>
<tr><td>R88</td><td>123.83</td><td rowspan="2">19.05</td><td rowspan="2">23.9</td><td rowspan="2">12.32</td><td rowspan="2">12.7</td><td rowspan="2">19.84</td><td rowspan="3">4.8</td></tr>
<tr><td>R89</td><td>114.30</td></tr>
<tr><td>R90</td><td>155.58</td><td>22.23</td><td>26.9</td><td>14.81</td><td>14.2</td><td>23.01</td></tr>
<tr><td>R91</td><td>260.35</td><td>31.75</td><td>38.1</td><td>22.33</td><td>2.3</td><td>17.5</td><td>33.34</td><td>2.3</td><td>4.1</td></tr>
<tr><td>R99</td><td>234.95</td><td>11.13</td><td>15.9</td><td>7.75</td><td>1.5</td><td>7.9</td><td>11.91</td><td>0.8</td><td>4.8</td></tr>
</table>

表 56 BX 压力自紧密封垫环(见图 24)

单位为毫米

垫环号	标称直径	垫环外径 $OD_{-0.15}^{0}$	环高 $H^{a}{}_{0}^{+0.20}$	环宽 $A^{a}{}_{0}^{+0.20}$	平面直径 ODT±0.05	平面宽 $C_{0}^{+0.15}$	孔径 $D\pm0.5$	槽深 $E_{0}^{+0.5}$	槽外径 $G_{0}^{+0.10}$	槽宽 $N_{0}^{+0.10}$
BX150	43	72.19	9.30	9.30	70.87	7.98	1.6	5.56	73.48	11.43
BX151	46	76.40	9.63	9.63	75.03	8.26			77.77	11.84
BX152	52	84.68	10.24	10.24	83.24	8.79		5.95	86.23	12.65
BX153	65	100.94	11.38	11.38	99.31	9.78		6.75	102.77	14.07
BX154	78	116.84	12.40	12.40	115.09	10.64		7.54	119.00	15.39
BX155	103	147.96	14.22	14.22	145.95	12.22		8.33	150.62	17.73
BX156	179	237.92	18.62	18.62	235.28	15.98	3.2	11.11	241.83	23.39
BX157	228	294.46	20.98	20.98	291.49	18.01		12.70	299.06	26.39
BX158	279	352.04	23.14	23.14	348.77	19.86		14.29	357.23	29.18
BX159	346	426.72	25.70	25.70	423.09	22.07		15.88	432.64	32.49
BX160		402.59	23.83	13.74	399.21	10.36		14.29	408.00	19.96
BX161	425	491.41	28.07	16.21	487.45	12.24		17.07	497.94	23.62
BX162		475.49	14.22	14.22	473.48	12.22	1.6	8.33	478.33	17.91
BX163	476	556.16	30.10	17.37	551.89	13.11	3.2	18.26	563.50	25.55
BX164		570.56		24.59	566.29	20.32			577.90	32.77
BX165	540	624.71	32.03	18.49	620.19	13.97		19.05	632.56	27.20
BX166		640.03		26.14	635.51	21.62			647.88	34.87
BX167	680	759.36	35.87	13.11	754.28	8.03	1.6	21.43	768.33	22.91
BX168		765.25		16.05	760.17	10.97			774.22	25.86
BX169	130	173.51	15.85	12.93	171.27	10.69		9.53	176.66	16.92
BX170	228	218.03	14.22	14.22	216.03	12.22		8.33	220.88	17.91
BX171	279	267.44			265.43				270.28	
BX172	346	333.07			331.06				335.92	
BX303	762	852.75	37.95	16.97	847.37	11.61		22.62	862.30	27.38

[a] 如果任何垫环在整个圆周上的环宽或环高的尺寸变化量不超过 0.10 mm,则环宽 A 和环高 H 才允许有 0.20 mm 的正偏差。

10.4.4 标志

垫环应按第 8 章的要求标志。

10.4.5 贮存和运输

垫环应按第 9 章的要求贮存和运输。

10.5 阀

10.5.1 总则

本节规定了多层阀、自动关闭阀和止回阀、及额定工作压力不低于 13.8 MPa 的阀的要求。阀应满足第 4 章的所有要求。

阀可用于井控、管线控制、加压和循环作业。

10.5.2　**性能要求**

当PR1级阀操作三个工作循环、PR2级阀操作200个工作循环时，阀(包括手动阀和为驱动器设计的阀)应符合4.1的一般性能要求。

10.5.3　**设计**

10.5.3.1　**尺寸**

a)　标称尺寸

阀的标称尺寸应与表57和表58的标称尺寸一致。

b)　端距尺寸

(1)　总则

端距尺寸是指在阀的水平中心线上测得的加工表面间的最长外廓距离。

(2)　法兰式阀

法兰式阀的端距尺寸应符合表57和表58中适用的尺寸。

(3)　带其他端部连接装置的阀

这类阀无端距尺寸的要求。

(4)　缩径闸阀

缩径闸阀无有端距尺寸要求。

c)　全径阀

全径阀应有贯通阀体、阀座、闸板或旋塞、以及端部连接的圆形通路(孔)。阀体孔径应符合表57和表58给出的孔尺寸。阀座、闸板、旋塞或其他相关内部零件的孔径应与之相同或更大。

10.5.3.2　**端部法兰**

阀的端部法兰应符合10.1的要求。

10.5.3.3　**端部螺纹**

螺纹式阀，应有符合10.2要求的管线管、套管或油管的螺纹。

10.5.3.4　**螺纹式阀的限制**

根据4.2.1要求，螺纹式阀应仅提供尺寸为52 mm～103 mm规格，额定工作压力为13.8 MPa、20.7 MPa和34.5 MPa的阀。

10.5.3.5　**填料盒**

压盖或填料盒法兰不应有开口槽。

10.5.3.6　**更换填料**

所有闸阀应配有倒密封，或使阀在工作中和额定工作压力下能更换填料的其他机构。

10.5.3.7　**操作方向**

机械操作的阀应逆时针转动为开启方向，顺时针转动为关闭方向。

10.5.3.8　**操作机构**

闸阀应备有手轮。旋塞阀应有扳手或手柄操作机构，或手轮驱动的齿轮机构。所有手轮应装上轮辐，并在工作中可更换。

10.5.3.9　**操作齿轮**

齿轮操作机构的设计应在不借助工具或手柄，在阀的最大工作压力差下能开启和关闭。

表 57 额定工作压力为 13.8 MPa,20.7 MPa,34.5 MPa 的法兰式旋塞阀和闸阀

<table>
<tr><th colspan="2" rowspan="2">标称尺寸</th><th rowspan="3">全径阀孔径($^{+0.8}_{0}$)/mm</th><th colspan="4">阀端距(±2)/mm</th></tr>
<tr><th rowspan="2">全径闸阀</th><th colspan="3">旋塞阀</th></tr>
<tr><th>in</th><th>mm</th><th>全径旋塞阀</th><th>缩径旋塞阀</th><th>全径或缩径球阀</th></tr>
<tr><td colspan="7">13.8 MPa</td></tr>
<tr><td>2 1/16×1 13/16</td><td>52×46</td><td>46.0</td><td rowspan="2">295</td><td>—</td><td rowspan="2">295</td><td>—</td></tr>
<tr><td>2 1/16</td><td>52</td><td>52.4</td><td>333</td><td>295</td></tr>
<tr><td>2 9/16</td><td>65</td><td>65.1</td><td>333</td><td>384</td><td>333</td><td>333</td></tr>
<tr><td>3 1/8</td><td>79</td><td>79.4</td><td rowspan="2">359</td><td rowspan="2">448</td><td rowspan="2">359</td><td>359</td></tr>
<tr><td>3 1/8×3 3/16</td><td>79×81</td><td>81.0</td><td>—</td></tr>
<tr><td>4 1/16</td><td>103</td><td>103.2</td><td rowspan="3">435</td><td rowspan="3">511</td><td rowspan="3">435</td><td>435</td></tr>
<tr><td>4 1/16×4 1/8</td><td>103×105</td><td>104.8</td><td rowspan="3">—</td></tr>
<tr><td>4 1/16×4 1/4</td><td>103×108</td><td>108.0</td></tr>
<tr><td>5 1/8</td><td>130</td><td>130.2</td><td rowspan="3">562</td><td>638</td><td>—</td></tr>
<tr><td>7 1/16×6</td><td>179×152</td><td>152.4</td><td>727</td><td>562</td><td>562</td></tr>
<tr><td>7 1/16×6 3/8</td><td>179×162</td><td>161.9</td><td rowspan="2">—</td><td rowspan="4">—</td><td rowspan="4">—</td></tr>
<tr><td>7 1/16×6 5/8</td><td>179×168</td><td>168.3</td><td>—</td></tr>
<tr><td>7 1/16</td><td>179</td><td>179.4</td><td rowspan="2">664</td><td rowspan="2">740</td></tr>
<tr><td>7 1/16×7 1/8</td><td>179×181</td><td>181.0</td></tr>
<tr><td colspan="7">20.7 MPa</td></tr>
<tr><td>2 1/16×1 13/16</td><td>52×46</td><td>46.0</td><td rowspan="2">371</td><td>—</td><td rowspan="2">371</td><td>—</td></tr>
<tr><td>2 1/16</td><td>52</td><td>52.4</td><td>384</td><td>371</td></tr>
<tr><td>2 9/16</td><td>65</td><td>65.1</td><td>422</td><td>435</td><td>422</td><td>422</td></tr>
<tr><td>3 1/8</td><td>79</td><td>79.4</td><td rowspan="2">435</td><td rowspan="2">473</td><td rowspan="2">384</td><td>384</td></tr>
<tr><td>3 1/8×3 3/16</td><td>79×81</td><td>81.0</td><td>—</td></tr>
<tr><td>4 1/16</td><td>103</td><td>103.2</td><td rowspan="3">511</td><td rowspan="3">562</td><td rowspan="3">460</td><td>460</td></tr>
<tr><td>4 1/16×4 1/8</td><td>103×105</td><td>104.8</td><td rowspan="2">—</td></tr>
<tr><td>4 1/16×4 1/4</td><td>103×108</td><td>108.0</td></tr>
<tr><td colspan="7">20.7 MPa</td></tr>
<tr><td>5 1/8</td><td>130</td><td>130.2</td><td rowspan="3">613</td><td>664</td><td>—</td><td rowspan="2">613</td></tr>
<tr><td>7 1/16×6</td><td>179×152</td><td>152.4</td><td>765</td><td>613</td></tr>
<tr><td>7 1/16×6 3/8</td><td>179×162</td><td>161.9</td><td>—</td><td rowspan="4">—</td><td rowspan="4">—</td></tr>
<tr><td>7 1/16×6 5/8</td><td>179×168</td><td>168.3</td><td>—</td><td>—</td></tr>
<tr><td>7 1/16</td><td>179</td><td>179.4</td><td rowspan="2">714</td><td rowspan="2">803</td></tr>
<tr><td>7 1/16×7 1/8</td><td>179×181</td><td>181.0</td></tr>
</table>

表 57（续）

<table>
<tr><th colspan="2">标称尺寸</th><th rowspan="3">全径阀
孔径($^{+0.8}_{0}$)/
mm</th><th colspan="4">阀端距(±2)/mm</th></tr>
<tr><th rowspan="2">全径闸阀</th><th colspan="3">旋塞阀</th></tr>
<tr><th>in</th><th>mm</th><th>全径旋塞阀</th><th>缩径旋塞阀</th><th>全径或缩径球阀</th></tr>
<tr><td colspan="7">34.5 MPa</td></tr>
<tr><td>2 1/16×1 13/16</td><td>52×46</td><td>46.0</td><td rowspan="2">371</td><td>—</td><td rowspan="2">371</td><td>—</td></tr>
<tr><td>2 1/16</td><td>52</td><td>52.4</td><td>394</td><td>371</td></tr>
<tr><td>2 9/16</td><td>65</td><td>65.1</td><td>422</td><td>457</td><td>422</td><td rowspan="2">473</td></tr>
<tr><td>3 1/8</td><td>79</td><td>79.4</td><td rowspan="2">473</td><td rowspan="2">527</td><td rowspan="2">473</td></tr>
<tr><td>3 1/8×3 3/16</td><td>79×81</td><td>81.0</td><td>—</td></tr>
<tr><td>4 1/16</td><td>103</td><td>103.2</td><td rowspan="3">549</td><td rowspan="3">629</td><td rowspan="3">549</td><td>549</td></tr>
<tr><td>4 1/16×4 1/8</td><td>103×105</td><td>104.8</td><td rowspan="4">—</td></tr>
<tr><td>4 1/16×4 1/4</td><td>103×108</td><td>108.0</td></tr>
<tr><td>5 1/8</td><td>130</td><td rowspan="2">130.2</td><td>727</td><td rowspan="6">—</td><td rowspan="9">—</td></tr>
<tr><td>7 1/16×5 1/8</td><td>179×130</td><td rowspan="5">737</td></tr>
<tr><td>7 1/16×6</td><td>179×152</td><td>152.4</td><td>711</td></tr>
<tr><td>7 1/16×6 1/8</td><td>179×155</td><td>155.6</td><td rowspan="6">—</td></tr>
<tr><td>7 1/16×6 3/8</td><td>179×162</td><td>161.9</td></tr>
<tr><td>7 1/16×6 5/8</td><td>179×168</td><td>168.3</td></tr>
<tr><td>7 1/16</td><td>179</td><td>179.4</td><td rowspan="2">813</td><td rowspan="2">978</td></tr>
<tr><td>7 1/16×7 1/8</td><td>179×181</td><td>181.0</td></tr>
<tr><td>9</td><td>228</td><td>228.6</td><td>1 041</td><td>—</td></tr>
</table>

表 58　额定工作压力 69.0 MPa，103.5 MPa，138.0 MPa 的法兰式旋塞阀和闸阀

<table>
<tr><th colspan="2" rowspan="2">标称尺寸</th><th colspan="3">全径阀</th></tr>
<tr><th rowspan="2">孔径($^{+0.8}_{0}$)/mm</th><th colspan="2">端距(±2)/mm</th></tr>
<tr><th>in</th><th>mm</th><th>短端</th><th>长端</th></tr>
<tr><td colspan="5">69.0 MPa</td></tr>
<tr><td>1 13/16</td><td>46</td><td>46.0</td><td colspan="2">464</td></tr>
<tr><td>2 1/16</td><td>52</td><td>52.4</td><td colspan="2">521</td></tr>
<tr><td>2 9/16</td><td>65</td><td>65.1</td><td colspan="2">565</td></tr>
<tr><td>3 1/16</td><td>78</td><td>77.8</td><td colspan="2">619</td></tr>
<tr><td>4 1/16</td><td>103</td><td>103.2</td><td colspan="2">670</td></tr>
<tr><td>5 1/8</td><td>130</td><td>130.2</td><td colspan="2">737</td></tr>
<tr><td>7 1/16×6 3/8</td><td>179×162</td><td>161.9</td><td colspan="2" rowspan="2">889</td></tr>
<tr><td>7 1/16</td><td>179</td><td>179.4</td></tr>
</table>

表 58（续）

标称尺寸		全径阀		
		孔径($^{+0.8}_{0}$)/mm	端距(±2)/mm	
in	mm		短端	长端
103.5 MPa				
1 13/16	46	46.0	457	—
2 1/16	52	52.4	483	597
2 9/16	65	65.1	533	635
3 1/16	78	77.8	598	—
4 1/16	103	103.2	737	
5 1/8	130	130.2[a]	889	
138.0 MPa				
1 13/16	46	46.0	533	
2 1/16	52	52.4	584	
2 9/16	65	65.1	673	
3 1/16	78	77.8	775	

[a] 标称尺寸为 5 1/8 的孔径公差为$^{+1.0}_{0}$mm。

10.5.3.10 **文件**

制造商应将缩径阀的流动特性和压降性能形成文件。

10.5.3.11 **材料**

a) 阀体、阀盖与端部连接装置

阀体、阀盖与端部连接装置的材料应符合第 5 章的要求。

b) 其他零件

阀内部零件，如闸板、旋塞、阀座和阀杆等的材料，应符合第 5 章的要求。

10.5.3.12 **试验**

a) 通径试验

所有装配后的全径阀，应按 7.4.9.3.1 所述作通径试验。

b) 其他试验

所有装配后的阀，应按 7.4.9 所述的要求完成其适用的试验。

10.5.3.13 **标志**

阀应按第 8 章的要求进行标志。

10.5.3.14 **贮存和运输**

所有的阀应按第 9 章的要求进行贮存和运输。

10.5.4 **多层阀**

10.5.4.1 **总则**

多层阀是一种全孔的闸阀或旋塞阀。它们在生产井控制、加压和循环作业中，用于两管、三管、四管或五管平行管柱完井。

10.5.4.2 **设计**

10.5.4.2.1 **总则**

多层阀是 10.5.3 所包括的阀的组合装置。多层阀在其端部有几个通孔流道，并整体地或永久地与每端的单个连接装置连接。除另有说明外，多层阀应符合 10.5.3 的所有设计要求。

10.5.4.2.2 **尺寸**

a) 阀尺寸

表 59 和表 60 规定了孔中心至孔中心，或法兰中心至孔中心的距离的最大阀尺寸。较小标称尺寸的阀可按规定的中心距布置。表中所示的法兰是规定中心距要求的最小法兰尺寸，可以使用较大的法兰。

b) 端距尺寸

多层阀无端距尺寸要求。

10.5.4.2.3 **孔的位置**

尺寸从端部连接装置中心测量。

根据端部连接装置的中心线，多层阀的各个孔应按表 59 和表 60 进行布置。

10.5.4.2.4 **端部连接装置尺寸的确定**

端部连接装置尺寸由油管头，或连接到采油树最下部阀的油管头异径接头的标称尺寸确定。

10.5.4.2.5 **孔的密封**

本标准不适用于孔的密封。

10.5.4.2.6 **试验口**

下端部连接装置应有一个试验口，该试验口位于连接装置的孔密封和端部密封之间，连通至连接装置外表上。试验口应符合 4.4.4 的规定。

10.5.4.2.7 **法兰的螺栓孔位置**

两端法兰的一对螺栓孔应跨在基准中心线上。

10.5.4.2.8 **试验**

a) 通径试验

所有组装后的多层阀应按 7.4.9.3.1 所述，进行通径试验。

b) 其他试验

所有组装后的多层阀应按 7.4.9 所述要求，顺利完成其他适用的试验。

表 59 双管平行孔阀通孔的中心距

<table>
<tr><th colspan="2">最大阀尺寸</th><th rowspan="2">孔中心距/mm</th><th rowspan="2">大孔中心至端部连接装置中心距/mm</th><th rowspan="2">小孔中心至端部连接装置中心距/mm</th><th rowspan="2">最小端部连接装置尺寸/mm</th><th colspan="2">套管基本尺寸</th></tr>
<tr><th>in</th><th>mm</th><th>外径/mm</th><th>公称质量/(kg/m)</th></tr>
<tr><td colspan="8">13.8 MPa，20.7 MPa，34.5 MPa</td></tr>
<tr><td>1 13/16</td><td>46</td><td>70.64</td><td>35.32</td><td>35.32</td><td rowspan="3">179</td><td>139.7</td><td>25</td></tr>
<tr><td>2 1/16</td><td>52</td><td rowspan="2">90.09</td><td>45.05</td><td>45.05</td><td rowspan="2">177.8</td><td>57</td></tr>
<tr><td rowspan="2">2 9/16×2 1/16</td><td rowspan="2">65×52</td><td>41.91</td><td>48.18</td><td>43</td></tr>
<tr><td rowspan="2">101.60</td><td>47.63</td><td>53.98</td><td rowspan="4">228</td><td rowspan="2">193.7</td><td>58</td></tr>
<tr><td rowspan="2">2 9/16</td><td rowspan="2">65</td><td>50.80</td><td>50.80</td><td>44</td></tr>
<tr><td>114.30</td><td>57.15</td><td>57.15</td><td rowspan="2">219.1</td><td rowspan="2">73</td></tr>
<tr><td>3 1/8×2 1/16</td><td>79×52</td><td>116.28</td><td>51.00</td><td>65.28</td></tr>
<tr><td>3 1/8×2 9/16</td><td>79×65</td><td rowspan="2">128.19</td><td rowspan="2">64.10</td><td rowspan="2">64.10</td><td rowspan="2">279</td><td rowspan="2">244.5</td><td rowspan="2">80</td></tr>
<tr><td>3 1/8</td><td>79</td></tr>
</table>

表 59（续）

最大阀尺寸 in	最大阀尺寸 mm	孔中心距/mm	大孔中心至端部连接装置中心距/mm	小孔中心至端部连接装置中心距/mm	最小端部连接装置尺寸/mm	套管基本尺寸 外径/mm	套管基本尺寸 公称质量/(kg/m)
69.0 MPa							
1 13/16	46	70.64	35.32	35.32	179	139.7	25
2 1/16	52	90.09	45.05	45.05		177.8	57
2 9/16×2 1/16	65×52		41.91	48.18			43
		101.60	47.63	53.98	228	193.7	58
2 9/16	65		50.80	50.80			44
		114.30	57.15	57.15		219.1	73
3 1/16	78	128.19	64.10	64.10	279	244.5	80

表 60 三管、四管和五管平行孔阀通孔的中心距

标称尺寸 in	最大阀尺寸 mm	法兰中心至孔中心距/mm	最小端部连接装置尺寸/mm	套管基本尺寸 外径/mm	套管基本尺寸 公称质量/(kg/m)
13.8 MPa,20.7 MPa,34.5 MPa 额定工作压力					
三管阀					
1 13/16	46	47.63	179	168.3	35.7
2 1/16	52	49.21	228	177.8	38.7
		53.98		193.7	58.0
2 9/16	65	71.44	279	244.5	79.6
13.8 MPa,20.7 MPa,34.5 MPa 额定工作压力					
四管阀					
1 13/16	46	73.03	279	219.1	53.6
		77.79		244.5	All
2 1/16	52				79.6
2 9/16	65	87.31		273.1	82.6
		101.60	346	298.5	80.4
		五管阀			
2 1/16	52	77.79	279	244.5	79.6
69.0 MPa 额定工作压力					
三管阀					
1 13/16	46	47.63	179	168.3	35.7
2 1/16	52	49.21	228	177.8	38.7
		53.98		193.7	58.0
2 9/16	65	71.44	279	244.5	79.6
		四管阀			
2 9/16	65	87.31	279	273.1	82.6

10.5.4.2.9 **标志**

多层阀应按第8章的要求进行标志。

10.5.4.2.10 **贮存和运输**

多层阀应按第9章的要求进行贮存和运输。

10.5.5 **驱动阀**

a) 总则

驱动阀应装有自动打开或关闭阀的驱动器，驱动阀可以是法兰式、螺纹式或其他端部连接方式，全径或缩径的闸阀或旋塞阀。

b) 设计

阀应符合10.5.3的要求。驱动器应符合10.16.3的要求。

c) 材料

驱动阀的材料应符合第5章或10.16适用的要求。

d) 试验

组装后的驱动阀，应按7.4.9所述的要求顺利完成所有适用的试验。

e) 标志

驱动阀应作符合第8章要求的标志。

f) 贮存和运输

驱动阀应按第9章的要求进行贮存和运输。

10.5.6 **为驱动器配备的阀**

a) 总则

为驱动器配备的阀(包括多层阀)，应包括与驱动器组装实现特定功能所需的所有零件。阀盖总成包含的相关零件，如阀杆和密封件，应是阀或驱动器的一部分。如果与驱动器组装，则为驱动器配备的阀应符合10.5.5的所有要求。驱动器规范包含在10.16中。

b) 设计

为驱动器配备的阀应符合10.5.5驱动阀的适用要求。

c) 材料

为驱动器配备的阀应符合10.5.3.11的要求。

d) 试验

为驱动器配备的阀，应顺利通过7.4.9规定的所有试验。若阀盖总成不作为阀的一个单元，则不需做倒密封试验，但在与驱动器组装时应进行倒密封试验。可用试验装置替代阀盖和驱动器进行所要求的试验。

e) 标志

为驱动器配备的阀应作符合第8章要求的标志。

f) 贮存和运输

为驱动器配备的阀应按第9章的要求进行贮存和运输。

10.5.7 **止回阀**

10.5.7.1 **总则**

止回阀可以是翼板式、升降式、或瓣式阀。这些阀又可以分为全径阀或缩径阀，它只允许流体单向流动。

10.5.7.2 **设计**

10.5.7.2.1 **总则**

止回阀可是以下型式：

a) 常规翼板式止回阀(见图25)；

b) 全径翼板式止回阀(见图26)；

c) 常规升降式止回阀(见图 27)；

d) 单瓣式止回阀——长型(见图 28)；

e) 单瓣式止回阀——短型(见图 29)；

f) 双瓣式止回阀——长型(见图 30)。

10.5.7.2.2 尺寸

a) 标称尺寸

止回阀的标称尺寸，应与表 61、表 62、表 63 和表 64 中第 1 栏的阀标称尺寸一致。

b) 端距尺寸

端部为法兰式的止回阀端距尺寸，应符合表 61、表 62 和表 64 的尺寸要求。

c) 孔

1) 全径：全径阀应有贯通阀体和阀座的圆形通路。孔径应符合表 63 给出的孔尺寸。

2) 缩径：常规开启的升降式和翼板式止回阀和瓣式止回阀，通常制成缩小孔径的贯通阀座，其尺寸由制造商选择。

表 61 常规和全径法兰式翼板和升降式止回阀

标称尺寸		端距尺寸/(±2) mm				
		短型			长型	
		额定工作压力/MPa			额定工作压力/MPa	
in	mm	13.8	20.7	34.5	20.7	34.5
2 1/16	52	295	371	371	—	—
2 9/16	65	333	422	422	—	—
3 1/8	79	359	384	473	435	—
4 1/16	103	435	460	549	511	—
7 1/16	179	562	613	711	—	737
9	228	664	740	841	—	—
11	279	790	841	1 000	—	—

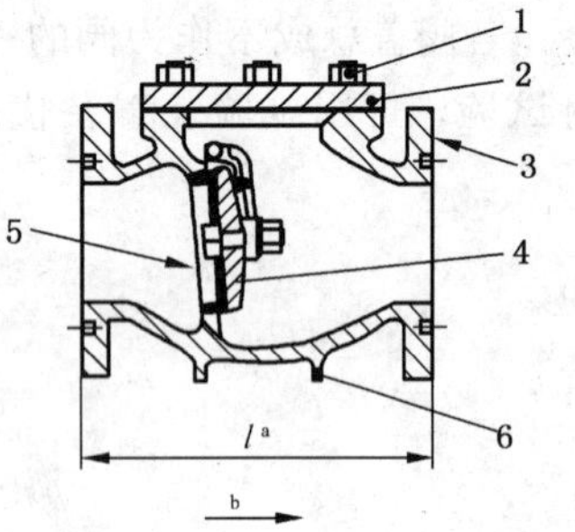

1——阀盖螺栓和螺母；
2——阀盖；
3——阀体；
4——阀盘；
5——阀座圈；
6——支撑筋。
a 端距尺寸；
b 流向。

图 25 常规翼板式止回阀

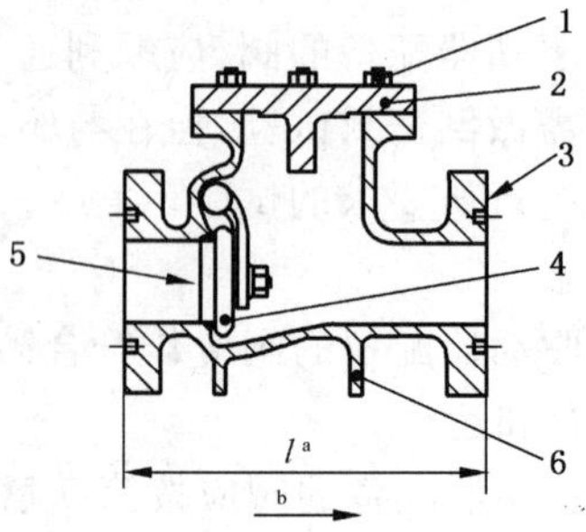

1——阀盖螺栓和螺母；
2——阀盖；
3——阀体；
4——阀盘；
5——阀座圈；
6——支撑筋。
a 端距尺寸；
b 流向。

图 26 全径翼板式止回阀

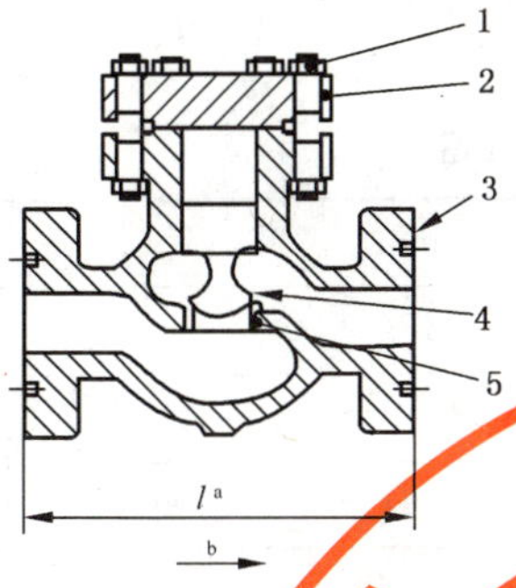

1——阀盖螺栓和螺母；
2——阀盖；
3——阀体；
4——活塞；
5——阀座圈。
a 端距尺寸；
b 流向。

图 27 常规升降式止回阀

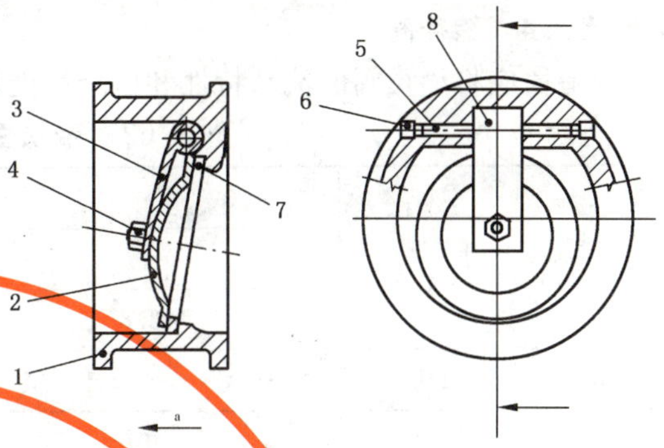

1——阀体；
2——关闭板螺栓总成；
3——绞链；
4——螺母；
5——绞链销；
6——绞链止动器；
7——阀座圈；
8——轴承垫。
a 流向。

图 28 典型单瓣式止回阀——长型

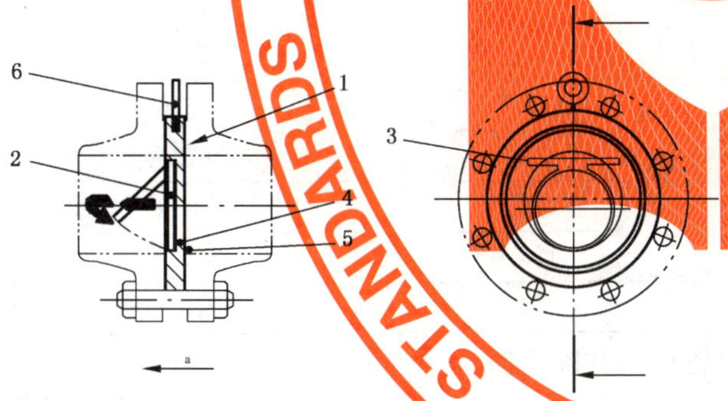

1——阀体；
2——阀板；
3——销；
4——阀板座；
5——阀体密封；
6——提环。
a 流向。

图 29 典型单瓣式止回阀——短型

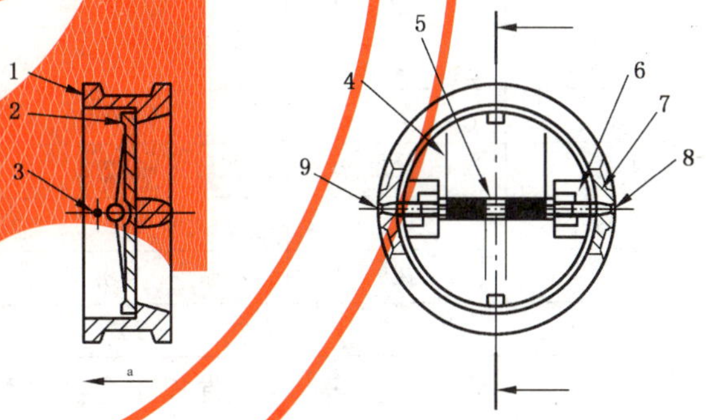

1——阀体；
2——开闭板；
3——止销；
4——弹簧；
5——绞链销；
6——耳板轴承；
7——阀体耳轴承；
8——止销止动器；
9——绞链销止动器。
a 流向。

图 30 典型双瓣式止回阀——长型

10.5.7.2.3　**端部法兰**

阀的端部法兰应符合10.1的要求。

10.5.7.2.4　**缩径阀**

制造商应将缩径阀的流动特性和压降性能形成文件。

表62　带法兰的单瓣和双瓣止回阀

<table>
<tr><th colspan="2" rowspan="3">标称尺寸</th><th colspan="6">端距尺寸(±2)/mm</th></tr>
<tr><th colspan="6">额定工作压力/MPa</th></tr>
<tr><th colspan="2">13.8</th><th colspan="2">20.7</th><th colspan="2">34.5</th></tr>
<tr><th>in</th><th>mm</th><th>短型</th><th>长型</th><th>短型</th><th>长型</th><th>短型</th><th>长型</th></tr>
<tr><td>2 1/16</td><td>52</td><td rowspan="3">19</td><td>70</td><td rowspan="3">19</td><td>70</td><td rowspan="2">19</td><td>70</td></tr>
<tr><td>2 9/16</td><td>65</td><td rowspan="2">83</td><td rowspan="2">83</td><td>83</td></tr>
<tr><td>3 1/8</td><td>79</td><td>22</td><td>86</td></tr>
<tr><td>4 1/16</td><td>103</td><td>22</td><td>102</td><td>22</td><td>102</td><td>32</td><td>105</td></tr>
<tr><td>7 1/16</td><td>179</td><td>28</td><td>159</td><td>35</td><td>159</td><td>44</td><td>159</td></tr>
<tr><td>9</td><td>228</td><td>38</td><td>206</td><td>44</td><td>206</td><td>57</td><td>206</td></tr>
<tr><td>11</td><td>279</td><td>57</td><td>241</td><td>57</td><td>248</td><td>73</td><td>254</td></tr>
</table>

表63　全径止回阀最小孔径尺寸

标称尺寸		最小孔径尺寸($^{+1.6}_{0}$)/mm		
		额定工作压力/MPa		
in	mm	13.8	20.7	34.5
2 1/16	52	52.5	49.3	42.9
2 9/16	65	62.7	59.0	54.0
3 1/8	79	77.9	73.7	66.6
4 1/16	103	102.3	97.2	87.3
7 1/16	179	146.3	146.3	131.8
9	228	198.5	189.0	173.1
11	279	247.7	236.6	215.9

表64　常规和全径法兰式翼板和升降止回阀端距

<table>
<tr><th colspan="2" rowspan="2">标称尺寸</th><th colspan="3">端距尺寸(±2)/mm</th></tr>
<tr><th colspan="3">额定工作压力/MPa</th></tr>
<tr><th>in</th><th>mm</th><th>69.0</th><th>103.5</th><th>138.0</th></tr>
<tr><td>1 13/16</td><td>46</td><td>464</td><td>457</td><td>533</td></tr>
<tr><td>2 1/16</td><td>52</td><td>521</td><td>483</td><td>584</td></tr>
<tr><td>2 9/16</td><td>65</td><td>565</td><td>533</td><td>673</td></tr>
<tr><td>3 1/16</td><td>78</td><td>619</td><td>598</td><td>775</td></tr>
<tr><td>4 1/16</td><td>103</td><td>670</td><td>737</td><td rowspan="3">—</td></tr>
<tr><td>5 1/8</td><td>130</td><td>737</td><td rowspan="2">—</td></tr>
<tr><td>7 1/16</td><td>179</td><td>889</td></tr>
</table>

10.5.7.3 材料

阀的所有材料,应符合第5章的要求。

10.5.7.4 试验

a) 通径试验

止回阀不要求通径试验。

b) 其他试验

所有组装后的止回阀,应按7.4.9所述要求顺利完成全部适用的试验。

10.5.7.5 标志

阀的标志应符合第8章的要求。

10.5.7.6 贮存和运输

所有止回阀,应按第9章的要求进行贮存和运输。

10.6 套管头和油管头

10.6.1 总则

a) 套管头壳体和四通

套管头壳体接于表层套管的最上端。套管头四通接于套管头壳体或其他四通的顶部连接装置上。两者被设计来容纳悬挂机构和封隔机构,以悬挂和密封套管柱。

b) 油管头四通

油管头四通接于套管头壳体或四通的顶部连接装置上。油管头四通被设计来容纳密封油管柱和悬挂器的封隔机构,以悬挂和密封油管柱。

10.6.2 性能要求

在10.6.1中提及带有贯穿孔的产品,应符合4.1和10.17的要求。

10.6.3 设计

10.6.3.1 载荷

设计套管头和油管头时,应考虑下列载荷:

——悬挂管柱载荷;

——管柱热载荷;

——防喷器试验和现场对悬挂器封隔机构的压力试验产生的压力载荷;

——与套管头和油管头各端部连接装置性能相一致的外部轴向载荷和弯曲载荷。

10.6.3.2 端部连接装置

a) 总则

使用法兰式端部连接装置的套管头和油管头的端部,应是符合10.1要求的法兰式或螺柱式。

b) 套管头壳体的螺纹式底部连接装置

本体的螺纹式底部连接装置应是符合10.2要求的螺纹式。

c) 其他端部连接装置

其他端部连接装置应符合10.18的要求。

注:本标准不适用于本体与套管的焊接制备。

10.6.3.3 出口连接装置

a) 总则——额定工作压力值

出口连接装置的额定工作压力值应与上部的端部连接装置一致。

b) 法兰式或螺柱式连接

法兰式或螺柱式的出口连接装置应符合10.1的要求。此外,不大于79 mm的法兰式或螺柱式出口连接,应备有阀拆卸制备。不小于103 mm的法兰式或螺柱式出口连接,可以具备或不具备阀拆卸制备。

阀拆卸制备应符合附录K。

c) 螺纹式连接

螺纹式出口连接应采用 GB/T 9253.2 规定的螺纹，并符合 10.2 的要求。

d) 其他端部连接装置

其他端部连接装置应符合 10.18 的要求。

10.6.3.4 **法兰止口**

本标准不适于为容纳防磨衬套和封隔机构而加大的止口直径尺寸和深度。但如果这些止口用于法兰式或螺柱式连接装置，则制造商应保证加大尺寸的配置不致引起法兰应力超过设计允许应力。

10.6.3.5 **垂直通径**

a) 全开式垂直通径

为了使工具或井下装置在孔内通过，井口本体的最小垂直通径，应比其所用最大套管的通径直径(见表 65)大 0.8 mm。

符合本要求的井口装置本体属于全开式通径。用于最大套管尺寸时，其井口装置本体最小全开式垂直通径，应符合表 65。

b) 缩孔式垂直通径

表 65 中规定的垂直通径可以用于合适的缩径螺纹、导向环等连接小于表内所列的套管尺寸。这些部件的通径应比所用套管的通径大 0.8 mm。

这种典型的说明如图 31 所示。缩减的垂直通径也可用于比表 65 所列重量更大的套管。这种使用情况下的缩减垂直通径，应比所使用的最重壁厚的套管通径大 0.8 mm。

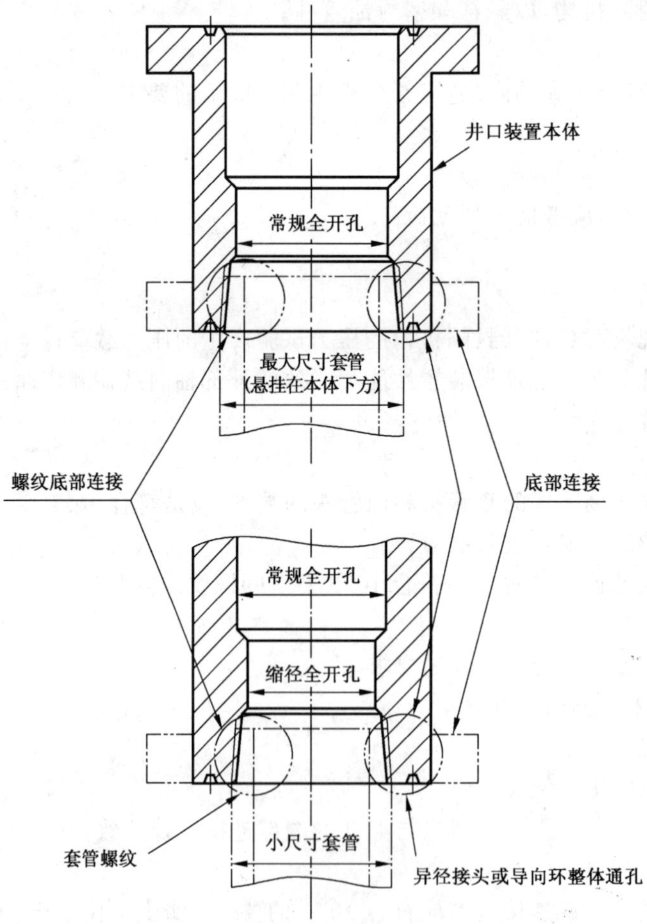

图 31 典型缩孔式垂直通径

c) 扩孔式垂直通径

为了容纳防磨衬套和封隔机构，垂直通径可以增加到比表 65 中第 7 行的值大。但工厂有责任确保加大尺寸制备不致引起本体应力超过设计许用应力。

表 65 最小全开式垂直本体孔径和最大套管尺寸

标称连接装置[a]			本体下部套管			井口装置本体的最小全开式垂直孔径/mm
连接装置的标称尺寸和孔径		额定工作压力/MPa	尺寸外径[b]/in	标称线质量[b]/(kg/m)	规定的通径直径/mm	
in	mm					
7 1/16	179	13.8	7	25.30	162.89	163.8
		20.7		29.76	160.81	161.5
		34.5		34.23	158.52	159.5
		69.0		43.16	153.90	154.7
		103.5		56.55	147.19	148.1
		138.0				
9	228	13.8	8 5/8	35.72	202.49	203.2
		20.7		47.62	198.02	198.9
		34.5		53.57	195.58	196.3
		69.0		59.53	193.04	193.5
		103.5		72.92	187.60	188.2
11	279	13.8	10 3/4	60.27	251.31	252.0
		20.7				
		34.5		75.90	246.23	247.1
		69.0	9 5/8	79.62	212.83	213.6
		103.5				
13 5/8	346	13.8	13 3/8	81.10	316.46	317.5
		20.7		90.78	313.92	314.7
		34.5		107.15	309.65	310.4
		69.0	11 3/4	89.29	269.65	270.8
16 3/4	425	13.8	16	96.73	382.58	383.3
		20.7		125.01	376.48	377.4
		34.5				
		69.0				
18 3/4	476	34.5	18 5/8	130.21	446.20	446.8
		69.0				
20 3/4	527	20.7	20	139.89	480.97	481.8
21 1/4	540	13.8				
		34.5				
		69.0				

a 井口装置本体上端连接装置；

b 作为确定孔径基准的套管最大尺寸和最小质量。

10.6.3.6 **额定工作压力**

套管头、油管头的额定工作压力应符合 4.2.1 的规定。对于螺纹式连接装置，根据螺纹的尺寸和类型，应考虑到额定工作压力的限制。

10.6.3.7 **试验、排放、注入和仪表连接装置**

a) 总则

套管头、油管头用的试验、排放、注入和仪表连接，应符合 4.4.4 的规定。

b) 特殊试验口要求

具有辅助密封或转换密封的套管头四通和油管头四通，应在下部的连接装置上配备一个试验口。

e) 封存压力

在接通连接之前，应提供在试验、排放、注入和仪表连接装置之后能释放压力的手段。

10.6.3.8 **转换四通**

如果套管头四通或油管头四通用作转换四通，则应满足 10.14 的要求。

10.6.3.9 **防磨衬套**

防磨衬套应符合附录 G 的规定。

10.6.4 **材料**

a) 本体、法兰和其他连接装置

用于本体、法兰和其他连接装置的材料应符合第 5 章要求。

b) 其他零件

锁紧螺钉和其他零件的材料应符合第 5 章要求。

10.6.5 **制造——套管头底座(套管头壳体)**

套管头壳体用的底座应按制造商的书面规范连接在本体上。本标准不适用于套管头底座。

10.6.6 **试验**

所有油管头、套管头应顺利完成 7.4.9 要求的试验。

10.6.7 **标志**

a) 总则

所有油管头、套管头应作符合第 8 章要求的标志。

b) 转换四通

所有用作转换四通的套管头四通和油管头四通，应作符合第 8 章要求的附加标志。

10.6.8 **贮存和运输**

所有油管头、套管头应按第 9 章的要求进行贮存和运输。

10.7 套管悬挂器和油管悬挂器

10.7.1 总则

10.7.1.1 **套管(油管)悬挂器特征**

a) 1 组

——悬挂管子；

——无环形密封。

b) 2 组

——悬挂管子；

——单方向密封压力。

c) 3 组

——悬挂管子；

——密封顶部和底部的压力，带有或不带有垫环连接隔离密封和井下管线。

d) 4 组

与 3 组相同，且悬挂器用机械固位装置定位。悬挂器的固位独立于任何附属件或井口装置部件。

e) 5 组

与 4 组相同，但悬挂器要装背压阀。

10.7.1.2 一般性能要求

a) 1 组

——应能悬挂制造商规定的额定载荷，且不会将管柱直径或悬挂器挤压到小于通径的尺寸；

——螺纹式连接装置应符合承压要求。

b) 2 组

与 1 组相同，此外还应考虑带有悬挂载荷的压力载荷。

c) 3 组

与 2 组相同。此外：

——所有密封应能承受来自任何方向的额定工作压力；

——带有转换密封装置的悬挂器，应能承受来自上方较高的额定工作压力；

——带有井下管线，则应能承受悬挂器的额定工作压力，且该压力载荷的作用应包括在载荷额定值中。

d) 4 组

与 3 组相同。此外，悬挂器固位装置的最小固位载荷能力，应等于工作压力在环形面积上产生的力。

e) 5 组

与 3 组相同。此外：

——悬挂器固位装置的最小固位载荷能力，应等于工作压力作用在悬挂器最大密封全部面积上产生的力。

——背压阀制备应能承受来自下部的额定工作压力。

套管悬挂器和油管悬挂器的载荷和额定工作压力值，可以是安装在井口装置中管材的材料等级及壁厚截面的函数。制造商应有责任提供上述这些悬挂器的载荷/额定工作压力值资料。

由于套管抗挤压能力或承载台肩的限制，现场试验压力可不同于悬挂器额定工作压力。

本节不应理解为缠绕密封型油管悬挂器的要求。

10.7.2 特殊性能要求

10.7.2.1 卡瓦悬挂器

a) 承载能力

卡瓦悬挂器的承载能力应按表 66 的规定。

表 66 悬挂器的承载能力

性能	PR1	PR2
承载能力	从最小额定载荷到最大额定载荷进行一个循环	从最小额定载荷到最大额定载荷进行三个循环

b) 额定温度值

卡瓦悬挂器的额定温度值应按 4.2.2 的要求。选择额定温度值是使用者的首要责任。在决定这些选择时，使用者宜考虑到在钻井和(或)生产作业中装置将经受的温度。

注：卡瓦悬挂器的额定温度值，可低于井口装置和(或)采油树的额定温度值。

c) 1 组卡瓦悬挂器的性能要求

1 组卡瓦悬挂器，除不要求有承压完整性外，其他应符合 4.1 的一般要求。

d） 2 组卡瓦悬挂器的性能要求

2 组卡瓦悬挂器应符合 4.1 的一般要求。在额定工作压力的额定载荷能力下，2 组卡瓦悬挂器应密封环空密封件一个方向的最大额定工作压力。

e） 3 组卡瓦悬挂器的性能要求

3 组卡瓦悬挂器应符合 4.1 的一般要求。在额定工作压力的额定载荷能力下，3 组卡瓦悬挂器应密封环空密封件上下两个方向的最大额定工作压力。如果该悬挂器带转换封隔，则转换封隔应承受来自上部的较高额定工作压力；如果带有井下管线，则井下管线应承受该悬挂器的额定工作压力。任何压力载荷的影响应计入载荷额定值。

f） 4 组卡瓦悬挂器的性能要求

4 组卡瓦悬挂器应符合 4.1 的一般要求。在额定工作压力的额定载荷能力下，4 组卡瓦悬挂器应密封环空密封件上下两个方向的最大额定工作压力。在悬挂器用固位装置就位于卡瓦座内时，还应密封来自环空密封件下部的最大额定工作压力。如果该悬挂器带转换封隔，则转换封隔应承受来自上部的较高额定工作压力。如果带有井下管线时，则井下管线应承受该悬挂器的额定工作压力，并且任何压力载荷的影响应计入载荷额定值。

10.7.2.2 芯轴式悬挂器

a） 承载能力

芯轴式悬挂器的承载能力，应符合表 66 的规定。在额定载荷下，芯轴式悬挂器应密封最大额定内压力。

b） 1 组芯轴式悬挂器的性能要求

1 组心抽式悬挂器，除不要求有承压完整性外，其他应符合 4.1 的一般要求。

c） 2 组芯轴式悬挂器的性能要求

2 组芯轴式悬挂器应符合 4.1 的一般要求。在额定工作压力的额定载荷能力下，2 组芯轴式悬挂器应密封环空密封件一个方向的最大额定工作压力。

d） 3 组芯轴式悬挂器的性能要求

3 组芯轴式悬挂器应符合 4.1 的一般要求。在额定工作压力的额定载荷能力下，3 组芯轴式悬挂器应密封环空密封件上下两个方向的最大额定工作压力。如果该悬挂器带转换封隔，则转换封隔应承受来自其上部的较高的额定工作压力。如果带有井下管线，则井下管线应承受来自上部的额定工作压力。如果带有井下管线，则井下管线应承受悬挂器的额定工作压力和额定载荷，并且任何压力载荷的影响应计入载荷额定值。

e） 4 组芯轴式悬挂器的性能要求

4 组芯轴式悬挂器应符合 4.1 的一般要求。在额定工作压力的额定载荷能力下，4 组芯轴式悬挂器应密封环空密封件上下两个方向的最大额定工作压力。在悬挂器用固位装置就位于悬挂器座腔内时，还应密封来自环空密封件下部的最大额定工作压力。如果该悬挂器带转换封隔，则转换封隔应承受来自上部的较高额定工作压力。如果带有井下管线，则井下管线应承受该悬挂器的额定工作压力和额定载荷，并且任何压力载荷的影响应计入载荷额定值。

f） 5 组芯轴式悬挂器的性能要求

5 组芯轴式悬挂器应符合 4.1 的一般要求。在额定工作压力的额定载荷能力下，5 组芯轴式悬挂器应密封环空密封件上下两个方向的最大额定工作压力。悬挂器用固位装置就位于悬挂器座腔内时，在未悬挂管柱、封闭悬挂器内径的情况下，还应密封来自下部的最大额定工作压力。背压阀制备应能承受来自下部的额定工作压力。如果该悬挂器带转换封隔，则转换封隔应承受来自上部的较高额定工作压力。如果带有井下管线，则井下管线应承受悬挂器的额定工作压力和额定载荷，并且任何压力载荷的影响应计入载荷额定值。

10.7.3 设计

10.7.3.1 载荷

设计任何悬挂器时，应考虑下列载荷：

——锥形定位台肩对悬挂器本体的径向载荷；

——悬挂的管材重量通过悬挂器本体产生的拉伸载荷；

——现场压力试验对悬挂器产生的载荷。

10.7.3.2 螺纹连接装置

芯轴式套管悬挂器和油管悬挂器上的芯轴式连接螺纹应符合10.2。其他螺纹连接装置应符合10.18。

10.7.3.3 最大直径

穿过防喷器(BOP)下入的任何悬挂器，其最大外径不应超过表67的规定。

表67 井口装置用悬挂器最大外径

标称尺寸[a]和钻穿设备的最小通径		额定工作压力/MPa	悬挂器的最大外径/mm
in	mm		
7 1/16	179	13.8,20.7,34.5	178.05
		69.0,103.5,138.0	
9	228	13.8,20.7,34.5	226.90
		69.0,103.5	
11	279	13.8,20.7,34.5	277.32
		69.0,103.5	
13 5/8	346	13.8,20.7	343.48
		34.5,69.0	
16 3/4	425	13.8,20.7	422.28
		34.5,69.0	
18 3/4	476		473.08
21 1/4	540	13.8	536.58
20 3/4	527	20.7	523.88
21 1/4	540	34.5,69.0	536.58

[a] 内部使用悬挂器的井口装置本体，其上端连接的标称尺寸。

10.7.3.4 垂直孔径

油管悬挂器的垂直通孔，应能全开到悬挂的管子通径规或采油树通径规(两者中较小者)通过的尺寸。套管悬挂器应能全开到悬挂管子的通径尺寸。背压阀制备也应符合这个通径要求。

10.7.3.5 额定工作压力

10.7.3.5.1 螺纹连接的芯轴式套管或油管悬挂器

a) 不带加长的密封颈

悬挂器本体和主密封的额定工作压力，应等于其座放的套管头或油管头的工作压力。

b) 带加长的密封颈

如果装有转换型密封，则悬挂器本体和加长颈密封的最大额定工作压力值，应是悬挂器上面相连的套管头、或油管头、或油管头异径接头的工作压力。

c) 限制

由于螺纹连接装置的压力限制，悬挂器可以有额定工作压力值的限制。

10.7.3.5.2 **卡瓦式套管悬挂器**

卡瓦式悬挂器没有额定工作压力值的要求。

10.7.3.6 **焊接**

任何焊接设计应符合10.7.3的所有设计要求。

10.7.3.7 **管子尺寸**

卡瓦式悬挂器和套管或油管的密封系统，应设计成按GB/T 19830规定相适应的管子外径公差。

警示——提醒制造商和用户，套管和油管的外径公差在API 5CT与GB/T 19830两者的不同版本之间有较大的变化。总的说来，公差较过去有所增加，这可能影响装置的互换性。

10.7.4 **材料**

所有材料应符合第5章的要求。材料的选择应提供悬挂器螺纹具有大于或等于套管或油管螺纹的结合强度。

10.7.5 **制造——焊接**

焊接应符合第6章的要求。

10.7.6 **试验**

悬挂器可不进行静水压试验，但应有通过等于额定工作压力的静水压试验的能力。

10.7.7 **标志**

悬挂器应按第8章的要求作标志。卡瓦式悬挂器内的卡瓦如果不具有互换性，则应作顺序标志。

10.7.8 **安装**

套管悬挂器与油管悬挂器的下入和回收工具，见附录G。

10.7.9 **贮存和运输**

悬挂器应按第9章的要求进行贮存和运输。卡瓦式悬挂器中的卡瓦应成套贮存和运输。

10.8 **油管头异径接头**

10.8.1 **总则**

油管头至主阀的异径接头可以与主阀成整体，作为主阀的下端连接装置，或作为装置的一个独立件。结构型式取决于所采用的完井方法。此外，作为转换连接装置使用时，还可用来连接和密封油管通孔至主阀孔，或悬挂油管柱。1组油管头异径接头从环空密封井眼。2组油管头异径接头，从环空密封井眼，并悬挂油管。

10.8.2 **性能要求**

a) 1组油管头异径接头的性能要求

这些产品应符合4.1的一般要求，并应有能力完成表68组别1描述的要求。

b) 2组油管头异径接头的性能要求

这些产品应符合4.1的一般要求，并应有能力完成表68组别2描述的要求。

表68 油管头异径接头的性能要求

组　别	试验项目	性能要求	
		PR1	PR2
1	压力完整性	一个循环	三个循环
		内部应能经受最大额定工作压力	
2	压力完整性	一个循环	三个循环
	承载能力[a]		
注：内部应能经受最大额定工作压力。			
[a] 从最小额定载荷到最大额定载荷。			

10.8.3 设计

10.8.3.1 载荷

设计油管头异径接头时，应考虑下列载荷：

——悬挂器机构作用到异径接头上的管子悬挂载荷和热载荷；

——与其端部连接性能一致的外部轴向载荷和弯曲载荷。

10.8.3.2 端部连接装置

a) 下部连接装置

法兰式或螺柱式的下部连接装置，应符合 10.1 的规定，其他连接装置应符合 10.18 的规定。

b) 上部连接装置

单独的异径接头的上部连接装置，应是符合 10.1 规定的法兰式或螺柱式，或符合 10.2 规定的螺纹式，或符合 10.18 规定的其他端部连接装置，或符合 GB/T 20174 的毂端连接装置或符合 GB/T 21412.4 的旋转法兰。具有标称尺寸为 2 ½ in、3in、4in 的管线管公螺纹的上部螺纹连接装置的孔径，应分别不超过 53.2 mm(2.09in)、65.9 mm (2.59in)、80.2 mm(3.16in)。这些尺寸的公差均为 $^{+0.8}_{0}$ mm($^{+0.03}_{0}$in)。

10.8.3.3 额定工作压力

油管头异径接头的额定工作压力，应符合 4.2.1 的规定。如采用螺纹式连接，应考虑到其额定工作压力的限制。

10.8.3.4 试验、排放和注入连接装置

用于油管头异径接头的试验、排放和注入连接装置，应符合 4.4.4 的规定。

10.8.3.5 转换异径接头

若油管头异径接头用作转换异径接头，应满足 10.14 的要求。

10.8.3.6 贯穿孔

带有贯穿孔的产品，应符合 10.17 的要求。

10.8.4 材料

所有材料应符合第 5 章的要求。

10.8.5 试验

所有油管头的异径接头，应按 7.4.9 的要求试验合格。

10.8.6 标志

油管头异径接头应按第 8 章的要求作标志。

10.8.7 贮存和运输

所有异径接头应按第 9 章的要求进行贮存和运输。

10.9 节流阀

10.9.1 总则

可调式节流阀和固定式节流阀均具有控制流体流量的节流孔或限流孔。节流阀不用作关闭阀。

a) 可调式节流阀

可调式节流阀有一个从外面控制节流面积的孔和一个对应的指示机构，如图 32 所示。可调式节流阀的驱动器见 10.16。

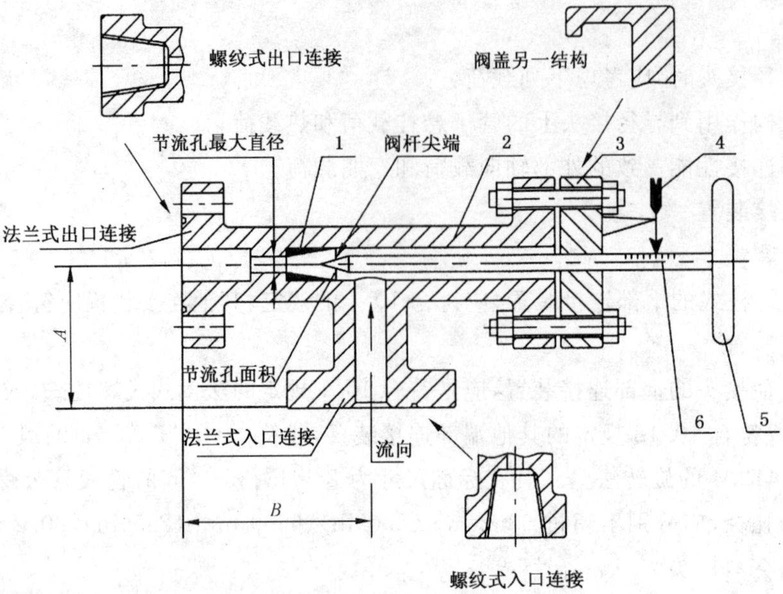

1——阀座(可更换);
2——阀体;
3——阀盖;
4——指示机构(类型可选);
5——手轮;
6——阀杆。

图 32　可调式节流阀

b)　固定式节流阀

固定式节流阀装有通常被称为油嘴的可更换的固定孔径元件,如图 33 所示。

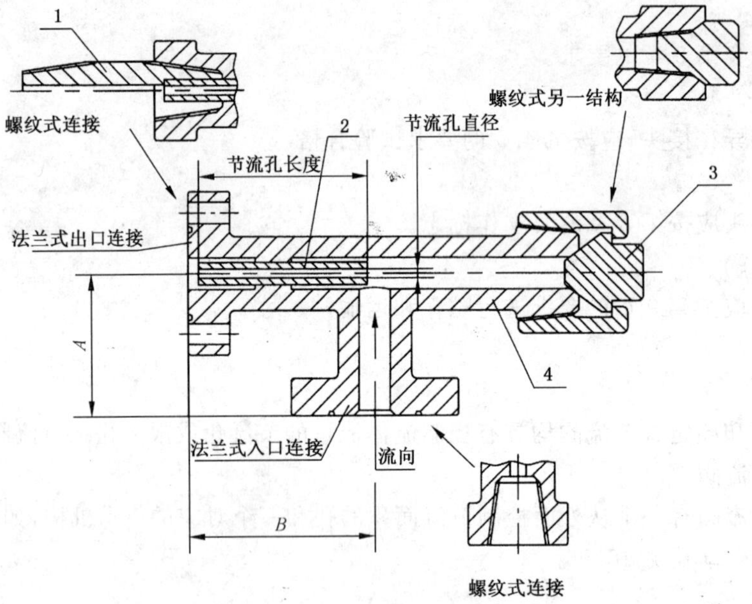

1——接头;
2——油嘴(可更换);
3——堵塞和阀帽;
4——阀体。

图 33　固定式节流阀

10.9.2 性能要求

节流阀应符合 4.1 的一般性能要求，并应满足表 69 中所提出要求的能力。这些性能要求包括固定式节流阀、手动节流阀和设计用于驱动器的节流阀。

表 69 节流阀的性能要求

要　求	PR1	PR2
工作循环[a]	三个循环	200 个循环
阀座与阀体的密封	一个循环	三个循环

[a] 工作循环不适用于固定式节流阀。

10.9.3 设计

10.9.3.1 总则

节流阀应符合第 4 章和 10.9.3.2～10.9.3.8 的要求。

10.9.3.2 端部连接装置

端部连接装置应符合 10.1、10.2 或 10.18 的要求。

10.9.3.3 标称尺寸

节流阀的标称尺寸标志应为先列入口连接端标称尺寸，后列该节流阀可用到的最大节流孔尺寸，以 0.4 mm(1/64 in)为单位表示。如果节流阀孔不是单一圆孔，则最大尺寸应以节流阀孔总面积相等的圆直径(以 0.4 mm(1/64 in)的增量)表示。

10.9.3.4 额定工作压力

a) 相同额定工作压力的端部连接装置

各端部连接装置具有相同额定工作压力的节流阀，其额定工作压力应是端部连接装置的额定工作压力。

b) 不同额定工作压力的端部连接装置

入口端连接装置比出口端连接装置额定工作压力高的节流阀，其额定工作压力应包括入口端连接装置额定工作压力和出口端部连接装置额定工作压力两部分(例如 20.7 MPa×13.8 MPa)。

10.9.3.5 流向设计

节流阀应设计成流体背离可调式节流阀的阀盖，或固定式节流阀的阀帽或堵塞的方向流出。

10.9.3.6 排放要求

所有节流阀应设计成先排放封存压力后，再释放可调式节流阀的阀体到阀盖连接装置，或固定式节流阀的阀体到阀帽连接装置。

10.9.3.7 固定式节流阀油嘴

固定式节流阀可更换的孔口零件被称为油嘴。

任何单个生产油嘴的孔尺寸和尺寸间的增量，由制造商选定，但应规定按 0.4 mm(1/64 in)的直径增量。

10.9.3.8 可调式节流阀的指示机构

可调式节流阀应配备在其操作范围内，对任何调定点的指明节流孔面积的指示机构。该机构刻度应校正到能指明任何调定点的、与最小过流面积相当的圆孔直径，以 0.8 mm(1/32 in)或 0.4 mm (1/64 in)直径增量作标记。动力驱动节流阀不要求装备指示机构。

10.9.4 材料

a) 阀体、阀盖、堵塞或阀帽和端部连接装置

这些零件的材料应符合第 5 章的要求。

b) 其他零件

所有其他零件的材料应符合第 5 章或 10.16 适用的要求。此外，特殊耐蚀和耐磨的材料、涂层或堆焊层，应用于可调式节流阀阀杆尖端和固定式节流阀油嘴。

10.9.5 试验

组装后的节流阀应顺利完成 7.4.9 述及和要求的试验。

10.9.6 标志

所有节流阀体和节流油嘴应按第 8 章的要求作标志。

10.9.7 贮存和运输

节流阀应按第 9 章的要求进行贮存和运输。

10.10 三通和四通

10.10.1 总则

本条包括三通和四通的附加要求。

10.10.2 设计

10.10.2.1 标称尺寸和额定工作压力值

a) 总则

三通和四通的标称尺寸和额定工作压力值,除下述规定外,应符合图 34、图 35、表 70 和图 36、图 37、表 71 的规定。

b) 例外

在表 57 中,额定工作压力 13.8 MPa、20.7 MPa 和 34.5 MPa 的阀,标称尺寸 79 mm (3 ⅛ in)和 103 mm(4 1/16 in),可加大入口孔径为 81 mm(3 3/16 in)和 108 mm(4 ¼ in),公差为 $^{+0.8}_{0}$ mm($^{+0.03}_{0}$ in)。

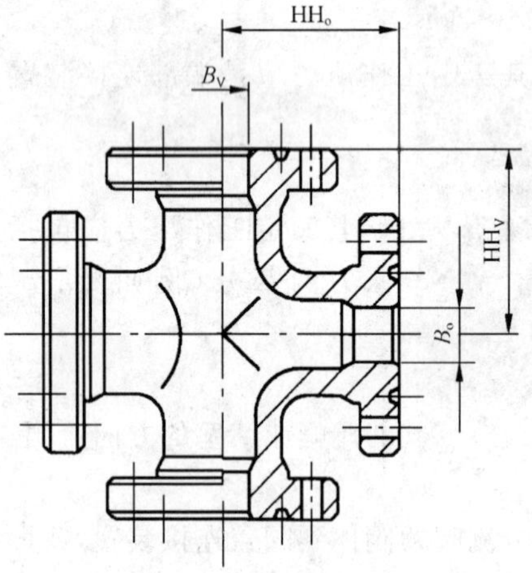

图 34 法兰式四通

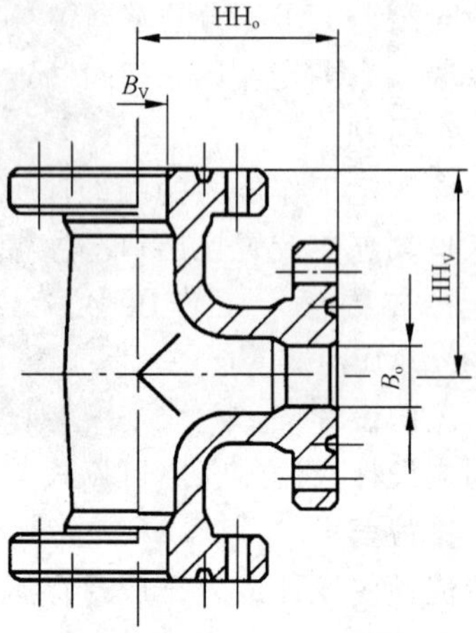

图 35 法兰式三通

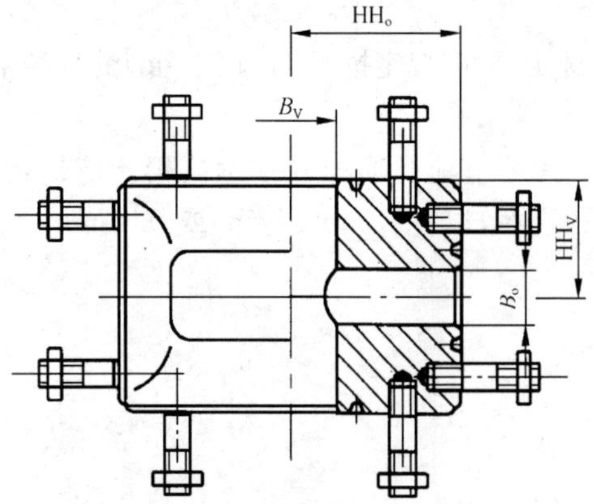

图 36 螺柱式四通

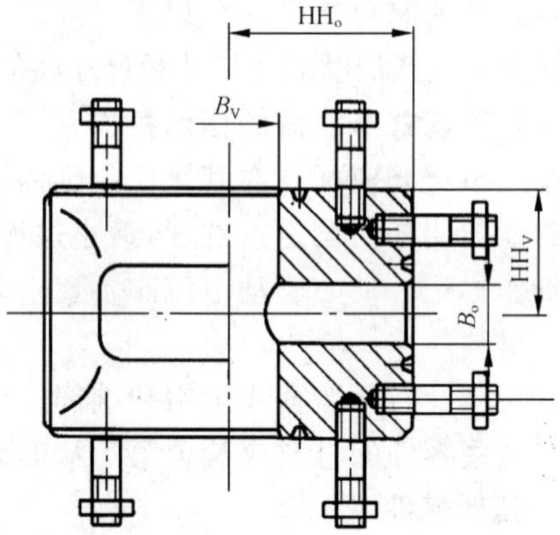

图 37 螺柱式三通

表 70　法兰式三通和四通

额定工作压力/MPa	标称尺寸和孔径 垂直 $B_v{}^{+0.8}_{0}$ mm	标称尺寸和孔径 出口 $B_o{}^{+0.8}_{0}$ mm	垂直面与中心距离 $HH_v\pm0.8$ mm	水平面与中心距离 $HH_o\pm0.8$ mm
13.8	52	52	147.5	147.5
	65		151.0	160.5
		65	166.5	166.5
	79	52	154.0	170.0
		65	166.5	173.0
		79	179.5	179.5
	103	52	160.5	201.5
		65	173.0	205.0
		79	182.5	208.0
		103	217.5	217.5
20.7	79	52	185.5	198.5
		65	200.0	201.5
		79	192.0	192.0
	103	52		224.0
		65	206.5	227.0
		79	205.0	224.0
		103	230.0	230.0
34.5	52	52	185.5	185.5
	65		189.0	200.0
		65	211.0	211.0
	79	52	195.5	
		65	209.5	214.5
		79	236.5	236.5
	103	52	201.5	233.5
		65	216.0	236.5
		79	227.0	243.0
		103	274.5	274.5
	130	52	230.0	268.5
		65	244.5	271.5
		79	255.5	278.0
		103	278.0	284.0
		130	309.5	309.5
69.0	52	46	169.5	174.0
		52	176.0	176.0
	65	46	176.5	189.5
		52	183.0	191.5
		65	199.0	199.0
	78	46	183.5	209.0
		52	190.0	210.5
		65	206.0	218.0
		78	225.0	225.0
	103	46	198.5	235.0
		52	205.0	237.0
		65	220.5	244.0
		78	239.5	251.0
		103	262.5	262.5
	130	46	208.0	255.5
		52	214.5	257.0
		65	230.0	264.5
		78	249.0	271.5
		103	272.5	284.0
		130	293.0	293.0
103.5	52	46	186.5	188.0
		52	193.5	193.5
	65	46	193.0	204.0
		52	200.0	209.5
		65	216.0	216.0
	78	46	199.5	220.5
		52	207.0	226.0
		65	223.0	232.5
		78	239.5	239.5
	103	46	220.5	260.5
		52	228.0	266.0
		65	243.5	272.5
		78	260.5	279.5
		103	297.0	297.0
	130	46	238.0	290.5
		52	244.5	295.5
		65	260.5	301.5
		78	278.0	309.5
		103	314.5	324.0
		130	343.0	343.0
138.0	46	46	227.0	227.0
	52		235.0	242.0
		52	250.0	250.0
	65	46	243.0	261.0
		52	258.0	269.0
		65	277.0	277.0
	78	46	252.5	
		52	267.5	259.5
		65	286.5	293.0
		78	302.5	302.5
	103	46	282.5	321.5
		52	297.5	
		65	316.5	337.5
		78	332.5	347.0
		103	377.0	377.0

表 71 螺柱式三通和四通

额定工作压力/MPa	标称尺寸和孔径 垂直 $B_v{}^{+0.8}_{0}$ mm	标称尺寸和孔径 出口 $B_o{}^{+0.8}_{0}$ mm	垂直面与中心距离 $HH_v \pm 0.8$ mm	水平面与中心距离 $HH_o \pm 0.8$ mm
13.8	52	52	89.0	89.0
	65			101.5
		65	114.5	114.5
	79	52	89.0	
		65	114.5	
		79		
	103	52		139.5
		65		
		79		
		103	139.5	
20.7	79	52	114.5	127.0
		65	127.0	
		79		
	103	52	114.5	155.5
		65	127.0	
		79		
		103	155.5	
34.5	52	52	114.5	114.5
	65			127.0
		65	127.0	
	79	52	114.5	139.5
		65	139.5	
		79		
	103	52	114.5	165.0
		65	127.0	
		79	139.5	
		103	165.0	
	130	52	155.5	193.5
		65		
		79		
		103	202.5	202.5
		130		
69.0	46	46	111.0	111.0
	52			
		52		
	65	46	114.5	130.0
		52		
		65	130.0	
	78	46	114.5	149.0
		52		
		65	130.0	
		78	149.0	
	103	46	114.5	174.5
		52		
69.0	103	65	130.0	174.5
		78	149.0	
		103	174.5	
	130	46	133.5	197.0
		52		
		65		
		78	171.5	
		103		
		130	197.0	
103.5	46	46	127.0	127.0
	52			
		52		
	65	46	139.5	139.5
		52		
		65		
	78	46	160.5	160.5
		52		
		65		
		78		
	103	46	193.5	193.5
		52		
		65		
		78		
		103		
	130	46	168.0	222.0
		52		
		65		
		78		
		103	235.0	235.0
		130		
138.0	46	46	164.5	164.5
	52			
		52		
	65	46	185.0	185.0
		52		
		65		
	78	46	202.5	202.5
		52		
		65		
		78		
	103	46	251.5	251.5
		52		
		65		
		78		
		103		

10.10.2.2 **端部连接装置**

所有端部连接装置应符合 10.1 或 10.18 的要求。

10.10.2.3 **尺寸**

孔径和端面至中心线尺寸,应符合图 34、图 35、表 70 和图 36、图 37、表 71 的规定。

10.10.3 **材料**

三通和四通所用材料应符合第 5 章的要求。

10.10.4 **试验**

三通和四通应顺利完成 7.4.9 要求的试验。

10.10.5 **标志**

标志应符合第 8 章的要求。

10.10.6 **贮存和运输**

三通和四通应按第 9 章的要求进行贮存和运输。

10.11 **103.5 MPa 和 138.0 MPa 装置用的试验和仪表连接**

10.11.1 **总则**

本条包括用在 103.5 MPa 和 138.0 MPa 装置上的试验和仪表连接。较低压力装置的连接见 4.4.4 所述。

10.11.2 **设计**

a) 类型

Ⅰ类、Ⅱ类和Ⅲ类连接的定义和说明见图 38。

b) 尺寸

Ⅰ类、Ⅱ类和Ⅲ类连接尺寸应符合图 38 规定的尺寸。

c) 螺纹

所有圆柱螺纹应符合 ASME B1.1 的要求。外螺纹应为 2A 级,内螺纹应为 2B 级。

d) 配对元件

装在Ⅰ类、Ⅱ类和Ⅲ类连接上的元件,应符合 4.3.1 或 4.3.3 的设计方法。

10.11.3 **材料**

适用于额定工作压力为 103.5 MPa 或 138.0 MPa 的材料硬度,应不低于 78 HRB。DD、EE、FF 和 HH 级别的材料,还应符合 GB/T 20972.2 和 GB/T 20972.3 的要求。

10.11.4 **试验**

按本条提供的装置不要求进行静水压试验,但应能经受 7.4.9 描述的额定值的静水压试验。

10.11.5 **标志**

试验和仪表连接的标志无要求。

10.11.6 **贮存和运输**

连接装置应按第 9 章的要求进行贮存和运输。

10.12 **流体取样器**

10.12.1 **总则**

本条包括用于井液流体取样的取样器。具有端部连接和本体的流体取样器,应符合本标准中对本体和端部连接装置的所有要求。

10.12.2 **性能要求**

这些产品应满足 4.1 的一般要求,并应有执行表 72 中所列出要求的能力。

单位为毫米

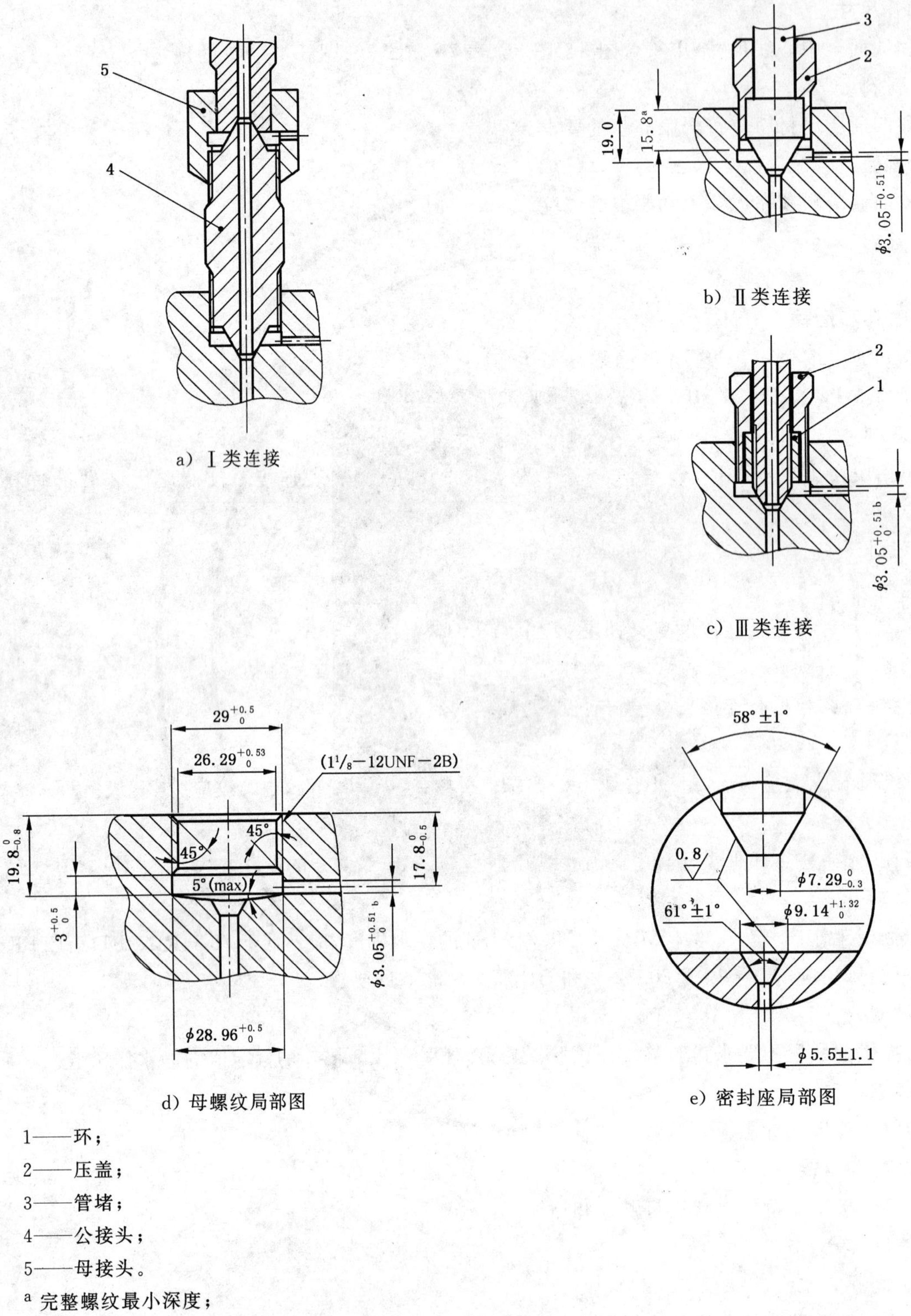

a) Ⅰ类连接

b) Ⅱ类连接

c) Ⅲ类连接

d) 母螺纹局部图

e) 密封座局部图

1——环；

2——压盖；

3——管堵；

4——公接头；

5——母接头。

[a] 完整螺纹最小深度；

[b] 推荐的排气孔为可选。

图 38　试验和仪表连接装置(额定工作压力为 103.5 MPa 和 138.0 MPa)

表 72　流体取样器、转换连接装置性能要求

试验项目	性能要求	
	PR1	PR2
压力完整性	一个循环	三个循环
注：应能密封内部最大额定工作压力。		

10.12.3　设计

a)　端部连接装置

端部连接装置应符合 10.1、10.2 或 10.18 的要求。

b)　标称尺寸和额定工作压力值

取样器的标称尺寸和额定工作压力值，应是端部连接装置的标称尺寸和额定工作压力值。

c)　取样器连接装置

取样器连接装置应符合 10.2 要求的内螺纹，并应不小于 1/2 LP(管线管)或 1/2 NPT 的标称尺寸。

d)　尺寸

除按本标准和其他国际标准生产的法兰和螺纹外，取样器没有尺寸要求。

e)　工作条件

预计用于高腐蚀环境的取样器，应按 CC 级、FF 级或 HH 级材料进行设计。

f)　细节

本标准不适于清除口布置、取样阀、温度计插孔的细节。

10.12.4　材料

本体和端部连接装置的材料，以及其他零件的材料应符合第 5 章的要求。

10.12.5　试验

所有的流体取样器应顺利完成 7.4.9 叙述和要求的试验。

10.12.6　标志

取样器应按第 8 章的要求进行标志。

10.12.7　贮存和运输

取样器应按第 9 章的要求进行贮存和运输。

10.13　采油树

10.13.1　总则

本条包含了采油树的要求，包括用于单油管柱和多油管柱安装的采油树，及用于单油管柱和多油管柱安装的复合整体式采油树。

10.13.2　设计

见装置的设计要求。

10.13.3　材料

见装置的材料要求。

10.13.4　制造-装配

组装成采油树之前，所有零件和装置均应符合本标准的要求。

10.13.5　试验

采油树应顺利完成 7.4.9 叙述和要求的试验。

10.13.6　标志

标志应按 8.9 要求进行。

10.13.7 贮存和运输

采油树应按第 9 章要求进行贮存和运输。除采油树重新试验并重新装标签外，在贮存和运输期间，总装的采油树上零件或装置不应拆下或更换。

10.14 转换连接装置

10.14.1 总则

转换连接装置的型式有转换四通、多级转换四通、转换异径接头和转换油管头异径接头。转换四通和多级转换四通应符合 10.6 的要求。转换异径接头和转换油管头异径接头应符合 10.8 的要求。

a) 转换四通

转换四通应悬挂和密封单串套管柱或油管柱，也可称为转换套管四通或转换油管四通。四通在(或靠近)下部连接装置面上应有一个限面密封装置，该密封装置允许限面上部额定工作压力值大于下部连接装置的额定工作压力值。

b) 多级转换四通

多级转换四通应悬挂和密封多串套管柱或油管柱。多级转换四通在每级上都应有一个限面密封装置，该限面密封装置允许限面上部额定工作压力值，大于下部紧接的连接装置或级的额定工作压力值，上部连接装置至少应比下部连接装置大一个额定工作压力值。

c) 转换异径接头

转换异径接头应用于两套管四通之间，或套管四通和油管四通之间，允许在四通之间有个额定工作压力值增量。

d) 转换油管头异径接头

转换油管头异径接头应用于采油树和油管头之间，允许在两者之间有个额定工作压力值增量。

10.14.2 性能要求

转换连接装置应符合 4.1 的一般要求，并应有能力完成表 72 提出的要求。

10.14.3 设计

10.14.3.1 总则

转换连接装置应设计成用于图 39、图 40、图 41 或图 42 所示的一个总成上。

10.14.3.2 端部连接装置

端部连接装置应符合 10.1、10.2 或 10.18 的要求。

转换四通的上部连接装置应至少比下部连接装置高一个额定工作压力值。

10.14.3.3 额定工作压力——本体

转换连接装置的限面封隔上面的本体截面，应设计成能承受上部连接装置的额定工作压力。限面封隔下面的本体截面，应设计成能承受该截面的工作压力与作用在限面封隔上的上部压力所造成的压力载荷。

限面封隔和其固位装置应设计成，由上部连接装置和(或)任何上部级满工作压力所传递的压力载荷，不引起本体或下部连接装置的任何零件超过 4.3.3 的要求。见图 39、图 40 和图 41。

10.14.3.4 限面封隔

每个转换四通、多级转换四通、转换异径接头和转换油管头异径接头，应至少有一个限面封隔。

密封套管或油管的限面封隔，应设计成适应 GB/T 19830 规定的管子外径公差。

警示——提醒制造商和用户，套管和油管的外径公差在 API 5CT 与 GB/T 19830 两者的不同版本之间有较大的变化。总的说来，公差较过去有所增加，这可能影响装置的互换性。

10.14.3.5 转换连接装置和限面封隔

转换连接装置和限面封隔的设计应符合 4.3.3。

10.14.3.6 试验、排放、测量和注入连接装置

位于转换连接装置限面封隔上面的试验、排放、测量和注入连接，应有不低于最高额定工作压力的额定工作压力值。

10.14.4 **材料**

a) 与内部流体接触的承压部件应符合第 5 章的要求。

b) 结构件和密封件应符合制造商按 5.2 进行书面规范的要求。

10.14.5 **试验**

转换连接装置应顺利完成按 7.4.9 叙述和要求的试验。

10.14.6 **标志**

转换连接装置应按第 8 章的要求进行标志。

10.14.7 **贮存和运输**

所有转换连接装置应按第 9 章的要求进行贮存和运输。

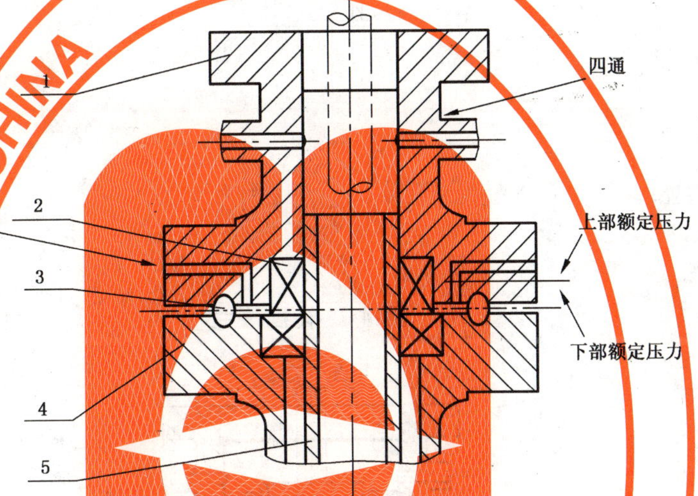

1——上连接装置；

2——限面密封；

3——垫环；

4——下连接装置；

5——内层套管。

图 39 下部套管头支撑带限面密封的转换四通

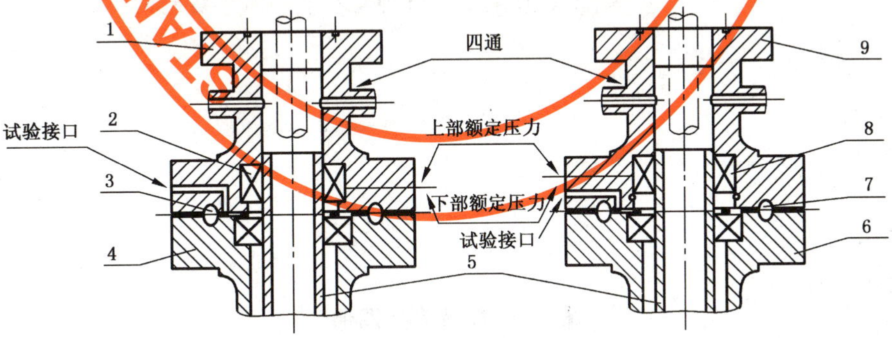

1、9——上连接装置；

2、8——限面密封；

3、7——垫环；

4、6——下连接装置；

5——内层套管。

图 40 顶部四通支撑带限面密封的转换四通

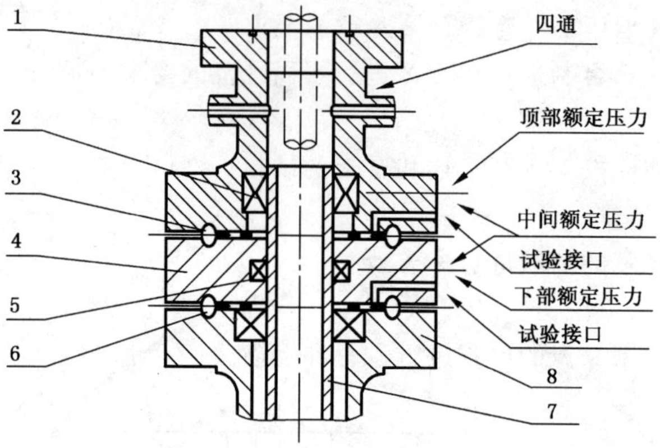

1——上连接装置；
2、5——限面密封；
3、6——垫环；
4——中间连接装置；
7——内层套管；
8——下连接装置。

图 41 转换法兰

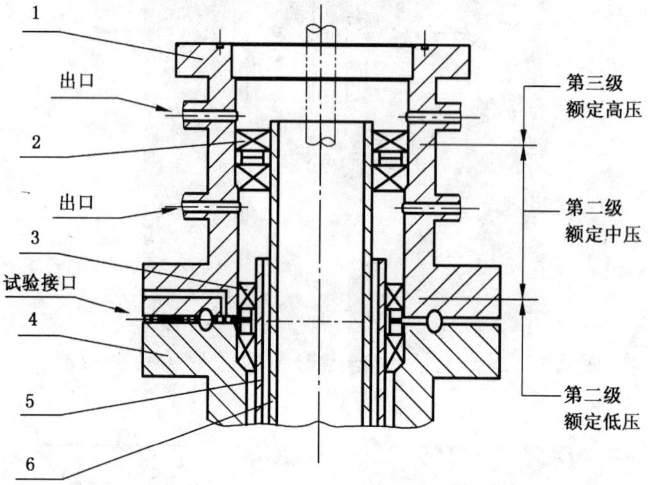

1——上连接装置；
2、3——限面密封；
4——下连接装置；
5——内层套管 1；
6——内层套管 2。

图 42 多级转换四通

10.15 异径连接四通和过渡四通

10.15.1 总则

异径连接四通和过渡四通属没有任何悬挂管件的井口部件，并可以没有任何密封管件。

a) 过渡四通具有相同尺寸、相同额定工作压力和相同设计的端部连接装置。

b) 异径连接四通具有不同尺寸、不同额定工作压力和(或)不同设计的端部连接装置。

10.15.2 设计

a) 额定工作压力

异径连接四通或过渡四通的额定工作压力,应为异径连接四通上的端部和出口连接装置的最低额定值。

b) 端部和出口连接装置

端部和出口连接装置可采用 10.1 要求的法兰式或螺柱式连接,10.2 要求的螺纹式连接,或 10.18 要求的其他端部连接装置或 GB/T 20174 要求的毂。

10.15.3 材料

材料应符合第 5 章的要求。

10.15.4 试验

所有异径连接四通和过渡四通,应通过 7.4.9 要求的试验。

10.15.5 标志

所有异径连接四通和过渡四通应作符合第 8 章的要求的标志。

10.15.6 贮存和运输

所有异径连接四通和过渡四通应按第 9 章的要求进行贮存和运输。

10.16 驱动器

10.16.1 总则

本条包括用于井口装置和采油树的液压、气动和电动驱动器。包括单作用和双作用直线驱动器和有限转数的旋转驱动器。若驱动器配有阀或节流阀(包括阀盖、阀杆、密封件)的部件,则它们被看作是驱动器的一部分,并应分别符合 10.5 或 10.9 的要求。当装配有为驱动器配备的阀时,该驱动器应符合 10.5.5 的要求。

10.16.2 性能要求

液压和气动驱动器的额定温度值范围的上限,应至少为 65 ℃。对于封存流体动力驱动器,其额定温度值范围的上限,应至少为装置的额定温度值上限。驱动器应有能力完成表 73 提出的性能要求。

表 73 驱动器性能要求

试验项目	性能要求	
	PR1	PR2
工作循环	三个循环	200 个循环

10.16.3 设计

10.16.3.1 总则

驱动器应符合第 4 章及 10.16.3.2 至 10.16.3.8 的要求。

10.16.3.2 压力

液动和气动驱动器的额定工作压力,应大于或等于驱动介质提供的最大压力。以井液为动力的驱动器,应按压力和流体兼容性两者进行设计。驱动器的设计中应考虑静水压试验压力条件。驱动器的承压件包括缸套、缸盖、活塞、隔膜本体和杆。这些驱动器零件应容纳等于或低于整个管线压力的井液(封存的动力液)或控制液(气动力或液压动力)。

10.16.3.3 液力端连接装置

液力端连接装置应符合 4.4.4 的要求。气动或液动的动力驱动器可用于小于 1/2 LP 或 1/2 NPT 标称尺寸的连接。

10.16.3.4 材料级别

部件应能承受表 3 规定的各材料级别的试验流体。

10.16.3.5 压力释放

在气动操作的驱动器中,应提供在不高于驱动器额定工作压力下进行压力释放的泄压装置。最大工作压力小于或等于 0.2 MPa 的驱动器,不要求泄压装置。设计的所有驱动器应防止由于阀、节流阀或驱动器的泄漏引起驱动器内压力增加。

10.16.3.6 电气的规范

电气部件应符合 SY/T 10010 或 IEC/CENELEC 的适用标准要求。控制开关(常开)的动力应符合制造商书面规范要求,并应提供电机的热保护装置。

10.16.3.7 驱动力

驱动器输出力应满足或超过阀或节流阀的制造商规定的操作要求。

10.16.3.8 对接要求

部件应符合阀制造商规定的有关适用的对接尺寸和其他要求。

10.16.4 材料

10.16.4.1 封存液动力驱动器

被封存液湿润和驱动器用于连接到 PSL1～PSL4 阀或节流阀的材料,应符合 5.2 和 5.4 的要求。

10.16.4.2 气动或液动驱动器

用于仅暴露于控制液的驱动器、适用 AA 材料级别(表 3)的金属和非金属材料,应要求材料的书面规范,制造商的书面规范应包括如下内容:

a) 力学性能要求;

b) 化学成分;

c) 热处理程序。

冲击值应符合 5.4.1b)中 PSL1 的要求。

10.16.4.3 电动驱动器

用于电动驱动器的材料应符合制造商的书面规范。

10.16.4.4 追溯性

最大工作压力大于 2.6 MPa 的驱动器承压件要求材料有追溯性。追溯能力包括追溯到能识别批量零件所属炉号。如果任一炉号批不符合制造商书面规范时,则多炉号批量的所有元件均应拒收。如果保持了炉批量的可追溯能力,则仅对不符合的炉号批予以拒收。对于封存液动力驱动器,追溯能力应按 7.4.2 适用的 PSL 执行。

10.16.4.5 用于硫化物应力开裂的材料

对可产生硫化物应力开裂的井液或控制液驱动的驱动器,应符合 7.4.1 的要求。

10.16.4.6 非金属密封元件

a) 总则

非金属密封材料应能承受制造商规定的额定温度值内的最大工作压力,并应能适用于指定的工作条件。

b) 弹性材料

密封元件应符合 7.4.8 的要求。

10.16.5 焊接要求

a) 封存液动力驱动器

连接到 PSL1～PSL3 阀或节流阀的井液动力驱动器,在其承压件上的焊接,应符合 6.3 和 6.4 适用 PSL 的要求。在连接到 PSL4 阀或节流阀的驱动器上不允许焊接。

b) 气动、液动或电动驱动器

在材料级别为 AA(表 3)的零件上焊接,应符合 6.3 的要求(除质量控制要求的外观检查焊缝外)。补焊应仅对材料缺陷作适宜的液体渗透或磁粉检测探伤。

10.16.6 试验

10.16.6.1 静水压试验

承压件应作静水压试验(可同时或分别进行),以证明结构的完整性。如果配对阀的阀盖构成单独驱动器整体的一部件，则阀盖应满足 10.5 和 10.9 的要求。阀杆不必分别试验。

带或不带添加剂的水、气或液压液均可用作试验液。

a) 封存液动力驱动器

试验压力应按连接到驱动器的阀或节流阀的额定工作压力确定。试验应符合适宜 PSL 的静水压本体试验要求(见 7.4.9)的程序进行。

b) 气动、液动或电动驱动器

对最大工作压力小于或等于 138.0 MPa 的驱动器，其试验压力最低应为最大工作压力的 1.5 倍；大于 138.0 MPa 的，试验压力最低应为最大工作压力的 1.25 倍。试验包括三部分：

1) 初次保压期；

2) 压力降至零；

3) 再次保压期。

两次保压期均不应少于 3 min。试验期应直到在试验压力已达到并已稳定，装置和压力监测装置已与压力源断开且零件外表面已完全擦干时，才开始计时。

c) 验收准则

在每一保压期间装置应无可见的渗漏显示。

10.16.6.2 功能试验

每台驱动器应进行功能试验，以证明装配正确和操作正常。驱动器可安装在配用的装置上试验，也可单独试验。气动驱动器的试验介质应是气体，如空气或氮气。液动驱动器装配的试验介质应为适宜的液压液或气体，如空气或氮气。电动驱动器的试验动力应符合电力设计要求。

a) 液动和气动的驱动器密封试验

驱动器的密封试验应在驱动器最大工作压力的 20% 和 100% 两级压力下进行。不允许有任何可见的渗漏。每一试验压力的试验最小保压时间：对气动驱动器，试验压力为最大工作压力的 20% 时应是 10 min，试验压力为最大工作压力的 100% 时应是 5 min；对液压驱动器，每次试验均应为 3 min。该试验期应直到在试验压力已达到并稳定，压力监测装置已与压力源隔离后，才开始计时。应记录每次保压期在开始和终了时的试验压力读数和时间。

b) 操作试验

驱动器的试验应从正常位置到全行程位置，至少循环三次，以保证正常操作。驱动器在两个方向操作都应平稳。驱动器最后组装到阀或节流阀后应按 7.4.9 相应装置的 PSL 进行试验。电动驱动器的开关(常开)机构动力要求，应按 7.4.9 要求的试验进行试验。

c) 倒密封气压试验

如果阀盖和驱动器被用作 PSL4 阀的一个单元，则试验应按 7.4.9.6.8 进行。如果阀盖和驱动器被用作 PSL3G 阀的一个单元，则试验应按 7.4.9.5.9 进行。

10.16.7 标志

所有驱动器应按第 8 章的要求作标志。

10.16.8 贮存和运输

10.16.8.1 封存液动力驱动器

应按第 9 章适宜的 PSL 要求进行贮存和运输。

10.16.8.2 气动、液动和电动驱动器

气动、液动和电动驱动器应按下述要求贮存和运输：

a) 试验后排放(不适用于电动驱动器)

驱动器在试验后、贮存或运输前，应排放干净并润滑。

b) 防锈

在运输前，零件和装置裸露的金属表面，应涂敷在低于 50 ℃温度下不致成为流体而流失的防

锈剂进行防护。本身是防腐材料的不要求防护。

c） 密封表面保护

裸露的密封表面应作避免在运输中机械损伤的防护。

d） 图样和说明

如有要求，制造商应向买方提供有关驱动器现场组装和维护适用的图纸和说明。、

10.17 锁紧螺钉、定位销和止动螺钉的封隔机构

10.17.1 总则

本标准不适于锁紧螺钉、定位销和止动螺钉。但封隔机构应能在井口装置的额定工作压力下保持紧固密封的能力。

10.17.2 性能要求

这些产品应符合4.1的一般要求，并应有能力执行表74提出的性能要求。

表74 锁紧螺钉、定位销和止动螺钉的封隔机构性能要求

试验项目	性能要求	
	PR1	PR2
压力完整性	一个循环	三个循环
注：应密封其密封处上下的最大额定工作压力。		

10.17.3 设计

a） 油管头要求

锁紧螺钉如果安装在油管头上时，应有足够的数量、规格和强度，以承受作用在油管悬挂器最大的主密封全部面积上的，相当于四通工作压力的载荷。

b） 贯穿孔

本标准不适于锁紧螺钉的贯穿孔设计。但如果在本标准规定的法兰连接装置上加工的这些贯穿孔，则制造商有责任保证贯穿孔不使法兰产生超过设计允许的应力。

c） 封闭压力

井口装置装配时应提供一种手段，以便在锁紧螺钉、定位销和止动螺钉松开后能释放任何压力。

10.18 其他端部连接装置(OECs)

10.18.1 总则

本条包含了可用于连接承压或控压装置的其他端部连接装置，但它们的尺寸在本标准中未规定。

10.18.2 性能要求

这些产品应符合4.1的一般要求，并应有能力执行表75提出的要求。

表75 其他端部连接装置(OECs)性能要求

试验项目	性能要求	
	PR1	PR2
压力完整性[a]	一个循环	三个循环
弯矩	适用时，应承受制造商规定的额定弯矩	
装卸	适用时，应承受制造商规定的装卸循环周期	
[a] 应密封内部最大额定工作压力。		

10.18.3 设计

a） 总则

其他端部连接装置应按4.3.3和4.3.4适用的要求进行设计。

b) 标称尺寸和额定工作压力值

设计的其他端部连接装置应与 10.1 所示的标称尺寸和额定工作压力值相同，或若适用，尺寸见 10.2。

c) 尺寸

除前面条款 b)外，其他端部连接装置无尺寸要求。

10.18.4 材料

其他端部连接装置的材料应符合第 5 章的要求。

10.18.5 试验

采用其他端部连接装置的装置，应顺利完成按 7.4.9 要求的试验和第 10 章适用条款的试验。单件的其他端部连接装置不要求试验。

10.18.6 标志

其他端部连接装置应按第 8 章要求作标志。

10.18.7 贮存和运输

其他端部连接装置应按第 9 章的要求进行贮存和运输。

10.19 顶部连接装置

10.19.1 总则

本条包含了用以向采油树孔径提供通路的顶部连接装置。顶部连接装置中的举升螺纹不是设计用来承压，应只用于举升目的。本标准不适用于这些举升螺纹。

10.19.2 设计

a) 顶部连接装置的设计应满足 4.2 规定的使用条件。

b) 顶部连接装置的设计应满足 4.3.3 和 4.3.5 的要求。

c) 顶部连接装置应符合 4.4、4.5、4.6 和 4.7 的要求。

d) 应提供一种手段，在顶部连接装置松开之前，以便在顶部连接装置之下能释放任何压力。

10.19.3 材料

a) 与内部流体接触的顶部连接装置承压件应符合第 5 章的所有要求。

b) 顶部连接装置的结构件和密封件，如帽、环、锻造螺母、卡箍和栓接件，应符合制造商按 5.2 要求的书面规范。

10.19.4 尺寸

a) 用于本标准规定的端部连接装置的顶部连接装置，应符合 10.1、10.2 和 10.4 的要求。

b) 用于其他端部连接装置的顶部连接装置，应符合 10.18 的要求。

c) 顶部连接装置的帽、环和上部连接的推荐尺寸，参见附录 L。

10.19.5 焊接

a) 在顶部连接装置承压件上进行的任何焊接，应符合 6.3 和 6.4 的要求。

b) 在顶部连接装置结构件上进行的任何焊接，应符合 6.2 的要求。

10.19.6 质量控制

a) 顶部连接装置承压件的质量控制要求，应符合 7.4.2 的要求。

b) 顶部连接装置结构件的质量控制要求，应符合 7.4.7(螺柱和螺母)的要求。

10.19.7 静水压试验

顶部连接组装装置应按 7.4.9 进行试验(见表 32)，验收准则应符合 7.4.9.3.3 的要求。

10.19.8 标志

顶部连接装置应按第 8 章要求作标志。

10.19.9 贮存和运输

顶部连接装置应按第 9 章要求进行贮存和运输，并应配备排气管堵。

10.20 地面和水下安全阀及驱动器

10.20.1 总则

本条包括了用于辅助支配位置的地面和水下井口装置用的安全阀及驱动器。安全阀是失去动力即关闭的、非螺纹式的驱动阀。它包括有完整总成、适合驱动器的阀、驱动器和热敏开关装置。

a) 阀

安全阀应符合10.5对PR2级规定的要求、及PSL2级规定的其他要求，还应符合在附录C和表76所规定的性能要求。

表76 安全阀的操作循环要求

试验项目	性能要求	
	PR2Ⅰ类	PR2Ⅱ类
操作循环	500个循环	500个循环
介质	水或其他适合的流体[见10.20.4.3a)]	含2%的砂浆[见10.20.4.3a)]

b) 驱动器

驱动器应符合10.16.2的最低性能要求。

10.20.2 设计

10.20.2.1 总则

按本标准设计和制造的地面安全阀(SSV)和水下安全阀(USV)，应采用第5章的材料，并应满意地进行10.20.4所要求的试验。SSV/USV应是常闭式设计。当SSV/USV在其阀本体额定工作压力范围内的任何条件下，能量为瞬时供给或消失时，SSV/USV的设计应能进行操作，且不损坏SSU/USV的阀或驱动器。USV的设计准则应包括最大水深。如果在SSV/USV阀体或阀杆区需要润滑脂或密封剂，则应规定在不降低SSV/USV阀中压力的情况下，能注入润滑脂或密封剂。

10.20.2.2 地面安全阀(SSV)设计

多层阀或截断阀，按照井口装置SSV对PR2级标准使用条件、和附录C的Ⅰ类或Ⅱ类使用条件的性能要求进行性能鉴定。如果这类阀的内部设计与制造商生产线上生产的SSV相同，并且生产线上生产的SSV已通过了附录C的鉴定试验，则这类多层阀或截断阀不进行验证试验。这类阀应根据本标准的其他适用的要求进行生产和供应。

10.20.2.3 水下安全阀(USV)设计

USV设计应符合SSV阀的设计要求外，还应满足：

a) USV阀可使用GB/T 20972.1规定的法兰和垫环连接；

b) USV阀可具有非标准孔和(或)端面长度。端部连接应符合本标准的所有其他要求。缩径USV出油口尺寸，宜在考虑出油管线(TFL)使用后，按ISO 13628-3的规定来确定。

10.20.2.4 驱动器设计

驱动器应符合10.16.3的要求。在阀门制造商规定的最恶劣设计关闭条件下，驱动器应有足够关闭SSV/USV阀的能力。若处于正常操作条件，则内部元件应能抵抗操作介质和井内流体的腐蚀。不允许将锁闭装置永久地固定在SSV驱动器上。

10.20.2.5 热敏锁闭机构

在大气温度升至65 ℃、SSV阀体被加压至其额定工作压力和SSV驱动器液缸减压到大气压条件下，热敏锁闭机构应保持SSV阀处于全开位置。设计的锁闭机构驱动泄压元件不应对人构成潜在危险。应符合下列温度驱动条件：

a) 锁闭机构应在受控环境温度540 ℃±14 ℃下，仅利用SSV驱动器的作用力(即SSV阀体内无任何压力或供能量给SSV驱动器液缸)，在6 min内允许能自动关闭SSV阀。

b) 使用的易熔材料，应符合制造商的、在标称熔点±10%的温度范围内熔化的设计要求。热敏装置应设计在最大承受温度 200 ℃时动作。

10.20.3 **材料**

a) 阀

承压件和控压件的材料应符合第 5 章的规定。

b) 驱动器

SSV/USS 驱动器的材料应符合 10.16.4 的要求。

10.20.4 **试验**

10.20.4.1 **通径试验**

所有组装好的安全阀或采用模拟驱动器的安全阀,应按 7.4.9.3.1 所述作通径试验。

10.20.4.2 **其他试验**

所有组装完的安全阀或适用于带模拟阀盖驱动器的安全阀,至少应通过 7.4.9 全部适宜的要求和叙述的试验。所有试验数据应记录于类似表 77 的试验记录表中。

10.20.4.3 **鉴定试验**

a) PR2 Ⅰ类和Ⅱ类使用条件

为了验证 PR2 标准使用条件的 SSV/USV 的设计,制造商应满足附录 C 的Ⅰ类或Ⅱ类试验要求。

b) 试验要求

任何影响 SSV/USV 阀孔密封机构设计和结构材料的明显变化,应要求以鉴定试验的方式重新认证。一个 SSV 的合格认证应证明带有相同 SSV 阀孔密封机构的 USV 合格,反之亦然。阀可带或不带驱动器进行试验。

10.20.4.4 **热敏锁闭机构鉴定试验**

在大气环境仅以自然空气对流经过 SSV 驱动器的情况下,应确认 10.20.2.5 设计要求的试验。制造商应提供有效的数据表明该装置已充分试验,以保证其有能力满足设计要求。

表 77 SSV/USV 功能试验数据表(表样)

SSV/USV 阀数据:

制造商________________

SSV/USV 阀类别或型号________ 序列号________ 规格________

额定工作压力________ 额定温度________

阀孔________ 材料级别________ PSL________ PR2 级________

Ⅱ类 SSV/USV 阀性能试验机构________ 试验报告号________

SSV/USV 驱动器数据:

制造商________________

阀类别或型号________ 序列号________ 规格________

额定工作压力________ 额定温度________

阀孔材料级别________ PSL________ PR2 级________

功能试验数据:

Ⅰ **SSV/USV 驱动器密封试验** 试验员________

气动________ 液压________

在 20%额定工作压力时

开始时间________ 试验仪表的压力读数________

结束时间________ 试验仪表的压力读数________

在 100%额定工作压力时

开始时间________ 试验仪表的压力读数________

结束时间________ 试验仪表的压力读数________

表 77（续）

Ⅱ 通径检查 通径规外径________ 外观检查________ 检查员________ **Ⅲ SSV/USV 驱动器操作试验** 试验员______ 完成的循环次数________________ **Ⅳ SSV/USV 阀体和盖静水压试验** 试验员______ 所需试验压力________ 初始保压期 开始时间______ 试验仪表的压力读数______ 结束时间______ 试验仪表的压力读数______ 二次保压期 开始时间______ 试验仪表的压力读数______ 结束时间______ 试验仪表的压力读数______ **Ⅴ SSV/USV 阀座试验** 试验员______ SSV/USV 阀型式：单向________ 双向________ 所需试验压力________ 初始保压期(从下游端施加压力) 开始时间______ 试验仪表的压力读数______ 结束时间______ 试验仪表的压力读数______ 二次保压期(从下游端施加压力) 开始时间______ 试验仪表的压力读数______ 结束时间______ 试验仪表的压力读数______ 三次保压期(从下游端施加压力) 开始时间______ 试验仪表的压力读数______ 结束时间______ 试验仪表的压力读数______ 证明人______ 公司______ 职务______ 日期______

10.20.5 标志

SSV/USV 阀和驱动器应按表 35 和 8.5 作标志。

10.20.6 贮存和运输

a) 阀

所有 SSV/USV 阀应按第 9 章的要求进行贮存和运输。

b) 驱动器

所有 SSV/USV 驱动器应按 10.16.8 的要求进行贮存和运输。

c) SSV/USV

所有 SSV/USV 应按第 9 章的要求进行贮存和运输。

10.20.7 质量控制记录要求

10.20.7.1 总则

SSV/USV 阀的记录要求应符合 7.5 和在 10.20.7.2 与 10.20.7.3 所给出的附加要求。

10.20.7.2 提供给买方的记录

a) 功能试验数据表

每个 SSV/USV 在交付给买方时，应附有按表 77 要求完成的 SSV/USV 功能试验数据表。

b) 运输报告

应提供符合表 78 的报告。

c) 操作手册

应提供符合 10.20.7.3 要求的操作手册。

表 78 地面安全阀(SSV)或水下安全阀(USV)运输报告(表样)

SSV/USV 阀设备数据：

制造商____

类别或型号______________序列号______________规格______________

额定工作压力______________额定温度：最大______________最小______________

材料级别______________PSL______________PR2 级______________

制造日期(年、月)____

PR2 级 SSV/USV 阀的性能试验机构______________试验报告号______________

SSV/USV 驱动器数据：

制造商____

类别或型号______________序列号______________规格______________

额定工作压力______________额定温度：最大______________最小______________

材料级别______________PSL______________

制造日期(年、月)____

用户______________订单号______________

功能试验日期______________运输日期______________

检验日期

10.20.7.3 **制造商操作手册主要内容**

10.20.7.3.1 **设计信息**

至少应包括下列的设计信息：

a) 手册适用的产品型式、型号和规格；

b) 各型式、型号和规格适用的性能要求；

c) 指定部件的温度和工作压力范围；

d) 如需要，用于安装或操作的部件尺寸数据的图样和说明；

e) 零件清单。

10.20.7.3.2 **检查和试验**

至少应包括下列的检查和试验：

a) 吊装前的目检清单；

b) 现场吊装的书面文件和图示说明书；

c) 有关的试验程序。

10.20.7.3.3 **安装**

应清楚地写出和图示出正确的安装方法。应详细规定任何必要的预先加润滑油或脂的方法。指出对人员潜在危险的警告，或指出对装置潜在危险的注意，应清楚地标志“警告”或“小心”字样。

10.20.7.3.4 **操作和维护**

至少应包括下列的操作和维护信息：

a) 维护要求，包括推荐性维护周期；

b) 正确的操作技术；

c) 拆卸和组装说明书；

d) 表明各个零件间的正确安装关系的组装图；

e) 修理说明和预防措施，包括一份列出故障特征、引起故障的可能原因和修理必要的表格。

10.20.7.3.5 **修理和修造**

SSV/USV装置的修理和修造，按附录M的规定进行。

10.21 **管堵**

10.21.1 **总则**

管堵应满足单件连接装置规定的要求。

10.21.2 **设计**

10.21.2.1 **总则**

管堵和螺纹式连接的材料与设计，应按确定的工作压力和承受的外部载荷能力来考虑。

10.21.2.2 **尺寸**

管堵应符合图43、表79的尺寸和公差。螺纹式连接应符合10.2的要求。本标准不适用于标称尺寸小于1/2LP或1/2NPT的管堵，以及标称尺寸大于4 LP的管堵。

10.21.2.3 **额定工作压力**

具有12.7 mm(1/2 in)～50.8 mm(2 in)的LP或NPT螺纹的管堵，其最高额定工作压力应符合表1的规定。本标准不适合于高强度材料、大螺纹尺寸和(或)更高额定工作压力设计的管堵。

10.21.2.4 **螺纹连接**

螺纹连接应符合10.2。符合GB/T 9253.2要求的LP螺纹的管堵，应按表80要求的配对零部件进行装配。螺纹脂应按ISO 13678的要求进行试验。

10.21.3 **材料**

管堵的材料应符合5.2和PSL3的材料要求。本标准不适用于材料标志低于60 K的管堵和螺纹连接。

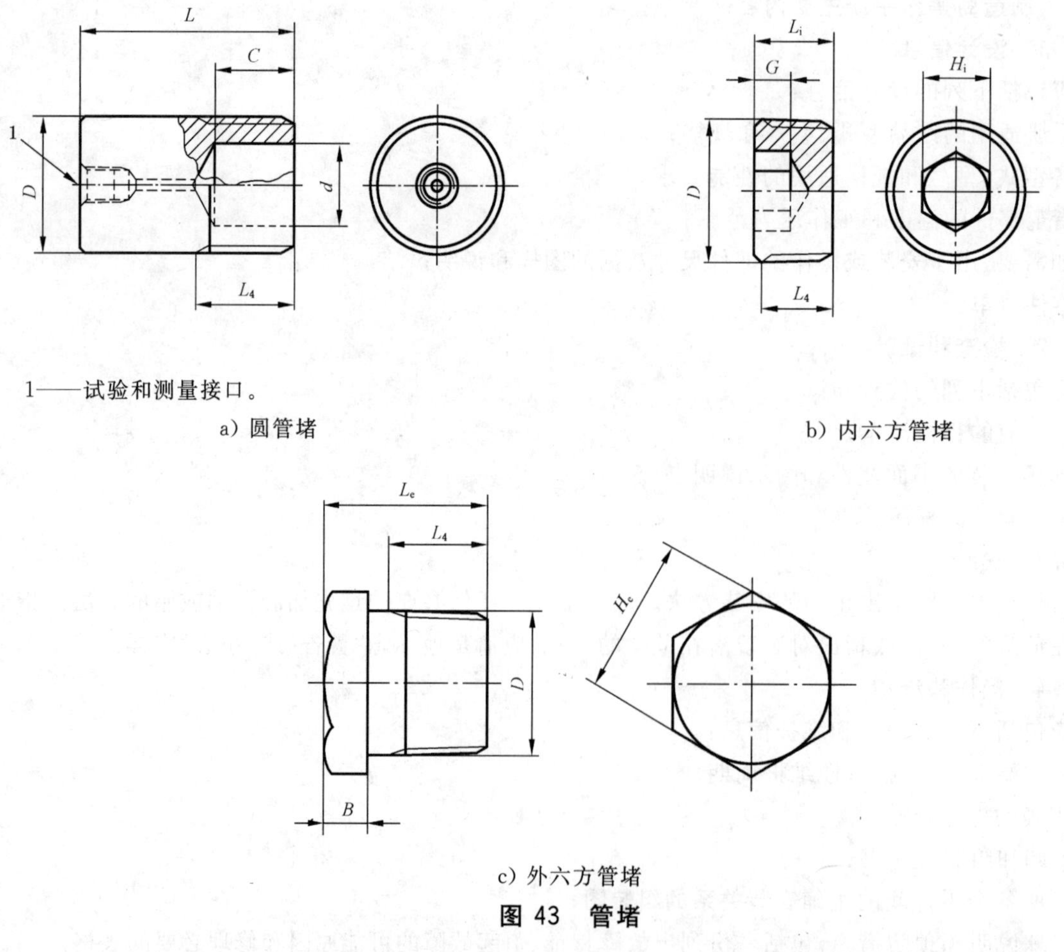

1——试验和测量接口。

a) 圆管堵

b) 内六方管堵

c) 外六方管堵

图43 管堵

表 79 管堵(螺纹尺寸和公差见 GB/T 9253.2)

单位为毫米

螺纹标称尺寸/in	所有管堵				圆管堵	外六方管堵			内六方管堵		
	外径 D	螺纹最小长度(至螺纹消失点) L_4	止口深度[a] C	止口直径[b] d	长度[b] L	六方尺寸(平行对边) H_e	六方厚度[b] B	外六方旋赛长度[b] L_e	内六方尺寸 H_i	六方深度[b] G	内六方管堵长度[b] L_i
1/2	21.43[c]	19.85				22.2[e]	7.9	28.7	9.7[h]	7.9	
3/4	26.59[c]	20.15	—	—		27.0[f]	9.7	31.8	14.2[i]	7.9	25.4
1	33.34[d]	25.01			51.0	34.9[g]	9.7	35.1	16.0[j]	9.7	
1 ¼	42.07[d]	25.62	27.0	22.4							
1 ½	48.42[d]	26.04	27.0	25.4							
2	60.33[d]	26.88	27.0	38.1							
2 ½	73.03[d]	39.91	41.5	44.5		—	—	—	—	—	—
3	88.90[d]	41.50	41.5	57.2	102.0						
3 ½	101.60[d]	42.77	44.5	69.9							
4	114.30[d]	44.04	44.5	76.2							

a 公差(±0.5)。 e 公差(−0.64,0)。 h 公差(−0.10,0)。
b 公差(0,+0.1)。 f 公差(−0.79,0)。 i 公差(−0.13,0)。
c 公差(0,+0.20)。 g 公差(−1.04,0)。 j 公差(−0.15,0)。
d 公差(0,+0.25)。

表 80 推荐的管堵安装程序

尺寸 (in)	手紧之后推荐的最少拧紧圈数
1/2,3/4 和 1	1 ½
2~4	2
螺纹脂试验应按 ISO 13678 的要求进行,并为了改善防泄漏性能而应规定工作条件。	
注:手紧后推荐的拧紧圈数,在正常情况下足以承受额定工作压力和高至 103.5 MPa 的试验压力,但在某些情况下,还可再另外拧紧一圈或两圈。	

10.21.4 质量控制

产品规范级别不适合于管堵,其质量控制要求应按表 34 进行控制。

10.21.5 标志

管堵应按 8.11 的要求作标志。

10.21.6 贮存和运输

管堵应按第 9 章的要求进行贮存和运输。

10.22 阀拆卸堵

10.22.1 总则

阀拆卸制备和阀拆卸堵在本节和附录 K 中进行了规定。规定有四种尺寸和两个额定工作压力。

按本标准设计的阀拆卸堵不作为试验工装使用，也不能当作按 10.1 标准尺寸制造的盲板法兰使用。

10.22.2 设计

内部减压止回阀、内部螺纹连接和其他内部设备允许用于阀拆卸堵，但本标准未规定设计要求。

10.22.3 尺寸

阀拆卸堵的尺寸、本体上的阀拆卸制备尺寸，均应符合附录 K。

10.22.4 材料

阀拆卸堵本体的材料除冲击试验不要求外，应满足 5.2 和 5.10 的要求。工作压力为 13.8 MPa～69.0 MPa 的材料应符合标志为 60 K 的材料要求。工作压力为 103.5 MPa～138.0 MPa 的材料应符合 75 K 的要求。阀拆卸堵应是 DD、FF 或 HH 类材料。

10.22.5 质量控制

产品规范级别(PSL)不适用于阀拆卸堵，其质量控制要求应符合表 34。阀拆卸制备和阀拆卸堵的压力试验不要求。

10.22.6 标志

标志应符合 8.10 的要求。

10.22.7 贮存和运输

阀拆卸堵应按第 9 章的要求进行贮存和运输。

10.23 其他压力边界贯穿装置

10.23.1 总则

其他压力边界贯穿装置，应有能力维持在额定工作压力和额定温度下密封不漏。

10.23.2 性能要求

其他压力边界贯穿装置，应有能力满足 4.1 的一般要求，并且，当它们安装在装置上使用时，还应有能力执行与 PR1 或 PR2 适应要求的潜在功能。

10.23.3 设计

本标准不适用于其他压力边界贯穿装置的设计，但制造商有责任规定其他压力边界贯穿装置满足性能要求的鉴定。

10.23.4 材料

本体材料应满足制造商书面规范的要求，并应与井液相适应。

10.23.5 标志

无标志要求。

10.23.6 贮存和运输

贮存和运输应符合第 9 章的要求。

10.24 背压阀

10.24.1 总则

背压阀应满足油管悬挂器的要求。

10.24.2 设计

见 10.21.2[2)]。

10.24.3 材料

本体材料应满足 5.11 的要求，其他部件的材料应符合制造商的书面规范。

---

2) 原文疑似有误。

10.24.4 质量控制

产品规范级别不适用于背压阀，其质量控制要求应符合表34。

10.24.5 标志

标志应符合8.12的要求。

10.24.6 贮存和运输

贮存和运输应符合第9章的要求。

11 修理和修造

修理和修造的要求在附录M中进行了规定。

附 录 A
（资料性附录）
订购指南

A.1 总则

本附录提供井口装置和采油树的查询和订购指南。这些指南包括由买方完成的数据表、典型井口装置和采油树结构系列及确定产品规范级别的表。数据表有两方面的作用：

a) 协助买方确定其所需的装置；

b) 协助买方提出其具体的需求，及有关井场环境的资料，供装置制造商设计和生产用。

使用本附录制定的数据表的复制件宜尽可能准确和完善。按需要参考典型的装置结构以选择所要求的装置。决策树图 A.1 及其说明，给出了每台装置宜制造成何种 PSL 的推荐作法。数据表的复制件宜在订货单或建议书上附一份。

A.2 数据表

随后的数据表包含了能用于选择井口装置（包括节流阀和驱动器）的问题和资料。表 A.2 包含有关整个井的一般资料。表 A.3～表 A.12 被设计用于各种类型的装置。

组装部件上的外部载荷（即弯矩、拉伸等）的影响在本标准中未加说明（见 4.2.1.3），购买者宜对任何特殊载荷作出规定。

购买者宜规定是否按附录 E 的性能鉴定程序进行鉴定。

A.3 典型的井口装置和采油树结构

典型的井口装置和采油树结构，如图 A.2、图 A.3 所示，同时还包含了与所示井口装置一致的套管和钻头的程序示例。

A.4 产品规范级别（PSL）

A.4.1 总则

PSL1 包括附录 A 中所推荐的使用条件，为石油工业当前广泛执行的作法。

PSL2 包括 PSL1 的全部要求、及附录 A 中所推荐的规定范围的使用条件，为石油工业当前广泛执行的附加作法。

PSL3 包括 PSL2 的全部要求、及附录 A 中所推荐的规定范围的使用条件，为石油工业当前广泛执行的附加作法。

PSL3G 包括 PSL3 的全部要求、及附录 A 中所推荐的规定范围的使用条件，为石油工业当前广泛执行的附加作法。PSL3G 的标志仅用于那些必需规定装置的附加气密封试验要求的条款和数表，规定的装置能进行气密封试验。

PSL4 包括 PSL3G 的全部要求及一些附加要求，PSL4 用于超过那些通常被确定为本标准范围的使用条件，且通常只用于主要设备。

图 A.1 表示了主要零件的推荐规范级别。井口装置总成的主要设备最少包括：

a) 油管头；

b) 油管悬挂器；

c) 油管头异径接头；

d) 下部主阀。

井口装置的所有其他零件均为次要的。次要设备的规范级别可与主要设备级别相同或低于主要设备的级别。

PSL 的选择应基于定量风险分析法，它是一种确定潜在危险事件，并评估这些事件对人、环境和资源产生意外损害的可能性和后果的形式方法和系统化方法。

下列说明适用于图 A.1 中所问的基本问题。

A.4.2 GB/T 20972.2 和 GB/T 20972.3

如果产出液中的硫化氢分压等于或超过 GB/T 20972.2 和 GB/T 20972.3 规定的酸性环境中的硫化氢分压最低值，则适用。

A.4.3 高浓度 H_2S

如果产出液的 H_2S 达到这样的浓度，即一旦产出液泄漏，空气中 H_2S 浓度将会达到 70×10^{-6} (70 ppm)，则选择"是"(人类的嗅觉在 H_2S 浓度高于 70×10^{-6} 时已不能感觉到)。

如果浓度为 100×10^{-6} 的 H_2S 暴露半径(ROE)距井口大于 15 m 时，可选用"是"。在 SY/T 5087《含硫化氢油气田安全钻井推荐作法》中对 ROE 进行了定义，见 A.4.5。

上述情况需要了解对比井的调整的敞喷流量。如果得不到相关资料，但是能够预料到硫化氢的存在，那么可以估计浓度为 100×10^{-6} 的硫化氢的暴露半径(ROE)为 1 000 m。

A.4.4 靠得很近

习惯使用靠得很近和暴露半径概念的使用者，可以用图 A.1 中气井代替靠得很近。

这个近似的估计宜考虑失控状态的 H_2S 对井口附近威胁生物和环境的潜在影响。下列项目清单能用于确定潜在危险。

a) 浓度为 100×10^{-6} H_2S 的暴露半径(ROE)距井口大于 15 m，并包含除公共道路以外的任何公共区域，ROE 在 A.4.5 中被定义。公共区域指的是住宅、商业区、教堂、学校、医院、学校汽车站、政府楼、公共道路，公园、城市、乡镇、村庄的全部或其一部分及其他类似的预计人口稠密区域。公共道路指的是任何联邦、省、县或市拥有或维护的，为公共出入或使用的街道或道路。

b) 浓度为 500×10^{-6} H_2S 的 ROE 距井口大于 15 m，并包括公共道路在内的公共区域的任何部分。

c) 井位于任何环境敏感区，如公园、野生生物保护区、市区等等。

d) 井位于距明火或火焰燃烧设备 46 m 之内。

e) 井位于距公共道路 15 m 之内。

f) 井位于或接近内陆航运水系附近。

g) 井位于或接近生活给水区附近。

h) 井位于任何住宅 107 m 以内。

这些条件是建议考虑的最低限度。它宜符合当地的任何法规要求。

A.4.5 H_2S 的暴露半径(ROE)

A.4.5.1 下列资料摘自 SY/T 5087《含硫化氢油气田安全钻井推荐作法》。暴露半径(ROE)描述了释放源与沿着羽毛状的地面中心线到达所关心的浓度之间的距离。

A.4.5.2 暴露半径(ROE)按下式进行计算：

$$\mathrm{ROE} = \lg^{-1}[A \lg(H_2S) + B] \times 0.308$$

式中：

ROE——暴露半径，单位为米(m)；

A、B——下风向时硫化氢浓度及其释放量/速率所对应的暴露半径数学预测的线性回归系数，它们依据硫化氢释放的时间、排放类型、浓度的变化而不同，参见SY/T 5087；

(H_2S)——连续释放时，输入的硫化氢释放速率为SCFH，瞬时释放时，输入的硫化氢的释放量SCF，无量纲；

示例：确定浓度为100×10^{-6} H_2S暴露半径的位置。白天(稳定性为PGD)，风速为8 045 km/h时，100%的硫化氢连续释放，计算在释放速度316.33 m^3/h(11170SCFH)时的ROE。使用SY/T 5087的表C.1，适用的系数值：$A=0.58$，$B=0.45$，代入上述的方程式，得：

$ROE=lg^{-1}[0.58\ lg(11\ 170)+0.45]\times0.308=191.41$ m。

其他浓度的暴露半径计算，参见SY/T 5087的附录C。

A.5 封存流体的腐蚀性

按表3选择需要的材料级别，买方宜考虑各种环境因素和表A.2所列的开采参数，并确定封存的、开采的或注入的流体的腐蚀性。一般腐蚀、应力腐蚀开裂(SCC)、冲蚀和硫化物应力开裂(SSC)均受到环境因素和开采参数相互作用的影响。表A.2未列出的其他因素和参数也可影响流体腐蚀性。

买方宜确定材料是否应满足酸性环境的GB/T 20972.2和GB/T 20972.3的要求。GB/T 20972.2和GB/T 20972.3仅涉及到金属材料的防止硫化物应力开裂的要求，而没有涉及耐蚀性。其次还宜考虑确定通常与井内腐蚀有关的二氧化碳分压，见表A.1。该表仅作为一个指南。

产出液的分析可不预测金属或非金属材料的现场性能。

开始腐蚀所要求的最小二氧化碳分压和增大分压对腐蚀速率的相关作用，受如下所列其他环境因素和开采参数的强烈影响，例如：

a) 温度；

b) H_2S浓度；

c) pH值；

d) 氯化物浓度；

e) 采出砂；

f) 采出水和成分；

g) 产生碳氢化合物的类型和相对量。

最后，买方在选择材料级别时，宜考虑油井将来的使用条件。虽然这不宜于限制采出液或气不管增加含水量，还是不增加氯化物成分的酸性气体分压的预期变化，但还宜包括如酸化或其他修井作业操作的考虑。

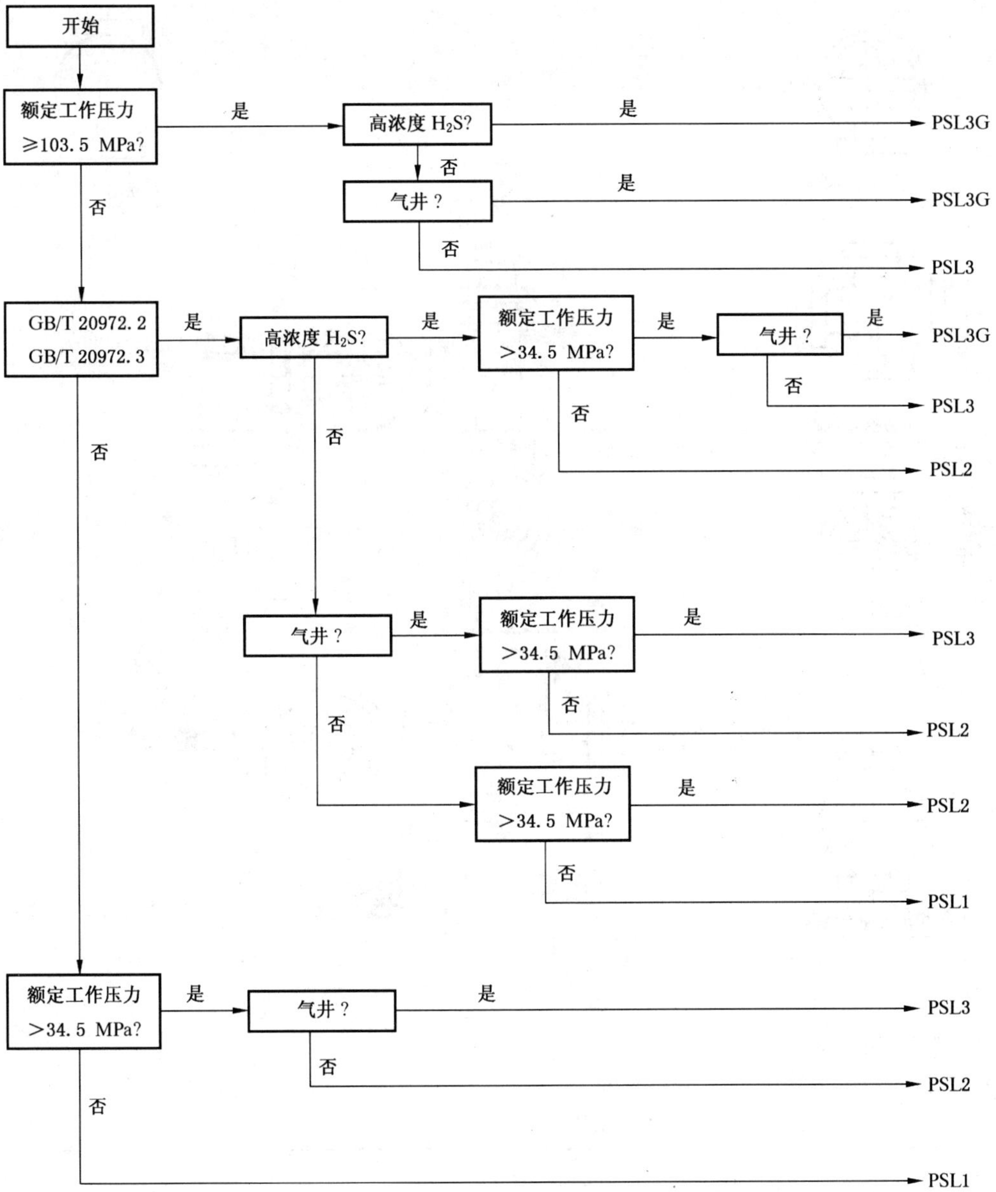

图 A.1 井口装置和采油树主要零件推荐的最低 PSL

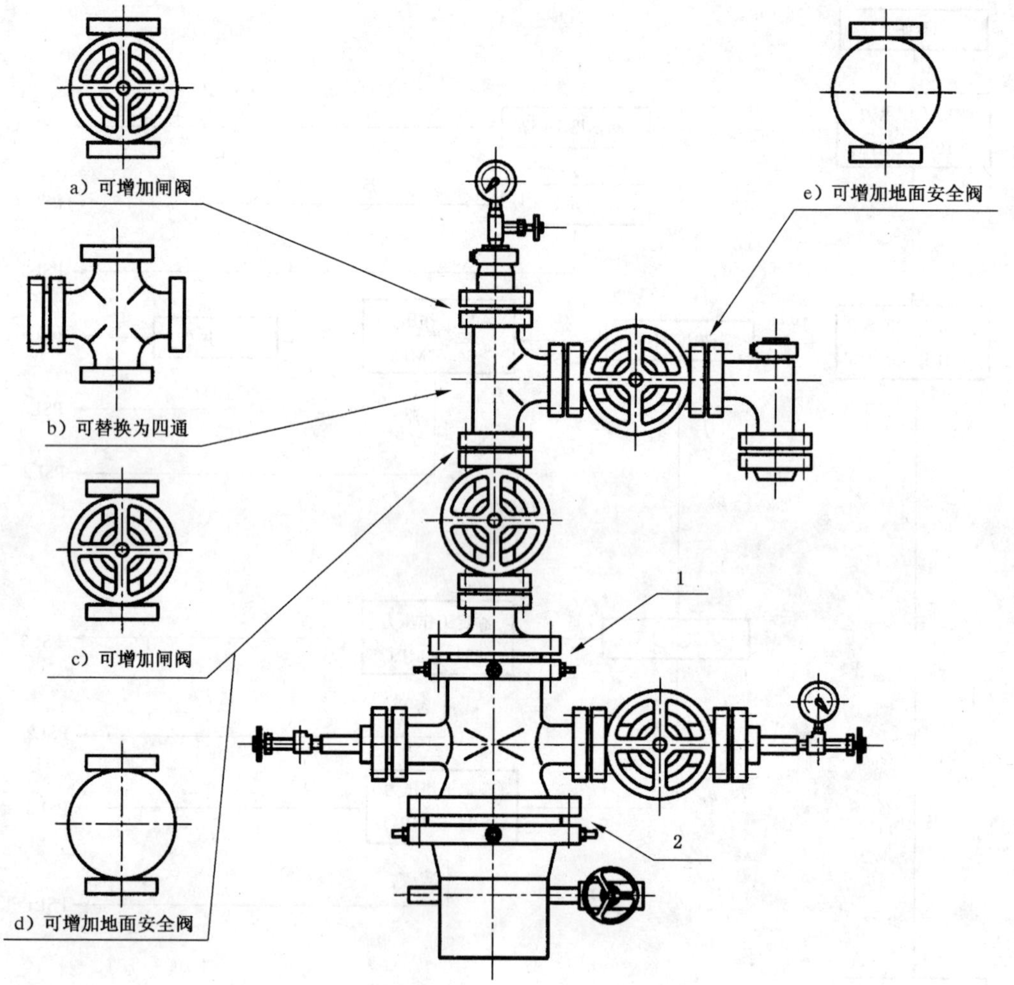

1——油管头顶部法兰 34.5 MPa；

2——套管头顶部法兰 20.7 MPa 或 34.5 MPa。

典型程序			
套管程序 mm(in)	钻头程序 mm(in)	套管头顶部法兰 mm-MPa(in-psi)	油管头顶部法兰 mm-MPa(in-psi)
219.1(8⅝)×139.7(5½) 244.5(9⅝)×177.8(7) 273.1(10¾)×193.7(7⅝)	200.0(7⅞) 215.9(8½)或 222.2(8¾) 250.8(9⅞)	279-20.7(11-3 000) 或 279-34.5(11-5 000)	179-34.5(7$\frac{1}{16}$-5 000)

图 A.2 典型井口装置和三通结构图(额定工作压力为 34.5 MPa)

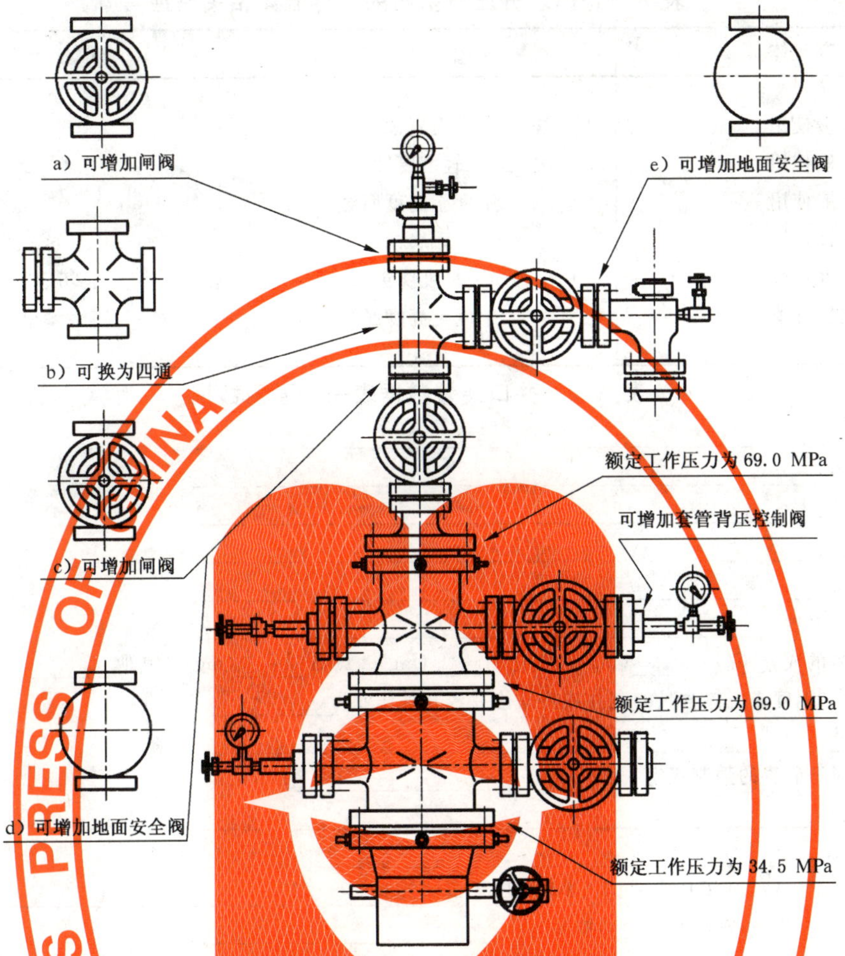

典型程序(SI 制尺寸)				
套管程序/mm	钻头程序/mm	套管头壳体顶部法兰 mm-MPa	油管头转换四通顶部法兰 mm-MPa	油管头顶部法兰 mm-MPa
406.4×273.1×193.7	374.7×250.8 或 241.3	425-34.5	279-69.0	179-69.0
406.4×298.5×244.5×177.8(尾套管)	374.7×269.9×215.9	425-34.5	346-69.0	179-69.0
			279-69.0	
339.7×244.5×177.8	311.2×215.9×152.4	346-34.5	279-69.0	179-69.0
273.1×193.7×127.0	250.8×165.1	279-34.5	279-69.0	179-69.0
典型程序(英制尺寸)				
套管程序/in	钻头程序/in	套管头壳体顶部法兰 in-psi	油管头转换四通顶部法兰 in-psi	油管头顶部法兰 in-psi
$16\times10\frac{3}{4}\times7\frac{5}{8}$	$14\frac{3}{4}\times9\frac{7}{8}$ 或 $9\frac{1}{2}$	$16\frac{3}{4}$-5 000	11-10 000	$7\frac{1}{16}$-10 000
$16\times11\frac{3}{4}\times9\frac{5}{8}\times7$(尾套管)	$14\frac{3}{4}\times10\frac{5}{8}\times8\frac{1}{2}$	$16\frac{3}{4}$-5 000	$13\frac{5}{8}$-10 000	$7\frac{1}{16}$-10 000
			11-10 000	
$13\frac{3}{8}\times9\frac{5}{8}\times7$	$12\frac{1}{4}\times8\frac{1}{2}\times6$	$13\frac{5}{8}$-5 000	11-10 000	$7\frac{1}{16}$-10 000
$10\frac{3}{4}\times7\frac{5}{8}\times5$	$9\frac{7}{8}\times6\frac{1}{2}$	11-5 000	11-10 000	$7\frac{1}{16}$-10 000

图 A.3 典型井口装置和三通结构图(额定工作压力为 69.0 MPa)

表 A.1　CO_2 分压所指明的封存流体相关腐蚀

封存流体	相关腐蚀性	CO_2 分压/MPa
一般使用	无腐蚀	＜0.05
一般使用	轻度腐蚀	≥0.05～0.21
一般使用	中度至高度腐蚀	＞0.21
酸性环境	无腐蚀	＜0.05
酸性环境	轻度腐蚀	≥0.05～0.21
酸性环境	中度至高度腐蚀	＞0.21

表 A.2　井口装置数据表——通用数据

井名和位置：________________________

最大操作压力：________________________

预计关井压力：________________________

预计温度范围：________________________

最低环境温度：________________________

井口最高流体温度：________________________

预计产出液体的成分：CO_2 ______（mg）　氯化物____（mg）　H_2S ______（mg）　其他________

预计影响压力、温度或流体含量的完井或将来修井或开采作业：__________

新值：________________________

是否有政府对该装置的强制规定？________________

如有，是什么？________________________

淡水或咸水 pH：________________________

是否采用 GB/T 20972.1、GB/T 20972.2 和 GB/T 20972.3 ________________________

是否使用除垢、除蜡、防腐或其他类型抑制剂？______________

抑制剂类型：________抑制剂载体：________分批或连接使用抑制物：______

是否进行酸化？______酸的类型：________________________

预计产量：______________________m^3/d 油/凝析油

______________________m^3/d 气

______________________m^3/d 砂和水

是否涉及侵蚀？______原因：______

要求外部涂层？要，类型______________　不要______________

要求内部涂层？要，类型______________　不要______________

发运要求：______________________

特殊运输、包装和贮存说明：________

套管程序：

管柱的顶部连接

	尺寸(外径)	质量(kg/m)	钢级	连接	全部管柱悬挂质量(kg)	钻头尺寸(mm)
导管	______	__________	______	______	__________	____
表层套管	______	__________	______	______	__________	____
防护套管	______	__________	______	______	__________	____
生产套管	______	__________	______	______	__________	____
油管	______	__________	______	______	__________	____

完井型式：单管或多管：________________________________

表 A.3　井口装置数据表——套管头壳体

套管头壳体：PSL：________ PR：________

底部连接：尺寸：________ 额定工作压力：________

型式：________

顶部连接：尺寸：________ 额定工作压力：________

型式：________

出　口：尺寸：________ 额定工作压力：________

型式：________ 编号：________

出口用装置：阀拆卸堵：________

阀(内侧)：数量________ PSL：________ PR：________

阀(其他)：数量________ PSL：________ PR：________

配对法兰：数量________ PSL：________

管堵：数量________

短接：数量________

针形阀：数量________

测量表：数量________

锁紧螺钉？要________ 不要________ 锁紧螺钉作用：________

底板要求：________

特殊材料要求：________

套管悬挂器：尺寸：________ 型式：________

PSL：________ PR：________

额定温度(表 2)：________

材料级别(表 3)：________

封存流体(表 A.1)：________

证明？有[a] ________ 没有________

要求外部涂层否？不要求________ 要求________ 如果要求，类型________

要求内部涂层否？不要求________ 要求________ 如果要求，类型________

法兰栓接要求(表 54)：非暴露________ 暴露________ 暴露(低强度)________

主通道(螺柱)：________ (螺母)：________

内侧出口(螺柱)：________ (螺母)：________

其他出口(螺柱)：________ (螺母)：________

试验和辅助装置：防磨衬套：________

下入和回收工具：________

试验管堵：________

其他要求：________

[a] 如果有证明，则说明内容和由谁证明。

表 A.4 井口装置数据表——套管头四通

套管头四通：PSL：______________ PR：______________

底部连接：尺寸：______________ 额定工作压力：______________

型式：______________

顶部连接：尺寸：______________ 额定工作压力：______________

型式：______________

出　　口：尺寸：______________ 额定工作压力：______________

型式：______________ 编号：______________

出口用装置：阀拆卸堵：______________

阀(内侧)：数量______________ PSL：______________ PR：______________

阀(其他)：数量______________ PSL：______________ PR：______________

配对法兰：数量______________ PSL：______________

管堵：数量______________

针形阀：数量______________

短接：数量______________

测量表：数量______________

锁紧螺钉？要______不要______锁紧螺钉作用：______________

特殊材料要求：______________

底部套管四通封隔：尺寸：______________ 型式：______________ PR：______________

套管悬挂器：尺寸：______________ 型式：______________

PSL：______________ PR：______________

额定温度(表 2)：______________

材料级别(表 3)：______________

封存流体(表 A.1)：______________

证明？有[a] ______________ 没有______________

要求外部涂层否？不要求______________要求______________如果要求，类型______________

要求内部涂层否？不要求______________要求______________如果要求，类型______________

法兰栓接要求(表 54)：暴露______________ 非暴露______________

主通道(螺柱)：______________ (螺母)：______________

其他出口(螺柱)：______________ (螺母)：______________

试验和辅助装置：防磨衬套：______________

下入和回收工具：______________

试验管堵：______________

其他要求：______________

[a] 如果有证明，则说明内容和由谁证明。

表 A.5 井口装置数据表——油管头四通

油管头四通 PSL：__________ PR：__________

底部连接：尺寸：__________ 型式：__________

额定工作压力：__________

顶部连接：尺寸：__________ 额定工作压力：__________

型式：__________

出　　口：尺寸：__________ 额定工作压力：__________

型式：__________ 编号：__________

出口用装置：阀拆卸堵：__________

阀（内侧）：数量__________ PSL：__________ PR：__________

阀（其他）：数量__________ PSL：__________ PR：__________

配对法兰：数量__________ PSL：__________

管堵：数量__________

短接：数量__________

针形阀：数量__________

测量表：数量__________

锁紧螺钉？要__________ 不要__________ 紧螺钉作用：__________

材料要求：__________

底部油管四通封隔：尺寸：__________ 型式：__________ PR：__________

油管悬挂器：尺寸：__________ 型式：__________

PSL：__________ PR：__________

背压阀型式：__________ 地面控制阀控制管线：__________

额定温度（表 2）：__________

材料级别（表 3）：__________

封存流体（表 A.1）：__________

证明？有[a] __________ 没有__________

要求外部涂层否？不要求__________ 要求__________ 如果要求，类型__________

要求内部涂层否？不要求__________ 要求__________ 如果要求，类型__________

法兰栓接要求（表 54）：非暴露__________ 暴露__________ 暴露（低强度）__________

主通道（螺柱）：__________ （螺母）：__________

内侧出口（螺柱）：__________ （螺母）：__________

其他出口（螺柱）：__________ （螺母）：__________

试验和辅助装置：防磨衬套：__________

下入和回收工具：__________

试验管堵：__________

其他要求：__________

[a] 如果需证明，则说明内容和由谁证明。

表 A.6　井口装置数据表——转换法兰

转换法兰 PSL：__________ PR：__________

底部连接：尺寸：______________________ 额定工作压力：______________________

型式：____

顶部连接：尺寸：______________________ 额定工作压力：______________________

型式：____

封隔型式：____________________ 尺寸：__________________ PR __________________

额定温度(表 2)：____

材料级别(表 3)：____

封存流体(表 A.1)：____

证明？有[a] ________________ 没有 ____

要求外部涂层否？不要求__________ 要求__________ 如果要求，类型__________

要求内部涂层否？不要求__________ 要求__________ 如果要求，类型__________

法兰栓接要求(表 54)：非暴露__________ 暴露__________ 暴露(低强度)

主通道(螺柱)：______________ (螺母)：________________________________

[a] 如果需证明，则说明内容和由谁证明。

表 A.7　井口装置数据表——油管头异径接头

油管头异径接头 PSL：__________ PR：__________

底部连接：尺寸：______________________ 额定工作压力：______________________

型式：____

顶部连接：尺寸：______________________ 额定工作压力：______________________

型式：____

地面控制井下安全阀出口：编号：__________________ 尺寸：__________________

供电连接装置？____

特殊材料要求：____

额定温度(表 2)：____

材料级别(表 3)：____

封存流体(表 A.1)：____

证明？有[a] ________________ 没有 ____

要求外部涂层否？不要求__________ 要求__________ 如果要求，类型__________

要求内部涂层否？不要求__________ 要求__________ 如果要求，类型__________

法兰栓接要求(表 54)：非暴露__________ 暴露__________ 暴露(低强度)__________

主通道(螺柱)：______________ (螺母)：________________________________

[a] 如果需证明，则说明内容和由谁证明。

表 A.8 井口装置数据表——采油树和节流阀

采油树 单管______ 双管________ 整体式____________ 组合式__________

零件名称	规格	材料[a]	PSL	PR	证明[b]	外部涂层类型（如要求）	法兰式栓接要求[c]螺柱螺母	密封垫环类型
下部主阀								
上部主阀								
抽汲(顶)阀								
翼阀——内侧								
翼阀——其他								
三通/四通(圈出一个)								
节流阀								
端部法兰								
配对法兰								
仪表法兰								
采油树顶盖/顶部连接								

额定工作压力：____

封存流体腐蚀(表 A.1)：____

额定温度(表 2)：____

材料级别(表 3)：

上部主阀配驱动器：要________不要________如要，在 PR 下规定Ⅰ类或Ⅱ类：________________

内侧翼阀配驱动器：要________不要________如要，在 PR 下规定Ⅰ类或Ⅱ类：________________

其他翼阀驱动器：要________不要________如要，在 PR 下规定Ⅰ类或Ⅱ类：________________

节流阀：可调式或固定式：____________________________________

节流孔径尺寸：____________________ 标称尺寸：____________________

压力降：____

出油管连接：尺寸：____________________ 型式：____________________

特殊材料要求：____

其他要求：

上部主阀要求的驱动器型式：气动/活塞__________ 液压/活塞__________ 电动______

动力源压力：____________气动/膜片______________液压/膜片__________电动______

空气______________________气体__________________________

翼阀要求的驱动器型式：气动/活塞____________ 液压/活塞____________ 电动______

气动/膜片____________ 液压/膜片____________ 电动______

供应压力 ：________________ 其他：____________________________________

[a] 解释或规定材料要求，如果表面处理或涂敷其他耐蚀材料，则要说明基本材料类型/涂敷材料类型，如 4130/625。

[b] 如果需证明，则说明内容和由谁证明。

[c] 按表 54 规定的适用的封存流体、温度级别，指明要求的栓接。

表 A.9　井口装置数据表——紧凑型套管头壳体

紧凑型套管头壳体　PSL ____________ PR ______________

A.底部连接

尺寸：________________________ 额定工作压力：____________________________

型式：____

出口

尺寸：______________________ 额定工作压力：____________________________

型式：______________________________ 编号：____________________________

出口用装置

阀拆卸堵：____

阀(内侧)：数量____________ PSL：____________ PR：________________

阀(其他)：数量____________ PSL：____________ PR：________________

配对法兰：数量____________ PSL：____________

管堵：数量____________

短接：数量____________

针形阀：数量____________

测量表：数量____________

锁紧螺钉？要________ 不要________ 锁紧螺钉作用：______________________

底板要求：____

证明？没有______________ 有[a] ______________

特殊材料要求：____

底部套管四通封隔：尺寸：______________ 型式：______________

套管悬挂器：尺寸：____________ 型式：______________

PR：____________ PSL：____________

额定温度(表 2)：____

材料级别(表 3)：____

封存流体(表 A.1)：____

要求外部涂层否？不要______________ 要______________，如要，类型是______________

要求内部涂层否？不要______________ 要______________，如要，类型是______________

法兰栓接要求(表 54)　非暴露__________ 暴露__________ 暴露(低强度)____________

内侧出口(螺柱)：______________ (螺母)：______________

其他出口(螺柱)：______________ (螺母)：______________

其他要求：____

[a] 如果有证明，则说明内容和由谁证明。

表 A.9（续）

B. 顶部连接

尺寸：__________ 额定工作压力：__________ 型式：__________

出口

尺寸：__________ 额定工作压力：__________

型式：__________ 编号：__________

出口用装置

阀拆卸堵：__________

阀(内侧)：数量__________ PSL：__________ PR：__________

阀(其他)：数量__________ PSL：__________ PR：__________

配对法兰：数量__________ PSL：__________

管堵：数量__________

短接：数量__________

针形阀：数量__________

测量表：数量__________

锁紧螺钉？要__________ 不要__________ 锁紧螺钉作用：__________

特殊材料要求：__________

套管悬挂器：尺寸：__________ 型式：__________

PR：__________ PSL：__________

额定温度(表2)：__________

材料级别(表3)：__________

封存流体(表A.1)：__________

要求外部涂层否？不要__________ 要__________，如要，类型是__________

要求内部涂层否？不要__________ 要__________，如要，类型是__________

法兰栓接要求(表54) 非暴露__________ 暴露__________ 暴露(低强度)__________

内侧出口(螺柱)：__________ (螺母)：__________

其他出口(螺柱)：__________ (螺母)：__________

试验和辅助装置：(顶部和(或)底部)

防磨衬套：__________

下入和回收工具：__________

试验管堵：__________

其他要求：__________

表 A.10 井口装置数据表——井口装置安全阀

井口装置安全阀

一般要求

特殊环境条件________________

(异常的环境或操作温度，或引起腐蚀的大气条件，或水下使用)

涂层________________

运输说明________________

SSV/USV 阀

性能试验机构(PR2 SSV/USV 阀)________________

制造商________________ 型号和型式________________

尺寸________________ 额定工作压力________________

温度范围________________

SSV/USV 驱动器

制造商________________ 型号和类型________________

液缸额定工作压力________________

操作压力________________ 如适用，用户宜规定供给压力。

温度范围________________

锁闭机构________________

USV________________ 作业水深________________

表 A.11 井口装置数据表——节流阀尺寸

应用				
流体				
数量				
端部连接/A&B 的尺寸[a]				
额定工作压力/入口			出口	
额定温度				
材料级别	本体		调节件	
PSL	PR			
使用条件		最大流量(单位)	正常流量(单位)	最小流量(单位)
压力	入口			
	出口或 ΔP			
入口温度				
油	流速			
	比重(如使用)			
气体	流速			
	或油气比			
	比重(如使用)			
液体	流速			
	比重(如使用)			
手动/驱动				
驱动器类型/制造商/型号				
动力来源				
手动制动				
位置指示	本地		远程/位置传送装置	
位置控制器				
其他说明				
[a] 见图 32 和图 33。				

表 A.12 井口装置数据表——驱动器与盖

数量	数量	数量
气动 ____ 膜片 单的 双的 活塞 单的 双的	液动 ____ 常规 举升杆 无举升杆 封存流体 举升杆 无举升杆 钢丝钳 ____ 本身含有 ____	电动 ____ 电线/电缆尺寸 ____ 单独电源 ____

补充要求/规范

气动 可用气压____MPa(psi) 最大____ 最小____ 洁净空气____ 氮气____ 井内气体____ 非 NACE____ 其他____ NACE____	液动 可用液压____MPa(psi) 最大____ 最小____ 井内液体 非 NACE____ NACE____ 本身含有____ 其他____

电动

电压____

直流____交流____相位____频率____

有效电流____

其他____

驱动器要求	现场数据
规范 驱动器 额定温度(表 2) 封存流体(表 A.1) 材料级别(表 3) 要求外部涂层否？不要____要____ 如要，类型是____	用户____ 现场位置____ 平台____ 井号____ 关闭的油管头压力____MPa(psi) 辅助装置 易熔的常开装置____ 手动常开装置____ 快速排气阀____ 位置指示 a)当地____ b)远距离____

盖要求

尺寸____	规范级别 PSL
型号____	SSV PR2 ____ 2 ____
最大工作压力____MPa	3 ____
	3G ____
	4 ____
材料级别：	额定温度：

附 录 B
（资料性附录）
国内外标准的对比

B.1 标准的对比

本附录提供了与国外标准对应的部分国内标准编号、名称、采标情况，参见表B.1。

为了便于使用本标准，在非仲裁检验或合同规定的情况下，国内生产商和用户可以参照使用下表B.1中与规范性引用文件对应的标准。凡不注日期的国内对应标准，其最新版本适用于本附录。

B.2 引用文件的购买地址

1） 单　　位：中国标准出版社　　　　　　　　　　邮　　编：100045
　　地　　址：北京复兴门外三里河北街16号
　　联系电话：010-68523946、68517548
　　网　　址：http://www.spc.net.cn

2） 单　　位：中国标准化研究院　标准馆　　　　　邮　　编：100088
　　地　　址：北京海淀区知春路4号
　　联系电话：010-58811348、58811346
　　网　　址：http://www.cssn.net.cn/

3） 单　　位：中国兵器工业企业管理协会/北京北方资讯服务中心
　　通信地址：北京2418信箱北方资讯　　　　　　　邮　　编：100089
　　办公地址：北京市海淀区车道沟10号院（中国兵器装备集团公司大院内）
　　电　　话：(010)68964640　68964641　　　　　传　　真：(010)68964640/41
　　网　　址：http://www.apinetwork.org　（API及国外专业标准协作网）

4） 中石化ASME规范产品协作网
　　地　　址：北京市西城区月坛南街26号　　　　　传　　真：(010)68532101
　　联系电话：010-68532102
　　网　　址：http://www.caci.org.cn/

表B.1 部分国内外标准对比表

序号	国外标准	国内标准	采标情况	备注（对应标准比较）/说明
1	ISO 13678 石油天然气工业 套管、油管和管线管用螺纹脂的评价与试验	SY/T 5199 套管、油管和管线管用螺纹脂		SY/T 5199—1997 套管、油管和管线管用螺纹脂推荐作法，neq APIRP 5A3:1996
2	ASME B1.1 统一英制螺纹	GB/T 20666～20670—2006 统一螺纹	GB/T 20666—2006 统一螺纹 公差，ISO 5864:1993，MOD； GB/T 20669—2006 统一螺纹 牙型，ISO 68-2:1998，MOD； GB/T 20670—2006 统一螺纹 直径与牙数系列，ISO 263:1973，MOD	GB/T 20666—2006，其基本偏差和公差数值表、标记方法与ASME B1.1:2003一致；采用了ASME B1.1:2003规定的特殊旋合长度螺纹的中径公差计算方法； GB/T 20667—2006 统一螺纹 极限尺寸、GB/T 20668—2006 统一螺纹 基本尺寸，参照ASME B1.1:2003而制定

表 B.1（续）

<table>
<tr><th>序号</th><th>国外标准</th><th>国内标准</th><th>采标情况</th><th>备注(对应标准比较)/说明</th></tr>
<tr><td>3</td><td>ASME 锅炉和压力容器规范:1998:第Ⅴ卷　无损检测</td><td>JB/T 4730.1～4730.6—2005　承压设备无损检测</td><td>JB/T 4730.1～4730.6—2005,主要根据国内多年的研究成果和应用经验,参考 ASME 第Ⅴ卷、ASTM、JIS 标准规范以及行业反馈意见进行修订</td><td rowspan="5">我国的压力容器标准分类较细,基本上是按压力容器类型和容器的主体材料来分别制定相应的标准;ASME 规范并不按容器类型分类,只是在设计中引用不同的载荷规范。
国内标准与 ASME 规范相比,标准体系存在差异,标准内容在安全系数、焊接接头系数、强度计算公式、外压圆筒加强圈的设置、开孔尺寸、产品焊接版式、焊接返修等方面也存在差异,但总体水平相当</td></tr>
<tr><td rowspan="2">4</td><td rowspan="2">ASME 第Ⅷ卷第一册　压力容器建造规则</td><td>(1) GB 150　钢制压力容器</td><td>合理采用 ASME Ⅷ-1、日本 JISB 8370～8285</td></tr>
<tr><td>(2) JB 4734　铝制压力容器
(3) JB 4745　钛制压力容器</td><td></td></tr>
<tr><td>5</td><td>ASME 第Ⅷ卷第二册　压力容器建造另一规则</td><td>JB 4732　钢制压力容器-分析设计标准</td><td></td></tr>
<tr><td>6</td><td>ASME 第Ⅸ卷焊接和钎焊评定标准</td><td>JB 4708　钢制压力容器焊接工艺评定</td><td></td></tr>
<tr><td>7</td><td>ASNT SNT-TC-1A,无损检测人员资格鉴定和认证</td><td>GB/T 9445 无损检测　人员资格鉴定与认证</td><td>GB/T 9445—2005　无损检测　人员资格鉴定与认证,ISO 9712:1999,IDT</td><td>ISO 9712:1992 版推荐了 ASNT-TC-1A 作为培训大纲
ISO 9712:1999 版推荐了三个培训大纲:
(1) ANSI/ASNT CP-189:1995;
(2) IAEA-TECDOC-628:1991;(国际原子能机构无损检测人员培训指南);
(3) 国际无损检测委员会推荐的无损检测人员培训、鉴定与认证的国际协调文件(1985)</td></tr>
<tr><td rowspan="3">8</td><td rowspan="3">ASTM A 370 钢制品力学性能试验的标准试验方法与定义</td><td>GB/T 2975 钢及钢产品 力学性能试验取样位置及试样制备</td><td>GB/T 2975—1998,eqv ISO 377:1997</td><td>拉伸试样在圆钢上的取样位置不同:ASTM A 370 在中心线处取样(圆钢直径 $d<38$ mm 时,或在 $1/4d$ 处取样($d\geqslant38$ mm 时);GB/T 2975 在中心线处取样($d\leqslant25$ mm 时),或在距表面 12.5 mm 处取样($d>25$ mm 时),或在 $1/4d$ 处取样($d>50$ mm 时)</td></tr>
<tr><td>GB/T 228　金属材料　室温拉伸试验方法</td><td>GB/T 228—2002,eqv ISO 6892:1998(E)</td><td>圆形截面试样平行长度的直径系列不同:ASTM A 370 为 12.5、8.75、6.25、4、2.50 mm;国标为 25、20、15、10、8、6、5、3 mm;原始标距也不同</td></tr>
<tr><td>GB/T 229　金属夏比缺口冲击试验方法</td><td>GB/T 229—1994,eqv ISO 148:1983</td><td>标准试样的尺寸完全相同;小尺寸试样 ASTM A 370 有 5 种,国标只有 2 种;ASTM A 370 要求满足“3 个试样冲击功平均值≥规定值,冲击功小于规定值的试样最多 1 个,每个单个试验值不小于规定值的 2/3”,若不满足,ASTM A370 要求补做 3 个的单个值≥规定值;GB/T 229 未规定结果判定,而要用其他标准</td></tr>
</table>

表 B.1（续）

序号	国外标准	国内标准	采标情况	备注(对应标准比较)/说明
9	ASTM A 388/A 388M 大型钢锻件超声波检验的标准作法	JB/T 8467 锻钢件超声波探伤方法	JB/T 8467—96，neq ASTM A388-84	JB/T 8467适用于厚度或直径大于或等于100 mm的锻钢件，ASTM A 388未提具体的厚度或直径的数据；JB/T 8467无质量等级分类，无附录
10	ASTM D 395 橡胶压缩变形性能的标准试验方法	GB/T 7759 硫化橡胶、热塑料橡胶 常温、高温和低温下压缩永久变形测定	GB/T 7759—1996，eqv ISO 815:1991	GB/T 7759适用于液体介质和空气中，有三种压缩率(25%、15%、10%)；ASTM D 395适用于空气中，压缩率为25%；两标准规定的试验装置的限制器高度不同
11	ASTM D 412 硫化橡胶和热塑性弹性体拉伸性能的标准试验方法	GB/T 528 硫化橡胶或热塑料橡胶拉伸应力应变性能的测定	GB/T 528—1998，eqv ISO 37:1994	ASTM D 412的试样形状多“直线形”；试样尺寸中只有“哑铃状”的C尺寸与国标相同；“环状”试样的测量次数与国标不同。国标未规定符合性试验或仲裁试验的试样数(ASTM D412规定为5个试样)
12	ASTM D 471 液体对橡胶性能影响的标准试验方法	GB/T 1690 硫化橡胶或热塑性橡胶耐液体试验方法	GB/T 1690—2006 硫化橡胶耐液体试验方法，ISO 1817:2005,MOD	国标在测定质量变化、体积变化试样、标准油与ASTM D 471相同；其他技术要求与ISO 1817相同
13	ASTM D 1414 O形橡胶圈的标准试验方法	GB/T 5720 O形橡胶密封圈试验方法	GB/T 5720—1993，neq ASTM D 1414:1990	ASTM D 1414多一项“低温试验”，浸液试样、压缩变形试样与国标不同；国标无“精密度”部分的内容，低温试验可按GB/T 7758—1987进行
14	ASTM D1415 橡胶性能—国际硬度的标准试验方法	GB/T 6031 硫化橡胶或热塑料橡胶硬度的测定(10～100IRHD)	GB/T 6031—1998，idt ISO 48:1994	ASTM D 1415试样中无“试样硫化与试验时间间隔”的规定
15	ASTM D 1418 橡胶和橡胶乳胶命名的标准作法	GB/T 5576 橡胶与胶乳 命名法	GB/T 5576—1997，idt ISO 1629:1995	除ASTM D 1418在分组符号中增加了“3.8 混合橡胶的表示”和附录(列举了两条以前的术语)，其余内容均相同
16	ASTM D 2240 橡胶性能—硬度计硬度的标准试验方法	GB/T 531 橡胶袖珍硬度计压入硬度试验方法	GB/T 531—1999，idt ISO 7619:1986	ASTM D 2240 适用于七种邵尔硬度(A、B、C、D、DO、O、OO)，不包括“橡胶国际硬度的测量”；国标适用于两类硬度(邵尔A和邵尔B、袖珍型橡胶国际硬度)；最常用的A型硬度试验仪器是一致的；两者对于邵尔A和D的技术要求完全一致

表 B.1（续）

序号	国外标准	国内标准	采标情况	备注(对应标准比较)/说明
17	ASTM E 10 金属材料的布氏硬度标准试验方法	GB/T 231.1 金属布氏硬度试验 第1部分：试验方法	GB/T 231.1—2002,eqv ISO 6506-1:1999(E)	两者技术内容基本相同,但也存在一定的差异。 国标取消了用钢球压头进行布氏硬度的规定(即无 HBS);国标中对加力方向仅要求与试样表面垂直,无具体的方向角度误差,规定在(90°±2°)之内;E10 要求试样厚度至少应为压痕深度的10倍,国标是8倍;E10 规定了试样表面曲率半径应小于压头直径的2.5倍,而国标无此项规定
		GB/T 231.2 金属布氏硬度试验 第2部分：硬度计的检验与校准	GB/T 231.2—2002, ISO 6506-2:1999, MOD	
		GB/T 231.3 金属布氏硬度试验 第3部分：标准硬度块的标定	GB/T 231.3—2002, ISO 6506-3:1999, MOD	
18	ASTM E 18 金属材料的洛氏硬度和洛氏表面硬度标准试验方法	GB/T 230.1 金属洛氏硬度试验 第1部分：试验方法(A、B、C、D、E、F、G、H.K、N.T 标尺)	GB/T 230.1—2004,ISO 6508-1:1999,MOD	国标的标尺数量少于E18,但常用的标尺相同;初始试验力误差要求相同,主试验力的误差要求 低于 E18(主试验力的误差越小,试验结果越准确);E18 对硬度计重复性的规定是固定值,而国标是一个范围,但重复性要求值比较接近
		GB/T 230.2 金属洛氏硬度试验 第2部分：硬度计(A、B、C、D、E、F、G、H、K、N、T 标尺)的检验与校准	GB/T 230.2—2002, ISO 6508-2:1999, MOD	
		GB/T 230.3 金属洛氏硬度试验 第3部分：标准硬度块(A、B、C、D、E、F、G、H、K、N、T 标尺)的标定	GB/T 230.3—2002, ISO 6508-3:1999,MOD	
19	ASTM E 92 金属材料的维氏硬度标准试验方法	GB/T 4340.1 金属维氏硬度试验 第1部分：试验方法	GB/T 340.1—1999, eqv ISO 6507-1:1997	国标增加了"小负荷维氏硬度试验"、"显微维氏硬度试验",而 ASTM 规定在 E 384 中;国标对曲面上测得的维氏硬度值的修正表分类更明确合理;两者在试验方法中对压痕间距有差别,国标较合理;国标中无硬度换算(实际上无法精确换算)
		GB/T 4340.2 金属维氏硬度试验 第2部分：硬度计的检验	GB/T 4340.2—1999,idt ISO 6507-2:1997	
		GB/T 4340.3 金属维氏硬度试验 第3部分：标准硬度块的标定	GB/T 4340.3—1999,idt ISO 6507-3:1997	

表 B.1（续）

序号	国外标准	国内标准	采标情况	备注(对应标准比较)/说明
20	ASTM E 94 射线照相检验的标准指南	GB/T 5677 铸钢件射线照相检测	GB/T 5677—2007,ISO 4993:1987,ITD	两者差别较大。GB/T 5677—2007 规定了按 GB/T 19803 和 GB/T 19943 指定的规程进行铸钢件 X 和伽玛射线照相检测的一般要求。ASTM E 94 更详细
21	ASTM E140 金属标准硬度换算表(布氏硬度、维氏硬度、洛氏硬度、表面硬度、努氏硬度和肖氏硬度之间的关系)	GB/T 1172—1999 黑色金属硬度及强度换算值		差异较大。两标准的对应硬度数据有差别。国标适合于碳钢、合金刚等钢种与强度的换算,给出了两种换算表格;ASTM E140 给出了 9 种换算表格,换算硬度的类型较多,并在附录中提供了硬度间的换算公式
22	ASTM E165 液体渗透检验的标准试验方法	JB/T 9218 渗透探伤方法	JB/T 9218—2007 无损检测 渗透检测 第 1 部分:总则,EN 571-1:1997,MOD	E165 专设附录规定了清洗工序,在操作方法上最细致。 JB/T 9218—2007 引用标准全部采用国内标准,增加了检测的验证。 两者适用范围相似、显相时间基本相同
23	ASTM E 709 磁粉检验的标准指南	GB/T 10121 钢材塔形发纹磁粉检验方法	GB/T 10121—1988,neq ASTM E709:1985	内容相差较大。两者的适用范围相同,方法概要基本相同,操作步骤相同,设备要求基本相同;对光源强度不同,ASTM E709 对磁场方向更详细,ASTM E709 还包括干湿磁粉的应用、磁痕解释、磁痕记录、退磁、检验后清理、系统性能/灵敏度的评价、程序、安全;两者的附录内容也不同
24	ASTM E747 射线照相用线型像质指示器的设计、制造和材料分类的标准作法	JB/T 7902 无损检测 射线照相检测用线型像质计	JB/T 7902—2006,ISO 19232-1:2004,NEQ	两标准对像质计的规格、组合和材质的选用等方面略有差异。JB/T 7902—2006 包括检验方法、规则、标记和包装
25	EN 473 无损检测 无损检测人员的资格鉴定和认证通用原则	GB/T 9445 无损检测人员资格鉴定与认证		EN 473:2000 吸收采用 ISO 9712
26	NACE MR 0175:1999 标准材料要求 油田设备用抗硫化物应力开裂的金属材料	SY/T 0599 天然气地面设施抗硫化物应力开裂和抗应力腐蚀开裂的金属材料要求	SY/T 0599—2006,NACE MR 0175:1991,NEQ	SY/T 0599—2006 在参考了 NACE MR 0175:1991,以及 NACE MR 0175/ISO 15156-1～3:2001 标准,并在总结多年来酸性油气田防止硫化物开裂的科研与生产实践经验的基础上制定的
27	SAE AS 568A:1974 O 形密封圈的航空尺寸标准	GB/T 3452.1 液压气动用 O 形橡胶密封 第 1 部分:尺寸系列及公差	GB/T 3452.1—2005,ISO 3601-1:2002,MOD	GB/T 3452.1—2005 的尺寸系列与 SAE AS 568A:1974 有较大差异

附　录　C
（规范性附录）
地面安全阀(SSV)和水下安全阀(USV)的性能鉴定程序

C.1　总则

C.1.1　目的

本附录提供了如下要求：

a）对设计和生产均满足10.5中PR2级要求的阀进行鉴定，判断该阀能否用作下列的一类或两类要求的SSV/USV：

　1）Ⅰ类：该性能要求级别希望用于没有砂蚀有害作用的井。

　2）Ⅱ类：该性能要求级别希望用于砂粒类物质可能引起SSV/USV失效的井。

b）本附录的鉴定试验，用以鉴定按本标准的PR2 Ⅱ类阀生产的专门阀孔密封机构。

C.1.2　性能要求

为了鉴定SSV/USV的Ⅰ类使用条件，该阀应通过C.3规定的鉴定试验。

为了鉴定SSV/USV的Ⅱ类使用条件，该阀应通过C.4规定的鉴定试验。

已鉴定的Ⅱ类阀还满足Ⅰ类阀的要求。

C.1.3　鉴定试验

本附录的鉴定试验并不完全代表实际井况。完全符合SY/T 10006或API Spec 6AV1（有效期内的）鉴定试验要求的鉴定试验，满足本附录的要求。

C.2　PR2级Ⅰ类或Ⅱ类SSV/USV的鉴定试验设备一般要求

C.2.1　总则

PR2 Ⅱ类SSV/USV鉴定试验的试验设备，其典型管线排列和试验段详图如图C.1和图C.2所示。

C.2.2　设计考虑

a）设计的试验设备应允许进行C.3和C.4所述的鉴定试验。

b）循环管线应具有足够的额定工作压力以承受循环压力。试验段中的上游隔离阀，和在它与所测试SSV/USV阀之间的压力测试装置、阀及配件，应设计成至少满足被测试阀的额定工作压力，较低额定工作压力值组件应采用合适的压力释放阀进行保护。

C.2.3　仪器——循环系统组件

C.2.3.1　清水罐

至少具备1 m^3 的容积，并装有具有关闭控制的低液位泵。

C.2.3.2　泥浆罐及其附件

应提供至少具有1 m^3 容积的带锥底的圆柱形泥浆罐，并装有搅拌器，以获得均匀的泥浆。在罐和罐的回流管线上应具有取样接头，以便获得具有代表性的含砂量和黏度分析样品。罐应装有高低液位关闭控制以发出停止循环泵的信号。黏度和含砂量应按GB/T 16783.1来确定。

C.2.3.3　循环泵和控制设备

应安装带驱动的循环泵、能以要求的流量及压力泵送泥浆和清水的专门装置。至少有一台泵应装有变速马达，以便控制循环流量。每台泵的马达应装有不可修改的计时装置，以便监测泵送持续时间。

C.2.3.4　循环管线和控制设备

循环管线应按与图C.1所示的相似排列安装，并应按图C.2所示设置隔离阀。在泥浆罐的回流管线上应安装能提供搅拌的装置，以有利于阻止泥浆沉积在罐底。应按图C.2所示，在循环泵和试验段之间安装节流阀或其他如背压控制装置，以便在循环试验中将SSV/USV的压差控制在2.8 MPa。

C.2.3.5 循环流量计

包含至少 0.3 m^3/min 流量计和提供一个适合于条带线记录仪的输出信号。

C.2.3.6 记录仪

用来监测如下数据：

——所有流程试验期间的循环流量；

——阀座密封试验期间的 SSV/USV 阀上游试验压力；

——关闭试验期间，正在经受试验的 SSV/USV 阀两侧的压差。

记录仪应具有适当的范围和配置不同走纸速度，以适应随时间变化的模拟信号的清晰度。

C.3 PR2 Ⅰ类 SSV/USV 阀鉴定试验

C.3.1 总则

为了鉴定 PR2 Ⅰ类特定的 SSV/USV 的设计，制造商应按本标准 PR2 和 PSL 2 的要求，对设计和材料结构试验基本相同的 SSV/USV 进行试验。

C.3.2 鉴定试验要求

应使用法兰标称尺寸 52 mm(2⅟₁₆ in)、额定工作压力为 34.5 MPa 的 SSV/USV 阀进行鉴定试验。被试验的阀应按 7.4.9 的要求进行静水压和功能试验，及按 PR2 进行验证。成功完成的试验应能鉴定制造商所有尺寸和所有额定工作压力的 SSV/USV 阀，该 SSV/USV 阀指用于Ⅰ类使用条件、相同的基本设计和材料结构。会影响到 SSV/USV 阀孔密封机构的设计或材料结构的任何重大改变，均应按鉴定试验的要求重新鉴定。

C.3.3 文件(鉴定档案)

要求制造商保存每一个试验文件(包括要求鉴定特殊的 SSV/USV 设计和材料结构的任何重新试验)，这些文件至少应包含满足附录 E 的 E.1.15 的文件，并应在设计被废止后保存 10 年。

C.3.4 鉴定试验程序

下列程序为通常的程序，并为此给出了Ⅰ类使用条件的 SSV/USV 鉴定试验的限制和扩充：

a) 安装 SSV/USV 在图 C.1 和图 C.2 所描述的流体循环系统试验段中。

b) 用清水在额定工作压力和用氮气在 13.8 MPa 下，进行 SSV/USV 压力完整性的座封试验。在3 min保压期内应不允许有渗漏。

c) 在 SSV/USV 全开孔位置情况下，循环水或其他合适流体通过 SSV/USV，循环 50 h。在终了时，重复 b)的座封试验。在 3 min 保压期内应不允许有渗漏。

d) 在进行循环的 SSV/USV，从全开到全关位置情况下，循环水或其他适合流体通过 SSV/USV。当每一个 SSV/USV 关闭时，SSV/USV 阀座两侧的压差应增至约 2.8 MPa。这样操作 500 个循环后，重复进行 b)的 SSV/USV 座封试验，在 3 min 保压期内应不允许有渗漏。此项试验期间，如果制造商的操作手册中没有任何维护的描述，按通常的预防性维护程序进行维护，但试验中最后 100 个操作循环应不允许进行预防性维护。SSV/USV 在每一个保压期不应有可见渗漏。在保压期的开始和结束时，记录试验压力和时间。

C.3.5 试验装置的校准要求

试验装置的校准要求应满足 E.1.16。

压力测试装置应满足 7.2.2 的要求。

C.3.6 热敏开-关装置

制造商应有相关的资料，表明热敏开-关装置已进行了足够的试验，以确保其能够满足 10.20.2.5 的设计要求。

C.4 PR2 Ⅱ类 SSV/USV 鉴定试验

C.4.1 PR2 Ⅱ类 SSV/USV 使用条件下的 SSV/USV 阀座渗漏试验程序

按表 C.1 的样式记录结果。

a) 第1步:安装SSV/USV在试验段中。

b) 第2步:用清水检查SSV/USV的渗漏:

1) 在SSV/USV全开情况下,以最小0.30 m^3/min流量的清水循环至少10 min;

2) 通过释放驱动器的动力来关闭SSV/USV;

3) 关闭SSV/USV上游和下游的隔离阀;

4) 打开下游液体渗漏检查阀;

5) 在SSV/USV上游,施加SSV/USV额定工作压力的95%~105%;

6) 稳压至少稳定了3 min后,在下游渗漏检查阀处,进行至少5 min的SSV/USV阀座渗漏检查,不允许渗漏。

c) 第3步:用氮气检查SSV/USV的渗漏:

1) 关闭上游和下游的隔离阀;

2) 在SSV/USV两侧进行泄压和排水(在排水过程中打开和关闭SSV/USV阀三次);

3) 关闭SSV/USV;

4) 打开放空阀,将与此相连的软管另一端浸入盛水容器中;

5) 在SSV/USV的上游施加13.8×(1±5%) MPa压力的氮气;

6) 稳压至少3 min后,通过观察气泡,进行至少5 min的阀座渗漏检查,不允许有渗漏。

C.4.2 PR2Ⅱ类SSV/USV使用条件下的泥浆流动试验程序

用表C.1的样式记录结果。

第1步:用泥浆搅拌器搅拌,并以最小0.30 m^3/min的流量旁通试验段循环泥浆,使泥浆黏度和含砂量达到稳定;

第2步:根据GB/T 16783.1的要求,确定泥浆的含砂量,并通过加入40目~60目的砂粒或用清水稀释,以调整循环流体的含砂量达2%(1.5%~2.5%可接收);

第3步:根据GB/T 16783.1的要求,用马氏漏斗黏度计取样确定泥浆黏度,通过增加黏度或用清水稀释的办法来调整黏度为100 s(最大120 s最和小90 s);

第4步:如果在第3步中进行过稀释或加稠,则返回到该程序的第1步;

第5步:调整流量至少为0.30 m^3/min,记录流量、含砂百分比和黏度;

第6步:泵送泥浆通过SSV/USV,持续25 h±1 h;

第7步:按第2步和第3步检查泥浆的含砂量和黏度,按要求加以调整;

第8步:在至少0.30 m^3/min的流量下,泵送泥浆通过SSV/USV,持续25 h±1 h;

第9步:按C.4.1 b)的程序用清水进行渗漏检查;

第10步:按C.4.1 c)的程序用氮气进行渗漏检查。

C.4.3 PR2Ⅱ类SSV/USV使用条件下循环期间,阀的泥浆流动循环试验

用表C.1的样式记录结果。

第1步:用泥浆搅拌器搅拌,并以最小0.30 m^3/min的流量旁通试验段循环泥浆;

第2步:见C.4.2的第2步;

第3步:见C.4.2的第3步;

第4步:见C.4.2的第4步;

第5步:见C.4.2的第5步;

第6步:从全开到全关循环SSV/USV阀,每分钟最多循环七次;

第7步:调整SSV/USV阀上游的节流阀等装置,使SSV/USV阀在关闭状态下,SSV/USV阀两端的压差为2.8(1±10%)MPa;

第8步:打开和关闭SSV/USV,循环500~510个循环;

第9步:见C.4.2的第9步;

第10步:见C.4.2的第10步。

表 C.1 PR2 Ⅱ类 SSV/USV 阀试验表格示例

试验报告编号________________

Ⅰ. 被试验的 SSV/USV 阀和 SSV/USV 驱动器的鉴定

制造商　制造商的合同号　型号　序列号　尺寸　工作压力

SSV/USV 阀 ________、________、________、________、________、________；

SSV/USV 驱动器________、________、________、________、________、________；

Ⅱ. SSV/USV 的初次阀座渗漏试验(见 C.4.1)　日期________　时间________

试验者________________

1. 清水的 SSV/USV 阀座渗漏试验

试验压力　漏失否　是________　不是________

2. 氮气渗漏试验

试验压力　漏失否　是________　不是________

Ⅲ. 泥浆流动试验(见 C.4.2)　日期________　时间________

试验者

1. 泥浆循环流量

2. 在循环泥浆中 40 目～60 目细砂的体积含量________%

3. 用马氏漏斗黏度计取样确定泥浆黏度________s

i. 泥浆温度________

ii. 泥浆循环时间________h

6.a) 清水的 SSV/USV 阀座渗漏试验

试验压力　漏失否　是________　不是________

6.b) 氮气渗漏试验

试验压力　漏失否　是________　不是________

Ⅳ. 在阀门开和关的情况下,阀循环期间泥浆流动试验(见 C.4.3)

日期________　时间________

试验者________________

1. 泥浆循环流量________

2. 在循环泥浆中 40 目～60 目的细砂的体积含量________%

3. 用马氏漏斗黏度计取样确定泥浆黏度________s

4. 泥浆温度________

5. 当 SSV/USV 阀打开时,SSV/USV 阀两端的压差________

6. 一个完整循环的时间________s

7. SSV/USV 的循环次数________

8.a) 清水的 SSV/USV 阀座渗漏试验

试验压力　漏失否　是________　不是________

8.b) 氮气渗漏试验

试验压力　漏失否　是________　不是________

9.a) 预防性维护的类型和频次,详细描述

____

9.b) 在最后一次预防性维护操作后,完成的循环次数

____

Ⅴ. 试验的任何问题或困难

____

PR2 Ⅱ类含砂条件下 SSV/USV 鉴定(是,不是)________________

日期:________________

试验者________________

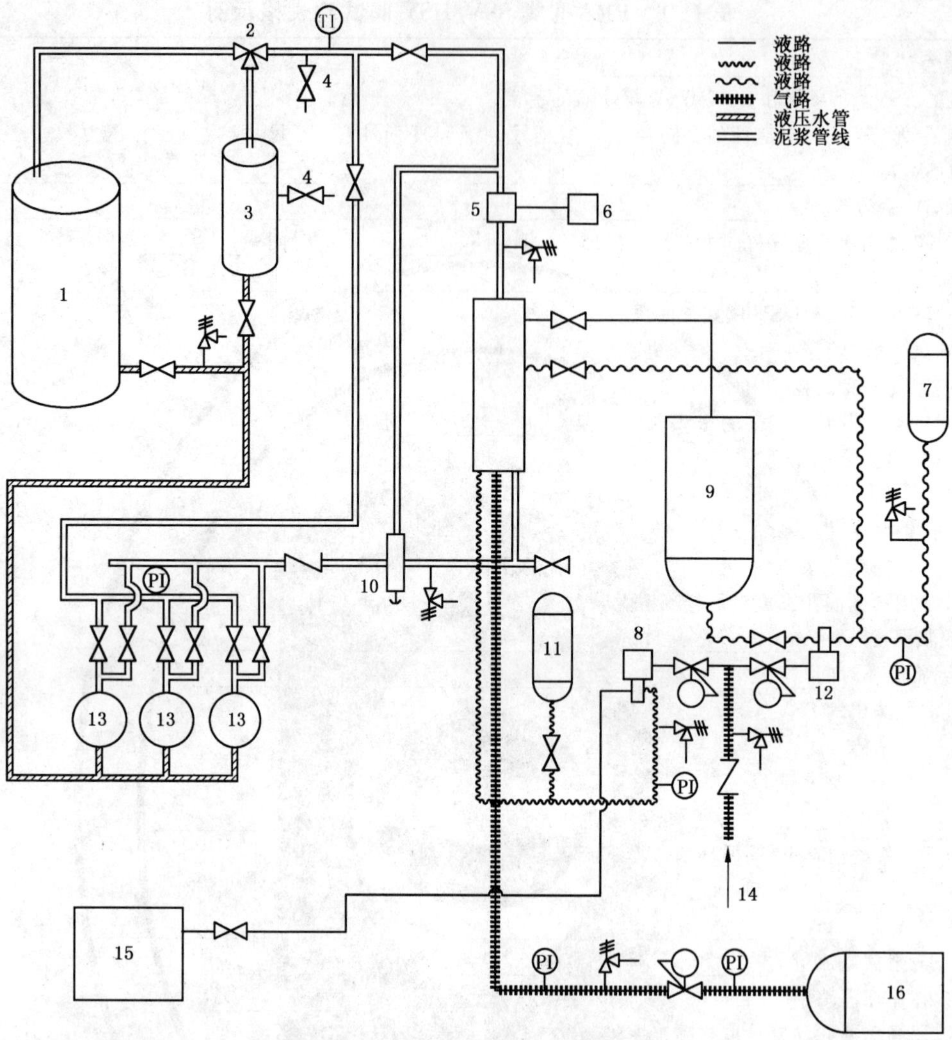

1——水罐；

2——二位三通换向阀；

3——泥浆罐；

4——含砂量和黏度分析取样连接；

5——流量计；

6——流量记录仪；

7——液压油蓄能器(液压油供给)；

8——高压水供给泵；

9——液压油箱；

10——可调背压控制；

11——高压水蓄能器(高压水供给)；

12——液压油供给泵；

13——循环泵；

14——空气供给；

15——清洁清水罐；

16——氮气罐。

[a] 见图 C.2 试验段详图。

图 C.1　PR2 Ⅱ类含砂条件下 SSV/USV 鉴定试验示例的管线排列、试验设备

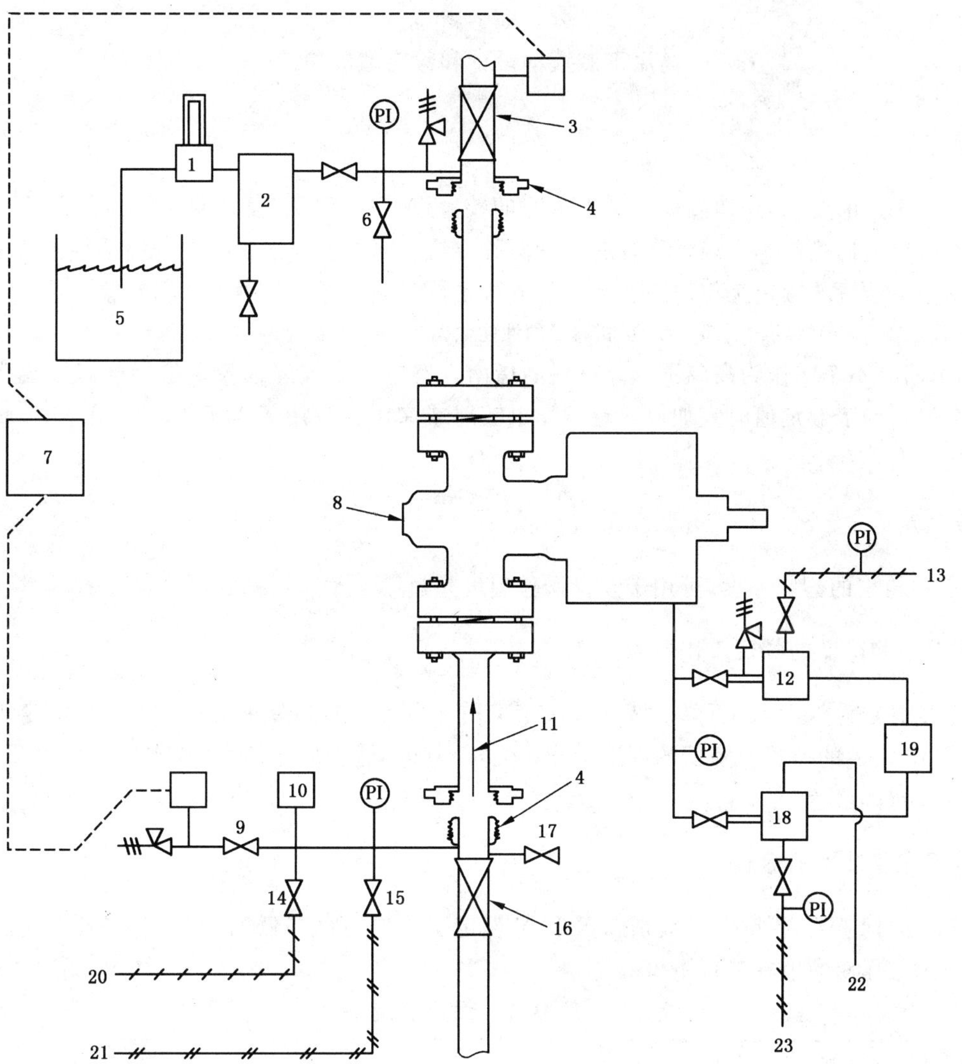

1——空气流量计；
2——漏失氮气分离器；
3——下游隔离阀；
4——锤击活接头(由壬)；
5——水；
6——下游泄漏检查阀(下游泄压阀)；
7——差压变送器；
8——SSV/USV；
9——差压变送器隔离阀；
10——上游压力变送器；
11——试验流体流向；
12——气动三通电磁阀；
13——空气供给；
14——氮气压力管汇阀；
15——高压水管汇阀；
16——上游隔离阀；
17——上游泄漏检查阀(上游泄压阀)；
18——液动三通电磁阀；
19——控制气动和液动电磁阀的开关循环计次仪；
20——氮气供给；
21——高压水供给；
22——液压油返回油箱；
23——液压油供给。

图 C.2 SSV/USV 鉴定试验段详图示例

附 录 D
（资料性附录）
高温下装置的设计和额定值的确定

D.1 总则

按照4.2.2.2的要求，操作温度高于121 ℃的装置设计应考虑温度对材料性能的影响。本附录提供了可用于额定值的确定和高温下装置的设计两种方法。第一种方法是降低高温下装置的额定工作压力至低于室温下装置的额定工作压力。第二种方法是设计额定工作压力的高温装置。

注：按本标准规定的法兰式端部连接，在高温下的性能数据在API TR 6AF1中可以得到。

注意：本附录不企图作为高温下选择材料的指南。有些合金反复或长期地接触高温会变脆。在选择这些合金材料确定额定值时宜加以注意。如果镀层或涂层材料用于大于180 ℃温度时，此时能增加潜在开裂的机会。

D.2 高温额定值

表D.1中给出的额定温度，可用于装置操作温度超过第4章所包括的那些装置。

D.3 额定温度和降低的额定工作压力

额定温度级别为X和Y，可降低装置的额定工作压力。表D.2所列温度和降低的额定工作压力值可用于带有6B法兰的装置。降低的额定工作压力可用于其他端部连接装置，或基于API TR 6AF1数据的本标准规定的法兰。

D.4 降低额定值装置的标志

除第8章的标志要求外，温度级别属X和Y额定工作压力已降低的装置，应将其最高温度对应的降低后的额定工作压力值在装置上做标志。

表D.1 额定温度

温度级别	操作温度范围/℃
X	−18～180
Y	−18～345

表D.2 6B型法兰选用的额定工作压力/额定温度值

K～U级温度的额定工作压力/MPa	降低的额定工作压力/MPa	
	X级	Y级
13.8	13.1	9.9
20.7	19.7	14.8
34.5	32.8	24.7
注：见表2的额定温度值。		

D.5 高温装置的设计

D.5.1 总则

本标准规定的一些法兰，已证明在高温下具有额定工作压力的能力。此外，另一些端部连接装置在高温下也具有额定工作压力的能力。本附录的一个目的是提供在高温和额定工作压力下操作装置的设计准则;另一个目的是提供高温下降低装置额定工作压力值的设计准则。

D.5.2 方法

D.5.2.1 总则

降低额定工作压力的装置可按4.3.3.2(ASME方法)的准则和包括以下高温情况进行设计。

由于静水压试验是在室温下做的,故静水压试验条件的设计准则没有任何变动。

对于额定温度下包括额定工作压力和载荷在内的操作条件,可以采用 S_m 值等于额定温度下降低的材料屈服强度的三分之二。降低的屈服强度可用D.5.2.2或D.5.2.3方法之一确定。

D.5.2.2 高温试验

D.5.2.2.1 QTC试验

S_e 应是在装置额定温度下对材料试验测得的最低屈服强度。材料的室温力学性能应等于或超过表4强度等级的最低要求。高温抗拉试验应在用于室温抗拉试验相同QTC切取的试样上进行。在装置额定温度下至少进行一次高温抗拉试验,使用ASTM E 21的方法或等效的方法。

若高温屈服强度 E_{ty} 符合或超过表4室温下的最小屈服强度 S_{my},则 S_{my} 在设计时可作为 S_e。若 E_{ty} 小于 S_{my},则不大于 E_{ty} 的值在设计时可作为 S_e。

若第一次进行高温试验时不能符合上述要求,可再做两次抗拉试验,每次试验结果均应满足所要求的屈服强度。

D.5.2.2.2 材料等级鉴定试验

S_e 应是表4中材料强度级别中的最低屈服强度减少了一个降低量,该降低量为高温屈服强度与室温屈服强度的差值。

高温和室温下的某一强度级别鉴定试验应至少用五炉同等级材料去做(相同的UNS合金号或各个材料成分以及相同热处理条件)。此外,对某一炉,高温和室温抗拉试样应从相同QTC上切取。屈服强度值 E_{ty} 和 R_{ty} 应为平均值,用以确定某一温度下降低屈服值的量。

降低屈服值应按式(D.1)计算:

$$Y_r = E_{ty}/R_{ty} \tag{D.1}$$

式中:

Y_r——某一温度下的屈服降低比;

R_{ty}——室温下屈服强度(最少用五炉测得);

E_{ty}——高温下屈服强度(最少用五炉测得)。

高温下屈服强度 S_e 见式(D.2):

$$S_e = Y_r \cdot S_y \tag{D.2}$$

式中:

S_y——规定室温下材料的最低屈服强度。

材料级别的高温抗拉数据连同室温数据,应包括在每个材料级别的鉴定档案内,不需按炉批分类。

D.5.2.3 参考文献

D.5.2.3.1 API TR 6AF1

表D.3取自API TR 6AF1中表2.1,其中所示的材料降低系数 Y_r,可用来降低材料的屈服强度值。

D.5.2.3.2 ASME锅炉和压力容器规范

在ASME锅炉和压力容器规范第二卷D部分的表Y-1中,能找到一些材料的屈服强度 S_e。

表 D.3 高温下材料降低系数的选用

材料	材料降低系数 Y_r	
	180 ℃	345 ℃
碳钢或低合金钢	0.85	0.75
马氏体、铁素体和沉淀硬化不锈钢	0.85	0.75
奥氏体和双相不锈钢	0.80	0.73
耐蚀合金(CRA)	0.95	0.85
注意：本表不构成使用任何特定高温特殊合金的推荐。有些合金会因反复或长期地接触高温而变脆。选择表 D.1 温度级别 X 或 Y 所允许使用温度下的材料时，宜予以注意。		

附　录　E
（资料性附录）
性能鉴定程序

E.1　性能鉴定—— 一般要求

E.1.1　使用

E.1.1.1　总则

本附录确立了本标准规定的装置的性能鉴定程序。如果被制造商或买方规定了，则应使用此程序。

该性能要求适用于所有按工作条件（见4.1）进行制造和销售的产品。本性能鉴定程序用于产品设计（包括设计变更），本附录规定的鉴定试验应在试制品或生产的样机上进行（可见4.7）。

E.1.1.2　替代程序

可使用符合或超过本附录试验要求的其他程序。

E.1.1.3　其他鉴定试验

在有效期内，按照API Spec 6A的鉴定试验要求完成的鉴定试验会满足本附录的要求。

E.1.2　产品有效变更

a）设计变更

经实质性更改的设计，要求进行性能鉴定。实质性的更改由制造商确认，该设计变更（可包括配合、型式、功能或材料等方面的改变）影响了产品在原定使用条件下的性能。

注：被定义为两零件间几何关系时的配合，要包括零件及其配对件的设计中所使用的公差准则；被定义为调整或所成形的状态时的配合，要包括密封件及其配对件设计中所使用的公差准则。

b）金属材料

金属材料改变时，若新金属材料的适应性能用其他方法证实，则可不进行新的性能鉴定。

c）非金属密封件

非金属材料变更时，若新的非金属材料的适应性可用其他方法证实，则可不进行新的性能鉴定。新设计的非金属密封件结构，有实质性改变时，应按E.1.13的要求进行性能鉴定试验。

E.1.3　本附录与标准的相容性

所有用于性能鉴定试验时的产品应符合本标准适用的设计要求。性能鉴定试验前的试验产品应按PSL1级的要求进行静水压试验。

E.1.4　鉴定试验用产品

E.1.4.1　总则

如果适用，性能鉴定试验应在按本标准要求生产的试制品或样机上进行，以验证压力循环、温度循环、载荷循环、机械循环和标准试验流体等规定的性能要求是否符合产品的设计。

E.1.4.2　试验产品

除本附录另有规定外，性能鉴定试验应在全尺寸产品，或代表被验证最终产品成比例元件所规定尺寸的模型上进行。

E.1.4.3　产品尺寸

接受鉴定试验的设备的实际尺寸，应在正常生产设备规定尺寸的允许公差范围之内。尺寸的上下偏差宜由制造商根据具体情况（如关于密封性和机械功能）考虑选定。

E.1.4.4　外部涂漆或涂层

任何用于试压的产品不应有妨碍泄漏检测和（或）观察的油漆或其他涂层。

E.1.4.5 维护程序

可用制造商推荐的维护程序维护保养试验样品，包括对阀的润滑。

E.1.5 安全

对人员和设备的安全应予恰当考虑。

E.1.6 验收准则

E.1.6.1 总则

产品的鉴定试验应包括本附录适用的PR级的所有试验要求。

E.1.6.2 结构完整性

试验的产品不应有不符合其他性能要求的永久变形。悬挂器的支撑件应能承受额定载荷且不产生在通径尺寸下挤压管柱。

E.1.6.3 承压完整性

a) 室温下的静水压试验

室温下的静水压试验，在规定的保压期间无可见泄漏，应予验收。保压期间压力测量装置上观测到的压力变化，应小于试验压力的5%或3.45 MPa，择其小者。

b) 室温下的气压试验

室温下的气压试验，若无可见连续气泡，应予验收。若观测到泄漏，则在大气压下观测得到的泄漏量，在规定的保压期间应小于表E.1的规定。

c) 最低/最高温度试验

在高温或低温下的静水压或气压试验，若在压力测量装置上观察到的压力变化小于试验压力的5%或3.45 MPa，择其小者，应予以验收。

表 E.1 室温下气体泄漏接受准则

设　备	密封型式	允许泄漏量/(mL/h)
闸阀和旋塞阀	通孔	30×(标称孔径 mm/25.4 mm)
	阀杆密封	60
	静密封(阀盖密封、端部连接)	20
止回阀	通孔	5×(标称孔径 mm/25.4 mm),mL/min
	杆密封	60
	静密封(阀盖密封、端部连接)	20
节流阀	动密封(阀杆密封)	60
	静密封(阀盖密封、端部连接)	20
驱动器	全部驱动器封存液体密封	60
悬挂器	环空封隔或底部套管/油管封隔	10×(标称孔径 mm/25.4 mm)
油管头异径接头，其他端部连接、流体取样器、符合本标准的堵头	外部封堵	20

E.1.6.4 非金属密封件的流体兼容性

非金属密封件的标准试验流体兼容性应按E.1.13.6规定的验收准则进行验收。

E.1.6.5 试验后检验

试验过的样机应解体、检验。有关项目宜拍照。检验应包括，该产品和部件的设计不包含导致不符合任何性能要求的缺陷程度的书面说明。

E.1.7 静水压试验

a) 试验介质

试验介质应是一种适宜于试验温度的流体，并应在试验整个过程中保持液体或气体状态。带或不带添加剂的水、气、液压液或其他流体的混合物，均可用作试验介质。

b) 气体的替代

如果规定了静水压试验，则制造商可用气体代替液体，并采用气体的试验方法和验收准则。

E.1.8 气压试验

a) 试验介质

可使用空气、氮气、甲烷、其他气体或混合气体。

b) 69.0 MPa 和更高压力的装置

69.0 MPa 和更高额定工作压力的装置，要求进行气压试验。

c) 泄漏检测

室温下进行的气压试验应有检测泄漏的方法。产品可完全浸没在液体内，或者淹没产品要检查的密封区域，以便发现可能的泄漏。也可用包围产品被鉴定部位所有可能有泄漏通道的罩连接器与管子的一端连接，管子的另一端应沉浸在流体内或连接到泄漏测量设备上。其他能精确检测漏失的方法是可接受的。

E.1.9 温度试验

a) 温度测量部位

温度测量设备应在被试验装置的一个 13 mm 通孔内、与被试验装置接触，如有可能，距由其他装置上封存流体润湿表面 13 mm 以内。

作为最高温度测量的一种选择，只要该部分非人工冷却，可直接测量加热流体的温度。环境条件应是室温。

b) 最高温度试验的加热

最高温度试验可在通孔内部或外部加热。加热应使整个通孔或相应润湿表面达到或超过最高温度，或者试件内的加热流体达到或者超过最高温度。

c) 最低温度试验的冷却

最低温度试验应使装置的整个外表面冷却。

E.1.10 保压期

a) 保压期的开始

保压期应在压力和温度已呈稳定、带压力监测设备的被试装置已与压力源隔离以后开始计时。规定的保压期应是最少的保压时间。

b) 压力稳定

每小时试验压力的变化不大于 5% 或 3.45 MPa 时(取其较小者)，应认为压力稳定。在整个保压期间，压力变化应保持在试验压力的 5% 或 3.45 MPa 之内(取其较小者)。

c) 温度稳定

每分钟的温度变化值小于 0.5 ℃时，应认为温度稳定。在整个稳定期间，温度应保持或超过极限值，但不应超过极限值 11 ℃以上。

E.1.11 压力和温度循环

E.1.11.1 压力/温度循环

除特定的产品试验按 E.2 规定外，压力/温度循环应按 E.1.11.3 的规定进行。

E.1.11.2 试验压力和温度

试验压力和温度范围应符合 4.2 的规定。

E.1.11.3 试验程序(见图 E.1)

温度变化期间，应监视和控制压力。并应遵循下列程序，其相应每步程序号字母参见图 E.1。

a) 在室温和大气压力下开始升温至最高温度。

b） 施加试验压力，至少保压 1 h，而后泄压。

c） 降温至最低温度。

d） 施加试验压力，至少保压 1 h，而后泄压。

e） 升温至室温。

f） 在室温下施加试验压力，并且在升至最高温度期间，保持压力在试验压力的 50%～100%。

g） 在试验压力下至少保压 1 h。

h） 在保持试验压力的 50%～100%时，降低温度至最低温度。

i） 在试验压力下至少保压 1 h。

j） 升温至室温，升温期间保持试验压力的 50%～100%。

k） 泄压，再升温至最高温度。

l） 施加试验压力，至少保压 1 h，而后泄压。

m） 降温至最低温度。

n） 施加试验压力，至少保压 1 h，而后泄压。

o） 升温至室温。

p） 施加试验压力，至少保压 1 h，而后泄压。

q） 施加 5%～10%的试验压力，至少保压 1 h，而后泄压。

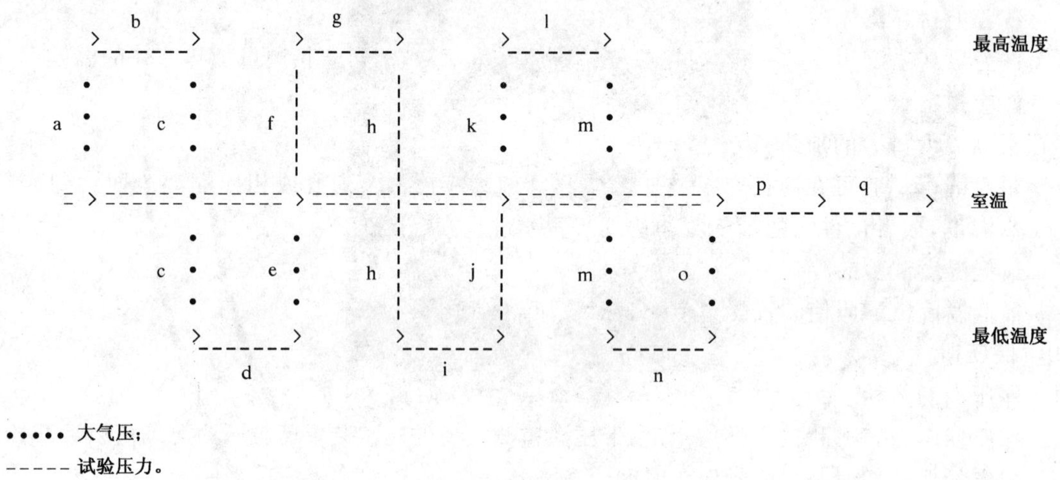

图 E.1 试验程序

E.1.12 载荷和机械循环

对于特定的被试产品应按 E.2 的规定进行载荷试验和机械循环。

E.1.13 非金属材料密封件的试验

E.1.13.1 非金属密封件

暴露于井内流体(即从井内产出或注入井内的流体)中的非金属密封件，都应按本条规定的性能鉴定程序进行试验。

E.1.13.2 程序的目的

本程序的目的是验证按 E.1.13.4 规定的标准试验流体密封件的性能，不是所装密封件的产品性能。全尺寸的密封件应按 E.1 或 E.2 的规定试验，以确定其温度和压力性能。

E.1.13.3 温度记录

记录的温度应是 E.1.9 中规定装置的接触状态下所测得的稳定温度。

E.1.13.4 试验介质

试验介质应是表 E.2 中规定的、对应不同材料级别的标准试验流体。

表 E.2 非金属密封件的标准试验流体

材料级别	烃液相	气　相
AA/BB	a	5% CO_2/95% CH_4(体积分数)
CC		80% CO_2/20% CH_4(体积分数)
DD/EE		10% H_2S/5% CO_4/85% CH_4(体积分数)
FF/HH		10% H_2S/80% CO_2/10% CH_4(体积分数)
注：烃液相中应加入水。		
[a] 烃液相由制造商选择，可包括但不局限于喷射燃料、柴油、煤油等。		

E.1.13.5 密封材料的热化学性能

E.1.13.5.1 总则

使用的密封材料，应在大于或等于密封最高额定温度情况下，通过监测密封材料暴露于标准试验流体试验的反应来验证其流体兼容性。

E.1.13.5.2 浸渍试验

应将试样置于下述标准的试验流体、温度、压力环境中，进行浸渍前后试样的物理和机械性能的比较。本试验应为除包含 E.1 或 E.2 规定的全程压力和温度试验之外的试验。

a) 试验流体

各材料级别的标准试验流体列于表 E.2，待评价的非金属材料应全部浸没在试验烃液中。烃液量应占试验容器容积的 60%，水应占试验容器容积的 5%。烃类液体应采用标准试验流体中适当的天然气或天然气混合物超压。

b) 温度

试验温度应为所试验温度级别规定的最高额定温度值(E.1.9)。或选择在设备密封位置处，应由产品试验和(或)设计分析所确定，受试产品最高试验温度级别的最高温度作为试验温度。

c) 压力

加热到试验温度后的最终试验压力应为 6.9 MPa±0.7 MPa。

d) 暴露时间

暴露试验时间至少为 160 h(E.1.10)。

E.1.13.5.3 装置试验

标准试验流体试验也可在达到或超过最高额定温度和压力下，用代表制造零件规定的标称间隙或挤压间隙的全尺寸或缩小尺寸的密封件进行。在完成暴露周期时，应进行室温压力试验和低压试验。

a) 暴露试验流体

材料各类别的标准试验流体列于表 E.2。试验装置的放置应使密封件部分地暴露于液体和气体中。试验装置内应充入其容积 60%的烃类液体和其容积 5%的水。烃类液体应采用适宜试验材料的气体或混合气体超压。

b) 温度

试验温度应为试验温度级别规定的最高额定温度值(E.1.9)。或选择在设备密封位置处，应由产品试验和(或)设计分析所确定，受试产品最高试验温度级别的最高温度作为试验温度。

c) 压力

加热到试验温度后的最终试验压力应为密封的额定工作压力。

d) 暴露时间

试验暴露时间最少为 160 h(E.1.10)。

e) 室温压力试验

暴露试验结束后，冷却试验装置至温度 25 ℃±5 ℃，并泄压至零，用空气、氮气、甲烷或其他气体或混合气体给密封件加压至额定工作压力，最少保压 1 h(E.1.10)，保压结束后泄压至零。

f) 低温压力试验

降低试验温度至被试件温度级别规定的最低温度值(E.1.9)，用空气、氮气、甲烷或其他气体或混合气体给密封件加压至额定工作压力，最小保压 1 h(E.1.10)，保压结束后泄压至零，然后升温至室温。

E.1.13.6 验收准则

a) 验收准则

按 E.1.13.5.2 浸渍试验的试样显示的非金属密封件的标准试验流体兼容性，其验收准则应有书面文件。按 E.1.13.5.3 装置试验的非金属密封件验收准则应规定如下：

1) 160 h 暴露时间——在暴露时间内，在压力测量设备上观察/记录到的压力变化(E.1.10)应少于试验压力的 5%或 3.45 MPa，取其较小值。渗漏检测仪(气泡指示器)检测到的渗漏量应少于 100 mL，且应无连续可见气泡(20 mL/h 及以上)。

2) 室温压力试验——保压期间，压力测量装置上观察/记录到的压力变化应少于试验压力的 5%或 3.45 MPa，取其较小值。渗漏检测仪(气泡指示器)检测到的渗漏量应少于 20 mL，且应无连续可见气泡(20 mL/h 及以上)。

3) 低温压力试验——保压期间，压力测量装置上观察/记录到的压力变化应少于试验压力的 5%或 3.45 MPa，取其较小值。渗漏检测仪(气泡指示器)检测到的渗漏量应少于 20 mL，且应无连续可见气泡(20 mL/h 及以上)。

b) 试验验收的替代

通过 E.1.13.5.2 浸渍试验的材料允许不再按 E.1.13.5.3 进行装置试验。通过 E.1.13.5.3 装置试验的材料，即使按 E.1.13.5.2 浸渍试验失败，也可接收。但按 E.1.13.5.3 装置试验失败的材料不可接收。

E.1.14 缩尺件

E.1.14.1 缩尺件的作用

缩尺件可按本条的要求和限制用于验证系列产品。

E.1.14.2 产品系列

产品系列的设计应符合下列设计要求：

a) 结构

实际结构和功能操作的设计原则相同。

b) 设计应力水平

与材料力学性能有关的设计应力水平，基于同一的准则。

E.1.14.3 缩尺件限制

E.1.14.3.1 额定工作压力值的验证

试验产品可用于验证相同或较低的额定工作压力值同系列产品。

E.1.14.3.2 尺寸的验证

试验系列产品中的一个尺寸，应能验证一个大于受试产品标称尺寸的产品和一个小于受试产品标称尺寸的产品。试验过的两个尺寸可用于验证这两个尺寸之间的所有标称尺寸的产品(一个指的是尺寸，不是产品)。

a) 节流阀标称尺寸的确定

节流阀标称尺寸应定义为该节流阀可用到的节流孔最大直径(节流孔尺寸小于其标称尺寸的不要求试验)。节流阀标称尺寸以 25 mm(1 in)递增。

b) 阀标称尺寸的确定

阀的标称尺寸应定义为按 e)规定的端部连接的标称尺寸。从缩尺件目的而言,同一产品系列阀(按 E.1.14.2 中的定义)中,尺寸 46 mm 和 52 mm 可认为是一个尺寸。

c) 其他端部连接装置标称尺寸的确定

其他端部连接装置的标称尺寸应定义为按 e)1)规定的端部连接的标称尺寸。

d) 悬挂器和封隔件的标称尺寸确定

由管子外径和井口装置内径确定的悬挂器和封隔器的标称尺寸,应按井口连接尺寸或管子尺寸确定。这由制造商选择。制造商选择尺寸的作法应保持一致。

e) 标称尺寸

1) 装置的标称尺寸应按表 E.3 确定;

2) 管子的标称尺寸也应按表 E.3 确定。

f) 驱动器标称尺寸的确定

由制造商确定。

E.1.14.3.3 额定温度值的验证

试验产品验证的温度范围,应验证完全落入温度范围内的所有温度级别。

表 E.3 连接装置和管子的标称尺寸

连接装置标称尺寸		管子标称尺寸	
mm	in	mm	in
46 或 52	$1\frac{13}{16}$ 或 $2\frac{1}{16}$	52.4	$2\frac{1}{16}$
65	$2\frac{9}{16}$	60.3	$2\frac{3}{8}$
78 或 79	$3\frac{1}{16}$ 或 $3\frac{1}{8}$	73.0	$2\frac{7}{8}$
103 或 105	$4\frac{1}{16}$ 或 $4\frac{1}{8}$	88.9	$3\frac{1}{2}$
130	$5\frac{1}{8}$	101.6	4
179	$7\frac{1}{16}$	114.3	$4\frac{1}{2}$
228	9	127.0	5
279	11	139.7	$5\frac{1}{2}$
346	$13\frac{5}{8}$	168.3	$6\frac{5}{8}$
425	$16\frac{3}{4}$	177.8	7
476	$18\frac{3}{4}$	193.7	$7\frac{5}{8}$
527 或 540	$20\frac{3}{4}$ 或 $21\frac{1}{4}$	219.1	$8\frac{5}{8}$
679	$26\frac{3}{4}$	244.5	$9\frac{5}{8}$
762	30	273.1	$10\frac{3}{4}$
—	—	298.4	$11\frac{3}{4}$
		339.7	$13\frac{3}{8}$
		406.4	16
		473.0	$18\frac{5}{8}$
		508.0	20

E.1.14.3.4 非金属密封件标准试验流体的额定值验证

试验产品验证的标准试验流体额定值,应验证同一系列的所有产品,以及试验产品的材料性能。见表 E.4。

表 E.4 非金属密封材料的标度

受试验产品材料	验证产品的级别
AA/BB	AA、BB
CC	AA、BB、CC
DD/EE	AA、BB、DD、EE
FF/HH	AA、BB、CC、DD、EE、FF、HH

E.1.14.3.5 PSL 级别的验证

设备的验证与产品的 PSL 级别无关。

E.1.15 文件

E.1.15.1 鉴定档案

制造商应保存每一个鉴定试验的档案。

E.1.15.2 鉴定档案的内容

如果适用,鉴定档案应包含或参照下列资料:

a) 试验次数和修订程度,或试验程序;
b) 被试验产品的完整标志;
c) 试验完成日期;
d) 试验结果和试验后的检查结论(见 E.1.6.5);
e) 由这个特定产品验证证明合格的,同一产品系列的其他所有尺寸、额定工作压力、温度范围和标准试验流体额定值等的模型号,以及其他相关标志数据;
f) 密封件设计类别(静态、动态);
g) 适用于试验产品,包括密封件和非挤压装置的所有详细尺寸图和材料规范;
h) 试验装置、产品和密封件或试样的简图宜标明测量温度和压力的位置;
i) 实际密封表面尺寸;
j) 本附录规定的所有试验数据,包括实际试验条件(压力、温度等)和可见泄漏或其他验收参数;
k) 所用试验介质的标志;
l) 试验设备标志和校准状况;
m) 制造商报告证书,包括试验密封件的供应商、定型日期,成分标志和非金属材料的批号;
n) 符合本标准设计要求的试验装置的合格证书。

E.1.16 试验设备的校准要求

E.1.16.1 总则

本条叙述了进行本附录述及的验证试验所需设备的校准要求。要求校准的试验设备包括:压力测量设备、载荷测量设备、温度测量设备、扭矩测量设备、橡胶的物理和机械性能测量设备、以及用于测量或记录试验条件和结果的其他设备。

除以下各条款的具体要求外,制造商的指导书应提供对本标准适用的所有试验设备的标志、控制、校准、调整、校准周期和准确度等所有要求。

E.1.16.2 测量和试验设备

尺寸测量设备应按本标准规定的方法进行控制和校准,以保持制造商规范规定的准确度。本标准不适用的尺寸测量设备,应按制造商的书面规范进行控制和校准,以保持本附录要求的准确度。压力测量设备应符合 7.2 的要求。

E.1.16.3 状态

用于鉴定试验的设备,应已按制造商及本标准的要求进行了校准。

E.2 特定产品的鉴定试验

E.2.1 总则

E.2.1.1 鉴定试验

本条包含了被试产品专用的和唯一的程序。除本附录另有规定外，鉴定试验程序还应包括 E.1 的程序。两个性能鉴定级别对应于性能要求级别 PR1 和 PR2。

E.2.1.2 验收准则

本条中特殊步骤除另有规定外，验收准则应按 E.1 执行。

E.2.1.3 再加强

除产品操作程序规定的外，试验期间任何要求再加强的密封应重新试验。

E.2.1.4 客观证据

客观证据是指验证适用的性能要求，而形成文件的现场经验、试验数据、技术刊物、有限元分析(FEA)，或计算结果。

E.2.1.5 驱动阀、节流阀或其他驱动产品

为驱动器设计的阀、节流阀或其他产品，应与手动产品一样进行性能鉴定。

假若手动阀和驱动阀设计之间的功能差异，通过装置试验或产品试验进行相应的验证，则手动阀或节流阀的鉴定应验证基本设计相同的驱动阀或节流阀。功能差异的考虑应包括(但可不限于)以下内容：

a) 阀杆密封设计；

b) 阀杆尺寸；

c) 阀杆运动(直线与旋转对比)；

d) 阀盖设计；

e) 操作的相对速度(液压与气动对比)。

制造商应有文件和(或)证据，以支持驱动阀、节流阀或驱动器(包括液压或气动)型式其他产品的应用。

E.2.1.6 底部套管封隔

底部套管封隔可认为是悬挂器的零件，但能分别试验。

E.2.2 PR1 级阀的性能鉴定试验(见表 E.5)。

表 E.5 阀的性能鉴定试验

性能要求	PR1	PR2
室温下的开启/关闭循环动态压力试验	三次循环	按 E.2.3 进行 160 次循环
室温下的低压阀座试验	客观证据	按 E.2.3 进行，在额定工作压力的 5%～10% 下保压期 1 h
最高/最低温度下的开启/关闭循环动态气压试验	客观证据	按 E.2.3 进行，每一极端状态下 20 次循环
最高/最低温度下低压阀座试验	客观证据	按 E.2.3 进行，在额定工作压力的 5%～10% 下保压期 1 h
封存流体兼容性	客观证据	按 E.1.13 进行
操作力或扭矩	按 E.2.2 进行	按 E.2.2 进行
压力/温度循环	客观证据	按 E.1.11 进行

E.2.2.1 总则

除本节的专用试验步骤另有规定外，验收准则应按 E.1 执行。

E.2.2.2 鉴定试验程序

E.2.2.2.1 力或扭矩测量

应测量开启和操作的扭矩(但不适用于止回阀)。

a) 程序

制造商应确定程序并形成文件。

b) 验收准则

操作力或扭矩应满足制造商的规范。

E.2.2.2.2 室温下的动态试验

E.2.2.2.2.1 闸阀和旋塞阀的程序

a) 阀的下游端应以试验压力的1%或更小的压力充满试验介质。
b) 在闸板或旋塞的上游端应施加等于额定工作压力的压力。随后所有的阀座试验应在同一方向。
c) 阀应在全压差下开启。开启后，压力最小应保持起始试验压力的50%。开启行程可以中断，以便调整压力在上述限定内，直至完全打开。
d) 阀在保持上述步骤限定的压力下应完全关闭。
e) 阀完全关闭后，下游端应泄压到试验压力的1%或更小。
f) 重复以上各步骤，至少进行三次开启和关闭循环。

E.2.2.2.2.2 止回阀的程序

a) 在阀的下游端施加额定工作压力，同时其上游端通大气。而后泄压至试验压力的1%或更小，阀打开。
b) 重复上述步骤，至少进行三次压力循环。

E.2.2.2.3 室温下的静压试验

E.2.2.2.3.1 本体静压试验

应按 E.1.7 或 E.1.8 选择试验介质，进行静水压或气压试验。本体静压试验压力应为阀的额定工作压力。阀体试验应包括三部分：

a) 初始保压期 3 min；
b) 降压至零；
c) 再次保压期 15 min。

E.2.2.2.3.2 阀座静压试验

应按 E.1.7 或 E.1.8 选择试验介质，进行静水压或气压试验。用于双向安装的阀，在下面规定的第一次阀座试验应从两个方向进行；随后的阀座试验可以仅在一个方向上进行。用于单向安装的阀应按欲安装的方向进行试验，并相应地作出标志。阀座静压试验压力应等于阀的额定工作压力。阀座试验应包括以下三个部分：

a) 初始保压期 3 min；
b) 降压至零；
c) 再次保压期 15 min。

E.2.2.2.4 力和扭矩测量

此项应按 E.2.2.2.1 进行。

E.2.3 PR2 级阀的性能鉴定试验(见表 E.5)

E.2.3.1 总则

除本节的专用步骤另有说明外，验收准则应按 E.1。

E.2.3.2 阀座试验

假若所有试验使用同一方向(除另有说明外),则双向阀可仅在一个方向上进行试验。

E.2.3.3 鉴定试验程序

E.2.3.3.1 力或扭矩测量

此项应按 E.2.2.2.1 进行。

E.2.3.3.2 室温下的动态试验

E.2.3.3.2.1 闸阀和旋塞阀的程序

除至少应进行 160 次开启和关闭循环外,其余程序应按 E.2.2.2.2.1 进行。

E.2.3.3.2.2 止回阀的程序

除至少应进行 160 次压力循环外,其余程序应按 E.2.2.2.2.2 进行。

E.2.3.3.3 最高额定温度下的动态试验

最高额定温度下的动态试验应按 E.2.2.2.2 的规定进行,但应使用气体作为试验介质,且应至少进行 20 次的开关循环。

E.2.3.3.4 最高额定温度下的阀体气压试验

最高额定温度下的阀体气压试验应如下进行:

a) 试验时,闸阀和旋塞阀应处于部分开启位置。止回阀应从上游端试验。

b) 试验压力应为额定工作压力。

c) 保压期应按 E.1.11.3b)的规定。保压期终了时不泄压。

E.2.3.3.5 最高额定温度的阀座气压试验

在 E.2.3.3.4 保压期终了时,应关闭阀。在闸板或旋塞的上游端应保持额定工作压力,下游端泄压。止回阀应从下游端试验,应有一次至少 1 h 的保压期,而后泄压。

E.2.3.3.6 最高额定温度下的阀座低压试验

阀应承受额定工作压力的 5%～10%的压差。压力应施加在闸板或旋塞的上游端,并在下游端释放,一次至少 1 h 的保压期。止回阀应在其下游端施加阀座低压试验压力,上游端通大气。

E.2.3.3.7 最低额定温度下的动态试验

最低额定温度下的动态试验应按 E.2.2.2.2 的规定进行,但应使用气体作为试验介质,且应至少进行 20 次的开关循环。

E.2.3.3.8 最低额定温度下的阀体气压试验

最低温度下的阀体气压试验除按最低额定温度外,其余要求应按照 E.2.3.3.4 进行。

E.2.3.3.9 最低额定温度下的阀座气压试验

除按最低额定温度外,其余要求应按照 E.2.3.3.5 进行。

E.2.3.3.10 最低额定温度下的阀座低压试验

除按最低额定温度外,其余要求应按照 E.2.3.3.6 进行。

E.2.3.3.11 阀体压力/温度循环

按 E.1.11.3e)至 E.1.11.3o)步骤进行。闸阀和旋塞阀应部分开启。

E.2.3.3.12 室温下的阀体保压试验

按 E.1.11.3p)的步骤进行,但不泄压。闸阀和旋塞阀应部分开启。

E.2.3.3.13 室温下的阀座气压试验

在 E.2.3.3.12 保压期终了时,应关闭阀。闸板或旋塞阀的上游端应保持额定工作压力,下游端泄压。止回阀应从下游端加压试验,应有一次不少于 15 min 的保压期,而后泄压。

E.2.3.3.14 阀体低压保压试验

按 E.1.11.3q)步骤进行。闸板和旋塞阀应部分开启。

E.2.3.3.15 室温下的阀座低压试验

阀应承受额定工作压力的5%～10%的压差，应进行一次最少1 h的保压期(双向阀应在每一方向进行)。止回阀应在其下游端施加阀座低压试验压力，上游端放空。

E.2.3.3.16 力或扭矩测量

此项应按E.2.2.2.1要求进行。

E.2.4 PR1级驱动器的性能鉴定(见表E.6)

表E.6 驱动器的性能鉴定试验

性能要求	PR1	PR2
操作力或扭矩测量	客观证据	客观证据
室温下驱动器密封试验	按E.2.4进行三次循环	按E.2.5a)进行三次循环
室温下开/关压力循环动态试验	客观证据	按E.2.5 b)进行160次循环
最高温度下的开/关压力循环动态试验	客观证据	按E.2.5c)进行20次循环
最低温度下的开/关压力循环动态试验	客观证据	按E.2.5d)进行20次循环
压力/温度循环	不适用	按E.2.5e)进行
驱动器流体兼容性(仅对封存流体的驱动器)	客观证据	按E.1.13进行

驱动器(包括电动驱动器)应经过功能试验，以证明其装配和操作合理。气压驱动器的试验介质应为气体，液压驱动器的试验介质应为适当的液压液。试验应在室温下进行。

下列试验程序代替E.1.11的压力/温度试验：

驱动器密封应分别在驱动器额定工作压力的20%和100%的试验压力下，分两步进行压力试验。每一试验压力的最低保压期应为：当气压驱动器试验压力为额定工作压力的20%时，应保压10 min，试验压力为额定工作压力时，保压5 min；对液压驱动器，在每一试验压力下均应保压3 min。上述驱动器密封试验应最少重复进行三次。

E.2.5 PR2驱动器的性能鉴定(见表E.6)

驱动器(包括电动驱动器)应经过功能试验以验证其装配和操作适当。气压驱动器的试验介质应为气体，液压驱动器的试验介质应为合适的液压液。驱动器应在阀/节流阀上，或者在能模拟阀/节流阀的开启/关闭的动态力分布的试验装置上进行试验。阀操作机构的试验装置试验，应包括阻力的减少和当阀在压差下开启时所引起的阀杆运动。若阀盖总成是驱动器的一部分，应对阀杆密封和阀盖设计进行验证，以证明这些设计要求符合阀的要求。

下列试验程序代替E.1.11的压力/温度循环试验。

a) 室温下驱动器密封试验

驱动器密封应在驱动器额定工作压力的20%和100%的试验压力下，分两步进行压力试验。每一试验压力的最低保压期应为：当气压驱动器试验压力为额定工作压力的20%时，应保压10 min，试验压力为额定工作压力时，保压5 min；对液压驱动器，在每一试验压力下均应保压3 min。上述驱动器密封试验应最少进行三次。

b) 室温下开/关压力循环动态试验

驱动器应进行正常操作的循环试验，相当于开—关—开阀循环160次。验收准则应由制造商书面规范规定。施加的压力应等于其额定工作压力。

c) 最高额定温度下的开/关压力循环动态试验

驱动器应在最高额定温度下，进行正常操作的循环试验，相当于开—关—开阀循环20次。验收准则应由制造商书面规范规定。施加的压力应等于其额定工作压力。

d) 最低额定温度下的开/关压力循环动态试验

驱动器应在最低额定温度下，进行正常操作的循环试验，相当于开—关—开循环 20 次。验收准则应由制造商书面规范规定。施加的压力应等于其额定工作压力。

e) 压力/温度循环

压力/温度循环应按 E.1.11.3e)～E.1.11.3q)的步骤进行。

E.2.6 PRI 级节流阀的性能鉴定(见表 E.7)

E.2.6.1 总则

可调节流阀的鉴定试验，也可验证本体和阀座密封的设计相同的固定式节流阀。

表 E.7 节流阀的性能鉴定试验

性能要求	PR1	PR2
操作力或扭矩测量	客观证据	按 E.2.7.2 进行
阀体静压试验	按 E.2.6.2.1 进行	不适用
在室温下的阀座对阀体密封试验	按 E.2.6.2.2 进行一次循环	按 E.2.7.3 进行
室温下的动态开/关循环压力试验[a]	客观证据	按 E.2.7.4 进行 160 次循环
最高温度下的动态开/关循环压力试验[a]	客观证据	按 E.2.7.5 进行 20 次循环
最高额定温度下阀体气压试验	不适用	按 E.2.7.6 进行
最低温度下的动态开/关循环压力试验[a]	客观证据	按 E.2.7.7 进行 20 次循环
最低额定温度下阀体气压试验	不适用	按 E.2.7.8 进行
阀体压力/温度循环	不适用	按 E.2.7.9 进行
室温下阀体保压试验	客观证据	按 E.2.7.10 进行
阀体低压保压试验	不适用	按 E.2.7.11 进行
室温下第二次阀座对阀体密封试验	不适用	按 E.2.7.12 进行
非金属密封件试验	客观证据	按 E.1.13 进行
[a] 不适用于固定式节流阀。		

E.2.6.2 室温下的静压试验

E.2.6.2.1 阀体静压试验

应按 E.1.7 或 E.1.8 选择的试验介质进行静水压或气压试验。

阀体静压试验的压力应为节流阀的额定工作压力。阀体试验应包括三部分：

a) 初始保压期 3 min；

b) 降压至零；

c) 再次保压期 15 min。

E.2.6.2.2 阀座对阀体的静水压密封试验

应按 E.1.7 或 E.1.8 选择的试验介质进行静水压或气压试验。

阀座对阀体的静水压密封试验，应采用节流阀的额定工作压力进行。阀座对阀体密封试验应包括三部分(制造商可选择盲封阀座进行本试验)：

a) 初始保压期 3 min；

b) 降压至零；

c) 二次保压期 15 min。

E.2.7 PR2 级节流阀的性能鉴定(表 E.7)

E.2.7.1 总则

可调节流阀的鉴定试验，也可验证本体和阀座密封的设计相同的固定式节流阀。固定节流阀，不要求动态循环试验(E.2.7.4、E.2.7.5 和 E.2.7.7)。

E.2.7.2 操作力或扭矩的测量

应测量开启和操作扭矩。

a) 程序

制造商应确定程序并形成文件。

b) 验收准则

操作力或开关扭矩应满足制造商的规范。

E.2.7.3 阀座对阀体的静水压密封试验

阀座对阀体的静压密封试验应在室温下进行,施加额定工作压力并至少保压 1 h,以验证阀座对阀体密封的完整性。制造商对本试验可选用盲封阀座。可调式节流阀,可分开试验或整体试验来验证阀座对阀体的密封性。试验步骤按 E.2.7.3、E.2.7.9、E.2.7.10 和 E.2.7.11 进行,E.2.7.12 可省略。

E.2.7.4 室温下的动态开/关循环压力试验

阀杆在额定工作压力下至少进行 160 次开—关—开循环。所有配合零件应按制造商的零件或总成的规范,或维护程序规定的要求进行润滑。验收准则应由制造商书面规范规定。应调节内部压力以抵消试验流体腔的膨胀和收缩。

E.2.7.5 最大额定温度下的动态开/关循环压力试验

在最大额定温度下重复 E.2.7.4 进行动态循环试验,但应满足下列试验条件:

a) 试验温度应是最大额定温度;

b) 试验介质应为气体;

c) 阀杆开启—关闭—再开启循环 20 次。

E.2.7.6 最大额定温度下的阀体气压试验

在最大额定温度下,按下述要求进行阀体气压试验:

a) 试验期间节流阀应处于部分开启状态;

b) 试验压力应为额定工作压力;

c) 应进行一个至少 1 h 的保压期。

E.2.7.7 最低额定温度下的动压试验

在最低额定温度下,按 E.2.7.5 重复进行动压试验。

E.2.7.8 最低额定温度下的阀体气压试验

在最低额定温度下,按下述要求进行阀体气压试验:

a) 试验期间节流阀应处于部分开启状态;

b) 试验压力应为额定工作压力;

c) 应进行一个至少 1 h 的保压期。

E.2.7.9 阀体压力/温度循环

在阀座开启状态下,按 E.1.11.3e)～E.1.11.3o)的步骤进行本项试验。

E.2.7.10 室温下的阀体承压试验

在阀座开启状态下,按 E.1.11.3p)步骤进行,且不泄压。

E.2.7.11 阀体低压承压试验

在阀座开启状态下,按 E.1.11.3q)步骤进行。

E.2.7.12 室温下阀座对阀体密封的第二次试验

在温度/压力循环试验结束后,应进行阀座对阀体的第二次静水压密封试验。在室温下施加额定工作压力,并至少保压 1 h,以验证阀座对阀体的密封完整性。制造商对本试验可采用盲封阀座。

E.2.8 PR1 级套管头壳体、套管头四通、油管头四通、转换连接装置、异径接头和过渡四通的性能鉴定试验(见表 E.8)

表 E.8 套管头壳体、套管头四通、油管头四通
转换连接装置、异径接头和过渡四通的性能鉴定

PR 级别	PR1	PR2
压力	按 E.2.8.2 进行	按 E.2.9 进行
热循环	客观证据	客观证据
贯穿孔		按 E.2.29 进行
流体兼容性		客观证据

E.2.8.1 总则

a) 变形

套管头壳体、套管头四通和油管头四通，由于悬挂器承载产生的变形，不属本附录的范围。产品应能承受额定载荷，且无影响其他性能特性要求的变形。

b) 贯穿孔

锁紧螺钉、悬挂器销钉和止动螺钉的贯穿孔，在这些零件的性能试验中未作要求，但在 E.2.28 中给出了相关要求。

E.2.8.2 试验

按 PSL 要求所制造的设备，达到性能试验要求的静水压试验，可代替 E.1.11 的程序(见 10.6.6)。

E.2.9 PR2 级套管头壳体、套管头四通、油管头四通、转换连接装置、异径接头和过渡四通的性能鉴定试验 (见表 E.8)

E.2.9.1 总则

a) 变形

套管头壳体、套管头四通和油管头四通，由于悬挂器承载产生的变形，不属本附录的范围。产品应能承受额定载荷，且无影响其他性能特性要求的变形。

b) 贯穿孔

锁紧螺钉、悬挂器销钉和止动螺钉的贯穿孔，在这些零件的性能试验中未作要求，但在 E.2.29 中给出了相关要求。

E.2.9.2 试验

性能试验应按 E.2.8.2 进行。

E.2.10 PR1 级 1 组卡瓦悬挂器的性能鉴定试验

载荷循环能力应由客观证据鉴定。

E.2.11 PR2 级 1 组卡瓦悬挂器性能鉴定试验(见表 E.9)

表 E.9 1 组卡瓦悬挂器的性能鉴定

PR 级别	PR1	PR2
载荷循环	客观证据	按 E.2.11 进行

载荷循环能力试验，应在最大额定载荷能力到最小额定载荷能力之间进行三次循环，每一加载点最少保持 5 min，如图 E.2 所示。E.1.11 的压力/温度循环不要求。

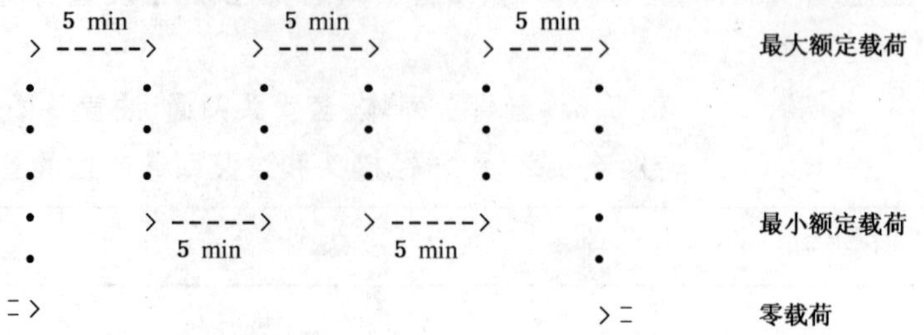

••••••• 大气压。

图 E.2 悬挂器加载循环试验

E.2.12 PR1 级 2 组卡瓦悬挂器性能鉴定试验(见表 E.10)

E.2.12.1 加载循环

载荷循环能力应由客观证据鉴定。

E.2.12.2 压力循环

在室温下,从一个方向,向环空密封应加压一次,保压 15 min。

E.2.13 PR2 级 2 组卡瓦悬挂器性能鉴定试验(见表 E.10)

表 E.10 2 组卡瓦悬挂器的性能鉴定

PR 级别	PR1	PR2
载荷循环	客观证据	按 E.2.13 进行
压力密封	在室温下进行一次循环	按 E.1.11 进行
流体兼容性	客观证据	按 E.1.13 进行

E.2.13.1 载荷循环

载荷循环试验应按图 E.2 的规定进行。

E.2.13.2 带载荷的压力/温度试验

循环试验应按 E.1.11 的要求,从 A 向或 B 向进行(见图 E.3)。如果制造商规定的在最大额定载荷下的额定压力值,不等于最大额定工作压力时,则使用悬挂器在制造商规定的额定悬挂载荷下的最大工作压力进行重复试验。

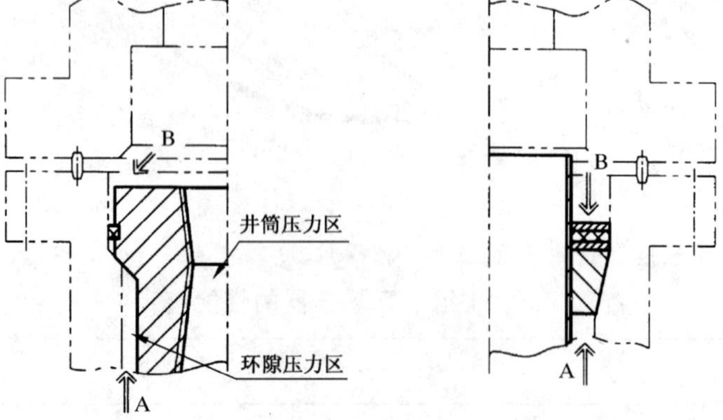

A、B 为压力施加方向(见文本)。

图 E.3 2 组和 3 组悬挂器

E.2.14 PRI 级 3 组卡瓦悬挂器性能鉴定试验(见表 E.11)

表 E.11 3 组卡瓦悬挂器的性能鉴定

PR 级别	PR1	PR2
载荷循环	客观证据	按 E.2.15 进行
来自密封件上部压力	在室温和额定工作压力下进行一次循环	按 E.1.11 和按 E.2.15 进行
热循环	客观证据	按 E.1.11 和按 E.2.15 进行
流体兼容性	客观证据	按 E.1.13 进行
来自密封件下部压力	在室温和额定工作压力下进行一次循环	按 E.1.11 和按 E.2.15 进行

与 PR1 级 2 组卡瓦式悬挂器一样,但增加了以同一方式的独立试验,采用外压如图 E.3 所示在另一方向作用在环空封隔。还以同样方式从上部试验底部套管的封隔。按图 E.4 所示,垫环压力区应在室温下、以额定工作压力进行静水压试验一次,最少 5 min 的保压期。如果制造商规定的下部额定工作压力与上部不同,则试验应从每一方向在适当的压力下进行。

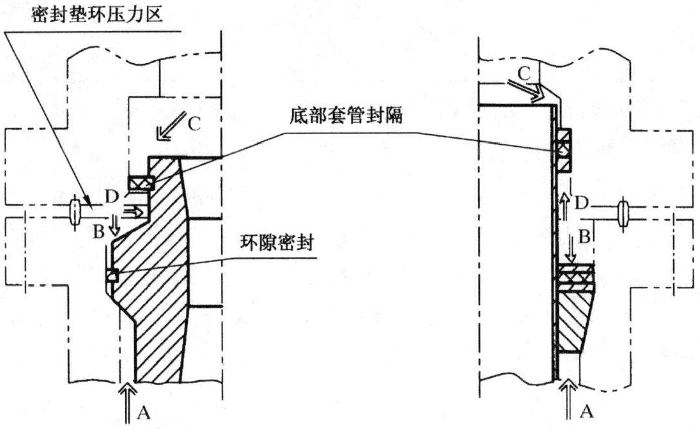

A、B、C、D 为压力施加方向(见文本)。

图 E.4 带底部套管封隔的 3 组悬挂器

E.2.15 PR2 级 3 组卡瓦式悬挂器的性能鉴定(见表 E.11)

与 PR2 级 2 组卡瓦式悬挂器一样增加单独的试验,但以同样的方式,采用外压在图 E.3 所示的另一方向作用在环空封隔。底部套管封隔也应从上部以同样的方式试验。图 E.4 所示的垫环压力区,应在室温下、以额定工作压力进行静水压试验一次,保压时间最少 5 min。

如果制造商规定的下部额定工作压力值与上部不同,则该项试验应在每一个方向以适当的压力进行。底部套管封隔可按图 E.6 单独进行循环试验,也可按图 E.7 或图 E.8 所示与封隔同时试验。

E.2.16 PR1 级 4 组卡瓦式悬挂器的性能鉴定(见表 E.12)

同 PR1 级 3 组悬挂器一样。悬挂器的固位性能应以客观证据来验证。

E.2.17 PR2 级 4 组卡瓦式悬挂器的性能鉴定(见表 E.12)

同 PR2 级 3 组悬挂器的要求一样,但增加按表 E.12 进行的固位性能的附加试验。

表 E.12 4 组卡瓦式悬挂器的性能鉴定

PR 级别	PR1	PR2
载荷循环	客观证据	按 E.2.17 进行
来自密封件上部压力	在室温和额定工作压力下进行一次循环	按 E.1.11 和按 E.2.17 进行

表 E.12（续）

PR 级别	PR1	PR2
热循环	客观证据	按 E.1.11 和按 E.2.17 进行
流体兼容性	客观证据	按 E.1.13 进行
来自密封件下部压力	在室温和额定工作压力下进行一次循环	按 E.1.11 和按 E.2.17 进行
以环空压力进行固位性能试验	客观证据	按 E.1.11 和按 E.2.17 进行。以来自密封件以下最大环空压力和最小额定管材载荷固位性能使用悬挂器保持就位

E.2.18　PR1 级 1 组芯轴式悬挂器性能鉴定试验（见表 E.13）

表 E.13　1 组芯轴式悬挂器的性能鉴定

PR 级别	PR1	PR2
载荷循环	客观证据	按 E.2.19 进行
内压试验	客观证据	按 E.2.19 进行

载荷循环和压力的完整性应由客观证据来验证。

E.2.19　PR2 级 1 组芯轴式悬挂器性能鉴定试验（见表 E.13）

E.2.19.1　内压试验

在室温、额定工作压力下应进行一次内压试验，保压 15 min。如果井口装置产品符合螺纹制造商或相应的国际工业标准的尺寸（包括其连接外径）和材料强度要求，则端部连接额定工作压力值或性能的文件，可从螺纹制造商或这些相应的国际工业标准中得到。如果产品不符合螺纹制造商的尺寸要求和材料强度要求时，那么螺纹连接应进行试验。该试验可与悬挂器分开，单独在装置上进行。

E.2.19.2　载荷循环

按图 E.2 所示，悬挂器应施加额定载荷能力进行载荷试验。端部连接不要求载荷试验。

E.2.20　PR1 级 2 组芯轴式悬挂器性能鉴定试验（见表 E.14）

表 E.14　2 组芯轴式悬挂器的性能鉴定

<table>
<tr><th>PR 级别</th><th>PR1</th><th>PR2</th></tr>
<tr><td>载荷循环</td><td>客观证据</td><td>按 E.2.21 进行</td></tr>
<tr><td>压力密封</td><td>在室温和额定工作压力下进行一次循环</td><td>按 E.1.11 进行</td></tr>
<tr><td>热循环密封</td><td rowspan="3">客观证据</td><td>按 E.1.11 进行</td></tr>
<tr><td>流体兼容性</td><td>按 E.1.13 进行</td></tr>
<tr><td>内压试验</td><td>按 E.2.21 进行</td></tr>
</table>

E.2.20.1　载荷循环

载荷循环能力应由客观证据验证。

E.2.20.2　压力循环

在室温下，从一个方向上对环空封隔进行一次压力循环，最少保压 15 min。

E.2.21　PR2 级 2 组芯轴式悬挂器性能鉴定试验（见表 E.14）

E.2.21.1　载荷循环

应进行 E.2.11 规定的载荷循环试验。

E.2.21.2　内压循环

应按 PR2 级 1 组芯轴式悬挂器的规定进行内压试验（见 E.2.19.1）。

E.2.22 **PR1 级 3 组芯轴式悬挂器性能鉴定试验**(见表 E.15)

表 E.15 3 组芯轴式悬挂器的性能鉴定

PR 级别	PR1	PR2
载荷循环	客观证据	按 E.2.23 进行
内压试验	在室温和额定工作压力下进行一次循环	按 E.2.23 进行
热循环密封	客观证据	按 E.1.11 和按 E.2.23 进行
流体兼容性	客观证据	按 E.1.13 进行
来自密封件下部压力	在室温和额定工作压力下进行一次循环	按 E.1.11 和按 E.2.23 进行
来自密封件上部压力	在室温和额定工作压力下进行一次循环	按 E.1.11 和按 E.2.23 进行

E.2.22.1 **井下控制管线配备**

如果包括了井下控制管线或电缆配备，则它们应能承受额定工作压力，并承受如悬挂器相同的试验要求。

E.2.22.2 **压力循环**

与 PR1 级 2 组芯轴式悬挂器一样，但另增加一次在室温下，保压时间最少为 5 min 的单独试验，且以同样的方式，采用图 E.3 所示环空密封反方向的外压。加长颈的悬挂器，如图 E.4 所示，在室温下对底部套管封隔以相同方式进行一次试验，保压时间不少于 5 min。加长颈悬挂器的密封垫环压力区，应在室温下、以额定工作压力作静水压试验一次，保压时间不少于 5 min。

如果制造商规定的上部额定工作压力与下部的不同，则应在适当压力下对每一方向进行试验。

E.2.23 **PR2 级 3 组芯轴式悬挂器性能鉴定试验**(见表 E.15)

E.2.23.1 **井下控制管线**

如果配有井下控制管线或电缆配备，则控制管线应能承受额定工作压力，并按与悬挂器同样的试验要求。

E.2.23.2 **压力循环**

与 PR2 级 2 组芯轴式悬挂器一样，但另增加以相同的方法，采用图 E.3 所示来自环空密封反方向的外压，进行的一次单独试验。加长颈的悬挂器，如图 E.4 所示，以相同的方式从上部试验底部套管封隔。加长颈悬挂器的密封垫环压力区，应在室温下、以额定工作压力进行一次静水压试验，保压期不少于 5 min。图 E.5、图 E.6、图 E.7 和图 E.8 为温度和压力循环试验要求的图表表示。

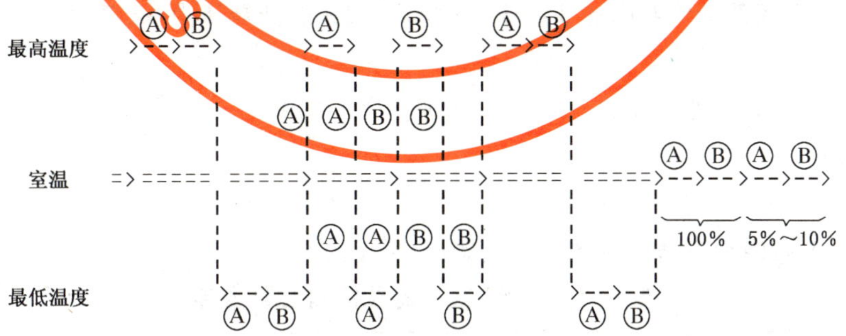

加压方向 A、B 见图 E.3 和图 E.4。

图 E.5 不带底部套管封隔的 3 组卡瓦和芯轴式悬挂器的压力/温度循环试验

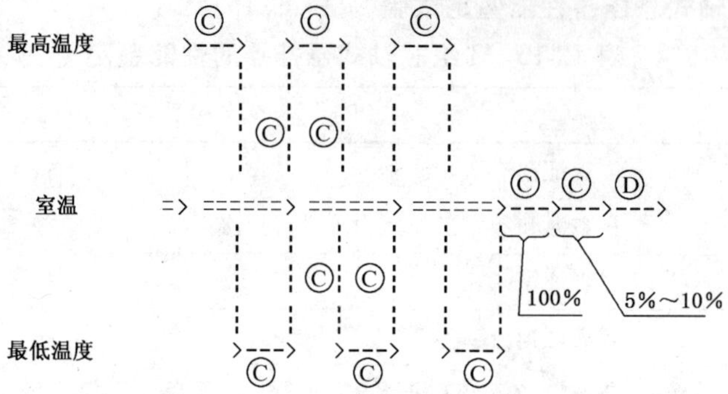

加压方向 C、D 见图 E.4。

图 E.6 带底部套管封隔的 3 组卡瓦式和芯轴式悬挂器的压力/温度循环的单独试验

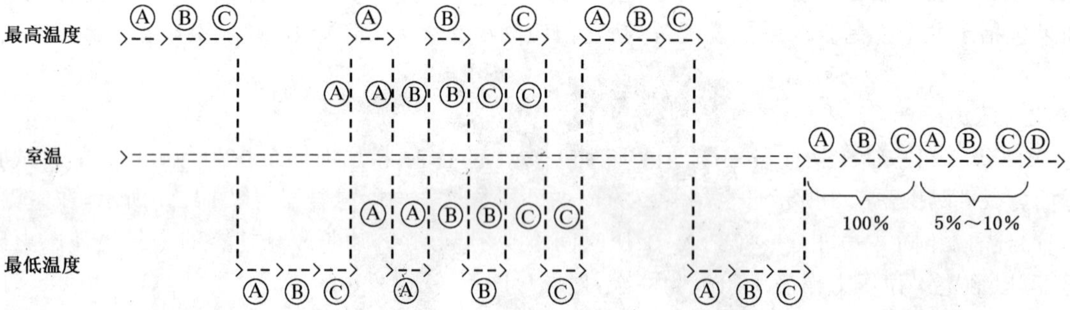

加压方向 A、B、C、D 见图 E.4。

图 E.7 带底部套管封隔的 3 组卡瓦式和芯轴式悬挂器的压力/温度循环一同试验

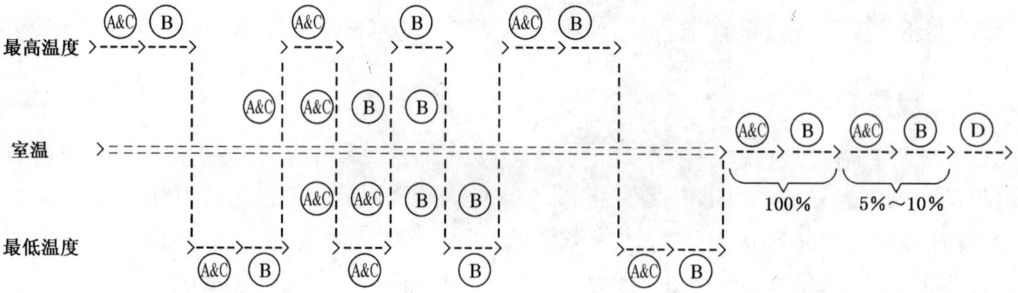

加压方向 A、B、C 和 D 按图 E.4；A 向和 C 向同时试验。

图 E.8 带底部套管封隔的 3 组卡瓦式和芯轴式悬挂器压力/温度循环一同试验

E.2.23.3 内压试验

悬挂器应按对 PR2 级 1 组芯轴式悬挂器一样进行内压试验。

E.2.23.4 载荷循环

应进行 E.2.11 规定的载荷循环试验。

E.2.24 PR1 级 4 组芯轴式悬挂器性能鉴定试验(见表 E.16)

表 E.16 4 组芯轴式悬挂器性能鉴定

PR 级别	PR1	PR2
载荷循环	客观证据	按 E.2.25 进行
内压试验	在室温和额定工作压力下进行一次循环	按 E.2.25 进行
热循环密封	客观证据	按 E.1.11 和按 E.2.25 进行

表 E.16(续)

PR 级别	PR1	PR2
流体兼容性	客观证据	按 E.1.13 进行
来自密封件下部压力	在室温和额定工作压力下进行一次循环	按 E.1.11 和 E.2.25 进行
来自密封件上部压力	在室温和额定工作压力下进行一次循环	按 E.1.11 和 E.2.25 进行
以环空压力进行固位性能试验	客观证据	悬挂器用固位装置就位,按 E.1.11 和 E.2.25 的试验程序,以仅来自密封件以下的最大环空压力和最小额定管材载荷进行试验

与 PR1 级 3 组悬挂器相同,悬挂器的固位性能应由客观证据验证。

E.2.25　PR2 级 4 组芯轴式悬挂器性能鉴定试验(见表 E.16)

E.2.25.1　压力/温度循环

与 PR2 级 3 组悬挂器相同。悬挂器用固位装置就位时,应按 E.1.11 进行三次压力/温度循环试验。

E.2.25.2　内压试验

悬挂器应按对 PR2 级 1 组芯轴式悬挂器一样进行内压试验。

E.2.26　PR1 级 5 组芯轴式悬挂器性能鉴定试验(见表 E.17)

表 E.17　5 组芯轴式悬挂器性能鉴定

PR 级别	PR1	PR2
载荷循环	客观证据	按 E.2.27 进行
内压试验	在室温和额定工作压力下进行一次循环	按 E.2.27 进行
热循环	客观证据	按 E.1.11 和按 E.2.27 进行
流体兼容性	客观证据	按 E.1.13 进行
来自密封件下部压力	在室温和额定工作压力下进行一次循环	按 E.1.11 和按 E.2.27 进行
来自环空密封件上部压力	在室温和额定工作压力下进行一次循环	按 E.1.11 和按 E.2.27 进行
以全封压力进行固位性能试验	客观证据	悬挂器用固位装置就位,按 E.1.11 和 E.2.27 的试验程序,以仅来自密封件以下的最大全封压力和最小额定管材载荷进行试验
背压阀制备试验	客观证据	按 E.2.27 进行

除悬挂器的固位装置性能,在室温下以来自下部的压力进行全封环空封隔载荷试验外,其他与 PR1 级 4 组悬挂器相同。背压阀的制备由客观证据验证。

E.2.27　PR2 级 5 组芯轴式悬挂器性能鉴定试验(见表 E.17)

E.2.27.1　压力/温度循环

PR2 级 5 组悬挂器,除按 E.1.11 进行下部压力全封闭环空密封载荷,试验悬挂器的固位装置性能外，其他与 PR2 级 4 组悬挂器相同。以在室温下、悬挂器额定工作压力，单独地进行背压阀制备的压力试验。从背压阀配备的下端施加压力，其压力为大气压到额定工作压力循环三次，每次保压期最少 5 min。

E.2.27.2 内压试验

悬挂器应按与 PR2 级 1 组芯轴式悬挂器内压试验一样进行。

E.2.28 PR1 锁紧螺钉、定位销和止动螺钉密封机构的性能鉴定(见表 E.18)

表 E.18 锁紧螺钉、定位销和止动螺钉密封机构的性能鉴定

PR 级别	PR1	PR2
压力和热循环	客观证据	按 E.1.11 进行
操作力或扭矩	客观证据	应承受经制造商按 E.2.29 规定的额定力或扭矩

PR1 级产品应由客观证据验证。

E.2.29 PR2 级锁紧螺钉、定位销和止动螺钉密封机构的性能鉴定试验(见表 18)

在制造商推荐的扭矩下，应施加模拟最大载荷，然后进行 E.1.11 的压力/温度循环试验。

E.2.30 PR1 级 1 组油管头异径接头的性能鉴定试验(见表 E.19)

表 E.19 1 组油管头异径接头的性能鉴定

PR 级别	PR1	PR2
内压完整性	客观证据	按 E.2.31 进行

压力完整性应由客观证据验证。

E.2.31 PR2 级 1 组油管头异径接头性能鉴定试验(见表 E.19)

按 PSL 要求所制造的设备，通过了静水压试验(代替 E.1.11 的程序，见 10.8.5)，则性能试验达到要求。

E.2.32 PR1 级 2 组油管头异径接头的性能鉴定试验(见表 E.20)

表 E.20 2 组油管头异径接头的性能试验

PR 级别	PR1	PR2
载荷循环	客观证据	按 E.2.33 进行
内压试验	按 E.2.8.2 进行	按 E.2.33 进行
热循环	客观证据	客观证据
流体兼容性	客观证据	客观证据

E.2.32.1 载荷循环

载荷循环能力应由客观证据验证。

E.2.32.2 内压试验

性能试验应按 E.2.31 进行。

E.2.33 PR2 级 2 组油管头异径接头的性能鉴定试验(见表 E.20)

E.2.33.1 载荷循环

载荷循环试验应按 E.2.11 的规定进行。

E.2.33.2 内压试验

油管头异径接头(包括端部连接)的内压试验，应按 E.2.31 的规定进行。

在室温下进行的一次内压试验，应在额定工作压力下保压 15 min。如果井口装置符合其螺纹制造商或国际工业标准的尺寸(包括其连接外径)和材料强度要求,端部连接压力试验的文件可从螺纹制造商或相应的国际工业标准中得到。如果产品不符合螺纹制造商的尺寸和强度要求,那么螺纹连接应做试验。螺纹试验可与悬挂器分开,单独在装置上进行。

E.2.34 PR1 其他端部连接装置的性能试验(见表 E.21)

表 E.21 其他端部连接装置的性能鉴定

PR 级别	PR1	PR2
压力和温度循环	客观证据	按 E.1.11 进行
弯矩	客观证据	对连接装置施加制造商的额定载荷,使一次循环产生最大应力状态
装配和拆卸	客观证据	对连接装置进行制造商的额定装卸循环(如适合)
流体兼容性	客观证据	按 E.1.13 进行

PR1 级连接装置的性能鉴定应由客观证据验证。

E.2.35 PR2 级其他端部连接装置的性能鉴定试验(见表 E.21)

E.2.35.1 PR2 级鉴定试验

全部连接装置应按 E.1.11 的规定进行试验。

E.2.35.2 装卸循环

除按 E.2.35.1 试验以外,连接装置还经受制造商规定的额定装卸循环试验。连接装置的每一次装配后,应在工作压力下进行保压 5 min 的试验。

E.2.35.3 弯矩

除按 E.2.35.1 和 E.2.35.2 试验以外,连接装置还应在其确定的最大应力状态下,经受制造商规定的额定载荷的一次循环试验。

E.2.36 PR1 级流体取样器的性能鉴定试验(见表 E.22)

表 E.22 流体取样器的性能鉴定

PR 级别	PR1	PR2
压力和温度循环	客观证据	按 E.1.11 进行
流体兼容性	客观证据	按 E.1.13 进行

PR1 流体取样器应由客观证据验证。

E.2.37 PR2 级流体取样器的性能鉴定试验(见表 E.22)

全套总成应按 E.1.11 的规定进行试验。

E.2.38 密封垫环、栓接和其他规定产品的性能鉴定试验

规定的法兰式或螺柱式的端部和出口连接、螺纹式的端部和出口连接、螺柱、螺母、密封垫环、管堵、三通和四通、试验和仪表连接,以及本标准完全规定(尺寸和材料)的其他产品,不要求鉴定试验。

E.2.39 特定产品鉴定一览表

表 E.23 提供了特定产品循环要求的摘要。

表 E.23 特定产品鉴定一览表

<table>
<tr><th colspan="2" rowspan="2">组　件</th><th colspan="2">压力循环试验[a]
(循环次数)</th><th colspan="2">温度循环试验[a]
(循环次数)</th><th colspan="2">耐久循环试验[a]
(循环次数)</th></tr>
<tr><th>PR1</th><th>PR2</th><th>PR1</th><th>PR2</th><th>PR1</th><th>PR2</th></tr>
<tr><td rowspan="5">井口装置</td><td>套管头壳体</td><td rowspan="5">不要求</td><td rowspan="6">3</td><td rowspan="21">不要求</td><td rowspan="6">3</td><td rowspan="21">不要求</td><td rowspan="6">3</td></tr>
<tr><td>套管头四通</td></tr>
<tr><td>油管头四通</td></tr>
<tr><td>转换四通</td></tr>
<tr><td>多级头壳体和四通</td></tr>
<tr><td rowspan="6">连接装置和附件</td><td>转换连接装置</td><td rowspan="2">1</td></tr>
<tr><td>油管头异径接头</td><td>1</td><td>不要求</td><td>不要求</td></tr>
<tr><td>顶部连接装置</td><td rowspan="4">不要求</td><td>PMR[b]</td><td>PMR[b]</td><td>PMR[b]</td></tr>
<tr><td>三通和四通</td><td rowspan="5">3</td><td rowspan="5">3</td><td rowspan="3">不要求</td></tr>
<tr><td>流体取样器</td></tr>
<tr><td>异径连接四通和过渡四通</td></tr>
<tr><td rowspan="2">套管和油管悬挂器</td><td>芯轴悬挂器</td><td rowspan="2">1</td><td rowspan="2">3</td></tr>
<tr><td>卡瓦悬挂器</td></tr>
<tr><td rowspan="8">阀和节流阀</td><td>单层完井阀</td><td rowspan="5">3</td><td rowspan="7">200</td><td rowspan="7">40</td><td rowspan="7">200</td></tr>
<tr><td>多层完井阀</td></tr>
<tr><td>驱动阀</td></tr>
<tr><td>驱动器用阀</td></tr>
<tr><td>止回阀</td></tr>
<tr><td>节流阀</td><td>1</td></tr>
<tr><td>SSV 和 USV</td><td>3</td></tr>
<tr><td>背压阀</td><td>不要求</td><td>PMR[b]</td><td>PMR[b]</td><td>PMR[b]</td></tr>
<tr><td rowspan="5">其他单件连接装置</td><td>焊颈式连接装置</td><td rowspan="6">不适用</td><td rowspan="5">PMR[b]</td><td rowspan="6">不适用</td><td rowspan="5">PMR[b]</td><td rowspan="9">不适用</td><td rowspan="5">PMR[b]</td></tr>
<tr><td>盲板式连接装置</td></tr>
<tr><td>螺纹式连接装置</td></tr>
<tr><td>异径接头和封隔连接装置</td></tr>
<tr><td>管堵和阀拆卸堵</td></tr>
<tr><td rowspan="4">其他装置</td><td>防磨衬套</td><td>不要求</td><td>不要求</td><td>不要求</td></tr>
<tr><td>驱动器</td><td>3</td><td>200</td><td>不要求</td><td>40</td><td>200</td></tr>
<tr><td>垫环</td><td rowspan="2">不适用</td><td rowspan="2">PMR[b]</td><td rowspan="2">不适用</td><td rowspan="2">PMR[b]</td><td rowspan="2">PMR[b]</td></tr>
<tr><td>送入工具和试验工具</td></tr>
</table>

注 1:本标准完全规定(尺寸和材料强度)的特定设计或装置,不要求做性能鉴定试验。

注 2:本表仅作为资料性参考,其中的所有要求都在文本和相关数表中。

[a] 压力循环、温度循环和耐久循环按文本的规定进行,而不可以累加。

[b] 按制造商的规定。

附　录　F
（资料性附录）
推荐的焊接坡口设计尺寸

F.1　管子对接焊缝

见图 F.1。

单位为毫米

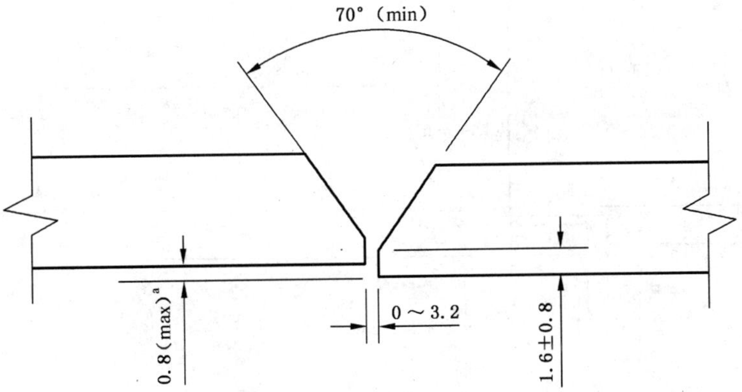

a）V 型坡口

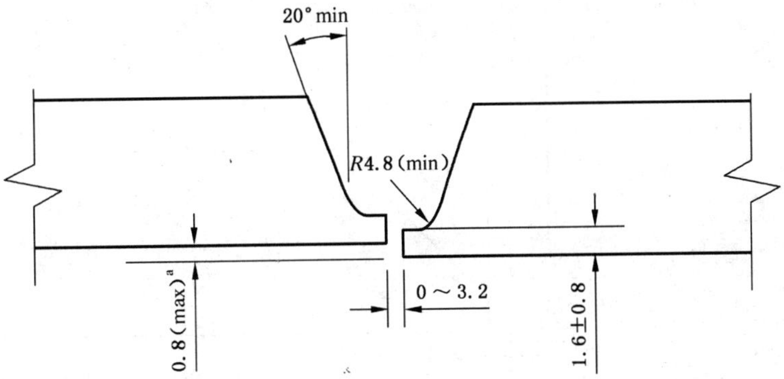

b）U 型坡口

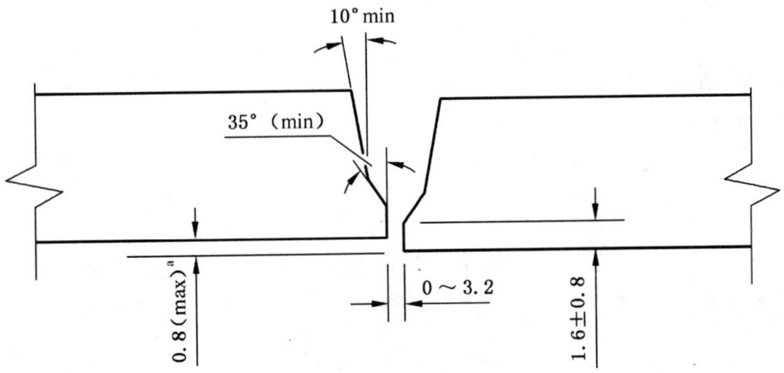

c）大壁厚 V 型焊接坡口

a 最大错位量。

图 F.1　管子对接焊缝

F.2 附着焊接

见图 F.2。

单位为毫米

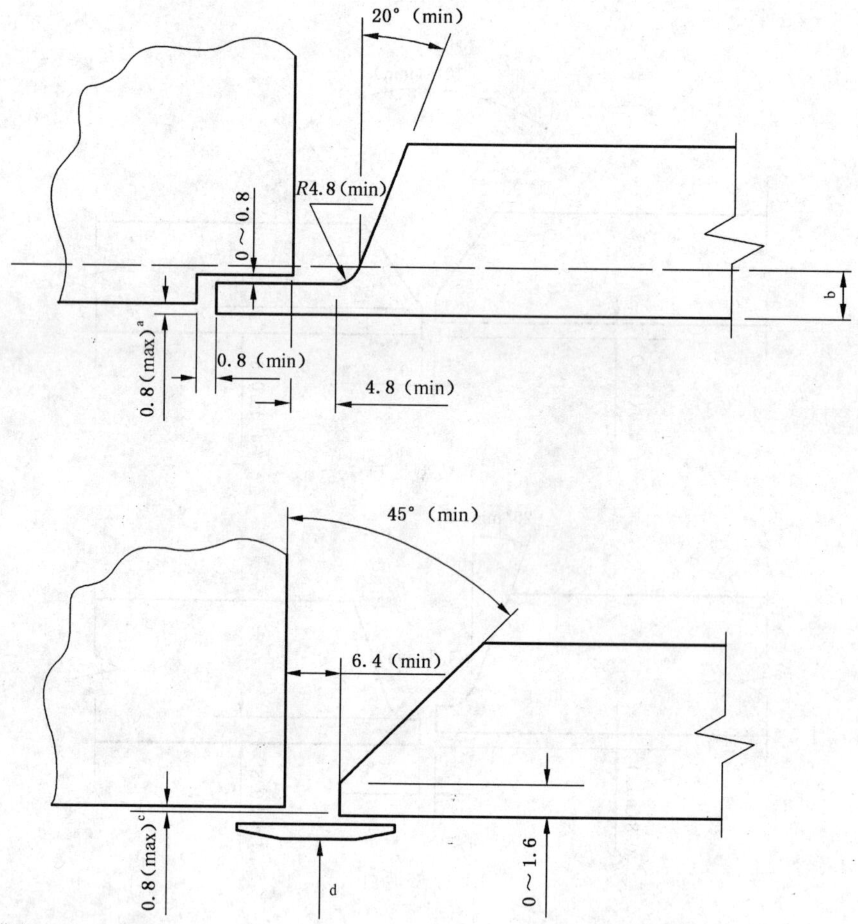

a 最大错位量(除机加工清除以外)；

b 经机加工清除至完好的金属；

c 最大错位量；

d 要去除的衬垫材料与母材一致。

图 F.2 附着焊接

F.3 修复焊接

见图 F.3。

单位为毫米

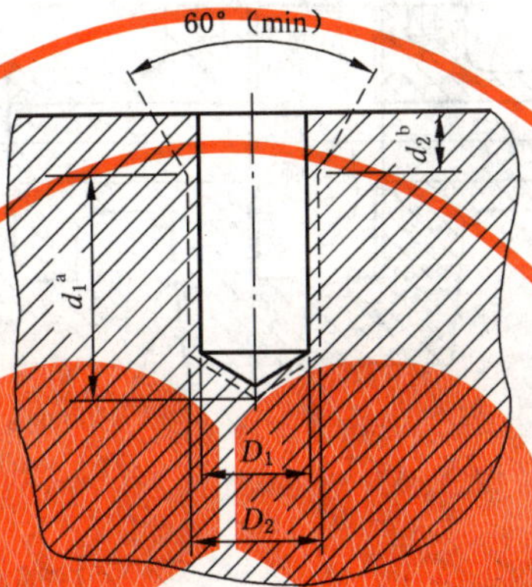

a d_1 与 D_2 之比不超过 1.5。

b d_2 是 d_1 与 D_2 之比为 1.5 时所需的深度。

a）孔修复

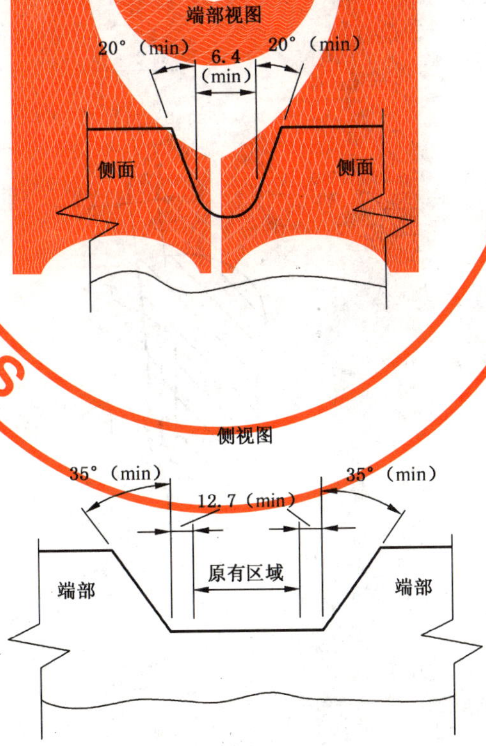

b）平槽修复（去除焊缝金属与母材金属中有缺陷的部分）

图 F.3 修复焊接

F.4 补焊和堆焊的典型焊珠顺序

见图 F.4。

单位为毫米

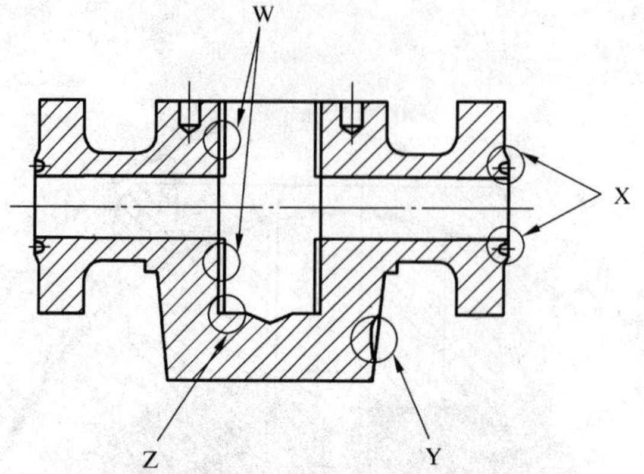

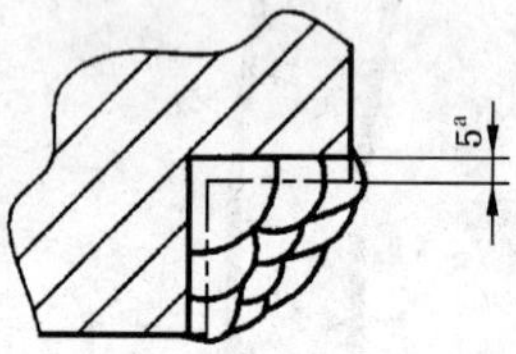

a）磨损/座腔(W)

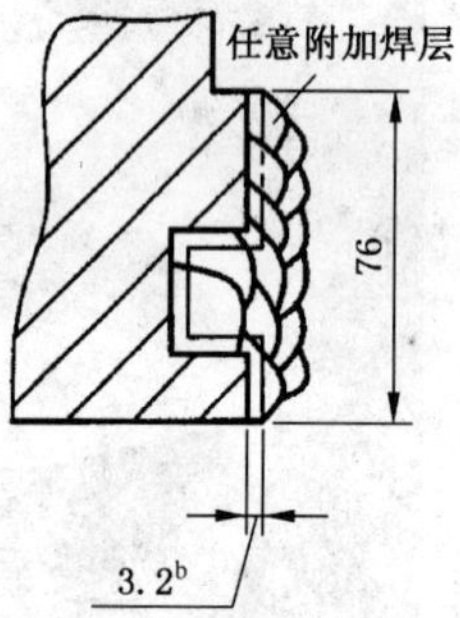

b）垫环槽(X)

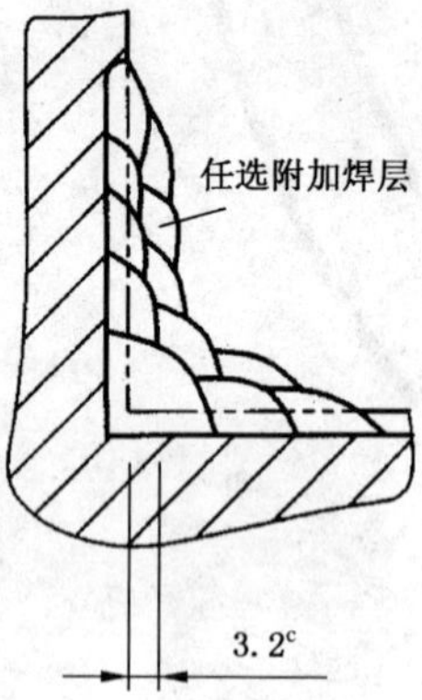

c）本体腔(Z)

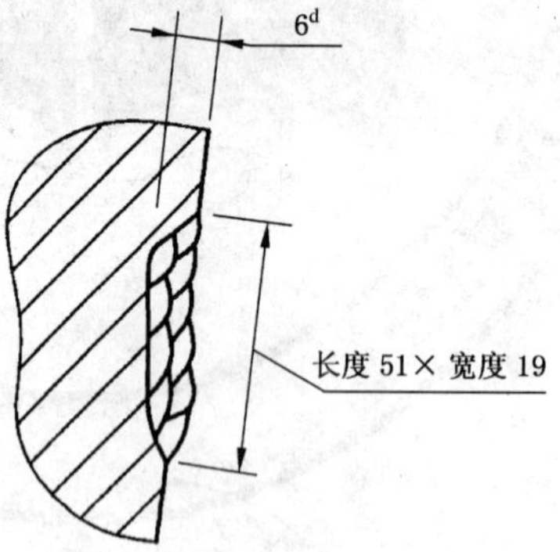

d）本体补焊(Y)

[a] 机加工后焊层的大约厚度；

[b] 机加工后的焊层厚度；

[c] 机加工后的焊层最大厚度(近似)；

[d] 最小堆积厚度。

图 F.4 补焊和堆焊的典型焊珠顺序

附 录 G
（规范性附录）
地面井口装置的下入、回收和试验工具、清理工具及防磨衬套的设计和制造

G.1 总则

本附录规定了对井口装置部件(包括防磨衬套)的下入、回收和试验等所有工具和设备的设计、材料选择、制造和试验。

G.2 设计

G.2.1 总则

按本附录制造的装置应满足第4章的设计要求。

G.2.2 载荷

当设计下入、回收、清理和试验工具时，应至少考虑到下列载荷或载荷组合。

——支承载荷(包括悬挂载荷)；

——弯曲载荷；

——压力；

——扭矩载荷，包括台阶连接要求的装配扭矩；

——径向载荷；

——环境载荷。

G.2.3 端部连接

钻杆接头或旋转台肩式连接(也称钻杆接头螺纹连接)应符合SY/T 6407的要求，它们应作为工具的整体组成部分，不能通过焊接连接。应有适当的通过空间或旋转活动空间。工具的载荷能力不应由工具的端部连接选择来进行推断，若是这样，宜形成文件。按照6.2的要求，焊接到工具上的连接是允许的。螺纹应按SY/T 6407的要求进行测量。

套管或油管的螺纹应符合GB/T 9253.2，或对于独特的连接，应符合通过认可的图样(包括提供夹具和通过的空间)。

扭矩操作工具宜最好加工成左旋螺纹旋紧，右旋螺纹松开，以防在旋紧或松开期间，套管、油管或钻杆连接松开，左旋螺纹应作明显的标志，左旋螺纹也可用于油管送入工具、永久性生产用封隔器回收。

G.2.4 垂直通孔

如果工具有垂直通孔以便达到循环的可能，通孔的通径规直径宜最小等于规定钻杆接头的通径尺寸，或根据制造商的书面通径规范规定的内径尺寸。

防磨衬套的内径应符合按表65的规定。

G.2.5 外形

工具的外径应按制造商的书面规范。如果可能，设计的外形宜保证同轴，如果需要，还应保证在防喷器腔内悬挂的危险最小。但接头的外径和长度应在G.2.3之内。

G.2.6 额定工作压力值

如果适用，工具的额定工作压力值应符合制造商的书面规范。

G.3 材料

G.3.1 总则

所有的工具及其部件应规定下列有关的验收或拒收准则的书面规范：

——力学性能要求；

——材料鉴定；

——热处理程序，包括循环时间和带偏差的温度；

——材料组成及偏差；

——NDE 要求；

——许可的焊接作法；

——热加工作法；

——热处理的冷却介质。

送入工具应使用满足制造商规定的相应的性能要求的材料制作。

G.3.2 附加要求

G.3.2.1 总则

G.3.2 至 G.3.4 仅适用于主要承载工具，如套管和油管的送入工具、杯型试验仪和密封总成座封工具，要求其能传递工具装配扭矩的 50%以上。

G.3.2.2 热处理

热处理应按制造商的书面规范进行。该规范应包括所有的必需的信息，来进行每种选择材料或零件的热处理，以获取要求的力学性能。

G.3.2.3 化学成分

G.3.2.3.1 材料应符合制造商的书面规范。

G.3.2.3.2 制造商应规定材料的标称化学成分，包括成分偏差。

G.3.2.3.3 材料化学成分应按照制造商规定的国际标准，以炉次为基础确定或重熔级材料的重熔锭为基础。

G.3.2.4 材料鉴定

G.3.2.4.1 QTC

送入工具的 QTC 应为全截面延长部分，延长部分可以是一同热处理或者能代表送入工具的单独热处理。延长部分应足够长，以确保试验试样(G.3.2.4.3)，能从最近的热处理表面至少 1/4 *T*(其中 *T* 是延长部分的最大横截面尺寸)处切取。

如果送入工具对不同直径预热加工，则延长部分应从具有最大直径的那端切取。

G.3.2.4.2 鉴定批

QTC 应代表相同送入工具的相同热处理，和在相同时间、相同炉次的同一热处理(每热处理批试验的热处理)。如果使用连接在一起的延长部分，则除了需要再回火或时效处理同期以外，送入工具产品上的延长部分应保留至进行完全部热处理为止。

G.3.2.4.3 力学试验

在每种 QTC 上，应至少进行一次拉伸试验和三次夏比 V 型缺口冲击试验。应使用全尺寸试样，试验应按 ASTM A 370 进行，冲击试验的温度应不高于预计的最低使用温度。

a) 从 QTC 上切取的试验试样，应使拉伸试样测量长度和夏比 V 型缺口根部，至少离 QTC 热处理端部 1/4 *T*(*T* 是延长部分的最大截面尺寸)。其拉伸和夏比 V 型缺口试样的纵向中心线，应完全在实心 QTC 距表面 1/4 *T* 的芯部以内，或在空心 QTC 截面壁厚中心的 3 mm 之内。

b) 硬度试验应按制造商的规范进行。

G.3.3 力学性能要求

如果送入工具用来操作套管或油管，或要求传递高扭矩，或可能由试验压力引起的重载荷，则工具力学性能应按表 G.1 的规定。

表 G.1 工具的力学性能

最小屈服强度/MPa	最小拉伸强度/MPa	最小延伸率/%	布氏硬度/HBW	夏比 V 型缺口最低冲击要求
690	930	13	260～321	42 J(−20 ℃)

如果能够证明，送入工具材料较低的屈服强度和低拉伸强度，至少与悬挂器强度相同，则可以使用。防磨衬套的材料要求应完全符合制造商的书面规范。但硬度宜符合 241 HBW～321 HBW；防磨衬套的冲击试验不要求。

G.3.4 涂层

工具的旋转接头应涂以抗防磨涂层。

G.4 试验

G.4.1 工厂验收试验

所有的工具，应尽可能的进行功能试验和尺寸检验或测量，以验证它们在工厂发运前的正确操作性能。带液力驱动系统的工具，应按制造商的书面规定进行液力试验，此液力试验应由以下三部分组成：

——初次压力保压期；

——压力减压至零(大气压)；

——第二次保压期。

每次保压时间应不少于 15 min；应直到本体外表面完全干燥，达到所需试验压力，且压力监测仪表与压力源隔离后，才开始计时。

G.5 标志

所有工具宜做本标准代号 GB/T 22513 标志，并至少还应在钻杆钳卡紧位置按 SY/T 6407 的要求做标志。防磨衬套应作本标准代号 GB/T 22513 标志，并在其后标记通径尺寸(用毫米和英寸作单位)。应在每一个工具总成上合适的凹处打印唯一的系列钢号。

G.6 质量控制和记录要求

质量控制要求应符合制造商的书面规范，及在 7.5.1 和 7.5.2.1b) 中的要求，产品规范级别对工具不适用。

G.7 储存和运输

除符合第 9 章要求外，外螺纹应涂螺纹防护剂(脂)，并用冲压的螺纹保护器或其他方法加以保护。

附 录 H
(规范性附录)
SI 制法兰连接螺母

H.1 SI 制法兰连接螺母

SI 制法兰连接螺母的标称尺寸和公差应符合图 H.1、表 H.1 的规定。

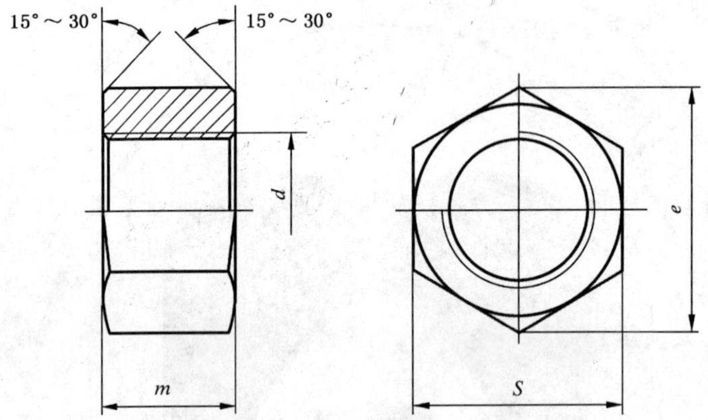

图 H.1 连接螺母示意图

表 H.1 标称尺寸和公差

单位为毫米

螺纹规格 d	对边宽度 S		螺母高度 m		对角最小宽度 e_{min}
	公称尺寸	公差	公称尺寸	公差	
M12	18	$^{0}_{-0.27}$	14	±0.35	20.03
M16	24		18		26.75
M20	30	$^{0}_{-0.33}$	22	±0.42	33.53
M22	34		24		38.05
M24	36	$^{0}_{-0.62}$	26		39.98
M27	41		28		45.63
M30×3	46		32	±0.50	51.23
M33×3	50		35		55.80
M36×3	55		38		61.45
M39×3	60	$^{0}_{-0.74}$	41		66.96
M42×3	65		44		72.61
M45×3	70		47		78.26
M48×3	75		50		83.91
M50×3	77		50	±0.60	86.17
M52×3	80		52		89.56
M58×3	90		58		100.86
M64×3	95	$^{0}_{-0.87}$	64		106.37
M70×3	100		70		112.02
M76×3	105		76		117.67
M80×3	115		78		128.97

附 录 I
（资料性附录）
6B 型和 6BX 型法兰全螺纹螺栓长度的计算方法

I.1 计算

I.1.1 总则

式(I.1)和式(I.2)用于确定表中所列全螺纹螺栓的长度，并为用户确定表中没有给出的长度提供方便。

注：本附录不包括 SI 制等效值，本附录的计算仅用于 ASME B1.1 螺纹紧固件。

I.1.2 全螺纹螺栓的长度计算

$$L_{CSB} = A + n \qquad \text{(I.1)}$$

$$A = 2(T + 0.50t + d) + S \qquad \text{(I.2)}$$

式中：

L_{CSB}——计算的全螺纹螺栓长度(有效螺纹长度，不包括末端)；

A——不包括长度负公差 n 的全螺纹螺栓长度；

T——法兰总厚度；

t——法兰厚度的正公差；

d——重型螺母厚度(等于螺栓标称直径；参见 ASME B 18.2.2)；

S——法兰面间距，R 型和 RX 型的间距见表 55、表 52 中的尺寸 S，BX 法兰装配完后的间距值 S 为 0，见 I.4 和图 I.1；

n——螺栓长度的负公差：长度至 305 mm 时公差为 1.6 mm，长度在 305 mm～457 mm 时公差为 3.2 mm，长度大于 457 mm 时公差为 6.3 mm。

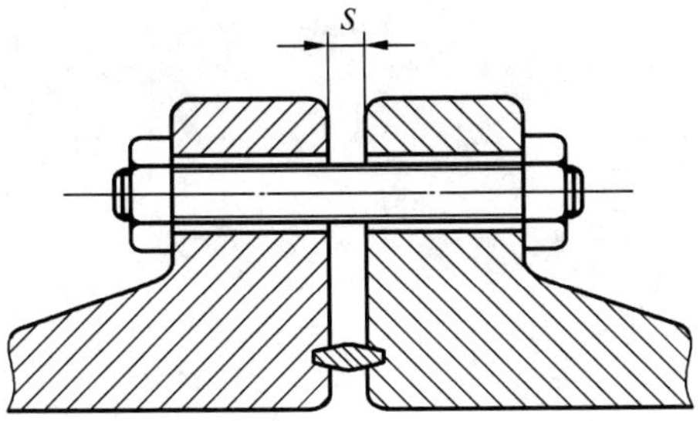

a) 6B 型法兰

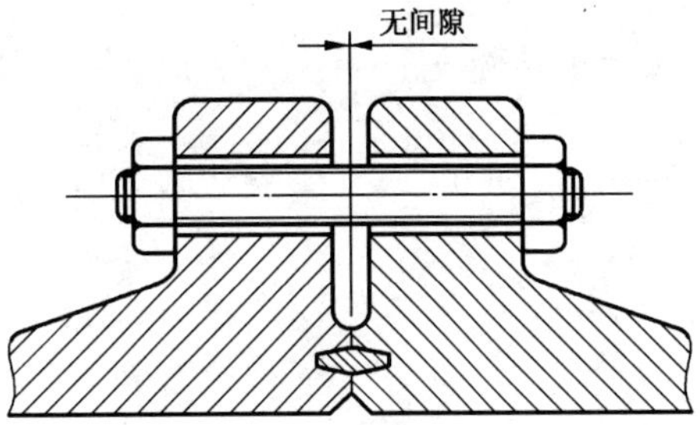

b) 6BX 型法兰

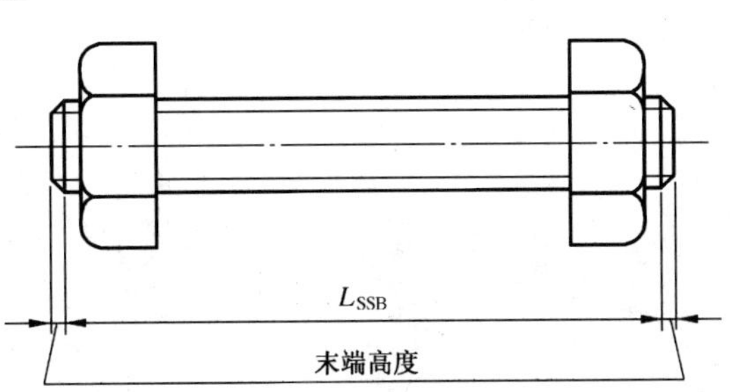

c) 带螺母的全螺纹螺栓

图 I.1 法兰上紧间距和螺柱长度

I.1.3 全螺纹螺栓规定长度

L_{SSB}为规定的全螺纹螺栓长度(除末端高度后的有效螺纹长度),L_{SSB}为L_{CSB}经圆整至近于商业通用长度后的双头螺栓长度。

I.2 圆整规则

如果L_{CSB}比任何6.3 mm增量大0.25 mm或更大,则向上圆整至向上一个6.3 mm增量;若L_{CSB}比6.3 mm小0.25 mm,则向下圆整至向下一个6.3 mm增量。

I.3 全螺纹螺栓末端高度

全螺纹螺栓超出螺纹部分的末端应是倒角或倒圆。每一末端的高度不应超过表I.1所给的值。

表I.1 全螺纹螺栓倒角高度

螺栓直径/mm	最大倒角高度/mm
12～22	3.2
>22～30	4.8
>30～42	6.3
>42～48	7.9
>48～58	9.5

I.4 法兰面间距值 *S*

上紧法兰后两法兰面间的近似间距*S*在表55和表52的垫环部分给出。由于采用RX型垫环装配的6B型法兰的*S*值大于采用R型垫环装配的相同法兰的*S*值,所以在计算全螺纹螺栓长度时,为保证每种类型垫环有足够的全螺纹螺栓长度,推荐采用RX垫环装配的*S*值。

附 录 J
（资料性附录）
推荐的法兰螺栓扭矩

J.1 总则

本附录表中的扭矩值适用于某些使用条件的6B和6BX型法兰。对影响法兰性能的螺栓预紧应力和其他因素，用户宜参考API TR 6AF、TR 6AF1、TR 6AF2和API Spec 6FA提供的数据。宜认识到对施加于螺母上的扭矩仅是几种接近紧固件张力和应力方式的一种。

J.2 表的依据

本附录中的表是计算得来的，仅便于用户使用。在计算时，假设了螺柱与螺母之间，以及螺母与法兰面之间一定的摩擦系数。

影响螺母扭矩和螺柱应力之间关系的一些因素是：

a) 螺纹尺寸和型式；

b) 螺柱、螺母和法兰面之间的表面粗糙度；

c) 螺母面和法兰面之间的平行度；

d) 螺纹的润滑和涂层类型及螺母的承压表面面积。

表中使用了两种摩擦系数。对螺纹和螺母承压表面为裸露金属时，应使用ISO 13678规定的螺纹脂使裸露金属得到良好润滑，摩擦系数近似为0.13；对螺纹和螺母表面涂以含氟聚合物时，采用摩擦系数近似为0.07。

表中所列材料性能相当于最常用的ASTM A 193中B7级和B7M级。具有其他强度级材料的扭矩值，可由表中扭矩值乘以新材料屈服强度与表中材料屈服强度之比得到。

J.3 方程式

式(J.1)～式(J.3)用于计算表J.1中的值：

$$A_s = \pi(D - 0.974\,3P)^2/4 \qquad \text{(J.1)}$$

$$F = \sigma A_s \qquad \text{(J.2)}$$

$$T = F \cdot E(P + \pi f \cdot E \cdot S)/[2(\pi E - P \cdot f \cdot S)] + F \cdot f(H + D + K)/4 \qquad \text{(J.3)}$$

式中：

A_s——应力面积，单位为平方毫米（mm^2）；

D——螺纹外径，单位为毫米（mm）；

P——螺纹螺距，单位为毫米（mm）；

F——单个螺柱的力，单位为牛（N）；

σ——螺柱的应力，单位为兆帕（MPa）；

T——扭矩，单位为牛毫米（N·mm）；

E——螺纹中径，单位为毫米（mm）；

f——摩擦系数；

S——Sec30°＝1.154 7；

H——六角螺母尺寸，为$1.5D+3.175$ mm；

K——螺母内倒角，为3.175 mm。

注：计算式中的应力是根据应力面积A_s，而不是本标准4.3.4中应力计算式要求的螺纹小径面积。

表 J.1 法兰栓接的推荐扭矩

螺柱直径 D		螺距 P/mm	螺柱 S_Y=550 MPa 螺栓应力=275 MPa			螺柱 S_Y=720 MPa 螺栓应力=360 MPa			螺柱 S_Y=655 MPa 螺栓应力=327.5 MPa		
mm	in		张力 F/kN	扭矩 (f=0.07)/(N·m)	扭矩 (f=0.13)/(N·m)	张力 F/kN	扭矩 (f=0.07)/(N·m)	扭矩 (f=0.13)/(N·m)	张力 F/kN	扭矩 (f=0.07)/(N·m)	扭矩 (f=0.13)/(N·m)
12.70	0.500	1.954	25	36	61	33	48	80			
15.88	0.625	2.309	40	70	118	52	92	155			
19.05	0.750	2.540	59	122	206	78	160	270			
22.23	0.875	2.822	82	193	328	107	253	429			
25.40	1.000		107	288	488	141	376	639			
28.58	1.125		140	413	706	184	540	925			
31.75	1.250		177	569	981	232	745	1 285			
34.93	1.375		219	761	1 320	286	996	1 727	—	—	—
38.10	1.500		265	991	1 727	346	1 297	2 261			
41.28	1.625		315	1 263	2 211	412	1 653	2 894			
44.45	1.750		369	1 581	2 777	484	2 069	3 636			
47.63	1.875		428	1 947	3 433	561	2 549	4 493			
50.80	2.000	3.175	492	2 366	4 183	644	3 097	5 476			
57.15	2.250		631	3 375	5 997	826	4 418	7 851			
63.50	2.500		788	4 635	8 271	1 032	6 068	10 828			
66.68	2.625								1 040	6 394	11 429
69.85	2.750								1 146	7 354	13 168
76.20	3.000								1 375	9 555	17 156
82.55	3.250		—	—	—	—	—	—	1 624	12 154	21 878
95.25	3.750								2 185	18 685	33 766
98.43	3.875								2 338	20 620	37 293
101.60	4.000								2 496	22 683	41 057

J.4 推荐的特殊法兰

由于下述法兰自身存在潜在高应力，所以在组装时螺栓应力不宜超过 275 MPa。法兰标称尺寸和对应的额定工作压力如下：

346 mm(13⅝ in)——13.8 MPa

425 mm(16¾ in)——13.8 MPa

540 mm(21¼ in)——13.8 MPa

346 mm(13⅝ in)——20.7 MPa

附　录　K
（规范性附录）
阀拆卸制备和阀拆卸堵规范

K.1　总则

本附录规定了阀拆卸制备和阀拆卸堵的要求。

K.2　设计

阀拆卸堵允许内部存在减压止回阀、内螺纹式连接装置和其他内部装置，但在本标准中没有详细规定。

K.3　尺寸

K.3.1　额定工作压力从 13.8 MPa～69.0 MPa 的阀拆卸制备尺寸

应符合表 K.1 和图 K.1、图 K.2。其所有螺纹锥度应为 1∶16（螺纹中径线与螺纹轴线的参考角为 1°47′24″），除非另有说明，角度公差应为±0°30′。

注：尖 V 形螺纹按 API BUL 5A、1994 年 10 月第 2 版表 9 的规定。

表 K.1　额定工作压力为 13.8 MPa～69.0 MPa 阀拆卸制备尺寸（见图 K.1 和图 K.2）

标称出口尺寸 mm(in)	额定工作压力 MPa	标称螺纹尺寸 A in	每英寸螺纹牙数	螺纹类型	螺纹孔孔径 $B\pm0.13$ mm	完整螺纹长度 C mm	止口（或倒角）直径 $D\pm0.8$ mm	直孔孔径 $E\pm0.4$ mm
46($1\frac{13}{16}$)	69.0	1.660	$11\frac{1}{2}$	管线管	38.96	27.4	49.3	36.8
52($2\frac{1}{16}$)		1.900		尖 V 形	45.03	38.4	55.6	42.2
65($2\frac{9}{16}$)		$2\frac{3}{8}$			57.00	44.7	65.0	53.8
78 和 79 ($3\frac{1}{16}$和 $3\frac{1}{8}$)		$2\frac{7}{8}$			69.65	55.9	77.7	65.7
103($4\frac{1}{16}$)		$3\frac{1}{2}$			85.83	62.2	103.1	81.5

单位为毫米

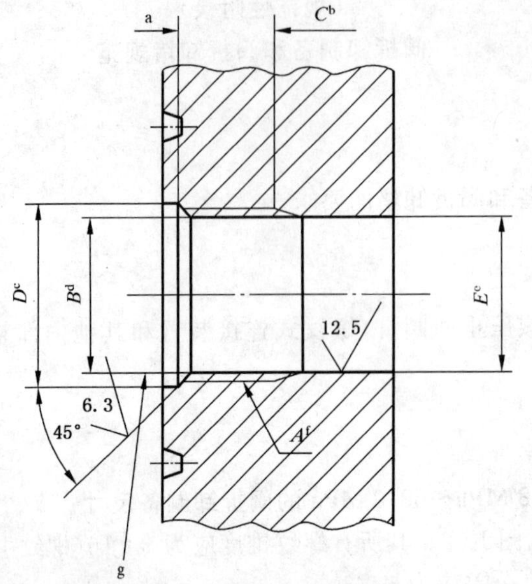

a 全螺纹；

b 参考值；

c 止口(或倒角)直径；

d 螺纹孔；

e 标准孔；

f 螺纹；

g 法兰端面的螺纹孔，从倒角底部处测量螺纹(止口可选)。

图 K.1 额定工作压力为 13.8 MPa～69.0 MPa 阀拆卸制备尺寸

单位为毫米

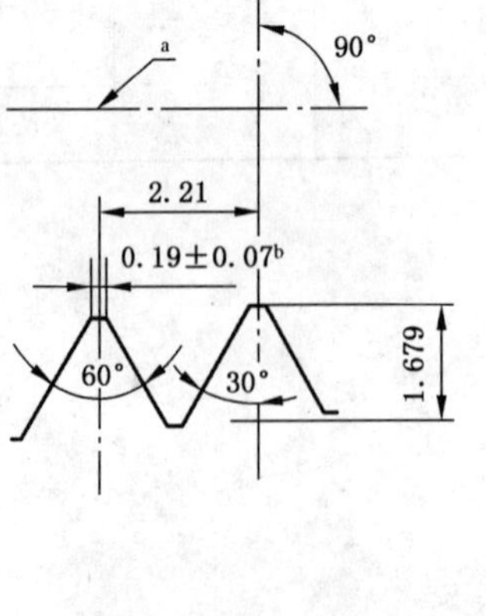

a 孔中心线；

b 牙顶宽度。

图 K.2 额定工作压力为 13.8 MPa～69.0 MPa 阀拆卸制备和阀拆卸堵螺纹结构尺寸

K.3.2 额定工作压力为 13.8 MPa～69.0 MPa 的阀拆卸堵尺寸

应符合表 K.2 和图 K.3、图 K.2 的要求。所有尺寸的螺纹锥度应为 1∶16(螺纹中径线与螺纹轴线参考角为 1°47′24″)，除非另有说明，角度公差应为±0°30′。

注：尖 V 形螺纹按 API BUL 5A，1994 年 10 月第 2 版表 9 的规定。

表 K.2 额定工作压力为 13.8 MPa～69.0 MPa 阀拆卸堵尺寸(见图 K.3 和图 K.2)

标称出口尺寸 mm(in)	额定工作压力/MPa	标称螺纹尺寸 A/in	每英寸螺纹牙数	螺纹类型	大端直径 B±0.12 mm	小端直径 C±0.12 mm	锥面长度 D/mm	完整螺纹长度 E/mm	阀拆卸堵总长 F±0.8 mm	倒角直径 G±0.4 mm	止口直径 L±0.4 mm	止口深度 M±0.8 mm
46(1 13/16)	69.0	1.660	11½	管线管	42.16	41.15	16.26	25.62	72.1	37.8	22.4	26.9
52(2 1/16)		1.900		尖 V 形	48.26	46.59	26.70	34.93	80.3	43.2	25.4	
65(2 9/16)		2⅜			60.33	58.26	32.04	41.28	86.6	54.9	38.1	
78 和 79 (3 1/16和 3⅛)		2⅞			73.03	70.26	44.18	52.39	97.5	66.9	44.5	41.4
103(4 1/16)		3½			88.90	85.74	50.52	58.74	103.9	82.4	69.9	44.5

单位为毫米

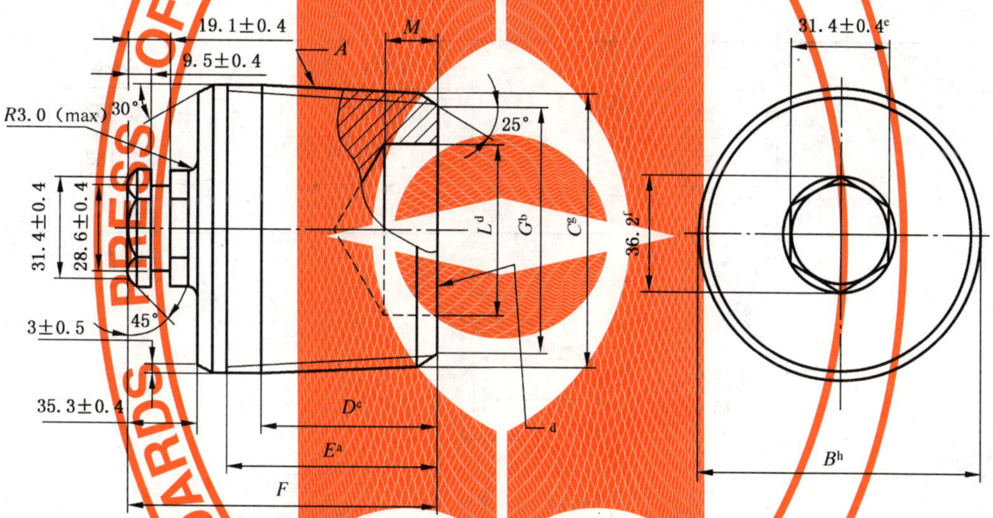

螺纹应从两螺纹深度平齐处测量。

a 全螺纹;

b 端部倒角;

c 圆锥的端点;

d 钻孔 L 深 M;

e 对边尺寸;

f 对角尺寸;

g 端面直径;

h 等于标称直径 A。

图 K.3 额定工作压力为 13.8 MPa～69.0 MPa 的阀拆卸堵尺寸

K.3.3 额定工作压力为 103.5 MPa～138.0 MPa 的阀拆卸制备尺寸

应符合表 K.3、表 K.4 和图 K.4、图 K.5 的要求。除非另有说明,角度公差应为±0°30′。

表 K.3　额定工作压力为 103.5 MPa～138.0 MPa 的阀拆卸制备尺寸（见图 K.4）

标称出口尺寸 mm(in)	额定工作压力/MPa	标称螺纹尺寸 A/in	每英寸螺纹牙数	螺纹小径 $D\pm0.10$ mm	倒角直径 $E\pm0.4$ mm	直孔直径 $F\pm0.13$ mm	锥面大径 $G\pm0.05$ mm	螺纹退刀槽直径 $H\pm0.4$ mm	锥面深度 $K\pm0.4$ mm
46($1\frac{13}{16}$)	138.0	$1\frac{3}{4}$	6	42.01	46.4	37.47	41.28	46.2	39.70
52($2\frac{1}{16}$)		2		48.36	52.7	43.82	47.63	53.0	
65($2\frac{9}{16}$)		$2\frac{1}{2}$		61.06	66.7	56.49	60.33	65.7	53.14
78($3\frac{1}{16}$)		3		73.76	78.1	69.22	73.03	78.2	

表 K.4　额定工作压力为 103.5 MPa～138.0 MPa 的阀拆卸制备螺纹结构尺寸（见图 K.5）

标称出口尺寸 mm(in)	额定工作压力/MPa	标称螺纹尺寸 A/in	每英寸螺纹牙数	螺纹大径 $B\pm0.25$ mm	螺纹中径 $C\pm0.25$ mm	螺纹小径 $D\pm0.10$ mm	螺纹根部宽度 J/mm
46($1\frac{13}{16}$)	138.0	$1\frac{3}{4}$	6	45.21	43.43	42.012	1.65
52($2\frac{1}{16}$)		2		51.56	49.78	48.362	
65($2\frac{9}{16}$)		$2\frac{1}{2}$		64.29	62.51	61.163	
78($3\frac{1}{16}$)		3		76.99	75.21	73.762	

单位为毫米

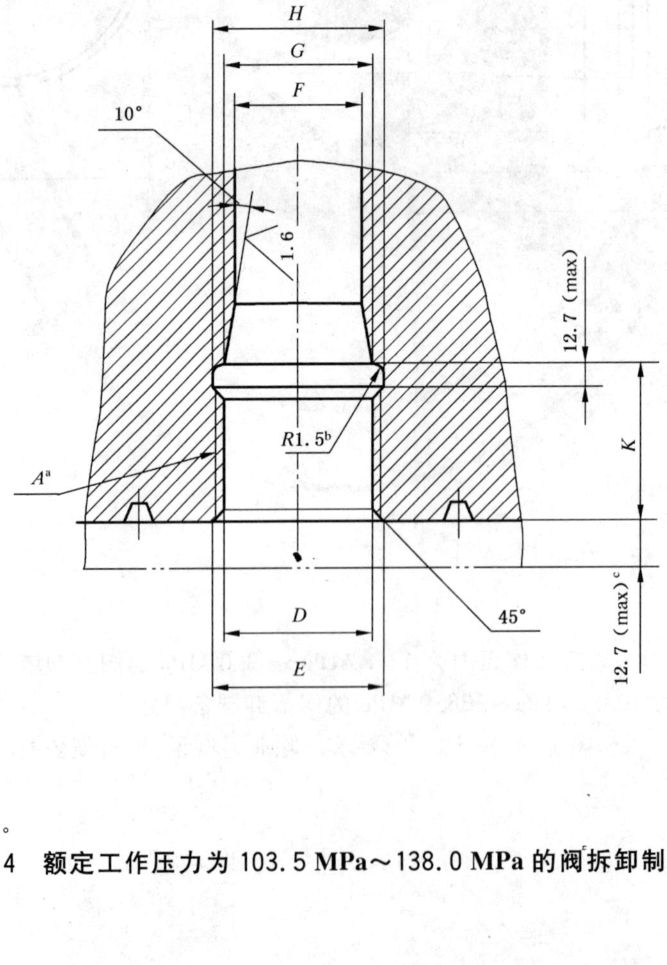

a 螺纹；

b 典型的圆角；

c 可选止口最大深度。

图 K.4　额定工作压力为 103.5 MPa～138.0 MPa 的阀拆卸制备尺寸

单位为毫米

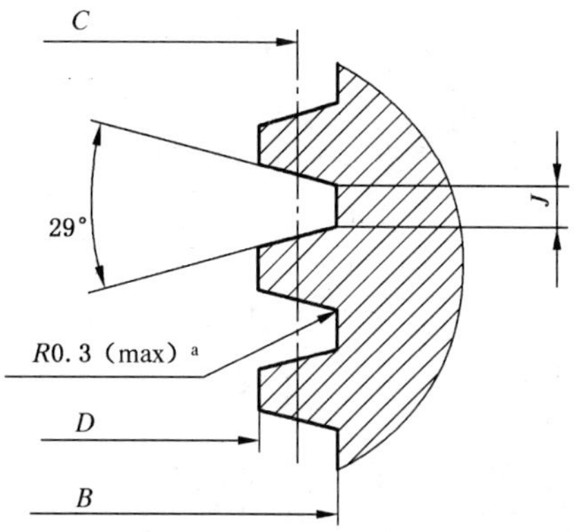

a 典型圆角。

B——大径；

C——中径；

D——小径；

J——参考值。

图 K.5 额定工作压力为 103.5 MPa～138.0 MPa 阀拆卸制备螺纹结构尺寸

（每英寸螺纹牙数为 6 的偏梯形螺纹，精度为 2G）

K.3.4 额定工作压力为 103.5 MPa～138.0 MPa 的阀拆卸堵尺寸

应符合表 K.5 和图 K.6。阀拆卸堵螺纹结构尺寸应符合表 K.6 和图 K.7，除非另有说明，角度公差应为±0°30′。所有尺寸的同轴度在 0.13 mm 之内。

表 K.5 额定工作压力为 103.5 MPa～138.0 MPa 的阀拆卸堵尺寸（见图 K.6）

标称出口尺寸 mm(in)	最大工作压力/MPa	标称螺纹尺寸 A/in	每英寸螺纹牙数	锥面大径 B±0.25 mm	总长 D±0.8 mm	SEA AS-568 O形密封尺寸代号 J	倒角直径 K±0.8 mm	止口直径 L±0.4 mm	止口深度 M±0.4 mm
46($1\frac{13}{16}$)	138.0	$1\frac{3}{4}$	6	40.64	95.3	126	38.1	—	—
52($2\frac{1}{16}$)		2		46.99	95.3	130	44.5		
65($2\frac{9}{16}$)		$2\frac{1}{2}$		59.66	106.4	138	59.2	23.8	15.9
78($3\frac{1}{16}$)		3		72.36	106.4	146	72.1	28.6	

表 K.6 额定工作压力为 103.5 MPa～138.0 MPa 的阀拆卸堵螺纹结构尺寸（见图 K.7）

标称出口尺寸 mm(in)	最大工作压力/MPa	标称螺纹尺寸 A/in	每英寸螺纹牙数	螺纹大径 E±0.10 mm	螺纹中径 F±0.3 mm	螺纹小径 G±0.3 mm	螺纹根部宽度 H mm
46($1\frac{13}{16}$)	138.0	$1\frac{3}{4}$	6	44.35	42.6	41.1	1.73
52($2\frac{1}{16}$)		2		50.70	49.0	47.5	
65($2\frac{9}{16}$)		$2\frac{1}{2}$		63.40	61.6	60.2	
78($3\frac{1}{16}$)		3		76.10	74.3	72.9	

单位为毫米

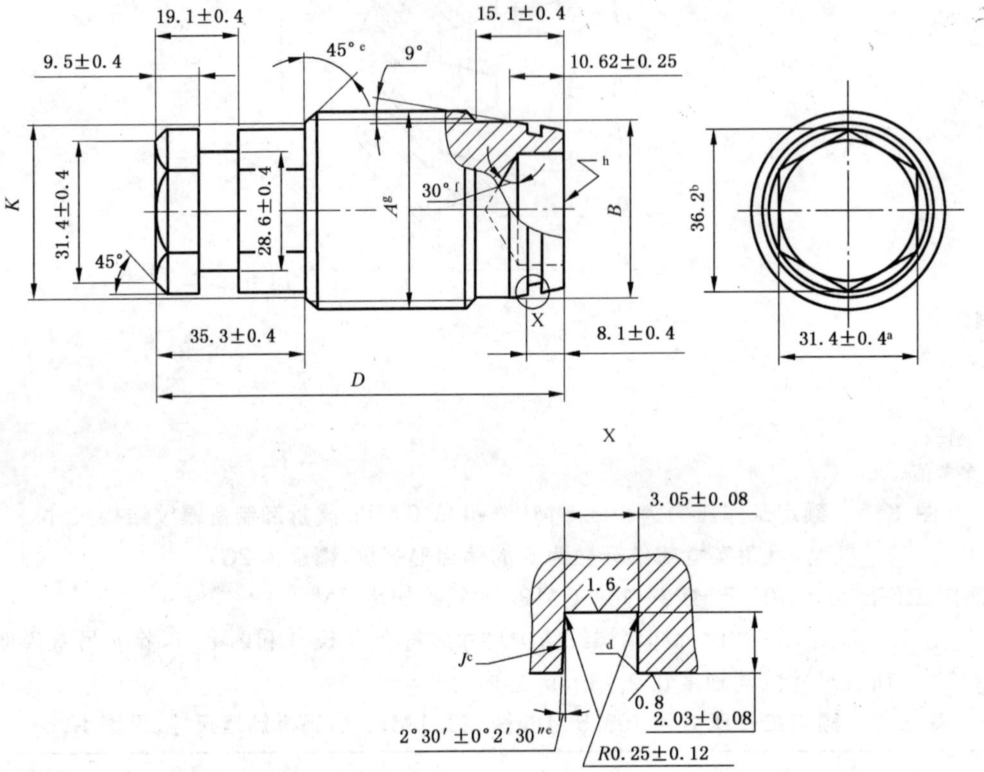

[a] 对边宽度；

[b] 对角宽度；

[c] 安装尺寸(见 SAE AS 568A O 形密封圈尺寸)；

[d] 倒角约为 $R0.12$ mm；

[e] 典型尺寸；

[f] 可选；

[g] 螺纹；

[h] 钻孔 L 深 M。

图 K.6　额定工作压力为 103.5 MPa～138.0 MPa 阀拆卸堵尺寸

单位为毫米

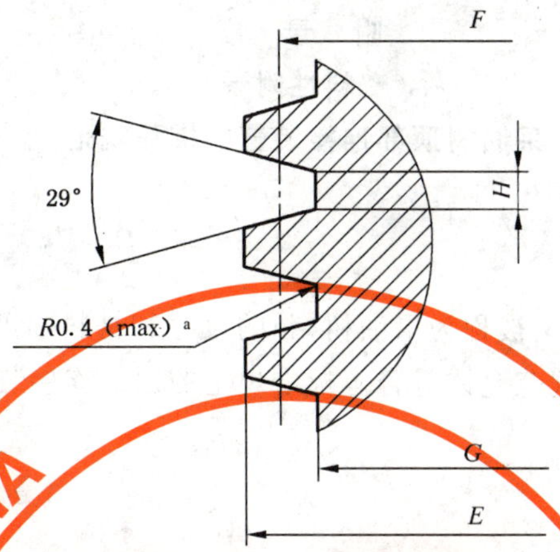

a 典型圆角。

E——大径；

F——中径；

G——小径；

H——参考值。

图 K.7 额定工作压力为 103.5 MPa～138.0 MPa 阀拆卸堵螺纹结构尺寸
（每英寸螺纹牙数为 6 的偏梯形螺纹，精度为 2G）

K.4 材料

阀拆卸堵本体材料除不要求冲击试验外，应满足 5.2 中 PSL2 的要求。工作压力为 13.8 MPa～69.0 MPa 的材料应标记 60 K，工作压力为 103.5 MPa～138.0 MPa 的材料应标记 75 K，阀拆卸堵应是 DD、FF 或 HH 类材料。

K.5 质量控制

产品规范级别不适合于阀拆卸堵，质量控制要求应符合表 34，对阀拆卸制备和阀拆卸堵的试验压力不要求。

K.6 标志

阀拆卸堵最少应标记如下内容：在本标准代号 GB/T 22513 后标记标称尺寸、“VR”（对 69.0 MPa 工作压力），或“HP VR”（对 138.0 MPa 工作压力）和材料级别。

K.7 贮存和运输

阀拆卸堵应按第 9 章的要求进行贮存和运输。

附 录 L
（资料性附录）
采油树顶部连接装置的推荐规范

L.1 总则

本附录推荐了顶部连接装置(又被称为采油树帽)的尺寸和材料强度,及最通用尺寸和额定工作压力值。本附录所指的尺寸和材料规范允许符合本标准规定的顶部连接装置的其他要求。如果应用本附录,则应满足下列要求。

L.2 材料

材料应满足5.2的要求。为了适用于H_2S条件,材料应有517 MPa的最低屈服强度和237HBW的最高硬度。选择适当的材料应按表3进行。

L.3 设计

顶部连接装置按照表L.1、表L.2及图L.1、图L.2所示的标称尺寸范围和额定工作压力值进行设计。

在图L.2中没有指明接头组装所传递的扭距,本标准对此不作规定。

L.4 顶部连接装置尺寸

螺纹应符合在表L.1中规定的ASME B 1.5 ACME螺纹(梯形螺纹)的要求。

顶部连接装置的尺寸应符合表L.1、表L.2、图L.1和表L.3,法兰尺寸应符合10.1相应的表和要求,毂符合GB/T 20174的要求。

列于表L.2、图L.1中的顶部连接装置的最大孔,一般不应大到让表31中的通径规通过,并且也没有必要通过背压阀。

L.5 密封尺寸

顶部连接装置的O形密封圈的尺寸和材料在表L.4和表L.5中进行了规定,同时还应符合SAE AS 568 A。

L.6 排放连接尺寸

排放连接尺寸应根据顶部连接装置的额定工作压力,符合4.4.4或10.11的要求。

L.7 质量控制

质量控制要求应符合10.19.6的要求。

L.8 标志

标志应符合第8章的规定。

L.9 贮存和运输

贮存和运输应按第9章的规定进行。顶部连接装置应附带排泄管堵一同运输。

表 L.1 顶部连接装置标准尺寸

采油树帽标称尺寸		额定工作压力		螺纹尺寸 A^a/ in	密封孔直径	
in	mm	MPa	psi		mm	in
2 9/16	65	103.5	15 000	5 3/4—4THD Acme-2G	101.60	4.000
2 9/16	65	138.0	20 000	6 1/4—4THD Acme-2G	101.60	4.000
3	76	34.5	5 000	5 3/4—4THD Acme-2G	101.60	4.000
3	76	69.0	10 000	5 3/4—4THD Acme-2G	101.60	4.000
3	76	103.5	15 000	7 1/2—4THD Acme-2G	139.70	5.500
4	102	34.5	5 000	8 3/8—4THD Acme-2G	133.35	5.250
4	102	69.0	10 000	8 3/8—4THD Acme-2G	133.35	5.250
4	102	103.5	15 000	9 1/2—4THD Acme-2G	158.75	6.250
5	127	34.5	5 000	9—4THD Acme-2G	171.45	6.750
5	127	69.0	10 000	9—4THD Acme-2G	171.45	6.750
5	127	103.5	15 000	12 1/4—4THD Acme-2G	177.80	7.000
6 3/8	162	34.5	5 000	9 1/2—4THD Acme-2G	203.20	8.000
6 3/8	162	69.0	10 000	11 1/2—4THD Acme-2G	209.55	8.250
注：具有 517 MPa 的最低屈服强度的材料适用于 DD、EE、FF 或 HH 的材料级别。						
[a] 见图 L.2。						

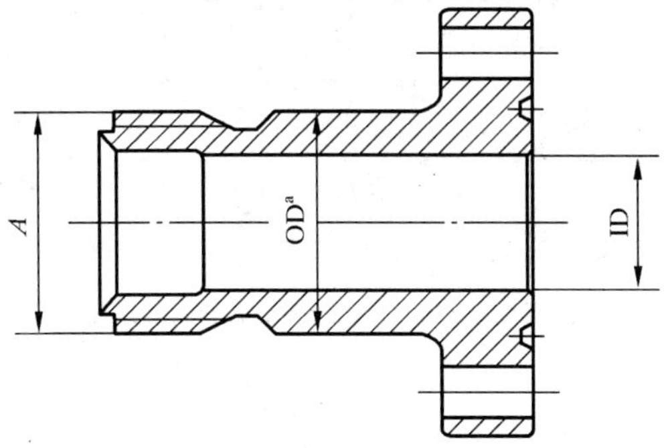

[a] 轮毂。

图 L.1 顶部连接装置本体、内部和外部直径图

表 L.2　顶部连接装置本体、内部和外部直径

螺纹尺寸 *A*/in	额定工作压力		最大孔 ID[a]		最小轮毂外径 OD	
	MPa	psi	mm	in	mm	in
5¾—4THD Acme-2G	34.5	5 000	51.3	2.02	63.2	2.49
5¾—4THD Acme-2G	34.5	5 000	64.0	2.52	79.0	3.11
5¾—4THD Acme-2G	34.5	5 000	76.7	3.02	94.5	3.72
5¾—4THD Acme-2G	69.0	10 000	51.3	2.02	69.6	2.75
5¾—4THD Acme-2G	69.0	10 000	64.0	2.52	87.9	3.46
5¾—4THD Acme-2G	69.0	10 000	76.7	3.02	104.6	4.12
5¾—4THD Acme-2G	103.5	15 000	51.3	2.02	83.3	3.28
5¾—4THD Acme-2G	103.5	15 000	67.0	2.52	104.6	4.12
5¾—4THD Acme-2G	103.5	15 000	66.6	2.62	109.0	4.29
6¼—4THD Acme-2G	138.0	20 000	66.6	2.62	144.5	5.69
7½—4THD Acme-2G	103.5	15 000	76.7	3.02	126.7	4.99
8¾—4THD Acme-2G	34.5	5 000	102.1	4.02	125.7	4.95
8¾—4THD Acme-2G	69.0	10 000	102.1	4.02	139.2	5.48
9½—4THD Acme-2G	103.5	15 000	102.1	4.02	166.4	6.55
9½—4THD Acme-2G	34.5	5 000	162.6	6.4	200.2	7.88
9—4THD Acme-2G	34.5	5 000	127.5	5.02	157.0	6.18
9—4THD Acme-2G	69.0	10 000	127.5	5.02	174.0	6.85
12¼—4THD Acme-2G	103.5	15 000	127.5	5.02	212.1	8.35
11½—4THD Acme-2G	69.0	10 000	162.6	6.4	221.7	8.73

[a] 见图 L.2。

单位为毫米

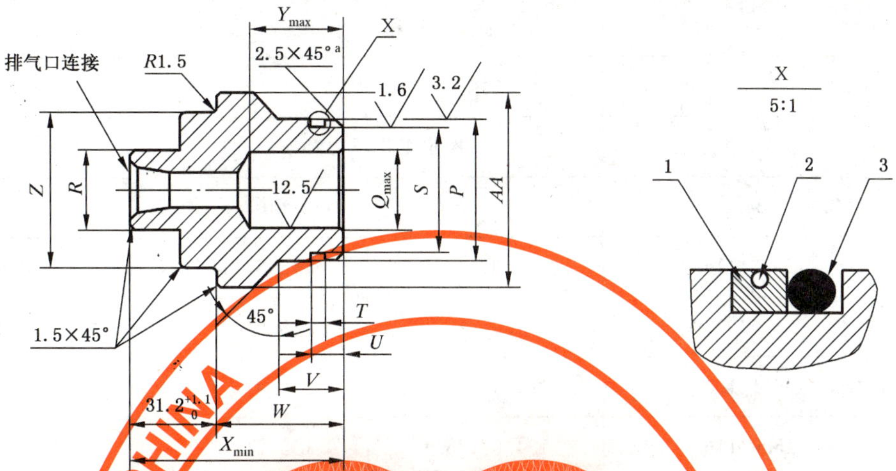

a) 空心管堵

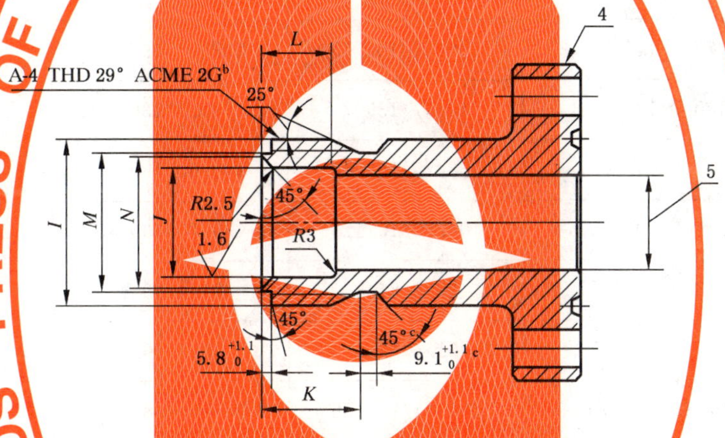

b) 本体

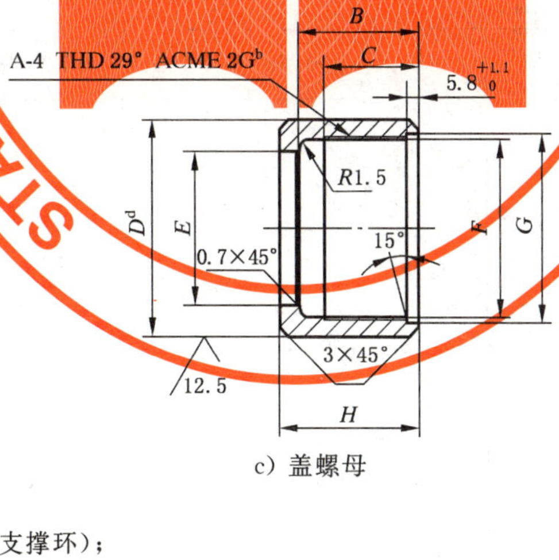

c) 盖螺母

1——支撑环(如果使用);

2——O形密封圈(如果使用支撑环);

3——主O形密封圈(如果使用支撑环);

4——符合10.1的法兰;

5——符合表K.2或10.1的内径(ID)。

[a] 单边壁厚小于10.16 mm时用1.5 mm×45°;

[b] 去除毛刺(螺纹见表L.1);

[c] 如果适用;

[d] 滚花槽宽(1.5±0.5)×深(1.0±0.5)×45°,沿整个长度和圆周外表面用典型36槽,仅需目视检查。

图 L.2 采油树顶部连接装置

表 L.3　顶部连接装置尺寸(见图 L.2)

外形尺寸/mm	标称尺寸/in			
	$2\frac{9}{16}$　3　3	$2\frac{9}{16}$	3	4　4
	额定工作压力/MPa			
	103.5　34.5　69.0	138.0	103.5	34.5　69.0
B	113.3/114.3	114.3/115.3	113.8/114.3	118.6/119.1
C	88.9/91.9	91.9/92.5	88.9/89.4	92.2/92.7
D	166.1/165.1	191.5/190.5	216.9/215.9	242.6/242.1
E	115.6/116.1	134.6/135.1	155.2/155.7	182.1/182.6
F	139.70/140.00	152.40/152.70	184.15/184.45	206.38/206.68
G	147.57/148.08	160.27/160.78	192.02/192.53	214.25/214.76
H	140.7/139.7	140.7/139.7	140.7/139.7	140.0/138.9
I	146.05/145.72	158.75/158.42	190.50/190.17	212.73/212.39
J	101.60/101.75	101.60/101.75	139.70/139.85	133.35/133.50
K	86.9/85.9	82.8/81.8	91.4/90.4	95.8/94.7
L	75.7/76.7	91.4/92.5	75.7/76.7	67.6/68.6
M	137.52/137.01	150.16/149.68	181.81/181.31	203.96/203.45
N	126.5/127.5	145.5/146.6	164.6/165.6	188.5/189.5
P	101.50/101.35	101.50/101.35	139.60/139.45	133.25/133.10
Q	66.5	66.5	91.7	102.1
R	51.3/50.3	51.3/50.3	51.3/50.3	51.3/50.3
S	92.35/92.20	92.35/92.20	130.45/130.30	121.46/121.31
T	6.6/7.6	17.0/18.0	17.5/18.5	9.1/10.2
U	18.5/19.6	34.5/35.6	34.5/35.6	18.5/19.6
V	60.5/61.5	60.5/61.5	60.5/61.5	36.1/37.1
W	106.2/105.2	114.8/113.8	106.2/105.2	97.0/96.0
X	166.9	174.5	165.4	148.3
Y	76.2	88.9	76.2	70.4
Z	114.8/114.3	133.9/133.4	154.4/153.9	178.3/177.8
AA	139.4/138.9	151.9/151.4	181.9/181.4	204.7/204.2

表 L.3（续）

外形尺寸/mm	标称尺寸/in				
	4	5　　5	5	$6\frac{3}{8}$	$6\frac{3}{8}$
	额定工作压力/MPa				
	103.5	34.5　　69.0	103.5	34.5	69.0
B	116.8/117.3	113.8/114.3	177.8/178.3	113.8/114.3	153.4/153.9
C	101.6/102.1	101.6/102.1	136.7/137.2	101.6/102.1	123.7/125.2
D	277.9/276.9	267.7/266.7	369.3/368.3	267.7/266.7	331.2/330.2
E	209.6/210.1	200.9/201.4	261.4/261.9	217.2/217.7	253.2/253.7
F	234.95/235.25	222.25/222.55	304.80/305.10	234.95/235.25	285.75/286.05
G	242.82/243.33	230.12/230.63	312.67/313.18	242.82/243.33	293.62/294.13
H	140.7/139.7	140.7/139.7	222.8/221.7	140.7/139.7	186.2/185.2
I	241.30/240.97	228.60/228.27	311.15/310.82	241.30/240.97	292.10/291.77
J	158.75/158.90	171.45/171.60	177.80/177.95	203.20/203.35	209.55/209.70
K	82.3/81.3	100.6/99.6	118.6/117.6	102.1/101.1	117.9/116.8
L	88.9/89.9	72.6/73.7	111.3/112.3	68.6/69.6	94.7/95.8
M	234.44/233.93	219.81/219.30	302.11/301.60	232.46/231.95	283.11/282.60
N	218.2/219.2	202.7/203.7	289.1/290.1	228.1/229.1	272.5/273.6
P	158.65/158.50	171.35/171.20	177.70/177.55	203.10/202.95	209.45/209.30
Q	102.1	140.7	130.0	177.8	162.6
R	51.3/50.3	51.3/50.3	51.3/50.3	51.3/50.3	51.3/50.3
S	146.86/146.71	159.56/159.41	165.91/165.76	191.31/191.16	197.66/197.51
T	17.0/18.0	9.1/10.2	19.8/20.8	9.1/10.2	19.8/20.8
U	31.2/32.3	23.1/24.1	40.6/41.7	20.3/21.3	40.6/41.7
V	52.8/53.8	53.3/54.4	51.3/52.3	53.3/54.4	51.3/52.3
W	118.9/117.9	102.1/101.1	159.3/158.2	91.4/90.4	124.5/123.4
X	172.0	157.7	236.0	150.6	189.5
Y	83.8	95.0	114.3	53.3	96.5
Z	206.8/206.2	200.2/199.6	260.6/260.1	216.4/215.9	252.5/252.0
AA	233.4/232.9	220.7/220.2	303.5/303.0	233.9/233.4	284.4/283.7

表 L.4　H_2S 条件下的顶部连接管堵的密封件

标称尺寸/in	额定工作压力		密封件[c]	要求有支撑环[a]
	MPa	psi		
2 9/16	103.5	15 000	SAE AS 568-342-90 FKM	—
3	34.5	5 000	SAE AS 568-342-90 FKM	—
3	69.0	10 000	SAE AS 568-342-90 FKM	—
2 9/16	138.0	20 000	SAE AS 568-342-90 FKM SAE AS 568-153-80 FKM[b]	有
3	103.5	15 000	SAE AS 568-354-90 FKM SAE AS 568-159-80 FKM[b]	有
4	34.5	5 000	SAE AS 568-427-90 FKM	—
4	69.0	10 000	SAE AS 568-427-90 FKM	—
4	103.5	15 000	SAE AS 568-439-90 FKM SAE AS 568-161-80 FKM[b]	有
5	34.5	5 000	SAE AS 568-438-90 FKM	—
5	69.0	10 000	SAE AS 568-438-90 FKM	—
5	103.5	15 000	SAE AS 568-439-90 FKM SAE AS 568-166-80 FKM[b]	有
6 3/8	34.5	5 000	SAE AS 568-443-90 FKM	—
6 3/8	69.0	10 000	SAE AS 568-444-90 FKM SAE AS 568-168-80 FKM[b]	有

注：规定的所有 O 形密封圈适用于 H_2S 条件。

[a] 支撑环的细节和尺寸见图 L.3 和表 L.5。

[b] 标记 80(硬度计)的 O 形圈用于支撑环的外侧。

[c] FKM 依据 ASTM D 1418。

表 L.5　O 形密封圈支撑环(见图 L.3)

标称尺寸		额定工作压力/MPa	OD/mm	IDR/mm	ID/mm
in	mm				
2 9/16	65	138.0	102.84～102.95	97.79～98.04	93.65～93.75
3	76	103.5	140.94～141.10	135.64～136.14	131.80～131.95
4	102	103.5	159.94～160.10	154.69～154.94	148.31～148.46
5	127	103.5	178.59～178.74	172.97～173.23	166.70～166.85
6 3/8	162	69.0	210.34～210.49	204.72～204.98	198.45～198.60

单位为毫米

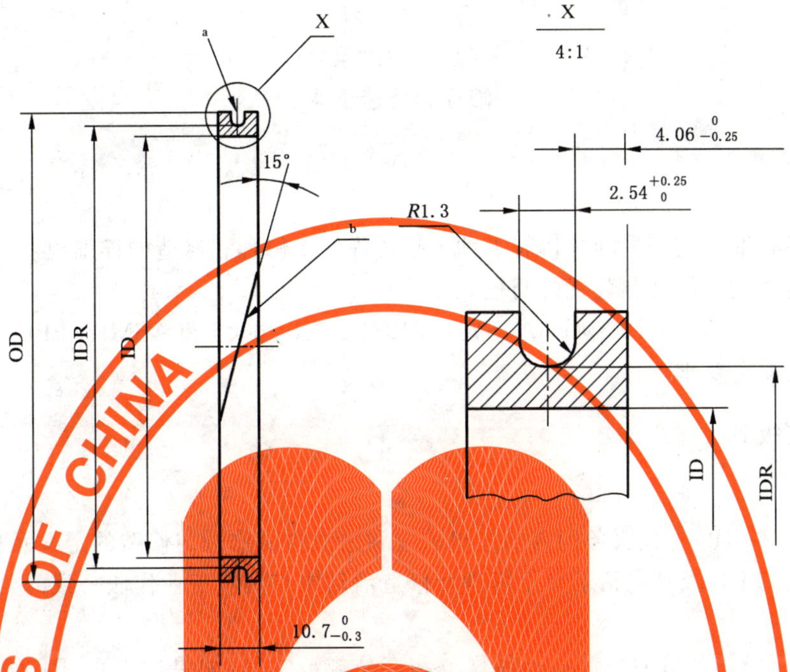

材料:尼龙,在安装前用水煮沸 4 h。

[a] O形密封圈尺寸见表 L.4;

[b] 平面切削 0.8 mm 宽,不允许有台阶。

图 L.3　O形密封圈的支撑环

附 录 M[3]
（规范性附录）
修理和修造要求

M.1 总则

本附录为按本标准最初制造的井口装置和采油树提供了修理和修造的详细说明。本附录不适合于更换或不更换零件的现场修理和装置的调整。

本附录还提供了原始按 API Spec 6A、SY/T 5127、SY/T 10006 和 ASME SPPE 1 制造的井口装置和采油树的修理与修造要求。

M.2 修理和修造级别

M.2.1 总则

修理和修造级别(RL)为在服务期内的井口装置和采油树的修理与修造的定义及控制提供了依据。在本附录中被定义的 RL 级别包括了对于修理和修造活动中与测量工业作法一致的要求。

M.2.2 RL 级别

RL 级别代表了最初制造的装置的产品规范和产品规范级别(如果适用)。RL 级别表示了与修理和修造装置相关的技术要求级别，但不代表与特殊使用条件或性能要求的相应装置。表 M.1 概括了本附录的要求，有助于用户和修理者/修造者选择装置的适当的 RL 级别。

M.2.3 RL 级别的应用

最初的产品规范和 PSL 级别应按如下来确定被修理或修造的装置的 RL 级别。

a) 最初按照 API Spec 6A 先前版本介绍的 RSL 级别进行制造、标志的装置，应按 RL1 修理或修造；

b) 按照 PSL 1 最初制造、标志的装置，应按 RL1 修理或修造；

c) 按照 PSL 2 最初制造、标志的装置，应按 RL1 或 RL2 修理或修造；

d) 按照 PSL 3 最初制造、标志的装置，应按 RL1、RL2 或 RL3 修理或修造；

e) 按照 PSL 4 最初制造、标志的装置，应按 RL1、RL2、RL3 或 RL4 修理或修造；

f) 按照 SY/T 10006 或 ASME SPPE 1 最初制造、标志的装置，应按 RL2 修理或修造。

本附录不适于那些未能按最初制造并标志的装置(在表 M.1 中标志的任何产品规范)的修理和修造。

表 M.1 附录 M 要求的一览表

要 求	RL 1	RL 2	RL 3	RL 4
相应的 PSL 级别	PSL 1	PSL 2	PSL 3	PSL 4
最初按照 API Spec 6A 先前版本介绍的 PSL 级别进行制造、标志的装置				
按照 PSL 1 最初制造、标志的装置	×			
按照 PSL 2 最初制造、标志的装置	×	×		
最初按 SY/T 10006 或 ASME SPPE 1 制造、标志的装置		×		

3) 该附录已被 API Spec 6A(第 19 版)取消，API Spec 6A 产品没有修理和修造的要求，也没有相应的标志。

表 M.1（续）

要　求	RL 1	RL 2	RL 3	RL 4
相应的 PSL 级别	PSL 1	PSL 2	PSL 3	PSL 4
按照 PSL 3 最初制造、标志的装置	×	×	×	
按照 PSL 4 最初制造、标志的装置	×	×	×	×
设计状态不确定	×			
设计状态可接收	×	×	×	×
按照 OEM[a] 装置设计制造部件		×	×	×
OEM 替代部件		×	×	×
全部拆卸和清洗		×	×	×
目视检查	×[b]	×	×	×
本标准规定尺寸的尺寸鉴定	×	×	×	×
修造部件的表面 NDE		×	×	×
包括材料鉴别在内的焊接控制	×	×	×	×[c]
修造部件焊缝的目视检查		×	×	×[c]
修造部件焊缝的表面 NDE		×	×	×[c]
修造部件焊缝的内部 NDE		×	×	×[c]
焊缝硬度试验			×	×[c]
酸性条件的硬度试验	×[e]	×[e]	×[e]	×[e]
本标准要求的硬度试验		×[e]	×[e]	×[e]
拆卸可追溯			×	×
静水压本体试验	×[f]	×	×	×
静水压阀座试验	×	×	×	×
延时型阀座试验			×	×
通径试验	×	×	×	×
气密封试验			×[d]	×
提供给用户的合格证			×	×
提供给用户的装配可追溯和试验记录			×	×
提供给用户的完整的质量控制记录				×

[a] OEM——原始设备制造商。
[b] 仅对允许总装范围内的检验要求。
[c] 除堆焊层外不允许焊接。
[d] 仅对 PSL 3G 进行气密封试验。
[e] 应用于本体、盖、端部和出口连接及阀杆。
[f] 仅要求在工作压力下进行静水压试验。

M.3 设计和性能要求

M.3.1 性能要求——总则

更换的零件或修造的装置和零件应设计来满足或超过原设计装置的要求。对 RL1 至 RL4，应按第 4 章和第 10 章的要求，根据相应的 PSL 级别和性能要求(PR)进行设计。

M.3.2 更换零件的设计

更换零件应按如下设计要求：

a) 对 RL1 的更换零件应按照与原始设备制造商(OEM)相同功能、相似材料的原设计文件进行制造；

b) 对 RL2 至 RL4 的更换零件应由 OEM 制造，并应满足或超过原零件的设计要求。

M.3.3 修造零件的设计

a) 对 RL1 的修造零件应按照与原始设备制造商(OEM)相同功能、相似材料的原设计文件进行制造；

b) 对 RL2 至 RL4 的修造零件应满足或超过 OEM 的设计要求。

M.3.4 设计状态

修理或修造建立的 RL 级别应包括设计状态的规定，该设计状态由 OEM 根据装置标志和装置标志的追踪记录进行规定。如果设计状态不清楚，则装置仅能按 RL1 进行修理/修造。

由于设计变更，不再适合原始设备制造商(OEM)的修理和修造而确定的装置设计，不应按本附录的修理或修造进行验收。变更的设计如材料、工艺、物理特性或应用。

M.4 材料

制造更换零件的材料应符合 PSL 及第 5 章的相应要求。

M.5 修理和修造

M.5.1 人员

本附录述及的执行修理和修造操作的人员，应是按修理者/修造者的书面要求进行鉴定的合格者，这些书面要求至少包括人员培训和资格要求。

M.5.2 装置鉴别

被修理装置应通过下列标志、或标志的追踪记录进行鉴别：

a) 原制造商家；

b) 规格和工作压力；

c) PSL、PR、额定温度值、材料级别/封存流体额定值/API 14 D 服务类别及相应的 RL；

d) 序列号和其他有关的可追溯性资料(如适合时)；

e) 总体情况意见；

f) 产品设计状态。

修理者/修造者，应对装置的修理或修造标明的 RL 级别和 RL 级别的确定原则等资料形成文件。

M.5.3 装置的修理

装置的修理不应包括本体、盖、端部和出口连接、阀杆和阀孔密封机构的修造。

装置的修理应按如下要求进行：

a) 装置应按修理/修造单位的书面规范进行拆卸和清洗。控制特性应包括分类或以其他方式识别每一组装零件，以避免重新装配时混淆或装错；

b) RL2 至 RL4,要求全部拆卸;

c) RL1 拆卸后,装置应按本附录的要求需进行评估,更换零件需装回到原工作条件下的装置上;

d) 目视检查应按包括验收准则在内的书面规范进行,检验结果应形成书面文件;

e) 按本标准控制的所有尺寸均应验证,验证结果应形成书面文件,并保存;

f) 硬度试验应按本附录的要求执行;

g) 那些更换或修造的零件需装回原工作条件下的装置上。更换零件应根据装置 PSL 级别相应的 RL 级别进行修理,除了本体、盖、端部与出口连接、阀杆和阀孔密封机构外的其他修造零件,应按修理者/修造者的质量控制要求进行修造;

h) 装置应按修理者/修造者的书面规范重新组装;

i) 修理后的装置应按第 7 章中 RL 级别相应的 PSL 级别的要求进行试验。

M.5.4 装置的修造

装置的修造包括本体、阀盖、端部与出口连接、阀杆和阀孔密封机构的修造。其他零件的修造需装回到原工作条件下的装置上。

装置的修造应按如下要求进行:

a) 装置应按修理/修造单位的书面规范进行拆卸和清洗。控制特性应包括分类或以其他方式识别每一组装零件,以避免重新装配时混淆或装错;

b) RL2 至 RL4,要求全部拆卸;

c) RL1 拆卸后,装置按本附录的要求需进行评估,更换零件需装回到原工作条件下的装置上;

d) 目视检查应按包括验收准则在内的书面规范进行,检验结果应形成书面文件;

e) 按本标准控制的所有尺寸均应验证,验证结果应形成书面文件,并保存;

f) 硬度试验应按本附录的要求执行;

g) 修造零件的尺寸检验和无损检测按本附录的要求进行,检验和试验结果应写成书面文件;

h) 不符合验收准则的所有更换或修造零件。更换零件应按装置 PSL 级别相应的 RL 级别进行修理,修造零件应按本附录质量控制要求进行修造;

i) 装置应按修理者/修造者的书面规范重新组装;

j) 修理后的装置应按第 7 章中 RL 级别相应的 PSL 级别的要求进行试验。

M.6 焊接

从 RL1 至 RL4,焊接材料应标志,并且焊接应按第 6 章中,被修理的装置 RL 级别相应的 PSL 级别进行。

M.7 质量控制

M.7.1 总则

包括在本附录中的质量控制表 M.2 和表 M.3 提供了特殊零件和装置的基本要求。

M.7.2 人员

执行质量控制活动的人员应是按第 7 章的要求的合格资格者。

M.7.3 测量和试验装置

测量和试验装置应按第 7 章要求进行维护和校准。

M.7.4 本体、盖及端部和出口连接装置(重复使用的零件)

表 M.2 列出了对于本体、盖、端部及出口连接、阀杆和芯轴式悬挂器部件等重复使用零件的质量控制要求。

表 M.2 本体、盖、端部及出口连接、阀杆和芯轴式悬挂器本体(重复使用零件)的质量控制要求

项目		见相应条款			
		RL 1	RL 2	RL 3	RL 4
硬度试验		M.7.4.1.1	M.7.4.1.1	M.7.4.3.1	M.7.4.3.1
尺寸验证		M.7.4.1.2	M.7.4.1.2	M.7.4.1.2	M.7.4.1.2
可追溯性		—	—	M.7.4.3.3	M.7.4.3.3
目视检查		M.7.4.1.3	M.7.4.2.3	M.7.4.2.3	M.7.4.2.3
表面 NDE		—	M.7.4.2.4	M.7.4.3.5	M.7.4.3.5
焊缝 NDE	总则	M.7.4.1.4	M.7.4.2.5	M.7.4.2.5	M.7.4.4.6[a]
	目视检查	—	M.7.4.2.6	M.7.4.2.6	M.7.4.2.6[a]
	表面 NDE		M.7.4.2.7	M.7.4.3.8	M.7.4.3.8[a]
	修理焊缝		M.7.4.2.8	M.7.4.3.9	M.7.4.4.9[a]
	内部 NDE		M.7.4.2.9	M.7.4.2.9	—
	焊缝硬度试验			M.7.4.3.11	—

[a] 对 PL4 除堆焊层和堆焊层修理外不允许焊接。

M.7.4.1 RL1

M.7.4.1.1 硬度试验

打算在酸性条件下所有重复使用的零件,应按 7.4.1.5,用 7.4.2.1.3 规定的方法进行硬度试验。

M.7.4.1.2 尺寸验证

按本标准控制的所有尺寸应进行验证。

由修造影响的所有尺寸应按设计规范所规定的文件进行验证。

M.7.4.1.3 目视检查

允许拆卸区域的所有易接近表面应进行目视检查。

修理者/修造者应按包括验收准则在内的书面规范进行目视检查。

M.7.4.1.4 焊缝 NDE

焊接的质量控制应符合表 12。

M.7.4.2 RL2

M.7.4.2.1 硬度试验

RL2 的硬度试验要求与 RL1 要求相同。

M.7.4.2.2 尺寸验证

RL2 的尺寸验证要求与 RL1 要求相同。

M.7.4.2.3 目视检查

RL2 的目视检查除了所有易接近表面均应检查外,目视检查要求与 RL1 相同。

M.7.4.2.4 表面 NDE

受修造影响的所有易接近湿润表面和所有易接近的密封表面,应按 7.4.2.2.8 或 7.4.2.2.9 的要求进行检验。

M.7.4.2.5 焊缝 NDE——总则

焊接的质量控制要求应符合 7.4.2.2.10。

M.7.4.2.6 焊缝 NDE——目视

所有焊缝应按 7.4.2.2.11 的要求目视检查。

M.7.4.2.7 焊缝 NDE——表面

焊缝表面 NDE 应按 7.4.2.2.12 的要求进行，另外，所有易接近的湿润表面和密封表面，应在最终热处理和机加工之后进行检验。

M.7.4.2.8 修理焊缝

所有修理焊缝应按 7.4.2.2.13 的要求进行检验，另外，所有易接近的湿润表面和密封表面，应在最终热处理和机加工之后进行检验。

M.7.4.2.9 焊缝 NDE——内部

焊缝修理大于壁厚 25%或 25 mm(取最小值)的所有承压焊缝和所有修理焊缝，均应按 7.4.2.2.14 检验。

M.7.4.3 RL3

M.7.4.3.1 硬度试验

除了所有部件应按修理者/修造者规定位置至少进行一个位置硬度试验以外，RL3 的硬度试验要求应与 RL2 相同。验收准则应符合 7.4.2.1.3 和 7.4.1.5 的要求。如果原始设备制造商(OEM)的规定要求超过本标准的要求，则验收准则还应满足 OEM 的规定要求。

M.7.4.3.2 尺寸验证

RL3 的尺寸验证要求与 RL1 要求相同。

M.7.4.3.3 可追溯性

如果按照 7.4.2.3.14 标志连续性代码不再清晰或不能追溯到零件的所有零件，不应再用。

M.7.4.3.4 目视检查

RL3 的目视检查要求与 RL2 相同。

M.7.4.3.5 表面 NDE

除了磁粉检验应使用湿荧光法外，RL3 的表面 NDE 的要求应与 RL2 相同。

M.7.4.3.6 焊缝 NDE——总则

焊缝的质量控制要求应与 RL2 相同。

M.7.4.3.7 焊缝 NDE——目视

RL3 焊缝的目视检查要求应与 RL2 相同。

M.7.4.3.8 焊缝 NDE——表面

除了磁粉检验应使用湿荧光法外，RL3 焊缝表面 NDE 的要求应与 RL2 相同。另外，所有易接近表面检验，应在最终热处理和机加工后进行。

M.7.4.3.9 修理焊缝

除了磁粉检验应使用湿荧光法外，RL3 修理焊缝的检验要求，应与 RL2 相同。另外，所有易接近表面检验应在最终热处理和机加工后进行。

M.7.4.3.10 焊缝 NDE——内部

RL3 焊缝的内部检验要求与 RL2 相同。

M.7.4.3.11 焊缝硬度试验

焊缝硬度试验要求应符合 7.4.2.3.13，验收准则应满足 7.4.2.1.3 或 7.4.1.5 的要求。如果 OEM 的规定要求超过本标准的要求，则验收准则还应满足 OEM 的规定要求。

M.7.4.4 RL4

M.7.4.4.1 硬度试验

RL4 的硬度试验要求应与 RL3 要求相同。

M.7.4.4.2 尺寸验证

RL4 的尺寸验证要求应与 RL1 要求相同。

M.7.4.4.3 追溯性

RL4 的追溯性要求应与 RL3 要求相同。

M.7.4.4.4 目视检查

RL4 的目视检查要求应与 RL2 相同。

M.7.4.4.5 表面 NDE

RL4 的表面 NDE 要求应与 RL3 相同。

M.7.4.4.6 焊缝 NDE——总则

焊缝的质量控制要求,应符合 7.4.2.2.10,除堆焊层外不允许焊接。

M.7.4.4.7 焊缝 NDE——目视

RL4 焊缝的目视检查要求应与 RL2 相同。

M.7.4.4.8 焊缝 NDE——表面

RL4 的焊缝表面 NDE 要求应与 RL3 相同。

M.7.4.4.9 修理焊缝

a) RL4 的修理焊缝检验要求,应与 RL3 相同。

b) 除了堆焊或堆焊层修理外,不允许焊接。

M.7.5 阀杆(重复使用零件)

阀杆的质量控制要求与本体、盖和端部与出口连接装置相同。表 M.2 列出了阀杆重复使用的质量控制要求。

M.7.6 阀孔密封机构(重复使用零件)

表 M.3 列出了阀孔密封机构重复使用零件的质量控制要求。

M.7.6.1 RL1

M.7.6.1.1 尺寸验证

受修造影响的所有尺寸应按书面设计规范进行验证。

M.7.6.1.2 目视检查

a) 允许拆卸区域的所有易接近表面均应目视检查;

b) 修理者/修造者应按包括验收准则在内的书面规范进行目视检查;

表 M.3 阀孔密封机构(重复使用零件)

<table>
<tr><th colspan="2" rowspan="2">项 目</th><th colspan="4">见相应条款</th></tr>
<tr><th>RL 1</th><th>RL 2</th><th>RL 3</th><th>RL 4</th></tr>
<tr><td colspan="2">尺寸验证</td><td>M.7.6.1.1</td><td>M.7.6.1.1</td><td>M.7.6.1.1</td><td>M.7.6.1.1</td></tr>
<tr><td colspan="2">可追溯性</td><td>—</td><td>—</td><td>M.7.6.3.2</td><td>M.7.6.3.2</td></tr>
<tr><td colspan="2">目视检查</td><td>M.7.6.1.2</td><td>M.7.6.2.2</td><td>M.7.6.2.2</td><td>M.7.6.2.2</td></tr>
<tr><td colspan="2">表面 NDE</td><td rowspan="6">—</td><td>—</td><td>M.7.6.3.4</td><td>M.7.6.3.4</td></tr>
<tr><td rowspan="5">焊缝 NDE</td><td>总则</td><td>M.7.6.2.3</td><td>M.7.6.2.3</td><td>M.7.6.4.5[a]</td></tr>
<tr><td>目视检查</td><td>M.7.6.2.4</td><td>M.7.6.2.4</td><td>M.7.6.2.4[a]</td></tr>
<tr><td>表面 NDE</td><td>M.7.6.2.5</td><td>M.7.6.3.7</td><td>M.7.6.3.7[a]</td></tr>
<tr><td>修理焊缝</td><td>M.7.6.2.6</td><td>M.7.6.3.8</td><td>M.7.6.4.8[a]</td></tr>
<tr><td>焊缝硬度试验</td><td>—</td><td>M.7.6.3.9</td><td>—</td></tr>
<tr><td colspan="6">[a] 对 PL4 除堆焊层和堆焊层修理外不允许焊接。</td></tr>
</table>

M.7.6.2 RL2

M.7.6.2.1 尺寸验证

RL2 的尺寸验证要求应与 RL1 要求相同。

M.7.6.2.2 目视检查

除所有易接近区域应检验外,RL2 的目视检查要求应与 RL1 相同。

M.7.6.2.3 焊缝 NDE——总则

焊缝质量控制要求应符合 7.4.2.2.10。

M.7.6.2.4 焊缝 NDE——目视

所有焊缝应按 7.4.2.2.11 的要求进行目视检查。

M.7.6.2.5 焊缝 NDE——表面

焊缝表面 NDE 应按 7.4.2.2.12 的要求进行。

M.7.6.2.6 修理焊缝

所有修理焊缝应按 7.4.2.2.13 的要求目检。另外,所有易接近湿润表面和密封表面的检验,应在最终热处理与机加工之后进行。

M.7.6.3 RL3

M.7.6.3.1 尺寸验证

RL3 的尺寸验证要求应与 RL1 要求相同。

M.7.6.3.2 可追溯性

如果按 7.4.2.3.14 进行标志的连续性代码,不再清晰或不能追溯到零件的所有零件,不应再用。

M.7.6.3.3 目视检查

RL3 的目视检查要求应与 RL2 相同。

M.7.6.3.4 表面 NDE

受修造影响的所有湿润表面和所有易接近的密封表面,应按 7.4.2.2.8 或 7.4.2.2.9 进行检验,且磁粉检验应使用湿荧光法。

M.7.6.3.5 焊缝 NDE——总则

焊缝的质量控制要求应符合 7.4.2.2.10。

M.7.6.3.6 焊缝 NDE——目视

RL3 焊缝的目视检查要求应与 RL2 相同。

M.7.6.3.7 焊缝 NDE——表面

除了磁粉检验应使用湿荧光法以外,RL3 的焊缝表面 NDE 的要求应与 RL2 相同。

M.7.6.3.8 修理焊缝

除了磁粉检验应使用湿荧光法以外,RL3 的焊缝表面 NDE 的要求应与 RL2 相同。另外,所有易接近表面检验应在最终热处理和机加工之后进行。

M.7.6.3.9 焊缝硬度试验

焊缝硬度试验要求应符合 7.4.2.3.13,验收准则应满足 7.4.2.1.3 和 7.4.1.5 的要求。如果 OEM 的规定要求超过本标准的要求,则验收准则还应满足 OEM 的规定要求。

M.7.6.4 RL4

M.7.6.4.1 尺寸验证

RL4 的尺寸验证要求应与 RL1 要求相同。

M.7.6.4.2 可追溯性

RL4 的可追溯性要求应与 RL3 要求相同。

M.7.6.4.3 目视检查

RL4 的目视检查要求应与 RL2 相同。

M.7.6.4.4 表面 NDE

RL4 的表面 NDE 要求应与 RL3 相同。

M.7.6.4.5 焊缝 NDE——总则

a) 焊缝的质量控制要求应符合 7.4.2.2.10。

b) 除堆焊外不允许焊接。

M.7.6.4.6 焊缝 NDE——目视

RL4 焊缝的目视检查要求应与 RL2 相同。

M.7.6.4.7 焊缝 NDE——表面

RL4 焊缝表面 NDE 的要求应与 RL3 相同。

M.7.6.4.8 堆焊层的修理焊缝

a) RL4 的修理焊缝检验要求应与 RL3 相同。

b) 除了堆焊或堆焊层修理外不允许焊接。

M.7.7 油管悬挂器芯轴本体(重复使用零件)

油管悬挂器芯轴本体的质量控制要求与本体、盖和端部与出口连接相同。表 M.2 列出了油管悬挂器芯轴本体的重复使用零件的质量控制要求。

M.7.8 螺柱和螺帽(重复使用零件)

打算重复使用的螺柱和螺帽,应按修理者/修造者的规定要求进行检验。

M.7.9 非金属密封材料(重复使用零件)

打算重复使用的非金属密封件,应按修理者/修造者的规定要求进行检验。

M.7.10 组装装置

组装装置的质量控制要求,应符合第 7 章的要求。

组装装置应按照与 7.4.9 中,与被修理或修造装置 RL 级别相对应的 PSL 级别要求进行试验。

a) 除了试验的最低静水压等于额定工作压力外,RL1 应按 PSL1 的要求进行试验;

b) RL2 应按 PSL2 的要求进行试验;

c) RL3 应按 PSL3 的要求进行试验;

d) RL4 应按 PSL4 的要求进行试验。

M.7.11 质量控制记录

M.7.11.1 更换零件的记录

更换零件的质量控制记录要求,应符合第 7 章中被修理或修造装置的 RL 级别相对应的 PSL 级别的要求。

M.7.11.2 重复使用零件的记录

重复使用零件的质量控制记录要求,除材料试验记录不要求外,其他应符合第 7 章和 7.5 中被修理或修造装置 RL 级别相对应的 PSL 级别的要求。

M.7.11.3 组装装置的记录

组装装置记录要求,应符合第 7 章中被修理或修造装置 RL 级别相对应的 PSL 级别的要求。

M.7.11.4 提供给买方的记录

提供给买方的质量控制记录要求,应符合第 7 章中被修理或修造装置 RL 级别相对应的 PSL 级别要求。

RL3 和 RL4 的合格证应描述:装置是按本标准进行修理或修造。

M.8 装置标志

M.8.1 总则

修理或修造装置应按本附录要求作标志。这些应用于修理或修造的标志是附加的,并且不能代替

第 8 章的标志要求。

M.8.2 金属的标志位置

修理或修造装置的金属标志位置见第 8 章。

M.8.3 修理和修造标志

应在紧靠 PSL 标志处对 RL 做下列标志：

a) 修造用标志“RMFR”、修理用标志“RPR”；

b) 修理者和修造者的名称或商标；

c) 修理和修造级别(RL)；

d) 修理或修造日期(月和年)。

M.9 贮存和运输

贮存和运输应按第 9 章的要求进行。

附　录　N[4)]

（规范性附录）

API Spec 6A（第 19 版）的技术修改

API 委员会 1/分委员会 6 投票并通过了下表的技术修改内容，具体内容见表 N.1。被修改的 ISO 10423:2003 章节、条款和内容，已转换为本标准的条款和内容。

表 N.1　API Spec 6A（第 19 版）的技术修改内容

本标准的章节/条款	本标准被修改的内容	修改方式	API6A-19 修改后的内容
2	—	增加	ASTM A609，碳钢和低合金铸钢件超声波检验规范 ASTM E186，壁厚（2 in～4½ in）铸钢件的标准参考射线照片 ASTM E208，壁厚（4½ in～12 in）铸钢件的标准参考射线照片 ASTM E446，壁厚小于或等于 2 in 铸钢件的标准参考射线照片
3.1	—	增加	延伸部分　Prolongation 原材料的附加部分，或产品零件在锻造、热加工、冷加工或铸造过程中与主体部分保持完整整体的附加部分。 试验机构　test Agency 任何具有试验设备和控制试验程序的独立的第三方机构，能够满足本标准附录 C 和 API 6AV1 规范中对Ⅱ类 SSV/USV 阀的要求，进行鉴定试验
4.1	最后一句“安全阀应属于 PR2 级并满足附录 C 的要求”	代替为	SSVs 和 USVs(10.20)应属于 PR2 级并满足附录 C 的要求。
表 2	表 2	代替为	表 N.2 额定温度值
4.2.3	整个条款	代替为	4.2.3.1 总则 装置设计所用材料（包括金属材料）应满足表 3 的规定。表 3 没有规定当前和将来的井口环境，但提供了更严酷的使用条件和相对腐蚀程度的材料级别。 在满足力学性能的条件下，不锈钢可代替碳钢和低合金钢，耐蚀合金可用于代替不锈钢。 4.2.3.2 材料级别 对于 DD、EE、FF 和 HH 材料级别，制造商应满足 NACE MR 0175/ISO 15156 中对材料制造程序和材料性能（如硬度）的要求。选择材料级别和特殊条件下的特殊材料是用户的首要任务。 DD、EE、FF 和 HH 材料级别的标志应包括最大允许的 H_2S 分压。最大允许的 H_2S 分压，应由 NACE MR 0175/ISO 15156 按照对组装装置的限制成分的 API 温度类别进行定义。例如，“FF-1.5”是指 FF 类材料、最大允许的 H_2S 额定分压为 0.010 35 MPa(1.5 psi)。在 NACE MR 0175/ISO15156 中，没有 H_2S 分压限定的，应使用“NL”作标志（如“DD-NL”）

4）　该附录 N（规范性附录）为 API Spec 6A（第 19 版）的附录 O（规范性附录）。

表 N.1（续）

本标准的 章节/条款	本标准 被修改的内容	修改 方式	API6A-19 修改后的内容
4.2.3	整个条款	代替为	本标准的使用者宜认识到，NACE MR 0175/ISO 15156 所限制的一些其他因素，对于抗 H_2S 开裂是有影响的。这些包括但不限于： —pH； —温度； —氯化物浓度； —硫元素。 制造中材料的选择，买方还宜考虑各种环境因素和附录 A 中所列的产品参数。 4.2.3.3 ZZ 类材料 利用试验或现场使用的历史记录文件，NACE MR 0175/ISO 15156 规定了材料鉴定、和特殊酸性环境的外界参数。这包括优于 NACE MR 0175/ISO 15156 限制的流体条件下的材料使用，或者在 NACE MR 0175/ISO 15156 中没有提到的材料使用。对于这种酸性使用条件，装置可以描述和标记材料级别为 ZZ。 评价和确定对于打算应用的文件化数据的适应性，是买方责任。对于 ZZ 材料级别，制造商应满足由买方提供或认可的材料规范，并应维持材料结构的可追溯性记录，与 PSL 级别无关
表 3	表 3	代替为	表 N.3 材料要求
5.3.2.1b)	标题	代替为	PSL2～PSL 4 的要求
5.3.2.1b)	第一句	代替为	PSL2～PSL 4 的要求与 PSL1 的要求相同
5.3.2.1c)	该条款	删除	—
5.4.3.1b)	标题	代替为	PSL2～PSL 4 的要求
5.4.3.1b)	第一句	代替为	PSL2～PSL 4 的要求与 PSL1 的要求相同
5.4.3.1c)	该条款	删除	—
表 7	表 7	代替为	表 N.4 夏比 V 型缺口冲击要求（10 mm×10 mm）
5.6.1	现有条款后	增加	如果使用延伸部分，除焊后的热处理、去应力和任何回火处理或再失效外，延伸部分在所有的热处理中都应与主体部分仍然是一个整体。对于管件、棒材、轧制型材和其他具有统一横截面的原材料，其延伸部分应与原材料有相同的横截面。对于具有复杂形状或多种横截面的产品零件，其延伸部分不必是零件的最大横截面的延伸，但是，延伸部分应满足或超过独立 TC 要求的最小等效圆（ER）尺寸
5.7.1	现有条款后	增加	如果使用延伸部分，除焊后的热处理、去应力和任何回火处理或再失效外，延伸部分在所有的热处理中都应与主体部分仍然是一个整体。对于管件、棒材、轧制型材和其他具有统一横截面的原材料，其延伸部分应与原材料有相同的横截面。对于具有复杂形状或多种横截面的产品零件，其延伸部分不必是零件的最大横截面的延伸，但是，延伸部分应满足或超过独立 QTC 要求的最小等效圆（ER）尺寸

表 N.1(续)

本标准的章节/条款	本标准被修改的内容	修改方式	API6A-19修改后的内容
7.2.2.2	整个条款	代替为	压力测量仪表应定期用标准压力测量装置或砝码试验器,在满量程的三个等距离点(不包括要求校准的零点和满量程点)上重新校准
7.4.2.1.2	7.4.2.1.2的标题	修改为	冲击试验(适用于温度级别K、L和N)
7.4.2.2.8b)	第二句话	代替为	根据磁痕与表面裂纹无关(即导磁率变化、非金属夹层)的判定,如果判断磁痕为非相关磁痕,则应使用渗透探伤方法,或去除磁痕后重新探伤检验,以证实其为非相关磁痕
7.4.2.3.15 b) 1)	—	增加	铸件:铸件的超声波检验应按照ASTM A 609(除可使用液浸法超声波探伤外)和ASTM E 428规定的平底孔探伤程序进行
7.4.2.3.15 c) 1)	第一句	代替为	热加工件和铸件的射线探伤应按照7.4.2.2.14中的规定进行
7.4.2.3.15 c) 2)	在该条的末尾	增加	对铸件使用以下验收准则: ASTM E186,壁厚(2 in~4½ in)铸钢件的标准参考射线照片; ASTM E208,壁厚(4½ in~12 in)铸钢件的标准参考射线照片; ASTM E446,壁厚小于或等于2 in铸钢件的标准参考射线照片。 最大缺陷分级如下: 缺陷类型 最大缺陷级别 A 2 B 2 C 2(所有类型) D 不接受 E 不接受 F 不接受 G 不接受
7.4.10.1.2 a)	螺纹	代替为	螺纹或固位外形
7.4.11.5	螺纹	代替为	螺纹或固位外形
7.5.3.2	标题"、背压阀"	删除	—
8.1.1	在该节的末尾	增加	制造商应在本条款规定位置用"API 6A"或"ISO 10423"作附加标志,至少设备宜用美国惯用单位作标志
10.2.1	第一句	代替为	本条给出了按GB/T 9253.2的规定,通过螺纹连接的整体装置的端部与出口连接的要求,包括油管悬挂器和套管悬挂器
表57	—	增加	标称尺寸7$\frac{1}{16}$×6⅝,在额定工作压力13.8 MPa下全径闸阀的阀端距为562 mm;在额定工作压力20.7 MPa下全径闸阀的阀端距为613 mm
10.6.3.3 b)	第二段	代替为	阀拆卸堵制备应符合附录K

表 N.1（续）

本标准的章节/条款	本标准被修改的内容	修改方式	API6A-19 修改后的内容
10.9.3.7	在该条的末尾	增加	a) 配产油嘴 配产油嘴的有效节流孔有效长度应为 152.4 mm±1.5 mm。该类油嘴的节流孔直径应以 1/64 in 为直径增量(即 5/64、6/64、7/64、8/64 等等)。 b) 生产油嘴 任何单个生产油嘴的孔尺寸和增量由制造商任选
10.20	在标题前	增加	近海使用的
10.20.1	第一句的“地面”	代替为	近海水上
10.20.1 a)	第一句的“PSL2 级规定”前	增加	“至少按”
10.20.2.2	第一句之前	增加	本节包含了端部法兰式阀门，或其他工业非螺纹式端部连接的阀门，以及用于井口装置地面安全阀上的截断阀类型的多层完井阀
10.20.2.3	在(1)中的“法兰和垫环连接”	代替为	端部连接
10.20.4.3	最后	增加	c) 试验机构 为了验证特定的Ⅱ类 SSV/USV 阀的设计，制造商必须提交相同的基本设计和结构材料的 SSV/USV 阀给试验机构，此要求作为下文的规定。在试验机构进行的鉴定试验不要求针对 SSV/USV 装置，而是针对 PR2 级Ⅱ类含砂试验条件的阀门孔密封机构。 Ⅱ类 SSV/USV 阀的试验机构和试验报告号，应与表 78 运输报告中的相同
表 77	表中“SSV/USV 阀数据：”的“额定温度”； 表中“SSV/USV 驱动器数据：”的“阀类别或型号”和“阀孔材料级别”	分别代替为	温度级别，驱动器类别或型号，材料级别
表 77	表题后	增加	(要求的最少数据)
10.20.7.4	增加新条款	增加	10.20.7.4 失效报告 在收到使用者的失效报告后，SSV/USV 装置的生产商应在收到报告的六周内作出回应，并详细说明失效分析的进度。制造商还应将最终的分析结果和整改措施以书面的形式告知使用者。如果故障分析结果导致装置制造商更改设计、装配或原型装备的操作程序，制造商应在这种更改的 30 天内，以书面的形式通知给所有的购买者、和已知的所有存在潜在问题的装置使用者。给使用者的所有报告复印件也应寄给 API 质量程序管理者
10.24.1	该条款	代替为	背压阀应满足油管悬挂器应用的要求

表 N.1（续）

本标准的章节/条款	本标准被修改的内容	修改方式	API6A-19 修改后的内容
A	附录最后	增加	A.6 节流阀 节流阀的订购者，象对出口连接的尺寸、类型和额定工作压力一样，应规定进口连接的尺寸和额定工作压力，首先列入口连接的额定工作压力和类型（即可调式或固定式），然后列出口连接的额定工作压力和类型。可调节流阀的订购者宜规定最大节流孔直径。固定式节流阀的订购者宜规定节流嘴类型和最大节流孔尺寸
表 L.2	表 L.2	代替为	表 N.5
K.3.5	增加新款	增加	K.3.5 下入/回收的套筒工具宜符合图 N.1

表 N.2 额定温度值

温度级别	作业温度范围/℃	
	最低	最高
K	−60	82
L	−46	82
N	−46	60
P	−29	82
R	室温	
S	−18	60
T	−18	82
U	−18	121
V	2	121

表 N.3 材料要求

材料级别	材料最低要求	
	本体、盖、端部和出口连接	控压件、阀杆和芯轴悬挂器
AA——一般使用	碳钢或低合金钢	碳钢或低合金钢
BB——一般使用	碳钢或低合金钢	不锈钢
CC——一般使用	不锈钢	不锈钢
DD——酸性环境[a]	碳钢或低合金钢[b]	碳钢或低合金钢[b]
EE——酸性环境[a]	碳钢或低合金钢[b]	不锈钢[b]
FF——酸性环境[a]	不锈钢[b]	不锈钢[b]
HH——酸性环境[a]	耐蚀合金[b,c,d]	耐蚀合金[b,c,d]

[a] 指按 GB/T 20972.1 定义，符合 GB/T 20972.2 和 GB/T 20972.3。

[b] 符合 GB/T 20972.2 和 GB/T 20972.3。

[c] 要求的 CRA 仅适用于保持的流体湿润表面；允许范围内较薄的 CRA 涂层或不锈钢是允许的。

[d] 按照本标准第 3 章对 CRA 的定义；而 GB/T 20972.1 对 CRA 的定义不适用。

表 N.4 夏比 V 型缺口冲击要求(10 mm×10 mm)

温度级别	试验温度/℃	最小平均冲击功（横向）/J		
		PSL1	PSL2	PSL3 和 PSL4
K	−60	20	20	20
L	−46	20	20	20
N	−46	20	20	20
P	−29	—	20	20
R	−18	—	—	20
S	−18	—	—	20
T	−18	—	—	20
U	−18	—	—	20
V	−18	—	—	20

表 N.5 顶部连接装置本体、内部和外部直径

采油树帽标称尺寸		额定工作压力		最大孔径[a]		最小轮毂外径 OD	
in	mm	MPa	psi	mm	in	mm	in
2$\frac{9}{16}$	65	103.5	15 000	66.66	2.62	109.0	4.29
2$\frac{9}{16}$	65	138.0	20 000	66.66	2.62	144.5	5.69
3	76	34.5	5 000	76.7	3.02	94.5	3.72
3	76	69.0	10 000	76.7	3.02	104.6	4.12
3	76	103.5	15 000	76.7	3.02	126.7	4.99
4	102	34.5	5 000	102.1	4.02	125.7	4.95
4	102	69.0	10 000	102.1	4.02	139.2	5.48
4	102	103.5	15 000	102.1	4.02	166.4	6.55
5	127	34.5	5 000	127.5	5.02	157.0	6.18
5	127	69.0	10 000	127.5	5.02	174.0	6.85
5	127	103.5	15 000	127.5	5.02	212.1	8.35
6$\frac{3}{8}$	162	34.5	5 000	162.6	6.4	200.2	7.88
6$\frac{3}{8}$	162	69.0	10 000	162.6	6.4	221.7	8.73

[a] 见图 L.2 的 ID。

单位为毫米

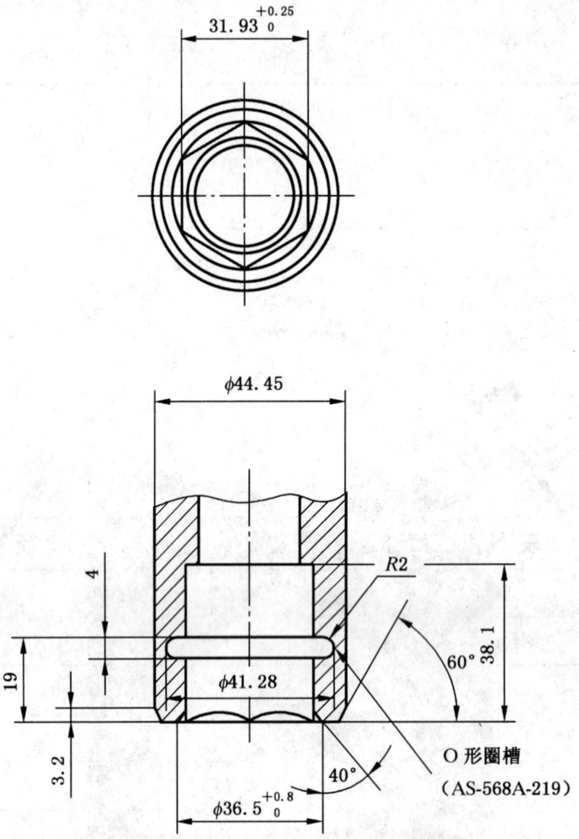

图 N.1 下入/回收的套筒工具尺寸

附 录 O
（资料性附录）
本标准对应的美国惯用单位和数据

O.1 一般信息

O.1.1 目的

本附录提供美国惯用单位的尺寸和数据，可用来替代本标准正文中SI制单位的尺寸和数据。

用本附录换算法则获得的尺寸不同于本标准正文中精确的换算尺寸。

O.1.2 换算法则

本标准中的尺寸数据按照GB 3102从API Spec 6A换算得来。用如下例子说明这种转换。

a) 首先由小数英寸换算为精确的分数。这样做以计算出在英制分数体系下的API原始设计数据，如表中的尺寸4.31 in实际为4$\frac{5}{16}$ in或4.312 5 in。

b) 然后将上步获得的精确分数乘以25.4 mm，以获得精确的毫米尺寸。

例：4.312 5 in＝109.537 5 mm

注：通常按十进制换算。

c) 再对特殊尺寸进行圆整，圆整法则因尺寸不同而不同，取决于该尺寸的作用。

例如，若上述尺寸被圆整到最接近5 mm的整数倍，则最终尺寸将为110 mm。

总体上，换算按如下三步进行：

4.31 in≈4.312 5 in≈109.537 5 mm≈110 mm

在所有情况下，可互换性优先选择数学换算。

未来特定装置的SI制尺寸单位转换成美国惯用单位也同样适用。

O.2 6B和6BX法兰

O.2.1 额定工作压力值

API Spec 6A中的尺寸表选定的额定值（单位为兆帕）已按保持额定工作压力值（单位为磅每平方英寸）的比例的方式，即采用方便的基数，加以了转化。

表O.1 额定工作压力值MPa与psi的对应关系

MPa	psi
13.8	2 000
20.7	3 000
34.5	5 000
69.0	10 000
103.5	15 000
138.0	20 000

O.2.2 标称尺寸

在本标准中法兰的标称孔径从美国惯用单位圆整到SI制尺寸中最接近的毫米数。因此，表O.2中对应的公称尺寸等效：

表 O.2 法兰标称孔径 mm 与 in 的对应关系

mm	in
46	1 13/16
52	2 1/16
65	2 9/16
78 或 79	3 1/16 或 3 1/8
103	4 1/16
130	5 1/8
179	7 1/16
228	9
279	11
346	13 5/8
425	16 3/4
476	18 3/4
527	20 3/4
540	21 1/4
680	26 3/4
762	30

O.2.3 6B 型法兰尺寸——互换性

6B 型法兰的设计基于 ASME B16.5 钢法兰的设计，若垫环连接法兰用于相应的 ANSI 法兰上，则两种设计间普通尺寸系列允许有互换性。因此，当建立本标准 SI 制尺寸时，考虑到以前公布的 ANSI 的 SI 制法兰尺寸，决定保留这种互换性。因为 SI 制 ANSI 法兰使用 SI 制紧固件，这导致了螺栓孔径尺寸同用 O.2.5 圆整法则得到的尺寸略有不同。其他尺寸用 O.2.5 法则圆整，虽然使法兰厚度和螺栓分布圆尺寸更精确，但仍处于以前公布的 ASME B16.5 尺寸公差范围之内。

O.2.4 紧固件——尺寸

SI 制法兰使用英制紧固件。由于紧凑的法兰设计、以及具有等强度的 SI 制紧固件比英制紧固件要略微大些。

O.2.5 圆整法则

以下法则用于改进法兰尺寸

a) 最大孔

圆整到最接近的 0.1 mm 的整数倍。

例如：2.09 in≈2.093 5 in≈53.181 25 mm≈53.2 mm。

b) 法兰外径

圆整到最接近的 5 mm 的整数倍，这与 ANSI 的作法一致。

例如：8.12 in≈8.125 in≈206.375 mm≈205 mm。

公差：0.06 in≈2 mm；0.12 in≈3 mm。

c) 最大倒角

例如：0.12 in≈3 mm；0.25 in≈6 mm。

d) 凸面直径

圆整到最接近的 1 mm 的整数倍，公差：(0，+1) mm。

e) 法兰厚度

向上圆整至下一个 0.1 mm 的整数倍，公差：(0，+3) mm。

f) J_1，J_2 和 J_3 尺寸

圆整到最接近的 0.1 mm 的整数倍，J_1 的公差：(−3，0) mm。

g) 背面半径

按表 O.3 换算。

表 O.3 背面半径 mm 与 in 的对应关系

mm	in
10	0.38
16	0.62
19	0.75
21	0.81
25	1.00

h) 螺栓孔位置

公差：(0，+0.8) mm。

i) 螺栓分布圆

圆整到最接近的 0.1 mm 的整数倍。

j) 螺栓孔尺寸

向上圆整至下一毫米的整数倍。公差如表 O.4 所示。

表 O.4 螺栓孔尺寸公差

孔径	公差
<42 mm	(−0.5，+2) mm
≥42 mm	(−0.5，+2.5) mm
>74 mm	(−0.5，+3) mm

k) 螺柱长度

用 SI 制尺寸重新计算，圆整至最接近的 5 mm 的整数倍。

l) 扇形法兰尺寸

扇形法兰尺寸如下：

——E 尺寸：圆整到最接近的 0.1 mm 的整数倍；

——F 尺寸：0.12 in 变为 3 mm；

——K 尺寸：圆整到最接近的 0.1 mm 的整数倍，公差：(0，+0.5) mm；

——Q 尺寸：圆整到最接近的 0.01 mm 的整数倍，公差：(0，+0.25) mm。

m) 内置垫环槽的粗加工尺寸

所有尺寸向上圆整到最接近的 0.5 mm 的整数倍，公差：(0，+0.8) mm。

n) 密封垫环和槽尺寸

除 RX 和 BX 垫环连接的孔尺寸 *D* 外，其余尺寸精确换算到最接近的 0.01 mm 的整数倍。

O.3 其他装置尺寸

O.3.1 阀端距尺寸——互换性

所有与 ASME B16.34 阀的端距尺寸一致的阀，使用 ASME B16.34 的 SI 制尺寸。对于其他阀，尺寸圆整到最接近的 1 mm，公差为(0，+2) mm。

O.3.2 四通和三通的中心至端面尺寸

这些尺寸被圆整到最接近的 0.5 mm，公差为±0.8 mm。

O.3.3 多管完井中心线分布

这些尺寸换算时保留两位小数。当使用 0.12 mm 的公差，则应选择尺寸和公差的最终结果，以便实际尺寸公差 0.005 in 之内。

例如，距法兰中心尺寸 1.390 in，公差±0.005 in，替换如下：

下限值：1.385 in≈35.179 mm(35.18 mm 或 35.19 mm)

中间值：1.390 in≈35.306 mm(35.30 mm 或 35.31 mm)

上限值：1.395 in≈35.433 mm(35.42 mm 或 35.43 mm)

因为是圆整值，所以选择第一中间值尺寸 35.30。

O.4 换算系数

O.4.1 长度

准确值，1 英寸(in)＝25.4 毫米(mm)。

O.4.2 压力/应力

1 磅/英寸^2(psi)＝0.006 894 757 兆帕(MPa)

1 兆帕(MPa)＝1 牛/毫米^2(N/mm^2)

注：1 bar＝0.1 MPa

O.4.3 冲击能量

1 英尺·磅(ft·lb)＝1.355 818 焦(J)

O.4.4 力矩

1 英尺·磅(ft·lb)＝1.355 818 牛·米(N·m)

O.4.5 温度

摄氏度＝5/9×(华氏度－32)

O.4.6 力

1 磅(力)(lbf)＝4.448 222 牛(N)

O.4.7 质量

准确值，1 磅(质量)(lbm)＝0.453 592 37 千克(kg)

O.5 美国惯用单位数表和图

本标准中用 SI 单位给出的图、表数据，其相应的美国惯用单位数据包括在本附录中，以便于查阅数据和阅读而不致混淆。为方便使用者，本附录中表的编号与标准正文中的编号相同。本附录的使用者宜根据标准正文中规定相同的表重新检查所有注释和解释。

附 录 P
（资料性附录）
本标准的章条编号与 ISO 10423:2003 的对照

P.1 总则

本附录提供了 ISO 10423:2003 与本标准对应的所有章条编号、图号和表号，且将其相应的对应号列于本附录的表 P.1、表 P.2 和表 P.3 之中。

P.2 ISO 10423:2003 与本标准对应的章条编号

本标准正文的所有章条编号与 ISO 10423:2003 完全相同，附录顺序见表 P.1。

表 P.1 附录顺序对照

ISO 10423:2003	本标准
附录 A	附录 A
—	附录 B
附录 I	附录 C
附录 G	附录 D
附录 F	附录 E
附录 E	附录 F
附录 H	附录 G
—	附录 H
附录 C	附录 I
附录 D	附录 J
附录 L	附录 K
附录 K	附录 L
附录 J	附录 M
—	附录 N
附录 B	附录 O
附录 M	附录 P

P.3 ISO 10423:2003 与本标准对应的图号

见表 P.2。

表 P.2 图号对照

ISO 10423:2003	本标准
1	1
2	2
3	3
4	4

表 P.2(续)

ISO 10423:2003	本标准
5	5
6	6
7	7
表 18 的图	8
8	9
表 36、表 37、表 38 的图	10
9	11
表 39 的图	12
表 40、表 41 的图	13
表 42、表 43 的图	14
表 44、表 45 的图	15
表 46 的图	16
表 47 的图	17
表 51 的图	18
表 48 的图	19
10	20
11	21
12	22
表 50 的图	23
表 52 的图	24
13	25
14	26
15	27
16	28
17	29
18	30
19	31
20	32
21	33
表 75 的图(1)	34
表 75 的图(2)	35
表 76 的图(1)	36
表 76 的图(2)	37
22	38
23	39

表 P.2（续）

ISO 10423:2003	本标准
24	40
25	41
26	42
表 85 的图	43
A.3	A.1
A.1	A.2
A.2	A.3
I.1	C.1
I.2	C.2
F.1	E.1
F.2	E.2
F.3	E.3
F.4	E.4
F.5	E.5
F.6	E.6
F.7	E.7
F.8	E.8
E.1	F.1
E.2	F.2
E.3	F.3
E.4	F.4
C.1	I.1
L.1	K.1
L.2	K.2
L.3	K.3
L.4	（删除）[a]
L.5	K.2[b]
L.6	K.4
L.7	K.5
L.8	K.6
L.9	（删除）[a]
L.10	K.7
表 K.2 的图	L.1
K.1	L.2
K.2	（删除）[a]

表 P.2（续）

ISO 10423:2003	本标准
K.3	L.3
K.4	(删除)[a]

[a] 在 ISO 10423 中图 K.2、K.4、L.4、L.9 分别是 ISO 10423 中 K.1、K.3、L.3、L.8 的英制尺寸图。

[b] 在 ISO 10423 中 L.5 与 L.2 的图形和几何尺寸完全相同，在本标准中将 ISO 10423 的表 L.5 与 L.2 合并为本标准图 K.2。

P.3　ISO 10423:2003 与本标准对应的表号

见表 P.3。

表 P.3　表号对照

ISO 10423:2003	本标准
1	1
2	2
3	3
5	4
4.4.2 的表	5
4	6
6	7
7	8
8、9	9
10	10
5.5.2 的表	11
12	12
6.5.1.1.2、6.5.1.2.2(奥氏体不锈钢成分)的表	13
6.5.1.2.2(镍基不锈钢成分)的表	14
11	15
7.4.2.1.3 的表	16
7.4.2.2.14、7.4.2.3.15 的表	17
13	18
14	19
15	20
7.4.6.2 的表	21
7.4.6.3 的表	22
16	23
17	24
7.4.8.4.4 的表	25

表 P.3（续）

ISO 10423:2003	本标准
20	26
21	27
22	28
23	29
24	30
18	31
19	32
25	33
26	34
27	35
28	36
29	37
30	38
31	39
32	40
34	41
33	42
8.7.3 的表	43
35	44
36、37、38	45
39	46
40、41	47
42、43	48
44、45	49
46	50
47	51
51	52
48	53
49	54
50	55
52	56
53	并入正文 10.5.2
54、55、56	57
57、58、59	58
60	59

表 P.3(续)

ISO 10423:2003	本标准
61	60
62	61
63	62
64	63
65、66、67	64
68	65
69、70	66
71	67
72、73	68
74	69
75	70
76	71
77、78	72
79	73
80	74
81	75
82	76
83	77
84	78
85	79
86	80
A.1	A.1
A.2	A.2
A.3	A.3
A.4	A.4
A.5	A.5
A.6	A.6
A.7	A.7
A.8	A.8
A.9	A.9
A.10	A.10
A.11	A.11
A.12	A.12
I.1	C.1
G.1	D.1

表 P.3（续）

ISO 10423:2003	本标准
G. 2	D. 2
G. 3	D. 3
F. 1	E. 1
F. 2	E. 2
F. 1. 14. 3. 2e). 1)、F. 1. 14. 3. 2e). 2)的表	E. 3
F. 3	E. 4
F. 4	E. 5
F. 5	E. 6
F. 6	E. 7
F. 7	E. 8
F. 8	E. 9
F. 9	E. 10
F. 10	E. 11
F. 11	E. 12
F. 12	E. 13
F. 13	E. 14
F. 14	E. 15
F. 15	E. 16
F. 16	E. 17
F. 17	E. 18
F. 18	E. 19
F. 19	E. 20
F. 20	E. 21
F. 21	E. 22
F. 22	E. 23
H. 1	G. 1
C. 1	I. 1
D. 1	J. 1
L. 1	K. 1
L. 2	K. 2
L. 3	K. 3
L. 4	K. 4
L. 5	K. 5
L. 6	K. 6
K. 1	L. 1

表 P.3（续）

ISO 10423:2003	本标准
K.2	L.2
K.3	L.3
K.4	(删除)[a]
K.5	L.4
K.6	L.5
K.7	(删除)[a]
J.1	M.1
J.2	M.2
J.3	M.3
B.2.1 的表	O.1
B.2.2 的表	O.2
B.2.5 g)的表	O.3
B.2.5 j)的表	O.4

[a] 在 ISO 10423 中 K.4、K.7 分别是 ISO 10423 的 K.3、K.6 的英制尺寸表。

参 考 文 献

［1］ GB 3102(所有部分） 量和单位

［2］ GB/T 3103.1—2002 紧固件公差 螺栓、螺钉、螺柱和螺母(idt ISO 4759-1:2000)

［3］ SY 5087—2005 含硫化氢气井安全钻井推荐作法

［4］ SY/T 5127—2002 井口装置和采油树规范(API Spec 6A(17th):1999,IDT)

［5］ SY/T 10006—2000 海上井口地面安全阀和水下安全阀规范(idt API Spec 14D:1994)

［6］ ISO 10419, Petroleum and natural gas industries—Drilling and production equipment—Installation, maintenance and repair of surface safety valves and underwater safety valves offshore

［7］ ISO 10433, Petroleum and natural gas industries—Drilling and production equipment—Specification for wellhead surface safety valves and underwater safety valves for offshore service

［8］ API Bul 5A: information on dimensional data for sharp-thread casing and tubing, second edition, 1944

［9］ API Spec 5CT, Specification for casing and tubing (U.S. customary units), sixth edition, October 1998, errata May 1999, and previous editions

［10］ API TR 6AF, Technical report on capabilities of API flanges under combination of load

［11］ API TR 6AF1, Technical report on temperature derating of API flanges under combination of loading

［12］ API TR 6AF2, Technical report on capabilities of API integral flanges under combination of loading

［13］ API Spec 6AV1, Specification for verification test of wellhead surface safety valves and underwater safety valves for offshore service, first edition, February 1996

［14］ API Spec 6FA, Specification for fire test for valves

［15］ API RP 14H, Recommended practice for installation, maintenance, and repair of surface safety valves and underwater safety valves offshore, fourth edition, July 1994

［16］ ASME B1.5, ACME screw threads

［17］ ASME B16.5, Pipe flanges and flanged fittings NPS½ through NPS 24

［18］ ASME B16.34, Valves—Flanged, threaded, and welding end

［19］ ASME B18.2.2, Square and hex nuts(inch series)

［20］ ASME, Boiler and Pressure Vessel Code:1998, Section Ⅱ, Materials

［21］ ASME SPPE 1, Quality assurance and certification of safety and pollution prevention equipment used in offshore oil and gas operations

［22］ ASTM E 21, Standard test methods for elevated temperature tension tests of metallic materials

ICS 67.200.10
X 14

中华人民共和国国家标准

GB/T 22514—2008

菜籽粕

Rapeseed meal

2008-11-04 发布　　　　2009-01-20 实施

中华人民共和国国家质量监督检验检疫总局
中国国家标准化管理委员会　发布

前　言

本标准由国家粮食局提出。

本标准由全国粮油标准化技术委员会归口。

本标准负责起草单位:国家粮食储备局无锡科学研究院。

本标准参与起草单位:浙江新市油脂股份有限公司、湖北襄樊万宝粮油有限公司、湖北省粮油(集团)有限责任公司。

本标准主要起草人:秦卫国、姚专、王岚、张甲亮、柴顺功、周钧平、周人楷。

菜　籽　粕

1　范围

本标准规定了菜籽粕的相关术语和定义、分类、质量要求与卫生要求、检验方法、检验规则、标签和标识以及包装、储存和运输等要求。

本标准适用于加工、储存、运输、贸易的商品菜籽粕。

2　规范性引用文件

下列文件中的条款通过本标准的引用而成为本标准的条款。凡是注日期的引用文件，其随后所有的修改单(不包括勘误的内容)或修订版均不适用于本标准，然而，鼓励根据本标准达成协议的各方研究是否可使用这些文件的最新版本。凡是不注日期的引用文件，其最新版本适用于本标准。

GB/T 5490　粮食、油料及植物油脂检验　一般规则

GB/T 5492　粮油检验　粮食、油料的色泽、气味、口味鉴定

GB/T 5511　谷物和豆类　氮含量测定和粗蛋白质含量计算　凯氏法

GB/T 5515　粮油检验　粮食中粗纤维素含量测定　介质过滤法

GB/T 8946　塑料编织袋

GB/T 9824　油料饼粕中总灰分的测定

GB/T 10358　油料饼粕　水分及挥发物含量的测定

GB/T 10360　油料饼粕　扦样

GB 13078　饲料卫生标准

GB/T 14698　饲料显微镜检查方法

LS/T 3801　粮食包装　麻袋

ISO 9167-1　油菜籽　硫代葡萄糖甙含量的测定　第1部分：高效液相色谱法

3　术语和定义

下列术语和定义适用于本标准。

3.1

菜籽粕　rapeseed meal

油菜籽经浸出油脂并去除溶剂后得到的物质。

3.2

粗蛋白质　crude protein content

菜籽粕中含氮物质的总称。

3.3

粗纤维素　crude fiber content

菜籽粕中不溶于水、乙醚、乙醇、稀酸和稀碱的物质。

3.4

总灰分　total ash content

菜籽粕经高温灼烧后残留的物质。

3.5

硫苷含量　glucosinalate content

硫苷亦称硫代葡萄糖甙。硫苷含量以每克菜籽粕(水分含量8.5%)中所含硫苷总量微摩尔数表示。

3.6

低硫苷菜籽粕　low glucosinalate rapeseed meal

硫苷含量不大于 35.0 μmol/g 的菜籽粕。

4　分类

根据硫苷含量将菜籽粕分为普通菜籽粕和低硫苷菜籽粕。

5　质量要求与卫生要求

5.1　感官要求

菜籽粕感官要求见表 1。

表 1　感官要求

项　目	要　求
形　状	松散的片状、粉状
色　泽	具有菜籽粕固有的黄色或浅褐色
气　味	具有菜籽粕固有的气味，无异味

5.2　质量指标

5.2.1　普通菜籽粕质量指标要求见表 2。

表 2　普通菜籽粕质量指标

等级	粗蛋白质(干基)/%	粗纤维素(干基)/%	总灰分(干基)/%	水分/%
1	≥45.0	≤16.0	≤10.0	≤12.0
2	≥42.0			
3	≥39.0			
等外	<39.0			

5.2.2　低硫苷菜籽粕质量指标要求见表 3。

表 3　低硫苷菜籽粕质量指标

等级	粗蛋白质(干基)/%	粗纤维素(干基)/%	总灰分(干基)/%	水分/%	硫苷/(μmol/g)
1	≥45.0	≤16.0	≤10.0	≤12.0	≤35.0
2	≥42.0				
3	≥39.0				
等外	<39.0				
注：硫苷以菜籽粕含 8.5%水分为基础计算。					

5.3　真实性要求

不得掺入菜籽粕以外的任何其他物质。

5.4　卫生要求

按 GB 13078 和国家有关标准、规定执行。

6　检验方法

6.1　扦样、分样：按 GB/T 10360 执行。

6.2　色泽、气味检验：按 GB/T 5492 执行。

6.3　水分检验：按 GB/T 10358 执行。

6.4 粗蛋白质检验:按 GB/T 5511 执行,蛋白质换算系数为 6.25。

6.5 粗纤维素检验:按 GB/T 5515 执行。

6.6 总灰分检验:按 GB/T 9824 执行。

6.7 硫苷检验:按 ISO 9167-1 执行。

6.8 真实性检验:按 GB/T 14698 执行。

7 检验规则

7.1 检验一般规则

按 GB/T 5490 执行。

7.2 产品组批

同种产品、每天生产的为一个批次,每批随机抽取 500 g 作为样品。

7.3 出厂检验

粗蛋白质、水分应随生产按班抽样检验,粗纤维、总灰分、硫苷(对低硫苷菜籽粕或客户要求时)可按原料批量定期抽样检验,并出具检验报告。检验合格,方可出厂。

7.4 型式检验

型式检验项目按第 5 章的规定执行。

有下列情况之一时,应对产品进行型式检验:

——当原料、设备、工艺有较大变化时应进行型式检验;

——正式生产后,每半年进行一次型式检验;

——投产后或停产后恢复生产时,要进行型式检验。

7.5 判定规则

7.5.1 产品的各项质量要求中有一项不合格时,即判定为不合格产品。

7.5.2 当其他项目符合要求,而菜籽粕蛋白含量低于三等时,判定为等外级。

8 标签和标识

8.1 应在包装物上或货位登记卡上、随行文件中标明产品名称、类别、质量等级、原料菜籽收获年度和生产国名等内容。

8.2 采用转基因油菜籽生产加工的菜籽粕应按国家有关规定标识。

9 包装、运输和储存

9.1 包装

菜籽粕可以散装、用麻袋或塑料编织袋包装,或按用户要求包装。包装用麻袋应符合 LS/T 3801 的有关规定;包装用编织袋应符合 GB/T 8946 的有关规定。

9.2 运输

产品运输中应避免曝晒、雨淋,且运输时应有防雨、防晒措施,不得与有毒有害物质或其他易造成产品污染的物品混合运输。

9.3 储存

产品应储存在阴凉、通风、干燥的地方,防潮、防霉变、防虫蛀。不得与有毒有害物质混存。

ICS 67.040
X 04

中华人民共和国国家标准

GB/T 22515—2008

粮油名词术语
粮食、油料及其加工产品

Terminology of grain and oil—
Grain and oil-bearing material and their products

2008-11-04 发布 2009-01-20 实施

中华人民共和国国家质量监督检验检疫总局
中国国家标准化管理委员会 发布

前言

本标准由国家粮食局提出。

本标准由全国粮油标准化技术委员会归口。

本标准负责起草单位：国家粮食储备局成都粮食储藏科学研究所。

本标准主要起草人：何学超、姜涛、冯永建、肖学彬、兰盛斌、丁建武。

粮油名词术语
粮食、油料及其加工产品

1 范围

本标准规定了粮食、油料、油脂产品、副产品及下脚等的名词术语和定义。

本标准适用于粮食及有关行业教学、科研、生产、加工、经营及管理等领域。

2 术语和定义

2.1

粮食 grain

谷物、豆类、薯类及其加工产品的统称。

2.1.1

谷物 cereal

禾本科草本植物的种子，如稻谷、小麦、玉米、高粱、大麦、青稞等；以及蓼科草本植物的种子荞麦。

2.1.2

豆类 bean

豆科草本植物的种子，如大豆、蚕豆、绿豆、豌豆、小豆等。

2.1.3

薯类 potato

陆生作物中可供食用的块根或地下茎，如旋花科多年生草本植物栽培甘薯的块根(亦称白薯、红薯、红苕、番薯、地瓜)、茄科多年生草本植物栽培马铃薯的地下块茎(亦称土豆、地蛋、洋芋)、灌木状多年生植物的块根木薯及板薯等。

2.1.4

加工产品 processed product

原粮经机械等方式加工的初级产品。如大米、小麦粉等。

2.2

原粮 raw grain

未经加工的谷物、豆类、薯类等的统称。

2.2.1

稻谷 paddy

禾本科草本植物栽培稻的果实，由颖(稻壳)及颖果(糙米)组成。一般分为早籼稻谷、晚籼稻谷、早粳稻谷、晚粳稻谷、糯稻谷五类。

2.2.1.1

籼稻谷 long-grain nonglutinous paddy

籼型非糯性稻的果实，米质黏性较小，胀性较大，颖果一般呈长椭圆形或细长形。

2.2.1.1.1

早籼稻谷 early long-grain nonglutinous paddy

生长期较短、收获期较早的籼稻谷，一般米粒腹白较大，角质部分较少。

2.2.1.1.2

晚籼稻谷　late long-grain nonglutinous paddy

生长期较长、收获期较晚的籼稻谷，一般米粒腹白较小或无腹白，角质部分较多。

2.2.1.2

粳稻谷　medium to short-grain nonglutinous paddy

粳型非糯性稻的果实，米质黏性较大，胀性较小，颖果一般呈椭圆形。

2.2.1.3

糯稻谷　glutinous paddy

糯性稻的果实，米质黏性大，胀性较小，米粒呈乳白色，不透明，亦有呈半透明状(俗称阴糯)，按粒形和粒质分为籼糯稻谷、粳糯稻谷两种。

2.2.1.3.1

籼糯稻谷　long-grain glutinous paddy

籼型糯性稻的果实，颖果一般呈长椭圆形或细长形。

2.2.1.3.2

粳糯稻谷　round-grain glutinous paddy

粳型糯性稻的果实，颖果一般呈椭圆形。

2.2.1.4

陆稻谷　upland paddy

亦称旱稻谷。旱地栽培的稻谷。

2.2.1.5

香稻谷　aromatic paddy

茎、叶、花及果实均有香味的稻谷的果实。

2.2.1.6

杂交稻谷　hybrid paddy

遗传性不同的两个稻谷品种杂交产生的杂种第一代(F1)的果实。

2.2.1.7

富硒稻谷　rich-selenium paddy

栽培过程自然富集硒，形成富硒而非收获后添加硒的稻谷，其硒含量显著高于一般稻谷。

2.2.2

小麦　wheat

禾本科草本植物栽培小麦的果实。呈卵形或长椭圆形，腹面有深纵沟。按照小麦播种季节的不同分为春小麦和冬小麦；按小麦籽粒的粒质和皮色分为硬质白小麦、软质白小麦、硬质红小麦、软质红小麦。

2.2.2.1

冬小麦　winter wheat

秋冬季播种，翌年收获的小麦。

2.2.2.2

春小麦　spring wheat

春季播种，当年秋季收获的小麦。

2.2.2.3

硬质白小麦　hard white wheat

麦粒种皮为白色或黄白色、硬度指数较高，符合相关标准的小麦。

2.2.2.4

软质白小麦　soft white wheat

麦粒种皮为白色或黄白色、硬度指数较低，符合相关标准的小麦。

2.2.2.5

硬质红小麦　hard red wheat

麦粒种皮为深红色或红褐色，硬度指数较高，符合相关标准的小麦。

2.2.2.6

软质红小麦　soft red wheat

麦粒种皮为深红色或红褐色，硬度指数较低，符合相关标准的小麦。

2.2.2.7

强筋小麦　strong gluten wheat

面筋含量高，面团揉和性能、延伸性能好，硬度指数不低于60，适于生产面包粉以及搭配生产其他专用粉的硬质小麦。

2.2.2.8

次强筋小麦　medium gluten wheat

面筋含量略低于强筋小麦，高于一般小麦，面团揉和性能、延伸性能较好，适于制做面条或馒头的硬质小麦。

2.2.2.9

弱筋小麦　weak gluten wheat

胚乳呈粉质，面筋含量低，面团耐揉性、弹性弱，硬度指数不高于45，适于制做饼干、糕点的软质小麦。

2.2.2.10

黑麦　rye

禾本科草本植物栽培黑麦的颖果，呈狭长圆形，淡褐色，腹部有纵沟。

2.2.2.11

黑小麦　triticale

籽粒种皮呈棕黑色、黑色的小麦。是小麦的一个品种。

2.2.3

玉米　maize，corn

亦称玉蜀黍(shŭshŭ)、大蜀黍、棒子、包谷、包米、珍珠米。禾本科草本植物栽培玉米的果实。籽粒形状有马齿形、三角形、近圆形、扁圆形等，种皮颜色主要为黄色和白色，按其粒形、粒质分为马齿型、半马齿型、硬粒型、爆裂型等类型。

2.2.3.1

黄玉米　yellow corn

种皮为黄色，包含略带红色的玉米。

2.2.3.2

白玉米　white corn

种皮为白色，包含略带淡黄色或粉红色的玉米。

2.2.3.3

紫色玉米　purple corn

籽粒种皮为紫色或紫红色的玉米。

2.2.3.4

黑色玉米 black corn

籽粒种皮为黑色的玉米。

2.2.3.5

糯玉米 waxy corn

亦称蜡质玉米。籽粒不透明,无光泽,外观呈蜡质状,胚乳中支链淀粉含量较高,富有黏性的玉米。

2.2.3.6

高赖氨酸玉米 hight-lysine maize

籽粒中赖氨酸含量较一般玉米高的硬质或半硬质玉米。

2.2.3.7

高油玉米 high-oil corn

籽粒中脂肪含量较高的玉米。

2.2.3.8

高淀粉玉米 high-starch corn

籽粒中淀粉含量较高的玉米。

2.2.3.9

爆花玉米 popcorn

籽粒较小,胚乳组织结构紧密,呈角质状,在常压下加热易爆花。

2.2.3.10

甜玉米 sweet corn

籽粒中可溶性糖含量较高的玉米。

2.2.3.11

转基因玉米 genetically modified corn

利用基因工程技术改变基因组构成培育出的玉米的种子。

2.2.4

大豆 soybean，soyabean，soya

豆科草本植物栽培大豆荚果的籽粒。籽粒呈椭圆形至近球形,种皮有黄、青、黑等颜色。

2.2.4.1

黄大豆 yellow soybean

亦称黄豆。种皮为黄色的大豆。

2.2.4.2

青大豆 green soybean

亦称青豆。种皮为绿色的大豆。按其子叶的颜色分为青皮青仁大豆和青皮黄仁大豆。

2.2.4.3

黑大豆 black soybean

亦称黑豆。种皮为黑色的大豆。按其子叶的颜色分为黑皮青仁大豆和黑皮黄仁大豆。

2.2.4.4

褐大豆 brown soybean

种皮为褐色的大豆。

2.2.4.5

赤大豆 red soybean

种皮为红色的大豆。

2.2.4.6

茶色大豆　dark brown soybean

种皮为茶色的大豆。

2.2.4.7

花斑大豆　piebald soybean

种皮具有不同颜色、呈斑纹形状的大豆。

2.2.4.8

高油大豆　high-oil soybean

籽粒中粗脂肪含量不低于20%的大豆。

2.2.4.9

高蛋白大豆　high-protein soybean

籽粒中粗蛋白质含量不低于40%的大豆。

2.2.4.10

转基因大豆　genetically modified soybean

利用基因工程技术改变基因组构成培育出的大豆的种子。

2.2.4.11

高油酸大豆　high-oleic acid soybean

籽粒中油酸含量较普通大豆高的大豆。

2.2.5

杂粮　other food grains

除稻谷、小麦、玉米、大豆以外的原粮的统称，包括高粱、大麦、荞麦、青稞、绿豆、红薯等。

2.2.5.1

高粱　sorghum, kaoliang, milo

亦称红粮、小蜀黍(shǔshǔ)、红棒子。禾本科草本植物栽培高粱作物的果实。籽粒有红、黄、白等颜色，呈扁卵圆形。按其粒质分为糯性高粱和非糯性高粱。

2.2.5.2

燕麦　common oats

禾本科草本植物栽培燕麦的果实。颖壳有白、黄、褐、黑等颜色，分为皮燕麦和裸燕麦。

2.2.5.3

莜(yóu)麦　hulless oats, naked oats

即裸燕麦，亦称油麦。禾本科草本植物栽培莜麦(裸燕麦)的果实。籽粒一般细长，内、外颖与护颖同为薄膜状，在脱粒时能脱落使籽粒成裸粒。

2.2.5.4

大麦　barley

禾本科草本植物栽培大麦的颖果。籽粒扁平中宽，两端较尖，腹部有纵沟，内、外颖紧抱籽粒不易分离，籽粒种皮有黄色、白色、紫色、蓝灰色、紫红色、棕黄色等，按其颖壳形状有二棱、四棱、六棱之分。

2.2.5.5

米大麦　hulless barley, highland barley, nacked barley

亦称青稞、元麦、裸大麦。禾本科草本植物栽培大麦的一个变种的果实。成熟后籽实体与颖壳易于脱落分离。

2.2.5.6

荞麦　buckwheat

蓼(liào)科草本植物栽培荞麦的瘦果，分为苦荞和甜荞。

2.2.5.7

粟(sù)　foxtail millet,millet in husk

亦称谷子。禾本科草本植物栽培粟的颖果。颖壳有红、橙、黄、白、紫、黑等颜色。果实呈卵圆形。按其粒质分为粳型、糯型。

2.2.5.8

黍(shǔ)　broomcorn millet(glutinous),common millet

亦称黍子。禾本科草本植物栽培黍的颖果,呈球形或椭圆形,颖壳呈乳白色、淡黄色或红色,果实呈白色、黄色或褐色,米粒不透明,米质糯性。

2.2.5.9

稷(jì)　broomcorn millet(non-glutinous)

亦称稷子、穄(jì)。禾本科草本植物栽培稷的颖果。种皮黄色,籽粒呈半透明状、有光泽,米质粳性。

2.2.5.10

薏苡(yìyǐ)　job's tears, adlay

亦称药玉米。禾本科草本植物栽培薏苡的颖果。颖壳呈黄、淡褐、黑等色,有光泽,籽粒呈椭圆形。籽仁亦称薏仁米。

2.2.5.11

小豆　small bean

豆科草本植物栽培小豆荚(jiá)果的种子。椭圆或长圆形,根据种皮颜色可分为红小豆、白小豆、绿小豆等。

2.2.5.12

绿豆　green beans

豆科草本植物栽培绿豆荚果的种子。根据种皮颜色可分为明绿豆、黄绿豆、灰绿豆。

2.2.5.13

蚕豆　broad bean

亦称胡豆、罗汉豆、佛豆。豆科草本植物栽培蚕豆荚果的种子,种子扁平呈椭圆形。根据粒形大小分为大粒蚕豆、中粒蚕豆、小粒蚕豆。

2.2.5.14

豌豆　peas

亦称麦豆、毕豆、小寒豆、淮豆。豆科草本植物栽培豌豆荚果的种子。球形,种皮呈黄、白、青、花等颜色,表面光滑,少数品种种皮呈皱缩状。

2.2.5.15

菜豆　kidney beans

亦称芸豆。豆科草本植物栽培菜豆的种子,种皮有红色、白色、黄色、黑色或斑纹彩色等。

2.2.5.16

豇豆　cowpeas

俗称豆角。豆科草本植物栽培豇豆的长条形果实。籽粒长椭圆形,种皮有黑、黄白、紫红、褐色或花纹色等。

2.2.5.17

饲料豆　feed soybean

亦称秣(mò)食豆。豆科草本植物饲料豆的种子。籽粒较小,呈扁平状,一般作饲料用。

2.2.5.18

甘薯　sweet potato

亦称番薯、红薯、白薯、红苕、地瓜。旋花科多年生草本植物栽培甘薯的块根。表皮有白、黄红、淡红、淡紫等色，肉色有白、黄、淡黄、橘红等。

2.2.5.19

马铃薯　potato

亦称土豆、地蛋、洋芋。茄科多年生草本植物栽培马铃薯的地下块茎。呈圆、卵、椭圆等形，有芽眼，表皮呈红、黄、白或紫色。

2.2.5.20

木薯　cassava

灌木状多年生植物，块根富含淀粉，是食物淀粉的来源之一。

2.2.6

成品粮　finished product of grain

原粮经机械等方式初级加工而成的产品。

2.2.6.1

大米　milled rice, white rice, rice

稻谷经脱壳碾去皮层所得的成品粮的统称，可分为籼米、粳米和糯米，糯米又分为籼糯米和粳糯米。

2.2.6.2

籼米　milled long-grain nonglutinous rice

籼稻谷加工成的大米。

2.2.6.3

粳米　milled medium to short-grain nonglutinous rice

粳稻谷加工成的大米。

2.2.6.4

糯米　waxy rice

糯性稻谷加工成的大米。籼糯稻谷加工的大米为籼糯米，粳糯稻谷加工的大米为粳糯米。

2.2.6.5

糙米　husked rice

稻谷经脱壳后的产品。

2.2.6.6

香稻米　aromatic rice

香稻谷加工成的大米。

2.2.6.7

色稻米　colored rice

颖果带有异于普通稻米色泽的栽培稻的果实，不同色泽果实加工成的大米。有黑米、紫米、红米等。

2.2.6.8

免淘米　clean white rice

亦称清洁米。无需淘洗就可直接炊煮食用的大米。

2.2.6.9

蒸谷米　parboiled rice

稻谷经水热处理后，再进行脱壳碾白所得的大米。

2.2.6.10

留胚米　embryo rice

亦称胚芽米，保留全部或大部分米胚的大米。

2.2.6.11

发芽糙米　germinted brow rice

培养发芽的糙米，芽长一般为0.5 mm～1.0 mm。

2.2.6.12

营养强化大米　fortified rice

添加符合相关标准的营养强化剂的大米。

2.2.6.13

大米粉　rice flour

大米加工成的粉状产品。

2.2.6.14

小麦粉　wheat flour

亦称面粉。小麦加工成的粉状产品。按其品质特性，可分为强筋小麦粉、次强筋小麦粉、弱筋小麦粉和普通小麦粉等。

2.2.6.15

全麦粉　wholemeal

保留全部或部分麦皮的小麦粉。

2.2.6.16

自发小麦粉　self-ferment wheat flour

添加发酵剂的小麦粉。

2.2.6.17

营养强化小麦粉　fortified wheat flour

添加符合相关标准的营养强化剂的小麦粉。

2.2.6.18

谷朊粉　wheat gluten

亦称活性面筋粉，小麦粉去除麸、胚、淀粉后的产品，主要组成成分为蛋白质。

2.2.6.19

玉米糁(shēn)　corn grits, grists

亦称玉米糙。玉米加工而成的颗粒状产品。

2.2.6.20

玉米粉　corn flour

亦称包米面、棒子面。玉米加工而成的整粉状产品。

2.2.6.21

高粱米　sorghum rice

高粱经加工而成的粒状产品。

2.2.6.22

小米　milled foxtail millet, millet

粟(sù)加工而成的整粒状成品粮，按粒质不同亦分粳性小米和糯性小米两种。

2.2.6.23

黍(shǔ)米　milled glutinous broomcorn millet

亦称大黄米、软黄米。黍加工成的粒状产品。

2.2.6.24

穄(jì)米 milled non-glutinous broomcorn millet

亦称穄子米、糜子米。穄加工成的粒状产品。

2.2.6.25

大麦粉 barley flour

亦称大麦面。大麦加工成的粉状产品。

2.2.6.26

荞麦粉 bucket wheat flour

亦称荞麦面。荞麦加工成的粉状产品。

2.2.6.27

莜(yóu)麦粉 naked oats flour

亦称莜麦面。莜麦加工成的粉状产品。

2.2.6.28

甘薯粉 sweet potato flour

亦称红薯面、甘薯面。甘薯加工成的粉状产品。

2.2.6.29

高粱粉 sorghum flour

亦称高粱面。高粱经碾磨,去除大部分皮和胚制成的粉状产品。

2.3

油料 oil bearing materials

制取植物油的原料的统称。

2.3.1

大豆 soyabeans,soybeans,soya

参见本标准2.2.4。

2.3.2

花生 peanut

亦称落花生、长生果。豆科草本植物栽培花生的荚果,果皮表面有网纹或凸起的纵纹。

2.3.3

花生仁 peanut kernel

亦称花生米。花生果的种籽,呈长圆形、长卵形或短圆形等,种皮淡红色、红色或紫红色,仁白色。仁含油量一般在40%~60%。

2.3.4

油菜籽 rapeseeds

十字花科草本植物栽培油菜长角果的小颖粒球形种子,种皮有黑、黄、褐红等色。种子含油量一般在35%~48%。

2.3.4.1

低芥酸低硫甙油菜籽 low erucic acid and low glucosinolate rapeseed

亦称双低油菜籽。油菜籽油的脂肪酸组成中芥酸含量低于普通油菜籽,油菜籽粕(饼)中硫甙含量亦较普通油菜籽粕(饼)低的油菜籽。

2.3.4.2

转基因油菜籽 genetically modified organism rapeseeds

利用基因工程技术改变基因组构成的油菜籽的种子。

2.3.5

葵花籽　sunflower seeds

亦称向日葵籽。菊科草本植物栽培向日葵短卵形瘦果的种子，有油用型、食用型及兼用型三种。油用种子含油量一般在30%～45%，仁含油量一般在40%～60%。

2.3.6

芝麻　sesame seeds

亦称脂麻。胡麻科草本植物栽培芝麻蒴果的种子。根据种皮颜色分为白芝麻、黑芝麻、其他纯色芝麻和杂色芝麻四类。种子含油量一般在40%～58%。

2.3.7

棉籽　cotton seeds, cotton-seeds

亦称花籽。锦葵科草本或多年生灌木棉花蒴果的种子，按其籽壳外有无短绒而分别叫做毛籽或光籽。种子含油量一般在17%～26%，仁含油量一般在34%～50%。

2.3.8

红花籽　safflower seeds

菊科直立草本植物栽培红花的椭圆形瘦果，呈长圆型或倒卵形。种子含油量一般在28%～33%，仁含油量约55%。

2.3.9

花椒籽　bunge pricklyash seeds

芸香科植物栽培花椒蒴果的种子。外观呈球形小坚果，果皮黑亮。

2.3.10

油橄榄　olive pericarp, olive kernel

亦称齐墩果、洋橄榄。木犀科常绿乔木油橄榄树的椭圆形或卵形核果，长20mm～25mm或更长，成熟时黑色光亮，含油量一般在35%～60%。

2.3.11

葡萄籽　grape seed

葡萄科植物葡萄的种子，外观呈圆卵形。

2.3.12

油棕仁　oil palm kernels

亦称棕仁。油棕果棕核内的果肉。含油量一般在(干基)50%～55%。

2.3.13

核桃　walnut

亦称胡桃。胡桃科落叶乔木。核果椭球形或球形，外果皮肉质，内果皮坚硬有皱脊。果仁含油量一般约70%。

2.3.14

椰干　copra kernels

亦称椰子仁干、干椰肉。棕榈科常绿乔木椰子树核果的白色胚乳(即椰肉)经脱水干燥后的产品。含油量一般在55%～75%。

2.3.15

蓖麻籽　castorseeds

大戟(jǐ)科草本植物栽培蓖麻蒴果的种子。种子含油量一般在45%～60%。

2.3.16

亚麻籽　linseed, flaxseed

亦称胡麻子。亚麻科草本植物栽培亚麻蒴果的扁卵圆形种子，表皮呈暗褐色有光泽。油用种子含油量一般在37%～47%。

2.3.17

苏籽 perilla seeds

唇形科草本植物栽培或野生紫苏、白苏(亦称荏(rěn))的倒卵圆形小坚果,直径约1 mm～2 mm,外观呈灰、黄褐色,有网状皱纹。种子含油量一般在30%～45%。

2.3.18

大麻籽 cannabis(seeds),hemp(seeds)

亦称线麻籽、火麻仁。桑科草本植物栽培大麻卵形有棱瘦果的深绿色种子。种子含油量一般在30%～35%。

2.3.19

油茶籽 camellia seeds,tea seeds

亦称茶子。山茶科常绿灌木或小乔木油茶树蒴(shuò)果的种子。种仁含油量一般在40%～60%。

2.3.20

沙棘籽 seabuckthorn

胡颓子科木本植物沙棘的种子,呈卵球形,深棕色,外观有光泽。

2.3.21

南瓜籽 pumpkin seeds

葫芦科南瓜属南瓜的种子,呈扁卵形,一端尖锐,色白或微黄。

2.3.22

芥籽 mustard seeds

十字花科草本植物栽培芥菜长角果的小颖粒球形种子。含油量一般在25%～35%。

2.3.23

油莎豆 cyperus esculentus

亦称油莎草、地下扁桃。莎草科草本植物栽培油莎豆的长圆形地下块茎。含油量一般在20%～30%。

2.3.24

油棕果 oil palm fruit pericarp

亦称油棕果粒。棕榈科直立乔木油棕树果穗上脱下的卵形或倒卵形核果(即果粒),其外层为棕果皮(即果肉),含油量一般在30%～60%,内有坚硬的棕核,核内有仁。

2.3.25

橡胶籽 rubber seeds

大戟(jǐ)科乔木巴西橡胶树蒴果的卵圆形种子,褐色子壳有银灰色斑纹。籽仁含油量一般在40%～50%。

2.3.26

海棠果 calophyllum inophyllum

亦称胡桐、红厚壳。热带木本油料藤黄科海棠树的球形核果,直径2.5 mm～3 mm,成熟时呈黄色。果含油量约23%,仁含油量约50%。

2.3.27

油渣果 hodgsonia macrocarpa

亦称猪油果、油瓜。葫芦科常绿木质藤本植物的果实。扁球形,果实内包藏双生的卵圆形种子,种皮极坚硬。籽仁含油量高达70%以上。

2.3.28

可可豆 cocoa beans

亦称可可籽。梧桐科常绿乔木可可树长卵圆形坚果的种子。含油量一般在53%～58%,制取的可可脂具有独特的香味及融化性能。

2.3.29

文冠果 shiny-leaved yellowhorn

亦称文官果、崖木瓜、木瓜。无患子科落叶灌木或小乔木文冠果树的绿色厚壁蒴果,长35 mm～60 mm,种子球形,直径约10 mm,黑褐色。果含油量约30%,仁含油量一般在50%～60%。

2.3.30

梾(laí)木籽 large-leaved dogwood

山茱萸(zhūyú)科落叶乔木或灌木毛梾(laí)的蓝黑色球形核果(直径6 mm～7 mm)的种子。含油量一般在28%～30%。

2.3.31

杏仁 apricot kernel,almond

蔷薇科落叶乔木杏的圆形、长圆形或扁圆形核果的仁。含油量约55%。

2.3.32

山桐籽 idesia

亦称椅桐、山梧桐。俗名水冬瓜。大风子科半常绿或落叶乔木山桐树的红色球形浆果,每果含小米状种子多粒。果肉含油量约37%。

2.3.33

漆籽 lacquer tree fruit

漆树科落叶乔木或灌木漆树的肾形或椭圆形核果。果直径6 mm～8 mm,呈淡黄或棕黄色。中果皮可提取漆蜡,内果皮坚硬,内有仁,称漆米,含油量一般在25%～40%。

2.3.34

油桐籽 tung nuts

亦称桐籽。大戟(jǐ)科落叶小乔木油桐树核果的种子,种仁白色。种子含油量约30%～40%,仁含油量一般在60%～70%。

2.3.35

乌桕(jiù)籽 chinese tallow tree fruit(mesocarp)

亦称卷子、木子。大戟(jǐ)科落叶乔木乌桕(jiù)树蒴果的种子,种壳外面有一层白色蜡状物[即桕(jiù)白],含脂在30%以上;内有黄白色种仁,含油量在40%以上。

2.3.36

木棉籽 kapok seeds

木棉科落叶大乔木木棉的长椭圆形蒴果的种子,含油量一般在20%～25%。

2.3.37

苍耳籽 the achene of siberian cocklebur

菊科粗壮草本野生植物苍耳的瘦果。果壳上密生毛刺,内有仁。仁含油量一般在40%以上。

2.3.38

月见草籽 fragrant evening primrose

亦称山芝麻、夜来香。籽粒细小,呈不规则三棱状,褐色或红褐色。

2.3.39

杜仲籽 tungoiltree seeds

杜仲科木本植物杜仲的种子,呈叶状,长椭圆形,褐色。

2.3.40

元宝枫籽　acer truncatum seed

槭树科槭属乔木元宝枫的种子，外观多为扁平的翅果，果两翅展开。

2.3.41

米糠　rice bran

稻谷碾米时得到的糙米皮层及少量胚和胚乳的混合物副产品。含油量一般在15%～23%。

2.3.42

小麦胚　wheat germ

小麦加工时提取的胚及混有少量麦皮和胚乳的混合物副产品。含油量一般在8%～14%。

2.3.43

玉米胚　maize germ, corn germ

亦称“玉米脐子”、“玉米胚芽”。玉米籽粒加工时所提取的胚及混有少量玉米皮和胚乳的混合物副产品。含油量一般在20%～35%。

2.4

油脂产品　oil and fat product

油料植物种子或动物原料经加工后得到的油脂产品。

2.4.1

大豆油　soybean oil, soyabean oil

亦称豆油。大豆制取的油，属半干性油。

2.4.2

花生油　peanut oil, groundnut oil, arachis oil

亦称生油。花生仁制取的油，属不干性油。

2.4.3

核桃油　walnut oil

核桃仁制取的油脂产品，属半干性油。

2.4.4

菜籽油　rapeseed oil, rape oil

亦称菜油。油菜籽制取的油，属半干性油。

2.4.5

葵花籽油　sunflowerseed oil, sunflower oil

亦称向日葵油。葵花籽制取的油，属半干性油。

2.4.6

玉米油　maize oil, corn oil

亦称玉米胚油、玉米脐油。玉米胚制取的油，属半干性油。

2.4.7

棉籽油　cottonseed oil

亦称棉油。棉籽仁制取的油，属半干性油。

2.4.8

棕榈(lǚ)油　palm oil

亦称棕油、棕皮油。油棕果的中果皮(即果核外层的果肉)制取的油，属不干性油。常温下呈半固态。

2.4.9

棕榈(lǚ)仁油　palm kernel oil

油棕仁制取的油,属不干性油。常温下呈半固态。

2.4.10

米糠油　rice bran oil

亦称糠油。米糠制取的油,属半干性油。未精炼的米糠油含有大量糠蜡。

2.4.11

小麦胚油　wheat germ oil

小麦胚制取的油,属半干性油。

2.4.12

芝麻油　sesame oil,sesameseed oil

芝麻籽制取的油,属半干性油。

2.4.12.1

芝麻香油　fragrant sesame oil

芝麻籽采用焙炒工艺制取的,具有浓郁或显著香味的芝麻油。

2.4.12.2

小磨芝麻香油　ground sesameseed oil

亦称小磨香油。芝麻籽经烘焙、研磨,用水代法工艺制取的油。

2.4.13

橄榄油　olive oil

油橄榄树(*Olea europaea* L.)的果实制取的油,不包括用溶剂浸提或重酯化过程获得的油,属半干性油。

2.4.14

油橄榄果渣油　olive-pomace oil

用溶剂提取或其他物理方法从油橄榄果渣中制取的油,属半干性油。

2.4.15

红花籽油　safflower oil

红花籽制取的油,属半干性油。

2.4.16

葡萄籽油　grapeseed oil

葡萄籽(*Vitis vinifera* L.)制取的油脂产品,属半干性油。

2.4.17

花椒籽油　zanthoxylum bungeanum oil

花椒籽制取的油脂产品,属半干性油。

2.4.18

椰子油　coconut oil

椰肉干制取的油,属不干性油,常温下呈半固态。

2.4.19

可可脂　cocoa butter

亦称可可白脱。可可豆制取的脂,属不干性油,常温下呈固态。

2.4.20

代可可脂　cocoa butter substitute

其他油脂经精炼、氢化、酯交换、分提中的一种或几种工艺加工的产品,是一种替代可可脂的油脂。

2.4.21

苏籽油　perillaseed oil

亦称荏(rěn)籽油、荏油。苏籽制取的油,属半干性油。

2.4.22

芥籽油　mustard oil

芥籽制取的油,属半干性油。

2.4.23

蓖麻籽油　castor oil

蓖麻籽制取的油,属不干性油。

2.4.24

亚麻籽油　linseed oil,flaxseed oil

亦称亚麻油、亚麻仁油、胡麻油。亚麻籽制取的油,属干性油。

2.4.25

大麻籽油　hempseed oil

亦称线麻籽油。大麻籽制取的油,属干性油。

2.4.26

油莎豆油　cyperus esculentus oil

油莎豆制取的油,属不干性油。

2.4.27

油茶籽油　oil-tea camellia seed oil,teaseed oil,tea oil

亦称山茶油。油茶籽制取的油,属不干性油。

2.4.28

橡胶籽油　rubber seed oil

橡胶籽制取的油,属半干性油。

2.4.29

海棠果油　calophyllum inophyllum kernel oil

海棠果仁制取的油,属不干性油。

2.4.30

文冠果油　shiny-leaved yellowhorn oil

从文冠果制取的油,属半干性油。

2.4.31

梾(laí)树籽油　large-leaved dogwood oil

亦称梾(laí)籽油。梾(laí)树籽制取的油,属不干性油。

2.4.32

杏仁油　almond oil

杏仁制取的油,属半干性油。

2.4.33

山桐籽油　idesia oil

俗名水冬瓜油。山桐籽果皮或种子制取的油,属半干性油。

2.4.34

漆籽油　lacquer tree kernel oil

亦称漆油。漆籽仁制取的油,属半干性油。

2.4.35

桐油　tung oil,china wood oil

油桐籽制取的油,属干性油。

2.4.36

木油　stillingia seed oil,chinese tallow seed oil

整粒乌桕(jiù)籽制取的油脂,常温下呈半固态。

2.4.37

梓油　stillingia oil,chinese tallow kernel oil,stillingia seed kernel oil

亦称青油。乌桕(jiù)籽种仁制取的油,属干性油。

2.4.38

桕(jiù)脂　stillingia sebifera,chinese tallow fat,vegetable tallow

亦称桕油、皮油。乌桕籽种壳的桕白制取的脂,常温下呈固态,属不干性油。

2.4.39

木棉籽油　kapok oil

木棉籽制取的油,属不干性油。

2.4.40

苍耳籽油　siberian cocklebur achenia oil

苍耳籽制取的油,属干性油。

2.4.41

漆蜡　lacquer tree fat

从漆籽果皮制取的油脂。常温下呈绿色半固态。

2.4.42

人造奶油　margarine

食用油脂加水(或不加水)与其他辅料乳化后,经急冷捏合(或不经急冷捏合)而成的具可塑性或流动性的油脂制品。

2.4.43

起酥油　shortening

食用动、植物油脂、食用氢化油或这两种油的混合物,经急冷捏合(或不经急冷捏合)制成的固状、半固状或流动状的具有良好起酥性能的油脂制品。

2.4.44

煎炸油　frying oil

具有高热稳定性,适用于煎炸食品的油。

2.4.45

调和油　blend oil

将两种及以上植物油按比例调配制成的食用混合油。

2.4.46

营养强化油　enriched oil

添加符合相关标准的营养强化剂的油。

2.4.47

芝麻酱　sesame paste

芝麻经焙炒后磨制成的酱。

2.4.48

花生酱　peanut butter

花生仁经焙炒后磨制成的酱。

2.5

副产品　byproduct

粮油加工产品中，除成品粮、油以外的壳、麸、糠、饼、粕(pò)等产品。

2.5.1

壳　husk，hull

原粮、油料加工时，分出禾谷类粮食的颖壳和某些油料的果皮或种皮的统称。

2.5.2

麸　bran

亦称麸皮，麦麸。小麦在加工过程中分离出的小麦果皮、种皮等混合物。

2.5.3

糠　bran

谷物加工过程中由碾米机碾下来的谷米皮层混合物的统称。

2.5.4

米糠　rice bran

见 2.3.41。

2.5.5

粕(pò)　meal

亦称油粕(pò)。油料经浸出油脂并除去溶剂后剩余物料的统称。

2.5.6

饼　cake

亦称油饼。油料经压榨法制取油后所得饼块的统称。

2.5.7

碎米　brokens

稻谷加工过程中产生的破碎米粒。

2.5.8

大碎米　big broken rice，big brokens

米粒破损，其长度小于同批大米米粒平均长度 3/4、留存在直径 2.0mm 圆孔筛上的米粒。

2.5.9

小碎米　small broken rice，small brokens

米粒破损，通过直径 2.0 mm 圆孔筛，留存在直径 1.0 mm 圆孔筛上的米粒。

2.5.10

磷脂　phosphatide，phospholipid

油脂中含磷的类脂物，难溶于丙酮。主要有脑磷脂、卵磷脂等。

2.5.11

稻壳　rice hull

亦称砻糠、大糠。稻谷在砻谷过程中所分出的颖壳。

2.5.12

米糂(xī)　tips，throughs

稻谷加工过程中产生的细小碎粒。

2.6

下脚　screenings

粮油整理和加工过程中分离出的除主、副产品之外的物料统称。

2.6.1

瘪谷　shriveled kernel

稻谷生长不成熟，颖果瘪缩的稻谷粒。

2.6.2

油渣　return meal after press

油料经压榨制取油脂后的残渣。

2.6.3

油脚　oil sediments

毛油水化后以及油静置存放后分离的沉淀物。

2.6.4

皂脚　soapstock

油脂碱炼后的固相分离物，其主要成分为磷脂和脂肪酸钠盐等。

2.6.5

并肩石　stones of approximately the same size and same shape with grain kernels or oil seeds

粮食中混入的形状、大小与粮粒(或油料颗粒)相似的石子。

中 文 索 引

J

K

L

M

N

P

Q

R

S

Z

英 文 索 引

A

B

C

I

J

K

L

M

N

O

P

W

Y

Z

ICS 27.180
F 11

中华人民共和国国家标准

GB/T 22516—2008/IEC 61400-11:2002

风力发电机组　噪声测量方法

Acoustic noise measurement techniques of wind turbine generators systems

(IEC 61400-11:2002, Wind turbine generators systems—Part 11: Acoustic noise measurement techniques, IDT)

2008-11-04 发布　　2009-04-01 实施

中华人民共和国国家质量监督检验检疫总局
中国国家标准化管理委员会　发布

前　言

本标准等同采用 IEC 61400-11:2002《风力发电机组　第11部分:噪声测量方法》(英文版)。

本标准等同翻译 IEC 61400-11:2002。

为了便于使用,本标准做了下列编辑性修改:

——将“IEC 61400 的本部分”改为“本标准”。

——用小数点“.”代替作为小数点的逗号“,”。

——删除了 IEC 标准的前言和引言。

——增加了本标准的前言。

——将“1　范围”中的部分内容改为:

“本标准规定了风力发电机组噪声的测量方法、测量仪器、测量和测量程序、数据处理程序和报告内容。

本标准适用于所有风力发电机组的噪声测量与比对。”

原范围内容改为注。

——删除第2章中在正文里未引用的标准。

本标准的附录 A、附录 B、附录 C、附录 D 为资料性附录。

本标准由中国机械工业联合会提出。

本标准由全国风力机械标准化技术委员会归口。

本标准起草单位:内蒙古农业大学新能源技术研究所、全国风力机械标准化技术委员会秘书处、国华能源有限公司等。

本标准主要起草人:田德、辛海升、韩巧丽、王建平、高辉。

风力发电机组　噪声测量方法

1　范围

本标准规定了风力发电机组噪声的测量方法、测量仪器、测量和测量程序、数据处理程序和报告内容。

本标准适用于所有风力发电机组的噪声测量与比对。

注：本标准提供了测量程序，以表征风力发电机组噪声辐射的特点，其中包括在风力发电机组附近测量位置处适合评价噪声辐射的测量方法。本标准给出的测量程序，在某些方面与城市噪声研究中所采用的程序不同。考虑到风速和风向的变化很大，前者更倾向于使风力发电机组噪声描述更加简便。测量步骤的标准化也便于不同风力发电机组之间性能的比较。

测量程序提供了一套连续而准确地测量单台风力发电机组噪声辐射特征的方法。测量程序包括：

- 声学测量位置的定位；
- 声学、气象以及风力发电机组运行相关数据的采集要求；
- 对获得数据的分析，数据报告的内容；
- 特定噪声辐射参数的定义，以及环境评价时用到的相关术语的定义。

本标准不限定用于某个特定容量或型号的风力发电机组。本标准中所给出的程序可以用于全面地描述风力发电机组的噪声辐射。如果在某些情况下不需要全面的测量，那么可以根据相关标准给出的方法进行测量。

2　规范性引用文件

下列文件中的条款通过本标准的引用而成为本标准的条款。凡是注日期的引用文件，其随后所有的修改单(不包括勘误的内容)或修订版均不适用于本标准，然而，鼓励根据本标准达成协议的各方研究是否可使用这些文件的最新版本。凡是不注日期的引用文件，其最新版本适用于本标准。

GB/T 3241—1998　倍频程和分数倍频程滤波器(eqv IEC 601260:1995)

GB/T 18451.2—2003　风力发电机组　功率特性试验(IEC 61400-12:1998,IDT)

IEC 60651:1979　声级计

IEC 60688:1992　交流电信号转换成模拟或数字信号的电测传感器

IEC 60804:2000　积分平均声级计

IEC 60942:1997　电声　声校准仪

IEC 61672-1:2002　电声学　声级计　第1部分:规范

3　术语和定义

下列术语和定义适用于本标准。

3.1

视在声功率级 L_{WA}(dB,基准辐射源 1 pW)　apparent sound power level (in dB re. 1 pW)

被测风力发电机风轮中心处相当于基准辐射源为 1 pW 向下风向辐射的 A 计权声功率级，L_{WA} 由 6 m/s～10 m/s 间各整数风速确定。

3.2

可听度判定标准 L_a(dB,基准声压 20 μPa)　audibiLity criterion (in dB re. 20 μPa)

由听力试验确定的与频率有关的判据曲线，它反映普通受听人对不同频率音调的主观反应。

3.3

A 计权或 C 计权声压级(dB,基准声压 20 μPa)　A weighted or C weighted sound pressure Levels(in dB re. 20 μPa)

IEC 60651 中规定的用 A 或 C 频率计权测量的声压级，分别以 L_A 或 L_C 表示。

3.4

指向性 Δ_i(dB) directivity(in dB)

测量位置2、3、4与基准位置1测得A计权声压级间的差值。各测量位置到风力发电机组风轮中心的距离应相同,如不相等需修正。

3.5

掠射角 ϕ(°) inclination angle (in degrees)

麦克风座板平面与麦克风到风轮中心连线间夹角。

3.6

基准距离 R_0(m) reference distance (in m)

风力发电机组基础中心到每个麦克风安装位置的距离。

3.7

基准高度 Z_{ref}(m) reference height(in m)

将10 m定为风速转换为标准条件下的基准高度。

3.8

基准粗糙长度 Z_{0ref}(m) reference roughness length (in m)

将0.05 m定为风速转换为标准条件下的基准粗糙长度。

3.9

声压级 L_p(dB,基准声压20 μPa) sound pressure level (in dB re. 20 μPa)

声压均方与基准声压(20 μPa)平方比值的以10为底的对数乘以10。

3.10

标准风速 v_S(m/s) standardized wind speed (in m/s)

用对数风廓线将风速转换到标准条件(10 m高,粗糙长度0.05 m)下的风速。

3.11

音调可听度 $\Delta L_{a,k}$ tonal audibility(in dB)

整数风速 k 时音值与可听度判定标准之间的差值,k=6、7、8、9、10。

3.12

音值 ΔL_k(dB) tonality(in dB)

整数风速 k 时,靠近该音调的临界带内音调级与掩蔽噪声级之间的差值,k=6、7、8、9、10。

4 符号和单位

D	风轮直径(水平轴风力发电机组)或赤道直径(垂直轴风力发电机组)	(m)
H	风力发电机组附近地面到风轮中心的高度(水平轴风力发电机组)或到风轮赤道平面的高度(垂直轴风力发电机组)	(m)
L_A 或 L_C	A计权或C计权声压级	(dB)
$L_{Aeq,k}$	各整数风速 k 的等效连续A计权声压级,k=6、7、8、9、10	(dB)
$L_{Aeq,c,k}$	整数风速 k 时,转换到标准条件下并经背景噪声修正的等效连续A计权声压级,k=6、7、8、9、10	(dB)
$L_{Aeq,i}$	经背景噪声修正后,在测量位置"i"的等效连续A计权声压级,i=1、2、3或4	(dB)
L_n	背景噪声的等效连续声压级	(dB)
$L_{pn,j,k}$	第 k 个风速下,第 j 个频谱中临界带内遮蔽噪声的声压级,j=1~12,k=6、7、8、9、10	(dB)
$L_{pn,avg,j,k}$	第 k 个风速下,第 j 个频谱中平均分析带宽的遮蔽声压级,j=1~12,k=6、7、8、9、10	(dB)

$L_{pt,j,k}$	第 k 个风速下，第 j 个频谱中音调声压级，$j=1\sim12$，$k=6$、7、8、9、10	(dB)
L_s	风力发电机组噪声的等效连续声压级	(dB)
L_{s+n}	风力发电机组及背景噪声的合成等效连续声压级	(dB)
$L_{WA,k}$	视在声功率级，$k=6$、7、8、9、10	(dB)
P_m	测量电功率	(W)
P_n	标称电功率	(W)
R_i	从风轮中心到实际测量位置 i 的倾斜距离，$i=1$、2、3 或 4	(m)
R_0	基准距离	(m)
S_0	基准面积 $S_0=1\ m^2$	(m^2)
T_c	大气温度	(℃)
T_k	大气温度	(K)
U_A、U_B	误差成分	(dB)
v_H	轮毂高度(H)处的风速	(m/s)
v_D	从功率曲线推导出的风速	(m/s)
v_z	高度 z 处的风速	(m/s)
v_s	标准风速	(m/s)
v_n	机舱风速仪测量的风速	(m/s)
f	音频	(Hz)
f_c	临界带中心频率	(Hz)
p	大气压力	(kPa)
z_0	粗糙长度	(m)
z_{0ref}	基准粗糙长度，0.05 m	(m)
z	风速仪高度	(m)
z_{ref}	风速基准高度，10 m	(m)
β	用于确定风测风塔位置允许区域的角度	(°)
κ	标准风速与测量风速的比率	
Δ_i	第 i 个位置的指向性，$i=2$、3 或 4	(dB)
$\Delta_{Ltn,j,k}$	第 k 个风速下，第 j 个频谱的音值，$k=6$、7、8、9、10；$j=1$、2、3…12	(dB)
ϕ	掠射角	(°)

5 方法概述

本标准规定了风力发电机组噪声的测量、分析和记录的方法。说明了仪器配置和标定的要求，以确保声音和非声音测量精确性和一致性，同时也说明了与声音辐射有关的大气条件定义所需的非声音测量。阐述了所有需要测量和记录的参数以及获得这些参数所需的数据简化方法。

本标准规定的方法可测量单台风力发电机组从 6 m/s～10 m/s 整数风速时的视在 A 计权声功率级、频谱和音值。此外还可以确定指向性。

测量应靠近风力发电机组进行，以使地形、大气条件或风诱导的噪声影响最小。考虑到测试中风力发电机组的大小，使用与风力发电机组尺寸相关的基准距离 R_0。

测量中麦克风固定在置于地面的平板上，以减小由麦克风产生的风噪音并使不同地貌的影响最小。

在风速大范围变化的短期时段内，声压级测量应与风速的测量同时进行。测量风速须转换成基准高度 10 m 和基准粗糙长度 0.05 m 条件下的相应风速。确定在标准整数风速 6 m/s、7 m/s、8 m/s、9 m/s及 10 m/s 时的声压级用于计算 A 计权声功率级。

本标准如果用于实际噪声辐射的检验，检验测量应在给定的标准风速下进行：

——现场10 m高度年均风速±1 m/s作为最小风速。应记录最小风速时的三个整数风速和8 m/s的值(如场地年均风速为4.8 m/s，则采用4 m/s、5 m/s、6 m/s和8 m/s)。

——如果测量中，在其他风速出现可听到的音调，这些风速也算在内。

本标准也适用于当地法规或有关机构(制造厂家、开发商、业主)之间的合同要求的风速或风速范围内测量。

通过比较围绕风力发电机组周围的三个附加位置与基准位置测量的A计权声压级来确定指向性。

资料性附录包括：

——风力发电机组噪音辐射的其他特性及其量化(附录A)；

——记录/回放设备的要求(附录B)；

——湍流强度评估(附录C)；

——测量误差评估(附录D)。

6 测量仪器

6.1 声学测量仪器

6.1.1 等效连续A计权声压级测试设备

设备应满足IEC 60804:2000中1类声级计的要求，麦克风直径应不大于13 mm。

6.1.2 1/3倍频程带频谱测试仪

除1类声级计要求外，该仪器还至少应有45 Hz～11 200 Hz的频率范围。滤波器应满足GB/T 3241—1998中1级滤波器的要求。

1/3倍频程带中的等效连续声压级同50 Hz～10 kHz中心频率同步确定。它可能与风力发电机组低频噪声辐射测量有关，此时需要宽的频率范围，如附录A所述。

6.1.3 窄带频谱测试仪

设备应满足IEC 60651:1979中1类仪器频率范围20 Hz～11 200 Hz的相关要求。

6.1.4 带有底板和防风罩的麦克风

麦克风应固定在一个硬质平板的中心位置，麦克风振动膜应垂直于平板且麦克风轴线指向风力发电机组，如图1和图2所示。这个平板应是直径不小于1.0 m的圆形板，由吸声差的材料制成，如厚度不小于12 mm的胶合板或刨花板或者厚度不小于2.5 mm的金属板。建议使用更大一些的板，尤其是地面松软时。如果这个平板出现开裂(即并非一整块板)，应斟酌情况而定；各裂开部分应在一个平面上，缝隙小于1 mm，缝隙应不在平板中心线上且与麦克风轴线平行，如图1a)所示。

地面安装的麦克风所用防风罩，应由主防风罩和次级防风罩(如有必要)组成，主防风罩由直径大约90 mm的半个泡沫球形开口壳构成，中心在麦克风振动膜片附近，如图2所示。

当需要获取低频高风速的信噪比时，可采用次级防风罩。

例如，这种次级防风罩可以由一个细丝球形框架组成，直径不小于450 mm，外面罩一层13 mm～25 mm厚的开口泡沫壳，每10 mm间距有4～8个孔，这个次级半球形防风罩应匀称地放在主防风罩外。

如果采用了次级防风罩，应记录次级防风罩对频率响应的影响，并对此进行修正。

6.1.5 声音校准仪

完整的声学测量系统包括录音、数据记录或计算系统，能够用麦克风上的声学校准仪在测量之前和之后立即进行一次或多次校准。该校准仪应满足IEC 60942:1997中Ⅰ类仪器的要求，而且还可用于特定环境中。

6.1.6 数据记录/回放设备

数据记录/回放设备是测量仪器的一个组成部分，全部测量仪器应满足IEC 60651:1979中1类仪器的要求。见附录 B。

6.2 非声学测量仪器

6.2.1 风速仪

风速仪及其信号处理设备在风速 4 m/s～12 m/s 范围内最大标定偏差应为±0.2 m/s。风速仪应能够在测量噪声时同步的时间间隔内测量平均风速。

由于测量中机舱风速仪就地标定，通常的标定方法不适合于机舱风速仪。机舱风速仪的测量由风力发电机组控制系统读取。机舱风速仪不能用于背景噪声测量。

6.2.2 电功率传感器

电功率传感器，包括电流和电压传感器，应满足 IEC 60688:1992 中 1 级精度要求。

6.2.3 风向传感器

风向传感器偏差应在±6°范围之内。

6.2.4 其他仪器

要求有一部照相机和测量距离用的设备；测大气温度用的温度计，测量精度为±1°；测大气压用的气压计，测量精度为±1 kPa。

6.3 跟踪校准

设备应由国家级或重点标准实验室定期检查和跟踪校准，每种设备距离最近一次标定的最长时间间隔如下：

——声音校准仪(12 个月)；

——麦克风(24 个月)；

——累积声级计(24 个月)；

——频谱分析仪(36 个月)；

——数据录制/回放设备(24 个月)；

——风速仪(24 个月)；

——电功率传感器(24 个月)。

如果声音校准仪作为累积声级计的一个部分被标定，则最长标定间隔可延长至 24 个月。

如果仪器经修理过或怀疑失效或损坏，应重新标定。

7 测量和测量程序

7.1 测量位置

7.1.1 声音测量位置

麦克风放在 1 个基准位置和 3 个可选位置进行测量，这四个位置应围绕风力发电机组塔架垂直中心分布，如图 3 所示。定义下风向测量位置为基准位置。在测量时各位置相对于风向的偏差应在±15°以内，从风力发电机组塔架垂直中心到各麦克风位置的水平距离为 R_0，如图 3 示，允许偏差为 20%，测量精度±2%。

如图 4a)所示，水平轴风力发电机组基准距离 R_0 由式(1)计算：

$$R_0 = H + \frac{D}{2} \qquad \cdots\cdots(1)$$

式中：

H——从地面到风轮中心的垂直距离，单位为米(m)；

D——风轮直径，单位为米(m)。

如图 4b)所示，垂直轴风力发电机组基准距离 R_0 由式(2)计算：

$$R_0 = H + D \qquad \cdots\cdots(2)$$

式中：

H——从地面到风轮赤道平面的垂直距离，单位为米(m)；

D——赤道直径，单位为米(m)。

为了减少反射板边缘对测量结果的影响，应将反射板在地面上放平，板下面凸凹不平的土壤要铲平，如图 4 所示，掠射角 ϕ 应在 25°～40°之间，这可通过在上述允许偏差内调整测量位置来实现。

选择测量位置时应考虑便于计算任何反射物所造成的影响，如建筑物或墙壁的影响应小于0.2 dB。

7.1.2 **风速风向的测量位置**

检测用风速仪和风向传感器应安装在风力发电机组的上风向，高度在 10 m 到风轮中心之间。风向传感器应放在距风轮中心 $2D$～$4D$ 距离之间。如果用方法 2(见 7.3.1.2)确定风速，风速仪和风向传感器安装位置的允许区域见图 5 所示。

角度 β 由式(3)确定：

$$\beta = \frac{z - z_{\text{ref}}}{H - z_{\text{ref}}}(\beta_{\max} - \beta_{\min}) + \beta_{\min} \qquad \cdots\cdots(3)$$

式中：

z——风速仪高度，单位为米(m)，见图 6；

z_{ref}——基准高度 10 m；

H——风力发电机组风轮中心或赤道平面的高度，单位为米(m)，见图 4；

$\beta_{\max}$——β 角最大值，$\beta_{\max}=90°$；

$\beta_{\min}$——β 角最小值，$\beta_{\min}=30°$。

测量过程中，检测用风速仪不应在其他风力发电机组风轮或其他构筑物的尾流内，风力发电机组尾流影响区域可延伸至风力发电机组下风向 10 倍风轮直径处。风速仪和风向传感器的放置应使其互不干扰。

如果标准风速 10 m/s 以下，额定功率达到 95%，而且选定了机舱风速仪测量方法，风速就由机舱风速仪测量。如果没有机舱风速仪，就需在机舱上装上一台风速仪。对于轮毂高度低于 30 m 的风力发电机组，可安装测风仪，高度大于 10 m 但小于轮毂高度，用于测量所有风速。

7.2 **声音测量**

声音测量应能确定下列风力发电机组噪声辐射相关的信息，测量应在整数风速 6 m/s、7 m/s、8 m/s、9 m/s 和 10 m/s(10 m 高处的风速，粗糙长度为 0.05 m)时进行：

——视在声功率级；

——1/3 倍频程带声压级；

——音值。

其他测量选项包括指向性、次声、低频噪声和脉冲。

7.2.1 **声音测量要求**

全部声音测量应满足下列要求：

- 整个测量系统内的仪器均应在测试前和测试后或麦克风换位断开期间至少进行一次标定。
- 所有声音信号都应记录和储存，以供分析。
- 应去除间歇背景噪声干扰(如来自飞机的)。
- 当风力发电机组停机时，使用同样的测量设备，在每组测量风力发电机组噪声之前或之后，在相似风况下立刻测量背景噪声。在测量背景噪声时，应尽力做到背景声音的测量能够代表风力发电机组噪声辐射测量期间发生的背景噪声。
- 测量时风速范围应尽可能大。为获取足够的风速范围，有必要做若干组的测量。

另外，对每次声音测量，应满足下面的要求。

7.2.2 **基准位置 1 的声音测量**

7.2.2.1 **A 计权声压级**

风力发电机组噪声的等效连续 A 计权声压级应在基准位置测量，该测量与风速的测量同时进行，每组测量应不少于30次。每次测量应不小于1 min,每个整数风速的测量至少应进行3次,风速波动在±0.5 m/s内。背景噪声测量总计应不少于30次,对应的风速应包含上述的风速范围。

7.2.2.2 1/3倍频程带测量

基准位置风力发电机组噪声的1/3倍频程带频谱由至少三个频谱平均能量来确定,在各个整数风速的测量时每次至少进行1 min,至少应测量中心频率50 Hz~10 kHz的1/3倍频程带。

风力发电机组停机时背景噪声测量应满足同样的要求。

7.2.2.3 窄带测量

对每个整数风速,至少需要2 min的A加权风力发电机组噪声和背景噪声。这个2 min要尽量接近整数风速。如果测量中没法应用A加权法,可根据IEC 61672-1:2002将线性频谱转换成A加权频谱。

7.2.3 位置2、3和4的声音测量(选项)

非基准位置的风力发电机组噪声等效连续A计权声压级通过下列两种方法之一来测量。

第一种方法(推荐使用),非基准位置上的测量与基准位置上的测量应同时进行。三个非基准位置的测量可以单独进行,但它们中的每个测量均应与基准位置同步进行,每一位置的声压级应是每次不少于1 min的5次测量能量的平均值,5次测量时间段内的平均风速都应接近8 m/s。

背景噪声测量也应为5次测量的平均能量,每次测量时间至少1 min。

第二种方法不要求同步测量,各非基准位置上风力发电机组噪声等效连续A计权声压级应为至少10次的平均能量,每次测量至少1 min,并与风速同步测量。测量中风速 v_S 应在6 m/s~10 m/s范围内,且至少25%的测量在8 m/s以上和至少25%的测量在8 m/s以下进行。

在风力发电机组停机状态下,至少进行10次背景噪声测量,每次测量至少1 min,并计算10次测量的平均能量。

7.2.4 其他测量(选项)

为了量化噪声辐射的其他特性,建议进行更多测量,尽管本标准没有介绍这些测量的详细过程。

其他特性包括次声辐射,低频噪声,宽带噪声低频调制,脉冲或异常声音(如变声、杂音、尖叫声、哼鸣声),噪声中各种冲击(如撞击声、卡嗒声、砰然声),或足以引起人注意的不规则噪声。关于这些特性的讨论和量化方法的介绍见附录A,这些测量不能被统一认识和接受,故仅以指导性资料给出。

7.3 非声音测量

7.3.1 风速测量

风速由下列两种方法之一确定,方法1为首选方法,也是认证和广泛认同的测量方法。

7.3.1.1 方法1:由电功率输出和功率曲线确定风速

功率曲线对应于轮毂高度的风速,对于大多数风力发电机组,风速可由测量电功率输出来确定。风力发电机组在达到最大功率输出点之前,声级测量值与电功率测量值具有很好的相关性。

通过功率与风速之间关系曲线,由电功率值确定风速,功率曲线最好根据GB/T 18451.2的方法测量获得,最好是相同的风力发电机组,即同型号同结构和相同调整的风力发电机组。功率曲线应给出轮毂高度处风速与风力发电机组(在温度15 ℃和101.3 kPa标准大气压下)电功率之间的关系。

电功率应是噪声测量时段内的平均电功率。

在噪声测量期间,当风力发电机组运行在最大功率点以下时,是利用功率测量值和风力发电机组功率曲线确定风速的方法。然而应注意背景噪声测量时,应安装在至少10 m高度处的风速仪进行风速测量。

记录风力发电机组输出功率,确保噪声采样期间内功率值不超出最大功率的95%。请注意,尽管风力发电机组的输出功率低于95%的最大功率,但其所对应的风速可能超过额定风速,通过检查所测量的风速可以发现这一问题。

对于被动失速控制的风力发电机组,噪声测量期间内的测量功率应利用式(4)转换到标准大气状态下的功率：

$$P_n = P_m \left(\frac{T_k}{T_{ref}}\right) \frac{p_{ref}}{p} \quad \cdots\cdots(4)$$

式中：

P_n——标准电功率，单位为千瓦（kW）；

P_m——测量电功率，单位为千瓦（kW）；

T_k——开氏空气温度，单位为开（K），$T_k = T_c + 273$；

T_c——摄氏空气温度，单位为摄氏度（℃）；

T_{ref}——参考温度，$T_{ref} = 288$ K；

p——大气压，单位为千帕（kPa）；

p_{ref}——标准大气压，$p_{ref} = 101.3$ kPa。

功率曲线上 P_n 所对应的风速为风轮中心高度处的风速，应转换到 10 m 高度及基准粗糙长度下的风速，如式(7)所示。

对于主动功率控制的风力发电机组，轮毂高度处的风速应根据式(5)修正：

$$v_H = v_D \left(\frac{p_{ref} T_k}{p T_{ref}}\right)^{\frac{1}{3}} \quad \cdots\cdots(5)$$

式中：

v_H——轮毂高度处的修正风速，单位为米每秒（m/s）；

v_D——由功率曲线得出的风速，单位为米每秒（m/s）。

轮毂高度处的修正风速应转换到 10 m 高度和基准粗糙长度下的标准风速，如式 7 所示。

如果对应 95％额定功率的标准风速低于 10 m/s，可用下面两种方法之一来确定 95％额定功率以上的风速。

7.3.1.1.1　**机舱风速仪法**

对于 5％～95％额定功率之间所有数据点，可利用机舱风速 v_n 和由功率测量确定的轮毂高度的修正风速 v_H 的线性回归法来确定。对被动式失速风力发电机组，轮毂高度的修正风速 v_H 是从功率曲线获取的风速 v_D。而主动式功率控制的风力发电机组，v_H 由式(5)确定。

95％额定功率以上的修正风速经对机舱风速 v_n 应用线性回归法来确定。

7.3.1.1.2　***k* 因子法**

从 95％额定功率以下各功率的数据点，能得出标准风速与测量风速的比率 k。利用这个比值 k 通过公式(6)可估算出 95％额定功率以上各数据点的测量风速。

$$v_s = k v_z \quad \cdots\cdots(6)$$

式中：

v_s——标准风速，单位为米每秒（m/s）；

v_z——风速仪在高度 z 所测量的风速，单位为米每秒（m/s）。

应首选机舱风速仪方法，因为通常机舱处风速与电功率输出之间的相关性优于轮毂高度以下测量的风速。

7.3.1.2　**方法 2：用风速仪测量风速**

如果用风速仪测量风速，风速测量结果应修正到 10 m 高度和基准粗糙长度下的风速，如式(7)所示。

采用风速仪在 10 m 高度与轮毂高度之间某一高度处进行测量也适合于背景噪声测量，当风力发电机组停机时，风力发电机组机舱上的风速仪可用于风力发电机组的噪声测量。

应收集风速数据并计算噪声测量相同的时段内的平均值。

7.3.2　**风向**

风向由风向传感器测量，应确保测量位置在上风向，并与机舱方位保持在 15°范围内，测量风速仪的位置也应在这一范围内。计算噪声测量相同时段内的风向平均值。

7.3.3 其他大气状态

应测量空气温度和压力，并至少 2 h 记录一次。

湍流影响风力发电机组气动噪声辐射。关于湍流评估的内容见附录 C。

7.3.4 转速及桨距角测量

测量并记录有关风力发电机组控制参数，如转速、桨距角。这些数据可从风力发电机组控制器读取。

8 数据处理程序

8.1 风速

在高度 z 处测量的风速或由测量电功率确定的风轮中心高度 H 处的风速都应利用假定的风廓线用式(7)修正到标准状态的风速 v_s：

$$v_s = v_z \left[\frac{\ln\left(\frac{z_{ref}}{z_{0ref}}\right)\ln\left(\frac{H}{z_0}\right)}{\ln\left(\frac{H}{z_{0ref}}\right)\ln\left(\frac{z}{z_0}\right)} \right] \qquad \cdots\cdots(7)$$

式中：

z_{0ref}——基准粗糙长度，0.05 m；

z_0——粗糙长度，单位为米(m)；

z_{ref}——基准高度，10 m；

z——风速仪高度，单位为米(m)。

式(7)遵循下列规则：

——采用实际场地粗糙长度 z_0，并通过对数风廓线将测量高度 z 处风速转换到风轮中心高 H 度处的风速；

——采用基础粗糙长度 z_{0ref}，并通过对数风廓线将风轮中心高 H 处风速转换为标准风速，如此处理过的噪声特性与地表状态无关。

粗糙长度 z_0 可以从几次不同高度的风速测量中计算得出，也可从表 1 估计得到，如果用方法 1 来确定风速，也可以利用 κ 计算背景噪声测量时的标准风速。

表 1 粗糙长度

地形类别	粗糙长度 z_0
水、雪或砂石地表	0.000 1 m
开阔地、平地、草地、裸露土壤	0.01 m
生长农作物的耕地	0.05 m
市郊、城镇、森林、树林或灌木丛	0.3 m

8.2 背景噪声的修正

对所有测量声压级都需用 8.3～8.5 中相关方法进行背景噪声修正。

当平均背景噪声声压级比风力发电机组和背景噪声的合成声压级低 6 dB 或更多时，修正值可由式(8)求得：

$$L_s = 10\lg[10^{(0.1L_{s+n})} - 10^{(0.1L_n)}] \qquad \cdots\cdots(8)$$

式中：

L_s——风力发电机组运行中自身的等效连续声压级，单位为分贝(dB)；

L_{s+n}——风力发电机组与背景合成噪声等效连续声压级，单位为分贝(dB)；

L_n——背景等效连续声压级,单位为分贝(dB)。

如果风力发电机组加背景噪声等效连续声压级 L_{s+n},比背景噪声高出值小于 6 dB,但大于 3 dB,则 L_{s+n}的值通过减去 1.3 dB 进行修正,但此数据须用"※"标记。这些数据不能用于确定视在声功率级或指向性。如果这个差值小于 3 dB,就不用记录这些数据,只需记录风力发电机组噪声小于背景噪声即可。

8.3 视在声功率级

只要相关参数等于或大于 0.8,即可用 4 阶回归分析法。否则在风速段(bin)内用线性回归法进行比恩分析,以确定整数风速的声压级。风速段宽 1 m/s,低端敞开,高端闭合。在两侧的整数风速上至少应有一个点。

对 30 组或更多背景噪声测量数据进行类似回归分析,整数风速的 $L_{Aeq,k}$值应进行背景噪声修正并以 $L_{Aeq,c,k}$予以区分。

基准位置上整数风速的视在声功率级 $L_{WA,k}$由背景修正声压级 $L_{Aeq,c,k}$计算出:

$$L_{WA,k} = L_{Aeq,c,k} - 6 + 10\lg\left(\frac{4\pi R_1^2}{S_0}\right) \qquad (9)$$

式中:

$L_{Aeq,c,k}$——基准条件下整数风速的背景修正的 A 计权声压级,单位为分贝(dB);

R_1——风轮中心到麦克风的倾斜距离,单位为米(m),如图 4 示;

S_0——基准面积,$S_0 = 1\ m^2$;

式(9)中常数 6 dB 约等于地面座板上声压级测量值的 2 倍。

8.4 1/3 倍频程带声压级

风力发电机组噪声 1/3 倍频程带声压级的值应对照背景噪声的 1/3 倍频程带声压级进行修正。

8.5 音值

8.5.1 一般方法

不同风速下噪声中出现的音调应在窄带分析基础上确定。

音调的分析应涵盖与声功率级测量相同的风速范围。对各风速段(bin),应分析两个最接近风速整数值的 1 min 时间段(bin),如图 7 所示。

把两个 1 min 测量时间分成 12 个 10 s 时段,利用 Hanning 窗口可得到 12 个平均能量窄带频谱。

频率分辨率应限定在表 2 所示的范围内。

在整数风速时,$k=6,7,8,9,10$,对于 10 s 平均能量频谱,$j=1\sim12$:

- 应确定音调声压级 $L_{pt,j,k}$;

表 2 频率分辨率

频率/Hz	小于 2 000	2 000～5 000
频率分辨率	2 Hz～5 Hz	2 Hz～12.5 Hz

- 应确定临界带中靠近音调的掩蔽噪声声压级 $L_{pn,j,k}$;
- 应确定音值 $\Delta L_{tn,j,k}$,即音调声压级与掩蔽噪声级之差。

总音值 ΔL_k 由 12 个 $\Delta L_{tn,j,k}$平均能量确定。

临界带带宽应由式(10)确定:

$$临界带带宽 = 25 + 75\left[1 + 1.4\left(\frac{f_c}{1\,000}\right)^2\right]^{0.69} \qquad (10)$$

式中:

f_c——中心频率,单位为赫兹(Hz)。

对于某些情形(如包括多条频谱线的极宽音调或具有很陡斜率的背景噪音)这一方法可能给出不正确结果。此时应给出偏差,并做说明。

8.5.2 分辨合理音调

频谱线的分类,需要对音调进行初步分辨。

下列程序用于分辨合理音调:

- 找出频谱中局部最大值;
- 计算各局部最大值为中心的临界频带的平均能量,不包括局部最大值的谱线和两个毗连的谱线;
- 如果局部最大值高于平均掩蔽噪声级 6 dB 以上,它即是合理音调。

8.5.3 临界带内频谱线分类

将中心频率与合理音调频率重合,以确定临界带的位置。频率 20 Hz～70 Hz 之间的合理音调,临界带是 20 Hz～120 Hz。

在临界带内各频谱线分为音调、掩蔽音调或其他音调,用下列方法分类:

a) 计算 $L_{70\%}$ 声压级,此处 $L_{70\%}$ 为临界带最低频谱线级的 70％的平均能量,如图 8 所示。

b) 定义 $L_{70\%}+6$ dB 为标准频谱线,见图 9:

- 如果声压级低于标准频谱线,则为掩蔽音调 $L_{pn,avg}$ 为全部掩蔽音调频谱线的平均能量,如图 10 所示。
- 如果声压级超过 $L_{pn,avg}+6$ dB,则频谱线为音调。
- 毗连音调的一些频谱线,辩明其最高能级。如果它们的能级差最高在 10 dB 以内,这些毗连的谱线应归类于音调。
- 既没能归入“音调”也未能归入“掩蔽音调”的频谱线,应为“其他音调”。这段频谱线在未来的分析中忽略掉。图 11 说明了临界带中谱线的分类。

8.5.4 音调声压级

音调声压级 $L_{pt,j,k}$ 由 8.5.3 中临界带内所有归类为音调频谱线的能量总和来确定。如果涉及两个或更多毗连频谱线的地方,利用 Hanning 窗口进行修正,此时能量总和除以 1.5。

注意,如果同一临界带中出现一个以上音调,以上程序适用于这些单个音调声压级的能量总和。

8.5.5 背景噪声修正

一个 2 min 窄带频谱是由最接近风速整数值的 2 个 1 min 测量的背景噪声组成。为了和相应的风力发电机组噪声分析做比较,要确保音调不是来自于背景噪声。与音调分析相似,在相同的临界带和风速整数值处,利用背景噪声级,由式(8)修正 $L_{pn,avg,j,k}$。背景噪声级由临界带内所有频谱线的能量总和计算得出。在相应的临界带内,背景噪声级要比风力发电机组噪声级至少低 6 dB。否则,要说明掩蔽噪声受到了背景噪声的影响。

8.5.6 确定掩蔽噪声声压级

掩蔽噪声声压级 $L_{pn,j,k}$ 由式(11)确定:

$$L_{pn,j,k}=L_{pn,avg,j,k}+10\lg\left(\frac{临界带宽}{有效噪声带宽}\right) \quad\cdots\cdots(11)$$

式中:

$L_{pn,avg,j,k}$——在临界带内由掩蔽噪声频谱线的平均能量修正后的背景噪声。

有效噪声带宽是 1.5 倍频率分辨率,分辨率已含采用 Hanning 窗口的修正因子。

8.5.7 确定音值

相应临界带中音调声压级 $L_{pt,j,k}$ 与掩蔽噪声声压级 $L_{pn,j,k}$ 之差:

$$\Delta L_{tn,j,k}=L_{pt,j,k}-L_{pn,j,k} \quad\cdots\cdots(12)$$

如果对于部分 12 个 10 s 频谱,根据 8.5.3 无法确定音调,则 $\Delta L_{tn,j,k}$ 由下面的数值替换:

$$\Delta L_{tn,j,k}=-10\lg\left(\frac{临界带宽}{有效噪声带宽}\right) \quad\cdots\cdots(13)$$

12 个 $\Delta L_{\mathrm{tn},j,k}$ 能量平均后得出 ΔL_k，$k=6$、7、8、9、10 风速段(bin)。

如果不同频谱内音调频率在临界带宽的10%之内，则这些音调可视作相同的音调，在这种情况下，用平均频率确定可听度。

8.5.8 可听度

ΔL_k 的每个值，频率修正须用于补偿人耳对不同频率音调的响应。

音调可听度 $\Delta L_{\mathrm{a},k}$ 被定义为：

$$\Delta L_{\mathrm{a},k} = \Delta L_k - L_{\mathrm{a}} \qquad \cdots\cdots(14)$$

L_{a} 为相关听力判断标准的频率，定义为：

$$L_{\mathrm{a}} = -2 - \lg\left[1 + \left(\frac{f}{502}\right)^{2.5}\right] \qquad \cdots\cdots(15)$$

式中：

f——音调的频率，单位为赫兹(Hz)。

应注意，该判断标准曲线是由听力试验确定的，反映受试人对不随时间而变化的不同频率音调的主观回应。

对每个 ΔL_k 值须进行相应 $\Delta L_{\mathrm{a},k}$ 值计算。音调可听度应满足条件：

$$\Delta L_{\mathrm{a},k} \geqslant -3.0\ \mathrm{dB} \qquad \cdots\cdots(16)$$

对 $\Delta L_{\mathrm{a},k}$ 值应作记录。

如音调可听度不满足此条件，例如

$$\Delta L_{\mathrm{a},k} < -3.0\ \mathrm{dB} \qquad \cdots\cdots(17)$$

此值就不需要记录。

8.6 指向性(选项)

风力发电机组在位置2、3和4方向上的指向性应由这些位置上A计权声压级确定，与在基准位置1测量A计权声压级同步进行。这些声压级应经背景噪声和测量距离的修正。

各位置的指向性 Δ_i 由式(18)确定：

$$\Delta_i = L_{\mathrm{Aeq},i} - L_{\mathrm{Aeq},1} + 20\lg\left(\frac{R_i}{R_1}\right) \qquad \cdots\cdots(18)$$

式中：

$L_{\mathrm{Aeq},i}$——位置2、3、4处背景噪声修正的A计权声压级；

$L_{\mathrm{Aeq},1}$——基准位置1处与 $L_{\mathrm{Aeq},i}$ 同步测量的，并经背景噪声修正的A计权声压级；

R_i——风轮中心到位置2、3、4的倾斜距离；

R_1——风轮中心到位置1的倾斜距离。

如果采用非同步测量的其他测量程序，在基准位置测量期间标准风速下，风力发电机组噪声和背景噪声的A计权声压级通过对位置1、2、3和4测量的回归分析确定。风力发电机组噪声测量结果利用式(8)对背景噪声和各位置指向性 Δ_i 进行修正。

9 报告内容

9.1 风力发电机组特征

风力发电机组特征应包括下列内容：

——风力发电机组：

- 制造厂家；
- 型号；
- 编号。

——主要技术参数：

- 垂直轴式或水平轴式风力发电机组；
- 上风向或下风向风轮；
- 轮毂高度；
- 风轮中心到塔架轴线的水平距离；
- 风轮直径；
- 塔架型式(桁架或筒式结构)；
- 被动失速、主动失速或桨距控制；
- 恒速或变速；
- 功率曲线(如果需要确定风速)；
- 6 m/s～10 m/s 各整数标准风速时的转速和额定功率时的转速；
- 6 m/s～10 m/s 各整数标准风速时的桨距角；
- 额定功率；
- 控制软件的版本。

——风轮：

- 风轮控制装置；
- 涡流发生器、失速条、锯齿状后缘；
- 叶片型式；
- 叶片数。

——齿轮箱：

- 制造厂家；
- 型号；
- 固定平行轴或行星齿轮箱。

——发电机：

- 制造厂商；
- 型号；
- 转速。

9.2 自然环境

风力发电机组场地和场地附近及测量位置的下列自然环境资料应做记录：

- 场地详细情况，包括场地位置、场地地图和其他相关资料；
- 周围地带(最近 1 km)的地形(崎岖的、平坦的、悬崖、山等)；
- 地表特征(如草地、砂地、树木、灌木丛、水面)；
- 附近反射物体，如建筑物或其他物体、山崖、树木、水面；
- 附近可能影响背景噪声级的其他声源，如其他风力发电机组、公路、工业区、机场；
- 两张照片，一张从基准麦克风沿风力发电机组方向，另一张从测风杆朝向风力发电机组方向；
- 一张放置在地面及其相邻环境下安装板上麦克风的照片，如图 2 所示。

9.3 仪器

应记录测量仪器的下列信息：

- 制造厂商；
- 仪器名称和型号；
- 编号；
- 其他相关资料(例如最近标定日期)；
- 每次测量时风速仪的位置和高度；
- 次级防风罩(如果有)的影响。

9.4 声学数据

报告应有下列声学数据：

- 每次测量时每个麦克风的测量位置；
- 6 m/s～10 m/s 各整数风速的 $L_{WA,k}$ 和背景修正后标准值的图表。图的坐标轴为线性的，比例为 1 m/s 对应 2 dB；
- 表示风力发电机组噪声和背景噪声在测量位置 1 的测量数据的曲线图（采用不同的符号）。图中 L_{Aeq} 和 v_s 为线性坐标轴，比例为 1 m/s 对应 2 dB；
- 风速 6 m/s～10 m/s 各整数风速的 1/3 倍频程的声压频谱表和曲线图。绘图坐标：1 倍频程＝10 dB，声压级用适当的星号标记。

对于各整数风速（$k=6$、7、8、9、10）：

- 各分辨音调的 $\Delta L_{tn,j,k}$（$j=1$、2、3…12）；
- 各分辨音调的 ΔL_k；
- 各分辨音调的 $\Delta L_{a,k}$；
- 音调频率；
- 显示各分辨音调谱线分类的典型的 10 s 平均能谱；
- 每次测量的时间和数据。

作为可选项，可能包含其他声学数据：

- 指向性；
- 低频噪声；
- 次音；
- 脉冲性；
- 调幅；
- 其他噪声特性（如果有）。

9.5 非声音数据

报告应有下列非声音内容：

- 风速的确定方法；
- 空气温度；
- 大气压力；
- 粗糙长度；
- 每次测量中的风向范围（平均 1 min 周期）。

报告中其他非声音数据（可选）：

- 声音测量期间估算或测量的湍流强度；
- 湍流强度是测得的还是根据气象条件推断得出；
- 一个曲线图，描绘机舱风速仪风速 v_n 和从电功率测量确定的轮毂高度风速 v_H 之间关系的曲线图。

9.6 误差

对下列声音量值的误差进行评估，并列入报告内容：

- 各整数风速下的视在声功率级；
- 基准位置各整数风速下噪声的 1/3 倍频程带频谱；
- 基准位置测量的风力发电机组声音辐射音值。

关于测量误差评估可参阅附录 D 以及 ISO 文件中“测量误差表示指南”。

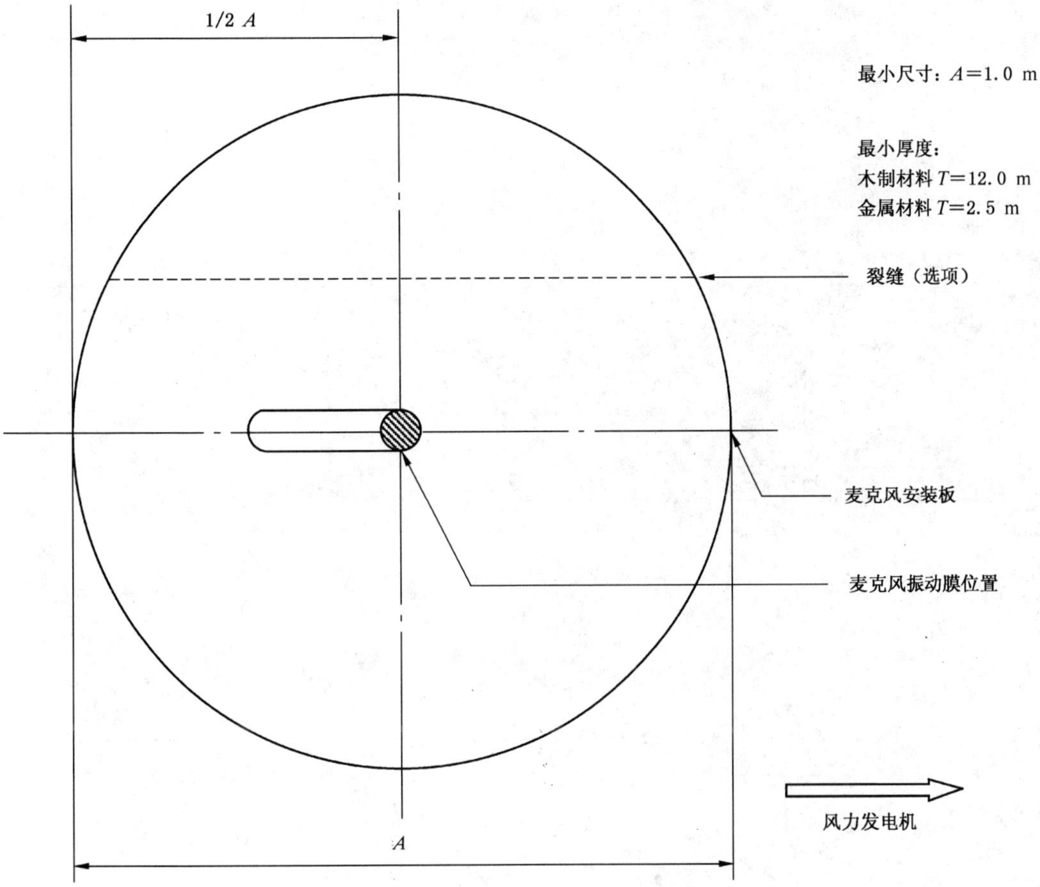

a）麦克风安装平面图

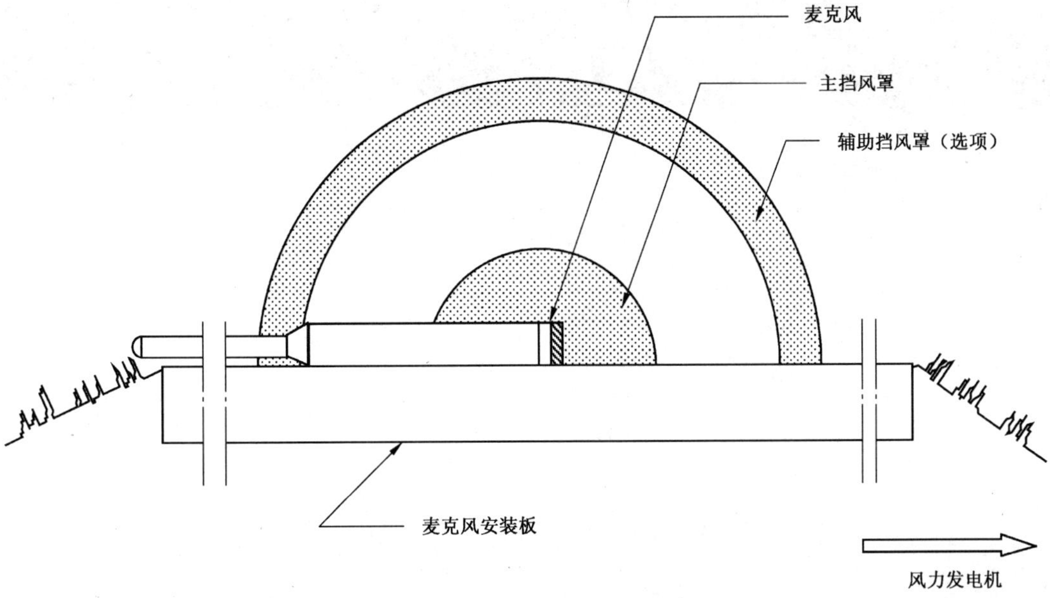

b）麦克风安装垂直截面图

图 1　麦克风安装图

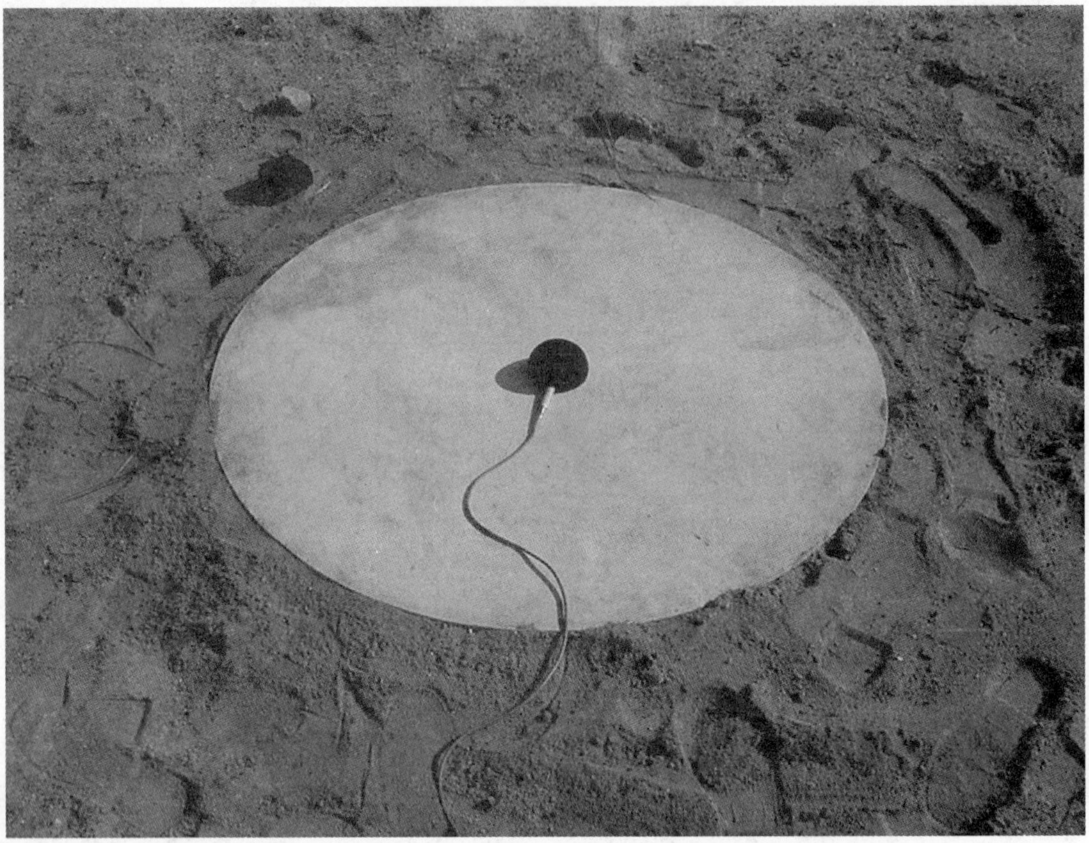

图 2　麦克风和安装板

图 3　标准麦克风测量位置的平面图

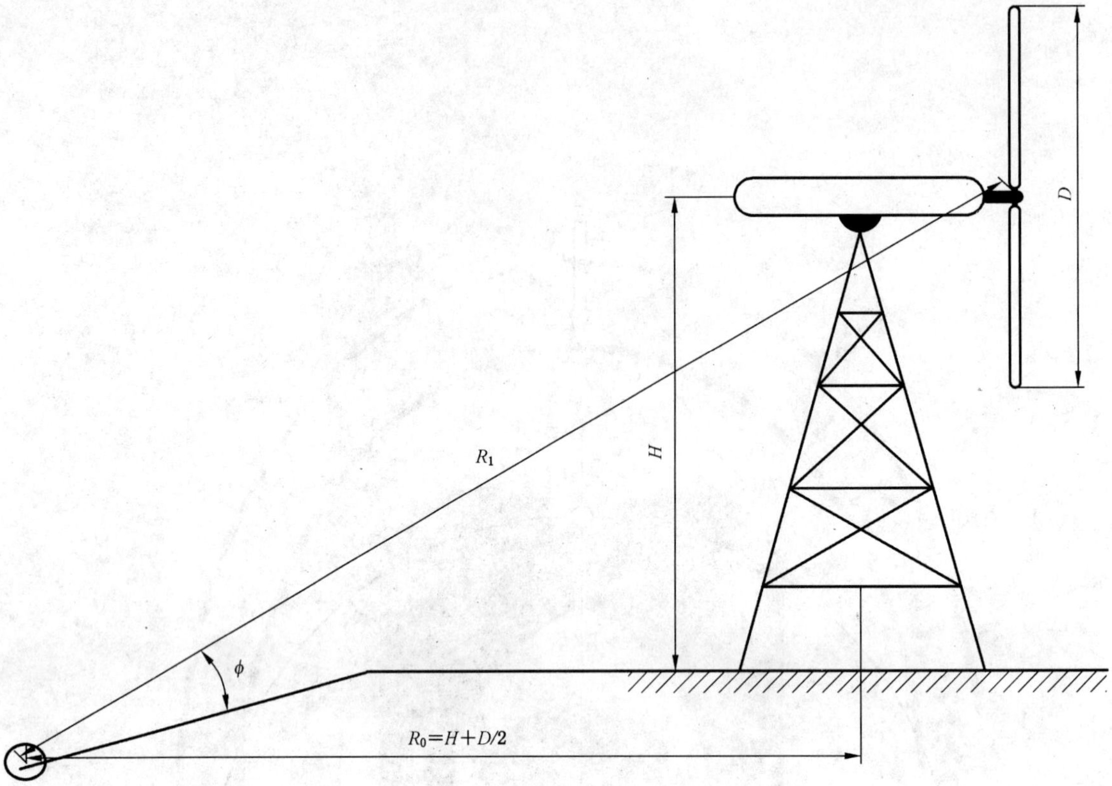

a）水平轴风力发电机组

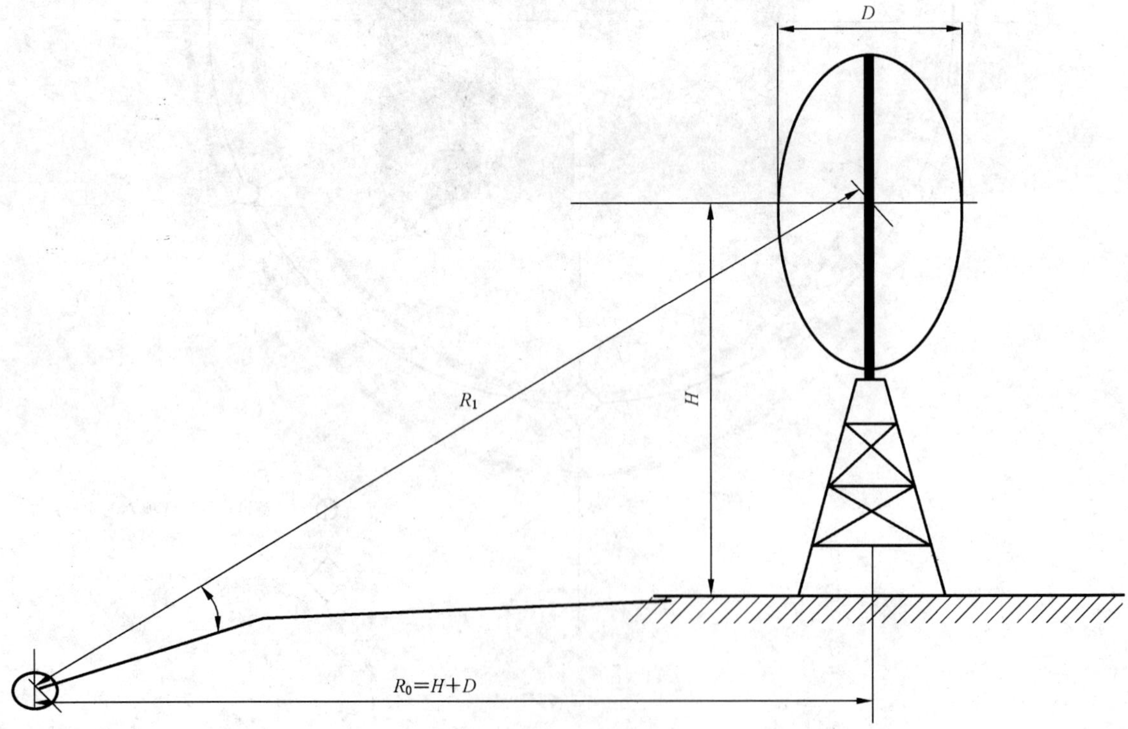

b）垂直轴风力发电机组

图 4　定义 R_0 和斜距 R_1 的示意图

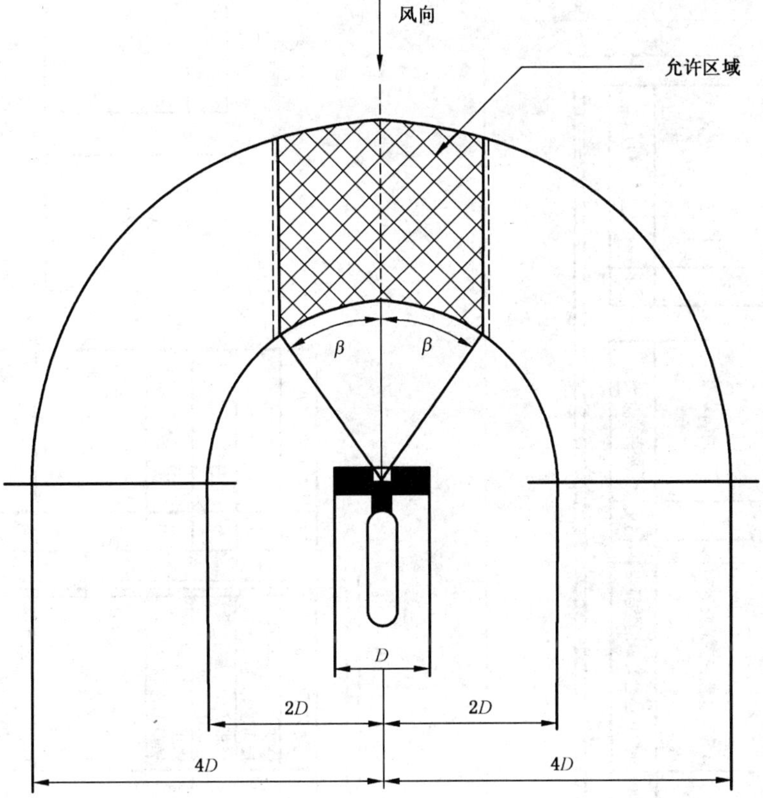

图 5　气象测风杆的位置允许区域的 **β** 函数平面图

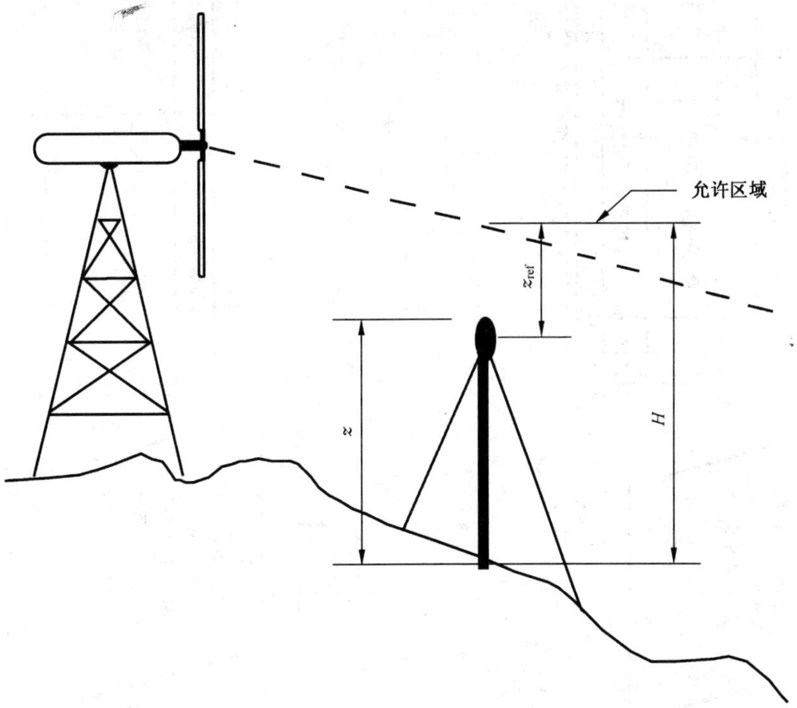

图 6　风速仪高度允许区域的截面图

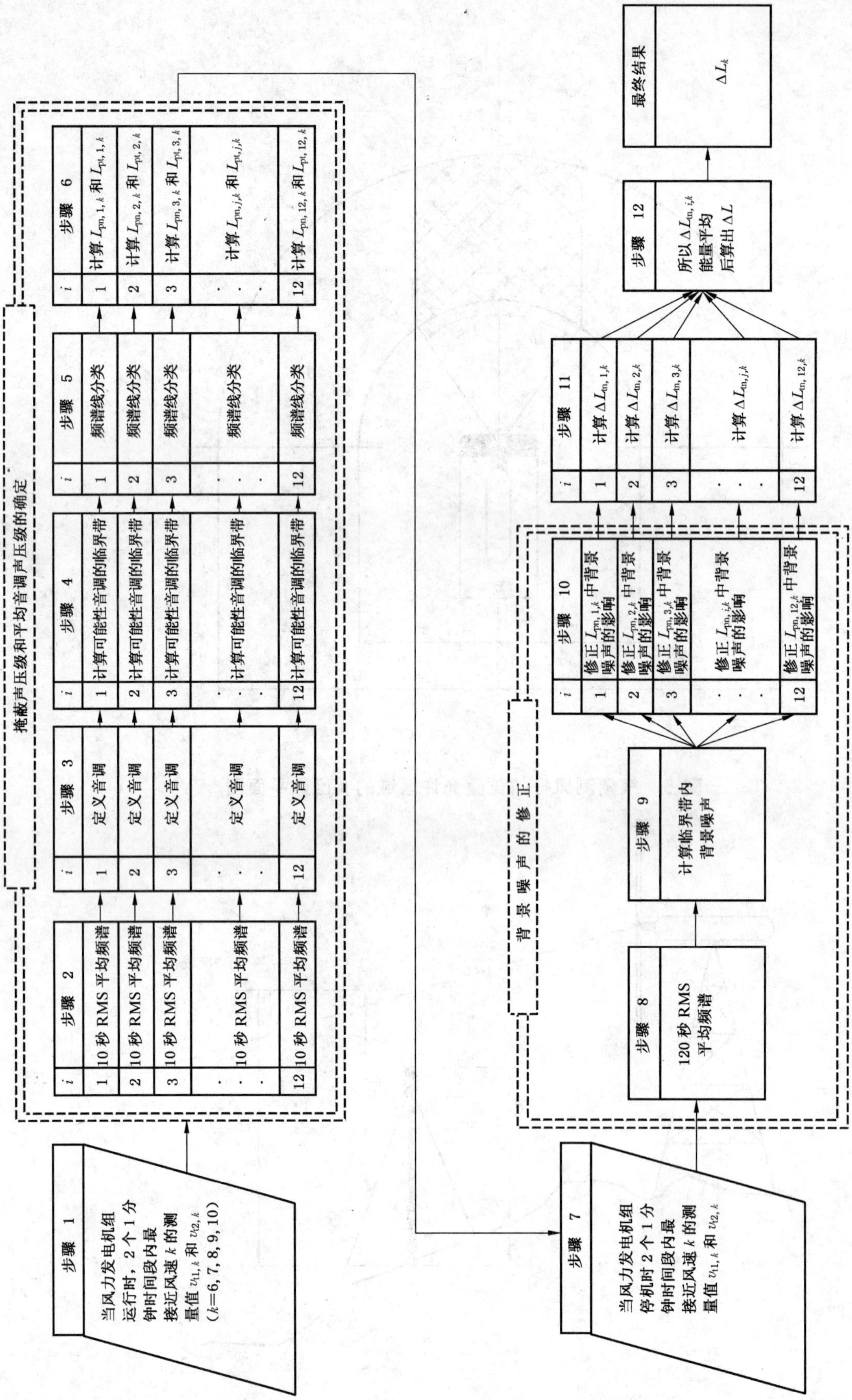

图 7 音调测量过程的流程图

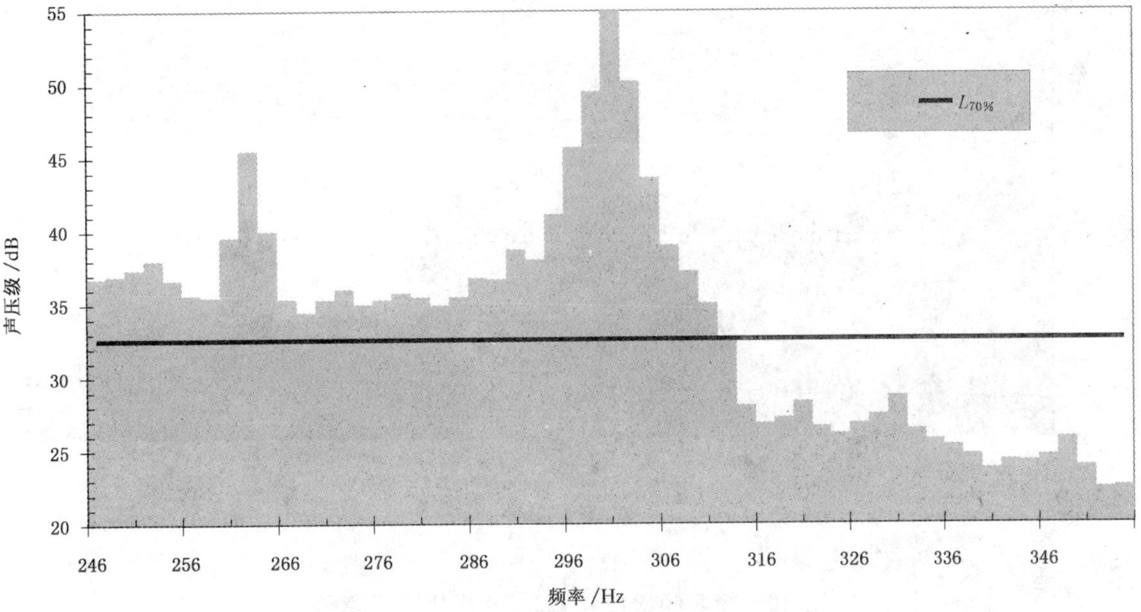

图 8 临界带中 $L_{70\%}$ 声压级的示意图

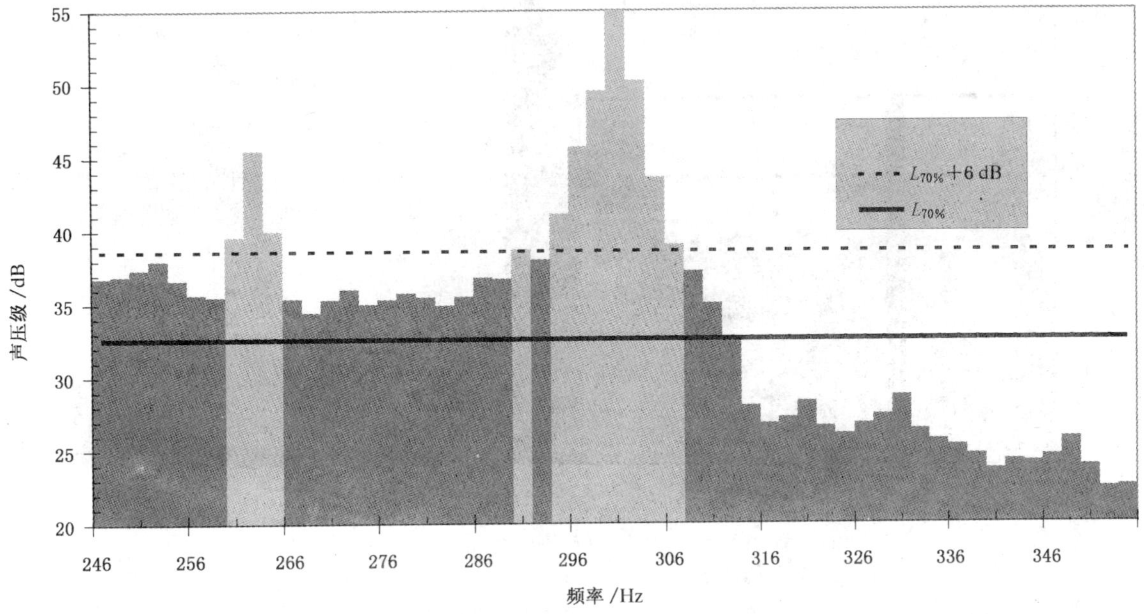

图 9 低于 $L_{70\%}$ +6 dB 标准的频谱线示意图

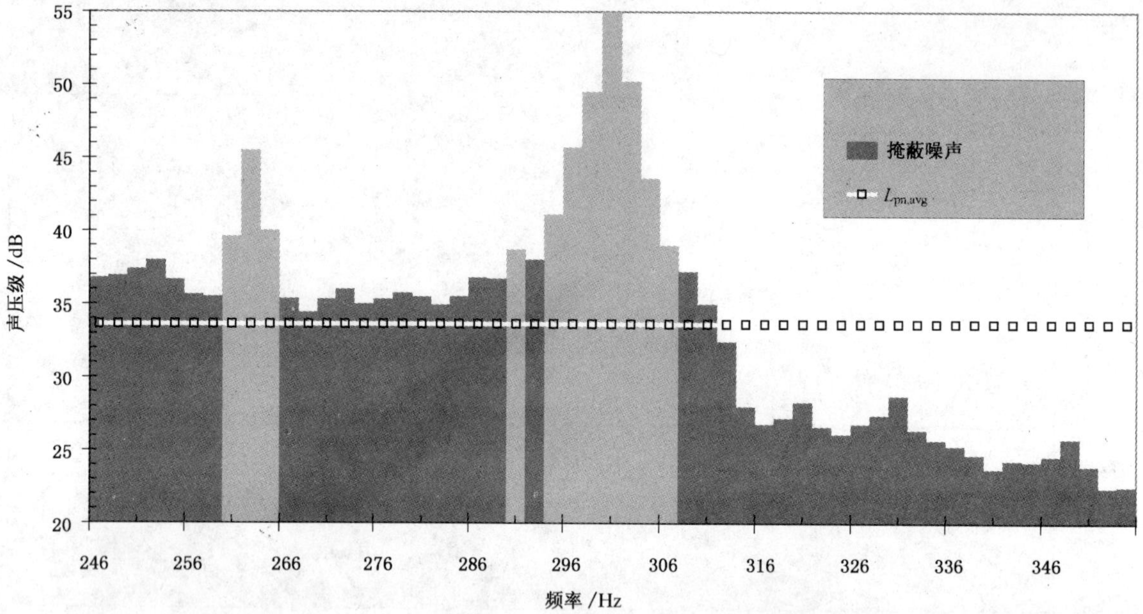

图 10 掩蔽频谱线和 $L_{pn,avg}$ 声压级的示意图

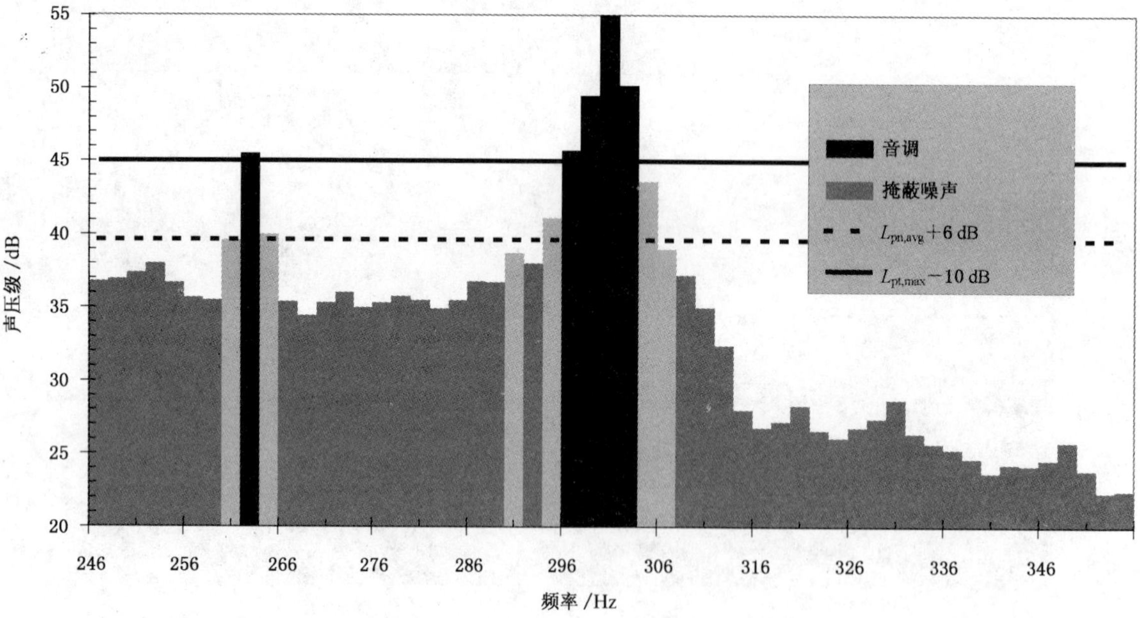

图 11 所有频谱线分类的示意图

附　录　A
（资料性附录）
风力发电机组噪声辐射的其他特性及其量化

A.1　概述

除了标准正文介绍的风力发电机组噪声特性外，噪声辐射可能包含下述部分或全部内容：

- 次声；
- 低频噪声；
- 脉冲性；
- 宽带或音调噪声的低频调制；
- 其他如变声、杂音、尖叫声或哼呜声等；噪声中各种不同的脉动，如冲出声、咔嗒声、劈劈啪啪声或锤击声等。

下面就这一方面问题作简单介绍，并对可能的量化测量进行讨论。

需指出，次声、低频噪声、脉冲性和振幅调制的某些方面目前尚不十分清楚，为确定这些特性，应优先考虑比本标准中规定的距离风力发电机组更远位置进行测量。

A.2　次声

频率低于 20 Hz 的声音称之为次声，虽然人耳几乎听不到这种声音，但它仍能引发一些问题，例如引起建筑物的振动，严重时会使人烦躁。如果认为有次声辐射，可以根据 ISO 7196 进行 G 计权声压级测量。

A.3　低频噪声

频率 20 Hz～100 Hz 的低频噪声可造成干扰。主要由低频引起的骚扰通常不适合由 A 计权声压级表述，如果仅用 L_{Aeq} 值评估，可能低估由这种噪音引起的影响。

判定噪声辐射是否含有低频成分是可能的，如果 A 计权声压级与 C 计权声压级的差超出大约 20 dB的情况下，就很可能含有低频成分。

在这种情况下，低频噪声可通过延伸 1/3 倍频程带到 20 Hz 进行量化测量，这些内容已在正文中表述。对于 1/3 倍频程带，20 Hz、25 Hz、31.5 Hz 和 40 Hz 频带应被额外确定。

频率低于 100 Hz 窄带频谱应采用小于二分之一个叶片通过频率带宽来确定。

A.4　脉冲性

风力发电机组的脉冲，即锤击声可由叶片与塔架周围扰动的风相互作用产生，脉冲性由这个锤击的程度来度量。

脉冲量值可以从 C 计权“脉冲同步”与最大 C 计权“缓慢”声压级若干次测量的平均差值取得。

脉冲特性也可用 31.5 Hz 倍频程带滤波器记录滤波声压信号来确定。

A.5　宽带噪声的调幅

在某些情况下，风力发电机组辐射的宽带噪声可以由叶片通过频率来调制，从而发出“嗖嗖声”或“呼呼声”。

调制可通过记录有时间计权 F 的至少 10 次叶片通过风力发电机组所测量的 A 计权声压级来确定。

该调制特性可能受当地大气条件影响(见附录 C),因此,应记录测量期间的大气条件。

A.6 其他噪声特性

如果噪声辐射包含有变音、杂音、尖叫声、哼鸣声、锤击声、冲击声、咔嗒声、劈劈啪啪声等,这些特性都应做记录。用语言尽可能充分地描述这些噪音,并应进行能够说明这些噪音性质的测量。

附 录 B
（资料性附录）
记录/回放设备的要求

B.1 概述

整套测量仪器包括：麦克风；声压计；记录仪（记录/回放）和分析仪。作为指导性文件，对磁带记录仪提出一般要求。

B.2 模拟磁带记录仪

对于模拟磁带记录仪：

- 参照级（参照级：405 pWb/mm 轨道宽）以下 20 dB 记录级的记录/回放频率特性应在 IEC 60651：1979 中频率 30 Hz～10 kHz 的 1 类声级计的容限内。这个容限用下面插图说明。如果作低频测量，应采用频率 10 Hz～20 Hz 内规定更严格的容限（±3 dB）；
- 在参照级记录的 1 kHz 音调，三次谐波畸变不超过 3%；
- 回放噪声不应超过：
  ——参照级以下 60 dB（A 计权）；
  ——参照级以下 50 dB（线性计权，30 Hz～10 kHz）；
  ——1 kHz 处串扰衰减应大于 50 dB；
  ——依据 IEC 60386 颤动和失真计权峰值不超过 0.3%。

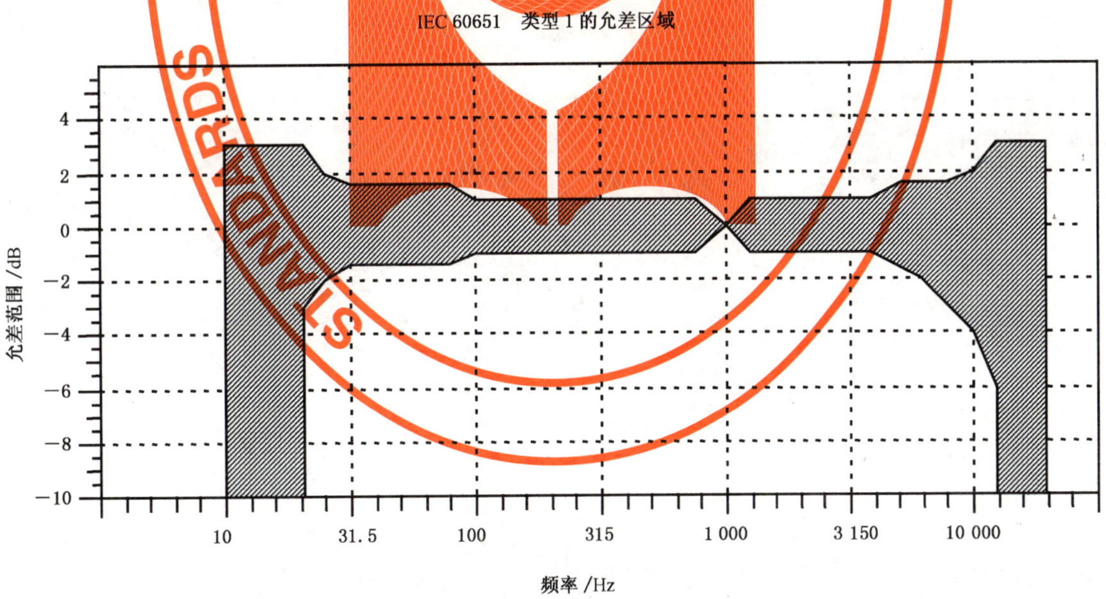

图 B.1 频率特性的容限，IEC 60651 1 类

B.3 数字式磁带记录仪

对于数字式磁带记录仪：

- 在最大声级 0 dB、−20 dB、−40 dB 及 −60 dB，记录/回放频率特性应该在 30 Hz～10 kHz 之间，具有 IEC 60651：1979 中 1 类声级计的容限；

- 至少在音调频率 31.5 Hz、1 kHz 和 8 kHz 线性测量的声级容限应限定在 IEC 60651:1979 中至少在最大声级 0 dB～60 dB 范围的容限内。相对参照级(－20 dB)该容限为±0.7 dB，当音调值变化 5 dB 或 10 dB 时为±0.4 dB；
- 信噪比应大于：

——80 dB(A 计权)；

——75 dB(降音的，30 Hz～10 kHz)。

附　录　C
（资料性附录）
湍流强度评估

湍流是风况的一部分，当它通过风轮时，在叶片上引起不稳定的压力，从而发出噪声。研究表明，高功率或高风速时，入射湍流产生的噪声可能成为风力发电机组空气动力噪声辐射的主要来源。

由于湍流对所有噪声辐射都有影响，在声学测量时，应评价并记录湍流水平。最好的方法是直接测量风速，至少3次，每次10 min以上，并且采样频率不低于0.5 Hz。平均风速和标准偏差都由每10 min 1次的测量数据确定。平均湍流强度定义为每个测量时段的标准偏差除以平均风速的平均值。

如果无法进行这种湍流测量，湍流水平可以由当地大气的稳定性和表面粗糙长度推测出来。很显然，在晴天，太阳加热地面，且由于空气浮力影响湍流能量在大气边界层上升，形成一个不稳定的大气边界层，并导致湍流水平升高。而日落后地面变冷，由于辐射能量损失，冷空气沉积在暖空气下面，形成稳定的大气条件，这时边界层的湍流重叠被阻止，湍流水平下降。测量位置的表面粗糙长度也会影响湍流水平。在较粗糙地面和复杂地形上会产生高湍流水平。应记录具体测量时间、测量时的云层覆盖情况和地表粗糙长度，作为测量湍流水平的参考记录。

附 录 D
（资料性附录）
测量误差评估

D.1 概论

应说明测量结果的误差。该附录就如何确定测量误差，提供一些指导。

D.2 A类和B类误差

每个记录的声学数值测量误差应根据本附录规定的方法，合成标准误差的形式获取并记录。应用该方法的指导包含在ISO文件“测量误差表述指南(1995)”中。本附录将误差分为A类误差和B类误差，A类误差是对多次重复误差用统计方法计算得出。B类误差是采用各种相关信息，包括类似情况下的经验推断得出。A类和B类误差都用标准偏差形式表达并用误差合成方法合成为标准误差。

D.3 场地影响

评价测量误差时，考虑实际场地对被测风速和麦克风安装板声音条件的影响是很重要的。如场区地形不平坦，测量风速可能偏离风轮。偏差随风轮中心与风速仪间距离增加而增加。如地面倾斜不平，麦克风安装板要求的条件可能不能充分满足，这样测量的声压级可能不准确。频谱误差将大于A计权总声压级误差，并随安装板尺寸减小而增大。场地影响误差属B类误差。

D.4 声音参数误差

D.4.1 视在声功率级

根据当前的知识，本部分所介绍的误差对视在声功率级的估算非常重要。

A类误差描述的参数是各整数风速的计算值 L_{Aeg} 的标准误差，它从回归分析中确定并记为 U_{A}。

$$U_{\mathrm{A}}=\sqrt{\frac{\sum(y-y_{\mathrm{est}})^{2}}{N-2}} \qquad \text{(D.1)}$$

式中：

y 和 y_{est}——实际测量声压级和用回归法计算声压级，$y-y_{\mathrm{est}}$ 为同一风速下的差值；

N——回归分析中测量次数。

下列误差属于B类误差：

- 测声仪器标定误差 U_{B1}；
- 全套声音测量仪器误差 U_{B2}；
- 麦克风安装板声学条件造成的误差 U_{B3}；
- 麦克风到轮毂距离误差 U_{B4}；
- 空气声阻误差 U_{B5}；
- 由于气候条件变化(包括湍流在内)，风力发电机组声音辐射的误差 U_{B6}；
- 全部测量或推导风速的误差 U_{B7}，包括风速仪标定误差、场地效应、功率曲线以及95%额定功率以上方法的误差；
- 风向测量误差 U_{B8}；
- 背景修正误差 U_{B9}。

此处提及的所有B类误差，其合理值在“$\pm a$”范围内，为简化起见，假定呈均匀分布，分布的标准偏差：

$$U = \frac{a}{\sqrt{3}} \quad \cdots\cdots (D.2)$$

表 D.1 以举例形式给出标准误差成分的合理值。它仅能对计算实际误差作指导。

表 D.1 有关视在声功率级的 B 类误差成分合理值之例

误差成分		典型范围值	典型误差值	最大标准误差值
标定	U_{B1}	±0.3 dB	0.2 dB	0.3 dB
仪器	U_{B2}	±0.3 dB	0.2 dB	0.4 dB
安装板	U_{B3}	±0.5 dB	0.3 dB	0.9 dB
距离	U_{B4}	±0.1 dB	0.1 dB	0.2 dB
气阻	U_{B5}	±0.2 dB	0.1 dB	0.3 dB
湍流	U_{B6}	±0.7 dB	0.4 dB	0.9 dB
风速,测量[a] 风速,推导[c](自曲线)	U_{B7} U_{B7}	±1.5 dB ±0.3 dB	0.9 dB[b] 0.2 dB[b]	3.3 dB[b] 0.6 dB[b]
风向	U_{B8}	±0.5 dB	0.3 dB	0.6 dB
背景	U_{B9}	修正值	如:0.1 dB	0.8 dB

[a] 参考 D.3。
[b] 假定风速相关性 1.2 dB/(m/s)。
[c] 所述数值对应于从功率曲线推导出的风速,95%额定功率以上的风速误差预计比表中所述数值要大。

综合标准误差等于各误差成分的平方和之根:

$$U_c = \sqrt{U_A^2 + U_{B1}^2 + U_{B2}^2 + \cdots} \quad \cdots\cdots (D.3)$$

例如:计算 L_{Aeq} 的标准误差为 0.5 dB(典型值)或 1.5 dB(最大),则综合标准误差 $U_c = 0.9$ dB(典型值)和 $U_c = 2.5$ dB(最大)。有场地影响时,预期会有更大误差。

D.4.2 指向性

估算的指向性标准误差,在未做更详尽误差分析的情况下,可采用$\sqrt{2}$倍视在声功率级合成标准误差。

D.4.3 1/3 倍频程带谱

对于 1/3 倍频程带,各带的 U_A 是平均带声压级的标准误差,用标准偏差除以 $\sqrt{N-1}$计算,此处 N 是频谱测量次数(至少 3 次)。

U_{B3} 的值要比 L_{WA} 的值大很多,估计的 1/3 倍频程带的典型值为 1.7 dB。

D.4.4 音调

各音调的 U_A 是平均音调声压级的标准误差。U_{B3} 的值估计为 1.7 dB,见表 D.1。因记录的 ΔL_{tn} 各不相同且认为风速是次要的,与估计 L_{WA} 误差时相比,U_{B1}、U_{B4} 和 U_{B6} 的估计值可小些。

参 考 文 献

ISO 7196　声学　次声测量用频率的加权特性.

ISO 文件:1995 测量误差表述指南.

ICS 97.220.10
Y 55

中华人民共和国国家标准

GB/T 22517.2—2008

体育场地使用要求及检验方法
第2部分:游泳场地

Technical requirements and test methods for sports field—
Part 2: Swimming

2008-11-03 发布　　　　2009-03-01 实施

中华人民共和国国家质量监督检验检疫总局
中国国家标准化管理委员会　发布

前　言

GB/T 22517.2《体育场地使用要求及检验方法》由以下部分组成：

——第1部分：体育木地板场地

——第2部分：游泳场地

——第3部分：棒球、垒球场地

——第4部分：篮球场地

——第5部分：足球场地

——第6部分：田径场地

——第7部分：网球场地

——第8部分：运动冰场

——第9部分：滑雪场地

——第10部分：壁球场地

——第11部分：曲棍球场地

——第12部分：板球场地

——第13部分：保龄球场地

——第14部分：台球场地

——第15部分：掷球场地

——第16部分：举重场地

——第17部分：柔道场地

——第18部分：轻型固定翼航空器起降场地

——第19部分：滑翔机起降场地

——第20部分：旋翼类航空器起降场地

……

本部分为GB/T 22517的第2部分。

本部分的附录A为资料性附录。

本部分由国家体育总局提出。

本部分由国家体育总局体育经济司归口。

本部分负责起草单位：国家体育总局体育设施建设和标准办公室、中国游泳协会。

本部分参加起草单位：常州普立泳池设备有限公司、浙江金泰泳池环保设备有限公司、华体集团有限公司。

本部分主要起草人：王志向、金志、王李根、王寅、冯金虎、王燕京、杨东旭、佘勇、马熙泰。

体育场地使用要求及检验方法
第2部分:游泳场地

1 范围

GB/T 22517的本部分规定了游泳、跳水、水球和花样游泳等游泳场地的要求、检验方法及合格判定规则等。

本部分适用于竞赛和训练用标准游泳场地,非标准及休闲娱乐用游泳场地可参照执行。

2 规范性引用文件

下列文件中的条款通过GB/T 22517的本部分的引用而成为本部分的条款。凡是注日期的引用文件,其随后所有的修改单(不包括勘误的内容)或修订版均不适用于本部分,然而,鼓励根据本部分达成协议的各方研究是否可使用这些文件的最新版本。凡是不注日期的引用文件,其最新版本适用于本部分。

GB/T 4100—2006 陶瓷砖

GB/T 17093 室内空气中细菌总数卫生标准

GB 50189 公共建筑节能设计标准

CJJ 122—2008 游泳池给排水工程技术规程

CJ 244—2007 游泳池水质标准

JGJ/T 131 体育馆声学设计及测量规程

JGJ 153—2007 体育场馆照明设计及检测标准

3 场地分类

根据使用目的不同,游泳场地可分为游泳、跳水、水球和花样游泳四类。

4 要求

4.1 基本要求

4.1.1 各类游泳场地应根据实际使用功能要求进行建设,应符合GB 50189的要求。

4.1.2 竞赛和训练池的池底和池壁应为白色,宜用游泳池专用瓷砖或颜色相同、耐用、易清洗的建筑装饰贴面材料。泳道标志线应为黑色或深蓝色。游泳池出发和转身的两端,自水面以上0.3 m到水面以下0.8 m的所有池壁应平整、防滑。

4.1.3 竞赛和训练池的空间要求、标识、标志的要求参见国际游泳联合会(FINA)《国际游泳联合会竞赛手册》或中国游泳协会《游泳竞赛规则》、《水球竞赛规则》、《跳水竞赛规则》、《花样游泳竞赛规则》。休闲、娱乐用游泳场地参见附录A。

4.2 规格和尺寸

4.2.1 游泳池

4.2.1.1 竞赛用标准游泳池应为50 m×25 m或50 m×21 m;短池应为25 m×25 m或25 m×21 m,水深应不小于2 m。两端池壁自水面上0.3 m至水面下0.8 m范围内长度允许误差应为+0.02 m~+0.03 m。安装自动计时触板后,触板之间允许误差应为0.00 m~+0.01 m。标准游泳池的基本尺寸、设施规格见图1。

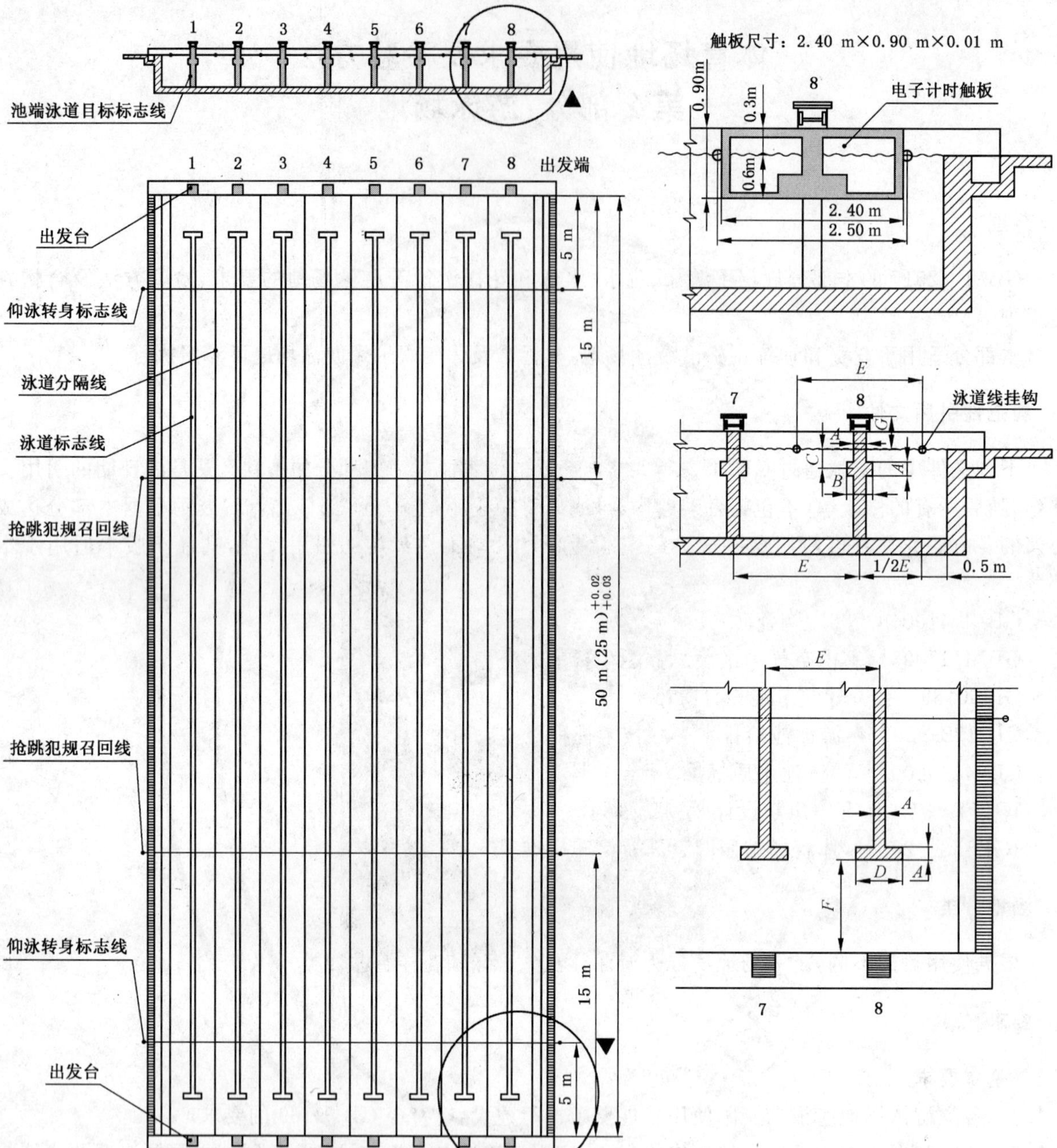

一般比赛为8条泳道，奥林匹克运动会和世界锦标赛要求10条泳道

A——泳道标志线、两端横线和目标标志线宽 0.20 m～0.30 m，优选 0.25 m；

B——池端目标标志线的长度 0.50 m；

C——池端目标标志线中心水下深度 0.30 m；

D——泳道标志线两端横线的长度 1.00 m；

E——相邻两条泳道标志线间的距离 2.50 m(至少 2.00 m)；

F——泳道标志线两端横线到池端壁距离 2.00 m；

G——出发台前沿到水平面的高度 0.50 m～0.75 m。

图 1　比赛游泳池设施规格尺寸

4.2.1.2 奥运会和世界游泳锦标赛比赛池宽应为 25 m。

4.2.1.3 竞赛池邻近处应设置热身池，至少 6 条泳道，深度不小于 1.35 m。

4.2.2 跳水池

跳水竞赛池一般为 25 m×25 m，但不应小于 25 m×21 m，跳板和跳台应布置在 25 m 的方向上，水深应为 5 m～6 m。

4.2.3 水球池

水球竞赛池两条球门线之间的距离应为 30 m(男子比赛)或 25 m(女子比赛)，宽度应为 20 m，水深不小于 2.0 m，见图 2。

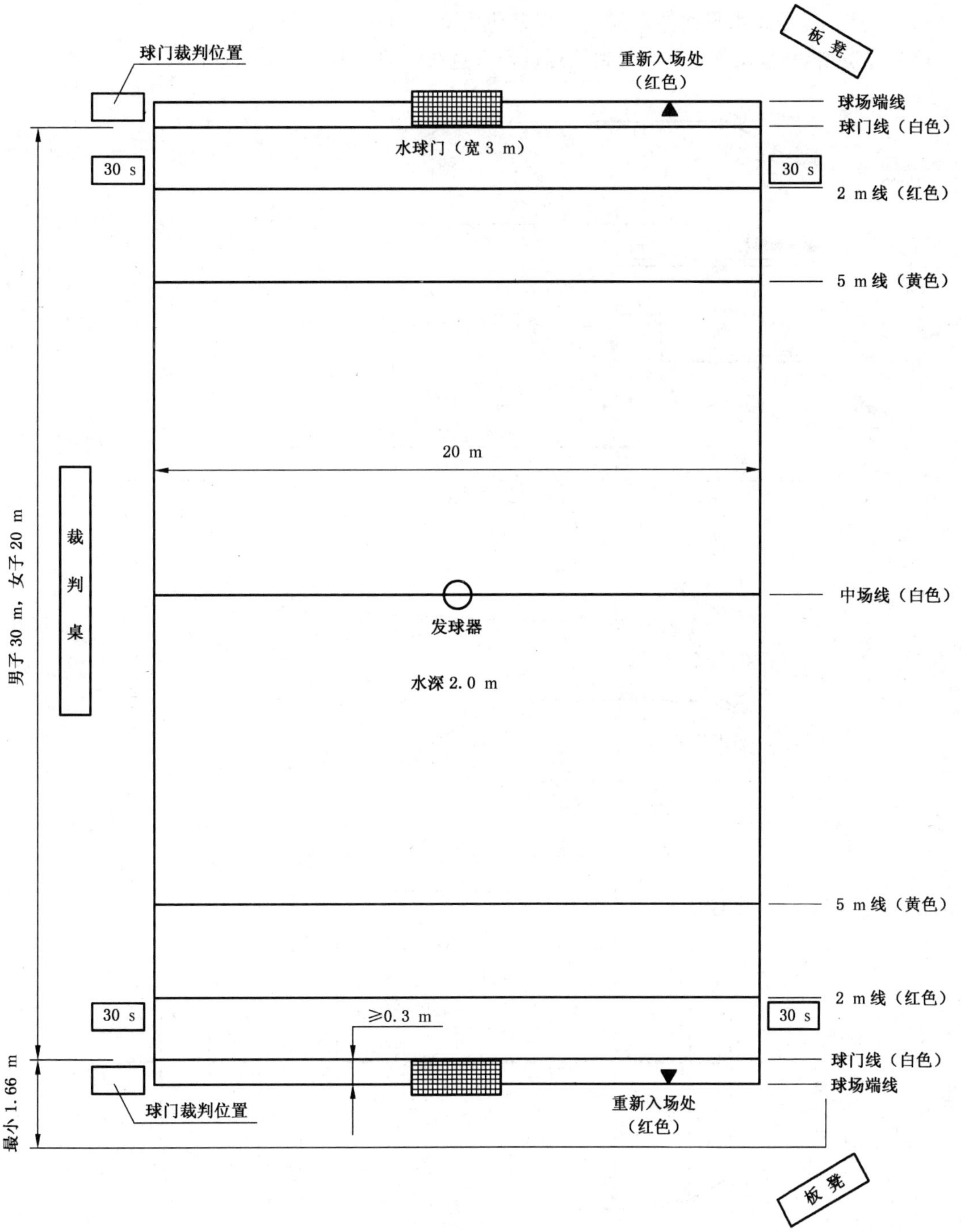

图 2 水球比赛场地规格尺寸

4.2.4　**花样游泳池**

花样游泳竞赛池应不小于 20 m×30 m，其中 12 m×12 m 的表演区内的水深应不小于 3.0 m，其他区域的水深应不小于 2.5 m，从 3.0 m 向 2.5 m 水深过渡的斜坡长度应不小于 8.0 m。

4.3　**附属设施**

4.3.1　比赛池的出发台、泳道标志线、分隔线、仰泳标志线及预埋件的位置和尺寸等应符合竞赛规则的要求。出入水的扶梯不应突出于池壁。

4.3.2　游泳池两端水面以下不小于 1.2 m 深处，应设宽度为 0.10 m～0.15 m 的防滑歇脚台。

4.3.3　跳板和跳台表面应防滑，数量和布置方式应符合竞赛规则的要求。跳板、跳台规格尺寸应符合图 3 和表 1 的规定，距离水平面的高度允许误差应为 0.00 m～+0.05 m。

当跳台宽度增加时，从跳台垂直线到邻近跳台垂直线间的距离也应增加，增加值为跳台宽度的一半。

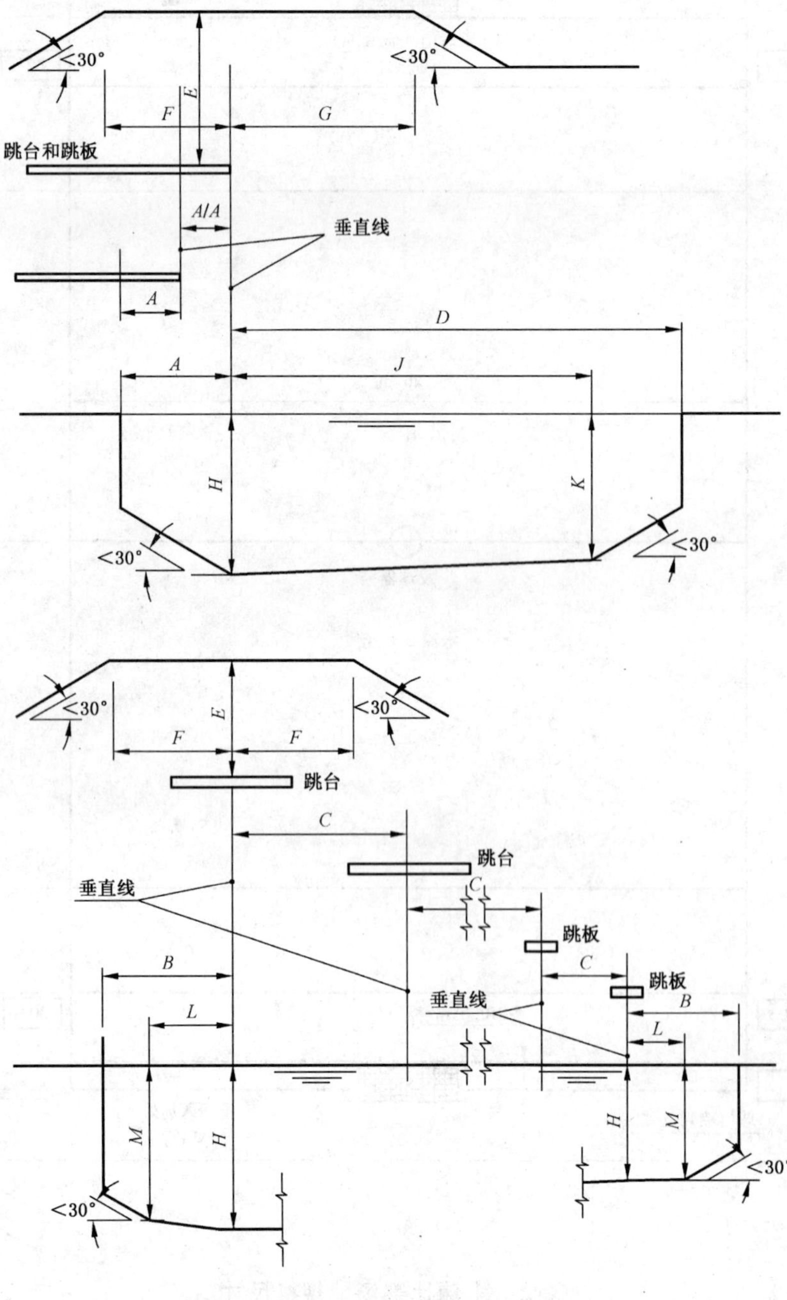

图 3　跳水设备安装规格尺寸

表 1 跳水设备的规格尺寸

单位：m

跳水设备的规格		尺寸	跳板 1 m	跳板 3 m	跳台 1 m	跳台 3 m	跳台 5 m	跳台 7.5 m	跳台 10 m
		长度	4.80	4.80	5.00	5.00	6.00	6.00	6.00
		宽度	0.50	0.50	0.60	0.60	1.50	1.50	3.00
		高度	1.00	3.00	0.60～1.00	2.60～3.00	5.00	7.50	10.00
A	从板(台)垂直线向后到池壁距离	标号	A-1	A-3	A-1P1	A-3P1	A-5	A-7.5	A-10
		最小值	1.50	1.50	0.75	1.25	1.25	1.50	1.50
		最　好	1.80	1.80	0.75	1.25	1.25	1.50	1.50
A/A	从台垂直线向后到下面台的垂直线距离(或地平线)	标号					AA5/1	AA7.5/3/1	AA10/5/3/1
		最小值					0.75	0.75	0.75
		最　好					1.25	1.25	1.25
B	从板(台)垂直线到两侧池壁距离	标号	B-1	B-3	B-1P1	B-3P1	B-5	B-7.5	B-10
		最小值	2.50	3.50	2.30	2.80	3.25	4.25	5.75
		最　好	2.50	3.50	2.30	2.90	3.75	4.50	5.75
C	从板(台)垂直线到邻近板(台)垂直线间的距离	标号	C1-1	C3-3,3-1	C1-1P1	C3-3P1,1P1	C-5/3/1 C5-3,5-1	C7.5-5,3,1	C10-7.5,5,3,1
		最小值	2.00	2.20	1.65(2.40)	2.00	2.25	2.50	3.25
		最　好	2.40	2.60	1.95(2.70)	2.10	2.50	2.50	3.25
D	从板(台)垂直线向前到池壁距离	标号	D-1	D-3	D-1P1	D-3P1	D-5	D-7.5	D-10
		最小值	9.00	10.25	8.00	9.50	10.25	11.00	13.50
		最　好	9.00	16.25	8.00	9.50	10.25	11.00	13.50
E	从板端(垂直线上)面到顶棚高度	标号	E-1	E-3	E-1P1	E-3P1	E-5	E-7.5	E-10
		最小值	5.00	5.00	3.25	3.25	3.25	3.25	5.00
		最　好	5.00	5.00	3.50	3.50	3.50	3.50	6.00

表 1（续）

单位：m

		尺寸	跳板				跳台									
跳水设备的规格			1 m		3 m		1 m		3 m		5 m		7.5 m		10 m	
		长度	4.80		4.80		5.00		5.00		6.00		6.00		6.00	
		宽度	0.50		0.50		0.60		0.60		1.50		1.50		3.00	
		高度	1.00		3.00		0.60～1.00		2.60～3.00		5.00		7.50		10.00	
F	从板（台）垂直线到后上方和两侧上方无障碍的空间距离	标号	F-1	E-1	F-3	E-3	F-1P1	E-1P1	F-3P1	E-3P1	F-5	E-5	F-7.5	E-7.5	F-10	E-10
		最小值	2.50	5.00	2.50	5.00	2.75	3.25	2.75	3.25	2.75	3.25	2.75	3.25	2.75	5.00
		最　好	2.50	5.00	2.50	5.00	2.75	3.50	2.75	3.50	2.75	3.50	2.75	3.50	2.75	6.00
G	从板（台）垂直线到前上方无障碍物的空间距离	标号	G-1	E-1	G-3	E-3	G-1P1	E-1P1	G-3P1	E-3P1	G-5	E-5	G-7.5	E-7.5	G-10	E-10
		最小值	5.00	5.00	5.00	5.00	5.00	3.25	5.00	3.25	5.00	3.25	5.00	3.25	6.00	5.00
		最　好	5.00	5.00	5.00	5.00	5.00	3.50	5.00	3.50	5.00	3.50	5.00	3.50	6.00	6.00
H	在板（台）垂直线下面的水深	标号		H-1		H-3		H-1P1		H-3P1		H-5		H-7.5		H-10
		最小值		3.40		3.70		3.20		3.50		3.70		4.10		5.00
		最　好		3.50		3.80		3.30		3.60		3.80		4.50		6.00
J	在板（台）垂直线前方一定距离处的水深	标号	J-1	K-1	J-3	K-3	J-1P1	K-1P1	J-3P1	K-3P1	J-5	K-5	J-7.5	K-7.5	J-10	K-10
		最小值	5.00	3.30	6.00	3.60	4.50	3.10	5.50	3.40	6.00	3.60	8.00	4.00	11.00	4.75
		最　好	5.00	3.40	6.00	3.70	4.50	3.20	5.50	3.50	6.00	3.70	8.00	4.00	11.00	5.75
L *M*	在板（台）垂直线每侧一定距离处的水深	标号	L-1	M-1	L-3	M-3	L-1P1	M-1P1	L-1P3	M-1P3	L-5	M-5	L-7.5	M-7.5	L-10	M-10
		最小值	1.50	3.30	2.00	3.60	1.40	3.10	1.80	3.40	3.00	3.60	3.75	4.00	4.50	4.75
		最　好	2.00	3.40	2.50	3.70	1.90	3.20	2.30	3.50	3.50	3.70	4.50	4.40	5.25	5.75
N	在规定的范围外降低尺寸的最大角度	池　深	30°													
		顶棚高度	30°													

4.3.4 跳水竞赛池应设水面喷水制波或水下喷气制波装置。举办国家级以上比赛的跳水池旁应设有可调节水温的按摩放松池和淋浴喷头。

注：国家级以上比赛包括国际级比赛、全运会、全国冠军赛、全国锦标赛。

4.3.5 进出游泳场地的通道应设置强制喷淋设施及浸脚消毒池。消毒池长度应不小于 2.0 m，有效水深应不小于 0.2 m。

4.3.6 应在游泳场地深水、浅水区设置明显的水深标志。

4.3.7 用于残疾人游泳运动的场地应作无障碍设计。

4.4 室内游泳池的声学要求

室内游泳池声学效果应符合 JGJ/T 131 要求。

4.5 采光与照明

4.5.1 游泳场地比赛区的照明灯光设置应避免对运动员产生眩光。

4.5.2 游泳场地的自然采光，不应对运动员产生眩光，太阳光不宜直接射到水面。

4.5.3 室内场地的照明灯光主光源应使用侧光。

4.5.4 游泳场地照明应符合 JGJ 153—2007 中 4.1.10 的规定，向公众开放的游泳场地照明参照训练场馆的要求。

4.6 水质、水温

4.6.1 游泳池水质、水温应符合 CJ 244—2007 的要求。

4.6.2 新建、改建、扩建的游泳场地必须配备循环水净化消毒设备，循环水处理系统的设计和设施配置应符合 CJJ 122—2008 的要求。

4.7 场地周边环境

4.7.1 游泳场地内的空气质量应符合 GB/T 17093 的要求。

4.7.2 游泳场地内空气的相对湿度应不大于 75%。

4.7.3 室内比赛池区温度应比池水温高 1 ℃～ 2 ℃。

4.7.4 应根据比赛、训练及节能的要求，确定合理的空间高度。正式比赛场地水面上空净高度宜为 8 m～10 m，10 m 跳台上方净空高度宜为 5 m～6 m。

4.7.5 国家级以上比赛场地池岸宽度应不少于 5 m，与跳水池相邻及靠主席台的观众席一侧的池岸宽度宜大于 8 m。国家级以下比赛场地池岸宽度不宜少于 4 m，比赛池出发端池岸宽度应不小于 5 m。

4.7.6 池岸地面应防滑，有水时地面静摩擦系数应不小于 0.5。

4.7.7 池岸不应有积水，池岸旁应设置适量冲洗地面的水龙头。池岸地面排水不应排入池内或进入游泳池水处理系统。

4.7.8 室外游泳场地池岸边 5 m 范围内不宜有裸露泥土、落叶树木，并且应避开粉尘等污染源。

5 检验方法

5.1 总则

除下述规定的内容外，第 4 章中的其他项目均应为观察项目，采用目测法进行检测。

5.2 规格尺寸

比赛池、跳板、跳台等附属设施及周边环境的规格尺寸应使用计量检定合格的 50 m 钢卷尺或激光测距仪测量。

5.3 声学指标

依据图 4 对游泳比赛场地和主席台、看台各点位检测，取平均值，具体指标的测量方法可参照 JGJ/T 131 中有关规定。

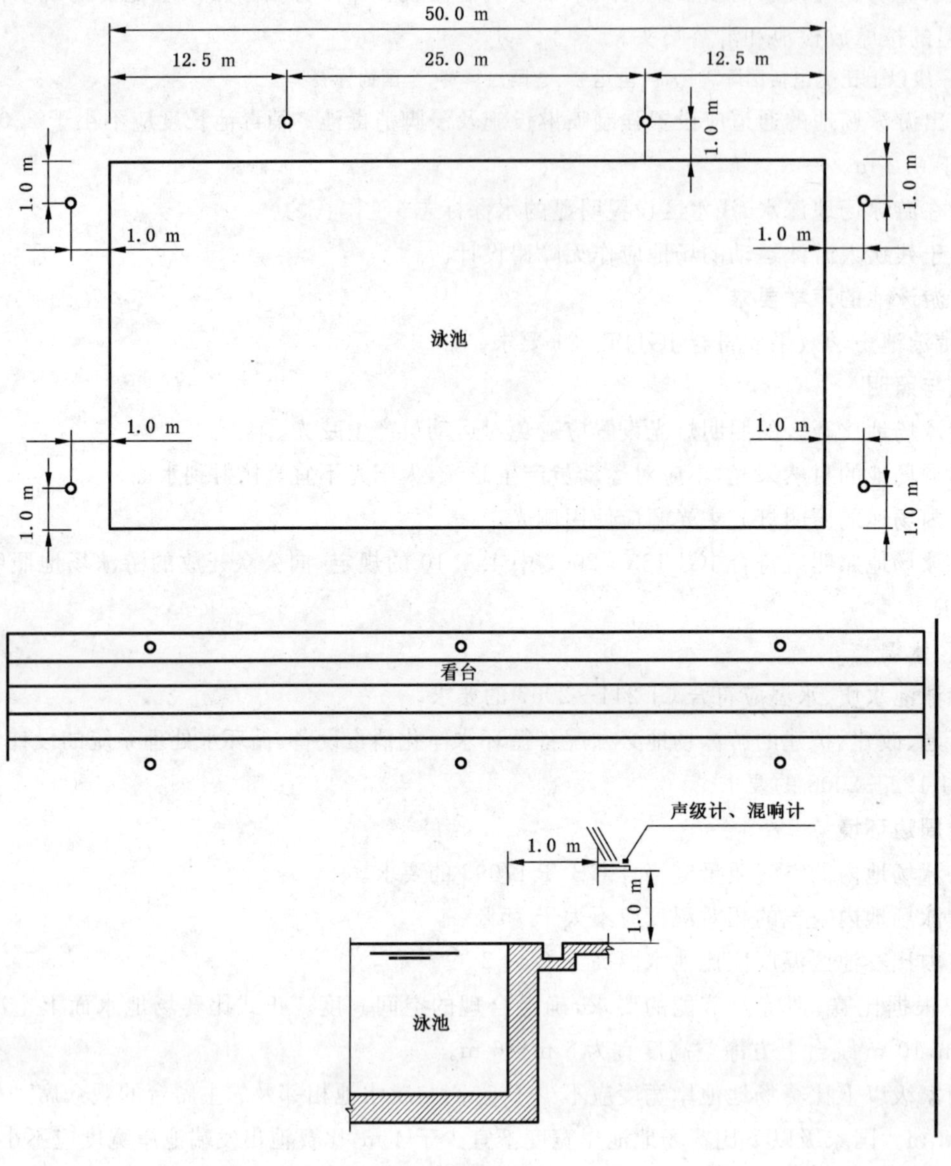

图 4 声学检测点位

5.4 照度

使用照度仪和光谱测色仪，依据 JGJ 153—2007 中图 8.2.2-3 进行选点测量。水平照度及四个方向的垂直照度时应在各点位距离水面 1 m 高处检测，摄像机方向的垂直照度应在 1.5 m 高处检测。

5.5 水质、水温

5.5.1 检测项目及方法

——水质卫生的检测项目应符合 CJ 244—2007 中 8.2.3 的规定。

——经营管理检测由各游泳馆(场)负责进行。检测项目应符合 CJ 244—2007 中 8.2.1 的规定。

——水质、水温的检验方法按照 CJ 244—2007 的要求进行。

5.5.2 取样方法

采样点位置如图 5 所示，50 m 比赛池至少取 6 个点，25 m 训练池至少取 4 个点。水样应取自距池岸 1 m，水面下 0.30 m～0.50 m 处。

非标准游泳池每 100 m^2～200 m^2 设一个采样点，取样点不应少于 4 个。

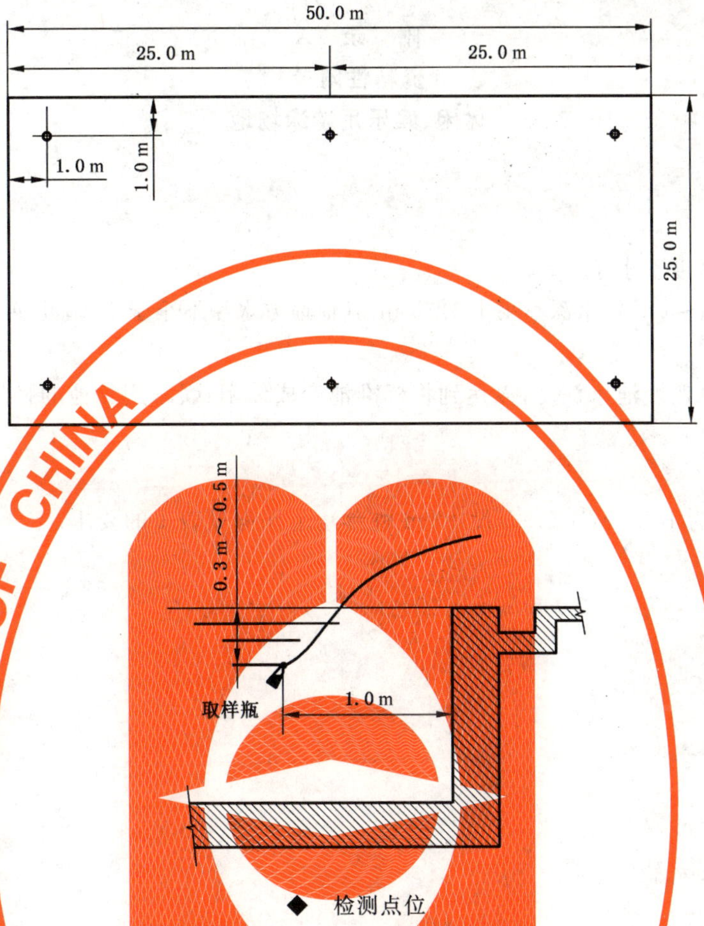

图 5　水质检测点位

5.6　地面静摩擦系数

使用静摩擦系数测试仪，按照 GB/T 4100—2006 中附录 M 的方法进行测试。

6　合格判定规则

6.1　所有采用目测观察和现场检测项目均符合第 4 章规定的要求，且竞赛设施设备符合各级各类比赛规则的要求时，判定该场地为合格。

6.2　若出现不合格项目，则需在整改后再次进行检验。所有项目符合第 4 章规定的要求，且竞赛设施设备符合各级各类比赛规则的要求时，判定该场地为合格。

附 录 A
（资料性附录）
休闲、娱乐用游泳场地

A.1 游泳池

A.1.1 每条泳道的宽度不小于 2 m。

A.1.2 距出发端 1 m～6 m 处水深不小于 1.35 m，其他地方水深不小于 1 m，儿童池水深宜为 0.60 m～1.10 m。

A.1.3 可采用垫层来改变池水深度，以达到将标准池变成休闲、娱乐用泳池的目的。

A.2 跳水池

跳水池最小尺寸为 16 m×21 m（不设 10 m 跳台），水深参见表 1 的要求。

参 考 文 献

[1] 中国游泳协会《游泳竞赛规则》、《水球竞赛规则》、《跳水竞赛规则》、《花样游泳竞赛规则》
[2] 国际游泳联合会(FINA)《国际游泳联合会竞赛手册》
[3] 《生活饮用水输配水设备及防护材料卫生安全评价规范》

ICS 97.220.10
Y 55

中华人民共和国国家标准

GB/T 22517.3—2008

体育场地使用要求及检验方法 第3部分:棒球、垒球场地

Technical requirements and test method for sports field—
Part 3:Baseball and softball

2008-11-03 发布　　2009-05-01 实施

中华人民共和国国家质量监督检验检疫总局
中国国家标准化管理委员会　发布

前　言

GB/T 22517《体育场地使用要求及检验方法》由以下部分组成：

——第1部分：体育木地板场地
——第2部分：游泳场地
——第3部分：棒球、垒球场地
——第4部分：篮球场地
——第5部分：足球场地
——第6部分：田径场地
——第7部分：网球场地
——第8部分：运动冰场
——第9部分：滑雪场地
——第10部分：壁球场地
——第11部分：曲棍球场地
——第12部分：板球场地
——第13部分：保龄球场地
——第14部分：台球场地
——第15部分：掷球场地
——第16部分：举重场地
——第17部分：柔道场地
——第18部分：轻型固定翼航空器起降场地
——第19部分：滑翔机起降场地
——第20部分：旋翼类航空器起降场地
……

本部分为GB/T 22517的第3部分。

本部分的附录B为规范性附录，附录A和附录C为资料性附录。

本部分由国家体育总局提出。

本部分由国家体育总局体育经济司归口。

本部分负责起草单位：国家体育总局体育设施建设和标准办公室。

本部分参加起草单位：北京市体育局、北京市体育科学研究所、北京市理化分析测试中心、华体集团有限公司、北京市体育场馆协会、北京康漫运动场地工程有限公司。

本部分主要起草人：熊伟、关素芹、夏敏、李麟、王燕京、陈路林、马军、杨军、刘璟、丁艳东、孙建军、王小铭、崔家文。

体育场地使用要求及检验方法
第3部分：棒球、垒球场地

1 范围

GB/T 22517 的本部分规定了棒球、垒球场的使用要求、检验方法及合格判定规则。

本部分适用于竞赛用棒球、垒球场地。休闲和娱乐用棒球、垒球场地也可参照使用。

2 规范性引用文件

下列文件中的条款通过 GB/T 22517 本部分的引用而成为本部分的条款。凡是注日期的引用文件，其随后所有的修改单(不包括勘误的内容)或修订版均不适用于本部分，然而，鼓励根据本部分达成协议的各方研究是否可使用这些文件的最新版本。凡是不注日期的引用文件，其最新版本适用于本部分。

GB 6566　建筑材料放射性核素限量

GB/T 6921　大气飘尘浓度测定方法

GB/T 15432　环境空气　总悬浮颗粒物测定　重量法

GB/T 17134　土壤质量　总砷的测定　二乙基二硫代氨基甲酸银分光光度法

GB/T 17136　土壤质量　总汞的测定　冷原子吸收分光光度法

GB/T 17137　土壤质量　总铬的测定　火焰原子吸收分光光度法

GB/T 17140　土壤质量　铅、镉的测定　KI-MIBK 萃取火焰原子吸收分光光度法

GB/T 17141　土壤质量　铅、镉的测定　石墨炉原子吸收分光光度法

LY/T 1239　森林土壤 pH 值的测定

LY/T 1251　森林土壤水溶性盐分分析

3 术语和定义

下列术语和定义适用于 GB/T 22517 的本部分。

3.1

草坪　lawn

禾木科植被覆盖的土地。

3.2

天然草运动面层　grassed sports surface

由草层、根系层、渗水层、排水设施等组成的可渗水的综合体。

3.3

天然草比赛场地　natural grass field for competition

包括比赛场地边线以外一定范围的全区域。

3.4

草层　grassed surface

存活在地上的草坪草以及部分根和枯草叶。

3.5

根系层　root zone layer

由可渗透的物质，有机质，砂组成的承载层和密布根系的土壤表层组成。

3.6

加工土　processed soil

经掺入拌合外加剂，且最大颗粒小于 5 mm 的天然土。

3.7

结构厚度　thickness of the structure

场地构成材料的厚度总和。

3.8

压实度　specific gravity

土或其他材料压实后的干密度与标准最大干密度之比，以百分率表示。

3.9

无害外加剂　harmless additive

为形成构造物所需要的且对人体，动物及生态环境等均不构成有害影响的物质。

3.10

投手区　pitcher circle

投球手投球的区域。

3.11

击球区　batter's box

击球手击球的区域。

3.12

本垒打线　home run line (fenceline)

判断本垒打的标志。

4　要求

4.1　场地外观

场地中铺设土质的区域的颜色应均匀一致，其颜色应与比赛器材有明显反差。

场地中铺设天然草的区域内的颜色应均匀一致，应无裸地及病、虫害现象。

4.2　场地面层

4.2.1　平整度

场地中铺有天然草的区域，3 m 长度范围内任意两点相对高差应≤15 mm。

场地中铺有土质的区域，3 m 长度范围内任意两点相对高差应≤5 mm。

4.2.2　场地高程偏差

棒球、垒球场地实测高程与设计高程相比，偏差应≤5mm。

4.2.3　渗水速率

场地渗水速率应为(0.4～1.2)mm/min。

4.2.4　草坪密度

草坪密度应为(2～4)株/100 mm^2，且草坪中不应出现大于 2 500 mm^2 的空地。

4.2.5　草苗高度

场地中铺有天然草的场地区域内草坪赛季高度应为 25 mm～38 mm。

4.2.6　坡度

以中心线为基准的横向坡度应≤5‰。

4.2.7　结构厚度

场地内场区应选用土质铺装，结构厚度宜≥150 mm，外场区应选用天然种植草，结构厚度宜≥70 mm，参见附录 A。

4.3 场地基层

4.3.1 压实度

棒、垒球场地压实度宜≥90%。

4.3.2 材料厚度

场地的基础应为渗水结构形式，土质区材料厚度宜≥200 mm，天然草坪区宜≥400 mm，参见附录A。

4.4 场地环境

4.4.1 土质场地扬尘

场地中铺有土质的场地区域内应少扬尘现象，各项指标应符合下述要求：

a) 总悬浮颗粒物(TSP)<0.30 mg/m^3(日平均)；

b) 可吸入颗粒物(PM_{10})<0.15 mg/m^3(日平均)。

4.4.2 土质颜色抗老化

场地中铺有土质的场地区域内应基本不变色。

4.4.3 土质中重金属、盐类、放射性限量指标

见表1。

表1 土质中重金属、盐类、放射性限量指标

序号	项目			指标		
				pH<6.5	pH(6.5~7.5)	pH>7.5
1	总汞/(mg/kg)		≤	0.3	0.5	1.0
2	总砷/(mg/kg)		≤	40	30	25
3	铅/(mg/kg)		≤	100	150	150
4	镉/(mg/kg)		≤	0.3	0.3	0.6
5	铬/(mg/kg)		≤	150	200	250
6	全盐量，重量百分比/%		≤	10		
7	放射性	内照射指数(I_{Ra})	≤	1.0		
		外照射指数(I_γ)	≤	1.0		

4.5 场地规格

4.5.1 棒球场地

4.5.1.1 点位及划线

应严格按照棒球竞赛规则的规定，场地点位及划线应清晰准确，见图B.1。

4.5.1.2 规格尺寸

棒球竞赛场地应为一扇形，中心线将场地各点位置对称分布。棒球场地规格尺寸及各有关区域位置见图B.2。

棒球场地扇形顶尖应为直角，直角两边线是界内与界外的分界线。界内区又分为内场和外场。内场呈正方形，一个角和扇形顶尖直角重合，两个边与扇形边重合，扇形中心线与正方形的对角线重合，正方形的四个角为四个垒位。与扇形顶角重合的角为本垒，逆时针方向分别为一垒，二垒，三垒。内场以外为外场，场内不设任何障碍物，投手区外应为一平坦场地，投手区内为一高250 mm的小丘。见图B.3、图B.4。

4.5.2 垒球场地

4.5.2.1 点位及划线

应严格按照竞赛规则的规定，场地点位及划线应清晰准确，见图B.5。

4.5.2.2 规格尺寸

垒球竞赛场地应为一扇形，中心线将场地各点位置对称分布。垒球竞赛场地、规格尺寸及各有关区域位置要求应符合图 B.6 和表 B.1 的要求。

垒球场地扇形顶尖应为直角，直角的两边线是区分界内区及界外区的分界线，扇形内为界内区，扇形外为界外区，界内区又分为内场和外场，内场呈正方形，正方形的一个角两个边与扇形顶角及两个边相重合，中心线与正方形对角线重合。正方形的四个角为场地的四个垒位，与扇形顶角重合的角为本垒位，逆时针方向转，分别为一垒、二垒、三垒，内场以外的扇形区内为外场，场内应平坦。

4.6 场地设施

4.6.1 棒球场地

4.6.1.1 后挡网

后挡网高度应≥4 m，为金属制品或坚固材料制品，网眼最大为 50 mm×50 mm，长度为 R=18.29 m 圆周长的 1/4，两端与围网相接。

4.6.1.2 本垒打线围墙

围墙高度应为 2 m，表面应为软质材料。

4.6.1.3 边围网

围墙或围网高度应≥2 m，网眼为最大直径 50 mm 的金属制品或坚固材料制品。

4.6.1.4 队员及教练席

在一垒及三垒两外侧，挡网外，设不移动式硬质座椅，后面、两侧面为封闭式，正开门入场，上面安装防护顶棚，并设有棒架和球筐。

4.6.1.5 记分牌

设在本垒打线外，避免阳光直射。

4.6.2 垒球场地

4.6.2.1 后挡网

后挡网高度应不低于 6 m，材质为金属制品或坚固材料制品，网眼最大为 50 mm×50 mm，长度为 R=18.29 m 圆的 1/4 圆周长，两端与边网相接。

4.6.2.2 本垒打线围网

本垒打线围网高度应为 1.2 m～2 m，上沿表面应进行软包处理，长度为本垒打线与边网相接。

4.6.2.3 边围网

边围网高度应不低于 1.2 m，1、3 垒内本垒后应不低于 6 m，材质为金属制品或坚固材料制品，网眼直径应为 50 mm～80 mm，一端与后挡网相接，平行比赛有效区线，另一端与本垒打线围网相接。

4.6.2.4 队员席

在一垒及三垒两外侧，设硬质座椅，后面、两侧面为封闭式或与运动员更衣室相连接，正面开门进入场地，上面安装防护顶棚，并设有棒架和头盔架。

5 检验方法

5.1 场地外观

采用目测法进行检测。

5.2 场地面层

5.2.1 平整度

均匀选取(50～100)点，采用 3 m 直尺和游标塞尺进行测量。必检点位见图 B.7。

5.2.2 场地高程偏差

选取至少 10 个点，用水准仪、水准尺进行测量。必检点位见图 B.7。

5.2.3 渗水速率

随机在土质区及天然草区各取三个点，采用圆筒法测量渗水速率。

如图1所示，采用双筒，内筒为带刻度(精度±1mm)的圆筒，直径为(300±5)mm，外筒直径为(500±25)mm，将双筒置入地表以下5 cm，然后在内/外筒里注入不少于120 mm的水，在测试过程中要求保持内外筒水面高差应<2 mm，记录其渗透完20 mm水所需要的时间。计算单位时间的渗透量，按公式(1)进行计算。每点重复测定不小于5次，求平均值。

$$\varepsilon = \frac{H}{T} \quad \cdots\cdots(1)$$

式中：

ε——渗水速率，mm/min；

H——水位下降高度，mm；

T——渗水时间，min。

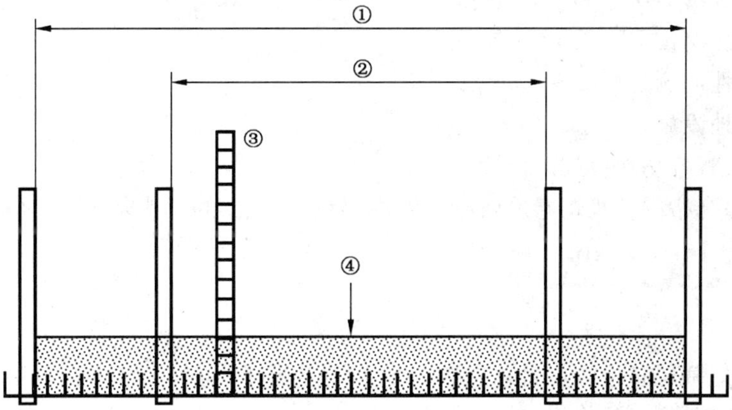

①——外圆筒；

②——内圆筒；

③——直尺；

④——水面。

图1 渗水速率测定装置

5.2.4 草坪密度

在比赛场地内选取有代表性样方，在样方内选取面积为10cm×10cm的小样。计算单位面积内向上生长的草的植株数。

5.2.5 草苗高度

在草坪区域中随机抽取五点样品，用钢尺现场测量。

5.2.6 坡度

在中心线上均匀选取至少10个点，垂直于中心线在场地界线和本垒打线上找到对应的各点(中心线两侧对称)，用水准仪和高度尺或更高精度的测绘仪器，测量场地横向坡度。

5.2.7 结构厚度

用取土器，现场钻孔。随机在土质区域取三点，草坪区域取五点，使用钢板尺测量面层厚度。

5.3 场地基层

5.3.1 压实度

用环刀、天平从现场取样，采用重型击实法在土质区域选取三点，草质区域选取五点。

5.3.2 结构厚度

用取土器，现场钻孔。随机在土质区域取三点，草坪区域取五点，使用钢板尺测量基层厚度。

5.4 场地环境

5.4.1 土质场地扬尘

球场空气中总悬浮颗粒物的测定按 GB/T 15432 规定的方法进行，可吸入颗粒物的测定按 GB 6921 规定的方法进行。

5.4.2 土质颜色抗老化

在土质区域中随机取样三点，在给定温、湿度的条件下，用 462 W/m^2 紫外线光照射，照射时间不小于 72 h。照射后土质应基本不变色。

5.4.3 土质中重金属、盐类、放射性限量指标

5.4.3.1 pH 值的测定按 LY/T 1239 执行。

5.4.3.2 总汞的测定按 GB/T 17136 执行。

5.4.3.3 总砷的测定按 GB/T 17134 执行。

5.4.3.4 总铅、总镉的测定按 GB/T 17141 或 GB/T 17140 执行。GB/T 17141 为仲裁法。

5.4.3.5 总铬的测定按 GB/T 17137 执行。

5.4.3.6 全盐量的测定按 LY/T 1251 执行。

5.4.3.7 天然放射性的测定按 GB 6566 执行。

5.5 场地规格及场地设施

用目测的方法观察各场地设施的设置。

使用经计量检验合格的一级钢卷尺或激光测距仪或更高精度的测绘仪器，对场地规格及设施规格进行测量。

6 合格判定规则

6.1 场地面层和场地基层各检测项目总点数的 80% 符合要求，可判定该项目合格。

6.2 场地外观、场地环境、场地规格和场地设施检测中完全符合第 4 章要求时，可判定该项目合格。

6.3 当场地各检测项目均合格时，可判定场地合格。

附　录　A
（资料性附录）
棒球、垒球场地结构

A.1　棒球、垒球场地结构

A.1.1　土质区域结构

土质区域主要为内场的正方形区域以及三垒外的一小部分，见图 B.1 及图 B.5。

土质区域结构面层采用人工处治土为主，表面应干燥不起尘，遇水不粘鞋，并具有渗水性能且适当结板。土的颜色与垒包、投手板、球体等设施的颜色有较大反差。通常采用棕黄色或橘红色。

根据设计需要可设盲沟。

土质场地结构组成见图 A.1。

1——加工土层；
2——砂砾石层；
3——原土碾压。

图 A.1　土质区域结构示意图

A.1.2　天然草坪区域

天然草坪主要位于外场区域，即扇形和比赛有效区域，见图 B.1、图 B.5。

天然草坪上部为草苗，下部草床由种植土和砂砾石层组成的绿色体。

天然草坪竞赛场地结构组成见图 A.2。

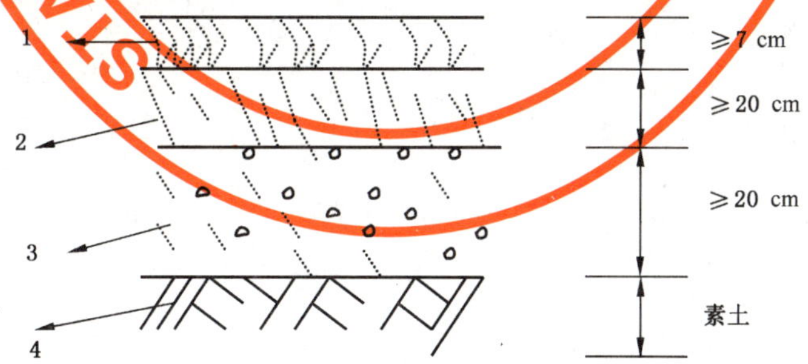

1——肥土层；
2——种植土层；
3——砂砾石层；
4——原土碾压。

图 A.2　草坪区域结构示意图

A.2 土质结构的材料

A.2.1 颗粒级配

表 A.1 土颗粒级配要求

筛孔/mm	10	5	2	1.0	0.5	0.25	0.047
通过量/%	100	83～98	68～79	57～71	45～57	26～33	9.8～11.6

A.2.2 颜色

土质颜色应为棕黄色或橘红色，由原色土或天然土加工或烧结破碎而成。

A.2.3 液塑限

土质的塑性指数应为：9～11；液塑限指数应为：30～35。

A.2.4 干容重

土的干容重应为1.6～1.7。

A.2.5 无害外加剂

土的无害外加剂最大值应≤0.1%。

土中不应掺有任何染色原料和污染环境的原料。

A.2.6 砂砾石

砂砾石的最大颗粒应为10 cm，5 mm以下颗粒含量不应大于30%(体积比)含泥量不应大于砂(颗粒小于5 mm)质量的10%。

附 录 B
（规范性附录）
棒球、垒球场地平面、大样、检点图

B.1 棒球竞赛场地

B.1.1 棒球场地点位图

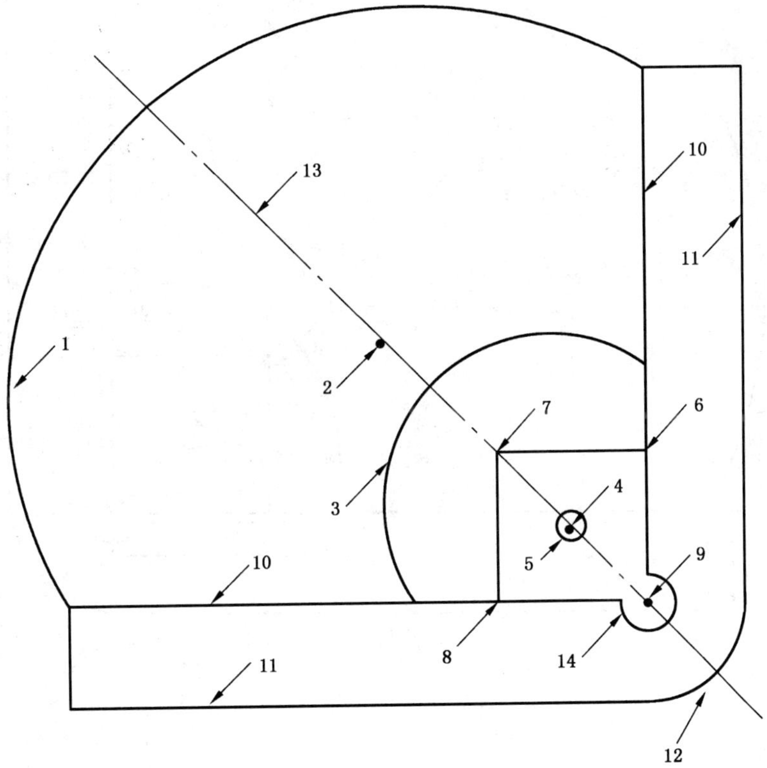

1——本垒打线；
2——本垒打线圆心；
3——草地线；
4——草地线圆心；
5——投手区；
6——一垒垒位；
7——二垒垒位；
8——三垒垒位；
9——本垒垒位；
10——界线；
11——围网；
12——后挡网线；
13——中心线；
14——击球区。

图 B.1 棒球场地点位示意图

B.1.2 棒球场地平面图

尺寸单位为米

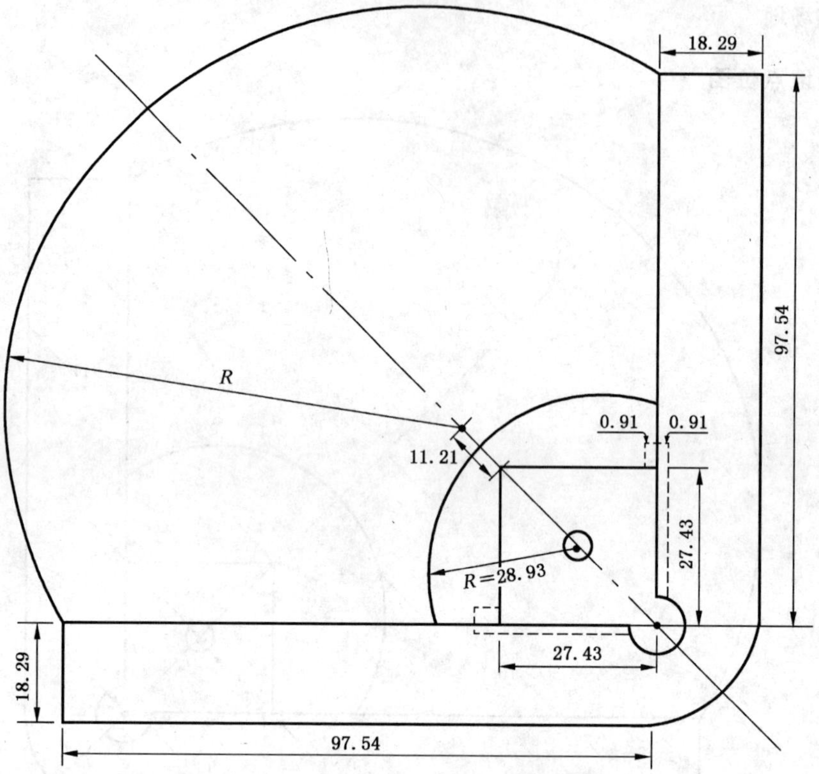

图 B.2 棒球场地平面示意图

B.1.3 投手区大样图

尺寸单位为厘米

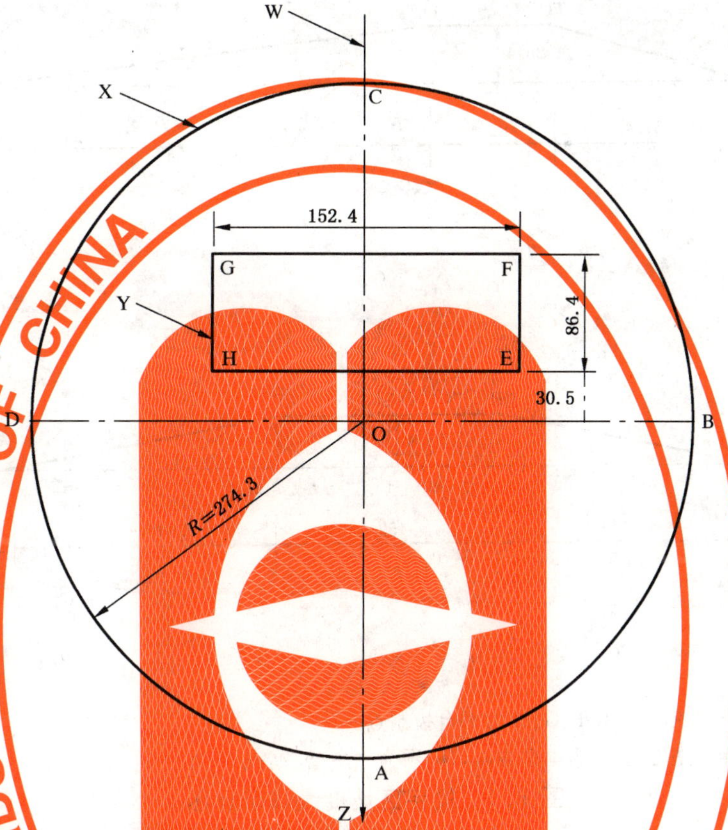

A、B、C、D——方向控制点；
E、F、G、H——平台控制点；
W——中心线；
X——投手区线；
Y——平台地区；
Z——本垒方向。

图 B.3 投手区大样示意图

B.1.4 投手区坡度大样图

尺寸单位为厘米

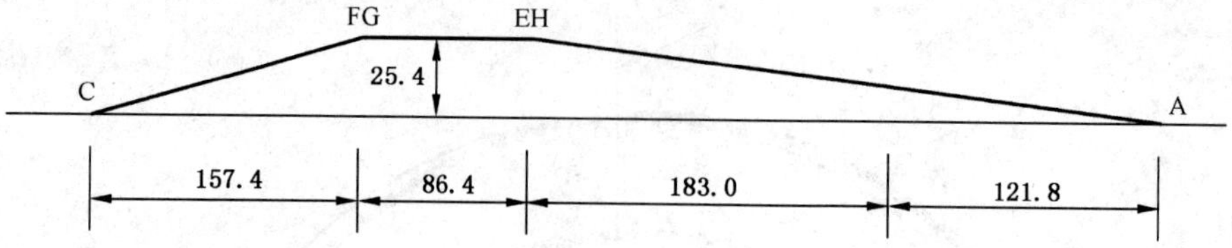

(a)

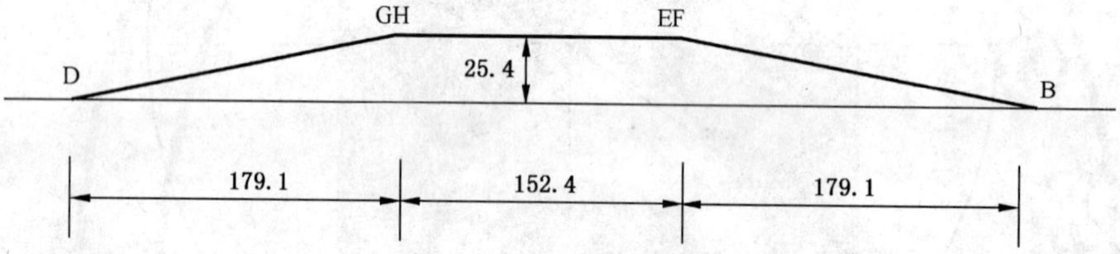

(b)

注 1：A、B、C、D 为方向控制点，E、F、G、H 为平台控制点。

注 2：(a)图为本垒至二垒方向，A 为本垒方向，(b)图为一垒至三垒方向图。

图 B.4 投手区坡度大样示意图

B.2 垒球竞赛场地

B.2.1 垒球场地点位图

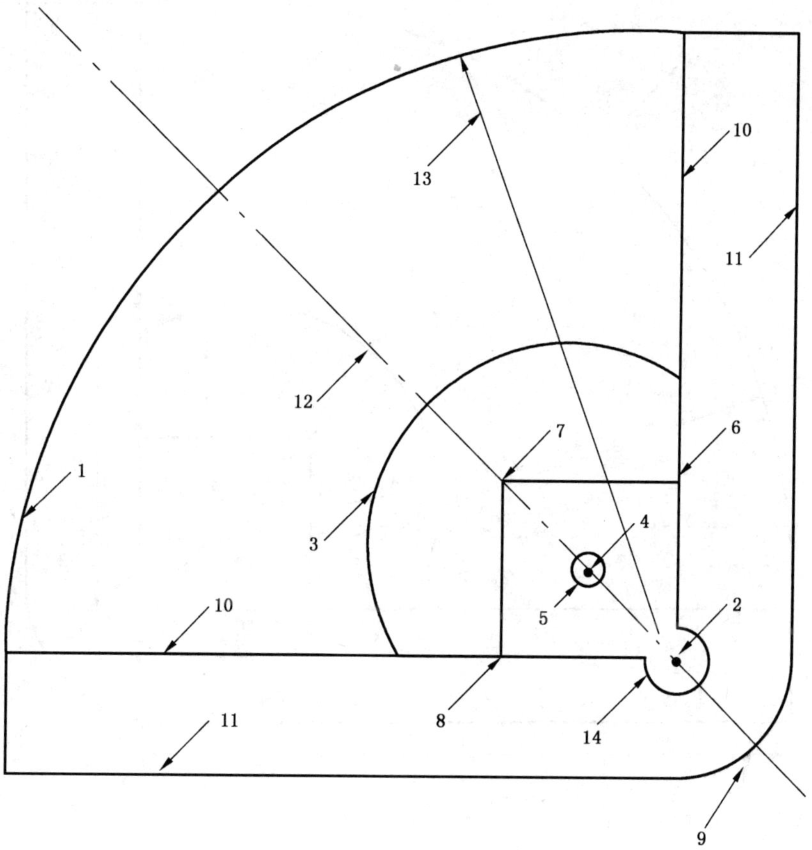

1——本垒打线；
2——本垒打线、后挡网线圆心；
3——草地线；
4——草地线、投手区圆心；
5——投手区；
6——一垒垒位；
7——二垒垒位；
8——三垒垒位；
9——后挡网线；
10——垒线；
11——围网；
12——中心线；
13——本垒打线半径；
14——击球区。

图 B.5 垒球场地点位示意图

B.2.2 垒球场地平面图

尺寸单位为米

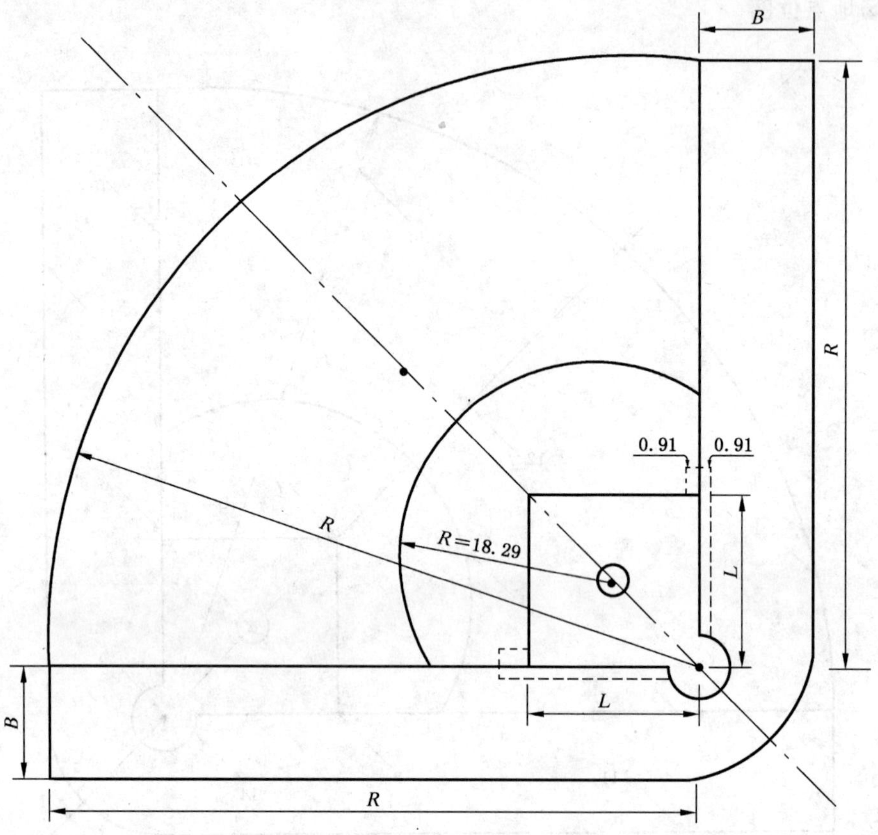

注：垒位距离投手区的位置见表 A.1。

图 B.6 垒球场地平面示意图

B.2.3 垒球场地各部分距离

见表 B.1。

表 B.1

项目	类别	距离/m					
		成年组		青年组			
		女子	男子	15 岁以下		18 岁以下	
				女子	男子	女子	男子
本垒打线半径（R）	快投	67.06	76.20				
	慢投	80.77	91.44				
	混合	83.82	83.82				
投球距	快投	13.11	14.02	12.19	14.02	12.19	14.02
	慢投	14.02	15.24	14.02	14.02	14.02	14.02
	混合	15.24	15.24				
有效区域（B）		7.62	9.14				

表 B.1（续）

项目	类别	距离/m					
		成年组		青年组			
				15 岁以下		18 岁以下	
		女子	男子	女子	男子	女子	男子
垒间距 （*L*）	快投	18.29		18.29			
	慢投	19.81		19.81			
	混合	19.81		19.81			

B.2.4 检测点位图

注：数字表示强制检测点位置，其他检测点应均匀分布。

图 B.7 检测点位示意图

附 录 C
（资料性附录）
棒球、垒球场地画法

C.1 棒球场地

首先应确定击球方向和本垒位置。为避开阳光，本垒最好位于场西南偏西的位置，确定中心线，自本垒尖角（扇形顶角）延中心线测量以下各点位：

a) 投手区：自本垒尖角测量投手区中心在中心线上。
b) 投手板：前沿自本垒尖角量投手板的中心线上。并垂直中心。
c) 二垒：自本垒尖角，照准中心线方向量二垒位中心，在中心线上。
d) 一垒：自本垒尖角，照准中心线方向，顺时针方向，转角 45°，量距离为一垒。
e) 三垒：自本垒尖角，照准中心线方向，逆时针方向转角 45°，量距离为三垒。
f) 界线：自本垒尖角分别向一垒方向，三垒方向的延长线上丈量，与本垒打线相交。
g) 本垒打线：本垒打线为一弧线，由本垒打线圆心点联线至界线端，为半径画弧，距本垒尖角最少为 121.918 m。圆心点自二垒外量 11.21 m 的中心线上。
h) 挡网位置：距界线距离 18.29 m。
i) 草地线：为一圆弧线，圆心在投手板前沿。
j) 后挡网：自本垒尖角沿中心线向内场外量距离 18.29 m 画 1/4 圆。
k) 围网：围网设计在比赛有效区线上。
l) 击球区为一圆形，圆心位于本垒尖角。

C.2 垒球场地

首先应确定击球方向和本垒位置。为避免阳光，本垒最好位于场地的西南方向、偏西的位置定中心线，自本垒尖角（扇形顶角）延中心线丈量以下各点位置：

a) 投手区：在中心线上，具体数值按垒球竞赛规则规定见附录 B。投手区为圆形，半径为中心，在中心线上。
b) 投手板：在投手区中心，投手板前沿中心在中心线上，并垂直中心线。
c) 二垒：自本垒尖角，具体数值按垒球竞赛规则规定。见附录 B。照准中心线方向二垒位中心，在中心线上。
d) 一垒位：自本垒尖角，照准中心线方向，顺时针方向，转角 45°与扇形边线重合，量距离为一垒。具体数值按垒球竞赛规则规定。见附录 B。
e) 三垒：自本垒尖角，照准中心线方向，逆时针方向，转角 45°与扇形边线重合，量距离为一垒。具体数值按垒球竞赛规则规定。见附录 B。
f) 垒线：自本垒尖角分别向一垒方向，三垒方向的延长线上丈量，具体数值按垒球竞赛规则规定。见附录 B。
g) 挡网位置：距垒线距离 7.62 m～9.14 m 处。
h) 本垒打线：本垒打线为一圆弧线，圆心在本垒尖角，半径按垒球竞赛规则规定，见附录 B。
i) 草地线：为一圆弧线，圆心线在投手板前沿中心线上，半径 18.29 m，两端与界线相接。
j) 后挡网线：以本垒尖角为圆心，经中心线量取半径，具体数值按垒球竞赛规则规定。见附录 B。沿中心线左、右画弧与扇形两边线端点相交。

参 考 文 献

中国棒球协会《棒球竞赛规则》
中国垒球协会《垒球竞赛规则》
国际棒球联合会《棒球竞赛规则》
国际垒球联合会《垒球竞赛规则》

ICS 17.040.30
J 42

中华人民共和国国家标准

GB/T 22518—2008

容栅数显标尺

Capacitive digital scale units

2008-11-12 发布　　2009-05-01 实施

中华人民共和国国家质量监督检验检疫总局
中国国家标准化管理委员会　发布

前 言

本标准的附录 A、附录 B 为资料性附录。

本标准由中国机械工业联合会提出。

本标准由全国量具量仪标准化技术委员会(SAC/TC 132)归口。

本标准负责起草单位:桂林量具刃具有限责任公司。

本标准参加起草单位:成都工具研究所、桂林广陆数字测控股份有限公司、广西计量检测研究院。

本标准主要起草人:赵伟荣、程江龙、黄升红、姜志刚、彭凤平、张长水、李海平。

容 栅 数 显 标 尺

1 范围

本标准规定了容栅数显标尺的术语和定义、型式与基本参数、要求、试验方法、检查条件、检查方法以及标志和包装等。

本标准适用于分辨力为 0.01 mm 、0.005 mm，工作范围上限为 2 000 mm 的容栅数显标尺。

2 规范性引用文件

下列文件中的条款通过本标准的引用而成为本标准的条款。凡是注日期的引用文件，其随后所有的修改单(不包括勘误的内容)或修订版均不适用于本标准，然而，鼓励根据本标准达成协议的各方研究是否可使用这些文件的最新版本。凡是不注日期的引用文件，其最新版本适用于本标准。

GB/T 2423.3—2006 电工电子产品环境试验 第 2 部分：试验方法 试验 Cab：恒定湿热试验(IEC 60068-2-78：2001，IDT)

GB/T 2423.22—2002 电工电子产品环境试验 第 2 部分：试验方法 试验 N：温度变化(IEC 60068-2-14：1984，IDT)

GB 4208 外壳防护等级(IP 代码)(GB 4208—2008，IEC 60529：2001，IDT)

GB/T 17163 几何量测量器具术语 基本术语

GB/T 17164 几何量测量器具术语 产品术语

GB/T 17626.2—2006 电磁兼容 试验和测量技术 静电放电抗扰度试验

GB/T 17626.3—2006 电磁兼容 试验和测量技术 射频电磁场辐射抗扰度试验

3 术语和定义

GB/T 17163、GB/T 17164 中确立的以及下列术语和定义适用于本标准。

3.1

容栅数显标尺 capacitive digital scale units

利用容栅测量、数字显示技术，对尺框在尺杆上相对移动的距离，进行读数的一种长度标定(指示)工具。

3.2

响应速度 response speed

容栅数显标尺能正常显示数值时尺框相对于尺杆的最大移动速度。

3.3

浮动零位 floating zero

可在测量范围内任意位置设定的零位。

4 型式与基本参数

4.1 型式

容栅数显标尺结构型式见图 1、图 2 和图 3。图示仅供图解说明，不表示详细结构。

5.5.2 通讯电缆应能将容栅数显标尺的输出数据转换为 RS-232、USB 或其他通用的标准输出接口型式。

5.6 防护等级(IP)

容栅数显标尺应具有防尘、防水能力，其防护等级不应低于 IP40(见 GB 4208)。

5.7 抗静电干扰能力和电磁干扰能力

容栅数显标尺的抗静电干扰能力和抗电磁干扰能力均不应低于 1 级(见 GB/T 17626.2—2006、GB/T 17626.3—2006)。

5.8 最大允许误差

容栅数显标尺的最大允许误差不应超过表 2 的规定。

表 2

单位为毫米

<table>
<tr><th rowspan="4">工作范围</th><th colspan="4">最大允许误差</th></tr>
<tr><th colspan="4">分辨力</th></tr>
<tr><th colspan="2">0.01</th><th colspan="2">0.005</th></tr>
<tr><th>允许值</th><th>计算公式</th><th>允许值</th><th>计算公式</th></tr>
<tr><td>100</td><td rowspan="3">±0.03</td><td rowspan="14">±(0.02+L/20 000)</td><td rowspan="2">±0.020</td><td rowspan="14">±(0.015+L/20 000)</td></tr>
<tr><td>150</td></tr>
<tr><td>200</td><td>±0.025</td></tr>
<tr><td>300</td><td rowspan="2">±0.04</td><td>±0.030</td></tr>
<tr><td>400</td><td>±0.035</td></tr>
<tr><td>500</td><td rowspan="2">±0.05</td><td>±0.040</td></tr>
<tr><td>600</td><td>±0.045</td></tr>
<tr><td>700</td><td rowspan="2">±0.06</td><td>±0.050</td></tr>
<tr><td>800</td><td>±0.055</td></tr>
<tr><td>1 000</td><td>±0.07</td><td>±0.065</td></tr>
<tr><td>1 200</td><td>±0.08</td><td>±0.075</td></tr>
<tr><td>1 500</td><td>±0.10</td><td>±0.090</td></tr>
<tr><td>2 000</td><td>±0.12</td><td>±0.115</td></tr>
<tr><td colspan="5">注 1：表中最大允许误差计算公式中的 L 为标尺工作范围，以毫米计。计算结果应圆整至一个分辨力值。
注 2：容栅数显标尺示值误差的判定适用浮动零位原则，即：示值误差的带宽不应超过最大允许误差允许值“±”后面所对应的规定值。</td></tr>
</table>

5.9 重复性

容栅数显标尺的重复性不应大于其 1 个分辨力值。

5.10 回程误差

容栅数显标尺任意 500 mm 工作行程内的回程误差不应大于其 2 个分辨力值。

6 试验方法

6.1 温度变化试验

容栅数显标尺的温度变化试验应符合 GB/T 2423.22—2002 的规定。

6.2 湿热试验

容栅数显标尺的湿热试验应符合 GB/T 2423.3—2006 的规定。

6.3 抗静电干扰试验

容栅数显标尺的抗静电干扰试验应符合 GB/T 17626.2—2006 的规定。

6.4 抗电磁干扰试验

容栅数显标尺的抗电磁干扰试验应符合 GB/T 17626.3—2006 的规定。

6.5 防尘、防水试验

容栅数显标尺的防尘、防水试验应符合 GB 4208—1993 的规定。

7 检查条件

7.1 容栅数显标尺检查时，室内温度应为 20 ℃±5 ℃；相对湿度不应大于 80%。

7.2 检查前，应将被检容栅数显标尺及量块等检查用设备同时置于铸铁平板或木桌上，其平衡温度时间参见表 3。

表 3

工作范围/mm	平衡温度时间/h	
	置于铸铁平板上	置于木桌上
300 以下	1	2
>300～500	1.5	3
>500～2 000	2	4

8 检查方法

8.1 外观

目力观察。

8.2 相互作用

目测和手感检查。如有异议，参见附录 A。

8.3 尺杆硬度

在维氏硬度计(或洛氏硬度计)上检查。检查部位为尺杆全长范围内沿长度方向均匀分布的三点，以三点测得值的算术平均值作为测量结果。

8.4 电子数显器的性能

8.4.1 数字显示情况、响应速度及功能键的作用三项性能宜同时检查。试验并观察功能键的作用是否正常、灵活、可靠；用手动速度模拟，移动尺框后观察数字显示是否正常。

8.4.2 工作电流用万用表或专用芯片检测仪进行检测。

8.4.3 漂移采用试验方法进行检查，拉动尺框并使其停止在任意位置上，观察显示数值在 1 h 内的变化。

8.5 示值误差

8.5.1 仪器(或测量装置)检查法

用准确度为 4 级的光栅线位移测量仪器(或装置)或二等线纹尺标准装置进行检定。(也可采用相同准确度的其他装置，允许误差不大于$(3+7L/1\,000)\mu m$，式中：L 为测量仪器或装置的量程，单位为 mm)。

用光栅线位移测量仪器(或装置)或二等线纹尺标准装置进行检定时，将容栅数显标尺安装在测量仪器(或装置)上，并进行必要的调整，以减少平行度误差的影响。其检查原理示意图如图 4。

附 录 A
（资料性附录）
相互作用的定量检查方法

A.1 移动力的检查

容栅数显标尺的尺杆和尺框相对移动的移动力和移动力变化可用弹簧测力计定量检查。

将容栅数显标尺水平放置，用测力计钩住尺框（或尺杆），拉动测力计，当尺框（或尺杆）开始移动后从测力计上读数，在整个工作范围内，测得的最大值即为移动力，其最大允许值参照表 A.1。

测力计水平使用时与竖直使用时零位不一致，应调整好零位后使用。

工作范围小于或等于 300 mm 的容栅数显标尺，宜钩住尺杆；工作范围大于 300 mm 的容栅数显标尺，因尺杆较重宜钩住尺框；工作范围大于或等于 800 mm 的容栅数显标尺，检查时需采取适当措施，消除因容栅数显标尺的自重引起的尺杆弯曲对移动力的影响。如：分段握住（或支承住）尺杆检查。

表 A.1

<table>
<tr><th>工作范围/mm</th><th>移动力/N</th></tr>
<tr><td>100</td><td>5</td></tr>
<tr><td>150</td><td>6</td></tr>
<tr><td>200</td><td>7</td></tr>
<tr><td>300</td><td rowspan="2">8</td></tr>
<tr><td>400</td></tr>
<tr><td>500</td><td rowspan="2">15</td></tr>
<tr><td>600</td></tr>
<tr><td>700</td><td rowspan="3">18</td></tr>
<tr><td>800</td></tr>
<tr><td>1 000</td></tr>
<tr><td>1 200</td><td rowspan="3">25</td></tr>
<tr><td>1 500</td></tr>
<tr><td>2 000</td></tr>
<tr><td colspan="2">注：当工作范围不与表中给定工作范围一致时，可按与其最接近的一档选取。</td></tr>
</table>

附　录　B
（资料性附录）
容栅数显标尺示值检查推荐量块尺寸

容栅数显标尺的示值检查点量块尺寸推荐见下表B.1。

表 B.1

单位为毫米

工作范围	容栅数显标尺（以栅距为5.08 mm的为例）
100	11，22，33，44，55，70，85，100
150	11，32，53，74，95，110，130，150
200	25，54，83，102，131，160，180，200
300	35，74，113，152，171，220，260，300
400	41，85，122，163，204，240，280，320，360，400
500	51，102，153，204，255，300，350，400，450，500
600	61，122，183，244，305，360，420，480，540，600
800	81，163，244，322，405，480，560，640，720，800
1 000	101，202，303，405，504，600，700，800，900，1000
1 200	61，122，183，244，305，360，420，480，540，600，660，720，780，840，900，960，1 020，1 080，1 140，1 200
1 500	101，172，243，314，385，460，535，610，685，760，835，910,985，1 060，1 135，1 210，1 285，1 360，1 430，1 500
2 000	101，202，303，404，505，600，700，800，900，1 000，1 100,1 200，1 300，1 400，1 500，1 600，1 700，1 800，1 900，2 000

(资料性附录)

ICS 17.040.30
J 42

中华人民共和国国家标准

GB/T 22519—2008

合像水平仪

Imaging level meter

2008-11-12 发布　　2009-05-01 实施

中华人民共和国国家质量监督检验检疫总局
中国国家标准化管理委员会　发布

前 言

本标准由中国机械工业联合会提出。

本标准由全国量具量仪标准化技术委员会(SAC/TC 132)归口。

本标准负责起草单位:上海量具刃具厂。

本标准参加起草单位:青岛前哨精密仪器有限公司、广西计量检测研究院、成都工具研究所。

本标准主要起草人:周国明、王坤宗、王爱叶、蔡旭平、姜志刚。

合 像 水 平 仪

1 范围

本标准规定了合像水平仪的术语和定义、型式与基本参数、要求、检验方法、标志与包装等。

本标准适用于分度值0.01 mm/m;量程范围(0～10)mm/m或(0～20)mm/m的合像水平仪。

2 规范性引用文件

下列文件中的条款通过本标准的引用而成为本标准的条款。凡是注日期的引用文件,其随后所有的修改单(不包括勘误的内容)或修订版均不适用于本标准,然而,鼓励根据本标准达成协议的各方研究是否可使用这些文件的最新版本。凡是不注日期的引用文件,其最新版本适用于本标准。

GB/T 1146—1989 水准泡

GB/T 1800.1—1997 极限与配合 基础 第1部分:词汇

GB/T 17163 几何量测量器具术语 基本术语

GB/T 17164 几何量测量器具术语 产品术语

3 术语和定义

GB/T 1800.1—1997、GB/T 17163和GB/T 17164中确立的以及下列术语和定义适用于本标准。

3.1

分度值 value of a scale division

是指使分度盘转动一个分度,合像水平仪水准泡产生的倾斜量,水准泡按GB/T 1146的规定。

3.2

零位 zero

当合像水平仪基座测量面处于水平位置时,水准泡的气泡合像成光滑半圆弧,此时称合像水平仪零位。其零位示值为合像水平仪示值范围的中点(如0～10 mm/m及0～20 mm/m的合像水平仪其零位分别为5 mm/m及10 mm/m)。

4 型式与基本参数

4.1 水平仪的型式见图1所示。图示仅供图解说明,不表示详细结构。

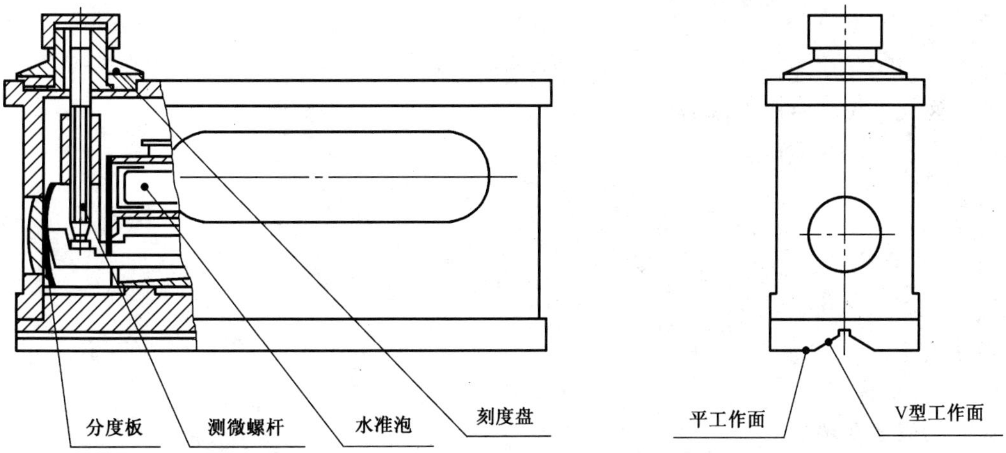

图1 合像水平仪的型式示意图

4.2 基本参数：

——工作面长度：166 mm；

——V型槽角度：120°。

5 要求

5.1 外观

5.1.1 表面不应有影响外观和使用性能的裂痕、划伤、碰伤、锈蚀、毛刺等缺陷。

5.1.2 表面的镀、涂层不应有脱落和影响外观的色泽不均等缺陷。

5.1.3 标尺标记不应有目力可见的断线、粗细不均及影响读数的其他缺陷。

5.2 相互作用

5.2.1 各部件安装应牢固，机构应调整方便，反应灵敏。

5.2.2 测微螺杆在转动时应顺畅，不应出现卡滞和明显的窜动。

5.2.3 当测微螺杆均匀转动时，气泡在水准泡内移动应平稳，无停滞和跳动现象。

5.3 材料

主体应采用刚性、耐磨性及稳定性能良好的材料制造。

5.4 工作面的表面粗糙度

工作面的表面粗糙度不应超过 Ra 0.8 μm。

5.5 工作面的硬度

工作面的硬度应不低于 377 HV(或 40 HRC)。

5.6 标尺标记相对位置

刻度盘棱边至指示盘表面的距离应不大于 0.5 mm。

5.7 重合度

分度板上任意一条 mm/m 刻线于其指标线重合时，刻度盘上 0.01 mm/m 刻度的零刻线与其指标线的重合度不得超过 10 个刻度。

5.8 工作面平面度

工作面的平面度应不大于 0.003 mm，工作面中间部位不允许凸。

5.9 零值误差

合像水平仪平工作面零值误差不应超过 1/4 分度值。V 工作面零值误差不应超过 1/2 分度值。合像水平仪横向工作面倾斜 5°时，其示值变化不应超过 1/2 分度值。

5.10 示值误差

相对于"零位"的示值误差，在全部测量范围内不应超过 0.02 mm/m，在以"零位"刻度为起点的 ±1 mm/m范围内不应超过 0.01 mm/m。

6 检验条件

6.1 被检合像水平仪所在地基应坚固，不应有振动的影响。

6.2 检验合像水平仪的室内温度为(20±2)℃。

6.3 被检合像水平仪在室内等温不应少于 4 h。

7 检验方法

7.1 外观

目力观察。

7.2 相互作用

目测和手感检查。

7.3 工作面的表面粗糙度

用表面粗糙度比较样块以比较法检查。若发生争议时，则用表面粗糙度检查仪上进行检验。

7.4　工作面的硬度

在维氏硬度计(或洛氏硬度计)上检验。

7.5　标尺标记相对位置

目测或借助塞尺比较检验。

7.6　重合度

转动测微螺杆,使分度板上任意一条 mm/m 刻线于其指标线重合,观看刻度盘上 0.01 mm/m 刻度的零刻线与其指标线的偏离值。

7.7　工作面平面度

用尺寸大于工作面长度的 0 级刀口尺以光隙法检验。刀口尺分别放置在被检平面的两个对角线位置和纵向中间位置上,取其最大光隙量作为平面度。

V 工作面平面度,可用涂色层厚度不大于 0.003 mm 适当直径的芯轴,放置在 V 形槽内,转动芯轴,在 V 工作面上,应观察到连续的色迹线。

7.8　零值误差

将平工作面置于 0 级平板上,分别按正行程和反行程转动测微螺杆,使气泡影像合像后,在分度盘上读数得 a_1、b_1,然后将合像水平仪调转 180°放回平板原位置,再分别按正行程和反行程转动测微螺杆,使气泡影像合像后,读数得 a_2、b_2。正行程两次读数和的一半为正行程的零值误差,反行程两次读数和的一半为反行程的零值误差,零值误差不应超过 5.9 规定。

将 V 形工作面置于标准芯轴上(圆柱度误差不大于 0.001 mm)检验。方法同上。

将合像水平仪 V 形工作面置于固定在标准芯轴上,合像水平仪绕芯轴前倾 5°时与后倾 5°时的示值变化均不应超过 5.9 规定。

7.9　示值误差

在小角度测量仪上用 4 等或 1 级量块进行检验。在全部测量范围内,每间隔 1 mm/m 检验一次。在示值范围中点(水平零位)的±1 mm/m 范围内,每间隔 0.2 mm/m 检验一次。应在正、反行程方向上都进行检验,各受检点正、反行程的示值误差均不应超过 5.10 的规定。

在小角度测量仪上检验合像水平仪示值误差所用量块的尺寸按式(1)计算:

$$L = 1 + 500\,H \qquad \cdots\cdots(1)$$

式中:

L——依次放置的量块尺寸,单位为毫米(mm);

H——受检点的示值,单位为毫米每米(mm/m)。

注:检定中应注意消除检定器的回程误差。

8　标志与包装

8.1　合像水平仪上至少应标有:

a)　制造厂厂名或商标;

b)　分度值;

c)　产品序号。

8.2　合像水平仪的包装盒上至少应标有:

a)　制造厂厂名或商标;

b)　产品名称。

8.3　合像水平仪在包装前应经防锈处理,并妥善包装。不得因包装不善而在运输过程中损坏产品。

8.4　合像水平仪经检验符合本标准要求的,应附有产品合格证和使用说明书。产品合格证上应标有本标准的标准号、产品序号和出厂日期。

ICS 17.040.30
J 42

中华人民共和国国家标准

GB/T 22520—2008

厚度指示表

Dial thickness gauges

2008-11-12 发布　　2009-05-01 实施

中华人民共和国国家质量监督检验检疫总局
中国国家标准化管理委员会　发布

前 言

本标准由中国机械工业联合会提出。

本标准由全国量具量仪标准化技术委员会(SAC/TC 132)归口。

本标准负责起草单位:桂林量具刃具有限责任公司。

本标准参加起草单位:中国计量学院、成都工具研究所、成都成量工具有限公司、广西计量检测研究院。

本标准主要起草人:赵伟荣、李琼、孔明、姜志刚、袁永秀、陆蕊。

厚 度 指 示 表

1 范围

本标准规定了厚度指示表的术语和定义、型式与基本参数、要求、检验方法、标志与包装等。

本标准适用于分度值/分辨力为 0.1 mm、0.01 mm、0.002 mm、0.001 mm，测量范围上限不大于 30 mm 的厚度指示表。

2 规范性引用文件

下列文件中的条款通过本标准的引用而成为本标准的条款。凡是注日期的引用文件，其随后所有的修改单(不包括勘误的内容)或修订版均不适用于本标准，然而，鼓励根据本标准达成协议的各方研究是否可使用这些文件的最新版本。凡是不注日期的引用文件，其最新版本适用于本标准。

GB/T 1219—2008 指示表

GB/T 2423.3—2006 电工电子产品环境试验 第 2 部分：试验方法 试验 Cab：恒定湿热试验 (IEC 60068-2-78：2001，IDT)

GB/T 2423.22—2002 电工电子产品环境试验 第 2 部分：试验方法 试验 N：温度变化 (IEC 60068-2-14：1984，IDT)

GB 4208 外壳防护等级(IP 代码)(GB 4208—2008，IEC 60529：2001，IDT)

GB/T 17163 几何量测量器具术语 基本术语

GB/T 17164 几何量测量器具术语 产品术语

GB/T 17626.2—2006 电磁兼容 试验和测量技术 静电放电抗扰度试验

GB/T 17626.3—2006 电磁兼容 试验和测量技术 射频电磁场辐射抗扰度试验

GB/T 18761—2007 电子数显指示表

3 术语和定义

GB/T 17163、GB/T 17164 中确立的以及下列术语和定义适用于本标准。

3.1

厚度指示表 dial thickness gauges

用于测量安装于弓架上的指示表测头测量面相对于弓架测砧测量面的直线位移量(厚度)，并由指示表进行读数的测量器具；可配有拔叉提升装置(或下压装置)，使测杆测量面与测砧测量面接触制件表面。也可称“厚度表”或“厚度规”。

注 1：指示表的分度值/分辨力为 0.1 mm 的又称为厚度十分表；分度值/分辨力为 0.01 mm 的又称为厚度百分表；分度值/分辨力为 0.001 mm、0.002 mm 的又称为厚度千分表。

注 2：配备指针式指示表的称为指针式厚度指示表，配备电子数显指示表的称为数显厚度指示表。

3.2

响应速度 response speed

数显厚度指示表能正常显示数值时测杆的最大移动速度。

4 型式与基本参数

4.1 厚度指示表的型式见图 1～图 4 所示。图示仅供图解说明，不表示详细结构。

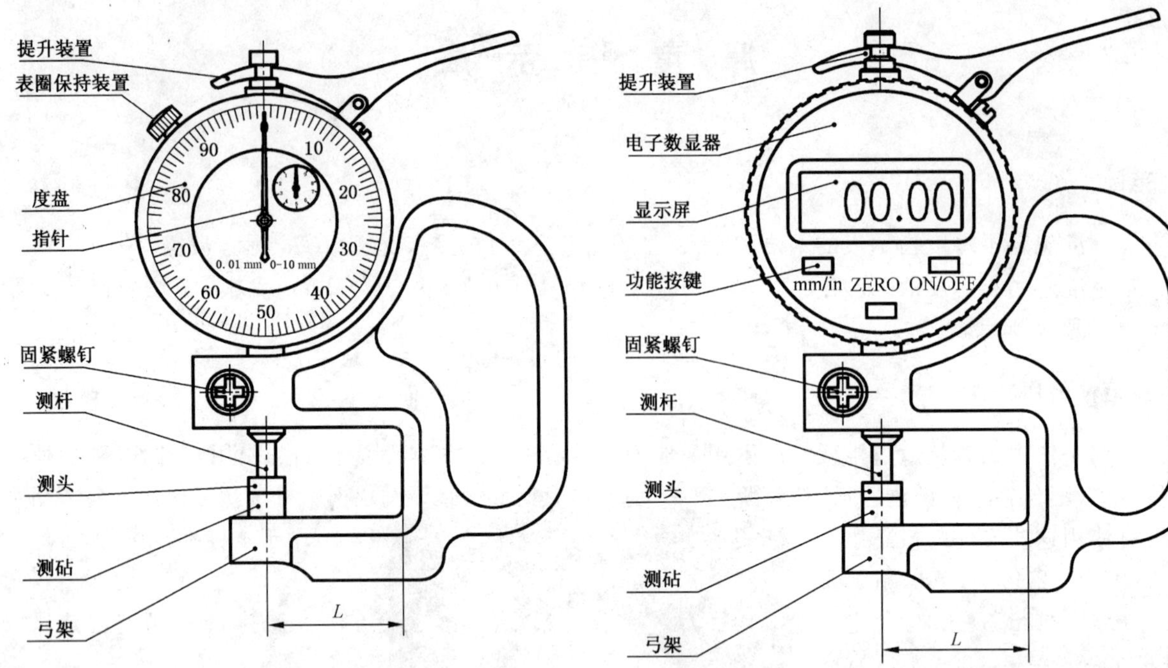

a）指针式厚度表　　　　b）电子数显式厚度表

注：本型厚度指示表的指示表部分为可拆卸结构。

图 1　Ⅰ型厚度指示表

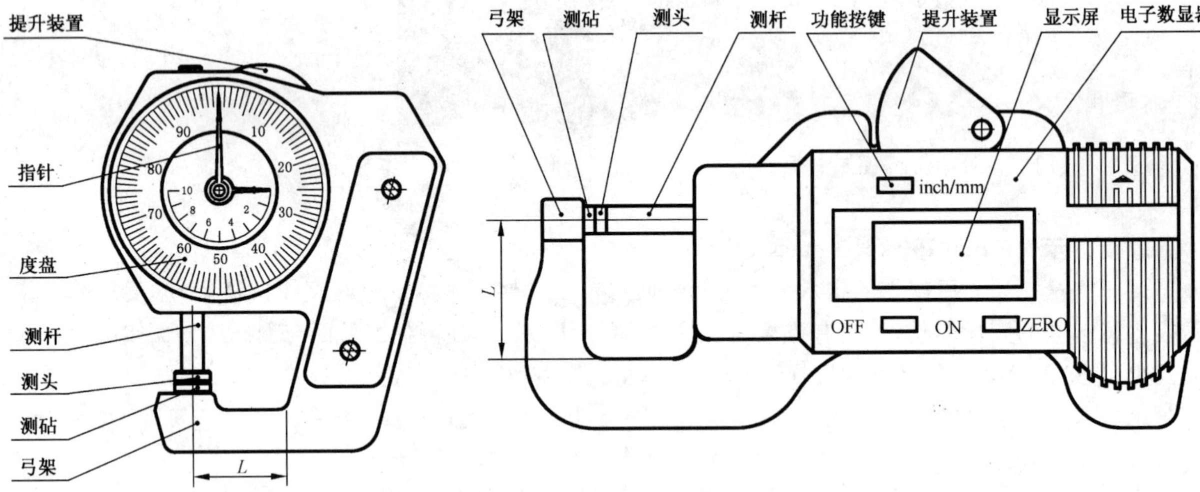

a）指针式厚度表　　　　b）电子数显式厚度表

注：本型厚度指示表的指示表部分为不可拆卸结构。

图 2　Ⅱ型厚度指示表

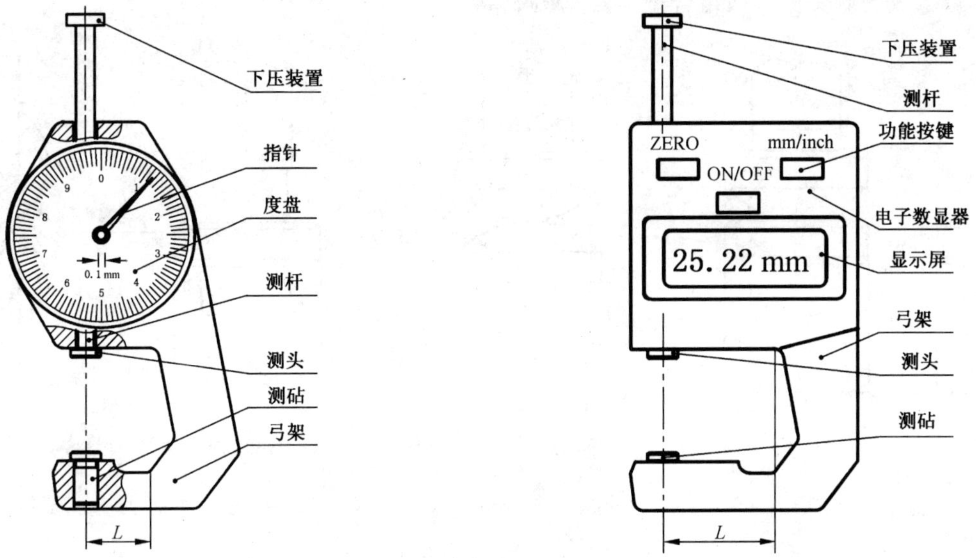

a）指针式厚度表　　b）电子数显式厚度表

注 1：本型厚度指示表的指示表部分为不可拆卸结构。

注 2：本型厚度指示表的测量力由下压装置产生。

图 3　Ⅲ型厚度指示表

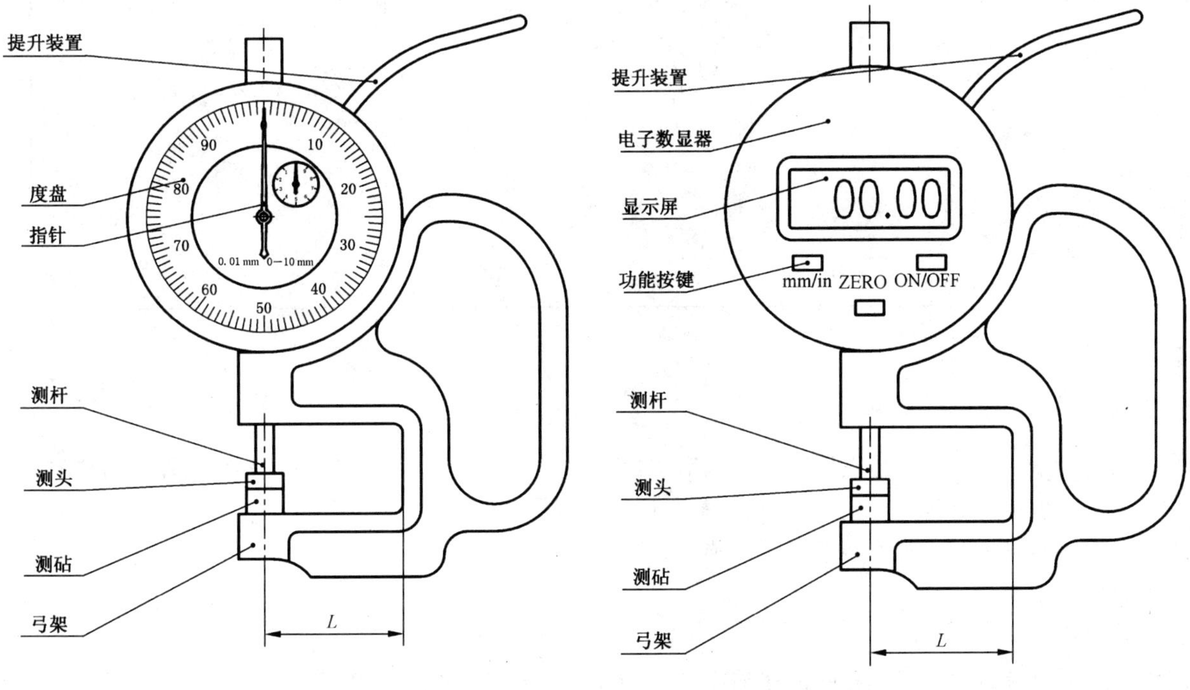

a）指针式厚度表　　b）电子数显式厚度表

注：本型厚度指示表的指示表部分为不可拆卸结构。

图 4　Ⅳ型厚度指示表

4.2 厚度指示表的测头测量面组合型式参见图5。

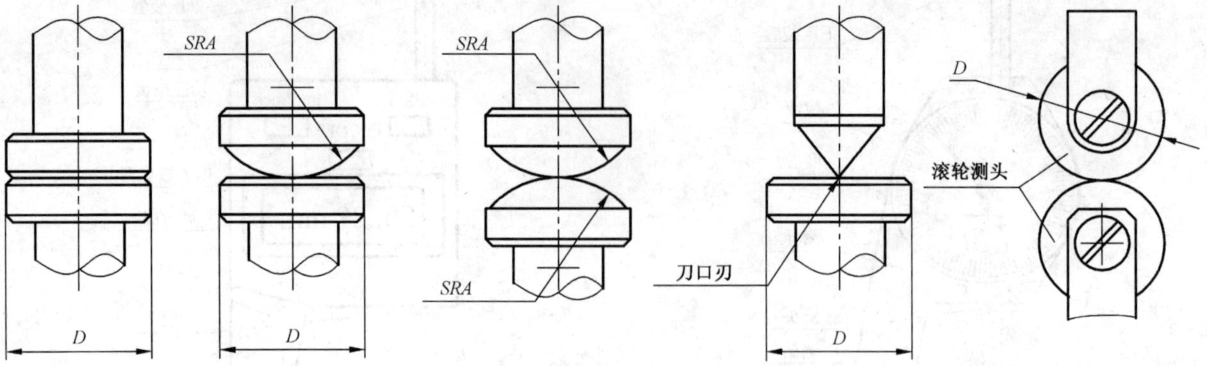

平面—平面　　点—平面　　点—点　　线—平面　　线—线

图5 测头测量面组合型式

4.3 厚度指示表的测量范围及基本参数见表1(推荐值)。

表1

单位为毫米

<table>
<tr><th rowspan="2">测量范围</th><th colspan="3">基本参数(推荐值)</th></tr>
<tr><th>L</th><th>D</th><th>A</th></tr>
<tr><td>0～1</td><td rowspan="7">10,16,20,25,30,65,120,125,150</td><td rowspan="7">ϕ1,ϕ2,ϕ3,ϕ5,ϕ6,ϕ6.35,ϕ8.4,ϕ10,ϕ20,ϕ30</td><td rowspan="7">0.5,1,2,2.5,3,3.5,4,5,6</td></tr>
<tr><td>0～5</td></tr>
<tr><td>0～10</td></tr>
<tr><td>0～12.5</td></tr>
<tr><td>0～20</td></tr>
<tr><td>0～25</td></tr>
<tr><td>0～30</td></tr>
<tr><td colspan="4">注：表中各字母所代表的基本参数见图1～图5。</td></tr>
</table>

5 要求

5.1 外观

5.1.1 厚度指示表的表面不应有锈蚀、碰伤、毛刺，镀、涂层不应有脱落和明显划痕等影响外观的缺陷。

5.1.2 显示屏应透明、清洁，无气泡、划痕等影响读数的现象。

5.1.3 厚度指示表上应有提升装置或下压装置。

5.1.4 厚度指示表两测量面不应有明显错位。

5.2 相互作用

5.2.1 拨动提升装置时测杆和指针的移动应平稳、灵活，无卡滞和松动现象。

5.2.2 Ⅰ型厚度指示表所配的指示表应与弓架联接可靠，确保使用中无松动。

5.3 材料及测量面硬度、表面粗糙度

5.3.1 弓架应采用钢、可锻铸铁、铝合金或其他高强度、高稳定性的材料制造。

5.3.2 弓架应具有足够的刚性，当弓架沿测杆轴线方向作用3 N力时，其弯曲变形量不应大于表2的规定。

表 2

L/mm	弓架受 3 N 力时的变形量/μm
<30	3
≥30～120	5
≥120～150	8
注：表中 L 字母所代表的基本参数见图 1～图 5。	

5.3.3 测量面一般采用碳钢、工具钢、不锈钢或陶瓷材料制造，其硬度及表面粗糙度 Ra 应符合表 3 的规定。

表 3

测量面材料[a]	测量面硬度	测量面表面粗糙度 Ra	
		分度值/分辨力：0.1 mm	分度值/分辨力：0.01 mm，0.002 mm，0.001 mm
碳钢、工具钢	664 HV(或 58 HRC)	0.4 μm	0.2 μm
不锈钢	551 HV(或 52.5 HRC)		
陶瓷	≥1 000 HV		
[a] 测量面的材料也可采用硬质合金或其他超硬材料。			

5.4 指针和读数显示

5.4.1 当两测量面接触时，指针式厚度指示表的指针指向应与测杆轴线方向相同，且指向正上方 12 点钟方位，其偏差量不应超过表 4 的规定。

表 4

分度值/mm	指针指向正上方方位的偏差量
0.1，0.01	±1 个标尺分度
0.002，0.001	±2 个标尺分度

5.4.2 当两测量面作分离运动时，指针式厚度指示表的指针宜按顺时针方向转动，且度盘上的标尺标数应随指针转动方向递增；数显厚度指示表显示数字的变化方向应为递增。

5.4.3 指针的长度应保证指针尖端位于短标尺标记长度的 30%～80%之间。

5.4.4 指针尖端上表面到度盘表面间的距离不应大于 0.7 mm。

5.4.5 标尺标记宽度应为 0.10 mm～0.20 mm。

5.5 电子显示器性能(特指Ⅱ型、Ⅲ型及Ⅳ型数显厚度指示表)

5.5.1 数显厚度指示表的数字显示应清晰，完整、无闪跳现象。

5.5.2 数显厚度指示表的各功能键应灵敏、可靠、标注符号或图文应清晰且含义准确、易懂。

5.5.4 数显厚度指示表的工作电流不宜大于 40 μA。

5.5.5 数显厚度指示表应能在环境温度为 0 ℃～40 ℃，相对湿度不大于 80%的条件下正常工作。

5.6 指示表

Ⅰ型厚度指示表所配的指示表应符合相应的 GB/T 1219—2008、GB/T 18761—2007 的规定。

5.7 测杆行程

测杆行程应超过量程 0.5 mm。

5.8 测量力

测量力(含测量时由下压装置所施加的测量力)不应超过表 5 的规定。

表 5

<table>
<tr><th rowspan="2">测量范围/mm</th><th colspan="3">测量力/N</th></tr>
<tr><th>分度值/分辨力:0.1 mm</th><th>分度值/分辨力:0.01 mm</th><th>分度值/分辨力:0.002 mm,0.001 mm</th></tr>
<tr><td>0～1</td><td>—</td><td>—</td><td rowspan="3">≤2.5</td></tr>
<tr><td>0～5</td><td>—</td><td>≤2</td></tr>
<tr><td>0～10</td><td rowspan="2">≤2</td><td rowspan="2">≤2.5</td></tr>
<tr><td>0～12.5</td><td>≤3.5</td></tr>
<tr><td>0～20</td><td rowspan="3">≤2.5</td><td rowspan="3">≤3</td><td>—</td></tr>
<tr><td>0～25</td><td>—</td></tr>
<tr><td>0～30</td><td>—</td></tr>
</table>

5.9 测量面的平面度及平行度

平面测量面的平面度及两测量面间的平行度(点—平面组合型及点—点组合型除外)均不应大于表 6的规定。

表 6

单位为毫米

分度值/分辨力	两测量面的平面度公差	两测量面间的平行度公差
0.10	0.010	0.020
0.01	0.005	0.010 (0.02)
0.002、0.001	0.003	0.006
注:括号内的指标仅为数显厚度指示表在采用量块检查测量面平行度时的允许值。		

5.10 最大允许误差

厚度指示表的最大允许误差不应超过表 7 的规定。

表 7

单位为毫米

<table>
<tr><th rowspan="3">测量范围上限
S</th><th colspan="4">指针式厚度指示表</th><th colspan="2">数显厚度指示表</th></tr>
<tr><th colspan="4">分度值</th><th colspan="2">分辨力</th></tr>
<tr><th>0.1</th><th>0.01</th><th>0.002</th><th>0.001</th><th>0.01</th><th>0.001</th></tr>
<tr><td>S≤1</td><td>—</td><td>—</td><td>—</td><td>±0.005</td><td>—</td><td>±0.006</td></tr>
<tr><td>1<S≤10</td><td>±0.05</td><td>±0.020</td><td>±0.015</td><td rowspan="3">—</td><td>±0.03</td><td>±0.009</td></tr>
<tr><td>10<S≤20</td><td>±0.07</td><td>±0.030</td><td rowspan="2">—</td><td rowspan="2">±0.04</td><td rowspan="2">±0.015</td></tr>
<tr><td>20<S≤30</td><td>±0.10</td><td>±0.035</td></tr>
<tr><td colspan="7">注:Ⅲ型厚度指示表的最大允许误差在表中允许值上再增加 0.01 mm。</td></tr>
</table>

5.11 重复性

重复性不应大于表 8 的规定。

表 8

单位为毫米

<table>
<tr><th rowspan="2">分度值/分辨力</th><th colspan="2">重复性</th></tr>
<tr><th>指针式厚度指示表</th><th>电子数显厚度指示表</th></tr>
<tr><td>0.1</td><td>0.020</td><td>—</td></tr>
<tr><td>0.01</td><td>0.005</td><td>0.010</td></tr>
<tr><td>0.002</td><td rowspan="2">0.001</td><td>—</td></tr>
<tr><td>0.001</td><td>0.002</td></tr>
</table>

5.12 滚轮测量头的转动对示值的影响

带滚轮测量头的厚度指示表在两测量头相互接触状态下，滚轮转动一圈，示值的变化量不应大于0.01 mm。

5.13 通讯接口

5.13.1 制造商应能够提供数显厚度指示表与其他设备之间的通讯电缆和通讯软件。

5.13.2 通讯电缆应能将数显厚度指示表的输出数据转换为RS-232、USB或其他通用的标准输出接口型式。

5.14 防护等级(IP)

数显厚度指示表应具有防尘、防水能力，其防护等级不应低于IP40(见GB 4208)。

5.15 抗静电干扰能力和电磁干扰能力

数显厚度指示表的抗静电干扰能力和电磁干扰能力均不应低于1级(见GB/T 17626.2—2006、GB/T 17626.3—2006)。

5.16 漂移

厚度指示表当测杆停留在任意位置时，其显示数值在1 h内的漂移不应大于1个分辨力值。

5.17 响应速度

数显厚度指示表的响应速度应能保证用提升装置以正常提升速度提升测杆并使其自由落下时，显示值正常。

6 试验方法(特指Ⅱ型、Ⅲ型及Ⅳ型数显厚度指示表)

6.1 温度变化试验

数显厚度指示表应进行温度变化试验，试验应符合GB/T 2423.22—2002的规定。

6.2 湿热试验

数显厚度指示表应进行湿热试验，试验应符合GB/T 2423.3—2006的规定。

6.3 防尘、防水试验

数显厚度指示表的防尘、防水试验应符合GB 4208的规定。

6.4 抗静电干扰试验

数显厚度指示表应进行抗静电干扰试验，试验应符合GB/T 17626.2—2006的规定。

6.5 抗电磁干扰试验

数显厚度指示表应进行抗电磁干扰试验，试验应符合GB/T 17626.3—2006的规定。

7 检查条件

数显厚度指示表检查时，室内温度应为20 ℃±5 ℃；相对湿度不应大于80%。

8 检查方法

8.1 外观

目力观察。

8.2 相互作用

观察和试验。

8.3 材料及测量面硬度、表面粗糙度

8.3.1 弓架变形量的检查可采用挂砝码的方法进行：将弓架一端垂直安装并固定在专用夹具上，此时在弓架另一端用千分指示表沿测杆轴线方向接触弓架并进行读数，然后在此端沿测杆轴线方向作用100 N的力，再在千分指示表上进行读数，将二次读数之差值按3 N力的比例换算，求出弓架的变形量，其值不应大于表2中的规定值。

8.3.2　测量面的硬度可在维氏硬度计(或洛氏硬度计)上检验,检查部位为沿测头的外圆周上均布的三点及测量面中心点,各点测得值的算术平均值作为测量结果。(此项检查允许仅在工序间进行)

8.3.3　测量面的表面粗糙度用粗糙度比较样块目测比较。如有异议,用表面粗糙度检查仪检查。

8.4　指针与读数显示

试验和目力观察。必要时或有异议时,用工具显微镜检查。

8.5　电子显示器性能

8.5.1　数字显示情况、各功能键的可靠性检查可采用试验的方法确定。

8.5.2　工作电流用万用表或专用芯片检测仪进行检测。

8.6　测杆行程

操作试验及观察。

8.7　测量力

用分度值不大于 0.1 N 的测力仪进行检查。

8.8　测量面的平面度及平行度

8.8.1　测量面的平面度用刀口形直尺以光隙法进行检查。

8.8.2　平面—平面组合型的测量面平行度检查是将 3 级量块分别置于测量面边缘的 1、2、3、4 四个位置上(见图 6),分别在厚度指示表上进行读数,其读数的最大值与最小值之差,即为两测量面的平行度。

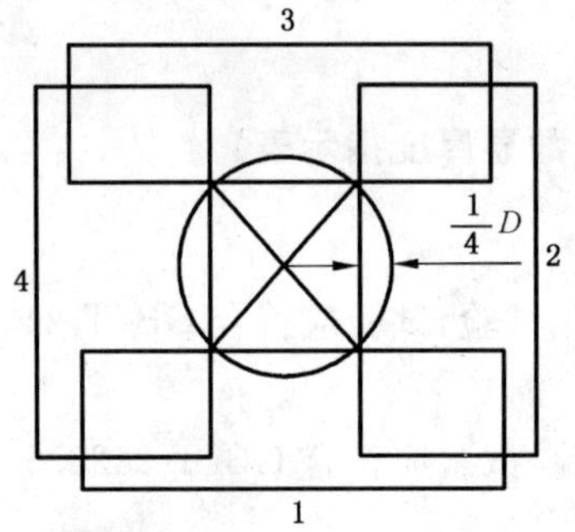

图 6　两测量面的平行度检查示意图

8.8.3　对线—平面组合型、线—线组合型的测量面平行度检查是将 3 级量块(或 0 级针规)分别置于测量面两端边缘的 1.5 mm 范围内及测量面全长中部三个位置,在三个位置上分别进行读数,其读数的最大值与最小值之差,即为两测量面的平行度。

8.9　示值误差

8.9.1　将一组 3 级量块依次置于两测量面之间,厚度指示表的示值与量块尺寸之差,即为示值误差,各检测点的示值误差均不应超过表 7 规定的最大允许误差(也可采用满足不确定度要求的其他方法进行检查)。

检查Ⅲ型厚度指示表的示值误差时,其下压测量力应保持恒定,且不应超过表 5 测量力的规定。

8.9.2　检查示值误差所需量块的数量和尺寸应使厚度指示表受检点的分布情况满足如下要求:

1)　对于Ⅰ型厚度指示表,应在其测量范围内近似均布 4 点,推荐的量块尺寸见表 9 所示。

2)　对于Ⅱ型、Ⅲ型、Ⅳ型厚度指示表,其检定点的布置应符合表 9 的规定。

表 9

单位为毫米

测量范围/mm	推荐检定点	
	Ⅰ型厚度指示表	Ⅱ型、Ⅲ型、Ⅳ型厚度指示表
0～1	0.25, 0.5, 0.75, 1	以 0.1 mm 间隔为一检定点,直至全量程
0～5	1.25, 2.5, 3.8, 5	1)　0 mm～1 mm 间,以每间隔 0.1 mm 为一检定点; 2)　从 1 mm 起至全量程,以每间隔 0.5 mm 为一检定点
0～10	2.2, 4.5, 7.7, 10	

表 9（续）

单位为毫米

测量范围/mm	推　荐　检　定　点	
	Ⅰ型厚度指示表	Ⅱ型、Ⅲ型、Ⅳ型厚度指示表
0～12.5	3.2，6.5，9.8，12.0	1)　0 mm～1 mm 间，以每间隔 0.1 mm 为一检定点； 2)　从 1 mm～10 mm 间，以每隔 0.5 mm 为一检定点； 3)　从 10 mm 开始，以每隔 1 mm 为一检定点，直至全量程
0～20	2.2，4.5，11.8，20	
0～25	3.2，6.5，11.8，25	
0～30	2.2，11.8，21.5，30	
注：尺寸为小于 0.5 mm 的检定点，可用同尺寸的 0 级针规代替量块。		

8.10　重复性

在测量范围内任一位置，将一块 3 级量块置于两测量面之间（测量面较大时应将量块置于测量面的中心部位），通过拨动提升装置或用手指下压装置对同一尺寸量块进行 5 次重复测量，其最大示值与最小示值之差即为重复性。

8.11　滚轮测量头的转动对示值的影响

使两滚轮测量头在测量力的作用下相互接触，拨动滚轮转动一圈，观察指示值或显示值的变化。

8.12　漂移

将数显厚度指示表测杆置于测量范围内的任意位置，观察其 1 h 的示值变化，其变化量即为漂移。

8.13　响应速度

对于数显厚度指示表，用手拨动提升装置以正常提升速度提升测杆并使其自由落下时，观察数显厚度指示表的显示变化。

9　标志与包装

9.1　厚度指示表上应标有：

a)　制造厂厂名或商标；

b)　测量范围；

c)　分度值/分辨力；

d)　产品序号。

9.2　厚度指示表的包装盒上应标有：

a)　制造厂厂名或商标；

b)　产品名称；

c)　测量范围；

d)　分度值/分辨力。

9.3　厚度指示表在包装前应经防锈处理，并妥善包装。不得因包装不善而在运输过程中损坏产品。

9.4　厚度指示表经检验符合本标准要求的，应附有产品合格证。产品合格证上应标有本标准的标准号、产品序号和出厂日期。